## 基本単位

| | | | | | |
|---|---|---|---|---|---|
| 長　　さ | メートル | m | 熱力学温度 | ケルビン | K |
| 質　　量 | キログラム | kg | | | |
| 時　　間 | 秒 | s | 物質量 | モ　ル | mol |
| 電　　流 | アンペア | A | 光　　度 | カンデラ | cd |

## SI 接 頭 語

| | | | | | | | | |
|---|---|---|---|---|---|---|---|---|
| $10^{24}$ | ヨ　タ | Y | $10^{3}$ | キ　ロ | k | $10^{-9}$ | ナ　ノ | n |
| $10^{21}$ | ゼ　タ | Z | $10^{2}$ | ヘクト | h | $10^{-12}$ | ピ　コ | p |
| $10^{18}$ | エクサ | E | $10^{1}$ | デ　カ | da | $10^{-15}$ | フェムト | f |
| $10^{15}$ | ペ　タ | P | $10^{-1}$ | デ　シ | d | $10^{-18}$ | ア　ト | a |
| $10^{12}$ | テ　ラ | T | $10^{-2}$ | センチ | c | $10^{-21}$ | セプト | z |
| $10^{9}$ | ギ　ガ | G | $10^{-3}$ | ミ　リ | m | $10^{-24}$ | ヨクト | y |
| $10^{6}$ | メ　ガ | M | $10^{-6}$ | マイクロ | μ | | | |

| …ルギ | 仕事率 |
|---|---|
| J | W |
| erg | erg/s |
| …f·m | kgf·m/s |

…算例： 1 N＝1/9.806 65 kgf〕

| | SI | | SI 以外 | | |
|---|---|---|---|---|---|
| …量 | 単位の名称 | 記　号 | 単位の名称 | 記　号 | SI単位からの換算率 |
| …ルギ，熱 仕事およ …ンタルピ | ジュール（ニュートンメートル） | J（N·m） | エルグ<br>カロリ(国際)<br>重量キログラムメートル<br>キロワット時<br>仏馬力時<br>電子ボルト | erg<br>$cal_{IT}$<br>kgf·m<br>kW·h<br>PS·h<br>eV | $10^{7}$<br>1/4.186 8<br>1/9.806 65<br>$1/(3.6\times10^{6})$<br>$\approx 3.776\,72\times10^{-7}$<br>$\approx 6.241\,46\times10^{18}$ |
| …J，仕事率，…および放… | ワット（ジュール毎秒） | W（J/s） | 重量キログラムメートル毎秒<br>キロカロリ毎時<br>仏馬力 | kgf·m/s<br>kcal/h<br>PS | 1/9.806 65<br>1/1.163<br>≈1/735.498 8 |
| …，粘性係… | パスカル秒 | Pa·s | ポアズ<br>重量キログラム秒毎平方メートル | P<br>$kgf·s/m^2$ | 10<br>1/9.806 65 |
| …粘度，動粘…係数 | 平方メートル毎秒 | $m^2/s$ | ストークス | St | $10^{4}$ |
| …，温度差 | ケルビン | K | セルシウス度，度 | ℃ | 〔注(1)参照〕 |
| …流，起磁力 | アンペア | A | | | |
| …荷，電気量 | クーロン | C | （アンペア秒） | （A·s） | 1 |
| …圧，起電力 | ボルト | V | （ワット毎アンペア） | （W/A） | 1 |
| …界の強さ | ボルト毎メートル | V/m | | | |
| …電容量 | ファラド | F | （クーロン毎ボルト） | （C/V） | 1 |
| …界の強さ | アンペア毎メートル | A/m | エルステッド | Oe | $4\pi/10^{3}$ |
| …束密度 | テスラ | T | ガウス<br>ガンマ | Gs<br>γ | $10^{4}$<br>$10^{9}$ |
| …束 | ウェーバ | Wb | マクスウェル | Mx | $10^{8}$ |
| …気抵抗 | オーム | Ω | （ボルト毎アンペア） | （V/A） | 1 |
| …ダクタンス | ジーメンス | S | （アンペア毎ボルト） | （A/V） | 1 |
| …ダクタンス | ヘンリー | H | ウェーバ毎アンペア | （Wb/A） | 1 |
| …束 | ルーメン | lm | （カンデラステラジアン） | （cd·sr） | 1 |
| …度 | カンデラ毎平方メートル | $cd/m^2$ | スチルブ | sb | $10^{-4}$ |
| …度 | ルクス | lx | フォト | ph | $10^{-4}$ |
| …射能 | ベクレル | Bq | キュリー | Ci | $1/(3.7\times10^{10})$ |
| …射線量 | クーロン毎キログラム | C/kg | レントゲン | R | $1/(2.58\times10^{-4})$ |
| …収線量 | グレイ | Gy | ラド | rd | $10^{2}$ |

(1)　$T$Kから$\theta$℃への温度の換算は，$\theta = T - 273.15$とするが，温度差の場合には$\varDelta T = \varDelta\theta$である．ただし，$\varDelta T$および$\varDelta\theta$はそれぞれケルビンおよびセルシウス度で測った温度差を表す．

(2)　丸括弧内に記した単位の名称および記号は，その上あるいは左に記した単位の定義を表す．

JSMEテキストシリーズ

# 機械工学のための数学

Mathematics for Mechanical Engineering

日本機械学会

# 序

「JSME テキストシリーズ」は，大学学部学生のための機械工学への入門から必須科目の修得までに焦点を当て，機械工学の標準的内容をもち，かつ技術者認定制度に対応する教科書の発行を目的に企画されました．

日本機械学会が直接編集する直営出版の形での教科書の発行は，1988 年の出版事業部会の規程改正により出版が可能になってからも，機械工学の各分野を横断した体系的なものとしての出版には至りませんでした．これは多数の類書が存在することや，本会発行のものとしては機械工学便覧，機械実用便覧などが機械系学科において教科書・副読本として代用されていることが原因であったと思われます．しかし，社会のグローバル化にともなう技術者認証システムの重要性が指摘され，そのための国際標準への対応，あるいは大学学部生への専門教育への動機付けの必要性など，学部教育を取り巻く環境の急速な変化に対応して各大学における教育内容の改革が実施され，そのための教科書が求められるようになってきました．

そのような背景の下に，本シリーズは以下の事項を考慮して企画されました．

① 日本機械学会として大学における機械工学教育の標準を示すための教科書とする．

② 機械工学教育のための導入部から機械工学における必須科目まで連続的に学べるように配慮し，大学学部学生の基礎学力の向上に資する．

③ 国際標準の技術者教育認定制度〔日本技術者教育認定機構(JABEE)〕，技術者認証制度〔米国の工学基礎能力検定試験(FE)，技術士一次試験など〕への対応を考慮するとともに，技術英語を各テキストに導入する．

さらに，編集・執筆にあたっては，

① 比較的多くの執筆者の合議制による企画・執筆の採用，

② 各分野の総力を結集した，可能な限り良質で低価格の出版，

③ ページの片側への図・表の配置および 2 色刷りの採用による見やすさの向上，

④ アメリカの FE 試験（工学基礎能力検定試験(Fundamentals of Engineering Examination)）問題集を参考に英語による問題を採用，

⑤ 分野別のテキストとともに内容理解を深めるための演習書の出版，

により，上記事項を実現するようにしました．

本出版分科会として特に注意したことは，編集・校正には万全を尽くし，学会ならではの良質の出版物になるように心がけたことです．具体的には，各分野別出版分科会および執筆者グループを全て集団体制とし，複数人による合議・チェックを実施し，さらにその分野における経験豊富な総合校閲者による最終チェックを行っています．

本シリーズの発行は，関係者一同の献身的な努力によって実現されました． 出版を検討いただいた出版

事業部会・編修理事の方々，出版分科会を構成されました委員の方々，分野別の出版の企画・進行および最終版下作成にあたられた分野別出版分科会委員の方々，とりわけ教科書としての性格上短時間で詳細な形式に合わせた原稿の作成までご協力をお願いいただきました執筆者の方々に改めて深甚なる謝意を表します．また，熱心に出版業務を担当された本会出版グループの関係者各位にお礼申し上げます．

本シリーズが機械系学生の基礎学力向上に役立ち，また多くの大学での講義に採用され技術者教育に貢献できれば，関係者一同の喜びとするところであります．

2002 年 6 月

日本機械学会

JSME ﾃｷｽﾄｼﾘｰｽﾞ 出版分科会

主査　宇高　義郎

# 「機械工学のための数学」刊行にあたって

機械工学を広く，深く学ぶ上で「数学を理解し，応用できること」が重要です。しかしながら，高校数学の理解が不十分であったり，大学で学ぶ数学が難解であったりすると，いつのまにか「数学嫌い」になります。機械工学の概要を学ぶ上で，「大学で学ぶ基礎数学の理解」が必要です。また更に機械工学の各専門科目を深く学ぶには，「数学を機械工学に応用できる力」が必要です。

本書は，豊富な機械工学の事例を通じて，数学に親しみ，そして理解を深めるように構成されています。

特徴は以下 3 点です。

1）なぜ機械工学に数学が必要か？第 1 章では，高校数学に立ち戻って，数学が機械工学に活用されていることを平易に記述しています。

2）第 3 章以降の「大学で学ぶ各種数学の機械工学応用」について理解する前に，第 2 章において大学で学ぶ数学について，豊富な機械工学の事例を通じて，ステップバイステップで理解できるよう記述しています。

3）第 3 章以降では，各種数学について「より詳しい機械工学の事例」を通じて理解を深めるよう，詳細かつ体系的に記述しています。

したがって，高校数学を十分理解している読者は第 2 章から，同じく大学の数学をマスターしている読者は第 3 章から読み始めることをお勧め致します。

また，第 3 章以降では，「数学に強い読者」向けにやや難易度の高い内容もありますので，一部は読み飛ばしていただいても構いません。

本書は，平易な基礎数学の説明から高度な大学数学の機械工学への応用まで，従来の書籍では扱っていない幅広い内容を網羅しております。

したがって，企画から完成まで，長期間を要しましたが，この間，献身的にご協力いただいた多くの方々に感謝申し上げます。

2013 年 7 月

ＪＳＭＥテキストシリーズ出版分科会

機械工学のための数学テキスト

主査　戸澤　幸一

――――――　機械工学のための数学テキスト　執筆者・出版分科会委員　――――――


| | | | |
|---|---|---|---|
| 執筆者 | 川井　昌之 | （福井大学） | 1章 |
| 執筆者 | 瀬田　剛 | （富山大学） | 2章 |
| 執筆者 | 鈴木　雄二 | （東京大学） | 3章，4章 |
| 執筆者 | 大須賀　公一 | （大阪大学） | 5章，7章 |
| 執筆者 | 松野　文俊 | （京都大学） | 6章 |
| 執筆協力者 | 青木繁，稲村栄次郎，栗田勝実，平野利幸，三浦慎一郎 | （都立産業技術高等専門学校） | |
| 委員 | 相澤　龍彦 | （芝浦工業大学） | |
| 編集委員 | 中村　仁彦 | （東京大学） | |
| | 戸澤　幸一 | （芝浦工業大学） | |
| 総合校閲者 | 庄司　正弘 | （神奈川大学） | |

# 目　次


第１章　機械工学のための基礎数学 ............ 1

1・1　機械工学と数学 ............ 1
1･1･1　「さぁ，機械工学を勉強しよう・・・えっ，数学？」 ............ 1
1･1･2　機械と機械工学 ............ 2
1･1･3　機械工学－力学－数学 ............ 2
1･1･4　機械工学と高校数学・基礎数学 の関連 ............ 4

1・2　「機械工学のための数学」に必要な高校数学機械技術 ............ 6
1･2･1　関数と方程式 ............ 6
1･2･2　三角関数 ............ 7
1･2･3　指数関数・対数関数 ............ 9
1･2･4　複素数 ............ 12
1･2･5　部分分数展開 ............ 13
1･2･6　さぁ，大学で学ぶ基礎数学へ ............ 13

第２章　機械工学のための大学数学入門 .... 15

2・1　微分積分 ............ 15
2･1･1　接線・法線 ............ 15
2･1･2　合成関数の微分法 ............ 16
2･1･3　対数微分法 ............ 16
2･1･4　逆関数の微分 ............ 17
2･1･5　媒介変数表示の微分 ............ 17
2･1･6　テイラー展開 ............ 18
2･1･7　部分積分法 ............ 19
2･1･8　置換積分法 ............ 20
2･1･9　有理関数の積分 ............ 20
2･1･10　無理関数の積分 ............ 21
2･1･11　広義積分 ............ 21
2･1･12　極座標 ............ 22
2･1･13　数列・級数 ............ 22

2・2　線形代数 ............ 24
2･2･1　行列 ............ 24
2･2･2　色々な行列 ............ 25
2･2･3　行列の演算 ............ 26
2･2･4　逆行列 ............ 26
2･2･5　行列式 ............ 31
2･2･6　行列式と基本変形 ............ 33
2･2･7　ラプラスの展開定理 ............ 35

2・3　確率統計 ............ 37

第３章　基礎解析 ............ 43

3・1　多変数関数の微分 ............ 43
3･1･1　多変数関数 ............ 43
3･1･2　偏微分 ............ 44

3・2　多変数関数の極大・極小 ............ 51
3･2･1　テイラー展開 ............ 52
3･2･2　多変数関数の局所的性質 ............ 53
3･2･3　接平面と法線ベクトル ............ 56

3・3　多重積分 ............ 60
3･3･1　逐次積分 ............ 60
3･3･2　積分変数の変換 ............ 63

3・4　線積分 ............ 66

3・5　面積分 ............ 70

3・6　関数の最適化 ............ 73
3･6･1　ラグランジュの未定乗数法 ............ 74
3･6･2　陰関数定理 ............ 76
3･6･3　最急降下法 ............ 78

3・7　まとめ ............ 80

第４章　３次元運動の数学 ............ 81

4・1　ベクトル ............ 81
4･1･1　ベクトルとは ............ 81
4･1･2　ベクトルの基本演算 ............ 82

4・2　実世界空間と内積 ............ 83
4･2･1　ベクトルと座標系 ............ 83
4･2･2　実世界空間における内積 ............ 84
4･2･3　内積と仕事 ............ 88

4・3　ベクトルの外積 ............ 88

4・4　ベクトル関数の微分と積分 ............ 91

4・5　ベクトル場の微積分 ............ 94
4･5･1　スカラー場とベクトル場 ............ 94
4･5･2　スカラー場・ベクトル場の微分 ............ 94
4･5･3　ベクトル場の微積分 ............ 99

4・5・4　ベクトルの面積分・体積分 ................ 104
4・5・5　発散定理 ................ 107
4・5・6　ストークスの定理 ................ 108

4・6　テンソルの初歩 ................ 110
4・6・1　なぜテンソルか？ ................ 110
4・6・2　テンソルの定義 ................ 111
4・6・3　テンソル解析 ................ 112
4・6・4　テンソルの応用例 ................ 114

4・7　まとめ ................ 115

## 第５章　多変数の関係式と変換（線形代数） ................ 117

5・1　線形空間とベクトル ................ 117
5・1・1　線形空間 ................ 117
5・1・2　ベクトルと内積のノルム ................ 118
5・1・3　線形空間の次元 ................ 120
5・1・4　線形空間の基底 ................ 122
5・1・5　ベクトル演算の計算 ................ 124

5・2　線形写像 ................ 126
5・2・1　ベクトルの変換 ................ 126
5・2・2　線形写像の表現 ................ 126
5・2・3　行列 ................ 128
5・2・4　行列のノルムとランク ................ 128
5・2・5　逆行列 ................ 130

5・3　行列の標準形 ................ 137
5・3・1　動機 ................ 137
5・3・2　基底の変換 ................ 139
5・3・3　行列の固有値 ................ 141
5・3・4　行列の標準化 ................ 143

5・4　まとめ ................ 151

付録 ................ 151

## 第６章　運動の時間展開（微分方程式） .. 153

6・1　微分方程式とは ................ 154
6・1・1　常微分方程式と偏微分方程式 ................ 154
6・1・2　微分方程式の解とは ................ 156

6・2　求積法 ................ 156
6・2・1　一般解と特殊解 ................ 157
6・2・2　初期値問題と境界値問題 ................ 158
6・2・3　解の存在と一意性 ................ 161

6・3　１階微分方程式 ................ 164
6・3・1　変数分離形 ................ 164
6・3・2　完全微分形 ................ 167
6・3・3　１階線形微分方程式 ................ 169

6・4　線形微分方程式 ................ 172
6・4・1　線形系と重ね合わせの原理 ................ 173
6・4・2　定数係数高階微分方程式 ................ 175
6・4・3　定数係数連立線形常微分方程式 ................ 184

6・5　解のふるまい ................ 197
6・5・1　安定性 ................ 198
6・5・2　解の時間発展と相平面の解曲線 ................ 200

6・6　振動と微分方程式 ................ 207
6・6・1　調和振動 ................ 208
6・6・2　偏微分方程式へのいざない ................ 213

6・7　まとめ ................ 219

## 第７章　運動の周波数解析（フーリエ解析） ................ 221

7・1　運動の解析 ................ 221

7・2　周期的な現象（フーリエ級数） ................ 221
7・2・1　フーリエ級数 ................ 223
7・2・2　フーリエ級数の性質 ................ 226

7・3　非周期的な現象（フーリエ変換） ................ 227
7・3・1　フーリエ変換 ................ 228
7・3・2　フーリエ変換の基本性質 ................ 229
7・3・3　特殊関数のフーリエ変換 ................ 231
7・3・4　フーリエ変換とフーリエ逆変換の計算 ................ 234

7・4　不安定な現象（ラプラス変換） ................ 235
7・4・1　ラプラス変換のアイデア ................ 235
7・4・2　ラプラス変換の定義 ................ 235
7・4・3　ラプラス変換の性質 ................ 237
7・4・4　ラプラス変換とラプラス逆変換の計算 ................ 240
7・4・5　ラプラス変換とフーリエ変換 ................ 241

7・5　フーリエ解析の動的システム解析への応用 ................ 242
7・5・1　機械システムのモデリング ................ 242
7・5・2　伝達関数の性質 ................ 243

7・6　まとめ ................ 248

# 第 1 章
# 機械工学のための基礎数学
# Fundamental Mathematics for Mechanical Engineering

なぜ機械工学に数学が必要なのだろうか？　まず本章では，この疑問に対して，機械工学で必要とされる数学について簡単に総括する．また，機械工学で必要とされる数学には高校時代に学ぶ数学（本書では，高校数学と呼ぶ）が基本となるが，本書を読むに当たって必要とされる高校数学の項目の分類と，最も必要とされるであろう項目について簡単に復習する．なお，高校数学の内容をほぼ理解している読者は，本章を読み飛ばしてもらっても構わない．

## 1・1　機械工学と数学 (mechanical engineering and mathematics)

### 1・1・1　「さぁ，機械工学を勉強しよう・・・えっ，数学？」

「機械が好きだから機械工学を学びたい」，また時には「将来，こんな機械を作りたい」と様々な夢や目標を持って，学生は機械工学を学ぶため大学の門をたたく．ところが，ほとんどの大学で「いかにも機械工学らしい科目」を受講する前に微分積分や線形代数などの基礎数学からまず履修していく．特に，これらの基礎数学を履修する時期は，人文社会系や保健体育等を含めた一般教養科目の履修時期と重なる場合も多いため，これらの基礎数学も一般教養科目の一つのように認識している学生も多い．また，入学当初は「機械工学を勉強しよう」という高いモチベーションで勉強するものの，基礎数学がどのように機械工学に関係するのかをまだはっきりと理解できない状態であるために，高校数学の延長のように授業を受けることとなる．ただ，大学で学ぶ基礎数学は,高校数学を理解していることが前提で構成されており，また高校数学よりも抽象的であり，学ぶべき項目も多く，必要な公式は多岐にわたる．この高いハードルのために，授業が進むにつれて自分の理解を超える状態となり，最初は高かった意欲も「試験だけはなんとかしよう」となって，最後には「高校時代に数学をもっと勉強しておくべきだったなぁ」という反省だけが過ぎていく．これらの基礎数学の授業の中で,「いま学んでいる数学は機械工学に必要な数学である」ということをどれほど指摘されても，機械工学を勉強する前にこれらの基礎数学を学んでいるために,「機械工学を学ぶために，なぜ数学を勉強しなければいけないのか？」という疑問に常にぶつかることにもなる．そして半年～1年くらいが過ぎたころ,「やっと機械工学っぽいことを学べる」と○○力学や○○工学と銘打った授業が始まっていく．ここで初めて，大学でそれまで学んだ基礎数学が，他の一般教養科目とは異なり，直接的に機械工学に必要な知識であることを知る．そして，同じことが繰り返されていく,「大学に入ってからの基礎数学をもっと勉強しておくべきだったなぁ・・・」と．

図 1.1 基礎数学の壁

このような状況を避けるために，本書は基礎数学の中でも機械工学に関連の深いもののみをまとめ，機械工学の事例をもとに数学を学習するように編集している．まず以下では,「機械工学」と日常の生活で見る「機械」や，高校で学ぶ「力学」･「数学」との関係を簡単に解説する．

### 1・1・2　機械と機械工学 (machine and mechanical engineering)

「機械工学を学ぶために，なぜ数学を勉強しなければいけないのか？」という機械工学を学ぶ前の学生が持つ疑問は，それまで各学生が日常に見てきた生活の中の「機械」のイメージと，大学で学ぶ学問としての「機械工学」の間にギャップがあるためとも考えられる．「機械工学」を学ぶ前の学生の持つ「機械」のイメージは，自動車やロボットなどの日常に見かける「機械」であることが多いが，このような自動車やロボットそのものは，「機械工学」全体から見れば，そのごくごく一部分に過ぎない．それに対して，それら日常の「機械」を構成するために必要な要素技術を深く学ぶのが，学問として「機械工学」である．

表1.1　機械工学の代表的な分野

| |
|---|
| 材料力学 |
| 熱力学 |
| 流体力学 |
| 振動学 |
| 機構学 |
| 伝熱工学 |
| 加工学 |
| 機械材料学 |
| 制御工学 |
| ・・・ |

では，機械工学にはどのような要素技術が集まっているのだろうか？　表1.1 に「機械工学」の中の代表的な分野を示す．もちろん，もっともっとたくさんの分野があり，先端技術の進歩によって，日々，新しい分野が機械工学の中に組み込まれてきているが，ここに挙げた分野はどこの大学でも教えているであろう代表的なものだけを示してある．これらの分野の名前で使われている用語を見れば，日常で見る「機械」の中で，これらの要素技術がどこかに使われているだろうというのは容易に想像できるだろう．例えば，図1.2 のような自動車を考えれば，車のボディには材料力学や機械材料学，エンジンは熱力学や伝熱工学がいかにも関係していそうであるし，高速で走っていれば風を受けるであろうから流体力学が，車に乗っている時の振動はその名のとおり振動学，最近の自動車の自動化技術なら制御工学なんかも必要になりそう・・・．

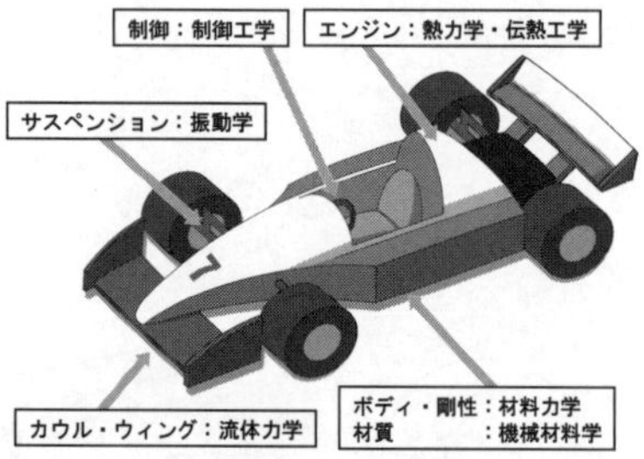


図 1.2 自動車と機械工学

このように，「機械工学」は，日常の「機械」を構成するために必要な要素技術を個別に学んでいる学問である．もちろん，日常に見る「機械」そのものを扱う場合もあるが，日常に見る「機械」はこれらの要素技術の集大成となるため，これらの要素技術を広く知っておくことがもちろん重要となってくる．

### 1･1･3　機械工学－力学－数学 (mechanical engineering – physics- math)

では，機械工学を構成する主要な分野・要素技術で，なぜ数学が必要となってくるのだろうか？

機械工学以外にも様々な工学があるが，機械工学が対象としている「機械」には共通した特徴がある．それは，「力を受けて，物が動く・変形する」という物理現象を扱っていることである．このため，機械工学は物理学，その中でも特に「力学」と密接な関係にあり，時には物理工学という広い範疇の中に機械工学が含まれる場合もある．前節で示した機械工学を構成する主要な分野・要素技術でも，共通して使用するキーワードは「力学」である．「材料力学」「熱力学」「流体力学」には，そのまま分野の名前に力学という文字が使われているため「力学」が関係していることはわかりやすいが，それ以外の分野でもほぼ「力学」の知識が必要とされる．「力学」は高校の授業では物理の 1 カテゴリーとして扱われるが，高校物理の「力学」を勉強していれば，数学を知らなければ，「力学」も解けないことは容易にわかる．例えば，図

1.3 のように物が外部から力を受けて動く際には，あの有名なニュートンの法則（ $f=ma$ ）により加速度が生じる．ここで，$m$ は質量であり，定数である．この段階ですでに，ニュートンの法則自体が数式で表現されており，「微分」という概念を用いて，位置を 2 階時間微分したものが加速度($a$ )であるということを知らなければ本来の意味が理解できないであろう．さらに，生じた加速度により物がどのように移動するのかを考える場合には，「積分」計算が必要となってくる．また，物が一方向にだけ動くのであればこの式だけでも充分であるが，平面上を動く 2 次元的な運動や日常生活での物のように 3 次元的な運動を考える場合には，「ベクトル」の概念を使うとずっと便利になる．数学が必要とされるのは，物が動く場合だけではなく，物が変形する際にも同様な数学が必要とされる．例えば，図 1.4 に示すように棒が力を受けてたわむ際には，たわみ（$y$）の 2 階微分とモーメント（$M$）の間にはニュートンの法則ととても似ている微分を含んだ関係が生じる．ただし，$EI$ は材料や棒の形状によって決まる定数である．この関係からは，たわみの 2 階微分しかわからないため，たわみの量を知るためには 2 回の積分計算が必要となり， 2 次元や 3 次元で考える場合には「ベクトル」を用いると便利なことも物が動く場合と同じである．

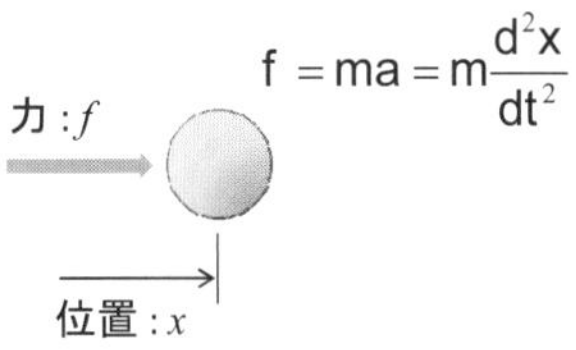


図 1.3 物が動く例：
力と加速度の関係

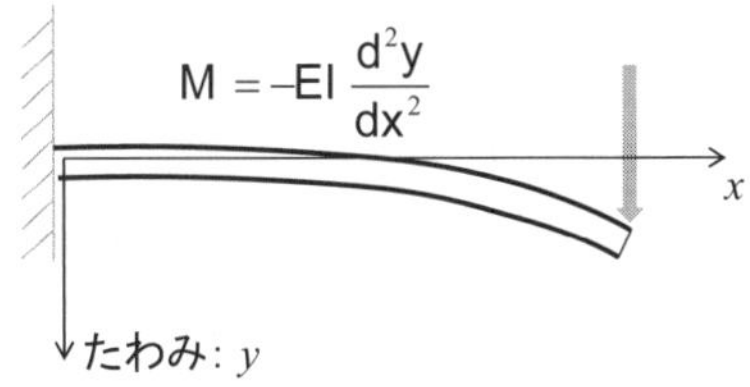


図 1.4 物が変形する例：たわみとモーメントの関係

機械工学を構成する各分野では，「力学」を中心とした物理現象を日常の「機械」にいかに利用するかを考えていくが，物理現象がどのようなもので，それをどのように利用するかを考えるには，このように物理現象を数学で表現すること（モデリング）が必要となってくる．特に，「動く」もしくは「変形する」といった物理現象を数学で表現する場合には，「微分」や「積分」が必ず必要とされ，さらに日常の「機械」に応用するためには 3 次元の運動を対象にする必要性から，「微分」や「積分」にも多くの変数を使用した多変数解析や行列・ベクトルなどの線形代数が必要になってくる．これらのモデリングや多変数の微分積分を含んだ解析は，大学初期の基礎数学を中心とする講義で学ぶものの，図 1.5 に示されるように，これを理解するには高校数学の「様々な関数」，「微分」，「積分」，「ベクトル」が必要であり，さらには「複素数」を含んだ微積分も用いる必要がある．

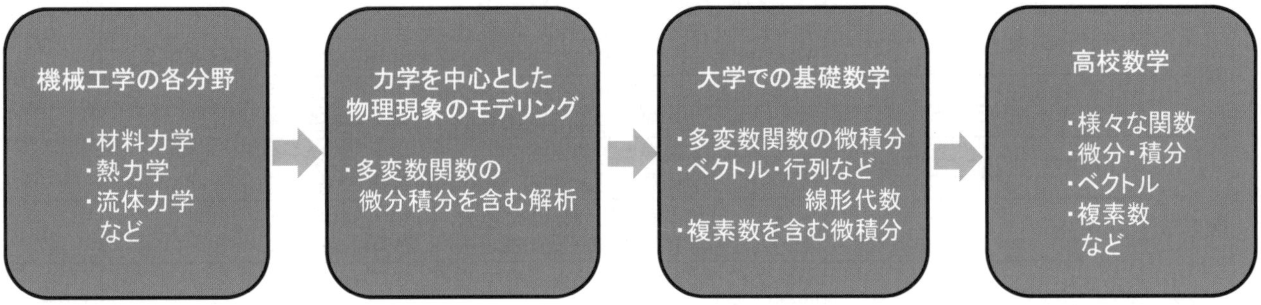


図 1.5 機械工学、力学、大学基礎数学と高校数学の関連

### 1・1・4　機械工学と高校数学・基礎数学の関連 (relationship between mechanical engineering and fundamental mathematics)

ここでは，より具体的に機械工学の代表的な分野と数学の各項目の関係についてまとめる．まず，表 1.2 に高校数学の学習項目の中で機械工学に必要となるかどうかの目安を示す．なお，表は平成 24 年度から実施されている学習指導要綱に従って表示してあり，左から科目名，内容，一番右が機械工学との関連の目安である．機械工学との関連の目安は，◎印が多くの分野で必要とされる項目であり，○印は一部の分野や実験，製図などの演習科目で必要とされる項目，△印は特定の分野はないが基礎知識として知っておいた方がよい項目である．機械工学自体が広い分野をカバーしていることもあり，高校数学において全く関係のない内容というのは存在しない．また，高校数学の内容のほとんどが機械工学の多くの分野で共通して必要とされる内容であることがわかる．

表 1.2 機械工学、力学、大学基礎数学と高校数学の関連

| 科目名 | 内容 | | 機械工学との関連 |
|---|---|---|---|
| 数Ⅰ | (1) 数と式 | 数と集合(実数、集合)、式(式の展開と因数分解、一次不等式) | ◎ |
| | (2) 図形と計量 | 三角比(鋭角、鈍角の三角比、正弦定理・余弦定理)、図形の計量 | ◎ |
| | (3) 二次関数 | 二次関数とそのグラフ、二次関数の値の変化<br>(二次関数の最大・最小、二次方程式・二次不等式) | ◎ |
| | (4) データの分析 | データの散らばり、データの相関 | ○ |
| 数学Ⅱ | (1) いろいろな式 | 式と証明(整式の乗法・除法，分数式計算、等式と不等式の証明)<br>高次方程式(複素数と二次方程式、因数定理と高次方程式) | ◎ |
| | (2) 図形と方程式 | 直線と円(点と直線、円の方程式)、軌跡と領域 | ○ |
| | (3) 指数関数・対数関数 | 指数関数(指数の拡張、指数関数とグラフ)<br>対数関数(対数、対数関数とグラフ) | ◎ |
| | (4) 三角関数 | 角の拡張、三角関数(三角関数とそのグラフ、基本的な性質、加法定理) | ◎ |
| | (5) 微分・積分の考え | 微分の考え(微分係数と導関数、導関数の応用)<br>積分の考え(不定積分と定積分、面積) | ◎ |
| 数学Ⅲ | (1) 平面上の曲線と複素数平面 | 平面上の曲線(直交座標表示、媒介変数表示、極座標表示)<br>複素数平面(複素数の図表示、ド・モアブルの定理) | ◎ |
| | (2) 極限 | 数列とその極限(数列の極限、無限等比級数の和)、<br>関数とその極限(分数関数と無理関数、合成関数と逆関数など) | ◎ |
| | (3) 微分法 | 導関数(関数の和・差・積・商・合成関数・三角関数・指数関数・対数関数の導関数)、導関数の応用 | ◎ |
| | (4) 積分法 | 不定積分と定積分(積分の基本的性質、置換積分法・部分積分法、色々な関数の積分)、積分の応用 | ◎ |
| 数学A | (1) 場合の数と確率 | 場合の数(数え上げの原則、順列・組合せ)、<br>確率(確率とその基本的な法則、独立な試行と確率、条件付き確率) | ○ |
| | (2) 整数の性質 | 約数と倍数、ユークリッドの互除法、整数の性質の活用 | △ |
| | (3) 図形の性質 | 平面図形(三角形の性質、円の性質、作図)、空間図形 | ○ |
| 数学B | (1) 確率分布と統計的な推測 | 確率分布(確率変数と確率分布、二項分布)、正規分布<br>統計的な推測(母集団と標本、統計的な推測の考え) | ○ |
| | (2) 数列 | 数列とその和(等差数列と等比数列、いろいろな数列)<br>漸化式と数学的帰納法(漸化式と数列、数学的帰納法) | △ |
| | (3) ベクトル | 平面上のベクトル(ベクトルとその演算、ベクトルの内積)<br>空間座標とベクトル | ◎ |
| 数学活用 | (1) 数学と人間の活動 | 数や図形と人間の活動、遊びの中の数学 | △ |
| | (2) 社会生活における数理的な考察 | 社会生活と数学、数学的な表現の工夫、データの分析 | ○ |

次に，先に示した機械工学の代表的な分野において初期に学ぶ内容と，大学で学ぶ基礎数学との関連を表 1.3 にまとめる．表中，左から基礎数学の科目名，内容，○印は各分野で必要とされるかどうかの目安である．ただし，大学での基礎数学は，高校数学と異なり，全国的に統一された学習教育の項目があるわけではないため，科目名や各科目の内容は非常に大雑把な分類である．また，機械工学における各分野で必要となる知識も，使用する教科書や各分野の中で研究する内容により異なってくるため，○印も大雑把な目安と考えていただきたい．高校数学の場合と異なり，大学での基礎数学で機械工学全般に関わってくる内容は決して多いわけではない．これは，機械工学の分野が多岐にわたり，必要な数学も大きく異なってくるためである．しかしながら，その中でも，非常に多くの分野で必要とされるのが，微分積分と線形代数の知識ということがわかる．

表 1.3　大学での基礎数学と機械工学で初期に学ぶ内容の関連

(芝浦工業大学　戸澤幸一教授による調査)

| | | 熱力学 | 流体力学 | 振動学 | 材料力学 | 機構学 | 伝熱工学 | 加工学 | 機械材料学 | 制御工学 |
|---|---|---|---|---|---|---|---|---|---|---|
| 微分積分 | 様々な関数の微分･積分計算 | ○ | ○ | ○ | ○ | ○ | ○ | ○ | ○ | ○ |
| | 2変数関数の偏微分 | ○ | ○ | | ○ | | | ○ | | |
| | 全微分 | ○ | ○ | | ○ | | | | | |
| | 重積分と体積 | | | | ○ | | ○ | | | |
| 線形代数 | 行列計算 | | ○ | ○ | | | | | | ○ |
| | 連立1次方程式 | | | ○ | | ○ | | | | ○ |
| | ベクトル空間 | | | ○ | | ○ | | | | ○ |
| | 固有値 | | | | | | | ○ | | ○ |
| | 対称行列の対角化 | | | | | | | | | ○ |
| 微分方程式 | 常微分方程式 | | ○ | ○ | | | ○ | | | ○ |
| | 偏微分方程式 | | ○ | ○ | | | ○ | | | |
| 解析学 | ベクトル関数の微分積分 | | ○ | | | | | | | ○ |
| | スカラーの積分 | | ○ | | | | | | | |
| | ストークスの定理 | | ○ | | | | | | | |
| | 複素数の演算 | | ○ | | | | | | | ○ |
| | テイラー展開 | | ○ | | | | | | | ○ |
| | 留数 | | ○ | | | | | | | |

このように，機械工学では様々な数学が必要とされるが，その基本となるのが高校で学ぶ数学である．また，機械工学のために，高校数学の中で最も学習しておかなければいけないのは微分法である．微分とは，何かの値の変化率のことであるが，機械工学で扱う対象が「動くもの」や「変形するもの」であり，「動く」･「変形する」こととはまさしく何かの値が変化することであるため，微分は機械工学の中で最も頻繁に出てくる高校数学のキーワードとなる．表 1.3 を見てもわかるように，掲載されている全ての分野（また表には載せていないが，機械工学の他の分野でもほぼ全て）において，微分計算や積分計算が必要となる．

本書では，微分や積分の詳細は次章で解説する．以下では，この微分や積分を行う際に必要となる様々な関数についてまず学ぶ．

## 1・2　「機械工学のための数学」に必要な高校数学 (fundamental mathematics necessary for this text)

本節では，高校数学の中でも本書を読むにあたり重要となる「関数」を中心に復習する．なお，高校数学で学ぶ微分積分やベクトルなどの線形代数については，次章以下でも解説されているため，ここでは復習を省略する．

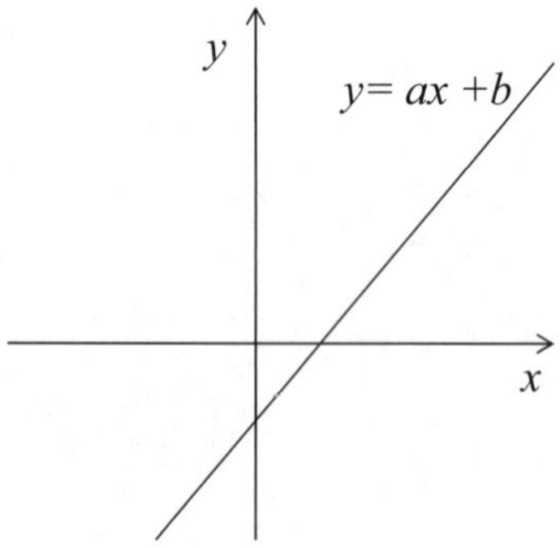


図 1.6 一次関数の例

### 1・2・1　関数と方程式 (functions and equations)

関数とは，ある変数によって別の値が定まることをいい，$y = f(x)$ と表し，「$y$ は $x$ の関数である」と表現する．高校数学では一変数関数が主体であるが，複数の変数 $x_1$，$x_2$，…によって定まる場合は，$y = f(x_1, x_2, \cdots)$ と表し，多変数関数と呼ぶ．また，関数や数値を用いて記述された式が定数と等号で結ばれたものを方程式と呼ぶ．

**[1 次関数・1 次方程式]**　定数 $a,b$ を用いて表された関数

$$y=ax+b$$

は 1 次関数と呼ばれる．1 次関数は，横軸に $x$，縦軸に $y$ を用いたグラフ上に表示すると図 1.6 に示すとおり直線になり，$a$ は直線の傾き，$b$ は $y$ 軸との交点を表す．左辺を 0 とおいた 1 次方程式

$$ax+b=0$$

の解 $x=-b/a$ は $x$ 軸との交点を表す．

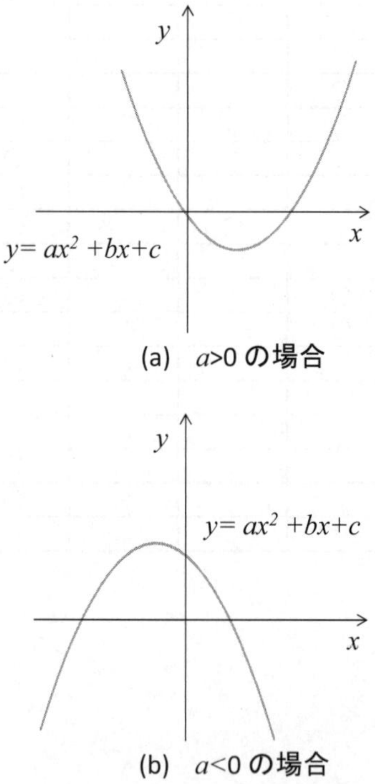


図 1.7 二次関数の例

**[2 次関数・2 次方程式]**　以下のように定数 $a,b,c$ を用いて表された関数は 2 次関数と呼ばれる．

$$y = ax^2 + bx + c \tag{1.1}$$

図 1.7 に示すように 2 次関数をグラフ上に表示すると，$a$ の値により，一つの凹もしくは凸を持った形状を示す．この方程式で左辺を 0 とおいた 2 次方程式

$$ax^2 + bx + c = 0$$

は，大学での基礎数学や機械工学の中においてたびたび現れる．また，これを満たす $x$ の解は，以下のように与えられる．

$$x = \frac{-b \pm \sqrt{b^2 - 4ac}}{2a} \tag{1.2}$$

> 特に，(1.2)式において、$b=2b'$ とおけるときは，
>
> $$x = \frac{-b' \pm \sqrt{b'^2 - ac}}{a}$$
>
> となる．

(1.2)式中の $b^2-4ac$ の値によって，解は以下のように分類される(図 1.8)．なお，複素数については，本章 1・2・4 を参照されたい．

$b^2-4ac>0$　⇔ 2つの実数解　⇔ x軸との交点が2つ
$b^2-4ac=0$　⇔ただ1つの実数解　⇔ x軸と接する
$b^2-4ac<0$　⇔ 2つの複素数解　⇔ x軸と交点を持たない

また，(1.2)式で導出された解を $\alpha,\beta$ とした場合，以下のように因数分解(factorization)することが可能である．

$$y=ax^2+bx+c=a(x-\alpha)(x-\beta)$$

ここで，$\alpha,\beta$ は複素数解の場合も含んでいるが，複素数解の場合は $\alpha,\beta$ は共役複素数となる．

**[高次の関数・方程式]**　以下のように，より高い次数の関数を表記することも可能である．

$$y=x^n+a_{n-1}x^{n-1}+\cdots+a_1x+a_0$$

ただし，$a_0, a_1,\cdots, a_{n-1}$ は定数である．このような高次の関数も，左辺を 0 とおいた方程式の解 $\alpha_0, \alpha_1,\cdots, \alpha_{n-1}$ を用いれば，以下のように因数分解することが可能である．

$$y=(x-\alpha_{n-1})\cdots(x-\alpha_1)(x-\alpha_0)$$

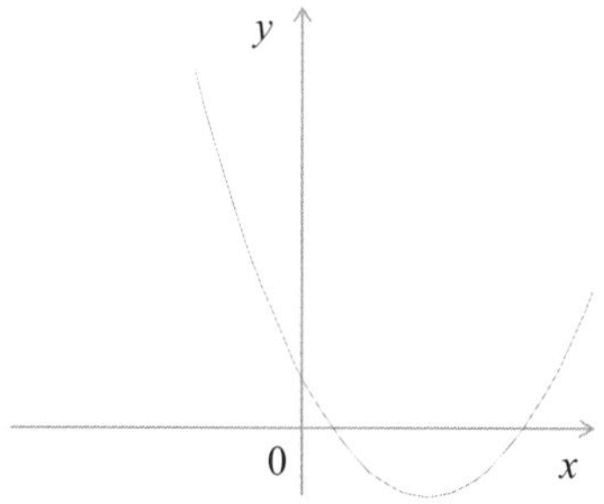


(a) 2 つの実数解の場合

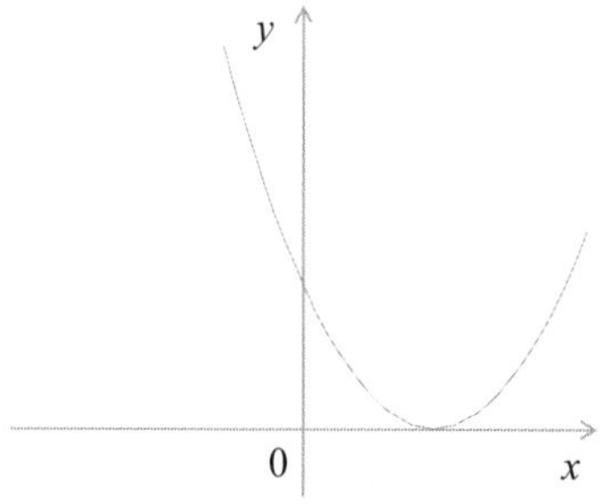


(b) ただ 1 つの実数解の場合

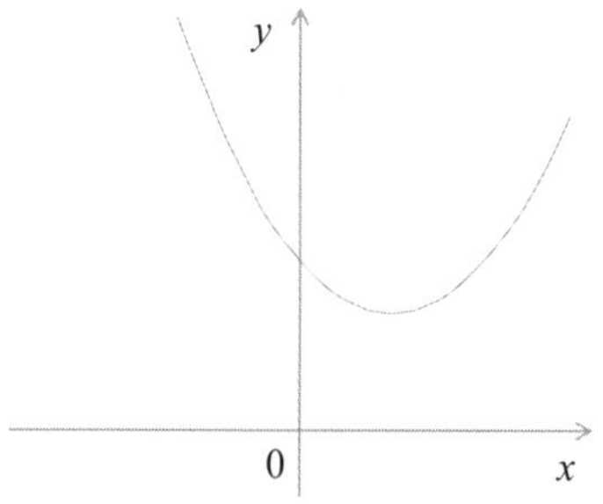


(c) 2 つの複素数解の場合

図 1.8 二次方程式の解の種類と x 軸との交点の関係

### 1・2・2　三角関数 (trigonometric functions)

三角関数は，高校数学の中では幾何学的な問題の解法に用いられることが多いが，機械工学の中では指数関数・対数関数とともに微分積分と密接な関係を持ったものとして学ぶ．特に，2 階以上の微分が含まれる微分方程式（微分が含まれる方程式）では，その解に三角関数が突如として現れることが多い．このため，三角関数の基本的な特徴を覚えておくことが重要となってくる．三角関数で用いられる三角比は，図 1.9 に示すような長さ $a,b,c$ の辺と角度 $\theta$ の直角三角形を考えた場合に，

$$\text{正弦}\quad \sin\theta=\frac{b}{a}$$

$$\text{余弦}\quad \cos\theta=\frac{c}{a}$$

$$\text{正接}\quad \tan\theta=\frac{b}{c}$$

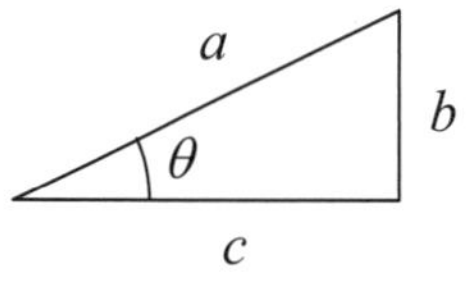


図 1.9 三角比

で与えられる．図 1.10 に $y=\sin\theta$，$y=\cos\theta$，$y=\tan\theta$ のグラフを示す．$y=\sin\theta$ は原点対称な奇関数の周期 $2\pi$ の波形，$y=\cos\theta$ は y 軸対称な偶関数の周期 $2\pi$ の波形，$y=\tan\theta$ は周期 $\pi$ の形状となる．

また以下に，機械工学で特に使用することが多い公式を載せる．

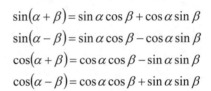

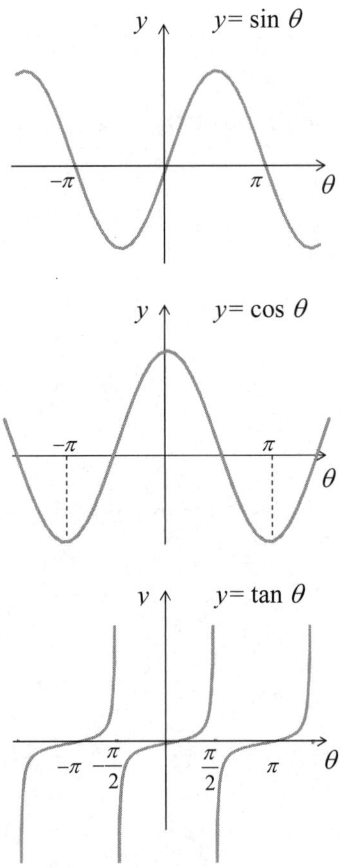


図 1.10 三角関数のグラフ

**[三角関数の基本的な公式]**

$$\tan\theta = \frac{\sin\theta}{\cos\theta} \qquad \cos^2\theta + \sin^2\theta = 1 \qquad 1+\tan^2\theta = \frac{1}{\cos^2\theta}$$

$$\sin(-\theta) = -\sin\theta \qquad \cos(-\theta) = \cos\theta \qquad \tan(-\theta) = -\tan\theta$$

$$\sin\left(\frac{\pi}{2}-\theta\right) = \cos\theta \qquad \cos\left(\frac{\pi}{2}-\theta\right) = \sin\theta \qquad \tan\left(\frac{\pi}{2}-\theta\right) = \frac{1}{\tan\theta}$$

$$\sin(\pi-\theta) = \sin\theta \qquad \cos(\pi-\theta) = -\cos\theta \qquad \tan(\pi-\theta) = -\tan\theta$$

**[加法定理]**

$$\sin(\alpha+\beta) = \sin\alpha\cos\beta + \cos\alpha\sin\beta$$
$$\sin(\alpha-\beta) = \sin\alpha\cos\beta - \cos\alpha\sin\beta$$
$$\cos(\alpha+\beta) = \cos\alpha\cos\beta - \sin\alpha\sin\beta$$
$$\cos(\alpha-\beta) = \cos\alpha\cos\beta + \sin\alpha\sin\beta$$

**[三角関数の合成]**

$$a\sin\theta + b\cos\theta = \sqrt{a^2+b^2}\,\sin(\theta+\alpha)$$

ただし，$\cos\alpha = \dfrac{a}{\sqrt{a^2+b^2}}$，$\sin\alpha = \dfrac{b}{\sqrt{a^2+b^2}}$

**[三角関数の極限]**

$$\lim_{x\to 0}\frac{\sin x}{x} = 1$$

微分法の詳細は次章で学ぶが，ここでは三角関数の微分だけ示しておく．

**[三角関数の微分]**

$$\frac{d(\sin x)}{dx} = \cos x$$

$$\frac{d(\cos x)}{dx} = -\sin x$$

$$\frac{d(\tan x)}{dx} = \frac{1}{\cos^2 x}$$

[例 1.1]　ばねの付いた質点の運動は，高校物理で学んでいる．図 1.11 に示すように質点の質量が $m$，位置が $x(t)$，ばね係数が $k$ である時，その運動方程式は以下のように与えられる．

$$m\frac{d^2x}{dt^2} = -kx \tag{1.3}$$

この時，(1.3)式の解（質点の挙動）は以下の式で与えられることが知られている.

$$x(t) = \alpha \sin(\sqrt{\frac{k}{m}}t + \beta) \tag{1.4}$$

ただし，$\alpha, \beta$は適当な定数である．この解の導出方法は本書第 4 章で学ぶが，この解が(1.3)式を満たすことは上述の三角関数の微分を用いれば確認することはできる．これを確認せよ．

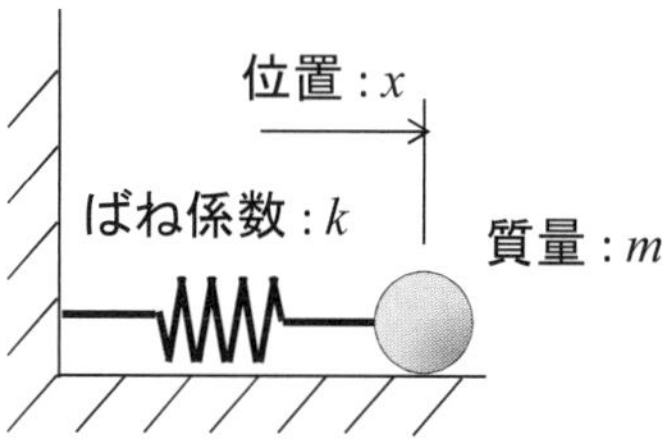

図 1.11 ばねの振動の例

(解答)

(1.4)式で与えられた $x$ を $t$ に関して微分し，一階微分と二階微分を求めるとそれぞれ以下のようになる.

$$\frac{dx}{dt}=\alpha\sqrt{\frac{k}{m}}\cos\left(\sqrt{\frac{k}{m}}t+\beta\right)$$

$$\frac{d^2x}{dt^2}=-\alpha\frac{k}{m}\sin\left(\sqrt{\frac{k}{m}}t+\beta\right)$$

得られた二階微分と(1.4)式を，(1.3)式に代入すれば確認することができる.

(1.3)式のような微分を含む方程式は，機械工学のあらゆる分野で見つけることができる．このような方程式を満たす解を求めることは，大学で学ぶ数学の内容であり，本書でも以降の章で学ぶ．ただし，(1.4)式のように得られた解が，与えられた方程式を満たすかどうかを確かめる作業は，高校数学の知識だけで充分に行うことができる.

### 1・2・3　指数関数・対数関数 (exponential and logarithmic functions)

1 ではない正の実数 $a$ を用いて，

$$y=a^x$$

と表される関数を指数関数という．一方，ある正の実数 $b$ に対して，

$$b=a^y$$

を満たす実数 $y$ を，$a$ を底とする $b$ の対数といい，$\log_a b$ と表現する.
特に，任意の変数 $x$ に対して，

$$y=\log_a|x|$$

を対数関数という.

指数関数や対数関数を扱う際に，工学的に特に重要な意味を持つのは自然対数の底 $e$ である．$e$ を底とする指数関数 $e^x$ と対数関数 $\log_e|x|$は，微分積分

と密接な関係を持ったものとして学ぶ．三角関数の場合と同様に，微分方程式を解く際に，もともと与えられていた方程式には指数関数や対数関数が含まれていなくとも，導き出された解には指数関数 $e^x$ や対数関数 $\log_e|x|$ が突如として現れることが多い．このため，指数関数 $e^x$ と対数関数 $\log_e|x|$ の特徴を覚えておくことが重要となってくる．以下に，指数関数と対数関数の特徴を示すが，指数法則以外は $e$ を底とすることを前提としている．

**[指数法則]**　$a>0$，$b>0$，$x,y$ を実数として，以下が成り立つ．

$$a^x a^y = a^{x+y} \qquad \left(a^x\right)^y = a^{xy} \qquad (ab)^y = a^x b^y$$

**[対数の基本的性質]**

$$\log_e 1 = 0 \qquad \log_e e = 1$$

$$\log_e|xy| = \log_e|x| + \log_e|y| \qquad \log_e\left|\frac{x}{y}\right| = \log_e|x| - \log_e|y|$$

$$\log_e|x|^y = y\log_e|x|$$

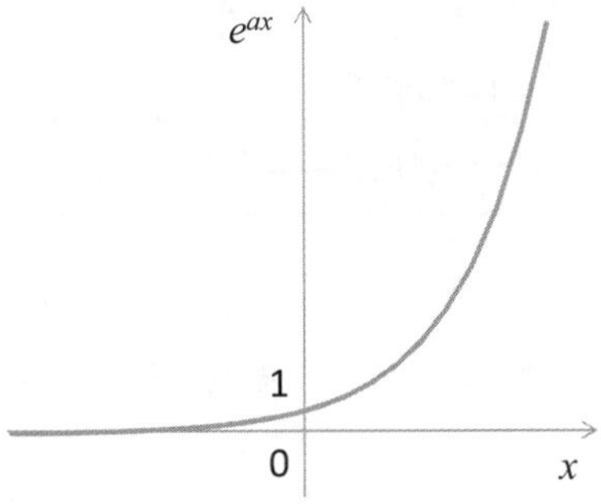


(a)　$a>0$ の場合

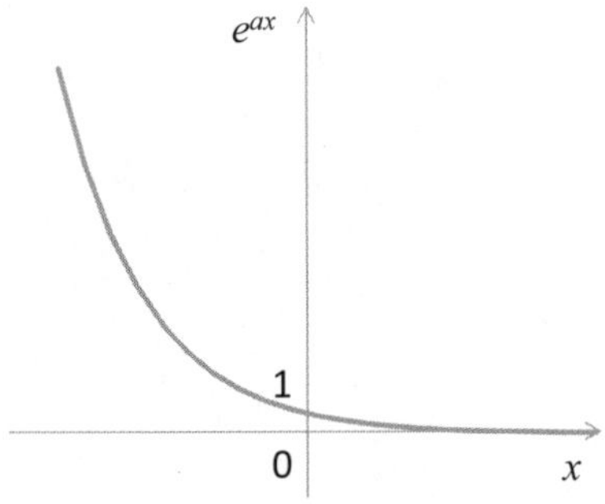


(a)　$a<0$ の場合

図 1.12 指数関数のグラフ

**[指数関数のグラフ]**

図 1.12 に $a$ を実定数としたときの指数関数 $e^{ax}$ のグラフの概形を示す．(a) が $a>0$ の場合であり，(b)が $a<0$ の場合である．$a$ の符号により，指数関数の形状が大きく変わることは，機械工学のみではなく，工学全般の様々なところで利用される．また，$x=0$ の時に 1 となる．一方，図 1.13 に対数関数のグラフの概形を示す．対数関数は $x=1$ の時に 0 となり，x 軸と交わる．

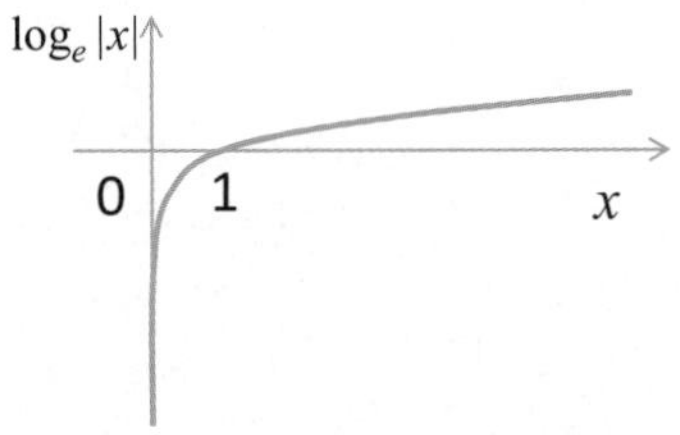


図 1.13 対数関数のグラフ

**[指数関数と対数関数の微分]**

$$\frac{d\left(e^x\right)}{dx} = e^x$$

$$\frac{d\left(\log|x|\right)}{dx} = \frac{1}{x}$$

$$\frac{d\left(\log_e|f(x)|\right)'}{dx} = \frac{1}{f(x)}\frac{df}{dx}$$

[例 1.2]　小惑星探査機「はやぶさ」が地球大気に突入するとき，輻射加熱等が急激に増大し，小惑星イトカワから採取した貴重なサンプルが入れられたカプセルの温度は 2 万℃にも達したらしい．落下する高度と温度の間には，指数関数を含む関係が存在し，急激な温度変化や材料特性の変化が生じる．このような指数関数を含む関係は機械工学の多くの分野でも観察される．ここで，以下のような最も簡単な形の指数関数を考える．

$$y = ba^x \tag{1.5}$$

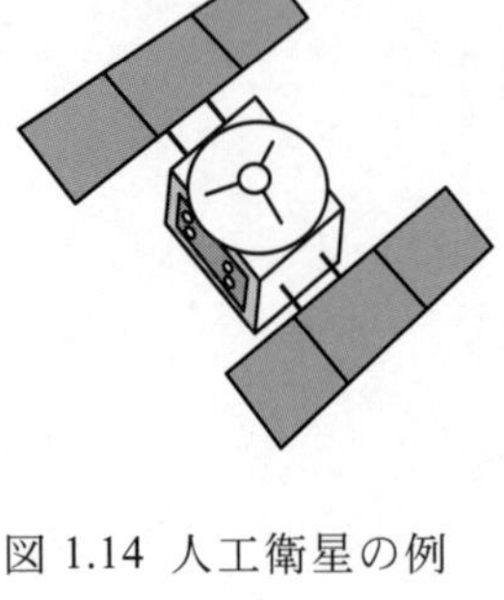

図 1.14 人工衛星の例

ただし，$a,b$ は適当な定数である．(1.5)式は指数関数であるが，両辺の対数をとることにより，1 次関数に書き換えることができる．(1.5)式を一次関数に書き換えよ．

(解答)

式(1.5)の両辺を対数にすると,

$$\log y = \log\left(ba^x\right) = \log b + x\log a$$

が得られる. $Y = \log y$ , $A = \log a$ , $B = \log b$ とおくことにより,

$$Y = Ax + B$$

のように 1 次関数で表される. この例では, 一次関数にした場合, $y$ は対数となって一次関数に現れる. 例えば, 図 1.15 の上図は (1.5)式で表される現象の計測されたデータの例であるが, $y$ のみを対数に取ってグラフにしたものが下図である. このように, 上図では分からなかったデータの内容が下図では明らかになり, 近似直線を引くこともできるようになる. 物理現象をモデリングした場合に数式の中に指数が含まれてくることが多く, このような場合には対数を用いることで一次関数などの多項式の関数に置き換えることができるようになる.

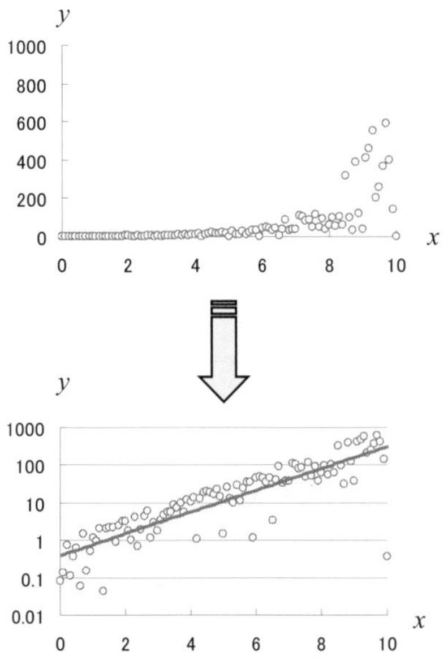


図 1.15 対数の利用の例

[例 1.3] 図 1.16 のように車の位置 $x(t)$が常に計測可能であり, また速度 ($v=dx/dt$)を指定できる車がある. ここで, この車を目標位置 $x_d$ に止めることを考える. このとき, 以下のルールにより算出される速度を車に与えるものとする.

$$v = x_d - x \tag{1.6}$$

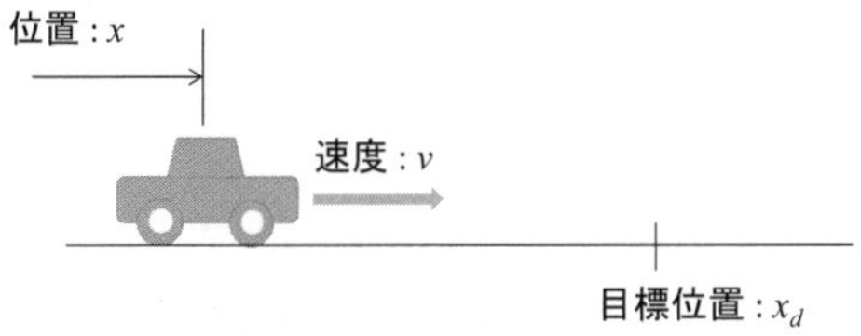


図 1.16 車の制御の例

このルールは, 目標位置から車が遠ければ速い速度で移動し, 目標位置が近くなれば速度を遅くすることを意味する. この (1.6)式の解 (車の挙動) は, 以下の式で与えられることが知られている.

$$x(t) = x_d + ce^{-t} \tag{1.7}$$

ただし, $c$ は適当な定数である. この解の導出方法も本書第 4 章で学ぶこととなるが, この解が(1.6)式を満たすことの確認だけは, 上述の高校数学のみの知識で可能である. これを確認せよ.

(解答)

(1.7)式で与えられた $x$ を $t$ に関して微分し, 一階微分を求めると以下のようになる.

$$\frac{dx}{dt} = -ce^{-t}$$

この式と(1.7)式を, (1.6)式に代入すれば確認することができる.

### 1・2・4　複素数 (complex numbers)

本書を読むに当たり，多項式の因数分解と分数関数の部分分数展開が各種の公式の証明や問題の解法で必要となる．特に，高校数学では因数分解後に実数のみが係数となる場合を多く扱っていたが，大学での基礎数学では，係数に複素数が出てくることが特徴となる．そこで，ここではまず複素数を復習する．

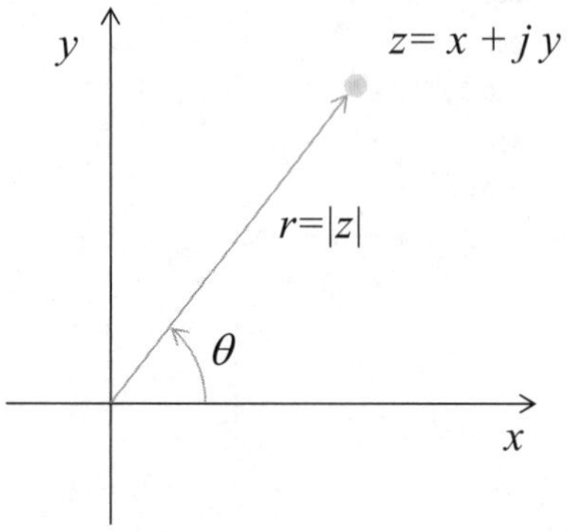


図 1.17 複素平面

> オイラーの公式
> (Euler's formula)
> 高校数学では、三角関数と指数関数は，異なる別々の関数として学ぶが、複素数を用いた場合、これらの関数が以下のように非常に密接な関係を持つことを大学では学ぶ。
>
> $e^{jx}=\cos x+j\sin x$
>
> $e^{-jx}=\cos x-j\sin x$
>
> この公式は、オイラーの公式と呼ばれ、この公式から、三角関数は以下のようにも表すことができる。
>
> $\cos x=\frac{1}{2}\left(e^{jx}+e^{-jx}\right)$
>
> $\sin x=\frac{1}{2j}\left(e^{jx}-e^{-jx}\right)$

複素数 $z$ は，2つの実数 $x,y$ と虚数単位 $j\left(j^2=-1\right)$を用いて，

$$z=x+jy$$

と表される数であり，$x$ を実部(real part)，$y$ を虚部(imaginary part)と呼び，

$$x=\mathrm{Re}(z)$$
$$y=\mathrm{Im}(z)$$

と記述する．なお，高校数学では，虚数単位に $i$ を用いるが，本書では $j$ を用いている．複素数の主な性質を以下に示す．

**[複素数の四則演算]**　2つの複素数 $z_1,z_2$ に対して，以下が成り立つ．

$$z_1\pm z_2=(x_1\pm x_2)+j(y_1\pm y_2)$$
$$z_1z_2=(x_1x_2-y_1y_2)+j(x_1y_2+x_2y_1)$$
$$\frac{z_2}{z_1}=\frac{(x_1x_2+y_1y_2)+j(x_1y_2-x_2y_1)}{x_1^2+y_1^2}$$

**[共役複素数]**　$z=x+jy$ に対して，$x-jy$ を $z$ の共役複素数(conjugate)と呼ぶ．

**[複素数の絶対値]**　$z=x+jy$ に対して，$|z|=\sqrt{x^2+y^2}$ を $z$ の絶対値（absolute value）と呼ぶ．

**[複素平面]**　図 1.17 に示すように，$z=x+jy$ をベクトルのように扱い，横軸に実部 $x$，縦軸に虚部 $y$ をとった平面を複素平面(complex plane)と呼ぶ．

**[複素数の極(座標)表示]**　複素平面上の $z=x+jy$ に対して，絶対値を $r=|z|=\sqrt{x^2+y^2}$，$x$ 軸とのなす角度を $\theta$ とすれば，複素数 $z$ は以下のようにも表現できる．

$$z=r(\cos\theta+j\sin\theta)$$

これを複素数の極座標表示(polar form)と呼ぶ．

### 1・2・5　部分分数展開 (partial fraction expansion)

最後に，以下の分数関数を考える．

$$\frac{1}{x^2 + a_1 x + a_0}$$

分数関数の場合，因数分解を使って以下のように複数の分数に分解できる．

$$\frac{1}{x^2 + a_1 x + a_0} = \frac{1}{(x-\alpha)(x-\beta)} = \frac{c_1}{x-\alpha} + \frac{c_2}{x-\beta}$$

ただし，$c_1$，$c_2$は，

$$c_1 = \frac{1}{\alpha - \beta}$$
$$c_2 = \frac{1}{\beta - \alpha}$$

である．このように，分数関数を複数の分数関数の和に分解することを部分分数展開と呼ぶ．

[例 1.4]　以下の分数関数を部分分数展開せよ．

$$\frac{1}{\mathrm{x}^2 + 2\mathrm{x} + 2}$$

(解答)　まず，分母=0 ($\mathrm{x}^2 + 2\mathrm{x} + 2 = 0$) の解を求めると，$\mathrm{x} = -1 \pm \mathrm{j}$となり，これを用いて，

$$\frac{1}{\mathrm{x}^2 + 2\mathrm{x} + 2} = \frac{1}{(\mathrm{x}+1+\mathrm{j})(\mathrm{x}+1-\mathrm{j})}$$
$$= \frac{\mathrm{j}/2}{\mathrm{x}+1+\mathrm{j}} - \frac{\mathrm{j}/2}{\mathrm{x}+1-\mathrm{j}}$$

となる．

### 1・2・10　さぁ，大学で学ぶ基礎数学へ

以上で本書に必要な関数の復習を終わる．もちろん，ここで復習した内容は高校数学で学ぶ関数の全てではなく，機械工学，特に本書を読むに当たり必要となるであろう内容にとどめている．また，機械工学で重要な役割を担う「微分積分」やベクトルなどの「線形代数」については，本書で詳しく述べられているため，ここでは説明を省いている．次章から大学で学ぶ基礎数学の世界となるが，次章以降では，時に複雑な式展開に見える場合も出てくる．しかし，その多くが本章で示した関数を組み合わせたものから始まっていることに留意して読み進めていただきたい．

# 第 2 章

# 機械工学のための大学数学入門

# Introductory College Mathematics for Mechanical Engineering

本章はこれから機械工学を学ぶ学部 1 年生等の初学者を対象とした数学学習に対する入門編である．高校までの知識に基づき，微分積分，線形代数，確率統計に関する導入部の解説を行う．また，3 章以降のより高度な数学に対する理解が円滑に行われるように，機械技術とその背後に存在する数学との関係を図解入りの応用例で示す．

## 2・1　微分積分 (Calculus)

材料力学では，積分によって断面 2 次モーメントが計算され(材料力学 p.72)，熱力学では，熱流束を求めるためには，フーリエの法則を用い温度勾配を計算しなくてはならない(熱工学 p.23)．

断面 2 次モーメントの定義式

$$I = \int_A y^2 dA$$

$A$ は断面の全面積，$dA$ は中立軸から $y$ の距離にある断面の微小面積である．

熱流速の定義式

$$q = -k\frac{\partial T}{\partial y}$$

$T$ は温度，$k$ は熱伝導率である．

### 2・1・1　接線 (tangent)・法線 (normal)

図 2.1 のように流量が時間変化する管により注水されるタンクがある．水面の高さ $y$ は時間 $t$ の関数 $y = f(t)$ に従って増加する．$t$ がある時間 $t_0$ から $t_0+\Delta t$ まで変化するときの時間 $\Delta t$ の間での水面の変化の割合(平均変化率)は，

$$\frac{f(t_0+\Delta t)-f(t_0)}{\Delta t} \tag{2.1}$$

である．これは，図 2.2 の 2 点 $P_1$ $(t_0, f(t_0))$，$P_2$ $(t_0+\Delta t, f(t_0+\Delta t))$を通る直線の傾きであり，$\Delta t \to 0$ のとき直線 $P_1$ $P_2$ は接線 $P_1$ $P_3$ に限りなく近づき，微分係数 (differential coefficient)

$$f'(t_0) = \lim_{h \to 0}\frac{f(t_0+\Delta t)-f(t_0)}{\Delta t} \tag{2.2}$$

は直線 $P_1$ $P_3$ の傾きを表す．つまり，微分係数 $f'(t_0)$ は点$(t_0, f(t_0))$における接線の傾きであり，時間 $t = t_0$ における水面高さの増加速度を表す．曲線 $y = f(t_0)$ 上の点 $P_1$ $(t_0, f(t_0))$における接線の方程式は，$P_1$ を通ることと傾きが $f'(t_0)$ であることから，

$$y - f(t_0) = f'(t_0)(t - t_0) \tag{2.3}$$

で与えられる．また，この接線に対し垂直な直線 $P_1$ $P_4$ を，点 $P_1$ における法線という．曲線 $y = f(x)$上の点 $P_1$ $(t_0, f(t_0))$における法線の方程式は，

$$y - f(a) = -\frac{1}{f'(a)}(x - a) \tag{2.4}$$

で与えられる．

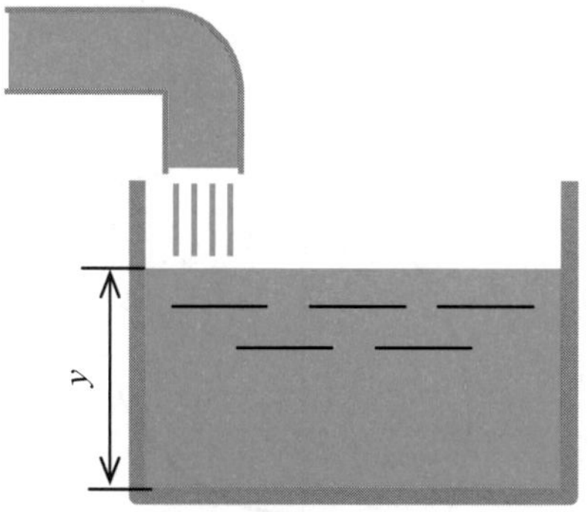


図 2.1　注水されるタンクの水面の高さ $y$

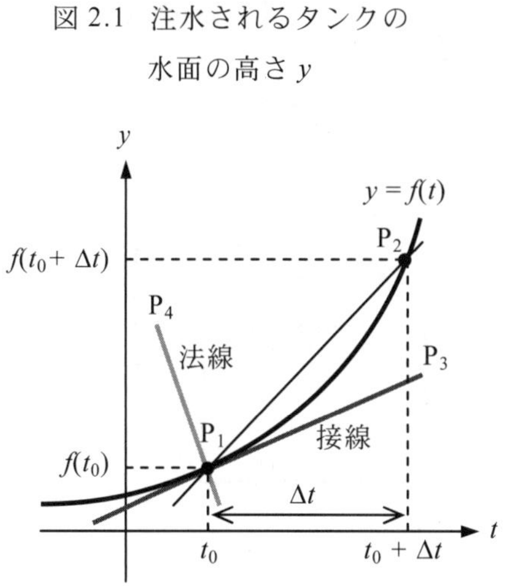


図 2.2　水面の高さ $y$ の時間変化

[例 2.1] 曲線 $y = x^3 - 3x^2$ 上の点 $P(1, -2)$における接線と法線の方程式を求める．$y' = 3x^2 - 6x$ であるので，$x = 1$ における $y'$ の値は $-3$ であり，接線の傾きは $-3$，法線の傾きは 1/3 となる．

接線の方程式は，

$$y - (-2) = -3(x-1),\quad y = -3x + 1$$

法線の方程式は，

$$y-(-2)=\frac{1}{3}(x-1)\ ,\quad y=\frac{1}{3}x-\frac{7}{3}$$

となる．

### 2・1・2　合成関数の微分法 (chain rule of differentiation)

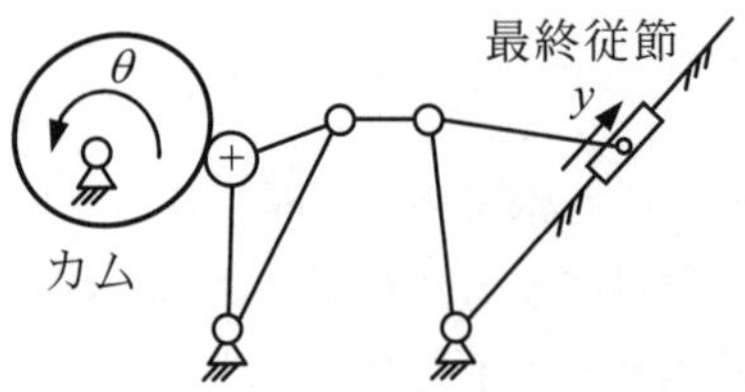


図 2.3　リンク機構を含むカム機構(機構学 p.91 参照)

図 2.3 に示されるように，時刻 $t_0$ から $t_h$ の間に，最終従節が位置 $y_0$ から $y_h$ まで動き，カム軸の回転角が $\theta_0$ から $\theta_h$ まで回転するリンク機構を含むカム機構を考える．この場合，カム曲線の正規時間 $T=(t-t_0)/t_h$ が定義される(機構学，p.91)．最終従節の変位 $y$ は正規時間 $T$ の関数 $y=f(T)$ であり，また正規時間 $T$ は時間 $t$ の関数 $T=g(t)$ である． $T=g(x)$ を $y=f(T)$ に代入してできる最終従節の位置は時間の関数 $y=f(g(t))$ で表せ，これを $y=f(T)$ と $T=g(t)$ の合成関数(composite function)という．関数 $y=f(T)$， $T=g(t)$ がともに微分可能な関数であるとき，最終従節の速度 $dy/dt$ に対し，次式が成り立つ．

$$\frac{dy}{dt}=\frac{dy}{dT}\frac{dT}{dt} \tag{2.5}$$

［例 2.2］ $y=\sqrt{u}$ と $u=x^2+4x-5$ の合成関数 $y=\sqrt{x^2+4x-5}$ を微分する．

$\frac{dy}{du}=\frac{1}{2\sqrt{u}}$， $\frac{du}{dx}=2x+4$ である．

$$\frac{dy}{dx}=\frac{dy}{du}\frac{du}{dx}=\frac{1}{2\sqrt{u}}\cdot(2x+4)=\frac{x+2}{\sqrt{x^2+4x-5}}$$

### 2・1・3　対数微分法 (logarithmic differentiation)

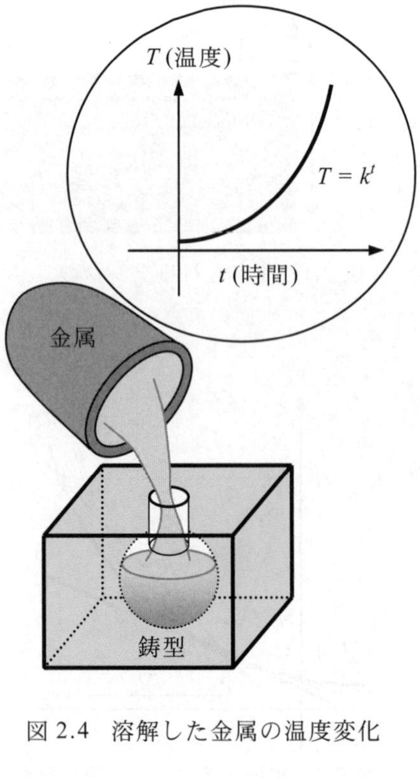


図 2.4　溶解した金属の温度変化

図 2.4 のように，時間 $t$ の関数 $T=k^t$ に従い変化する金属の温度 $T$ について時間変化率 $T'$ を求める．両辺の対数をとれば，

$$\log T=\log k^t\ ,\quad \log T=t\log k \tag{2.6}$$

となる．両辺を $t$ で微分すると，

$$\frac{T'}{T}=\log k\ ,\quad T'=T\log k=k^t\log k \tag{2.7}$$

が得られる．この例のように両辺の自然対数をとり，微分する方法を対数微分法(logarithmic differentiation)という．

［例 2.3］ 対数微分法により $y=x^{\sin x}$ を微分する．

$y=x^{\sin x}$ の両辺の対数をとり，

$$\log y=\log x^{\sin x}\ ,\quad \log y=\sin x\log x$$

両辺を微分すれば，

$$\frac{y'}{y}=\cos x\log x+\sin x\cdot\frac{1}{x}$$

$$y'=y\left(\cos x\log x+\frac{\sin x}{x}\right)=x^{\sin x}\left(\cos x\log x+\frac{\sin x}{x}\right)$$

が得られる．

### 2・1・4　逆関数の微分 (differentiation of the inverse function)

入力 $x$ と出力 $y$ との関係を表す関数 $y=f(x)$ が微分可能であり，$f'(x)\neq 0$ とし，$y=f(x)$ の逆関数が $x=g(y)$ のとき，逆関数は微分可能であって，

$$\frac{dy}{dx}=1\bigg/\frac{dx}{dy} \tag{2.8}$$

が成り立つ．例えば，温度 $T$ と体積 $v$ との関係を表す状態方程式 $T=f(v)$ から，定圧変化を求めるとき，$(\partial v/\partial T)_p=1/(\partial T/\partial v)_p$ のように逆関数の微分を用いる(熱力学 p.98)．

**逆関数の微分の例**

ファン・デル・ワールスの状態方程式

$$T=\frac{1}{R}\left(p+\frac{a}{v^2}\right)(v-b)$$

から

$$\left(\frac{\partial v}{\partial T}\right)_p=\frac{1}{\left(\frac{\partial T}{\partial v}\right)_p}=\frac{1}{T}\frac{RT}{p-\frac{a}{v^2}+\frac{2ab}{v^3}}$$

が求まる．

［例 2.4］逆正弦関数 $y=\sin^{-1}x\quad(-\pi/2<y<-\pi/2)$ の微分を求める．

$-\pi/2<y<-\pi/2$ において $\cos y>0$ であるから，$x=\sin y$ について，

$$\frac{dx}{dy}=\cos y=\sqrt{1-\sin^2 y}=\sqrt{1-x^2}$$

ゆえに，

$$\left(\sin^{-1}x\right)'=\frac{1}{\sqrt{1-x^2}}\qquad -1<x<1$$

また，

$$\left(\cos^{-1}x\right)'=-\frac{1}{\sqrt{1-x^2}} \tag{2.9}$$

$$\left(\tan^{-1}x\right)'=\frac{1}{1+x^2} \tag{2.10}$$

も同様に求められる．

### 2・1・5　媒介変数表示の微分 (derivatives of parametric equations)

図 2.5 のように，半径 1 のタイヤに対し地面との接点に目印をつけて，転がすと，その点はタイヤの角度 $\theta$ を媒介変数として $x=\theta-\sin\theta$，$y=1-\cos\theta$ で表されるサイクロイド曲線を描く．このサイクロイド曲線は歯車の形状等に利用されている(機構学 p.118)．このように，変数 $\theta$ を媒介し曲線が

$$x=f(\theta),\quad y=g(\theta) \tag{2.11}$$

で表されるとき，式(2.11)を関数 $y=F(x)$ の媒介変数表示という．$x=f(\theta)$ の逆関数を $\theta=h(x)$ とすると，合成関数 $y=g(h(x))$ が得られる．ただし，$dx/d\theta\neq 0$ である．合成関数の微分の式(2.5)と逆関数の微分の式(2.8)とを用いると，媒介変数表示の微分，

$$\frac{dy}{dx}=\frac{dy}{d\theta}\bigg/\frac{dx}{d\theta},\qquad \frac{dx}{d\theta}\neq 0 \tag{2.12}$$

が得られる．

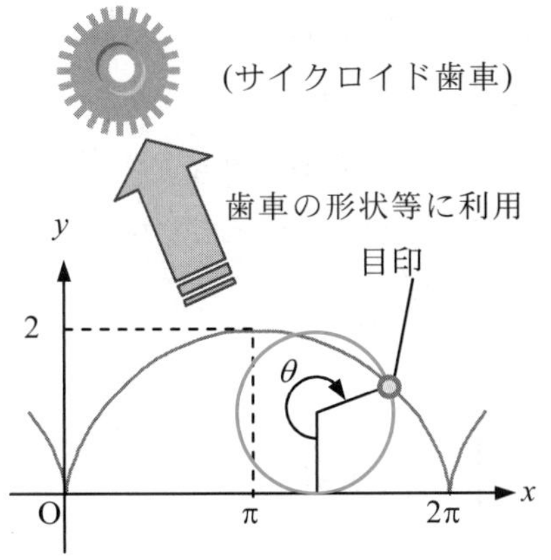


図 2.5　サイクロイド曲線

［例 2.5］サイクロイド $x=\theta-\sin\theta$，$y=1-\cos\theta$ について $\dfrac{dy}{dx}$ を求める．

$$\frac{dx}{d\theta}=1-\cos\theta,\quad \frac{dy}{d\theta}=\sin\theta,\quad \frac{dy}{dx}=\frac{\sin\theta}{1-\cos\theta}$$

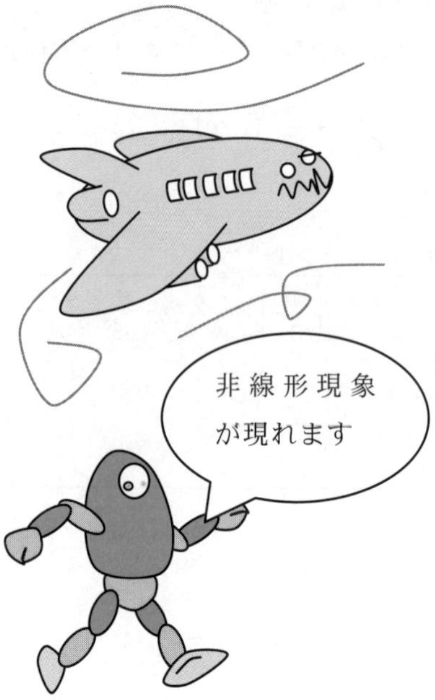


図 2.6　航空機・ロボットの制御

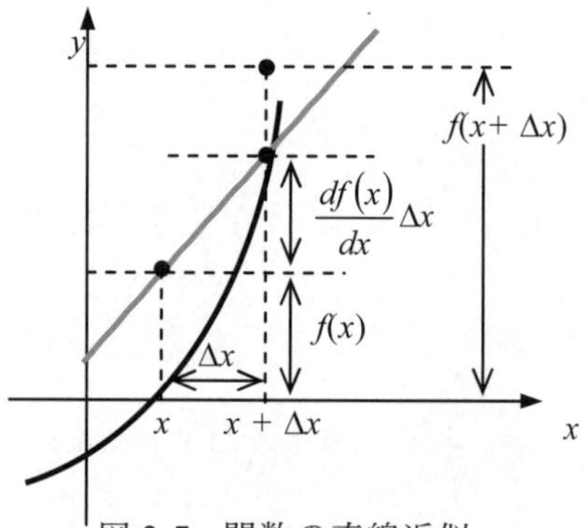


図 2.7　関数の直線近似

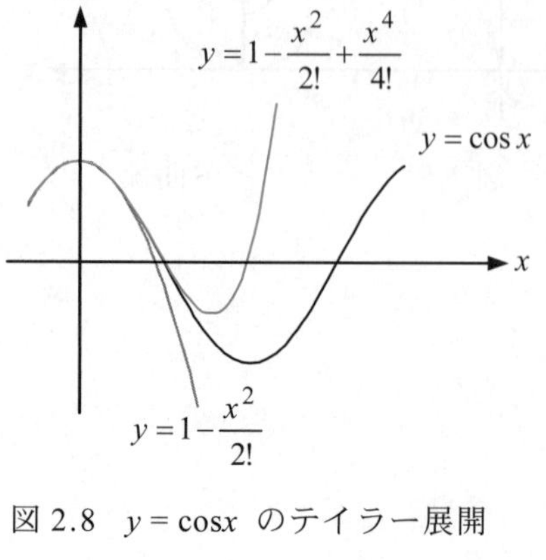


図 2.8　$y=\cos x$ のテイラー展開

### 2・1・6　テイラー展開 (Taylor expansion)

図 2.6 に示すように，航空機やロボットなどの機械システムは何らかの非線形現象を示すが，テイラー展開等により線形モデルを得ることで，制御系は設計される(制御工学 p.11)．テイラー展開は，関数の高階微分を係数とする多項式の無限級数を使い，関数をある点の近傍で表現する方法である．1 変数関数 $f(x)$に対して，$\Delta x$ を小さな値に選び，$f(x+\Delta x)$ を

$$f(x+\Delta x)=f(x)+\frac{df(x)}{dx}\Delta x+\frac{1}{2!}\frac{d^2 f(x)}{dx^2}\Delta x^2+\cdots+\frac{1}{n!}\frac{d^n f(x)}{dx^n}\Delta x^n+\cdots \quad (2.13)$$

と書く．これを，$f(x)$の $x$ まわりのテイラー級数(Taylor series)とよぶ．ここで，

$\frac{d^n f(x)}{dx^n}$ は $x$ における $n$ 階の微分係数，$n!$は階乗であり，$n!=n\cdot(n-1)\cdots 3\cdot 2\cdot 1$ を表す．$\Delta x$ は微小量を考えているので，係数が有限であれば式(2.13)は高次の項になればなるほど値が小さくなると期待される．したがって，式(2.13)を $\Delta x$ のある次数のところで打ち切ることは，$f(x+\Delta x)$ の値を $\Delta x$ の多項式で近似することと考えることができる．例えば，右辺の第 2 項までを考えると，

$$f(x+\Delta x)\approx f(x)+\frac{df(x)}{dx}\Delta x \quad (2.14)$$

となる．これは図 2.7 に示すように，$x$ の位置から傾き $\frac{df(x)}{dx}$ の直線($x$ での接線になっている)で $f(x+\Delta x)$ の値を近似したことに相当する．図 2.8 のように，$\Delta x$ の 2 次の項，3 次の項，4 次の項と取っていくと $x$ の近くでは次第に近似の度合いが良くなっていく．テイラー級数が，関数の極大および極小に結びつくことは，以下のように説明できる．例えば，式(2.13)の右辺の第 3 項までを考えると，

$$f(x+\Delta x)\approx f(x)+\frac{df(x)}{dx}\Delta x+\frac{1}{2!}\frac{d^2 f(x)}{dx^2}\Delta x^2 \quad (2.15)$$

と書ける．関数 $f(x)$ が $x=x_0$ で極値を持つとし，$\frac{df(x_0)}{dx}=0$ を用いると，

$$f(x_0+\Delta x)-f(x_0)\approx\frac{1}{2}\frac{d^2 f(x)}{dx^2}\Delta x^2 \quad (2.16)$$

となる．したがって，$\Delta x$ は正にも負にもとれる微小の値であるが，$\Delta x^2>0$ より $\frac{d^2 f(x)}{dx^2}$ の符号が正ならば，$f(x_0+\Delta x)>f(x_0)$ となるので，$f(x_0)$ は極小値をとる．一方，$\frac{d^2 f(x)}{dx^2}$ の符号が負ならば，$f(x_0+\Delta x)<f(x_0)$ となって，$f(x_0)$ は極大値をとる．

[Example 2.6] Derive Taylor series of $f(x)=(1+x)^n$ $(n\neq 0)$ around $x=0$.

(Solution)

We have

$$\frac{d}{dx}(1+x)^n=n(1+x)^{n-1}$$

$$\frac{d^2}{dx^2}(1+x)^n = \frac{d}{dx}\frac{d}{dx}(1+x)^n = \frac{d}{dx}n(1+x)^{n-1} = n(n-1)(1+x)^{n-2}$$

$$\vdots$$

$$\frac{d^m}{dx^m}(1+x)^n = n(n-1)\cdots(n-m+1)(1+x)^{n-m}$$

Therefore, differential coefficients at $x = 0$ are

$$\frac{df(0)}{dx} = n$$

$$\frac{d^2 f(0)}{dx^2} = n(n-1)$$

$$\frac{d^m f(0)}{dx^m} = n(n-1)\cdots(n-m+1) = \frac{n!}{(n-m)!}$$

From the definition given by Eq. (2.13), we get

$$f(\Delta x) = f(0) + n\Delta x + \frac{n!}{(n-2)!2!}\Delta x^2 + \cdots + \frac{n!}{(n-m)!m!}\Delta x^m + \cdots .$$

なお，$\Delta x$ が小さいときの近似式，

$$(1+\Delta x)^n \approx 1 + n\Delta x$$

がしばしば用いられるが，これは上式のテイラー級数の 1 次の項までをとったものである．また，この例のように原点周りのテイラー級数のことをマクローリン展開(Maclaurin's expansion)とよぶ．なお，多変数関数に対するテイラー展開については，次章の 3・2・1 節を参照してもらいたい．

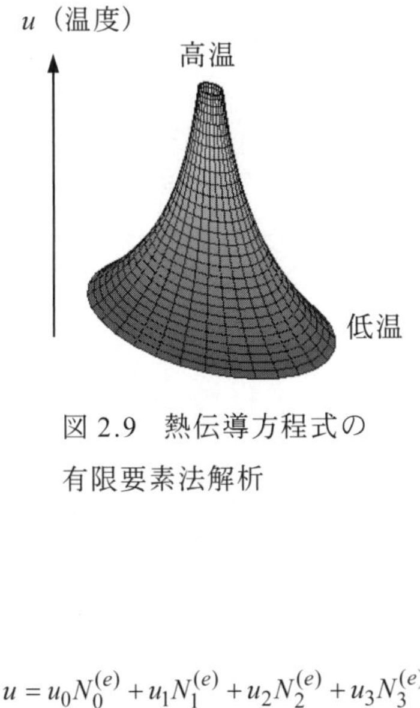

図 2.9　熱伝導方程式の有限要素法解析

### 2・1・7　部分積分法 (integration by parts)

図 2.9 に示されるように熱伝導方程式を有限要素法により数値解析し，得られた近似解 $u_i$ が，全ポテンシャルエネルギ(汎関数) $\Pi^{(e)}$ の最小値に相当すること，つまり，

$$\int N_i^{(e)} R_i(u_i)dx = 0 \quad \Leftrightarrow \quad \frac{\partial \Pi^{(e)}}{\partial u_i} = 0 \tag{2.17}$$

を導くためには，図 2.10 に示される形状関数 $N_i^{(e)}$ に対し，次式の部分積分法(integration by parts)が必要である(材料力学 p.182).

$$\int_\alpha^\beta \frac{\partial N_1^{(e)}}{\partial x}\frac{\partial N_2^{(e)}}{\partial x}dx = \left[ N_1^{(e)} \frac{\partial N_2^{(e)}}{\partial x} \right]_\alpha^\beta - \int_\alpha^\beta N_1^{(e)} \frac{\partial^2 N_2^{(e)}}{\partial x^2}dx \tag{2.18}$$

下記の微分について，

$$\{f(x)g(x)\}' = f'(x)g(x) + f(x)g'(x) \tag{2.19}$$

の両辺を積分すると，

$$f(x)g(x) = \int f'(x)g(x)dx + \int f(x)g'(x)dx \tag{2.20}$$

となる．右辺第 2 項を移項して，

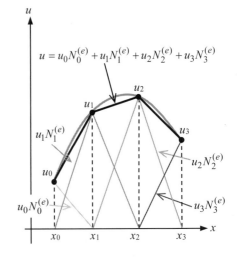

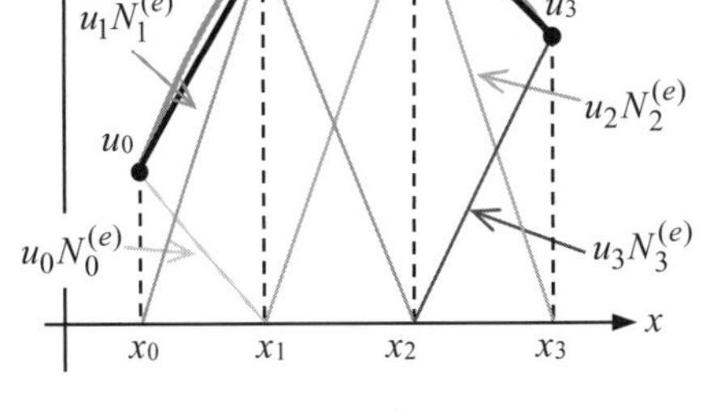

図 2.10　有限要素法の形状関数

$$\int f'(x)g(x)dx = f(x)g(x) - \int f(x)g'(x)dx \tag{2.21}$$

が得られる．これを部分積分法とよぶ．

［例 2.7］不定積分 $\int \cos^{-1} x dx$ を求める．

$$\int \cos^{-1} x dx = x\cos^{-1} x - \int x\left(\cos^{-1} x\right)' dx = x\cos^{-1} x + \int \frac{x}{\sqrt{1-x^2}} dx$$
$$= x\cos^{-1} x - \sqrt{1-x^2}$$

### 2・1・8　置換積分法(integration by substitution)

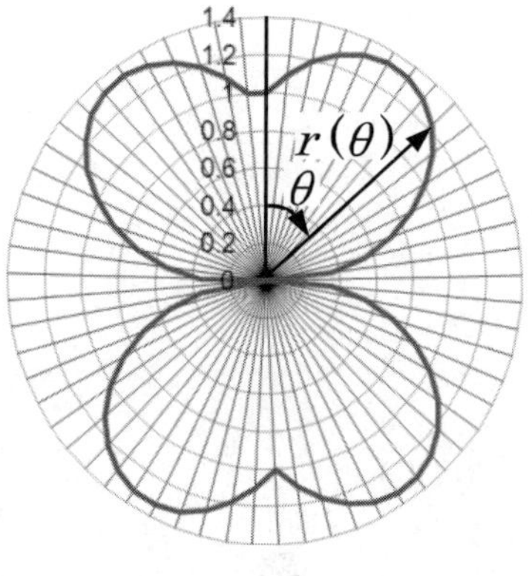


図 2.11　半径 $r(\theta)=|\sin\theta|\left(\sqrt{|\cos\theta|}\right)^3+\sqrt{|\cos\theta|}$ の図形

図 2.11 のように角度 $\theta$ の関数として半径 $r(\theta)=|\sin\theta|\left(\sqrt{|\cos\theta|}\right)^3+\sqrt{|\cos\theta|}$ の図形を考える．この図形の面積を求めるためには，以下の置換積分法(integration by substitution)が必要になる．微分可能な関数 $t=\varphi(x)$ と $F(t)=\int f(t)dt$ について，合成関数の微分公式(2.5)を用いると，

$$\frac{dF(t)}{dx} = \frac{d}{dt}\left(\int f(t)dt\right)\cdot\frac{dt}{dx} = f(t)\cdot\frac{dt}{dx} = f(\varphi(x))\varphi'(x) \tag{2.22}$$

となる．両辺を $x$ で積分すると，置換積分法

$$\int f(t)dt = \int f(\varphi(x))\varphi'(x)dx \tag{2.23}$$

が得られる．

［例 2.8］図 2.11 の図形の面積 $S=\frac{1}{2}\int_0^{2\pi} r(\theta)^2 d\theta$ を求める．

$x=\sin\theta$ とおくと，$dx=\cos\theta d\theta$ である．
$y=\cos\theta$ とおくと，$dy=-\sin\theta d\theta$ である．

$$\frac{1}{2}\int_0^{2\pi}\left(|\sin\theta|\left(\sqrt{|\cos\theta|}\right)^3+\sqrt{|\cos\theta|}\right)^2 d\theta = 2\int_0^{\pi/2}\left(\sin^2\theta\cos^3\theta\right)d\theta + 4\int_0^{\pi/2}\sin\theta\cos^2\theta d\theta$$
$$+2\int_0^{\pi/2}\cos\theta d\theta = 2\int_0^{\pi/2}\sin^2\theta\left(1-\sin^2\theta\right)\cos\theta d\theta + 4\int_0^{\pi/2}\cos^2\theta\sin\theta d\theta + 2[\sin\theta]_0^{\pi/2}$$
$$=2\int_0^1 x^2\left(1-x^2\right)dx - 4\int_1^0 y^2 dy + 2 = 2\left[\frac{1}{3}x^3-\frac{1}{5}x^5\right]_0^1 - 4\left[\frac{1}{3}y^3\right]_1^0 + 2 = \frac{4}{15}+\frac{4}{3}+2 = \frac{18}{5}$$

### 2・1・9　有理関数の積分 (integration of rational functions)

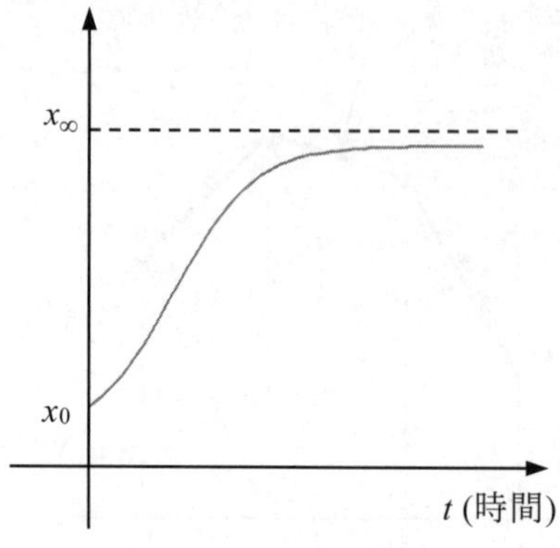


図 2.12　個体群の成長

食料が限られた状態での個体群の数 $x$ の成長モデルとして，

$$\frac{x_\infty + ax}{x(x_\infty - x)}\frac{dx}{dt} = b \tag{2.24}$$

が英国の数理生物学者スミスにより提案されている．図 2.12 は個体群 $x$ の時間変化を表す．ここで $x_\infty$ は飽和状態の個体数である．式(2.24)を変数分離形により解を求めるためには，$\int \frac{x_\infty + ax}{x(x_\infty - x)}dx$ の積分を求める必要がある．分母，分子が共に整式である関数 $\frac{f(x)}{g(x)}$ を有理関数(rational function)といい，分子の

次数が分母の次数より低い場合，以下に示す部分分数分解が有理関数の積分に有効である．

$$\frac{ax+b}{(x-\alpha)(x-\beta)}=\frac{A}{x-\alpha}+\frac{B}{x-\beta} \tag{2.25}$$

［例 2.9］不定積分 $\int \frac{x_\infty + ax}{x(x_\infty - x)}dx$ を求める．

$$\int \frac{x_\infty + ax}{x(x_\infty - x)}dx = \int\left(\frac{1}{x}+\frac{1+a}{x_\infty - x}\right)dx$$
$$= \log x + (1+a)\log(x_\infty - x) = \log x(x_\infty - x)^{1+a}$$

### 2・1・10　無理関数の積分 (integration of irrational functions)

$p(x)$，$q(x)$ が多項式であるとき，次式を無理関数(irrational function)という．

$$g(x)=\left(\frac{p(x)}{q(x)}\right)^{\frac{1}{n}} \tag{2.26}$$

無理関数の積分について，以下の公式が良く知られている．

$$\int \frac{1}{\sqrt{x^2+a}}dx = \log\left|x+\sqrt{x^2+a}\right| \tag{2.27}$$

$$\int \sqrt{x^2+a^2}\,dx = \frac{1}{2}\left(x\sqrt{x^2+a}+a\log\left|x+\sqrt{x^2+a}\right|\right) \tag{2.28}$$

$$\int \sqrt{a^2-x^2}\,dx = \frac{1}{2}\left(x\sqrt{a^2-x^2}+a^2\sin^{-1}\frac{x}{a}\right) \quad (a>0) \tag{2.29}$$

［例 2.10］不定積分 $\int \frac{1}{x\sqrt{x+4}}dx$ を求める．

$t=\sqrt{x+4}$ とおくと，$x=t^2-4$，$dx=2tdt$ である．

$$\int \frac{1}{x\sqrt{x+4}}dx = \int \frac{2t}{(t^2-4)\sqrt{t^2-4+4}}dt = 2\int\frac{1}{t^2-4}dt = \frac{1}{2}\int\left(\frac{1}{t-2}-\frac{1}{t+2}\right)dt$$
$$=\frac{1}{2}\left(\log|t-2|-\log|t+2|\right)=\frac{1}{2}\log\left|\frac{t-2}{t+2}\right|=\frac{1}{2}\log\left|\frac{\sqrt{x+4}-2}{\sqrt{x+4}+2}\right|$$

### 2・1・11　広義積分 (improper integral)

理想気体において，熱平衡状態にある速度 $x$ で運動する気体分子の分布関数は，図 2.13 に示されるように $f(x)=Ae^{-Bx^2}$ の形のマクスウェル分布で与えられる．このマクスウェル分布から運動量の平均値等を求めるためには，$\int e^{-Bx^2}dx$ を $-\infty$ から $\infty$ まで積分する必要がある．関数 $f(x)$ が $b$ を除いた区間 $[a,b]$ で連続であるとき，次式の右辺の極値で定義する積分を無限積分という．

$$\int_a^\infty f(x)dx = \lim_{b\to\infty}\int_a^b f(x)dx \tag{2.30}$$

また，次式の極限値が存在するとき，このような積分を異常積分という．

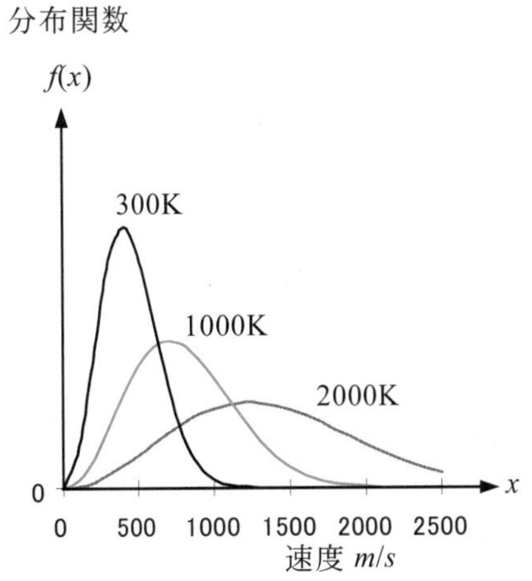


図 2.13　マクスウェル分布

> 注）温度が上昇するにつれ，平均速度が上昇することが，分布関数の変化から分かる．分布関数の値は気体分子の種類によって異なる．

$$\int_a^b f(x)dx = \lim_{\varepsilon \to +0} \int_{a+\varepsilon}^b f(x)dx \tag{2.31}$$

無限積分と異常積分をまとめて広義積分(improper integral)と呼ぶ．

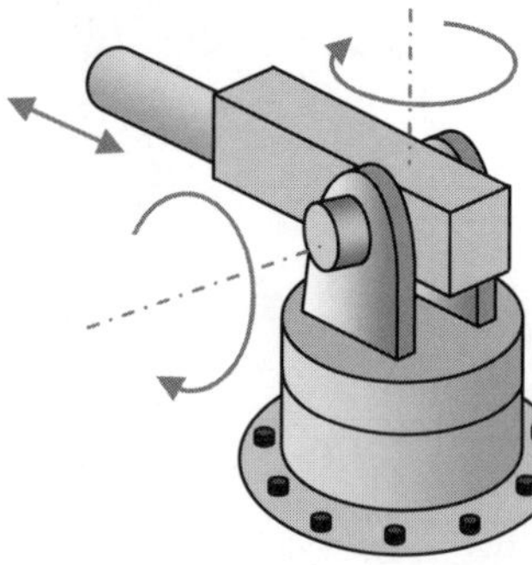

図 2.14　極座標ロボット

［例 2.11］ 無限積分 $\int_0^\infty e^{-x}dx$ を求める．

$$\int_0^\infty e^{-x}dx = \lim_{a\to\infty}\int_0^a e^{-x}dx = \lim_{a\to\infty}\left[-e^{-x}\right]_1^a = \lim_{a\to\infty}\left(-\frac{1}{e^a}+\frac{1}{e}\right) = \frac{1}{e}$$

［例 2.12］ 異常積分 $\int_0^1 \frac{1}{\sqrt{1-x^2}}dx$ を求める．

$$\int_0^1 \frac{1}{\sqrt{1-x^2}}dx = \lim_{\varepsilon\to+0}\int_0^{1-\varepsilon}\frac{1}{\sqrt{1-x^2}}dx = \lim_{\varepsilon\to+0}\left[\sin^{-1}x\right]_0^{1-\varepsilon}$$

$$= \lim_{\varepsilon\to+0}\left(\sin^{-1}(1-\varepsilon)+\sin^{-1}0\right) = \frac{\pi}{2}$$

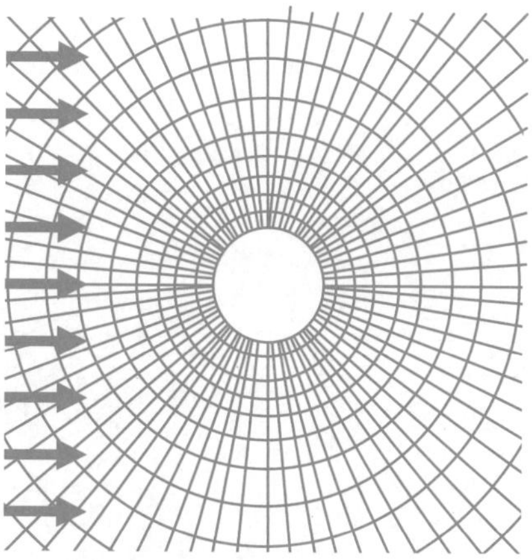

図 2.15　極座標を用いた
円柱周り流れ解析

### 2・1・12　極座標 (polar coordinates)

極座標 $(r,\theta)$ は，空間内での位置決めが極座標で示される回転関節と直動関節で構成される極座標ロボット(図 2.14)や，円柱周り流れの数値シミュレーション(図 2.15)等で普通に用いられる．極座標で表示された関数 $f(\theta)$ が閉区間［$\alpha, \beta$］で連続であり，$f(\theta)\geq 0$ とする．このとき，図 2.16 のように，極 O から出る半直線 $\theta=\alpha$，$\theta=\beta$ と，曲線 $r=f(\theta)$ で囲まれた図形の面積 S は

$$S = \frac{1}{2}\int_a^\beta r^2 d\theta = \int_a^\beta f(\theta)^2 d\theta \tag{2.32}$$

である．

［例 2.13］ カージオイド $r=a(1+\cos\theta)$　$(a>0)$　$\left(0\leq\theta\leq\frac{\pi}{2}\right)$ で囲まれた図形の面積 $S$ を求める．

$$S=\frac{1}{2}\int_0^{\pi/2}\{a(1+\cos\theta)\}^2 d\theta = \frac{a^2}{2}\int_0^{\pi/2}\left\{1+2\cos\theta+\frac{1}{2}(1+\cos 2\theta)\right\}d\theta$$

$$=\frac{a^2}{2}\left[\frac{3}{2}\theta+2\sin\theta+\frac{1}{4}\sin 2\theta\right]_0^{\pi/2} = a^2\left(\frac{3}{8}\pi+2\right)$$

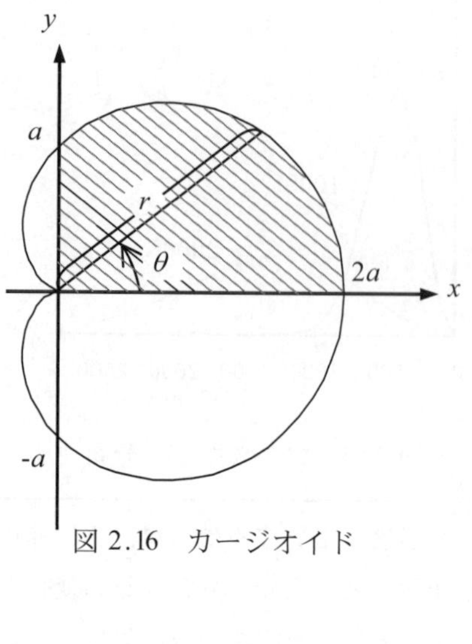


図 2.16　カージオイド

### 2・1・13　数列・級数 (series)

図 2.18 のように，自然対流が発生した容器内の温度分布は $T_1$, $T_2$, …, $T_n$, …と時々刻々変化し定常状態に至る．この時系列データ $T_n$ は，数列 $\{a_n\}$ として扱うことが出来，無限個の項が並んでいる場合，無限数列(infinite sequence)とよぶ．数列 $\{a_n\}$ において，$n$ が限りなく大きくなり，$a_n$ が定数 $\alpha$ に限りなく近づくならば，数列 $\{a_n\}$ は $\alpha$ に収束する(converge)，または，$\{a_n\}$ の極限値は $\alpha$ であるといい，次のように表す．

$$\lim_{n\to\infty} a_n = \alpha \quad \text{または} \quad a_n \to \alpha \qquad (n\to\infty) \tag{2.33}$$

［例 2. 14］ $\lim_{n\to\infty} 0.99^n = 0$

また，図 2.19 に示されるように，コンピュータを用い流体の数値シミュレーションをしていると，モニタ上に表示される時間$\Delta t$ 毎の値 $u_1$, $u_2$, …, $u_n$, …が急激に増大してしまうことがある．収束しない数列は発散する(diverge)といい，発散には以下の 3 つの場合がある．

(1) 正の無限大に発散する：$n\to\infty$ のとき $a_n\to\infty$ となり，次式で表される．

$$\lim_{n\to\infty} a_n = \infty \quad \text{または} \quad a_n \to \infty \quad (n\to\infty) \tag{2.34}$$

［例 2. 15］ $\lim_{n\to\infty} 1.01^n = \infty$

(2) 負の無限大に発散する：$n\to\infty$ のとき $-a_n\to\infty$ となり，次式で表される．

$$\lim_{n\to\infty} a_n = -\infty \quad \text{または} \quad a_n \to -\infty \quad (n\to\infty) \tag{2.35}$$

［例 2. 16］ $\lim_{n\to\infty}\left(1-1.01^n\right) = -\infty$

(3) 振動する：数列 $\{a_n\}$ が収束しないで，正の無限大にも負の無限大にも発散しない．

［例 2. 17］次の数列は振動する．

$-1,\ 1,\ -1,\ 1,\ -1,\ \cdots,\ (-1)^n,\ \cdots$

無限数列 $\{a_n\}_{n=1}^{\infty}$ が与えられたとき，各項を順に加えた式

$$\sum_{n=1}^{\infty} a_n = a_1 + a_2 + a_3 + \cdots + a_n + \cdots \tag{2.36}$$

を無限級数(infinite series)または簡単に級数(series)という．初項から第 $n$ 項までの和を第 $n$ 部分和((n th) partial sum)といい，

$$S_n = a_1 + a_2 + a_3 + \cdots + a_n \tag{2.37}$$

で表される．部分和 $S_n$ が作る数列 $\{S_n\}$ が $S$ に収束するとき，$S$ をその和といい，

$$\sum_{N=1}^{\infty} a_n = S \tag{2.38}$$

で表す．

［例 2. 18］級数 $\sum_{n=1}^{\infty}\frac{1}{n(n+1)}$ は収束し，和が 1 であることを確かめる．

部分分数分解，

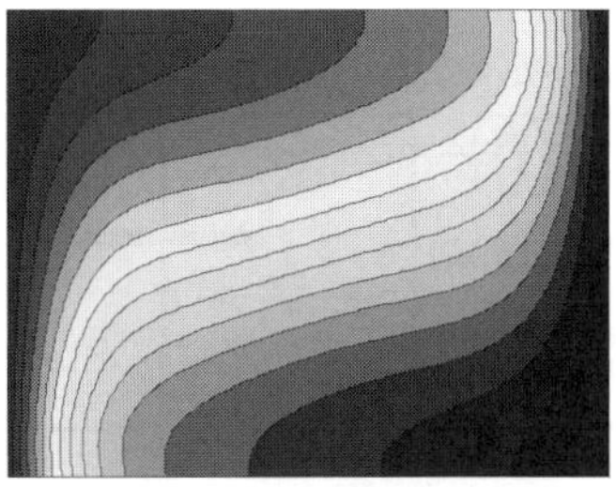

(a) 温度分布

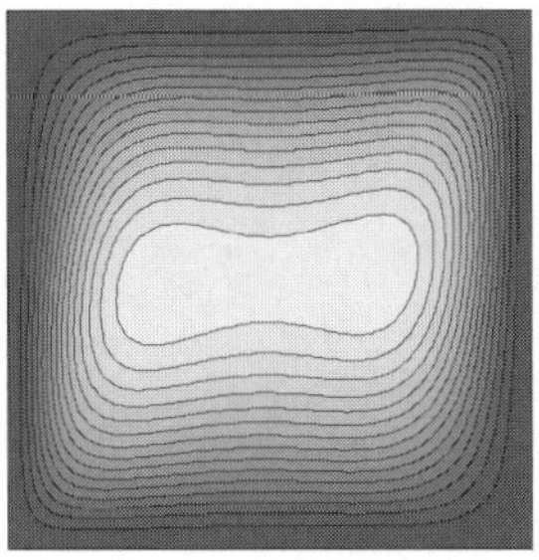

(b) 流れ関数分布

図 2.18　多孔質体内自然対流解析

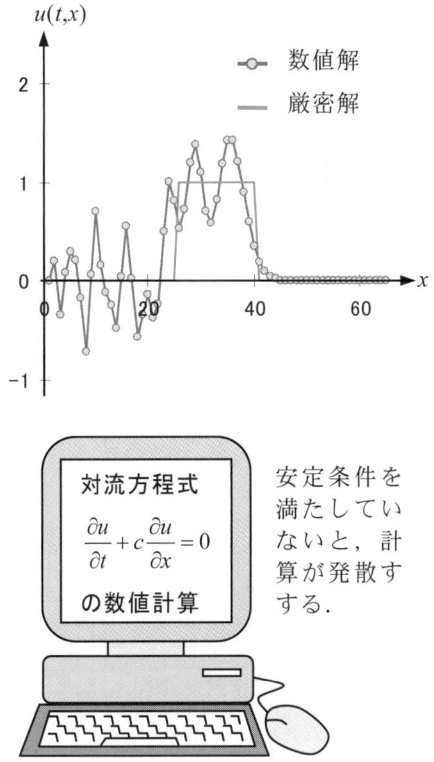


図 2.19　数値的不安定性

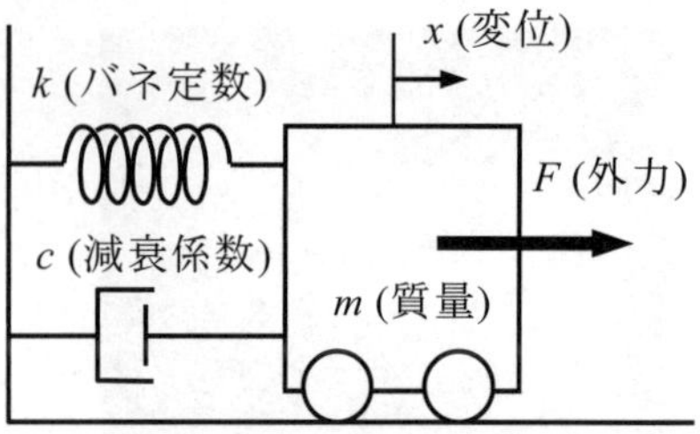


上図に示すバネ・マス・ダンパ系に対する運動方程式,

$m\ddot{x}+c\dot{x}+kx=F$

に対し,

$x_1=x$

$x_2=\dot{x}_1$

とおくと,

$m\dot{x}_2=-cx_2-kx_1+F$

となる. これを行列形式で表すと, 状態方程式,

$$\begin{bmatrix}\dot{x}_1\\ \dot{x}_2\end{bmatrix}=\begin{bmatrix}0 & 1\\ -k/m & -c/m\end{bmatrix}\begin{bmatrix}x_1\\ x_2\end{bmatrix}+\begin{bmatrix}0\\ F/m\end{bmatrix}$$

が得られる.

図 2.20　状態方程式

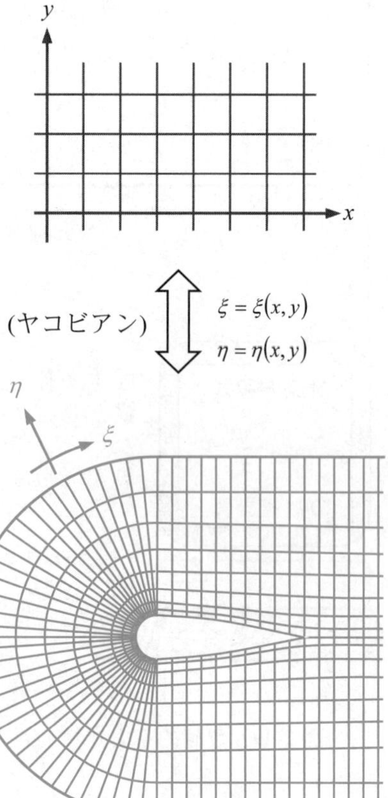


図 2.21　座標変換

$$\frac{1}{n(n+1)}=\frac{1}{n}-\frac{1}{n+1}$$

から, 第 $n$ 部分和は,

$$S_n=\left(1-\frac{1}{2}\right)+\left(\frac{1}{2}-\frac{1}{3}\right)+\cdots+\left(\frac{1}{n}-\frac{1}{n+1}\right)=1-\frac{1}{n+1}$$

である. 無限級数は

$$\lim_{n\to\infty}S_n=\lim_{n\to\infty}\left(1-\frac{1}{n+1}\right)=1,\quad \sum_{n=1}^{\infty}\frac{1}{n(n+1)}=1$$

初項 $a$, 交比 $r$ の等比数列(geometric series) $\{ar^{n-1}\}_{n=1}^{\infty}$ について, 次式を無限等比級数という.

$$\sum_{n=1}^{\infty}ar^{n-1}=a+ar+ar^2+\cdots+ar^{n-1}+\cdots\qquad(a\neq 0)\tag{2.39}$$

無限等比級数の初項から第 $n$ までの第 $n$ 部分和 $S_n$ は,

$$S_n=a+ar+ar^2+\cdots+ar^{n-1}=\frac{a(1-r^n)}{1-r}\tag{2.40}$$

であり, 無限等比級数は,

(i)　$|r|<1$ のとき, 収束し, その和は

$$\sum_{n=1}^{\infty}ar^{n-1}=\frac{a}{1-r}\tag{2.41}$$

(ii)　$|r|\geq 1$ のとき, 発散する.

［例　2.19］初項 3, 公比が $-\frac{1}{2}$ の無限等比級数は, $\left|-\frac{1}{2}\right|<1$ であるから, 収束し, その和は,

$$\sum_{n=1}^{\infty}3\left(-\frac{1}{2}\right)^{n-1}=\frac{3}{1+\frac{1}{2}}=2$$

## 2・2　線形代数 (Linear Algebra)

速度や加速度等を考慮しながらロケットの運動を制御するための状態方程式(図 2.20)には行列計算が必要であり, また, 旅客機の翼回りの流れの数値計算における座標変換(図 2.21)においてヤコビアンと呼ばれる行列式の計算が必要になる.

### 2・2・1　行列 (matrix)

数や文字を長方形に配置し,

$$\begin{bmatrix}3 & 2 & 1\\ 4 & 5 & 6\end{bmatrix}\text{または}\begin{pmatrix}3 & 2 & 1\\ 4 & 5 & 6\end{pmatrix}\tag{2.42}$$

のように括弧でくくったものを行列(matrix)といい, 1 つ 1 つの数や文字を行列の成分(element, component), 成分の横の並びを行, 縦の並びを列という.

$$A=\begin{bmatrix} a_{11} & a_{12} & \cdots & a_{1n} \\ a_{21} & a_{22} & \cdots & a_{2n} \\ \vdots & \vdots & & \vdots \\ a_{m1} & a_{m2} & \cdots & a_{mn} \end{bmatrix} \tag{2.43}$$

を $m$ 行 $n$ 列の行列，または $m\times n$ 行列という．$a_{ij}$ を第 $i$ 行第 $j$ 列の成分，または $(i, j)$ 成分という．上の行列を簡単に，$A$ と書くこともある．

### 2・2・2　色々な行列 (various matrices)

まず，$m\times n$ 行列 $A$ の行と列を入れ替えた $n\times m$ 行列を行列 $A$ の転置行列(transpose of matrix)と言い，$A^T$ または ${}^tA$ を用い，

$$A^T=\begin{bmatrix} a_{11} & a_{21} & \cdots & a_{m1} \\ a_{12} & a_{22} & \cdots & a_{m2} \\ \vdots & \vdots & & \vdots \\ a_{1n} & a_{2n} & \cdots & a_{mn} \end{bmatrix} \tag{2.44}$$

で表される．以下，特殊な形の行列をいくつか定義しておく．全ての要素が 0 の行列を零行列(zero matrix)とよび，$O$ (アルファベットの大文字のオー)で表し，

$$O=\begin{bmatrix} 0 & \cdots & 0 \\ \vdots & & \vdots \\ 0 & \cdots & 0 \end{bmatrix} \tag{2.45}$$

と書く．

$n\times n$ 行列を特に $n$ 次の正方行列(square matrix)と呼ぶ．正方行列の中で，

$$A=A^T \tag{2.46}$$

となっている行列を対称行列(symmetric matrix)という．すなわち，

$$a_{ij}=a_{ji} \quad (i=1,\cdots,n \quad j=1,\cdots,n) \tag{2.47}$$

である．

対角成分以外の要素が 0，すなわち

$$A=\begin{bmatrix} a_{11} & 0 & \cdots & 0 \\ 0 & a_{22} & \cdots & 0 \\ \vdots & \vdots & & \vdots \\ 0 & 0 & \cdots & a_{nn} \end{bmatrix} \tag{2.48}$$

となっている行列を対角行列(diagonal matrix)といい，

$$A=diag[a_{11},\cdots,a_{nn}] \tag{2.49}$$

と書く．特に，対角成分が全て 1 の対角行列は単位行列(unit matrix)といい，$I$ または $E$ を用い，

$$I=diag[1,\cdots,1] \tag{2.50}$$

で表される．また，

$$A^TA=AA^T=I \tag{2.51}$$

を満たす正方行列を直交行列(orthogonal matrix)という．この直交行列を

$$A=[\boldsymbol{a}_1,\boldsymbol{a}_2,\cdots,\boldsymbol{a}_n] \tag{2.52}$$

のように列ベクトル $\boldsymbol{a}_n$ に分解した場合，$\boldsymbol{a}_n$ は互いに直交し，ベクトルの大きさが 1(正規化)である．図 2.22 に正規直交基底の例を示す．

注）式(2.52)の直交行列

$A=[\boldsymbol{a}_1,\boldsymbol{a}_1,\cdots,\boldsymbol{a}_n]$

の列ベクトル

$\{\boldsymbol{a}_1,\boldsymbol{a}_1,\cdots,\boldsymbol{a}_n\}$

は，列ベクトルが互いに直交しており，ベクトルの大きさが 1 である．

列ベクトルの内積を求めると，式(2.51)で示された

$AA^T=I$

から

$(\boldsymbol{a}_i,\boldsymbol{a}_j)=\delta_{ij}$

となる．これを，正規直交基底とよぶ．

なお，記号 $\delta_{ij}$

$\delta_{ij}\begin{cases} 1 & (i=j) \\ 0 & (i\neq j) \end{cases}$

で定義され，クロネッカーのデルタとよばれる．

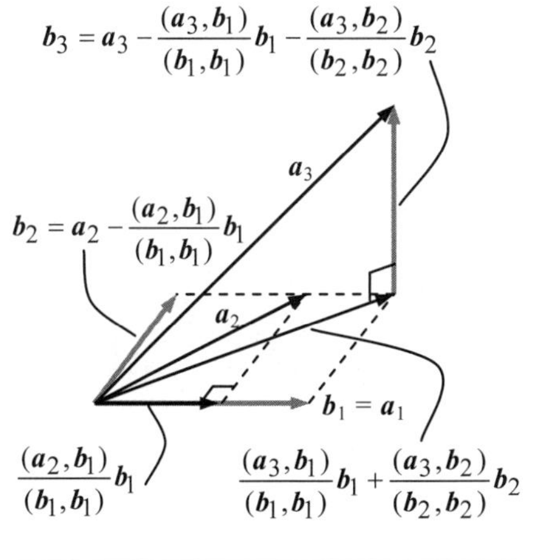


グラム・シュミットの正規直交化法を用いて，基底 $\{\boldsymbol{a}_1,\boldsymbol{a}_2,\boldsymbol{a}_3\}$ から直交系 $\{\boldsymbol{b}_1,\boldsymbol{b}_2,\boldsymbol{b}_3\}$ になおす。

$\boldsymbol{c}_k=\dfrac{\boldsymbol{b}_k}{\|\boldsymbol{b}_k\|}$ $(k=1,2,3)$ とおけば，$\{\boldsymbol{c}_1,\boldsymbol{c}_2,\boldsymbol{c}_3\}$ は正規直交系になる。

図 2.22　正規直交基底

### 2・2・3　行列の演算 (operation of matrix)

行列に対し，演算が以下のように定義される．

［1］等価(equal)：2つの $m \times n$ 行列 $A$，$B$ が等しいとは，各成分が全て等しいことである．すなわち，

$$A = B \iff a_{ij} = b_{ij} \left(i = 1, \cdots, m \quad j = 1, \cdots, n\right) \tag{2.53}$$

［2］和(sum)：2つの $m \times n$ 行列 $A$，$B$ に対する和を，各成分同士の和と定義する．もちろん結果も同じサイズの行列になる．すなわち，

$$\begin{aligned} C = A + B &= \begin{bmatrix} a_{11} & \cdots & a_{1n} \\ \vdots & & \vdots \\ a_{m1} & \cdots & a_{mn} \end{bmatrix} + \begin{bmatrix} b_{11} & \cdots & b_{1n} \\ \vdots & & \vdots \\ b_{m1} & \cdots & b_{mn} \end{bmatrix} \\ &= \begin{bmatrix} a_{11} + b_{11} & \cdots & a_{1n} + b_{1n} \\ \vdots & & \vdots \\ a_{m1} + b_{m1} & \cdots & a_{mn} + b_{mn} \end{bmatrix} \end{aligned} \tag{2.54}$$

［3］スカラー倍(scalar multiple)：任意の $m \times n$ 行列 $A$ に任意の実数 $c$ を掛けることは全成分を $c$ 倍することとする．結果も同じサイズの行列である．

$$cA = \begin{bmatrix} ca_{11} & \cdots & ca_{1n} \\ \vdots & & \vdots \\ ca_{m1} & \cdots & ca_{mn} \end{bmatrix} \tag{2.55}$$

［4］積(product)：$m \times n$ 行列 $A$，$n \times l$ 行列 $B$ の積を以下のように定義する．

$$\begin{aligned} AB &= \begin{bmatrix} a_{11} & \cdots & a_{1n} \\ \vdots & & \vdots \\ a_{m1} & \cdots & a_{mn} \end{bmatrix} \begin{bmatrix} b_{11} & \cdots & b_{1l} \\ \vdots & & \vdots \\ b_{n1} & \cdots & b_{nl} \end{bmatrix} \\ &= \begin{bmatrix} \sum_{i=1}^{n} a_{1i} b_{i1} & \cdots & \sum_{i=1}^{n} a_{1i} b_{il} \\ \vdots & & \vdots \\ \sum_{i=1}^{n} a_{mi} b_{i1} & \cdots & \sum_{i=1}^{n} a_{mi} b_{il} \end{bmatrix} \end{aligned} \tag{2.56}$$

また，この定義と行列の転置の定義から

$$\left(AB\right)^T = B^T A^T \tag{2.57}$$

となる(確認せよ)．

### 2・2・4　逆行列 (inverse matrix)

与えられた連立方程式は，簡単な方程式に変形していくことにより解が求められた．その操作は，以下の3つの式変形にまとめられる．

(1)　2つの方程式を入れ替える．

(2)　方程式の両辺に0でない数を掛ける．

(3)　方程式の両辺に両辺を何倍かした他の方程式を辺々加える．

例えば，連立1次方程式に対し

$$\begin{cases} x & +2y & +z & = & 1 & \cdots ① \\ 3x & +y & -3z & = & 2 & \cdots ② \\ 2x & +5y & +4z & = & 3 & \cdots ③ \end{cases} \tag{2.58}$$

において，係数，未知数，右辺の値をそれぞれまとめて，

$$A = \begin{bmatrix} 1 & 2 & 1 \\ 3 & 1 & -3 \\ 2 & 5 & 4 \end{bmatrix}, \quad \boldsymbol{x} = \begin{bmatrix} x \\ y \\ z \end{bmatrix}, \quad \boldsymbol{b} = \begin{bmatrix} 1 \\ 2 \\ 3 \end{bmatrix} \tag{2.59}$$

とおくと，行列の積の定義より，

$$A\boldsymbol{x} = \boldsymbol{b}$$

$$\begin{bmatrix} 1 & 2 & 1 \\ 3 & 1 & -3 \\ 2 & 5 & 4 \end{bmatrix} \begin{bmatrix} x \\ y \\ z \end{bmatrix} = \begin{bmatrix} 1 \\ 2 \\ 3 \end{bmatrix} \tag{2.60}$$

が成り立つ．ここで，方程式を解く式変形と，行列の変形を併記する．

(ステップ 1) 第 2 式に第 1 式の –3 倍を加える．

$$\begin{cases} x + 2y + z = 1 \\ \quad -5y - 6z = -1 \\ 2x + 5y + 4z = 3 \end{cases} \qquad \begin{bmatrix} 1 & 2 & 1 \\ 0 & -5 & -6 \\ 2 & 5 & 4 \end{bmatrix} \begin{bmatrix} x \\ y \\ z \end{bmatrix} = \begin{bmatrix} 1 \\ -1 \\ 3 \end{bmatrix} \tag{2.61}$$

(ステップ 2) 第 3 式に第 1 式の –2 倍を加える．

$$\begin{cases} x + 2y + z = 1 \\ \quad -5y - 6z = -1 \\ \quad y + 2z = 1 \end{cases} \qquad \begin{bmatrix} 1 & 2 & 1 \\ 0 & -5 & -6 \\ 0 & 1 & 2 \end{bmatrix} \begin{bmatrix} x \\ y \\ z \end{bmatrix} = \begin{bmatrix} 1 \\ -1 \\ 1 \end{bmatrix} \tag{2.62}$$

(ステップ 3) 第 2 式と第 3 式を入れ替える．

$$\begin{cases} x + 2y + z = 1 \\ \quad y + 2z = 1 \\ \quad -5y - 6z = -1 \end{cases} \qquad \begin{bmatrix} 1 & 2 & 1 \\ 0 & 1 & 2 \\ 0 & -5 & -6 \end{bmatrix} \begin{bmatrix} x \\ y \\ z \end{bmatrix} = \begin{bmatrix} 1 \\ 1 \\ -1 \end{bmatrix} \tag{2.63}$$

(ステップ 4) 第 1 式に第 2 式の –2 倍を加える．

$$\begin{cases} x \quad - 3z = -1 \\ \quad y + 2z = 1 \\ \quad -5y - 6z = -1 \end{cases} \qquad \begin{bmatrix} 1 & 0 & -3 \\ 0 & 1 & 2 \\ 0 & -5 & -6 \end{bmatrix} \begin{bmatrix} x \\ y \\ z \end{bmatrix} = \begin{bmatrix} -1 \\ 1 \\ -1 \end{bmatrix} \tag{2.64}$$

(ステップ 5) 第 3 式に第 2 式の 5 倍を加える．

$$\begin{cases} x \quad - 3z = -1 \\ \quad y + 2z = 1 \\ \quad 4z = 4 \end{cases} \qquad \begin{bmatrix} 1 & 0 & -3 \\ 0 & 1 & 2 \\ 0 & 0 & 4 \end{bmatrix} \begin{bmatrix} x \\ y \\ z \end{bmatrix} = \begin{bmatrix} -1 \\ 1 \\ 4 \end{bmatrix} \tag{2.65}$$

(ステップ 6) 第 3 式を 1/4 倍する．

$$\begin{cases} x \quad - 3z = -1 \\ \quad y + 2z = 1 \\ \quad z = 1 \end{cases} \qquad \begin{bmatrix} 1 & 0 & -3 \\ 0 & 1 & 2 \\ 0 & 0 & 1 \end{bmatrix} \begin{bmatrix} x \\ y \\ z \end{bmatrix} = \begin{bmatrix} -1 \\ 1 \\ 1 \end{bmatrix} \tag{2.66}$$

(ステップ 7) 第 1 式に第 3 式の 3 倍を加える．

$$\begin{cases} x = 2 \\ \quad y + 2z = 1 \\ \quad z = 1 \end{cases} \qquad \begin{bmatrix} 1 & 0 & 0 \\ 0 & 1 & 2 \\ 0 & 0 & 1 \end{bmatrix} \begin{bmatrix} x \\ y \\ z \end{bmatrix} = \begin{bmatrix} 2 \\ 1 \\ 1 \end{bmatrix} \tag{2.67}$$

(ステップ 8) 第 2 式に第 3 式の –2 倍を加える．

$$\begin{cases} x = 2 \\ \quad y = -1 \\ \quad z = 1 \end{cases} \qquad \begin{bmatrix} 1 & 0 & 0 \\ 0 & 1 & 0 \\ 0 & 0 & 1 \end{bmatrix} \begin{bmatrix} x \\ y \\ z \end{bmatrix} = \begin{bmatrix} 2 \\ -1 \\ 1 \end{bmatrix} \tag{2.68}$$

となり，解が得られる．連立方程式を解くために行われた式変形によって，右側に示した行列 $A$ は単位行列 $I$ に変形されていることが式(2.68)から分かる．

連立方程式で用いられた行の基本変形(elementary transformation)に相当する行列操作は，以下の式(2.69)～(2.71)に示す基本行列(elementary matrix) $P_k(i,j)$，$Q_k(i:c)$，$R_k(i,j:c)$を行列 $A$ の左から掛けることと等価である．

［1］行の入れ替え $P_k(i,j)$($k\times k$ の単位行列の第 $i$ 行と第 $j$ 行を交換した行列)

$$P_k(i,j)=\begin{bmatrix} 1 & & & \vdots & & & & \vdots & & & \\ & \ddots & & \vdots & & & & \vdots & & & \\ & & 1 & \vdots & & & & \vdots & & & \\ \cdots & \cdots & \cdots & 0 & \cdots & \cdots & \cdots & 1 & \cdots & \cdots & \cdots \\ & & & \vdots & 1 & & & \vdots & & & \\ & & & \vdots & & \ddots & & \vdots & & & \\ & & & \vdots & & & 1 & \vdots & & & \\ \cdots & \cdots & \cdots & 1 & \cdots & \cdots & \cdots & 0 & \cdots & \cdots & \cdots \\ & & & \vdots & & & & \vdots & 1 & & \\ & & & \vdots & & & & \vdots & & \ddots & \\ & & & \vdots & & & & \vdots & & & 1 \end{bmatrix}\begin{matrix} \\ \\ \\ \leftarrow 第 i 行 \\ \\ \\ \\ \leftarrow 第 j 行 \\ \\ \\ \\ \end{matrix} \tag{2.69}$$

を行列 $A$ の左から掛けると，行列 $A$ の第 $i$ 行と第 $j$ 行が交換される．また，$P_k(i,j)$を行列 $A$ の右から掛けると行列 $A$ の第 $i$ 列と第 $j$ 列が交換される．

**［例 2.20］** 連立方程式を解くときに行われた(ステップ 3)の第 2 式と第 3 式を入れ替える操作が，基本行列 $P_k(i,j)$で行われることを確かめる．

3×3 の単位行列の 2 行目と 3 行目を入れ替えた基本行列 $P_3(2,3)$は，

$$P_3(2,3)=\begin{bmatrix} 1 & 0 & 0 \\ 0 & 0 & 1 \\ 0 & 1 & 0 \end{bmatrix}$$

である．$P_3(2,3)$を行列，

$$B=\begin{bmatrix} 1 & 2 & 1 \\ 0 & -5 & -6 \\ 0 & 1 & 2 \end{bmatrix}$$

に左から掛けると，

$$P_3(2,3)B=\begin{bmatrix} 1 & 0 & 0 \\ 0 & 0 & 1 \\ 0 & 1 & 0 \end{bmatrix}\begin{bmatrix} 1 & 2 & 1 \\ 0 & -5 & -6 \\ 0 & 1 & 2 \end{bmatrix}=\begin{bmatrix} 1 & 2 & 1 \\ 0 & 1 & 2 \\ 0 & -5 & -6 \end{bmatrix}$$

となり，第 2 行と第 3 行とが入れ替えられる．

［2］行の定数倍 $Q_k(i,c)$ ($k\times k$ の単位行列の第 $i$ 行を $c$ 倍した行列)

$$Q_k(i,c)=\begin{bmatrix} 1 & & & \vdots & & & \\ & \ddots & & \vdots & & & \\ & & 1 & \vdots & & & \\ \cdots & \cdots & \cdots & c & \cdots & \cdots & \cdots \\ & & & \vdots & 1 & & \\ & & & \vdots & & \ddots & \\ & & & \vdots & & & 1 \end{bmatrix}\begin{matrix} \\ \\ \\ \leftarrow 第 i 行 \\ \\ \\ \\ \end{matrix} \tag{2.70}$$

を行列 $A$ の左から掛けると，行列 $A$ の第 $i$ 行が $c$ 倍される．また，$Q_k(i,c)$を行列 $A$ の右から掛けると行列 $A$ の第 $i$ 列が $c$ 倍される．

[例 2. 21] 連立方程式を解くときに行われた(ステップ 6)の第 3 式を 1/4 倍する操作が，基本行列 $Q_k(i:c)$ で行われることを確かめる．

3×3 の単位行列の第 3 行を 1/4 倍した基本行列 $Q_3(3,1/4)$ は，

$$Q_3(3,1/4)=\begin{bmatrix}1 & 0 & 0\\ 0 & 1 & 0\\ 0 & 0 & 1/4\end{bmatrix}$$

である． $Q_3(3,1/4)$ を行列，

$$C=\begin{bmatrix}1 & 0 & -3\\ 0 & 1 & 2\\ 0 & 0 & 4\end{bmatrix}$$

に左から掛けると，

$$Q_3(3,1/4)A=\begin{bmatrix}1 & 0 & 0\\ 0 & 1 & 0\\ 0 & 0 & 1/4\end{bmatrix}\begin{bmatrix}1 & 0 & -3\\ 0 & 1 & 2\\ 0 & 0 & 4\end{bmatrix}=\begin{bmatrix}1 & 0 & -3\\ 0 & 1 & 2\\ 0 & 0 & 1\end{bmatrix}$$

のように第 3 行が 1/4 倍される．

[3] 行の定数倍の加算 $R_k(i,j:c)$ ($k\times k$ の単位行列の第$(i,j)$成分 $(i\neq j)$ に定数 $c$ を加えた行列)

$$R_k(i,j:c)=\begin{bmatrix}1 & & & & \vdots & & \\ & \ddots & & & \vdots & & \\ \cdots & \cdots & 1 & \cdots & c & \cdots & \cdots\\ & & & \ddots & \vdots & & \\ \cdots & \cdots & \cdots & \cdots & 1 & \cdots & \cdots\\ & & & & \vdots & \ddots & \\ & & & & \vdots & & 1\end{bmatrix}\begin{matrix}\\ \\ \leftarrow \text{第 } i \text{ 行}\\ \\ \leftarrow \text{第 } j \text{ 行}\\ \\ \\ \end{matrix} \tag{2.71}$$

を行列 $A$ の左から掛けると，行列 $A$ の第 $i$ 行に第 $j$ 行の $c$ 倍が加えられる．また， $R_k(i,j:c)$ を行列 $A$ の右から掛けると行列 $A$ の第 $j$ 列に第 $i$ 列の $c$ 倍が加えられる．

[例 2. 22] 連立方程式を解くときに行われた(ステップ 1)の第 2 式に第 1 式の −3 倍を加える操作が，基本行列 $R_k(i,j:c)$ で行われることを確かめる．

単位行列の第 2 行に第 1 行の −3 倍を加えた基本行列 $R_3(1,2:-3)$ は，

$$R_3(2,1:-3)=\begin{bmatrix}1 & 0 & 0\\ -3 & 1 & 0\\ 0 & 0 & 1\end{bmatrix}$$

である． $R_3(2,1:-3)$ を行列，

$$A=\begin{bmatrix}1 & 2 & 1\\ 3 & 1 & -3\\ 2 & 5 & 4\end{bmatrix}$$

に左から掛けると，

$$R_3(2,1:-3)A=\begin{bmatrix}1 & 0 & 0\\ -3 & 1 & 0\\ 0 & 0 & 1\end{bmatrix}\begin{bmatrix}1 & 2 & 1\\ 3 & 1 & -3\\ 2 & 5 & 4\end{bmatrix}=\begin{bmatrix}1 & 2 & 1\\ 0 & -5 & -6\\ 2 & 5 & 4\end{bmatrix}$$

のように第 2 行に第 1 行の −3 倍が加えられる．

式(2.68)に示されるように，上記の連立方程式を解いたとき，

$$A=\begin{bmatrix}1&2&1\\3&1&-3\\2&5&4\end{bmatrix}\quad\rightarrow\quad I=\begin{bmatrix}1&0&0\\0&1&0\\0&0&1\end{bmatrix}$$

のように行列が変形された．(ステップ 1)から(ステップ 8)までの基本変形に対応する基本行列を全て示すと，次式のようになる．

$$\begin{aligned}&R_3(2,3:-2)R_3(1,3:3)Q_3(3:1/4)R_3(3,2:5)\\&\quad R_3(1,2:-2)P_3(2,3)R_3(3,1:-2)R_3(2,1:-3)A=I\end{aligned}\tag{2.72}$$

ここで，

$$\begin{aligned}P=&R_3(2,3:-2)R_3(1,3:3)Q_3(3:1/4)R_3(3,2:5)\\&R_3(1,2:-2)P_3(2,3)R_3(3,1:-2)R_3(2,1:-3)\end{aligned}\tag{2.73}$$

とおき，式(2.72)に代入すると，

$$PA=I\tag{2.74}$$

となる．式(2.74)の両辺に逆行列 $A^{-1}$ を掛けると $AA^{-1}=I$ と $IA^{-1}=A^{-1}$ より，

$$PI=A^{-1}\tag{2.75}$$

となる．基本行列の積 $P$ が逆行列 $A^{-1}$ に相当することが分かる．

$$\begin{aligned}A^{-1}=&R_3(2,3:-2)R_3(1,3:3)Q_3(3:1/4)R_3(3,2:5)\\&R_3(1,2:-2)P_3(2,3)R_3(3,1:-2)R_3(2,1:-3)\end{aligned}\tag{2.76}$$

基本行列を行列 $A$ の左から掛けることと，行の基本変形とは等価であるため，単位行列 $I$ に行基本変形を行うと逆行列 $A^{-1}$ が求められる．この考えに基づき逆行列を求める方法を，掃き出し法(sweeping-out method)という．

$$\left[\,A\;\middle|\;I\,\right]$$

$P$ ↓　(行基本変形)

$$\left[\,I\;\middle|\;A^{-1}\,\right]$$

［例 2.23］掃き出し法を用い，$A=\begin{bmatrix}1&2&1\\3&1&-3\\2&5&4\end{bmatrix}$ の逆行列を求める．

| 基本変形 | $A$ | $I$ |
|---|---|---|
| | $\begin{bmatrix}1&2&1\\3&1&-3\\2&5&4\end{bmatrix}$ | $\begin{bmatrix}1&0&0\\0&1&0\\0&0&1\end{bmatrix}$ |
| 第2行に第1行の −3倍を加える<br>第3行に第1行の −2倍を加える | $\begin{bmatrix}①&2&1\\0&-5&-6\\0&1&2\end{bmatrix}$ | $\begin{bmatrix}1&0&0\\-3&1&0\\-2&0&1\end{bmatrix}$ |
| 第2行と第3行を入れ替える | $\begin{bmatrix}1&2&1\\0&1&2\\0&-5&-6\end{bmatrix}$ | $\begin{bmatrix}1&0&0\\-2&0&1\\-3&1&0\end{bmatrix}$ |
| 第1行に第2行の −2倍を加える<br>第3行に第2行の 5倍を加える | $\begin{bmatrix}1&0&-3\\0&①&2\\0&0&4\end{bmatrix}$ | $\begin{bmatrix}5&0&-2\\-2&0&1\\-13&1&5\end{bmatrix}$ |

| | |
|---|---|
| 第 3 行を 1/4 倍する | $\left[\begin{array}{ccc|ccc} 1 & 0 & -3 & 5 & 0 & -2 \\ 0 & 1 & 2 & -2 & 0 & 1 \\ 0 & 0 & 1 & -13/4 & 1/4 & 5/4 \end{array}\right]$ |
| 第 1 行に第 3 行の 3 倍を加える<br>第 2 行に第 3 行の −2 倍を加える | $\left[\begin{array}{ccc|ccc} 1 & 0 & 0 & -19/4 & 3/4 & 7/4 \\ 0 & 1 & 0 & 9/2 & -1/2 & -3/2 \\ 0 & 0 & ① & -13/4 & 1/4 & 5/4 \end{array}\right]$ |

よって，$A$ は正則で，

$$A^{-1} = \begin{bmatrix} -19/4 & 3/4 & 7/4 \\ 9/2 & -1/2 & -3/2 \\ -13/4 & 1/4 & 5/4 \end{bmatrix}$$

なお，○で囲まれた数字は軸(ピボット pivot)とよばれる．

### 2・2・5　行列式 (determinant)

本節では，行列式の定義，行列の次数を下げる一般公式，ラプラスの展開定理について記述する．

$n$ 次正方行列から定まる数

$$\sum_{\sigma \in S_n} \mathrm{sgn}(\sigma) a_{1\sigma(1)} a_{2\sigma(2)} \cdots a_{n\sigma(n)} \tag{2.77}$$

を $A$ の行列式(determinant)といい，

$$|A|,\ \text{または}\ \begin{vmatrix} a_{11} & a_{12} & \cdots & a_{1n} \\ a_{21} & a_{22} & \cdots & a_{2n} \\ \vdots & \vdots & & \vdots \\ a_{n1} & a_{n2} & \cdots & a_{nn} \end{vmatrix},\ \det A \tag{2.78}$$

などで表される．ここで，$\sum$ は長さ $n!$個の $S_n$ の元にわたる和を，$\sigma$ は置換(permutation)を，$\mathrm{sgn}(\sigma)$は置換 $\sigma$ の符号(signature)を表す．

置換 $\sigma$ は

$$\sigma = \begin{pmatrix} 1 & 2 & \cdots & n \\ \sigma(1) & \sigma(2) & \cdots & \sigma(n) \end{pmatrix} \tag{2.79}$$

と書ける．式(2.79)では，上段に 1 から $n$ までの自然数を並べ，$\sigma(1)$，$\sigma(2)$，…，$\sigma(n)$に同じ 1 から $n$ までの自然数を並べる．つまり，$\sigma(1)$，$\sigma(2)$，…，$\sigma(n)$は，1，2，…，$n$ の順列であるから，$n!$通りの置換が考えられる．式(2.79)の上段と下段の自然数を 1 対 1 に対応させる変換のことを置換という．

**[例 2. 24]** 例えば，$n=2$ のときの置換は，

$$\begin{pmatrix} 1 & 2 \\ 1 & 2 \end{pmatrix},\ \begin{pmatrix} 1 & 2 \\ 2 & 1 \end{pmatrix}$$

の 2 通りが考えられる．

また，$n$ 個の自然数に対する置換で，2 個の数のみを入れ替えて出来る置換のことを互換(transposition)という．$a$ と $b$ とを入れ替える互換を

$$\begin{pmatrix} 1 & \cdots & a & \cdots & b & \cdots & n \\ 1 & \cdots & b & \cdots & a & \cdots & n \end{pmatrix} = (a, b) \tag{2.80}$$

のように$(a,\ b)$と書く．任意の置換は互換の積で表すことができる．例えば，

$\begin{pmatrix} 1 & 2 \\ 2 & 1 \end{pmatrix}$は，式(2.80)において $a=1, b=2$ に相当し，$\begin{pmatrix} 1 & 2 \\ 2 & 1 \end{pmatrix}=(1,2)$が得られる．この置換では，互換の積の回数が奇数回の 1 回であるので，奇置換(odd permutation)と呼ばれる．$\begin{pmatrix} 1 & 2 \\ 1 & 2 \end{pmatrix}$の置換では，上段の 1 は 1 に，2 は 2 に置換される恒等置換(identity permutation)であるため，互換の積は 0 回，つまり，互換の積が偶数回に相当する偶置換(even permutation)と呼ばれる．更に，置換$\sigma$が偶置換のとき $\mathrm{sgn}(\sigma)=+1$，奇置換のとき $\mathrm{sgn}(\sigma)=-1$ のように符号を定める．以上は表にまとめられる．

| 置換 | 互換 | 積の数 | 偶・奇 | 符号 |
|---|---|---|---|---|
| $\begin{pmatrix} 1 & 2 \\ 1 & 2 \end{pmatrix}$ | 恒等置換 | 0 回 | 偶置換 | +1 |
| $\begin{pmatrix} 1 & 2 \\ 2 & 1 \end{pmatrix}$ | (1, 2) | 1 回 | 奇置換 | -1 |

この表で与えられた数値を用い，$A=\begin{bmatrix} a_{11} & a_{12} \\ a_{21} & a_{22} \end{bmatrix}$の行列式の値を定義式(2.77)から求めると，

$$\begin{aligned} &\sum \mathrm{sgn}\begin{pmatrix} 1 & 2 \\ \sigma(1) & \sigma(2) \end{pmatrix} a_{1\sigma(1)}a_{2\sigma(2)} \\ &= \mathrm{sgn}\begin{pmatrix} 1 & 2 \\ 1 & 2 \end{pmatrix} a_{11}a_{22} + \mathrm{sgn}\begin{pmatrix} 1 & 2 \\ 2 & 1 \end{pmatrix} a_{12}a_{21} = a_{11}a_{22} - a_{12}a_{21} \end{aligned} \tag{2.81}$$

これは，「たすきがけの法」と呼ばれる 2 次行列式の計算式になっている．

［例 2.25］3 次正方行列の行列式を求める．まず，3! = 6 個の置換に対する符号を下表にまとめ，定義式(2.77)に代入する．

| 置換 | 互換 | 積の数 | 偶・奇 | 符号 |
|---|---|---|---|---|
| $\begin{pmatrix} 1 & 2 & 3 \\ 1 & 2 & 3 \end{pmatrix}$ | 恒等置換 | 0 回 | 偶置換 | +1 |
| $\begin{pmatrix} 1 & 2 & 3 \\ 1 & 3 & 2 \end{pmatrix}$ | (2, 3) | 1 回 | 奇置換 | -1 |
| $\begin{pmatrix} 1 & 2 & 3 \\ 2 & 1 & 3 \end{pmatrix}$ | (1, 2) | 1 回 | 奇置換 | -1 |
| $\begin{pmatrix} 1 & 2 & 3 \\ 2 & 3 & 1 \end{pmatrix}$ | (1, 2) (2, 3) | 2 回 | 偶置換 | +1 |
| $\begin{pmatrix} 1 & 2 & 3 \\ 3 & 1 & 2 \end{pmatrix}$ | (1, 3) (2, 3) | 2 回 | 偶置換 | +1 |
| $\begin{pmatrix} 1 & 2 & 3 \\ 3 & 2 & 1 \end{pmatrix}$ | (1, 3) | 1 回 | 奇置換 | -1 |

**《たすきがけの法》**

2×2 の行列の行列式は次式で求められる．

$$\begin{vmatrix} a_{11} & a_{12} \\ a_{21} & a_{22} \end{vmatrix} = a_{11}a_{22} - a_{12}a_{21}$$

**《サラスの方法》**

3×3 の行列の行列式は次式で求められる．

$$\begin{vmatrix} a_{11} & a_{12} & a_{13} \\ a_{21} & a_{22} & a_{23} \\ a_{31} & a_{32} & a_{33} \end{vmatrix} \begin{matrix} a_{11} & a_{12} \\ a_{21} & a_{22} \\ a_{31} & a_{32} \end{matrix}$$

$$\begin{aligned} &= a_{11}a_{22}a_{33} + a_{12}a_{23}a_{31} + a_{13}a_{21}a_{32} \\ &\quad - a_{11}a_{23}a_{32} - a_{12}a_{21}a_{33} - a_{13}a_{22}a_{31} \end{aligned}$$

$$\begin{vmatrix} a_{11} & a_{12} & a_{13} \\ a_{21} & a_{22} & a_{23} \\ a_{31} & a_{32} & a_{33} \end{vmatrix} = \mathrm{sgn}\begin{pmatrix} 1 & 2 & 3 \\ 1 & 2 & 3 \end{pmatrix} a_{11}a_{22}a_{33} + \mathrm{sgn}\begin{pmatrix} 1 & 2 & 3 \\ 1 & 3 & 2 \end{pmatrix} a_{11}a_{23}a_{32}$$
$$+ \mathrm{sgn}\begin{pmatrix} 1 & 2 & 3 \\ 2 & 1 & 3 \end{pmatrix} a_{12}a_{21}a_{33} + \mathrm{sgn}\begin{pmatrix} 1 & 2 & 3 \\ 2 & 3 & 1 \end{pmatrix} a_{12}a_{23}a_{31}$$
$$+ \mathrm{sgn}\begin{pmatrix} 1 & 2 & 3 \\ 3 & 1 & 2 \end{pmatrix} a_{13}a_{21}a_{32} + \mathrm{sgn}\begin{pmatrix} 1 & 2 & 3 \\ 3 & 2 & 1 \end{pmatrix} a_{13}a_{22}a_{31} \quad (2.82)$$
$$= a_{11}a_{22}a_{33} - a_{11}a_{23}a_{32} - a_{12}a_{21}a_{33}$$
$$+ a_{12}a_{23}a_{31} + a_{13}a_{21}a_{32} - a_{13}a_{22}a_{31}$$

これは，3 次の行列式に対する「サラス(Sarrus)の方法」に従っている．4 次も同様に定義式から計算できるが，長さ 4 の順列は $4! = 24$ 個であり，計算が大変であるため，次節で示す行列の次数を下げる公式が用いられる．

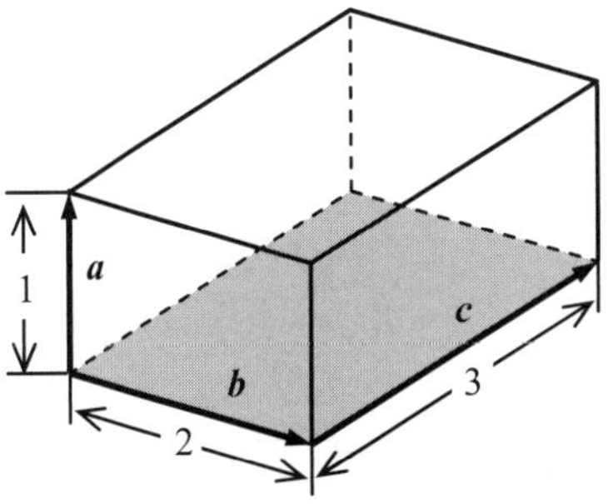


図 2.23　行列式の図形的意味 (例 2.26)

### 2・2・6　行列式と基本変形 (Properties of the determinant)

行列式はベクトルで構成される立体図形の符合付き体積の概念を $n$ 次元に拡張したものになっている．

［例 2.26］ベクトル $\boldsymbol{a} = \begin{bmatrix} 1 \\ 0 \\ 0 \end{bmatrix}$，$\boldsymbol{b} = \begin{bmatrix} 0 \\ 2 \\ 0 \end{bmatrix}$，$\boldsymbol{c} = \begin{bmatrix} 0 \\ 0 \\ 3 \end{bmatrix}$ で構成される行列 $A = \begin{bmatrix} 1 & 0 & 0 \\ 0 & 2 & 0 \\ 0 & 0 & 3 \end{bmatrix}$ に対する行列式を求める．サラスの方法から，$\det A = 6$ であり，確かに，図 2.23 に示されるように，縦横高さが 1，2，3 の立方体の体積は 6 である．行列式にはいくつかの性質がある．

［性質 1］1 つの列を $c$ 倍すると，行列式の値も $c$ 倍される．

$$\det\lfloor \boldsymbol{x}_1 \cdots c\boldsymbol{x}_j \cdots \boldsymbol{x}_n \rfloor = c \det\lfloor \boldsymbol{x}_1 \cdots \boldsymbol{x}_j \cdots \boldsymbol{x}_n \rfloor \quad (2.83)$$

これは，行列式の定義から明らかであるが，行列式が要素のベクトルから構成される立体の体積を表しているという解釈からも自明である．すなわち，図 2.24 に示されるように，行列式の第 $j$ 列を $c$ 倍することは，立体を構成する線分の長さを $c$ 倍することなので，元の立体の体積を $c$ 倍することと同じである．すなわち，元の行列式を $c$ 倍したものになる．

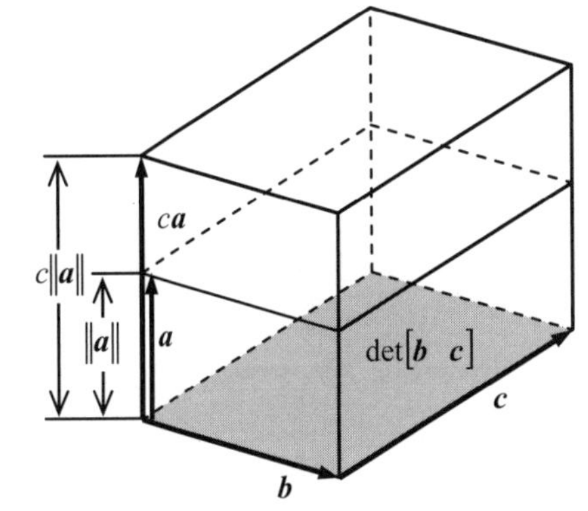


図 2.24　行列式の性質 1

［性質 2］1 つの列に，他の列の $c$ 倍を加えても行列式の値は変わらない．

$$\det\lfloor \boldsymbol{x}_1 \cdots \boldsymbol{x}_i \cdots \boldsymbol{x}_j \cdots \boldsymbol{x}_n \rfloor = \det\lfloor \boldsymbol{x}_1 \cdots \boldsymbol{x}_i + c\boldsymbol{x}_j \cdots \boldsymbol{x}_j \cdots \boldsymbol{x}_n \rfloor \quad (2.84)$$

幾何学的には図 2.25 のように解釈できる．この図は，式(2.84)で $n = 2$，$i = 1$，$j = 2$ の場合を図に示している．図中，四角形 OABC の面積が式(2.84)の左辺であり，四角形 OEDC が右辺を表し，両者の面積は同じである．

［性質 3］2 つの行を入れ替えると，行列式の値は –1 倍される．

$$\det\lfloor \boldsymbol{x}_1 \cdots \boldsymbol{x}_i \cdots \boldsymbol{x}_j \cdots \boldsymbol{x}_n \rfloor = -\det\lfloor \boldsymbol{x}_1 \cdots \boldsymbol{x}_j \cdots \boldsymbol{x}_i \cdots \boldsymbol{x}_n \rfloor \quad (2.85)$$

これは行列式の定義より明らかである．行列式は符号付の体積と解釈できた．列ベクトルの順によってその符号が変化する．

［性質 4］第 1 列の 2 番目以降の成分が全て 0 ならば

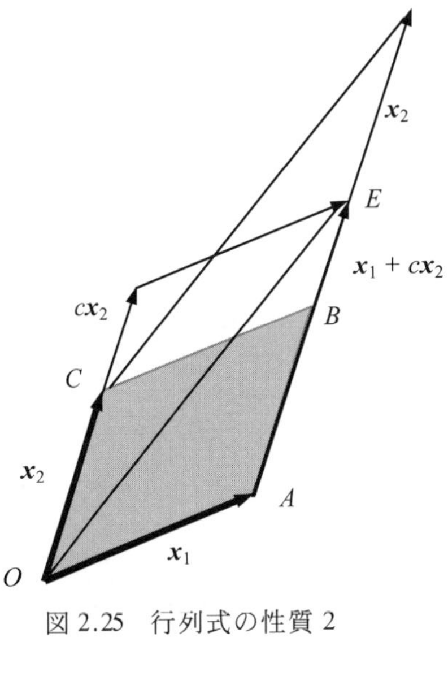


図 2.25　行列式の性質 2

$$\begin{vmatrix} a_{11} & a_{12} & \cdots & a_{1n} \\ 0 & a_{22} & \cdots & a_{2n} \\ \vdots & \vdots & & \vdots \\ 0 & a_{n2} & \cdots & a_{nn} \end{vmatrix} = a_{11} \begin{vmatrix} a_{22} & \cdots & a_{2n} \\ \vdots & & \vdots \\ a_{n2} & \cdots & a_{nn} \end{vmatrix} \tag{2.86}$$

例えば，$n=3$ の場合には，図 2.26 のように解釈できる．すなわち，3 次元の場合，式(2.86)は

$$\det A = \det[\boldsymbol{x} \quad \boldsymbol{y} \quad \boldsymbol{z}] = \begin{vmatrix} q & 0 & 0 \\ 0 & a & b \\ 0 & c & d \end{vmatrix} \tag{2.87}$$

となる．これは，3 本のベクトル $\boldsymbol{x}$，$\boldsymbol{y}$，$\boldsymbol{z}$ で形作られる立体の体積になる．従って，図 2.26 より，この立体の体積は高さ($q$)掛ける底面積(ベクトル $[a, c]^T$，$[b, d]^T$ で作られる平行四辺形の面積)となり，

$$\det A = q \begin{vmatrix} a & b \\ c & d \end{vmatrix} \tag{2.88}$$

となる．行列式の値は転置をとっても変わらない．

$$\left|A^T\right| = |A| \tag{2.89}$$

これにより，列に関する行列の性質は，行に対しても成り立つ．

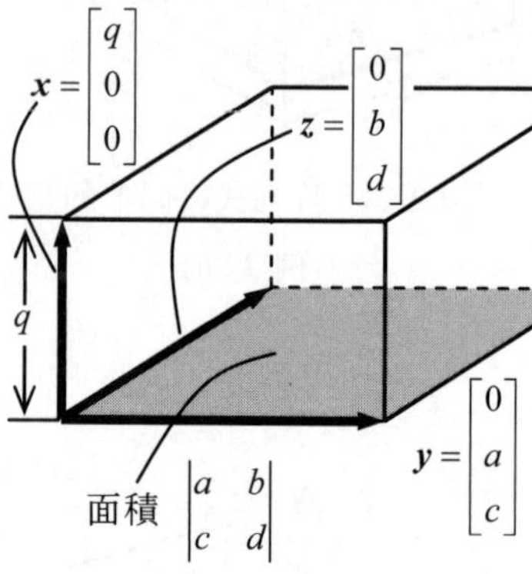


図 2.26　行列式の性質 4

**[性質 5]** 1 つの行を $c$ 倍すると，行列式の値も $c$ 倍される．

**[性質 6]** 1 つの行に，他の行の $c$ 倍を加えても行列式の値は変わらない．

**[性質 7]** 2 つの行を入れ替えると，行列式の値は-1 倍される．

**[性質 8]** 第 1 行の 2 番目以降の成分が全て 0 ならば

$$\begin{vmatrix} a_{11} & 0 & \cdots & 0 \\ a_{21} & a_{22} & \cdots & a_{2n} \\ \vdots & \vdots & & \vdots \\ a_{n1} & a_{n2} & \cdots & a_{nn} \end{vmatrix} = a_{11} \begin{vmatrix} a_{22} & \cdots & a_{2n} \\ \vdots & & \vdots \\ a_{n2} & \cdots & a_{nn} \end{vmatrix} \tag{2.90}$$

**[例 2.27]** 次の行列式の値を求める．

$$\begin{vmatrix} 1 & 1 & 2 & 3 \\ 1 & 2 & 3 & 4 \\ 1 & 0 & 1 & 1 \\ 4 & 1 & 2 & 3 \end{vmatrix} = \begin{vmatrix} 1 & 1 & 2 & 3 \\ 0 & 1 & 1 & 1 \\ 0 & -1 & -1 & -2 \\ 0 & -3 & -6 & -9 \end{vmatrix}$$

← 第 2 行+第 1 行 × $(-1)$ (性質 6)
← 第 3 行+第 1 行 × $(-1)$ (性質 6)
← 第 4 行+第 1 行 × $(-4)$ (性質 6)

$$= -3 \begin{vmatrix} 1 & 1 & 2 & 3 \\ 0 & 1 & 1 & 1 \\ 0 & -1 & -1 & -2 \\ 0 & 1 & 2 & 3 \end{vmatrix}$$

← 第 4 行から $-3$ をくくり出す (性質 5)

← (性質 4)

$$= -3 \begin{vmatrix} 1 & 1 & 1 \\ -1 & -1 & -2 \\ 1 & 2 & 3 \end{vmatrix}$$

$$= -3 \begin{vmatrix} 1 & 1 & 1 \\ 0 & 0 & -1 \\ 0 & 1 & 2 \end{vmatrix}$$

← 第 2 行+第 1 行　(性質 6)
← 第 3 行+第 1 行 × $(-1)$ (性質 6)

← (性質 4)

$$= -3 \begin{vmatrix} 0 & -1 \\ 1 & 2 \end{vmatrix}$$

$$= -3(0 \times 2 - (-1) \times 1) = -3$$

← 式(2.81)のたすきがけの法を用いる

### 2・2・7　ラプラスの展開定理 (Laplace expansion theorem)

式(2.86)と(2.90)から，行列式の次数を下げる一般公式が得られる．第 $j$ 列で，上から $i$ 番目以外の成分が全て 0 の行列の行列式

$$\begin{vmatrix} A & \boldsymbol{o} & B \\ \cdots & a_{ij} & \cdots \\ C & \boldsymbol{o} & D \end{vmatrix} \tag{2.91}$$

を考える．式(2.91)の第 $i$ 行を第 $i-1$ 行と入れ替えた後，続いて，第 $i-1$ 行と第 $i-2$ 行を入れ替え，その操作を順次繰り返し第 $i$ 行を第 1 行まで移すと，合計 $i-1$ 回入れ替えを行うことになる．性質 7 から行列式の符号は

$$\begin{vmatrix} A & \boldsymbol{o} & B \\ \cdots & a_{ij} & \cdots \\ C & \boldsymbol{o} & D \end{vmatrix} = (-1)^{i-1} \begin{vmatrix} \cdots & a_{ij} & \cdots \\ A & \boldsymbol{o} & B \\ C & \boldsymbol{o} & D \end{vmatrix} \tag{2.92}$$

のようになる．続けて，第 $j$ 列を順に左隣の列と入れ替える操作を続け，第 1 列まで移すと，入れ替え操作を $j-1$ 回行うので，

$$(-1)^{i-1} \begin{vmatrix} \cdots & a_{ij} & \cdots \\ A & \boldsymbol{o} & B \\ C & \boldsymbol{o} & D \end{vmatrix} = (-1)^{i-1} \cdot (-1)^{j-1} \begin{vmatrix} a_{ij} & \cdots & \cdots \\ \boldsymbol{o} & A & B \\ \boldsymbol{o} & C & D \end{vmatrix} \tag{2.93}$$

となる．式(2.93)から，次式が得られる．

$$\begin{vmatrix} A & \boldsymbol{o} & B \\ \cdots & a_{ij} & \cdots \\ C & \boldsymbol{o} & D \end{vmatrix} = (-1)^{i+j-2} \begin{vmatrix} a_{ij} & \cdots & \cdots \\ \boldsymbol{o} & A & B \\ \boldsymbol{o} & C & D \end{vmatrix} = (-1)^{i+j} a_{ij} \begin{vmatrix} A & B \\ C & D \end{vmatrix} \tag{2.94}$$

同様に，第 $i$ 行で，左から $j$ 番目以外の成分が全て 0 ならば，

$$\begin{vmatrix} A & \vdots & B \\ \boldsymbol{o} & a_{ij} & \boldsymbol{o} \\ C & \vdots & D \end{vmatrix} = (-1)^{i+j} a_{ij} \begin{vmatrix} A & B \\ C & D \end{vmatrix} \tag{2.95}$$

である．

$n$ 次正方行列 $A$ の第 $i$ 行と第 $j$ 列を取り除いてできる $n-1$ 次正方行列の行列式を $(-1)^{i+j}$ 倍した数を $A$ の $(i, j)$ 余因子(cofactor)といい，$\tilde{a}_{ij}$ で表す．

$$\tilde{a}_{ij} = (-1)^{i+j} \begin{vmatrix} a_{11} & \cdots & a_{1j} & \cdots & a_{1n} \\ \vdots & & \vdots & & \vdots \\ a_{i1} & \cdots & a_{ij} & \cdots & a_{in} \\ \vdots & & \vdots & & \vdots \\ a_{n1} & \cdots & a_{nj} & \cdots & a_{nn} \end{vmatrix} \tag{2.96}$$

$n$ 次正方行列 $A$ の余因子 $\tilde{a}_{ij}$ を $(i, j)$ 成分にもつ $n$ 次正方行列の転置行列を $A$ の余因子行列(cofactor matrix)といい，$\tilde{A}$ で表す．

$$\tilde{A} = \begin{bmatrix} \tilde{a}_{11} & \tilde{a}_{12} & \cdots & \tilde{a}_{1n} \\ \tilde{a}_{21} & \tilde{a}_{22} & \cdots & \tilde{a}_{2n} \\ \vdots & \vdots & & \vdots \\ \tilde{a}_{n1} & \tilde{a}_{n2} & \cdots & \tilde{a}_{nn} \end{bmatrix}^T = \begin{bmatrix} \tilde{a}_{11} & \tilde{a}_{21} & \cdots & \tilde{a}_{n1} \\ \tilde{a}_{12} & \tilde{a}_{22} & \cdots & \tilde{a}_{n2} \\ \vdots & \vdots & & \vdots \\ \tilde{a}_{1n} & \tilde{a}_{2n} & \cdots & \tilde{a}_{nn} \end{bmatrix} \tag{2.97}$$

［例 2.28］行列 $A=\begin{bmatrix}1&2&3\\2&5&9\\2&2&3\end{bmatrix}$ の余因子行列を求める．

$$\tilde{a}_{11}=(-1)^{1+1}\begin{vmatrix}5&9\\2&3\end{vmatrix}=-3,\quad \tilde{a}_{12}=(-1)^{1+2}\begin{vmatrix}2&9\\2&3\end{vmatrix}=12,\quad \tilde{a}_{13}=(-1)^{1+3}\begin{vmatrix}2&5\\2&2\end{vmatrix}=-6$$

同様にして，

$$\tilde{a}_{21}=0,\quad \tilde{a}_{22}=-3,\quad \tilde{a}_{23}=2,\quad \tilde{a}_{31}=3,\quad \tilde{a}_{32}=-3,\quad \tilde{a}_{33}=1$$

余因子行列は

$$\tilde{A}=\begin{bmatrix}\tilde{a}_{11}&\tilde{a}_{12}&\tilde{a}_{13}\\\tilde{a}_{21}&\tilde{a}_{22}&\tilde{a}_{23}\\\tilde{a}_{31}&\tilde{a}_{32}&\tilde{a}_{33}\end{bmatrix}^T=\begin{bmatrix}-3&0&3\\12&-3&-3\\-6&2&1\end{bmatrix}$$

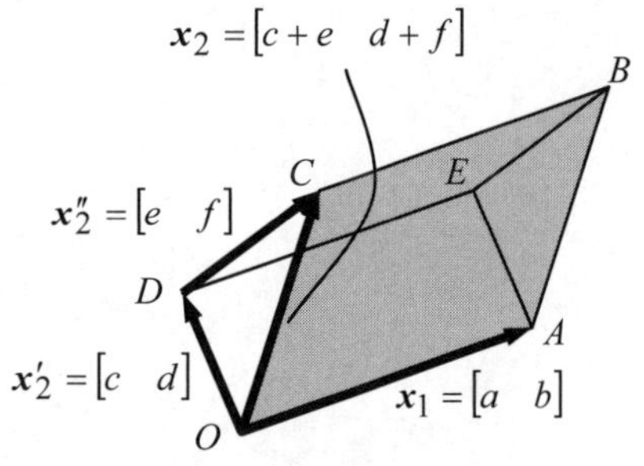


図 2.27　行列式の性質 9

［性質 9］ $\boldsymbol{a}_i=\boldsymbol{b}_i+\boldsymbol{c}_i$ ならば

$$\begin{vmatrix}\cdots\cdots\cdots\\\boldsymbol{b}_{i1}+\boldsymbol{c}_{i1}\cdots\boldsymbol{b}_{in}+\boldsymbol{c}_{in}\\\cdots\cdots\cdots\end{vmatrix}=\begin{vmatrix}\cdots\cdots\cdots\\\boldsymbol{b}_{i1}\cdots\boldsymbol{b}_{in}\\\cdots\cdots\cdots\end{vmatrix}+\begin{vmatrix}\cdots\cdots\cdots\\\boldsymbol{c}_{i1}\cdots\boldsymbol{c}_{in}\\\cdots\cdots\cdots\end{vmatrix} \tag{2.98}$$

2 次元の場合を図示すると図 2.27 のようになる．式(2.98)の左辺は 2 次元で $i=2$ の場合，図中 4 角形 OABC の面積になる．一方，右辺は 4 角形 OAED と 4 角形 DEBC の面積を加えたものになっているが，これは明らかに 4 角形 OABC の面積に等しい．つまり，$\boldsymbol{x}_1=[a\quad b]$，$\boldsymbol{x}'_2=[c\quad d]$，$\boldsymbol{x}''_2=[e\quad f]$ とおくと，

$$\begin{aligned}\begin{vmatrix}\boldsymbol{x}_1\\\boldsymbol{x}_2\end{vmatrix}&=\begin{vmatrix}\boldsymbol{x}_1\\\boldsymbol{x}'_2+\boldsymbol{x}''_2\end{vmatrix}=\begin{vmatrix}a&b\\c+e&d+f\end{vmatrix}=a(d+f)-b(c+e)\\&=ad-bc+af-be=\begin{vmatrix}a&b\\c&d\end{vmatrix}+\begin{vmatrix}a&b\\e&f\end{vmatrix}=\begin{vmatrix}\boldsymbol{x}_1\\\boldsymbol{x}'_2\end{vmatrix}+\begin{vmatrix}\boldsymbol{x}_1\\\boldsymbol{x}''_2\end{vmatrix}\end{aligned} \tag{2.99}$$

である．

［例 2.29］例えば，3 次正方行列は行列式の性質 9 と式(2.95)から余因子を用いて展開できる．

$$\begin{aligned}\begin{vmatrix}a_{11}&a_{12}&a_{13}\\a_{21}&a_{22}&a_{23}\\a_{31}&a_{32}&a_{33}\end{vmatrix}&=\begin{vmatrix}a_{11}&a_{12}&a_{13}\\a_{21}&0&0\\a_{31}&a_{32}&a_{33}\end{vmatrix}+\begin{vmatrix}a_{11}&a_{12}&a_{13}\\0&a_{22}&0\\a_{31}&a_{32}&a_{33}\end{vmatrix}+\begin{vmatrix}a_{11}&a_{12}&a_{13}\\0&0&a_{23}\\a_{31}&a_{32}&a_{33}\end{vmatrix}\\&=a_{21}(-1)^{(2+1)}\begin{vmatrix}a_{12}&a_{13}\\a_{32}&a_{33}\end{vmatrix}+a_{22}(-1)^{(2+2)}\begin{vmatrix}a_{11}&a_{13}\\a_{32}&a_{33}\end{vmatrix}+a_{23}(-1)^{(2+3)}\begin{vmatrix}a_{11}&a_{12}\\a_{31}&a_{32}\end{vmatrix}\\&=a_{21}\tilde{a}_{21}+a_{22}\tilde{a}_{22}+a_{23}\tilde{a}_{23}\end{aligned}$$

第 1 行，第 3 行も同様に展開できる．

$$\det A=a_{11}\tilde{a}_{11}+a_{12}\tilde{a}_{12}+a_{13}\tilde{a}_{13}$$

$$\det A=a_{31}\tilde{a}_{31}+a_{32}\tilde{a}_{32}+a_{33}\tilde{a}_{33}$$

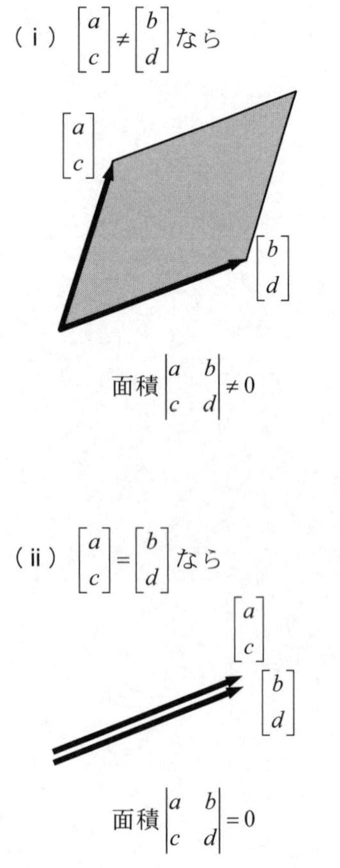


図 2.28　行列式の性質 10

以上から，

$$a_{i1}\tilde{a}_{k1}+a_{i2}\tilde{a}_{k2}+\cdots+a_{in}\tilde{a}_{kn}=\det A\qquad(i=k) \tag{2.100}$$

［性質 10］2 つの行が等しいならば，行列式の値は 0 である．すなわち，

$$\boldsymbol{a}_i=\boldsymbol{a}_j \quad (i\neq j)\text{ならば}|A|=\begin{vmatrix} \cdots\cdots\cdots \\ a_{i1}\cdots a_{i1} \\ \cdots\cdots\cdots \\ a_{j1}\cdots a_{j1} \\ \cdots\cdots\cdots \end{vmatrix}=0 \tag{2.101}$$

例えば，図 2.28 に示すように，2 次元の場合，平行四辺形を構成しようとしている 2 本のベクトルが同じになってしまうと面積は 0 になる．従って行列式は 0 になる．

**[例 2. 30]** 第 1 行と第 2 行とが等しい 3 次正方行列 $A$ の行列式を，余因子を用いて展開する．

$$\begin{vmatrix} a_{11} & a_{12} & a_{13} \\ a_{11} & a_{12} & a_{13} \\ a_{31} & a_{32} & a_{33} \end{vmatrix} = \begin{vmatrix} a_{11} & a_{12} & a_{13} \\ a_{11} & 0 & 0 \\ a_{31} & a_{32} & a_{33} \end{vmatrix} + \begin{vmatrix} a_{11} & a_{12} & a_{13} \\ 0 & a_{12} & 0 \\ a_{31} & a_{32} & a_{33} \end{vmatrix} + \begin{vmatrix} a_{11} & a_{12} & a_{13} \\ 0 & 0 & a_{13} \\ a_{31} & a_{32} & a_{33} \end{vmatrix}$$

$$= a_{11}(-1)^{(2+1)}\begin{vmatrix} a_{12} & a_{13} \\ a_{22} & a_{23} \end{vmatrix} + a_{12}(-1)^{(2+2)}\begin{vmatrix} a_{11} & a_{13} \\ a_{22} & a_{23} \end{vmatrix} + a_{13}(-1)^{(2+3)}\begin{vmatrix} a_{11} & a_{12} \\ a_{21} & a_{22} \end{vmatrix}$$

$$= a_{11}\tilde{a}_{21} + a_{12}\tilde{a}_{22} + a_{13}\tilde{a}_{23}$$

第 1 行と第 2 行が等しいため，式(2.101)から

$$\begin{vmatrix} a_{11} & a_{12} & a_{13} \\ a_{11} & a_{12} & a_{13} \\ a_{31} & a_{32} & a_{33} \end{vmatrix} = 0$$

であるため，

$$a_{11}\tilde{a}_{21} + a_{12}\tilde{a}_{22} + a_{13}\tilde{a}_{23} = 0$$

例 2.30 から，一般に，次式が成り立つ．

$$a_{i1}\tilde{a}_{k1} + a_{i2}\tilde{a}_{k2} + \cdots + a_{in}\tilde{a}_{kn} = 0 \qquad (i \neq k) \tag{2.102}$$

式(2.101)，(2.102)は列方向にも成り立ち，まとめて，ラプラスの展開定理(Laplace expansion theorem)という．

$$\sum_j a_{ij}\tilde{a}_{kj} = \begin{cases} \det A & (i=k) \\ 0 & (i\neq k) \end{cases} \text{：第 } i \text{ 行展開} \tag{2.103}$$

$$\sum_i a_{ij}\tilde{a}_{ik} = \begin{cases} \det A & (j=k) \\ 0 & (j\neq k) \end{cases} \text{：第 } j \text{ 列展開} \tag{2.104}$$

## 2・3　確率統計 (Probability and Analysis of Statistical Data)

図 2.29 に示すように，極めて多数の分子の集団の運動によって熱現象を説明する統計力学(熱力学 p.4)では分布関数が重要である．また，図 2.30 に示すように，不規則振動の解析では，振幅に対する統計量が用いられる(振動学 p.116)．このように，工業製品の品質保証に対しても確率統計の知識は不可欠である．以下に，確率統計の基礎を解説する．

$n$ 個の異なるものから $r$ 個を取り出す組み合わせ(combination)を示す．

$$\binom{n}{r} = {}_nC_r = \frac{n!}{(n-r)!\,r!} \tag{2.105}$$

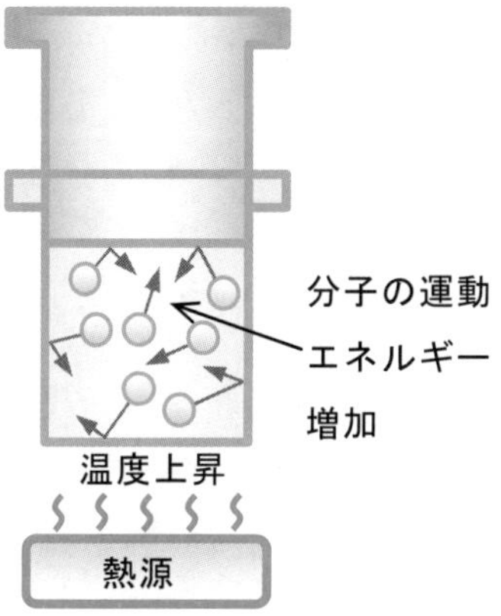


図 2.29　気体分子の運動

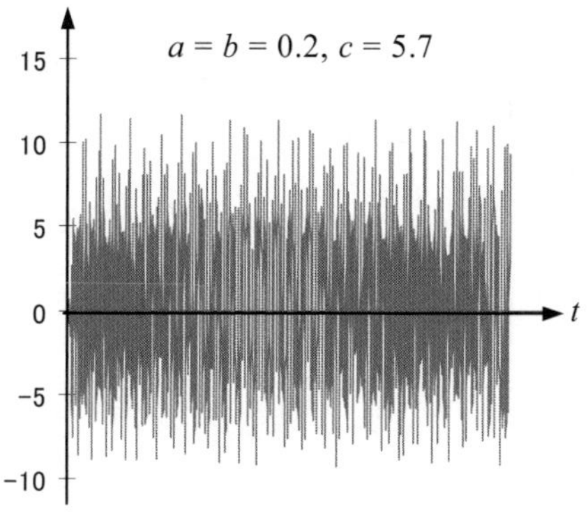


レスラー・モデル

$\dot{x}=-y-z$， $\dot{y}=x+ay$， $\dot{z}=b+xz-cz$

の計算結果

図 2.30　不規則振動の波形

［例 2. 31］1〜10 までの番号が印刷されたラベルが貼り付けられた 10 個の試作品から 2 個のサンプルを抜き取る組み合わせは

$\binom{10}{2} = {}_{10}C_2 = \frac{10!}{8!2!} = 45$，45 通りである．

サイコロを投げたときに現れる目など，繰返し操作の結果を確率変数(random variable)という．確率変数の値とそれに伴う確率を組にしたものを確率関数(probability function)という．

図 2.31　サイコロの出目の確率

［例 2. 32］3 個のサイコロ(図 2.31)を振り，6 の目が出るサイコロの数 $x$ に対する確率を考える．$x$ が確率変数であり，$x$ とその確率が確率関数に相当する．

1 つも 6 の目が出ない確率　　：$p(0) = {}_3C_0 \cdot \left(\frac{1}{6}\right)^0 \cdot \left(\frac{5}{6}\right)^3 = 1 \cdot 1 \cdot \frac{125}{216} = \frac{125}{216}$

1 つのサイコロの目が 6 の確率：$p(1) = {}_3C_1 \cdot \left(\frac{1}{6}\right)^1 \cdot \left(\frac{5}{6}\right)^2 = 3 \cdot \frac{1}{6} \cdot \frac{25}{36} = \frac{75}{216}$

2 つのサイコロの目が 6 の確率：$p(2) = {}_3C_2 \cdot \left(\frac{1}{6}\right)^2 \cdot \left(\frac{5}{6}\right)^1 = 3 \cdot \frac{1}{36} \cdot \frac{5}{6} = \frac{15}{216}$

3 つのサイコロの目が 6 の確率：$p(3) = {}_3C_3 \cdot \left(\frac{1}{6}\right)^3 \cdot \left(\frac{5}{6}\right)^0 = 1 \cdot \frac{1}{216} \cdot 1 = \frac{1}{216}$

なお，$0! = 1$ である．以上を，下表にまとめる．

| 6 の目が出るサイコロの数 (確率変数 $x$) | 0 | 1 | 2 | 3 |
|---|---|---|---|---|
| 確率関数 $p(x)$ | $\frac{125}{216}$ | $\frac{75}{216}$ | $\frac{15}{216}$ | $\frac{1}{216}$ |

例 2.32 の確率関数は，1 回の試行である事象 $A$ が起こる確率が $p$ のとき，$n$ 回の独立した試行のうち事象 $A$ が $x$ 回起こる確率を表している．これはそのまま，離散型の確率分布(probability distribution)である 2 項分布(binominal distribution)

$$f(x) = \frac{n!}{(n-x)!x!} p^x (1-p)^{n-x} \tag{2.106}$$

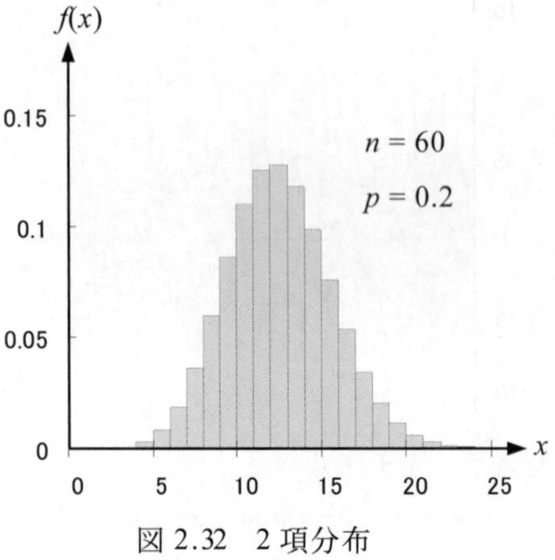


図 2.32　2 項分布

に相当する(図 2.32)．分布関数の中央や広がりを表す重要な統計量として，平均値(mean value)または期待値(expected value)，分散(variance)，標準偏差(standard deviation)がある．離散型確率変数 $X$ が確率分布 $f(x)$に従っているとき，

$$\mu = E(X) = \sum_{k=1}^{n} x_k f(x_k) \tag{2.107}$$

を平均値または期待値よび，

$$E(X^2) = \sum_{k=1}^{n} x_k^2 f(x_k) \tag{2.108}$$

を自乗平均値(mean square value),

$$\sigma^2 = V(X) = E(X^2) - E^2(X) \tag{2.109}$$

を分散,

$$\sigma = \sqrt{V(X)} = \sqrt{E(X^2) - E^2(X)} \tag{2.110}$$

を標準偏差とよぶ．確率分布が平均値近くに多く密集している場合，分散も標準偏差も小さくなり，確率分布が平均より離れたバラバラの分布をとる場合, 分散と標準偏差は大きくなる. なお, 式(2.106)の 2 項分布の平均値は $np$, 分散は $np(1-p)$である.

［例 2. 33］例 2.32 の離散的確率変数 $X = 0, 1, 2, 3$ に対する平均値，分散，標準偏差を求める.

平均値 $\mu = 0\cdot\frac{125}{216} + 1\cdot\frac{75}{216} + 2\cdot\frac{15}{216} + 3\cdot\frac{1}{216} = \frac{1}{2}$

自乗平均値 $E(X^2) = 0^2\cdot\frac{125}{216} + 1^2\cdot\frac{75}{216} + 2^2\cdot\frac{15}{216} + 3^2\cdot\frac{1}{216} = \frac{2}{3}$

分散 $\sigma^2 = E(X^2) - E(X)^2 = \frac{1}{2} - \left(\frac{2}{3}\right)^2 = \frac{5}{12}$，標準偏差 $\sigma = \sqrt{\frac{5}{12}} = \frac{\sqrt{15}}{6}$

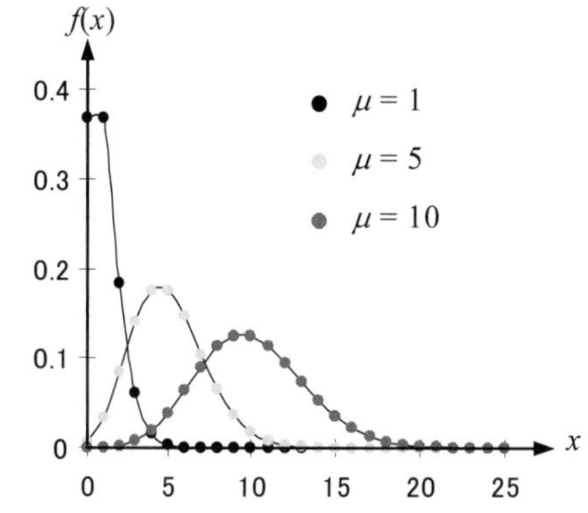


図 2.33　ポアソン分布

2 項分布において，$np$ を一定にしたまま，$n \to \infty$，$p \to 0$ としたときの極限として，ポアソン分布(Poisson distribution)が得られる(図 2.33).

$$f(x) = \frac{\mu^x}{x!}\exp^{-\mu} \tag{2.111}$$

ここで， 平均と分散は$\mu$ に等しい．2 項分布とポアソン分布は，離散確率分布(discrete probability distribution)の代表的な分布である.

これまで，サイコロの目のように確率変数が離散的な値をとる場合を扱ってきた．しかし，自動車が 100［km］を走行する度にタイヤの磨耗量を計測する場合や，統計力学で観察される気体分子の速さなども確率変数であり，連続な値をとる．この連続型の確率変数 $X$ に対しては，$X$ が区間 $a < X < b$ に存在する確率を求めるために，次式を用いる.

$$P(a < X < b) = \int_a^b f(x)dx \tag{2.112}$$

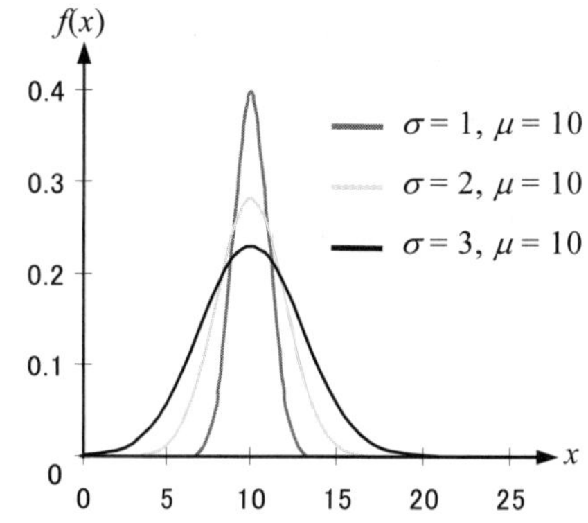


図 2.34　正規分布

この被積分関数 $f(x)$は確率密度(probability density)，または確率密度関数(probability density function)という．連続確率分布(continuous probability distribution)の代表的な分布を以下に示す.

正規分布(normal distribution, Gaussian distribution)

$$f(x) = \frac{1}{\sigma\sqrt{2\pi}}\exp\left[-\frac{1}{2\sigma^2}(x-\mu)^2\right] \tag{2.113}$$

ここで， $\mu$は平均，$\sigma$ は標準偏差である(図 2.34).

指数分布(exponential distribution)

$$f(x) = \begin{cases} \lambda e^{-\lambda x} & (x \ge 0) \\ 0 & (x < 0) \end{cases} \tag{2.114}$$

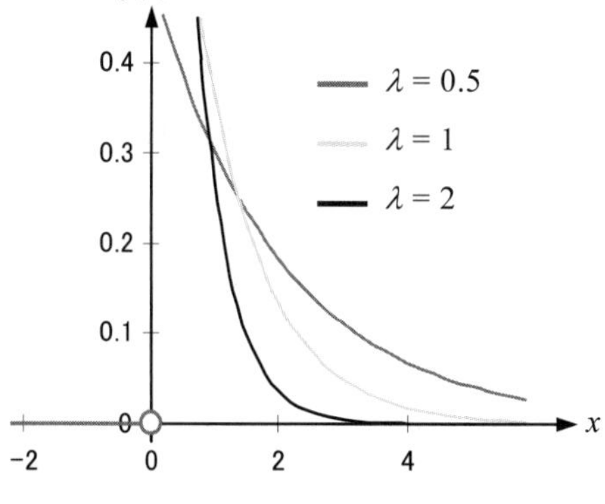


図 2.35　指数分布

なお，$\lambda$は正定数であり，平均値，標準偏差は $1/\lambda$ に等しい(図 2.35)．連続型

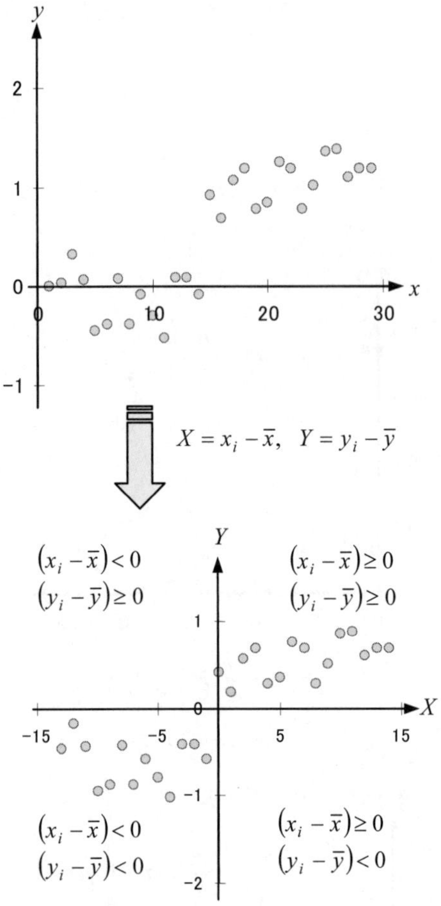


図 2.36　散布図と共分散

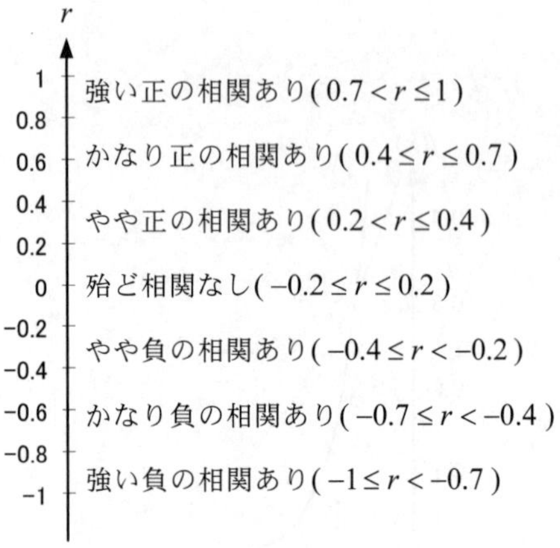


図 2.37　相関係数

確率変数 $X$ が確率分布 $f(x)$に従っているとき，平均値の計算に，式(2.107)の代わりに，

$$\mu = E(X) = \int_{-\infty}^{\infty} x f(x) dx \tag{2.115}$$

が用いられる．

［例 2. 33］ 耐用年数 $x$ が平均値 10 年の指数分布に従っている照明器具がある．この照明器具が 15 年以上使用できる確率を求める．

確率密度関数は，

$$f(x) = \begin{cases} 0.1e^{-0.1x} & (x \geq 0) \\ 0 & (x < 0) \end{cases}$$

であり，確率は以下のように求まる．

$$P(X > 15) = 1 - \int_0^{15} 0.1e^{-0.1x} dx = 1 + \left[e^{-0.1x}\right]_0^{15} = 1 + e^{-1.5} - 1 = 0.223$$

変数 $x$ と $y$ との関係を探るため，統計手法の 1 つである回帰分析(regression analysis)が用いられる．$n$ 個のある実験データ $(x_1, y_1)$, …, $(x_n, y_n)$を図 2.36 のようにプロットした図を，散布図(scatter diagram)とよぶ．平均値 $(\bar{x}, \bar{y})$，

$$\bar{x} = \frac{1}{n}\sum_{i=1}^{n} x_i\ , \qquad \bar{y} = \frac{1}{n}\sum_{i=1}^{n} y_i \tag{2.116}$$

を計算し，$(\bar{x}, \bar{y})$を原点とする新しい座標系 $(X, Y)$にデータを取り直すと，偏差の積 $(x_i - \bar{x})(y_i - \bar{y})$により，データが図 2.36 の第何象限に主に存在するか示せる．$x$ と $y$ との間の相関関係を検証するためには，共分散(covariance)，

$$S(x, y) = \frac{1}{n}\sum_{i=1}^{n} (x_i - \bar{x})(y_i - \bar{y}), \tag{2.117}$$

が有効である．共分散が大きいということは，$x$ が平均値より大きくなると，$y$ も平均値から大きくなることを意味し，$x$ と $y$ の相関が強いことを表す．$S(x,y) = 0$ の場合は $x$ と $y$ は無相関である．さらに，共分散を $x$ と $y$ の標準偏差の積で割った相関係数(correlation coefficient)，

$$r = \frac{\sum_{i=1}^{n} (x_i - \bar{x})(y_i - \bar{y})}{\sqrt{\sum_{i=1}^{n} (x_i - \bar{x})^2}\sqrt{\sum_{i=1}^{n} (y_i - \bar{y})^2}}\ , \tag{2.118}$$

を用いれば，−1 から 1 までの値によって相関の強さを表すことができる．相関係数の値は，図 2.37 のように相関の強さを表す指標として用いられる．

［例 2. 34］ ある合板に対する曲げ試験によって得られた，密度 $x$ と曲げ強さ $y$ に関する実験データについて，共分散と相関係数を求める．

| | | | | |
|---|---|---|---|---|
| 密度 $x$[g/cm$^3$] | 0.55 | 0.45 | 0.52 | 0.48 |
| 曲げ強さ $y$[N/mm$^2$] | 25.2 | 19.1 | 23.4 | 20.3 |

平均値は

$$\bar{x} = \frac{0.55 + 0.45 + 0.52 + 0.48}{4} = 0.50\ , \quad \bar{y} = \frac{25.2 + 19.1 + 23.4 + 20.3}{4} = 22.0$$

式(2.117)より共分散は次式のようになる．

$$S(x,y)=\frac{1}{4}\left(0.05\times3.2+0.05\times2.9+0.02\times1.4+0.02\times1.7\right)=\frac{0.367}{4}=0.09175$$

$$\sqrt{\sum_{i=1}^{4}\left(x-x_i\right)^2}=\sqrt{0.05^2+0.05^2+0.02^2+0.02^2}=0.076158$$

$$\sqrt{\sum_{i=1}^{4}\left(y-y_i\right)^2}=\sqrt{3.2^2+2.9^2+1.4^2+1.7^2}=4.8477$$

を用いると，式(2.118)より相関係数は

$$r=\frac{0.367}{0.076158\times4.8477}=0.9941$$

と求まる．密度と曲げ強さには，強い正の相関があることが分かる．

また，実験データの傾向を分析するため，以下の 1 次関数，

$$y=ax+b \tag{2.119}$$

によって近似曲線を引く場合がある．係数 $a$, $b$ は，最小 2 乗法(method of least squares)により求めることが出来る．最小 2 乗法では，$(x_1, y_1)$, …, $(x_n, y_n)$ の $n$ 個のデータに対し，式(2.119)の残差平方和(residual sum of squares)を表す関数

$$Q(a,b)=\sum_{i=1}^{n}\left(y_i-ax_i-b\right)^2 \tag{2.120}$$

を定義し，$Q(a, b)$を最小にする $a, b$ を求める．$Q$ が最小になるためには，

$$\frac{\partial Q(a,b)}{\partial a}=\frac{\partial Q(a,b)}{\partial b}=0 \tag{2.121}$$

を満足する必要がある．式(2.120)より，式(2.121)は，

$$-2\sum_{i=1}^{n}x_i\left(y_i-ax_i-b\right)=0\,,\quad -2\sum_{i=1}^{n}\left(y_i-ax_i-b\right)=0 \tag{2.122}$$

となる．式(2.122)に，式(2.116)で定義された平均値を代入すると，

$$\sum_{i=1}^{n}x_iy_i-a\sum_{i=1}^{n}x_i^2-bn\bar{x}=0\,,\quad n\bar{y}-a\bar{x}-bn=0 \tag{2.123}$$

が得られる．式(2.123)の連立方程式を解くと，

$$a=\frac{\sum_{i=1}^{n}x_iy_i-n\bar{x}\bar{y}}{\sum_{i=1}^{n}x_i^2-n\bar{x}^2}=\frac{\sum_{i=1}^{n}\left(x_i-\bar{x}\right)\left(y_i-\bar{y}\right)}{\sum_{i=1}^{n}\left(x_i-\bar{x}\right)^2}\,,\quad b=\bar{y}-a\bar{x} \tag{2.124}$$

となる．以上より，式(2.117)の共分散を用いると，式(2.119)は，

$$y-\bar{y}=\frac{S(x,y)}{S(x,x)}\left(x-\bar{x}\right) \tag{2.125}$$

のように表せる．これを $y$ の $x$ への回帰直線(regression line)とよぶ．

［例 2.35］ 例 2.34 の回帰直線を求める．

$$S(x,x)=\frac{1}{4}\left(0.05^2+0.05^2+0.02^2+0.02^2\right)=\frac{0.058}{4}=0.00145$$

例 2.34 の結果と，式(2.125)より，

$$y-22=\frac{0.09175}{0.00145}\left(x-0.5\right)$$

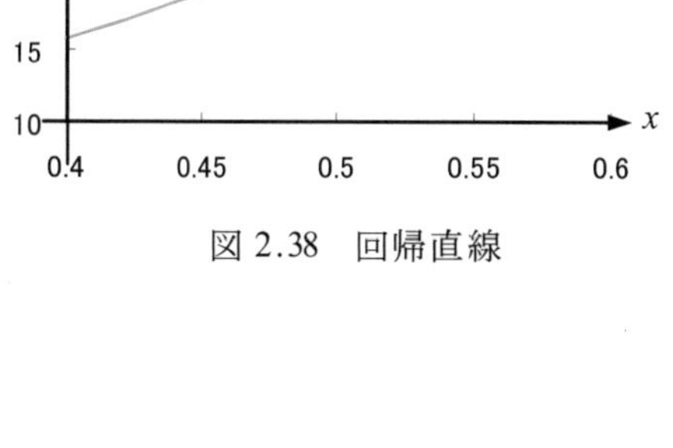

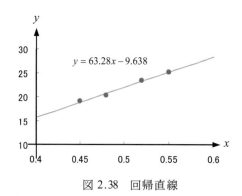

図 2.38　回帰直線

となり，式を整理すると，回帰直線は，

$y = 63.28x - 9.638$

となる．図 2.38 において回帰直線は実験データと良く一致している．

多変数関数を考慮した回帰分析を，重回帰分析(multiple regression analysis)とよぶ．$z$ の $x$ と $y$ への回帰平面(regression plane)を

$$z = ax + by + c \tag{2.126}$$

とした場合，係数は式(2.109)の分散を用い，

$$a = \frac{V(y)S(x,z) - S(x,y)S(y,z)}{V(x)V(y) - S(x,y)^2},\quad b = \frac{V(x)S(y,z) - S(x,y)S(x,z)}{V(x)V(y) - S(x,y)^2},\quad c = \bar{z} - a\bar{x} - b\bar{y} \tag{2.127}$$

と表せる．ここで，$\bar{z}$ は $z$ の平均値である．

**[例 2.36]** ある樹脂の曲げ試験によって得られた，密度 $x$，温度 $y$，曲げ強さ $z$ に関する実験データに対し重回帰分析を行う．

| 密度 $x$ [g/cm$^3$] | 1.2 | 1.2 | 1.5 | 1.5 | 1.6 |
|---|---|---|---|---|---|
| 温度 $y$ [℃] | 50 | 70 | 100 | 120 | 160 |
| 曲げ強さ $Z$ [Mpa] | 152 | 146 | 140 | 152 | 160 |

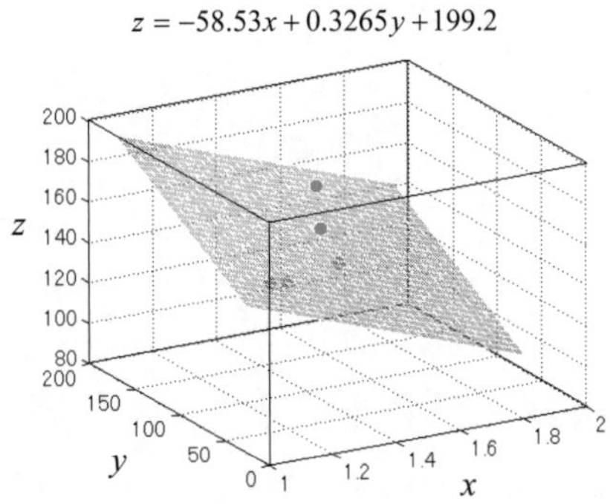


図 2.39　回帰平面

平均値は $\bar{x} = 1.4$，$\bar{y} = 100$ $\bar{z} = 150$ である．分散は，

$$V(x) = \frac{1}{5}\left(1.2^2 + 1.2^2 + 1.5^2 + 1.5^2 + 1.6^2\right) - 1.4^2 = 0.028,\quad V(y) = 1480$$

となる．共分散は，式(2.117)より，

$$S(x,y) = \frac{1}{5}\left(0.2 \times 50 + 0.2 \times 30 + 0.1 \times 20 + 0.2 \times 60\right) = 6.0$$

$$S(x,z) = 0.32,\quad S(y,z) = 132$$

と求まる．これらを式(2.127)に代入すれば，回帰平面は，

$z = -58.53x + 0.3265y + 199.2$

となり，実験データの傾向を良く表していることが図 2.39 から分かる．

**参考文献**

1. 足立俊明，微分積分学Ｉ，培風館，1997.
2. 矢野健太郎・石原重，微分積分，裳華房，1984.
3. 松田修，これからスタート理工学の基礎数学，電気書院，2008.
4. D. バージェス・M. ボリー著，垣田高夫・大町比佐栄役，微分方程式で数学モデルを作ろう，日本評論社，1990.
5. 丹野修吉・菅野恒雄，理工系基礎線形代数，培風館，1985.
6. 村上正康・佐藤恒雄・野澤宗平・稲葉尚志，教養の線形代数，培風館，1977.
7. 早川英治郎，レベルアップ！線形代数，森北出版，2004.
8. I. ガットマン・S.S. ウィルクス著，石井惠一，堀素夫訳，工学系のための統計概論，培風館，1968.
9. 高橋亮一，応用数値解析，朝倉書店，1993.

第3章

# 基礎解析

Calculus

第3章では，高校で学んだ１変数関数の微分･積分の知識をもとに，複数の変数をもつ多変数関数の解析方法について，機械工学と関連の深い例題を示しながら説明する．実際の物理現象を扱うときには，われわれから見て便利なように変数を選んだり，記述しやすい座標系を用いることが多い．多変数の微積分において変数を変換する方法について修得する．また，最後の節では，多変数関数の最適化を行うための数学的基礎を学ぶ．

## 3･1　多変数関数の微分 (differentiation of multivariable functions)

### 3・1・1　多変数関数 (multivariable function)

関数とは，$y = f(x)$のようにある変数$x$に対して，値$f(x)$がただ１つ定まるというものであり，図3.1のようなグラフで図示することができる．例えば，ある地点の気温を 24 時間連続して計測したデータを考えると，気温は時間$x$を変数とした関数$f(x)$で表すことができる．

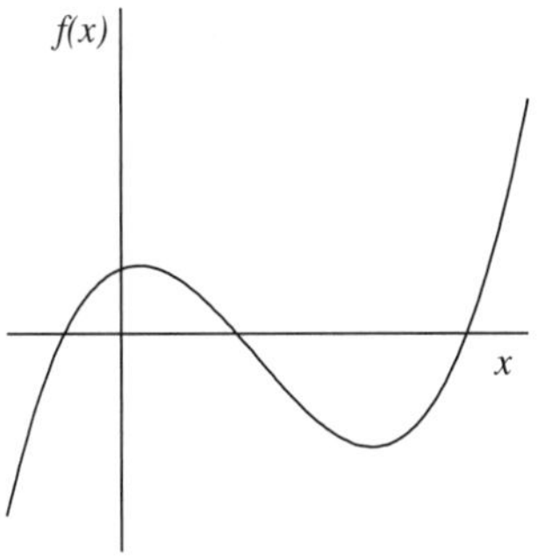


図3.1　1 変数関数のグラフ

それでは，天気図で見られるような，緯度，経度で示した地点の気圧はどのように考えたらよいだろうか．ある時刻に一斉に全ての緯度$x$，経度$y$の地点で，気圧$z$を計測したと考えると，このデータは次のような関係で表される．

$$z = f(x, y) \tag{3.1}$$

ここで，$f$は$x$，$y$を２つの独立変数とする関数，すなわち２変数関数である。このように，複数の変数で表される関数を多変数関数(multivariable function)という．

変数が１つの関数は図3.1のような２次元平面のグラフで図示できた．２変数関数を満足する$(x, y, z)$の点の集合は，3次元空間内の曲面となり，等高線や鳥瞰図で図示することができる．例えば，関数

$$f(x, y) = x^2 + y^2 \tag{3.2}$$

に対して，$z = f(x, y)$で表される曲面を調べてみよう．最初に，$z = f(x, y)$と$x$-$z$平面$(y = 0)$の交線を考えると，

$$z = f(x, 0) = x^2 \tag{3.3}$$

となるので，原点を通る放物線になっていることがわかる，また，$z$ 軸に垂直な平面$z = c$ $(c > 0)$との交線を調べてみると，

$$c = x^2 + y^2 \tag{3.4}$$

となるので，$z = c$ なる平面内では，半径$\sqrt{c}$の円であり，$z$軸周りに軸対称の形状であることがわかる．この曲面は回転放物面と呼ばれ，鳥瞰図は図3.2のようになる．なお，座標軸は通常図3.3のような右手系が用いられる．図3.4は，

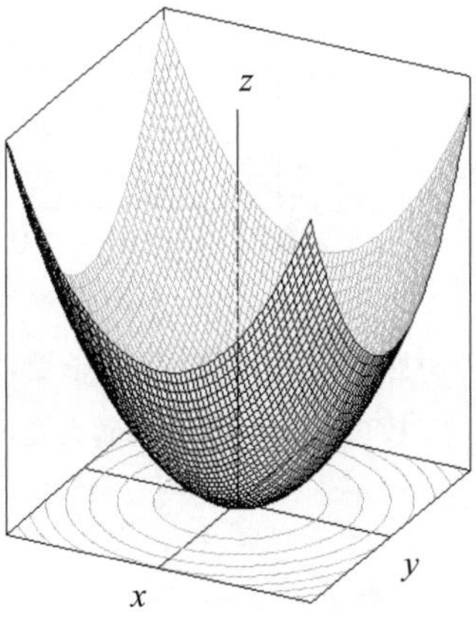


図3.2　$z = x^2 + y^2$ の鳥瞰図

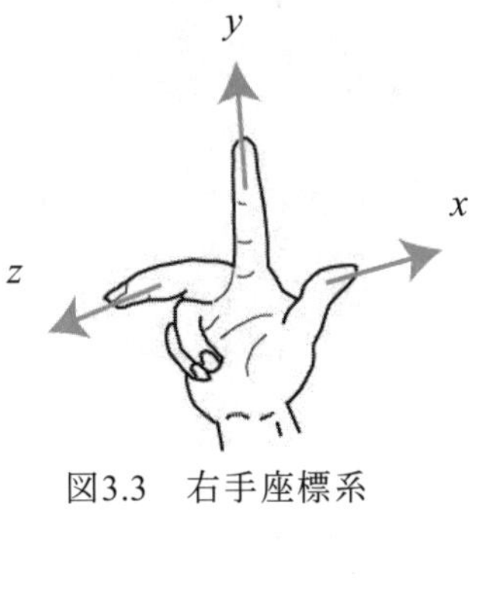


図3.3　右手座標系

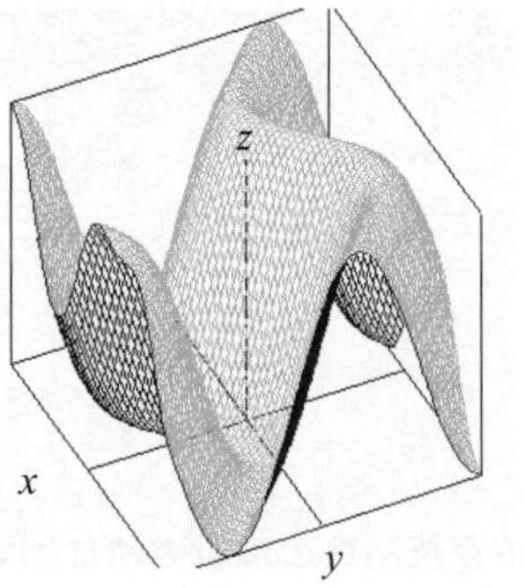

図 3.4　$z=\sin(x+\sin y)$ の鳥瞰図

$$f(x,y)=\sin(x+\sin y) \tag{3.5}$$

の鳥瞰図である．

2 変数関数が図3.2のように 3 次元空間における 2 次元曲面となるように，一般に $n$ 変数関数は，$(n+1)$次元空間における $n$ 次元曲面として表わすことができる．また等値線(面)とは，関数値をある値に定めたとき，それを与える独立変数の組の集合である．式(3.1)のような 2 変数関数では線となり，3 変数関数では 2 次元曲面となる．

［例3. 1］ 周囲が固定された 2 辺の長さ $a$，$b$ $(a<b)$の長方形板に垂直な力が一様に加わる．このとき板の垂直方向の変形量は近似的に，

$$f(x,y)=z_{\max}\cos\frac{\pi x}{a}\cos\frac{\pi y}{b},\quad -\frac{a}{2}<x<\frac{a}{2},\quad -\frac{b}{2}<y<\frac{b}{2} \tag{3.6}$$

となる．板の変形状態の概略を等値線を用いて図示せよ．

（解答）

$x$-$z$ 面($y=0$)，$y$-$z$ 面($x=0$)のいずれにおいても，図3.5(a)に示すように原点で変形量が最大となり，板の周囲($x=\pm\dfrac{a}{2}, y=\pm\dfrac{b}{2}$)で 0 となる余弦関数となる．余弦関数が原点に関して対称であること，原点で 0 になることなどを考慮すると，板の変形状態の概形を図3.5(b)のように描くことができる．

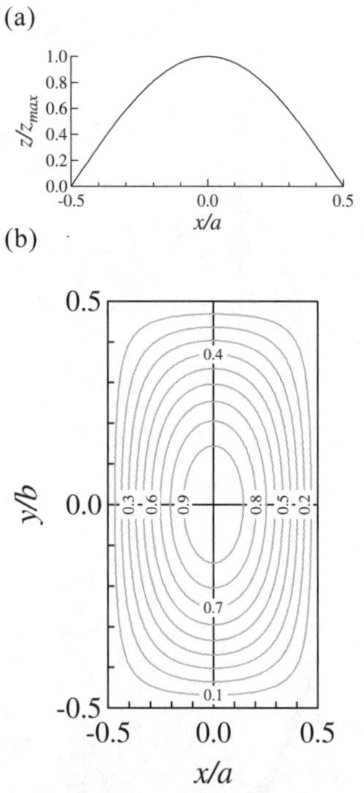

図3.5　一様な荷重を受ける板の変形の概形（最大変形量

なお，2 変数関数 $z=f(x,y)$ は，$z-f(x,y)=0$ とできるように，より一般的には

$$F(x,y,z)=0 \tag{3.7}$$

と書くことができる．前者を，ある変数に対して陽に解いた形という意味で陽関数(explicit function)，後者を陰関数(implicit function)とよぶ．陽関数では，$f$ の中の変数 $x$，$y$ は独立変数，$z$ は従属変数であるが，陰関数では，$x$，$y$，$z$ の間の独立・従属の関係が明示されない．式(3.7)は 3 変数関数の等値面を表わしていると見ることもできる．本節の冒頭で述べた関数とは陽関数のことである．例えば，半径 1 の球面（図3.6）は，

$$F(x,y,z)=x^2+y^2+z^2-1=0 \tag{3.8}$$

と表されるが，これに対する 1 つの陽関数は

$$z=f(x,y)=\pm\sqrt{1-x^2-y^2} \tag{3.9}$$

となる．式(3.8)は 1 組の$(x, y)$に対して，$z$ に 2 つの値を与える．陽関数では，関数の値は 1 つに定まる必要があるため，このように $z$=0 を境として上下 2 つに分かれた形となる．

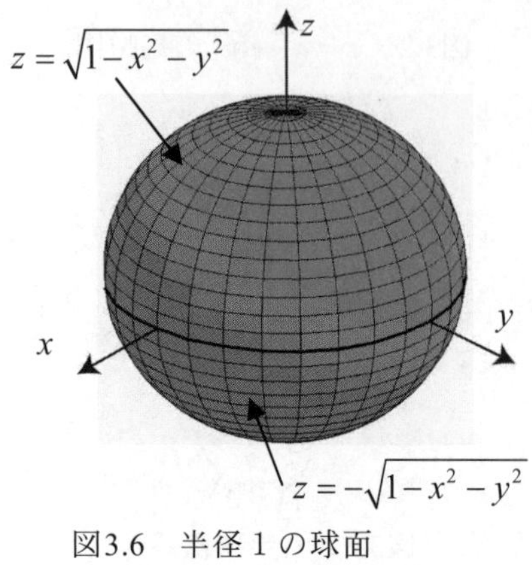

図3.6　半径 1 の球面

### 3・1・2　偏微分 (partial differentiation)

1 変数関数での微分は，独立変数の変化に対する関数の変化率であり，グラフ上では曲線の傾きを表すものであった．図3.2や図3.4のような多変数関数で微分はどのように表すことができるだろうか．例えば 2 変数関数において，曲面上のある点における傾きは，$(x, y)$のどの方向に傾きを計測するか

によって変化する．関数の変化率も同様である．実は $x$-$y$ 平面上の直交する 2 方向をとって，その方向の傾きや変化率を求めておけば，任意の方向の傾きや変化率を計算することできる．この 2 方向として，$x$ 軸，$y$ 軸のように座標軸の方向をとることは自然であろう．偏微分とは，1 つの変数を変化させ,残りの変数を固定した場合の関数の変化率である．例えば，関数 $f(x, y)$ において，$y$ を固定し $x$ を変化させた微分を「$x$ に関する偏微分(partial differentiation)」といい，

$$\frac{\partial f}{\partial x} = \lim_{h \to 0} \frac{f(x+h, y) - f(x, y)}{h} \tag{3.10}$$

のように定義される．$h$ を正から 0 に近づけるか，負から 0 に近づけるかによらずに式(3.10)の極限が 1 つの値に定まるとき，$f(x, y)$は $x$ に関して偏微分可能(partially differentiable)であるという．また，$\dfrac{\partial f}{\partial x}$ を関数$f(x, y)$の $x$ に関する偏導関数(partial derivative)，$(a, b)$での値 $\dfrac{\partial f}{\partial x}(a,b)$ を$(a, b)$における偏微分係数(partial differential coefficient)という．ここで，$\partial$ は d の丸くなったもので，「ラウンド(・ディ)」などと読む．なお，偏微分の表記として，$\dfrac{\partial f(x,y)}{\partial x}$ の他に，$f_x(x,y)$，$\partial_x f(x,y)$ などが用いられることがある．

> $\dfrac{\partial f(x,y)}{\partial x}, f_x(x,y), \left(\dfrac{\partial f}{\partial x}\right)_y$
> $\partial_x f(x,y), D_x f(x,y), D_1 f(x,y)$

偏導関数のいろいろな表記法

偏導関数の計算は 1 変数関数の微分と同様で，要するに微分する変数以外は定数とみなして計算をすれば良い．例えば，関数

$$f(x,y) = x^2 y - y^3 \tag{3.11}$$

の $x$ に関する偏導関数を考えると，第 1 項は $2xy$，第 2 項は $y$ のみに依存するので 0 であり，結局，

$$\frac{\partial f}{\partial x} = 2xy \tag{3.12}$$

となる．同様に，$y$ に関する偏導関数は，

$$\frac{\partial f}{\partial y} = x^2 - 3y^2 \tag{3.13}$$

である．実際，定義式に当てはめてみると，

$$\begin{aligned}\frac{\partial f}{\partial x} &= \lim_{h \to 0} \frac{\left\{(x+h)^2 y + y^3\right\} - \left\{x^2 y + y^3\right\}}{h} \\ &= \lim_{h \to 0} \frac{2xyh + yh^2}{h} = 2xy\end{aligned} \tag{3.14}$$

$$\begin{aligned}\frac{\partial f}{\partial y} &= \lim_{h \to 0} \frac{\left\{x^2(y+h) - (y+h)^3\right\} - \left\{x^2 y - y^3\right\}}{h} \\ &= \lim_{h \to 0} \frac{x^2 h - 3y^2 h - 3yh^2 - h^3}{h} = x^2 - 3y^2\end{aligned} \tag{3.15}$$

となり，上述の結果と一致している．

> 材料力学における変位 $u,v$ とひずみ $\varepsilon_x$，$\gamma_{xy}$ の関係
> $\varepsilon_x = \dfrac{\partial u}{\partial x}$，$\gamma_{xy} = \dfrac{\partial v}{\partial x} + \dfrac{\partial u}{\partial y}$

> カスチリアノの定理
> 集中荷重 $P$ が加わった点の荷重方向の変位$\lambda$
> $\lambda = \dfrac{\partial U}{\partial P}$
> $U$: 全ひずみエネルギー

2 変数関数 $z = f(x, y)$に対して，偏微分係数から作ったベクトル(vector)

> 列ベクトルと行ベクトル
> 　ベクトルの表記の仕方は，式(3.16)のような列ベクトルと，行ベクトル $[a\,b]$ があるが，本書では全て列ベクトルに統一する．スペース上，横に書く場合は，転置の記号 $T$ を上付き添字でつけ，例えば，$[a\,b]^T$ と表記する．

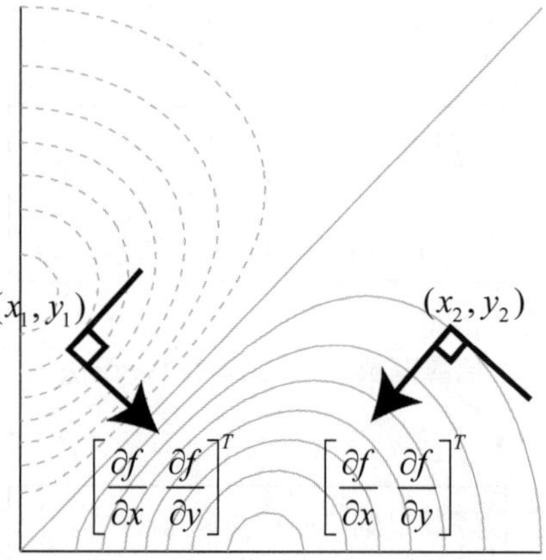


図3.7　2 変数関数における等値線と偏微分係数との関係（実線は山，破線は谷を表す）

$$\begin{pmatrix} \dfrac{\partial f}{\partial x} \\ \dfrac{\partial f}{\partial y} \end{pmatrix} \tag{3.16}$$

を考えよう．これをよく調べると，次のような幾何学的な意味が明らかとなる．すなわち，このベクトルの方向は，図3.7に示すように等値線と直交し，山を登る方向を示している．また，このベクトルの大きさ

$$\sqrt{\left(\frac{\partial f}{\partial x}\right)^2 + \left(\frac{\partial f}{\partial y}\right)^2} \tag{3.17}$$

は式(3.16)の方向にとった関数の変化率，すなわち，曲面の傾きを表している．

これは次のようにして理解できる．式(3.7)の偏微分係数から作ったベクトル

$$\begin{pmatrix} \dfrac{\partial F}{\partial x} \\ \dfrac{\partial F}{\partial y} \\ \dfrac{\partial F}{\partial z} \end{pmatrix}$$

は $F(x,y,z)=0$ がつくる 3 次元空間における曲面の法線ベクトルとなる．

$$F(x,y,z) = f(x,y) - z = 0$$

のとき法線ベクトルは

$$\begin{pmatrix} \dfrac{\partial f}{\partial x} \\ \dfrac{\partial f}{\partial y} \\ -1 \end{pmatrix}$$

となり，これは下向き，つまり $z$ 軸成分が負の法線ベクトルとなる．式(3.16) はこの法線ベクトルを $x$-$y$ 平面に射影したものである．したがって $z = f(x,y)$ が山や谷を表わすときには，上の法線ベクトルは斜面の中を向くベクトルとなり，式(3.16) は山を登る方向を示す．

［例3. 2］　理想気体の圧力を $P$，体積を $V$，絶対温度を $T$ とすると，ゆっくりとした変化（準静的変化）に対して，状態方程式

$$PV = RT$$

が成り立つことが知られている．ここで，$R$ は気体定数と呼ばれる定数である．圧力一定で温度を変化させたとき，および，温度一定で圧力を変化させたときの，体積変化率 $\dfrac{\partial V}{\partial T}, \dfrac{\partial V}{\partial P}$ を求めよ．

(解答)

$V = \dfrac{RT}{P}$ より，

$$\frac{\partial V}{\partial T}=\frac{R}{P}=\frac{V}{T},\quad \frac{\partial V}{\partial P}=-\frac{RT}{P^2}=-\frac{V}{P}$$

$P$, $V$, $T$ は常に正なので，圧力一定で温度を上昇させたときの体積の変化率は常に正，温度一定で圧力を上昇させたときの体積の変化率は常に負となる．鳥瞰図は図3.8のようになる．□

次に高次の偏微分を考えてみよう．1 変数関数の場合と同様に，偏微分を何度も繰り返して行ったものが，高次偏導関数である．例えば，$x$ に関して 2 回，3 回偏微分したものは，それぞれ，2 階偏導関数，3 階偏導関数であり，

$$\frac{\partial^2 f}{\partial x^2},\ \frac{\partial^3 f}{\partial x^3} \tag{3.18}$$

と書く．また，$x$ に関して偏微分した後，$y$ に関して偏微分したものは，

$$\frac{\partial}{\partial y}\left(\frac{\partial f}{\partial x}\right),\ \frac{\partial^2 f}{\partial y \partial x} \tag{3.19}$$

となる．一般に，

$$\frac{\partial^2 f}{\partial y \partial x},\ \frac{\partial^2 f}{\partial x \partial y} \tag{3.20}$$

がともに存在して，かつ連続であるなら，両者は等しくなる．この場合，偏導関数は微分の順序を入れ替えても同じである．したがって，われわれが扱うことの多い無限回微分可能な関数は，偏微分の順番を変えても良い．

［例3. 3］　図3.9のように，両端を一定温度 $T_0$ で冷やされた金属棒（$0 < x < L$）の温度分布について考える．棒の長手方向に $x$ 軸をとり，時刻 0 での温度分布を $T(x,0)=T_0+T_1\sin\left(\frac{\pi x}{L}\right)$ とするとき，時刻 $t$ では，

$$T(x,t)=T_0+T_1 e^{-\frac{\pi^2\alpha}{L^2}t}\sin\left(\frac{\pi x}{L}\right) \tag{3.21}$$

であることが知られている．これが次の偏微分方程式（1 次元熱伝導方程式，one-dimensional heat conduction equation）を満たすことを示せ．なお，$\alpha$ は物性定数である．

$$\frac{\partial T(x,t)}{\partial t}=\alpha\frac{\partial^2 T(x,t)}{\partial x^2} \tag{3.22}$$

(解答)

両辺の偏微分を実際に計算して比較すればよい．左辺，右辺は，それぞれ，

$$\frac{\partial T(x,t)}{\partial t}=-\frac{\pi^2\alpha}{L^2}T_1 e^{-\frac{\pi^2\alpha}{L^2}t}\sin\left(\frac{\pi x}{L}\right)$$

$$\alpha\frac{\partial^2 T(x,t)}{\partial x^2}=\alpha T_1 e^{-\frac{\pi^2\alpha}{L^2}t}\frac{\partial^2}{\partial x^2}\left\{\sin\left(\frac{\pi x}{L}\right)\right\}$$

$$=\alpha T_1 e^{-\frac{\pi^2\alpha}{L^2}t}\frac{\partial}{\partial x}\left\{\frac{\pi}{L}\cos\left(\frac{\pi x}{L}\right)\right\}=-\frac{\pi^2\alpha}{L^2}T_1 e^{-\frac{\pi^2\alpha}{L^2}t}\sin\left(\frac{\pi x}{L}\right)$$

となって，辺々等しい．

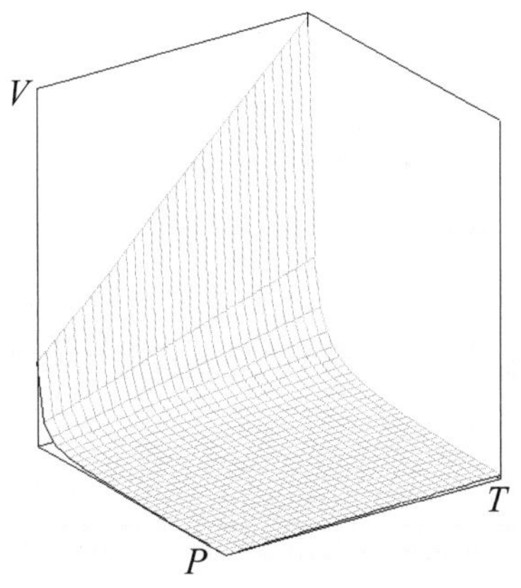


図3.8　$V=\frac{RT}{P}$ の鳥瞰図

エアリーの応力関数 $\chi$ と応力成分 $\sigma_x$, $\sigma_y$, $\tau_{xy}$ の関係

$$\sigma_x=\frac{\partial^2\chi}{\partial y^2},\ \sigma_y=\frac{\partial^2\chi}{\partial x^2}$$

$$\tau_{xy}=-\frac{\partial^2\chi}{\partial x\partial y}$$

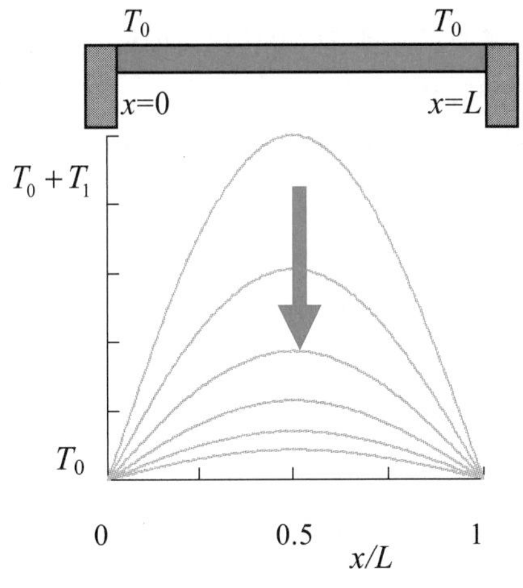


図3.9　両端を一定温度で冷やされた金属棒の温度変化．時刻 $t=0$ で温度分布は $T(x,0)=T_0+T_1\sin\left(\frac{\pi x}{L}\right)$ であり，中心が温度 $(T_0+T_1)$ の正弦波状の形をしている．時刻が経つにつれて，正弦波の振幅が小さくなり，$t\to\infty$ の極限では一様な温度 $T_0$ になる．

上の例題の物理的な意味を少し考えてみよう．熱は，温度の高い場所から低い場所へと温度の勾配に比例して伝わる性質（熱伝導）があり，式(3.22)は，この熱伝導の現象を偏微分の形で書いたものに相当する．図3.10に示すように棒の長手方向を微小区間$\Delta x$に区切って考える．熱伝導により$x$において負の方向から入る熱量$q_1$と$(x+\Delta x)$において正の方向へと出て行く熱量$q_2$の差を計算する．温度$T$は時刻$t$にも位置$x$にも依存するが，熱量の移動量の位置による差を見るために，$x$の変化分だけを考える．$q_1$，$q_2$は

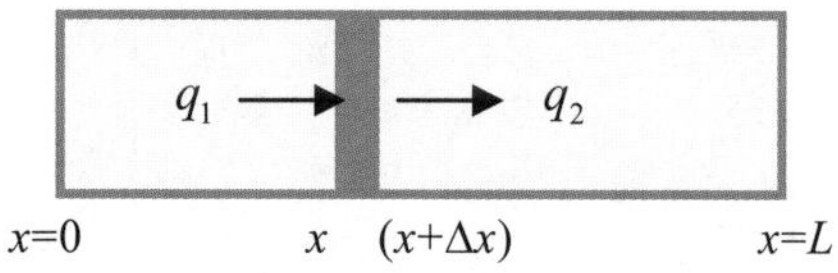


図3.10　棒の微小区間での熱の収支

$$\begin{cases} q_1 = -\lambda \dfrac{\partial T(x,t)}{\partial x} \\ q_2 = -\lambda \dfrac{\partial T(x+\Delta x,t)}{\partial x} \end{cases} \tag{3.23}$$

のように表される．ここで，定数$\lambda$は熱の伝わりやすさを表す物性定数（熱伝導率）である．そして，これらの熱量の差$q_1-q_2$を求め$\Delta x \to 0$としたものに比例定数をかけたものが式(3.22)の右辺であり，2階の偏微分となる．一方，式(3.22)の左辺は，その場所の温度の時間勾配に相当し，時間変化だけを考えるために$t$に関する偏微分となっている．

> **熱伝導方程式の規格化**
>
> 式(3.22)，(3.23)は，有次元の式であるが，$x' = x/L$，$t' = \dfrac{\alpha}{L^2}t$ のように無次元数を使って書き換えることによって，一般性を失わずに
>
> $$\frac{\partial T(x',t')}{\partial t'} = \frac{\partial^2 T(x',t')}{\partial x'^2}$$
>
> $$\begin{cases} q_1 = -\dfrac{\partial T(x',t')}{\partial x'} \\ q_2 = -\dfrac{\partial T(x'+\Delta x',t')}{\partial x'} \end{cases}$$
>
> のように，簡単な形に規格化することができる．

物理現象を表わす微分方程式が多変数となる場合には，偏微分方程式が現われる．機械工学では，平板の曲げなどを扱う材料力学では2階あるいは4階の偏微分が現れるし，伝熱工学，流体工学，振動学では2階の偏微分がしばしば現れる．なかでも，

$$\frac{\partial^2 f}{\partial x^2} + \frac{\partial^2 f}{\partial y^2} = 0 \tag{3.24}$$

の形の偏微分方程式は，ラプラス方程式(Laplace equation)といって，熱伝導，流体，構造，電場などの解析に現れる重要な方程式である．また，

$$\frac{\partial^2 f}{\partial t^2} = c^2 \frac{\partial^2 f}{\partial x^2} \tag{3.25}$$

は，波動方程式(wave equation)といって，振動，波を表す方程式である．

関数の積あるいは商の偏微分は1変数関数の場合と同様に考えればよい．すなわち，

$$\frac{\partial}{\partial x} f(x,y)g(x,y) = \frac{\partial f(x,y)}{\partial x} g(x,y) + f(x,y)\frac{\partial g(x,y)}{\partial x} \tag{3.26}$$

$$\frac{\partial}{\partial x}\frac{f(x,y)}{g(x,y)} = \frac{\dfrac{\partial f(x,y)}{\partial x} g(x,y) - f(x,y)\dfrac{\partial f(x,y)}{\partial x}}{g(x,y)^2} \tag{3.27}$$

となる．合成関数の偏微分についても1変数関数の場合と同様で，

$$\frac{\partial}{\partial u} f\left(x(u,v),y\right) = \frac{\partial f}{\partial x}\frac{\partial x}{\partial u} \tag{3.28}$$

$$\frac{\partial}{\partial u} f\left(x(u,v),y(u,v)\right) = \frac{\partial f}{\partial x}\frac{\partial x}{\partial u} + \frac{\partial f}{\partial y}\frac{\partial y}{\partial u} \tag{3.29}$$

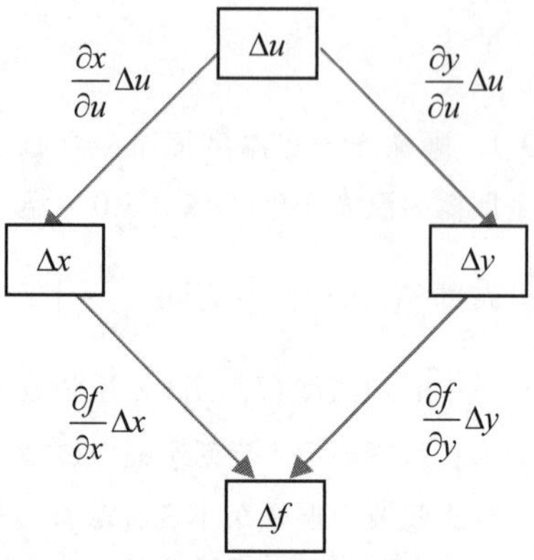


図3.11　合成関数の微分（式(3.29)）の模式図

となる．式(3.29)の計算を模式的に示すと図3.11のようになる．もともと$f$の変数$u$に関する偏微分の物理的な意味は，$u$を微小量変化させたときの関数値$f$の変化割合である．$f(x(u, v), y(u, v))$では，$u$の微小変化$\Delta u$に対して

$x(u, v)$，$y(u, v)$がそれぞれ

$$\Delta x = \frac{\partial x(u,v)}{\partial u}\Delta u,\ \Delta y = \frac{\partial y(u,v)}{\partial u}\Delta u \tag{3.30}$$

だけ変化する．3.2.1節のテイラー級数を用いて $f$ の微小変化$\Delta f$を$\Delta x$，$\Delta y$ で表すと，

$$\Delta f = \frac{\partial f}{\partial x}\Delta x + \frac{\partial f}{\partial y}\Delta y + (\Delta x, \Delta y\text{の高次の微小項}) \tag{3.31}$$

となる．これに式(3.30)を代入して $\dfrac{\Delta f}{\Delta u} \to \dfrac{\partial f}{\partial u}$ とすると式(3.29)となる．

一般に，$n$ 変数関数 $f(x_1, x_2, \cdots, x_n)$ に対して，$x_i = x_i(u_1, u_2, \cdots, u_m)$ であるとき，$f$ の $u_k$ に関する偏導関数は，

$$\frac{\partial f}{\partial u_k} = \sum_{i=1}^{n} \frac{\partial f}{\partial x_i}\frac{\partial x_i}{\partial u_k} \tag{3.32}$$

で表される．

［例3.4］　ロボット・マニピュレータのハンドの位置が，時刻 $t$ に対して，曲線

$$\begin{cases} x(t) = at\cos\omega t \\ y(t) = at\sin\omega t \\ z(t) = b(x^2 + y^2) \end{cases}$$

上を動く．このとき，腕の先端の速度の $z$ 方向成分を求めよ．

（解答）

速度の $z$ 方向成分は $\dfrac{\mathrm{d}z}{\mathrm{d}t}$ である．ここで，$z$は $t$のみの関数と考えられるので $\dfrac{\partial z}{\partial t}$ ではなく，”普通の微分” $\dfrac{\mathrm{d}z}{\mathrm{d}t}$ としている．$\dfrac{\mathrm{d}z}{\mathrm{d}t}$ は合成関数の微分を用いて求めれば，

$$\frac{\mathrm{d}}{\mathrm{d}t}z\left(x(t), y(t)\right) = \frac{\partial z}{\partial x}\frac{\mathrm{d}x}{\mathrm{d}t} + \frac{\partial z}{\partial y}\frac{\mathrm{d}y}{\mathrm{d}t}$$

となる．ここでも，$x$，$y$ はそれぞれ $t$ のみの関数であることに注意してほしい．

$$\begin{aligned}\frac{\mathrm{d}z}{\mathrm{d}t} &= 2bx\frac{\mathrm{d}x}{\mathrm{d}t} + 2by\frac{\mathrm{d}y}{\mathrm{d}t} \\ &= 2bx\cdot\left(a\cos\omega t - a\omega t\sin\omega t\right) + 2by\cdot\left(a\sin\omega t + a\omega t\cos\omega t\right) \\ &= 2b\cdot at\cos\omega t\cdot\left(a\cos\omega t - a\omega t\sin\omega t\right) \\ &\quad +2b\cdot at\sin\omega t\cdot\left(a\sin\omega t + a\omega t\cos\omega t\right) \\ &= 2a^2bt\cdot\left(\cos^2\omega t + \sin^2\omega t\right) \\ &= 2a^2bt\end{aligned}$$

となる．

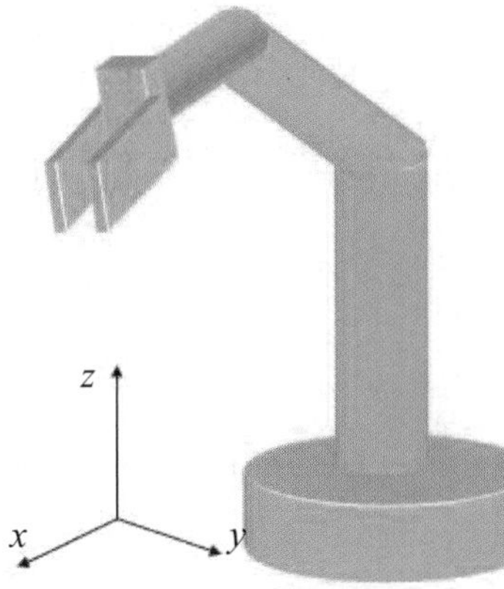

図3.12　ロボットアームの運動

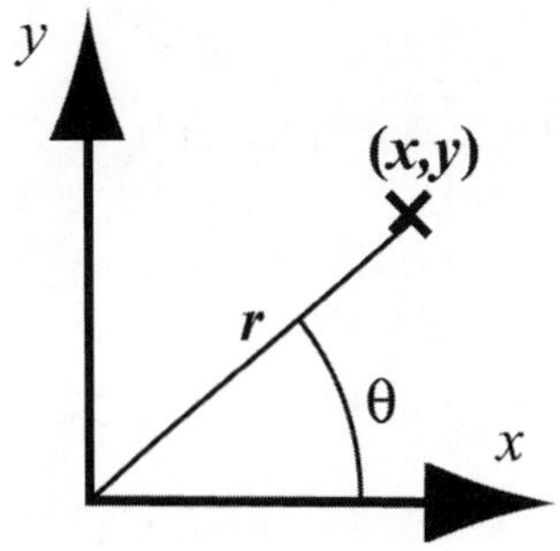

図3.13　円柱座標系

座標系を変換すると見通しが良くなる場合がある．とくに，対象とする形

状が軸対称の場合には，円柱座標系(cylindrical coordinate)を用いることがある．すなわち，関数 $f(x, y)$の変数 $x$，$y$ を，図 1. 13 の

$$\begin{cases} x(r,\theta) = r\cos\theta \\ y(r,\theta) = r\sin\theta \end{cases} \tag{3.33}$$

の関係を用いて半径 $r$，角度θで表す． $f(x(r,\theta), y(r,\theta))$の偏導関数は，合成関数の偏微分を用いて，

$$\begin{aligned} \frac{\partial f}{\partial r} &= \frac{\partial f}{\partial x}\frac{\partial x}{\partial r} + \frac{\partial f}{\partial y}\frac{\partial y}{\partial r} = \frac{\partial f}{\partial x}\cos\theta + \frac{\partial f}{\partial y}\sin\theta \\ \frac{\partial f}{\partial \theta} &= \frac{\partial f}{\partial x}\frac{\partial x}{\partial \theta} + \frac{\partial f}{\partial y}\frac{\partial y}{\partial \theta} = -\frac{\partial f}{\partial x}r\sin\theta + \frac{\partial f}{\partial y}r\cos\theta \end{aligned} \tag{3.34}$$

と表せる．式(3.34)をもう一度偏微分する． $\dfrac{\partial^2 f}{\partial r^2}$ は，

$$\begin{aligned} \frac{\partial^2 f}{\partial r^2} &= \frac{\partial}{\partial r}\left(\frac{\partial f}{\partial x}\cos\theta + \frac{\partial f}{\partial y}\sin\theta\right) \\ &= \frac{\partial^2 f}{\partial x^2}\cos^2\theta + 2\frac{\partial^2 f}{\partial x\partial y}\cos\theta\sin\theta + \frac{\partial^2 f}{\partial y^2}\sin^2\theta \end{aligned} \tag{3.35}$$

式(3.35)の導出（式(3.36)も同様）

$$\begin{aligned} &\frac{\partial}{\partial r}\left(\frac{\partial f}{\partial x}\cos\theta + \frac{\partial f}{\partial y}\sin\theta\right) \\ &= \left\{\frac{\partial}{\partial x}\left(\frac{\partial f}{\partial x}\right)\frac{\partial x}{\partial r} + \frac{\partial}{\partial y}\left(\frac{\partial f}{\partial x}\right)\frac{\partial y}{\partial r}\right\}\cos\theta \\ &+ \left\{\frac{\partial}{\partial x}\left(\frac{\partial f}{\partial y}\right)\frac{\partial x}{\partial r} + \frac{\partial}{\partial y}\left(\frac{\partial f}{\partial y}\right)\frac{\partial y}{\partial r}\right\}\sin\theta \\ &= \left(\frac{\partial^2 f}{\partial x^2}\cos\theta + \frac{\partial^2 f}{\partial x\partial y}\sin\theta\right)\cos\theta \\ &+ \left(\frac{\partial^2 f}{\partial x\partial y}\cos\theta + \frac{\partial^2 f}{\partial y^2}\sin\theta\right)\sin\theta \\ &= \frac{\partial^2 f}{\partial x^2}\cos^2\theta + 2\frac{\partial^2 f}{\partial x\partial y}\cos\theta\sin\theta \\ &+ \frac{\partial^2 f}{\partial y^2}\sin^2\theta \end{aligned}$$

また， $\dfrac{\partial^2 f}{\partial \theta^2}$ は，

$$\begin{aligned} \frac{\partial^2 f}{\partial \theta^2} &= \frac{\partial}{\partial \theta}\left(-\frac{\partial f}{\partial x}r\sin\theta + \frac{\partial f}{\partial y}r\cos\theta\right) \\ &= \frac{\partial^2 f}{\partial x^2}r^2\sin^2\theta - 2\frac{\partial^2 f}{\partial x\partial y}r^2\cos\theta\sin\theta + \frac{\partial^2 f}{\partial y^2}r^2\cos^2\theta \\ &\quad -\frac{\partial f}{\partial x}r\cos\theta - \frac{\partial f}{\partial y}r\sin\theta \end{aligned} \tag{3.36}$$

となる．式(3.34)～(3.36)より次式を示すことができる．

$$\frac{\partial^2 f}{\partial r^2} + \frac{1}{r}\frac{\partial f}{\partial r} + \frac{1}{r^2}\frac{\partial^2 f}{\partial \theta^2} = \frac{\partial^2 f}{\partial x^2} + \frac{\partial^2 f}{\partial y^2} \tag{3.37}$$

したがって，式(3.24)のラプラス方程式は，円柱座標系では式(3.37)の左辺 = 0 で表されることがわかる．

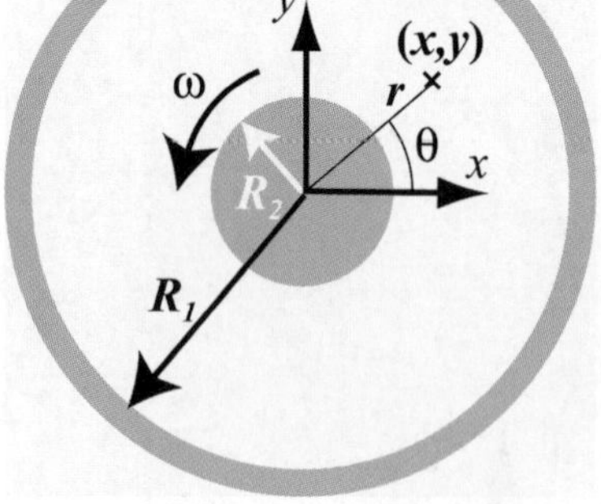


図3.14　2 重円筒内の流れ

［例3. 5］　図3.14のような内半径 $R_1$ の円形容器に水が蓄えられており，容器の中心に設置された半径 $R_2$ の円柱が角速度ωで回転している．回転が比較的遅いとき，この流れを支配する方程式は，$x$ 方向，$y$ 方向の流速をそれぞれ $u$, $v$ とすると，ラプラス方程式

$$\begin{cases} \dfrac{\partial^2 u}{\partial x^2} + \dfrac{\partial^2 u}{\partial y^2} = 0 \\ \dfrac{\partial^2 v}{\partial x^2} + \dfrac{\partial^2 v}{\partial y^2} = 0 \end{cases} \tag{3.38}$$

であることが知られている．円柱座標系 $r$，$\theta$を用い，流れの半径方向速度 $U = \dfrac{dr}{dt}$ と円周方向速度 $V = r\dfrac{d\theta}{dt}$ の関係式を示せ．

（解答）

式(3.37)より，まず，円柱座標系でのラプラス方程式は，

$$\frac{\partial^2 u}{\partial r^2}+\frac{1}{r}\frac{\partial u}{\partial r}+\frac{1}{r^2}\frac{\partial^2 u}{\partial \theta^2}=0 \tag{3.39}$$

$$\frac{\partial^2 v}{\partial r^2}+\frac{1}{r}\frac{\partial v}{\partial r}+\frac{1}{r^2}\frac{\partial^2 v}{\partial \theta^2}=0 \tag{3.40}$$

となる．次に，流速 $u$, $v$ を円柱座標系に沿った半径方向速度 $U$ と円周方向速度 $V$ に置き換える．座標変換を表す式(3.33)を時間について微分すると，

$$\begin{cases} u=\dfrac{\mathrm{d}r}{\mathrm{d}t}\cos\theta-r\sin\theta\dfrac{\mathrm{d}\theta}{\mathrm{d}t} \\ v=\dfrac{\mathrm{d}r}{\mathrm{d}t}\sin\theta+r\cos\theta\dfrac{\mathrm{d}\theta}{\mathrm{d}t} \end{cases}$$

となる．$U=\dfrac{\mathrm{d}r}{\mathrm{d}t}$，$V=r\dfrac{\mathrm{d}\theta}{\mathrm{d}t}$ を用いると，

$$\begin{cases} u=U\cos\theta-V\sin\theta \\ v=U\sin\theta+V\cos\theta \end{cases}$$

となって，流速の間の変換式が得られる．$u$ の式を式(3.39)に，$v$ の式を式(3.40)に代入し，式(3.39)$\times\cos\theta+$式(3.40)$\times\sin\theta$ を作ると，

$$\frac{\partial^2 U}{\partial r^2}+\frac{1}{r}\frac{\partial U}{\partial r}+\frac{1}{r^2}\left(\frac{\partial^2 U}{\partial \theta^2}-U-2\frac{\partial V}{\partial \theta}\right)=0 \tag{3.41}$$

となり，式(3.39)$\times\sin\theta-$式(3.40)$\times\cos\theta$ を作ると，

$$\frac{\partial^2 V}{\partial r^2}+\frac{1}{r}\frac{\partial V}{\partial r}+\frac{1}{r^2}\left(\frac{\partial^2 V}{\partial \theta^2}-V+2\frac{\partial U}{\partial \theta}\right)=0 \tag{3.42}$$

となる．

式(3.41), (3.42)の算出

$$\frac{\partial^2 u}{\partial r^2}=\frac{\partial^2}{\partial r^2}(U\cos\theta-V\sin\theta)=\frac{\partial^2 U}{\partial r^2}\cos\theta-\frac{\partial^2 V}{\partial r^2}\sin\theta$$

$$\frac{1}{r}\frac{\partial u}{\partial r}=\frac{1}{r}\frac{\partial}{\partial r}(U\cos\theta-V\sin\theta)=\frac{1}{r}\left(\frac{\partial U}{\partial r}\cos\theta-\frac{\partial V}{\partial r}\sin\theta\right)$$

$$\begin{aligned}\frac{1}{r^2}\frac{\partial^2 u}{\partial \theta^2}&=\frac{1}{r^2}\frac{\partial^2}{\partial \theta^2}(U\cos\theta-V\sin\theta)\\&=\frac{1}{r^2}\frac{\partial}{\partial \theta}\left(\frac{\partial U}{\partial \theta}\cos\theta-U\sin\theta-\frac{\partial V}{\partial \theta}\sin\theta-V\cos\theta\right)\\&=\frac{1}{r^2}\left(\frac{\partial^2 U}{\partial \theta^2}\cos\theta-2\frac{\partial U}{\partial \theta}\sin\theta-U\cos\theta-\frac{\partial^2 V}{\partial \theta^2}\sin\theta-2\frac{\partial V}{\partial \theta}\cos\theta+V\sin\theta\right)\end{aligned}$$

$$\frac{\partial^2 v}{\partial r^2}=\frac{\partial^2 U}{\partial r^2}\sin\theta+\frac{\partial^2 V}{\partial r^2}\cos\theta$$

$$\frac{1}{r}\frac{\partial v}{\partial r}=\frac{1}{r}\left(\frac{\partial U}{\partial r}\sin\theta+\frac{\partial V}{\partial r}\cos\theta\right)$$

$$\frac{1}{r^2}\frac{\partial^2 v}{\partial \theta^2}=\frac{1}{r^2}\left(\frac{\partial^2 U}{\partial \theta^2}\sin\theta+2\frac{\partial U}{\partial \theta}\cos\theta-U\sin\theta+\frac{\partial^2 V}{\partial \theta^2}\cos\theta-2\frac{\partial V}{\partial \theta}\sin\theta-V\cos\theta\right)$$

式(3.38)の形は簡単であるが，円筒の壁での境界条件を取り入れることが難しい．一方で，式(3.41)，(3.42)の形は多少複雑であるが，境界条件を容易に代入することができる．例えば，回転が遅い場合，$U=0$ となり，$V$ は $\theta$ によらないと仮定できる．その場合，$V$ が $r$ のみの関数となって，解くべき方程式は，

$$\frac{\mathrm{d}^2 V}{\mathrm{d}r^2}+\frac{1}{r}\frac{\mathrm{d}V}{\mathrm{d}r}-\frac{V}{r^2}=0 \tag{3.43}$$

と簡略になる．このように，機械工学で取り扱う実際的な問題では円柱座標系あるいは後述する球面座標を使うことがしばしばある．方程式や変数の座標変換の計算の過程は多少煩雑であるが，偏微分の基本に忠実に計算をしてゆけばよい．

## 3・2　多変数関数の極大・極小 (maxima and minima)

1 変数関数が極大値・極小値を与える必要条件は，1 階の微分係数=0 である．2 階の微分係数が正ならば下に凸なので極小点，負ならば上に凸なので極大点となる．2 階の微分係数が 0 かつ 3 階の微分係数が 0 でないならば極

大でも極小でもない停留点である．それでは，$n$ 変数の多変数関数 $f(x_1, x_2, \cdots, x_n)$ の場合はどうであろうか．本題に入る前に，少し準備をしておこう．

### 3・2・1　テイラー展開 (Taylor expansion)

多変数関数のテイラー展開は多少複雑になるが，1 変数関数のテイラー展開の素直な拡張である．2 変数関数 $f(x, y)$ を $(x, y)$ のまわりで展開すると，$\Delta x$, $\Delta y$ を微小量として，

$$
\begin{aligned}
f(x+\Delta x, y+\Delta y) &= f(x, y) + \frac{\partial f}{\partial x}\Delta x + \frac{\partial f}{\partial y}\Delta y \\
&\quad + \frac{1}{2!}\left\{\frac{\partial^2 f}{\partial x^2}\Delta x^2 + 2\frac{\partial^2 f}{\partial x \partial y}\Delta x \Delta y + \frac{\partial^2 f}{\partial y^2}\Delta y^2\right\} \\
&\quad + \frac{1}{3!}\left\{\frac{\partial^3 f}{\partial x^3}\Delta x^3 + 3\frac{\partial^3 f}{\partial x^2 \partial y}\Delta x^2 \Delta y + 3\frac{\partial^3 f}{\partial x \partial y^2}\Delta x \Delta y^2 + \frac{\partial^3 f}{\partial y^3}\Delta y\right\} \\
&\quad + \cdots
\end{aligned}
\tag{3.44}
$$

と書ける．各項の係数は次式のように考えれば覚えやすい．

$$
\begin{aligned}
f(x+\Delta x, y+\Delta y) &= f + \left(\Delta x \frac{\partial}{\partial x} + \Delta y \frac{\partial}{\partial y}\right) f + \frac{1}{2!}\left(\Delta x \frac{\partial}{\partial x} + \Delta y \frac{\partial}{\partial y}\right)^2 f \\
&\quad + \frac{1}{3!}\left(\Delta x \frac{\partial}{\partial x} + \Delta y \frac{\partial}{\partial y}\right)^3 f + \cdots
\end{aligned}
\tag{3.45}
$$

ここで，偏微分の演算子 $\dfrac{\partial}{\partial x}$， $\dfrac{\partial}{\partial y}$ を通常の変数と同様に扱い，

$$
\frac{\partial}{\partial x}\frac{\partial}{\partial x} f = \frac{\partial^2 f}{\partial x^2}
\tag{3.46}
$$

などと計算すればよい．

［例3. 6］　微分方程式の数値解析や実験データの解析で，離散的与えられた関数値から，勾配を数値的に求めることが頻繁に行われる．いま，2 変数関数 $f(x, y)$ が，図3.15に示すように $x$，$y$ 方向それぞれに $\Delta x$，$\Delta y$ の間隔で数値的に与えられているとき，偏微分 $\dfrac{\partial f(x, y)}{\partial x}$， $\dfrac{\partial f(x, y)}{\partial y}$ を 4 点のデータから求める近似式を作れ．

（解答）

まず，$x$ 方向について考える． $f(x+\Delta x, y)$, $f(x-\Delta x, y)$ を $(x, y)$ の周りでテイラー展開すると，

$$
\begin{cases}
f(x+\Delta x, y) = f(x, y) + \dfrac{\partial f(x, y)}{\partial x}\Delta x + \dfrac{1}{2!}\dfrac{\partial^2 f(x, y)}{\partial x^2}\Delta x^2 + \dfrac{1}{3!}\dfrac{\partial^3 f(x, y)}{\partial x^3}\Delta x^3 + \cdots \\
f(x-\Delta x, y) = f(x, y) - \dfrac{\partial f(x, y)}{\partial x}\Delta x + \dfrac{1}{2!}\dfrac{\partial^2 f(x, y)}{\partial x^2}\Delta x^2 - \dfrac{1}{3!}\dfrac{\partial^3 f(x, y)}{\partial x^3}\Delta x^3 + \cdots
\end{cases}
\tag{3.47}
$$

が得られる．式(3.47)の上式から下式を引いて変形すると

---

2 変数関数のテーラー展開の導出

$f(x+\Delta x,\ y+\Delta y)$ を $\Delta x$，$\Delta y$ の多項式で表すのだが，$0 < s < 1$ なる定数 $s$ を導入して，点 $(x, y)$ と点 $(x+\Delta x,\ y+\Delta y)$ の中間にある点 $(x+s\Delta x,\ y+s\Delta y)$ を考える．$f(x+s\Delta x,\ y+s\Delta y)$ を $s$ のみの関数とみなして $F(s)$ とおき，$F(s)$ を 0 のまわりに $s$ に関して展開すると，

$F(s) = F(0) + \dfrac{\mathrm{d}F}{\mathrm{d}s}s + \dfrac{1}{2!}\dfrac{\mathrm{d}^2 F}{\mathrm{d}s^2}s^2 + \cdots$ と書ける．$s$ が $f$ の両方の変数に入っていることから，偏微分の合成則を用いると，

$$
\begin{aligned}
X &= x + s\Delta x \\
Y &= y + s\Delta y \\
\frac{\mathrm{d}F}{\mathrm{d}s} &= \frac{\partial f}{\partial X}\frac{\mathrm{d}X}{\mathrm{d}s} + \frac{\partial f}{\partial Y}\frac{\mathrm{d}Y}{\mathrm{d}s} \\
&= \frac{\partial f}{\partial X}\Delta x + \frac{\partial f}{\partial Y}\Delta y \\
\frac{\mathrm{d}^2 F}{\mathrm{d}s^2} &= \frac{\partial^2 f}{\partial X^2}\left(\frac{\mathrm{d}X}{\mathrm{d}s}\right)^2 + 2\frac{\partial^2 f}{\partial X \partial Y}\left(\frac{\mathrm{d}X}{\mathrm{d}s}\right)\left(\frac{\mathrm{d}Y}{\mathrm{d}s}\right) \\
&\quad + \frac{\partial^2 f}{\partial Y^2}\left(\frac{\mathrm{d}Y}{\mathrm{d}s}\right)^2 \\
&= \frac{\partial^2 f}{\partial X^2}^{2}\Delta x^2 + 2\frac{\partial^2 f}{\partial X \partial Y}\Delta x \Delta y \\
&\quad + \frac{\partial^2 f}{\partial Y^2}\Delta y^2
\end{aligned}
$$

となり，これらに $s = 0$ を代入して整理すると，式(3.44)が得られる．

---

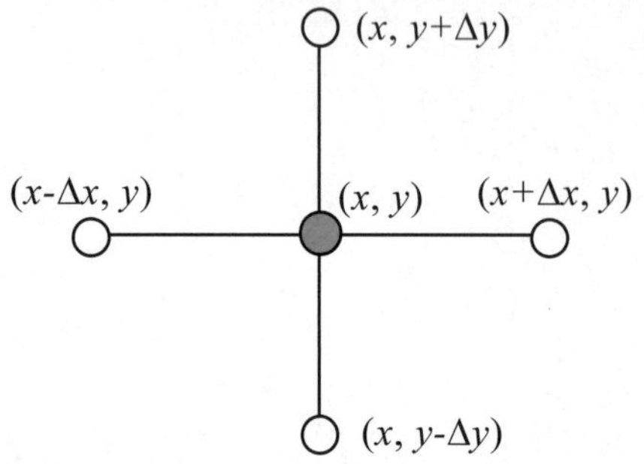


図3.15　テイラー級数を用いた離散データからの勾配算出

$$\frac{\partial f(x,y)}{\partial x}-\frac{f(x+\Delta x,y)-f(x-\Delta x,y)}{2\Delta x}=\frac{2}{3!}\frac{\partial^3 f(x,y)}{\partial x^3}\Delta x^2+\cdots \tag{3.48}$$

を得る．これは勾配を

$$\frac{\partial f(x,y)}{\partial x}\cong\frac{f(x+\Delta x,y)-f(x-\Delta x,y)}{2\Delta x} \tag{3.49}$$

と近似するとその誤差は$\Delta x$ の 2 次の項以上となることを表わしている．したがって$\Delta x$ が小さくなるに従って誤差は$\Delta x$ の 2 乗以上の速さで小さくなっていく．

同様に $\frac{\partial f(x,y)}{\partial y}$ は $f(x, y+\Delta y)$ と $f(x, y-\Delta y)$ から次のように近似できる．

$$\frac{\partial f(x,y)}{\partial y}\cong\frac{f(x,y+\Delta y)-f(x,y-\Delta y)}{2\Delta y} \tag{3.50}$$

例えば，$\frac{\partial f(x,y)}{\partial x}$ を，$f(x+\Delta x, y)$ と $f(x, y)$ を使って

$$\frac{\partial f(x,y)}{\partial x}\cong\frac{f(x+\Delta x,y)-f(x,y)}{\Delta x} \tag{3.51}$$

と近似できる．このとき，$f(x+\Delta x,y)$のテイラー級数を上式に代入すると，

$$\frac{\partial f(x,y)}{\partial x}-\frac{f(x+\Delta x,y)-f(x,y)}{\Delta x}=\frac{1}{2!}\frac{\partial^2 f(x,y)}{\partial x^2}\Delta x+\cdots \tag{3.52}$$

が得られる．右辺は，真の値 $\frac{\partial f(x,y)}{\partial x}$ と離散データから求めた値の差，すなわち誤差であり，$\Delta x$ の 1 次の項から始まっている．したがって，$\Delta x$ が小さくなると，誤差は $\Delta x$ の 1 乗以上の速さで小さくなってゆく．なお，式(3.51)は勾配を 2 点を結ぶ直線で近似したことになる．式(3.49)は $f(x,y)$ を $(x-\Delta x,y)$, $(x,y)$, $(x+\Delta x,y)$ の 3 点を通る 2 次曲線で近似し，その中間点の微分を与えたことになる．3 点を用いた 2 次曲線から勾配を求める場合では，中間点で計算するのが最も高い精度を与えることが知られている．

### 3・2・2　多変数関数の局所的性質 (local behavior of multivariable functions)

多変数関数の極大・極小を考えてみよう．$n$ 変数関数 $f=f(x_1,x_2,\cdots x_n)$ に関しては，極大あるいは極小となるための必要条件は，

$$\frac{\partial f}{\partial x_1}=\frac{\partial f}{\partial x_2}=\cdots=\frac{\partial f}{\partial x_n}=0 \tag{3.53}$$

であり，このような点を停留点(point of inflection)とよぶ．まず，2 変数関数の場合について，停留点近傍の局所的な性質を見ていこう．関数 $f$ を停留点 P$(x, y)$のまわりでテイラー展開し， 2 次の項まで残すと，

$$\begin{aligned} f(x+\Delta x,y+\Delta y)&=f(x,y)+\frac{\partial f}{\partial x}\Delta x+\frac{\partial f}{\partial y}\Delta y\\ &+\frac{1}{2!}\left\{\frac{\partial^2 f}{\partial x^2}\Delta x^2+2\frac{\partial^2 f}{\partial x\partial y}\Delta x\Delta y+\frac{\partial^2 f}{\partial y^2}\Delta y^2\right\} \end{aligned} \tag{3.54}$$

となる．いま，P は停留点だから 1 階の偏微分係数は 0 であり，

$$\begin{aligned}\Delta f &= f(x+\Delta x, y+\Delta y) - f(x,y)\\ &= \frac{1}{2!}\left\{\frac{\partial^2 f}{\partial x^2}\Delta x^2 + 2\frac{\partial^2 f}{\partial x \partial y}\Delta x \Delta y + \frac{\partial^2 f}{\partial y^2}\Delta y^2\right\}\end{aligned} \tag{3.55}$$

と書ける．したがって，$\Delta x$，$\Delta y$ によらずに右辺が負ならば P は図3.16(a)に示すような極大点，正ならば図3.16(b)に示す極小点となる．簡単のために，

(a)

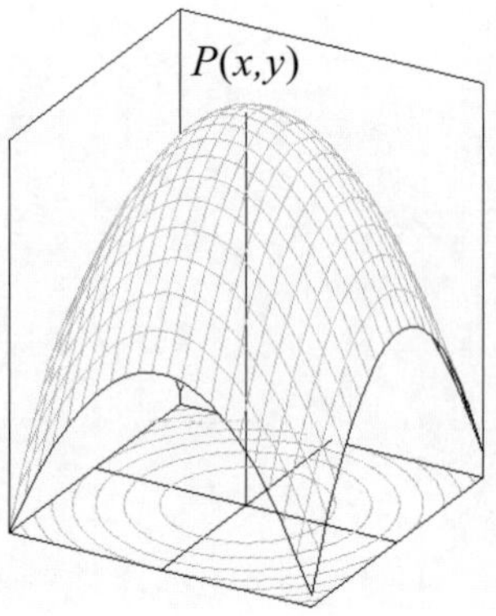


(b)

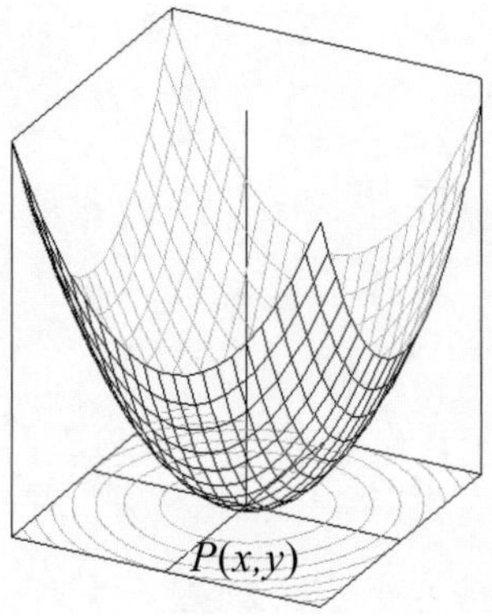


(c)

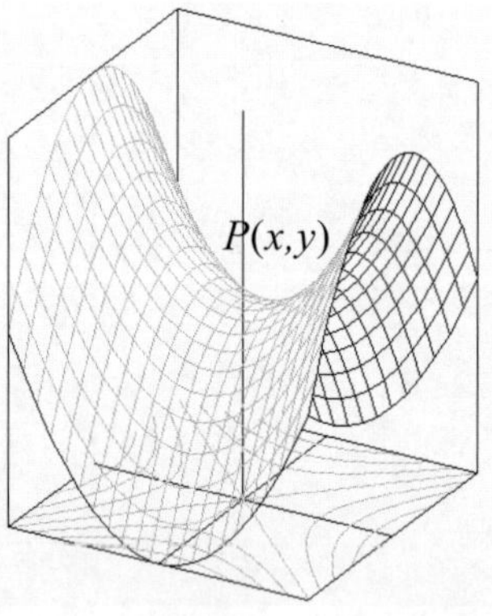


図3.16　2 変数関数の，(a)極大，(b)極小，(c)鞍点

$$A = \frac{\partial^2 f}{\partial x^2},\quad B = \frac{\partial^2 f}{\partial x \partial y},\quad C = \frac{\partial^2 f}{\partial y^2} \tag{3.56}$$

とおくと，式(3.55)は，$D = -B^2 + AC$ とおいて

$$\begin{aligned}\Delta f &= \frac{1}{2}\left(A\Delta x^2 + 2B\Delta x\Delta y + C\Delta y^2\right)\\ &= \frac{1}{2}\left\{A\left(\Delta x + \frac{B}{A}\Delta y\right)^2 + \frac{1}{A}\left(-B^2 + AC\right)\Delta y^2\right\}\\ &= \frac{1}{2}\left\{A\left(\Delta x + \frac{B}{A}\Delta y\right)^2 + \frac{D}{A}\Delta y^2\right\}\end{aligned} \tag{3.57}$$

と書き直せる．これにより，点 P での挙動は，

$$\begin{cases} A > 0 \text{ かつ } D > 0 \to \text{常に } \Delta f > 0 \text{（極小値）}\\ A < 0 \text{ かつ } D > 0 \to \text{常に } \Delta f < 0 \text{（極大値）}\\ D < 0 \qquad\qquad\quad \to \Delta f \text{ は正にも負にもなり得る}\end{cases} \tag{3.58}$$

のように場合分けできる．図3.16(c)に示すような鞍状の点（鞍点）では，$D < 0$ となる．また，$D$ はヘッセ(Hesse)行列

$$\begin{bmatrix} A & B \\ B & C \end{bmatrix} = \begin{bmatrix} \dfrac{\partial^2 f}{\partial x^2} & \dfrac{\partial^2 f}{\partial x \partial y} \\ \dfrac{\partial^2 f}{\partial y \partial x} & \dfrac{\partial^2 f}{\partial y^2} \end{bmatrix} \tag{3.59}$$

の行列式(determinant)になっており，ヘシアン(Hessian)と呼ばれる．行列式については，5.1.6 節で詳しく学ぶ．

［例3. 7］　2 変数関数 $f(x,y) = (x^2 - y^2)\mathrm{e}^{(-x^2-y^2)/2}$ の停留点を求め，極値かどうか判定せよ．

(解答)

まず，$f(x, y)$を $x$，$y$ で偏微分すると，

$$\begin{aligned}\frac{\partial f}{\partial x} &= \left\{2x - x(x^2 - y^2)\right\}\mathrm{e}^{(-x^2-y^2)/2} = x\left(2 - x^2 + y^2\right)\mathrm{e}^{(-x^2-y^2)/2}\\ \frac{\partial f}{\partial y} &= \left\{-2y - y(x^2 - y^2)\right\}\mathrm{e}^{(-x^2-y^2)/2} = y\left(-2 - x^2 + y^2\right)\mathrm{e}^{(-x^2-y^2)/2}\end{aligned}$$

となる．$\dfrac{\partial f}{\partial x} = \dfrac{\partial f}{\partial y} = 0$，より停留点となるのは，$(0,0)$，$(\pm\sqrt{2},0)$，$(0,\pm\sqrt{2})$ の 5 点である． また，2 階微分は，

$$A=\frac{\partial^2 f}{\partial x^2}=\left\{2-5x^2+x^2(x^2-y^2)+y^2\right\}\mathrm{e}^{(-x^2-y^2)/2}$$
$$B=\frac{\partial^2 f}{\partial x\partial y}=xy\left(x^2-y^2\right)\mathrm{e}^{(-x^2-y^2)/2}$$
$$C=\frac{\partial^2 f}{\partial y^2}=\left\{-2-x^2+y^2(x^2-y^2)+5y^2\right\}\mathrm{e}^{(-x^2-y^2)/2}$$

より，表3.1のようになって，$(\pm\sqrt{2},0)$ は極大点，$(0,\pm\sqrt{2})$ は極小点，$(0,0)$ は鞍点であることがわかる．また，図3.17に $z=f(x,y)$ の鳥瞰図を示す．□

表3.1　$f(x,y)=(x^2-y^2)\mathrm{e}^{(-x^2-y^2)/2}$ の停留点

| 停留点 | $A$ | $D$ $(=AC\text{-}B^2)$ | 判定 |
|---|---|---|---|
| $(0,0)$ | 2 | $-4$ | 鞍点 |
| $(\sqrt{2},0)$ | $-4/e$ | $16/e^2$ | 極大 |
| $(-\sqrt{2},0)$ | $-4/e$ | $16/e^2$ | 極大 |
| $(0,\sqrt{2})$ | $4/e$ | $16/e^2$ | 極小 |
| $(0,-\sqrt{2})$ | $4/e$ | $16/e^2$ | 極小 |

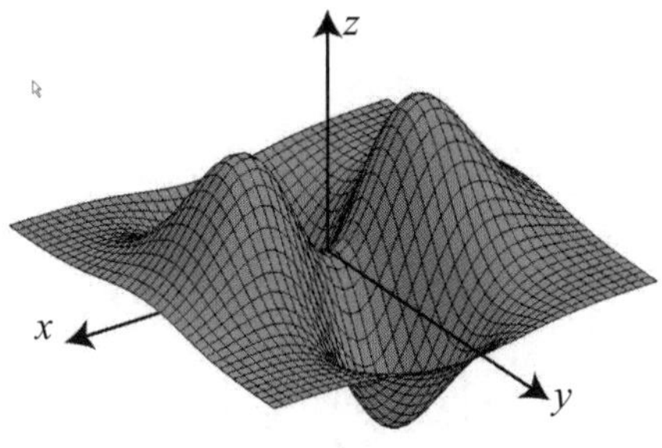


図3.17　$f(x,y)=(x^2-y^2)\mathrm{e}^{(-x^2-y^2)/2}$ の鳥瞰図

［例3.8］　図3.18に示すように，実験などで得られたデータ点 $(x_i,y_i)$ を最もよく近似する関数，例えば直線 $y = ax+b$ を見つけることによって実験データを整理することがある．これは２乗誤差，すなわち，

$$S=\sum_{i=1}^{N}\left\{y_i-f\left(x_i\right)\right\}^2 \tag{3.60}$$

が最小となるように定数 $a$，$b$ を決定する問題として定式化できる．この手続きを最小２乗法と呼ぶ．最小２乗法によって $a$，$b$ を $(x_i,y_i)$ の式で表せ．

（解答）

まず，式(3.60)に $f(x) = ax+b$ を代入して展開すると，

$$\begin{aligned}S(a,b)&=\sum_{i=1}^{N}\left(y_i-ax_i-b\right)^2\\&=\sum_{i=1}^{N}\left(y_i^2+a^2x_i^2+b^2-2ax_iy_i-2by_i+2abx_i\right)\\&=\sum_{i=1}^{N}y_i^2+a^2\sum_{i=1}^{N}x_i^2+Nb^2-2a\sum_{i=1}^{N}x_iy_i-2b\sum_{i=1}^{N}y_i+2ab\sum_{i=1}^{N}x_i\end{aligned}$$

と書くことができる．$x_i$，$y_i$ はデータ点として与えられて定数であるから，$S$ は変数 $a$，$b$ の関数と見ることができる．$S(a,b)$ が極値を持つための必要条件は，$\dfrac{\partial S}{\partial a}=\dfrac{\partial S}{\partial b}=0$ より，

$$\begin{cases}\dfrac{\partial S}{\partial a}=2a\displaystyle\sum_{i=1}^{N}x_i^2-2\sum_{i=1}^{N}x_iy_i+2b\sum_{i=1}^{N}x_i=0\\ \dfrac{\partial S}{\partial b}=2Nb-2\displaystyle\sum_{i=1}^{N}y_i+2a\sum_{i=1}^{N}x_i=0\end{cases}$$

が得られる．これらを連立させ，$a$，$b$ について解くと，

$$\begin{cases}a=\dfrac{N\displaystyle\sum_{i=1}^{N}x_iy_i-\sum_{i=1}^{N}x_i\sum_{i=1}^{N}y_i}{N\displaystyle\sum_{i=1}^{N}x_i^2-\left(\sum_{i=1}^{N}x_i\right)^2}\\ b=\dfrac{\displaystyle\sum_{i=1}^{N}y_i\sum_{i=1}^{N}x_i^2-\sum_{i=1}^{N}x_i\sum_{i=1}^{N}x_iy_i}{N\displaystyle\sum_{i=1}^{N}x_i^2-\left(\sum_{i=1}^{N}x_i\right)^2}\end{cases} \tag{3.61}$$

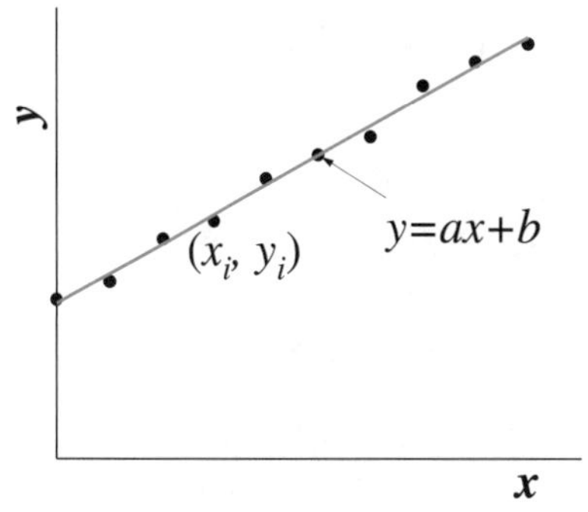


図3.18　最小２乗法による直線への当てはめ

が得られる．一方，２階微分は，

$$
\begin{cases}
\dfrac{\partial^2 S}{\partial a^2} = 2\displaystyle\sum_{i=1}^{N} x_i^2 \\
\dfrac{\partial^2 S}{\partial a \partial b} = 2\displaystyle\sum_{i=1}^{N} x_i \\
\dfrac{\partial^2 S}{\partial b^2} = 2N
\end{cases}
$$

であるから，$A = \partial^2 S / \partial a^2 > 0$，またヘシアン $D$ は，

$$
D = -\left(\frac{\partial^2 S}{\partial a \partial b}\right)^2 + \frac{\partial^2 S}{\partial a^2}\frac{\partial^2 S}{\partial b^2} = 4\left\{-\left(\sum_{i=1}^{N} x_i\right)^2 + N\sum_{i=1}^{N} x_i^2\right\} \tag{3.62}
$$

より，$x_i$ が全て等しいときを除いて常に正となる．このとき $a$, $b$ は極小値を与える．これ以外に極小値がないので最小値でもある．なお，$x_i$ が全て等しいとき，データ点を近似する直線は $x = x_i$ となり，この直線は $y = ax+b$ の形では表せない．

> 式(3.62)の正負
>
> $$-\left(\sum_{i=1}^{N} x_i\right)^2 + N\sum_{i=1}^{N} x_i^2$$
> $$= (N-1)\sum_{i=1}^{N} x_i^2 - 2\sum_{i>j}^{N} x_i x_j$$
> $$= \sum_{i>j}^{N} \left(x_i - x_j\right)^2$$
>
> より，$x_i$ が全て等しいときを除いて常に正

一般の $n$ 変数関数の場合は，$n \times n$ のヘッセ行列 $\boldsymbol{M}$ は

$$
\boldsymbol{M} = \begin{bmatrix}
\dfrac{\partial^2 f}{\partial x_1^2} & \dfrac{\partial^2 f}{\partial x_1 \partial x_2} & \cdots & \dfrac{\partial^2 f}{\partial x_1 \partial x_{n-1}} & \dfrac{\partial^2 f}{\partial x_1 \partial x_n} \\
\dfrac{\partial^2 f}{\partial x_2 \partial x_1} & \dfrac{\partial^2 f}{\partial x_2^2} & \cdots & \dfrac{\partial^2 f}{\partial x_2 \partial x_{n-1}} & \dfrac{\partial^2 f}{\partial x_2 \partial x_n} \\
\vdots & \vdots & \ddots & \vdots & \vdots \\
\dfrac{\partial^2 f}{\partial x_{n-1} \partial x_1} & \dfrac{\partial^2 f}{\partial x_{n-1} \partial x_2} & \cdots & \dfrac{\partial^2 f}{\partial x_{n-1}^2} & \dfrac{\partial^2 f}{\partial x_{n-1} \partial x_n} \\
\dfrac{\partial^2 f}{\partial x_n \partial x_1} & \dfrac{\partial^2 f}{\partial x_n \partial x_2} & \cdots & \dfrac{\partial^2 f}{\partial x_n \partial x_{n-1}} & \dfrac{\partial^2 f}{\partial x_n^2}
\end{bmatrix} \tag{3.63}
$$

となる．停留点は，$\boldsymbol{M}$ の固有値(eigenvalue) $\lambda_i\ (i = 1, \ldots, n)$ が全て正ならば極小，全て負ならば極大，その他の場合は極値でないか，あるいはさらに高次の項の解析が必要である．行列の固有値については 5.3.3 節を参照のこと．

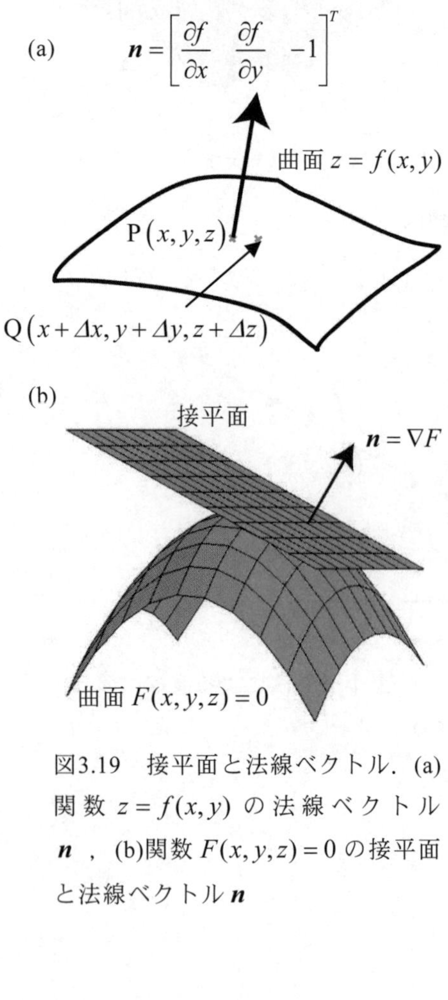


図3.19　接平面と法線ベクトル．(a) 関数 $z = f(x, y)$ の法線ベクトル $\boldsymbol{n}$，(b)関数 $F(x, y, z) = 0$ の接平面と法線ベクトル $\boldsymbol{n}$

### 3・2・3　接平面と法線ベクトル (tangent planes and normal vectors)

今までの結果を使って，3 次元空間内の曲面の接平面(tangent plane)と，その法線ベクトル(normal vector)について考えてみよう．ベクトルについての詳細は第 4 章を参照してほしい．

2 変数関数は曲面をつくる．曲面上の点を通り,その点で曲面と同じ傾きをもつ平面が接平面である．また，法線ベクトルは接点で接平面に直交するベクトルである．まず，図3.19(a)のように，曲面 $z = f(x, y)$上に点 $\mathrm{P}(x, y, z)$ をとり，同じ曲面上の近傍に点 $\mathrm{Q}(x + \Delta x, y + \Delta y, z + \Delta z)$ をとると，

$$
z + \Delta z = f(x + \Delta x, y + \Delta y) \tag{3.64}
$$

である．右辺を $(x, y)$ の周りにテイラー展開すると，

$$
f(x + \Delta x, y + \Delta y) = f(x, y) + \frac{\partial f}{\partial x}\Delta x + \frac{\partial f}{\partial y}\Delta y + (\text{高次の項}) \tag{3.65}
$$

となる．高次の項は無視できるとし，1 次の項のみを残して式(3.64)に代入して整理すると，

$$\frac{\partial f}{\partial x}\Delta x+\frac{\partial f}{\partial y}\Delta y-\Delta z=0 \tag{3.66}$$

が得られる．ここで

$$\overrightarrow{\mathrm{PQ}}=\begin{bmatrix}\Delta x\\ \Delta y\\ \Delta z\end{bmatrix} \tag{3.67}$$

は曲面 $z = f(x,\ y)$上で微小距離離れた 2 点を結ぶベクトルである．$\Delta x, \Delta y, \Delta z \to 0$ となるとき式(3.66)は接平面を，$\overrightarrow{\mathrm{PQ}}$ は接平面内の任意のベクトルを表わす．式(3.66)は $\overrightarrow{\mathrm{PQ}}$ とベクトル $\begin{bmatrix}\dfrac{\partial f}{\partial x} & \dfrac{\partial f}{\partial x} & -1\end{bmatrix}^T$ との内積(inner product)（4.2 節参照）が 0，すなわち直交することを示している．したがって，ベクトル

$$\boldsymbol{n}=\begin{bmatrix}\dfrac{\partial f}{\partial x}\\ \dfrac{\partial f}{\partial y}\\ -1\end{bmatrix} \tag{3.68}$$

が法線ベクトルであることがわかる．式(3.66)より，曲面上の点 $(x_0, y_0, z_0)$ において接平面の方程式は

$$z-z_0=\frac{\partial f}{\partial x}(x-x_0)+\frac{\partial f}{\partial y}(y-y_0) \tag{3.69}$$

のように書ける．また，関数 $f$ の極大点あるいは極小点では $\dfrac{\partial f}{\partial x}=\dfrac{\partial f}{\partial y}=0$ であるから，式(3.69)は $z-z_0=0$ となり，接平面は $x$-$y$ 平面に平行になる．

一方，関数が $F(x,y,z)=0$ の陰関数の形で表されるときは，同様の手続きにより

$$\frac{\partial F}{\partial x}\Delta x+\frac{\partial F}{\partial y}\Delta y+\frac{\partial F}{\partial z}\Delta z=0 \tag{3.70}$$

が得られ，ベクトル $\begin{bmatrix}\dfrac{\partial F}{\partial x} & \dfrac{\partial F}{\partial y} & \dfrac{\partial F}{\partial z}\end{bmatrix}^T$ と $\overrightarrow{\mathrm{PQ}}$ が直交することがわかる．この偏微分係数を並べたベクトルは関数 $F$ の勾配(gradient)と呼ばれ，$\nabla F$，grad$F$ とも書き，$\nabla$ はナブラ(nabla)と読む．すなわち，

$$\nabla F=\mathrm{grad}\ F=\begin{bmatrix}\dfrac{\partial F}{\partial x}\\ \dfrac{\partial F}{\partial y}\\ \dfrac{\partial F}{\partial z}\end{bmatrix} \tag{3.71}$$

法線ベクトルによる表示の例

流体の質量保存則

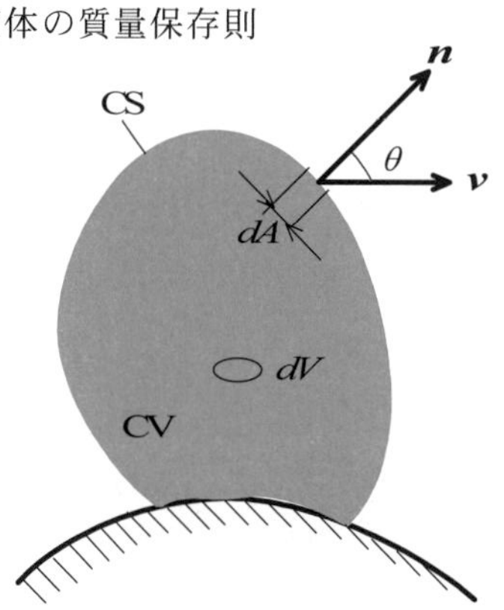


図3.20　検査体積内の質量および境界からに流出量

$$\frac{\partial}{\partial t}\int_{CV}\rho dv=-\int_{CS}\rho\mathbf{v}\cdot\mathbf{n}dA$$

$\rho$:密度　$\boldsymbol{v}$:速度ベクトル

$\boldsymbol{n}$:法線ベクトル

$dA$:微小面積要素

$dV$:微小体積要素

CV:検査体積

CS:検査体積の全境界面

である．曲面 $F(x,y,z)=0$ 上の点 $(x_0, y_0, z_0)$ における接平面の方程式は，

$$\frac{\partial F}{\partial x}(x-x_0)+\frac{\partial F}{\partial y}(y-y_0)+\frac{\partial F}{\partial z}(z-z_0)=0 \qquad (3.72)$$

となる（図3.19(b)）．

[Example 3.9]　Let $F(x,y,z)=3xy+z^2-4$．Compute the equation of the plane tangent to the surface $F(x,y,z)=0$ at $(1,1,1)$．

(Solution)

We have $\nabla F = \begin{bmatrix} 3y & 3x & 2z \end{bmatrix}^T$, which is the vector $\begin{bmatrix} 3 & 3 & 2 \end{bmatrix}^T$ at $(1,1,1)$．Therefore, the tangent plane becomes

$$3(x-1)+3(y-1)+2(z-1)=0$$

or

$$3x+3y+2z=8.$$

　関数 $f(x,y)$ に対して全微分(total differentiation)とは

$$df=\frac{\partial f}{\partial x}dx+\frac{\partial f}{\partial y}dy \qquad (3.73)$$

と表わされるものである．$\frac{\partial f}{\partial x}dx$ は $x$ 軸に沿って $x$ から $x+dx$ へ微小量 $dx$ だけ変化したときの $f(x,y)$ の増加量

$$df(x,y)=f(x+dx,y)-f(x,y)$$
$$=\frac{f(x+dx,y)-f(x,y)}{dx}dx \qquad (3.74)$$

において $dx \to 0$ の極限をとったものと考えることができる．$\frac{\partial f}{\partial y}dy$ は同じく $y$ 軸に沿って $dy$ だけ変化したときの $f(x,y)$ の増加量である．図3.19のように $z=f(x,y)$ の曲面に対して接平面が存在する場合には，微小な $dx, dy$ に対する $f(x,y)$ の増減は平面内の線形な関係と考えてよい．したがって $(x,y)$ から $(x+dx, y+dy)$ へ変化するときの $f(x,y)$ の増加量は式(3.73)を与えることになる．

　一般に $x_1, \cdots, x_n$ の $n$ 変数関数の全微分は

$$df=\frac{\partial f}{\partial x_1}dx_1+\frac{\partial f}{\partial x_2}dx_2+\cdots+\frac{\partial f}{\partial x_n}dx_n \qquad (3.75)$$

と書くことができる．

　ところで $\frac{\partial f}{\partial x_i}(i=1,\cdots,n)$ が存在すれば接平面が存在すると考えて良いだろうか．図 3.21 の関数

$$z=f(x,y)=\frac{x|y|}{\sqrt{x^2+y^2}} \qquad (3.76)$$

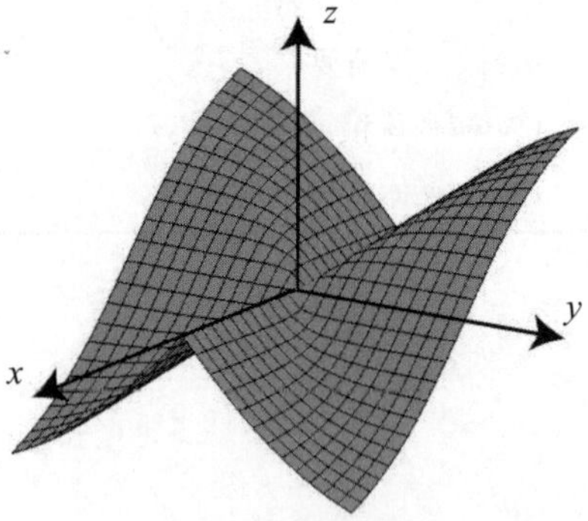

図3.21　$z=f(x,y)=\dfrac{x|y|}{\sqrt{x^2+y^2}}$（原点では $z=0$）のグラフ

では $(x,y)=(0,0)$ において $\dfrac{\partial f}{\partial x},\dfrac{\partial f}{\partial y}$ が存在する．しかしながら，ここから少しでも $x$ 軸方向に移動した点では $\dfrac{\partial f}{\partial y}$ が $\Delta y$ の近づき方により2通り計算でき，微分不可能となる．このような場合には $(x,y)=(0,0)$ において曲面に「接する平面」があってもそれを接平面とは呼ばない．すなわち，接平面とは $(x_1,\cdots,x_n)$ を含む $(x_1,\cdots,x_n)$ の近傍のいたるところにおいて $\dfrac{\partial f}{\partial x_i}(i=1,\cdots,n)$ が存在するときに $(x_1,\cdots,x_n)$ において「接する平面」として定義されるのである．このとき $f(x_1,\cdots,x_n)$ は $(x_1,\cdots,x_n)$ において全微分可能(totally differentiable)であるという．

熱力学の一般関係式

$$dz=\left(\frac{\partial z}{\partial x}\right)_y dx+\left(\frac{\partial z}{\partial y}\right)_x dy$$

ここで、xとyは独立に変化する状態量、zは第3の状態量で

$z=z(x,y)$

である。

［例3. 10］　円筒形のバケツに入った液体の比重を，液体の体積と質量を測ることによって求めたときの測定誤差を知りたい．容器の直径を $D$，深さを $h$，バケツの質量を差し引いた液体の質量を $w$ とし，比重の相対的な測定誤差を長さ，質量の相対的な測定誤差で表し，誤差に対する影響を調べよ．

（解答）

比重 $f$ を容器の直径，深さ，液体の質量の関数と考え，$f(D,h,w)$ とおくと，

$$f(D,h,w)=\frac{w}{\pi D^2 h/4} \tag{3.77}$$

である．

$$\begin{cases}\dfrac{\partial f}{\partial D}=-2\dfrac{w}{\pi D^3 h/4}=-2\dfrac{f}{D}\\ \dfrac{\partial f}{\partial h}=-\dfrac{w}{\pi D^2 h^2/4}=-\dfrac{f}{h}\\ \dfrac{\partial f}{\partial w}=\dfrac{1}{\pi D^2 h/4}=\dfrac{f}{w}\end{cases}$$

より，$f$ の全微分は，

$$\mathrm{d}f=\frac{\partial f}{\partial D}\mathrm{d}D+\frac{\partial f}{\partial h}\mathrm{d}h+\frac{\partial f}{\partial w}\mathrm{d}w=f\left(-\frac{2}{D}\mathrm{d}D-\frac{1}{h}\mathrm{d}h+\frac{1}{w}\mathrm{d}w\right) \tag{3.78}$$

と書ける．これを整理すると，

$$\frac{\mathrm{d}f}{f}=-2\frac{\mathrm{d}D}{D}-\frac{\mathrm{d}h}{h}+\frac{\mathrm{d}w}{w} \qquad (3.79$$

となる．$\mathrm{d}D$，$\mathrm{d}h$，$\mathrm{d}w$ はそれぞれの量の測定誤差，$\mathrm{d}f/f$，$\mathrm{d}D/D$，$\mathrm{d}h/h$，$\mathrm{d}w/w$ は相対的な測定誤差を表わす．直径，深さの相対的な測定誤差はそれらが正の値であれば比重を少なく見積もる方向に働き，また，質量の相対的な測定誤差は，比重を過大評価する方向に働くことがわかる．さらに，係数の絶対値を比較すると，$\mathrm{d}D/D$ の係数のみが2であり，他の項に比べて影響が大きいことがわかる．

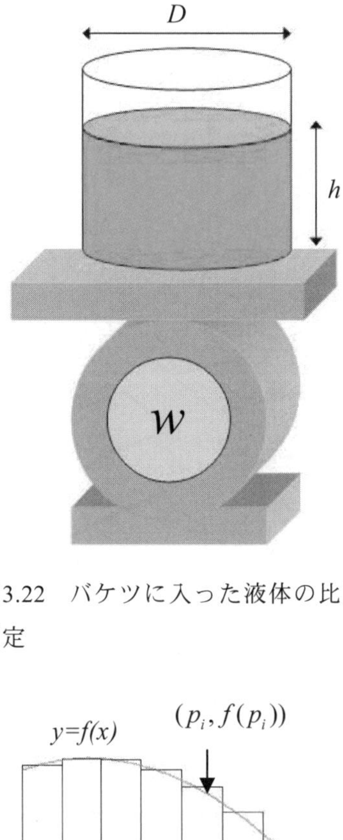


図3.22　バケツに入った液体の比重測定

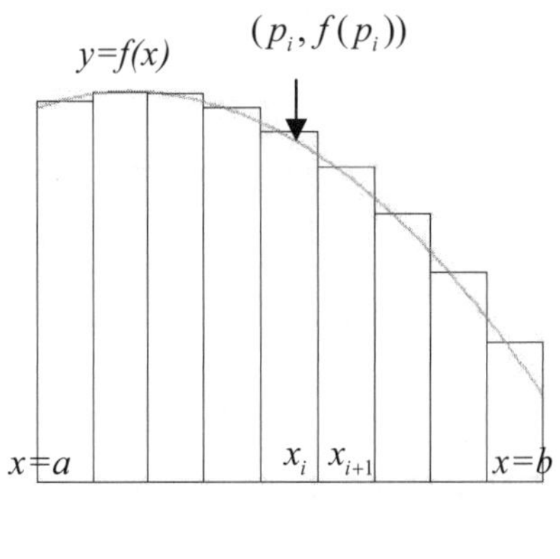


図3.23　1変数関数の定積分

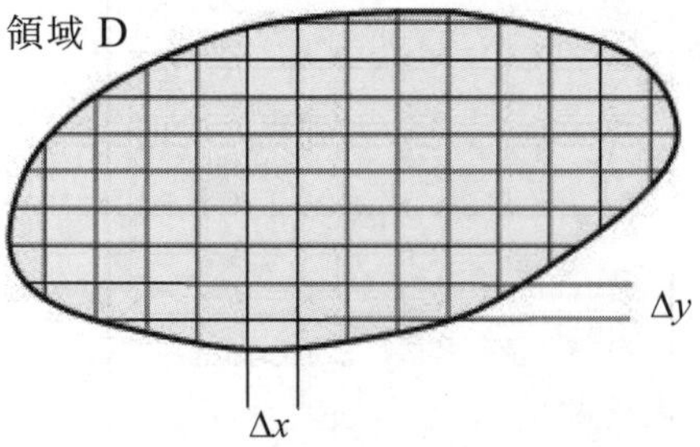


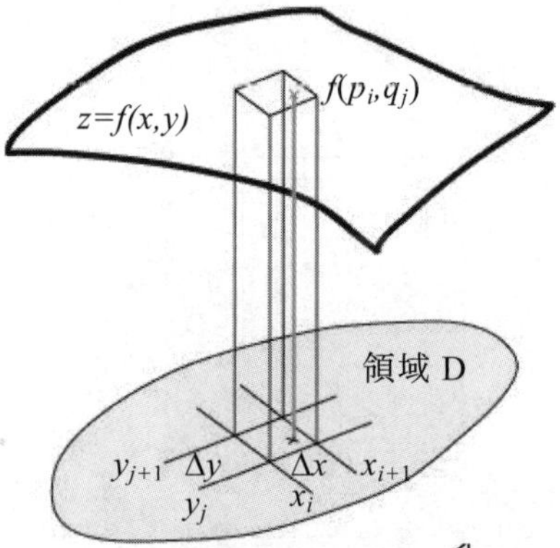


図3.25　2 重積分

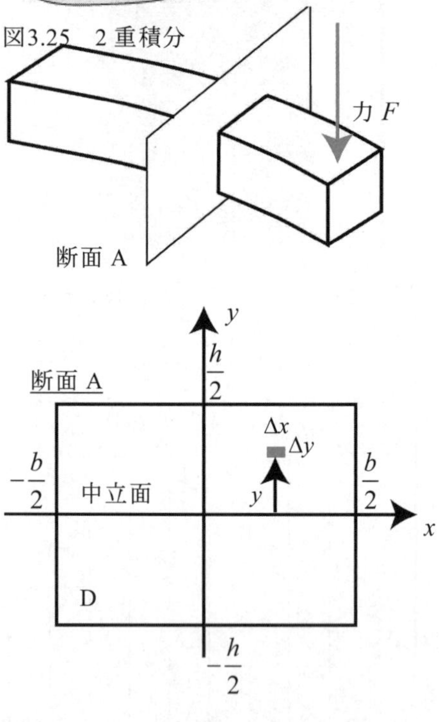


図3.24 はりの断面 2 次モーメント

断面二次極モーメント $I_p$

$$I_p = \int_D r^2 dD$$

r: 中心軸からの距離

$D$: 断面積

## 3・3　多重積分 (multiple integration)

### 3・3・1　逐次積分 (iterated integral)

有限区間 $a \le x \le b$ における 1 変数関数 $f(x)$ の定積分(definite integral)は，以下のように説明できる．はじめに，図 3.23 のように積分区間を $N$ 個の微小区間 $[x_i, x_{i+1}]$ に分割し，各微小区間に $x_i < p_i < x_{i+1}$ となる $p_i$ を適当にとる．次に $p_i$ における関数値 $f(p_i)$ と微小区間の幅 $\Delta x_i = x_{i+1} - x_i$ の積和

$$S = \sum_{i=1}^{N} f(p_i)\Delta x_i \tag{3.80}$$

を計算する．定積分は $S$ の $N \to \infty$ での極限値，

$$\lim_{N\to\infty} S = \int_a^b f(x)\mathrm{d}x \tag{3.81}$$

として定義される．微小区間の分割の仕方にかかわらず極限値が等しいときは，関数 $f$ は $a \le x \le b$ で積分可能(integrable)という．例えば，$f$ を電力消費率（kW）とすれば，24 時間の $f$ の積分値は，1 日の電力消費量（kWh）に相当する．

2 変数関数 $f(x, y)$ の積分についても同様である．図 3.24 に示す領域 D における定積分は，碁盤目状に分割された各微小領域に適当に代表点 $(p_i, q_j)$（$x_i < p_i < x_{i+1}$, $y_j < q_j < y_{j+1}$）をとり，その点での関数値 $f(p_i, q_j)$ と微小領域の面積 $\Delta x_i \Delta y_j$ との積和の極限値として定義される．すなわち，

$$\iint_{\mathrm{D}} f(x,y)\ \mathrm{d}x\ \mathrm{d}y = \lim_{N,M\to\infty} \sum_{j=1}^{M}\sum_{i=1}^{N} f(p_i,q_j)\Delta x_i \Delta y_j \tag{3.82}$$

である．これを 2 重積分(double integral)とよぶ．ここで，2 重積分記号の下付きの D は，積分領域を表わしている．1 変数関数の積分値は面積に相当するが，2 変数関数の積分値は体積に相当する．1 変数関数と同様に，微小領域の分割の仕方にかかわらず極限値が等しいときに積分可能となり，これは $f(x, y)$ が積分領域 D 内で有界（絶対値が無限大に発散しない）かつ連続であることとほぼ等価である．「ほぼ」というのは，実際は $f$ が D 内のいくつかの点で不連続であっても積分可能な場合もあるためであるが，本書では深く立ち入らない．また，一般の $n$ 変数関数の場合の多重積分は，

$$\int\cdots\iint_{\mathrm{D}} f(x_1, x_2, \cdots, x_n)\,\mathrm{d}x_1\mathrm{d}x_2\cdots\mathrm{d}x_n \tag{3.83}$$

と書く．

［例3.11］　材料力学で最も基本的な要素の 1 つである，はりの曲げでは，荷重に対するはりの強さ（曲げ剛性）を表す指標として，断面 2 次モーメントが用いられる．断面 2 次モーメントは，はりの断面を D とすると，図 3.25 に示すように，荷重がかかる前後で伸び縮みしない面（中立面）からの荷重方向にとった距離 $y$ に対して，

$$I = \iint_{\mathrm{D}} y^2 \mathrm{d}x\mathrm{d}y \tag{3.84}$$

と定義される．図 3.25 の長方形断面（$x$ 方向 $b$，$y$ 方向 $h$）のはりに対する断面 2 次モーメントを求めよ．

（解答）

長方形断面はりの曲げでは中立面がはりの中心にあることが知られている．

図のように原点を断面の中心にとると，D は $-\dfrac{b}{2} \le x \le \dfrac{b}{2}$，$-\dfrac{h}{2} \le y \le \dfrac{h}{2}$ の領域である．よって，

$$\iint_D y^2 \mathrm{d}x\mathrm{d}y = \int_{-h/2}^{h/2} \left\{ \int_{-b/2}^{b/2} y^2 \mathrm{d}x \right\} \mathrm{d}y = \int_{-h/2}^{h/2} \left[ y^2 x \right]_{-b/2}^{b/2} \mathrm{d}y$$
$$= b \int_{-h/2}^{h/2} y^2 \mathrm{d}y = \left[ \frac{b}{3} y^3 \right]_{-h/2}^{h/2} = \frac{bh^3}{12}$$

が得られる．

この例では，領域 D が $x$-$y$ 平面内の長方形であるので，2 重積分は容易であり，単に順番に 1 変数ずつ積分を実行すればよい．このような積分を，逐次積分(repeated integral)とよぶ．また，積分可能であれば，積分の順序は関係なく交換可能であり，領域 $\mathrm{D} = \{(x, y) \mid a \le x \le b, c \le y \le d\}$ に対して，

$$\iint_D f(x, y)\,\mathrm{d}x\mathrm{d}y = \int_a^b \left\{ \int_c^d f(x, y)\mathrm{d}y \right\} \mathrm{d}x = \int_c^d \left\{ \int_a^b f(x, y)\mathrm{d}x \right\} \mathrm{d}y \tag{3.85}$$

である．1 つの変数の積分範囲がもう片方の変数の関数になっているとき，すなわち，領域 D が，

$$\mathrm{D} = \{(x, y) \mid a \le x \le b, c(x) \le y \le d(x)\} \tag{3.86}$$

のように定義されているときは，積分の順序を交換する場合に積分区間の上限，下限に注意が必要である．

［例3. 12］　図 3.26 に示すような，$y = x^2$，$y = x$ で囲まれる領域（$x \ge 0$）を断面に持ち，$z$ 軸方向の厚さが $h$ の薄板がある．この薄板を $z$ 軸の周りに回転させたときの慣性モーメント $J$ を求めよ．薄板の材料の密度は$\rho$とする．

（解答）

回転軸から半径 $r$ の位置にある質量 $m$ の質点の慣性モーメントは $mr^2$ であるから，薄板の各微小体積 $\Delta V_k$ のもつ慣性モーメント$\Delta J_k$ は，回転軸からの距離を $r_k$ とすると，

$$\Delta J_k = r_k^2 \rho \Delta V_k \tag{3.87}$$

で与えられる．図 3.26 に示すように，$r_k = \sqrt{x^2 + y^2}$，$\Delta V_k = h\Delta x \Delta y$ より，積分の形で書くと，

$$J = \lim_{N \to \infty} \sum_{k=0}^{N} r_k^2 \rho \Delta V_k = \iint_D \rho h(x^2 + y^2)\,\mathrm{d}x\mathrm{d}y \tag{3.88}$$

となる．ここで，積分領域 D は，図に示す $y = x^2$ と $y = x$ で囲まれた領域である．$x$ の積分範囲は，$y = x^2$ と $y = x$ の交点から $0 \le x \le 1$ であるから，

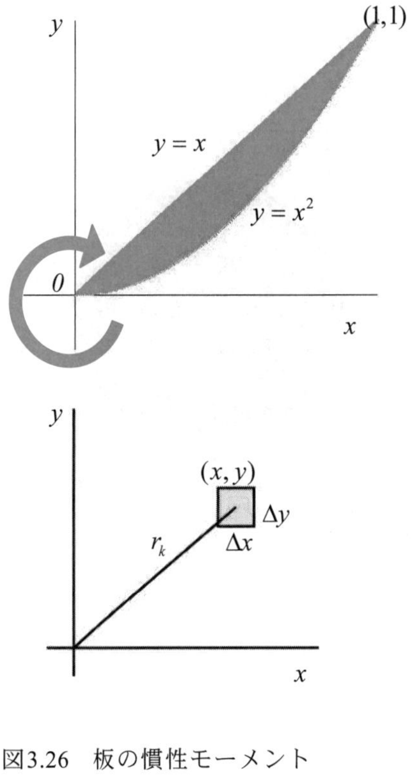


図3.26　板の慣性モーメント

$$
\begin{aligned}
J &= \int_0^1 \left\{ \int_{x^2}^{x} \rho h (x^2+y^2)\,\mathrm{d}y \right\} \mathrm{d}x \\
&= \rho h \int_0^1 \left[ x^2 y + \frac{1}{3} y^3 \right]_{x^2}^{x} \mathrm{d}x = \rho h \int_0^1 \left\{ x^3 - x^4 + \frac{1}{3}x^3 - \frac{1}{3}x^6 \right\} \mathrm{d}x \\
&= \rho h \left[ \frac{1}{3}x^4 - \frac{1}{5}x^5 - \frac{1}{21}x^7 \right]_0^1 = \frac{3}{35}\rho h
\end{aligned}
\tag{3.89}
$$

が得られる．なお，式(3.88)で，$x$ の積分を先に行うときは，

$$
J = \int_0^1 \left\{ \int_{y}^{\sqrt{y}} \rho h (x^2+y^2)\,\mathrm{d}x \right\} \mathrm{d}y \tag{3.90}
$$

となり，$x$，$y$ の積分範囲を変える必要があるが，当然結果はどちらも同じである．□

回転機械やロボットなど剛体の運動で，慣性モーメントは重要な量であり，慣性モーメントに角加速度を乗じたものが回転軸周りに加わるトルクに一致する．

なお，被積分関数が座標を表す場合，2 変数関数の積分値は体積を表すが，被積分関数が 1 である場合，積分値は積分領域の面積を表す．これは単位長さを厚さとする板材の体積が数値的には断面積に一致することに他ならない．例えば，式(3.90)の積分で被積分関数を 1 とすると，

$$
\int_0^1 \int_y^{\sqrt{y}} 1\,\mathrm{d}x\mathrm{d}y = \int_0^1 \left( \sqrt{y} - y \right) \mathrm{d}y = \frac{1}{6} \tag{3.91}
$$

となって，領域 D の面積に相当する．同様に，被積分関数が 1 の 3 重積分は積分領域の体積を表す．

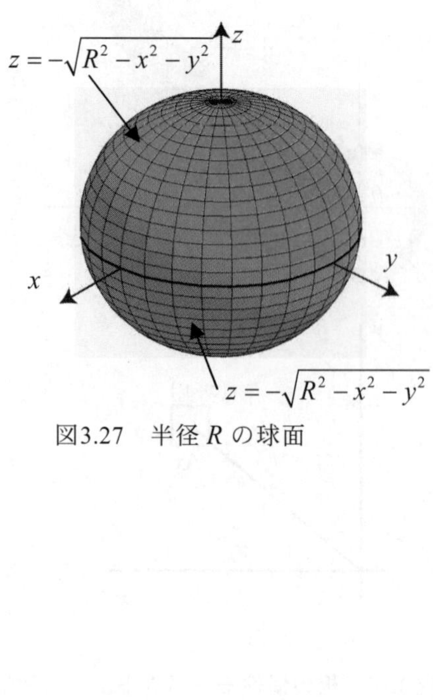

図3.27　半径 $R$ の球面

［例3. 13］　一様な密度の材料でできた球の重心が，幾何中心と一致することを示せ．

（解答）

密度を $\rho$ とすると，3 次元物体 $V$ の重心の位置 $(g_1, g_2, g_3)$ は，

$$
g_i = \frac{\iiint_V \rho x_i \,\mathrm{d}x\mathrm{d}y\mathrm{d}z}{\iiint_V \rho \mathrm{d}x\mathrm{d}y\mathrm{d}z} \tag{3.92}
$$

で与えられる．$\rho$ が一定の場合には，式(3.92)の $\rho$ は約分によって消える．重心が幾何学的な中心と一致することを示すには，幾何中心を原点として $x, y, z$ 軸をとり，$g_1 = g_2 = g_3 = 0$ を示せばよい．球は点対称であるから，1 方向，例えば $x$ 方向について調べれば十分である．いま半径 $R$ の球を考えると，球面の方程式は $x^2 + y^2 + z^2 = R^2$ である．$z$ について解くと球面の上側，下側は図 3.27 のように，

$$
z = \pm\sqrt{R^2 - x^2 - y^2}
$$

である．球面は上下対称であるから， $z=0$ から $z=\sqrt{R^2-x^2-y^2}$ までを積分して 2 倍すればよい．また，$x$-$y$ 平面内の積分領域 D は，球面と $x$-$y$ 平面（$z=0$）との交わりであるから，

$$x^2+y^2=R^2$$

なる円である．したがって，D に関する積分は，

$$\iint_D \mathrm{d}x\mathrm{d}y=\int_{-R}^{R}\int_{-\sqrt{R^2-x^2}}^{\sqrt{R^2-x^2}} 1\,\mathrm{d}y\mathrm{d}x$$

と書ける．以上より，式(3.92)の分子は $z$ に関する積分を最初に行って，

$$\begin{aligned}\iiint_V x\,\mathrm{d}x\mathrm{d}y\mathrm{d}z &= 2\int_{-R}^{R}\int_{-\sqrt{R^2-x^2}}^{\sqrt{R^2-x^2}}\left\{\int_0^{\sqrt{R^2-x^2-y^2}} x\,\mathrm{d}z\right\}\mathrm{d}y\mathrm{d}x \\ &= 2\int_{-R}^{R}\left\{\int_{-\sqrt{R^2-x^2}}^{\sqrt{R^2-x^2}} x\sqrt{R^2-x^2-y^2}\,\mathrm{d}y\right\}\mathrm{d}x\end{aligned} \tag{3.93}$$

となる．ここで， $a=\sqrt{R^2-x^2}$ とおくと，式(3.93)の最後の式の括弧の中身は，

$$\int_{-\sqrt{R^2-x^2}}^{\sqrt{R^2-x^2}} x\sqrt{R^2-x^2-y^2}\,\mathrm{d}y = x\int_{-a}^{a}\sqrt{a^2-y^2}\,\mathrm{d}y$$

となる．右辺の積分は半径 $a$ の半円の面積に等しいから $\dfrac{\pi a^2}{2}\left(=\pi\dfrac{R^2-x^2}{2}\right)$.

したがって，式(3.93)は，

$$\begin{aligned}\iiint_V x\,\mathrm{d}x\mathrm{d}y\mathrm{d}z &= 2\int_{-R}^{R}\pi x\frac{R^2-x^2}{2}\mathrm{d}x \\ &= \pi\int_{-R}^{R}(R^2x-x^3)\,\mathrm{d}x=\pi\left[\frac{R^2}{2}x^2-\frac{1}{4}x^4\right]_{-R}^{R}=0\end{aligned} \tag{3.94}$$

となる．式(3.92)の分母は，球の体積だから $\dfrac{4}{3}\pi R^3$ であり，結局 $g_1=0$ となる． $g_2$， $g_3$ についても同様である．以上より球の重心は原点であり，幾何的な中心と一致することがわかる．

□

### 3・3・2 積分変数の変換 (variable transform for integration)

3.1.2節の後半では，変数を変換したときに偏微分がどのように書けるかを学んだ．とくに工学上重要な円柱座標系への変数変換を紹介した．それでは，多変数関数の積分で変数変換を行うにはどうしたら良いだろうか．はじめに 2 変数関数を考え，変数変換を

$$\begin{cases} x=X(p,q) \\ y=Y(p,q)\end{cases} \tag{3.95}$$

で与える．このとき，領域 D における $f(x, y)$の 2 重積分は，

$$\iint_D f(x,y)\mathrm{d}x\mathrm{d}y = \iint_{D'} f\left(X(p,q),Y(p,q)\right)\left|\det J(p,q)\right|\mathrm{d}p\mathrm{d}q \tag{3.96}$$

と書ける．ここで，$J(p,\ q)$は，ヤコビ行列(Jacobi)という行列であり，その行列式 $\det J(p,\ q)$はヤコビアン(Jacobian)と呼ばれる．変数変換によって，関数 $f$ の値は変わらないが，図 3.28 に模式的に示したように，$x$-$y$ 座標系での微小面積 $\mathrm{d}x\mathrm{d}y$ を座標変換により $p$-$q$ 座標系に移すと，その面積が $\left|\det J(p,q)\right|\mathrm{d}p\mathrm{d}q$ になるためである．ここでは煩雑になるので示さないが，$X(p+\Delta p,q)$ などをテイラー級数の 1 次の項まで表し，図 3.28 の $p$-$q$ 座標系の平行四辺形の面積を計算すればヤコビアンが現われる．ヤコビ (Jacobi) 行列は

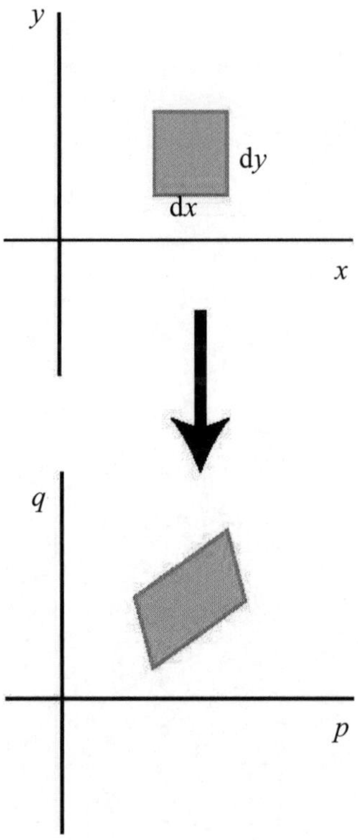

図3.28　積分変数の変換による微小面積の変化

$$J(p,q) = \begin{bmatrix} \dfrac{\partial X}{\partial p} & \dfrac{\partial X}{\partial q} \\ \dfrac{\partial Y}{\partial p} & \dfrac{\partial Y}{\partial q} \end{bmatrix} \tag{3.97}$$

であり，このときヤコビアンは

$$\det J(p,q) = \frac{\partial X}{\partial p}\frac{\partial Y}{\partial q} - \frac{\partial X}{\partial q}\frac{\partial Y}{\partial p} \tag{3.98}$$

となる．$n$ 変数関数を変数変換した場合のヤコビ行列は，

$$J(p_1, p_2, \cdots, p_n) = \begin{bmatrix} \dfrac{\partial X_1}{\partial p_1} & \dfrac{\partial X_1}{\partial p_2} & \cdots & \dfrac{\partial X_1}{\partial p_n} \\ \dfrac{\partial X_2}{\partial p_1} & \dfrac{\partial X_2}{\partial p_2} & \cdots & \dfrac{\partial X_2}{\partial p_n} \\ \vdots & \vdots & \ddots & \vdots \\ \dfrac{\partial X_n}{\partial p_1} & \dfrac{\partial X_n}{\partial p_2} & \cdots & \dfrac{\partial X_n}{\partial p_n} \end{bmatrix} \tag{3.99}$$

である．

［例3. 14］　半径 $R$，厚さ $h$，密度$\rho$の円板の中心軸周りの慣性モーメント $I$ を，$x$-$y$ 座標系から円柱座標系への変数変換を行って求めよ．

（解答）

例3.12と同様にして，慣性モーメント $I$ は，

$$I = \iint_{\mathrm{D}} \rho h(x^2 + y^2)\,\mathrm{d}x\mathrm{d}y$$

と書ける．積分領域 D は，原点を中心とする半径 $R$ の円である．ここで円柱座標系を用いて

$$\begin{cases} x = r\cos\theta \\ y = r\sin\theta \end{cases} \tag{3.100}$$

のように変数変換すると，積分範囲は $0 < r < R, 0 < \theta < 2\pi$ となる．このとき，ヤコビアンは，

$$\det J(r,\theta)=\det\begin{bmatrix}\dfrac{\partial x}{\partial r} & \dfrac{\partial x}{\partial \theta}\\ \dfrac{\partial y}{\partial r} & \dfrac{\partial y}{\partial \theta}\end{bmatrix}=\det\begin{bmatrix}\cos\theta & -r\sin\theta\\ \sin\theta & r\cos\theta\end{bmatrix} \tag{3.101}$$
$$=r(\cos^2\theta+\sin^2\theta)=r$$

である．ここまで準備すれば，実際の計算は容易で，

$$I=\int_0^{2\pi}\left\{\int_0^R \rho hr^2\cdot r\mathrm{d}r\right\}\mathrm{d}\theta$$
$$=\int_0^{2\pi}\rho h\left[\frac{r^4}{4}\right]_0^R\mathrm{d}\theta=\int_0^{2\pi}\rho h\frac{R^4}{4}\mathrm{d}\theta=\rho h\frac{\pi R^4}{2}$$

が得られる．

重要なもう１つの変数変換が球面座標系(spherical coordinate)である．図3.29 に示すように，点 $\mathrm{P}(x,y,z)$ の $x$-$y$ 平面へ垂線をおろし，その足を $\mathrm{Q}(x,y,0)$ とすると，原点 O から P までの距離 $r$，OQ と $x$ 軸のなす角 $\theta$，そして，OP と $z$ 軸のなす角 $\phi$ とし，P の座標を $r$，$\theta$，$\phi$ で表す．すなわち，

$$\begin{cases}x=r\cos\theta\sin\phi\\ y=r\sin\theta\sin\phi\\ z=r\cos\phi\end{cases} \tag{3.102}$$

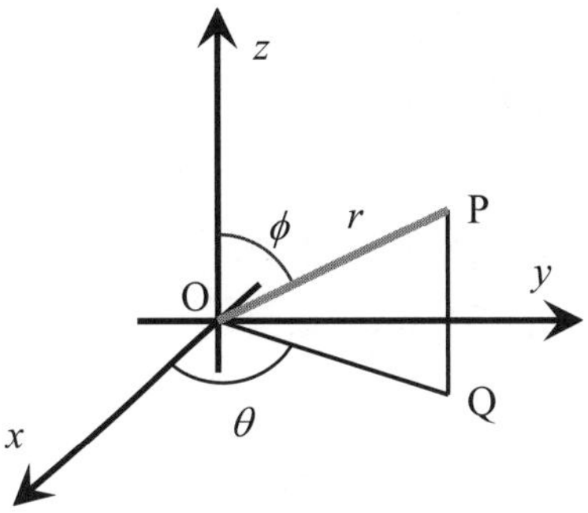

図3.29　球面座標

である．このとき，ヤコビアンは，

$$\det J(r,\theta,\phi)=\det\begin{bmatrix}\dfrac{\partial x}{\partial r} & \dfrac{\partial x}{\partial \theta} & \dfrac{\partial x}{\partial \phi}\\ \dfrac{\partial y}{\partial r} & \dfrac{\partial y}{\partial \theta} & \dfrac{\partial y}{\partial \phi}\\ \dfrac{\partial z}{\partial r} & \dfrac{\partial z}{\partial \theta} & \dfrac{\partial z}{\partial \phi}\end{bmatrix}$$
$$=\det\begin{bmatrix}\cos\theta\sin\phi & -r\sin\theta\sin\phi & r\cos\theta\cos\phi\\ \sin\theta\sin\phi & r\cos\theta\sin\phi & r\sin\theta\cos\phi\\ \cos\phi & 0 & -r\sin\phi\end{bmatrix}$$
$$=-r^2\cos^2\theta\sin^3\phi-r^2\sin^2\theta\cos^2\phi\sin\phi \tag{3.103}$$
$$-r^2\cos^2\theta\cos^2\phi\sin\phi-r^2\sin^2\theta\sin^3\phi$$
$$=-r^2\sin\phi$$

となる．

［例3.15］　$x^2+y^2+z^2\le 1$ なる領域 V における，積分

$$\iiint_{\mathrm{V}}\exp\left\{\left(x^2+y^2+z^2\right)^{3/2}\right\}\mathrm{d}x\mathrm{d}y\mathrm{d}z$$

を求めよ．

（解答）

積分区間は，$0\le r\le 1, 0\le\theta\le 2\pi, -\pi\le\phi\le\pi$ であり，式(3.103)を使うと，

$$\iiint_V \exp\left\{\left(x^2+y^2+z^2\right)^{3/2}\right\}\mathrm{d}x\mathrm{d}y\mathrm{d}z = \int_{-\pi}^{\pi}\int_0^{2\pi}\int_0^1 \exp(r^3)\cdot r^2\sin\phi\,\mathrm{d}r\mathrm{d}\theta\mathrm{d}\phi$$

$$= \int_{-\pi}^{\pi}\int_0^{2\pi}\left[\frac{1}{3}\exp(r^3)\right]_0^1 \sin\phi\,\mathrm{d}\theta\mathrm{d}\phi = \int_{-\pi}^{\pi}\int_0^{2\pi}\frac{1}{3}(\mathrm{e}-1)\sin\phi\,\mathrm{d}\theta\mathrm{d}\phi$$

$$= \int_{-\pi}^{\pi}\frac{\mathrm{e}-1}{3}2\pi\sin\phi\,\mathrm{d}\phi = \frac{\mathrm{e}-1}{3}2\pi\left[-\cos\phi\right]_{-\pi}^{\pi} = \frac{4\pi}{3}(\mathrm{e}-1)$$

が得られる．

## 3・4　線積分 (line integral)

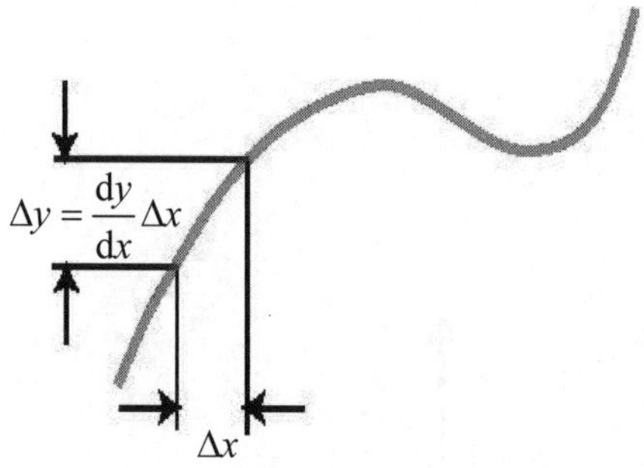


図3.30　曲線の長さ

通常の積分が $x$ や $y$ などの座標軸に沿った積分であるのに対し，線積分は与えられた曲線に沿って積分を行うことである．ここでは，曲線の長さの復習からスタートして，平面内，3次元空間内の線積分へと進もう．

1変数関数 $y=f(x)$ の $a \le x \le b$ の間の長さは，

$$L = \int_a^b \sqrt{1+\left(\frac{\mathrm{d}y}{\mathrm{d}x}\right)^2}\mathrm{d}x \tag{3.104}$$

で与えられる．図3.30に示すように，$x$ 方向に $\Delta x$ だけの微小区間を考えると，$\Delta x$ の変化に対する関数の値の変化は，$\Delta y = \frac{\mathrm{d}y}{\mathrm{d}x}\Delta x$ であり，3平方の定理から，微小区間の斜辺の長さが

$$\sqrt{\Delta x^2 + \left(\frac{\mathrm{d}y}{\mathrm{d}x}\right)^2\Delta x^2} = \sqrt{1+\left(\frac{\mathrm{d}y}{\mathrm{d}x}\right)^2}\cdot\Delta x \tag{3.105}$$

であるため，これを全ての微小区間について総和して，$\Delta x \to 0$ の極限をとると，式(3.104)が得られる．

［例3.16］　半径 $r>0$ の円の円周の長さを求めよ．
（解答）

半径 $r$ の円の方程式は $x^2+y^2=r^2$ であるが，これを $y=\sqrt{r^2-x^2}$ と置き直し，$y \ge 0$ の領域の円弧の長さ $L$ を2倍することによって，円周の長さを求めよう．まず，

$$\frac{\mathrm{d}y}{\mathrm{d}x} = \frac{x}{\sqrt{r^2-x^2}}$$

で $x$ の範囲は $-r \le x \le r$ であるから，式(3.104)より，

$$L = \int_{-r}^{r}\sqrt{1+\frac{x^2}{r^2-x^2}}\mathrm{d}x = \int_{-r}^{r}\frac{r}{\sqrt{r^2-x^2}}\mathrm{d}x$$

となる．ここで $x=r\sin t$ と変数変換すると $\frac{\mathrm{d}x}{\mathrm{d}t}=r\cos t$，また，$x$ が $-r$ から

$r$まで動く間に$t$は$-\frac{\pi}{2}$から$\frac{\pi}{2}$まで変化するから，

$$L=\int_{-\pi/2}^{\pi/2}\frac{1}{\sqrt{1-\sin^2 t}}\cdot r\cos t\,\mathrm{d}t=\int_{-\pi/2}^{\pi/2}\frac{1}{\cos t}\cdot r\cos t\,\mathrm{d}t=\int_{-\pi/2}^{\pi/2}r\mathrm{d}t=\pi r$$

したがって，円周の長さはこれの2倍であるから$2\pi r$となり，半径を$r$としたときの公式$2\pi r$と等しい．

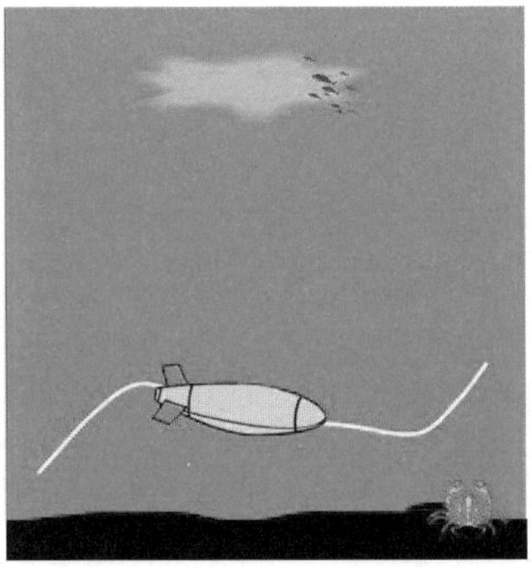

図3.31　深海ロボットの探査

それでは，曲線の長さを拡張して，以下のような場合を考えてみよう．海洋中のある化学物質を測定する深海ロボットを考える．深海ロボットは，図3.31に示すように海中を動き回り，軌道上の化学物質を収集する．物質の濃度が海中で一様でないとすると，ロボットの動く軌道によって収集量も変化するはずである．いま，時々刻々のロボットの位置$(x(t),y(t))$での物質濃度を$G(x(t),y(t))$とし，ロボットが海底で点AからBまである軌道Cに沿って一定の速度$U$で動くときの，収集量$M$と濃度$G$の関係を求めてみよう．深海ロボットが点 P($x$, $y$)に位置しているとし，微小時間$\Delta t$ 後に Q($x+\Delta x$, $y+\Delta y$)に移るとする．移動距離$\overline{\mathrm{PQ}}$を式(3.105)と同様に求め，ロボットの速度は$U$で一定であることを考慮すると，

$$\Delta t=\frac{\overline{\mathrm{PQ}}}{U}=\frac{\sqrt{\Delta x^2+\Delta y^2}}{U}=\sqrt{1+\left(\frac{\mathrm{d}y}{\mathrm{d}x}\right)^2}\cdot\frac{\Delta x}{U} \tag{3.106}$$

である．単位時間当りの海水の採取量を$w$とする．微小時間$\Delta t$の間での濃度$G(x,y)$の化学物質の採集量は

$$\Delta M=G\big(x(t),y(t)\big)w\Delta t \tag{3.107}$$

と書けるとすると，収集量$M$は

$$M=\sum G(x,y)w\Delta t=\sum G(x,y)\sqrt{1+\left(\frac{\mathrm{d}y}{\mathrm{d}x}\right)^2}\cdot\frac{w}{U}\Delta x \tag{3.108}$$

となる．そこで$\Delta t\to 0$すなわち$\Delta x\to 0$の極限を考えると，

$$M=\int G(x(t),y(t))\mathrm{d}t=\frac{w}{U}\int_{\mathrm{A}}^{\mathrm{B}}G(x,y)\sqrt{1+\left(\frac{\mathrm{d}y}{\mathrm{d}x}\right)^2}\,\mathrm{d}x \tag{3.109}$$

が得られる．式(3.109)の右辺は，曲線の長さを求める式(3.104)の被積分関数に，曲線（軌道）上の濃度$G(x,y)$を乗じたものになっている．この積分値は始点・終点とたどる軌道の長さが同じであっても，物質濃度が高い部分を通過する軌道をとったとき，あるいは逆に低い部分を通るときなどで積分値が異なる．このような積分を，曲線に沿っての積分という意味で線積分(line integral)とよぶ．

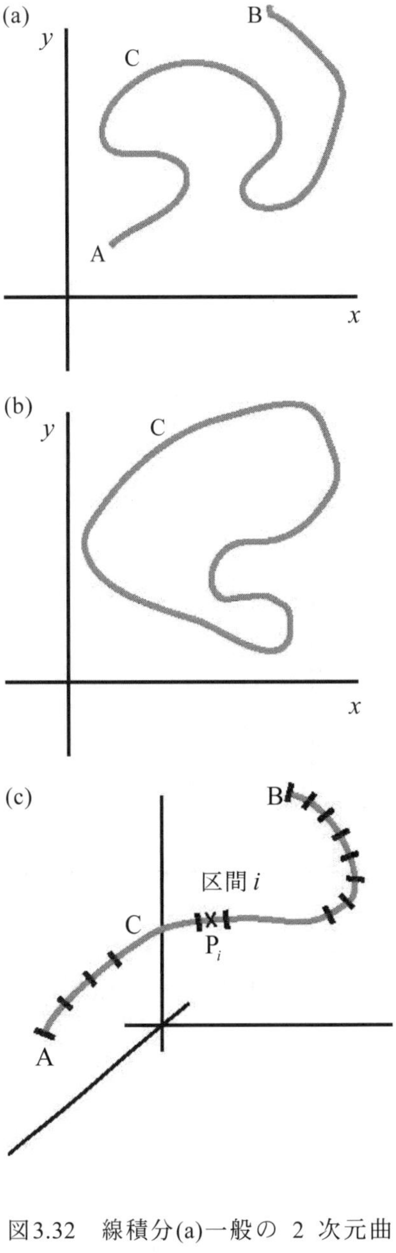


図3.32　線積分(a)一般の 2 次元曲線，(b)閉曲線に沿った線積分，(c)3次元曲線に沿った線積分

この例では，$y$と$x$は1対1に対応するため，式(3.109)の計算は$y$を$x$の関数$y(x)$と表し，$x$について積分をすればよい．一方，図3.32 (a)に示すような一般の曲線に沿った線積分を記述するためには，微小区間の長さ

$$ds = \sqrt{1+\left(\frac{dy}{dx}\right)^2}dx \tag{3.110}$$

を使って，

$$S = \int_{A\to B} f(\boldsymbol{r})\,ds = \int_C f(\boldsymbol{r})\,ds \tag{3.111}$$

などと書く．ここで C は点 A から点 B に至る積分を実行する曲線を表し，ベクトル $\boldsymbol{r}$ は C 上の点の位置ベクトルである．また，図 3.32 (b)のように積分経路が 1 周してもとに戻るような場合は，

$$S = \oint_C f(\boldsymbol{r})ds \tag{3.112}$$

のように書く．

3 次元空間まで拡張した線積分の定義は以下のように書ける．図 3.32 (c)に示すように，3 次元空間内の曲線 C を $N$ 個の微小区間$\Delta s$ に分割し，各区間 $i$ 上に点 $P_i$ をとる．このとき，

$$S = \lim_{N\to\infty}\sum_{k=1}^{N} f(P_i)\Delta s_i \tag{3.113}$$

が収束するとき，$S$ を曲線 C に沿った線積分とよび，式(3.111)のように書く．

通常の積分と同様に，同じ経路に沿って逆向きに積分すると符号は逆になり，

$$\int_{A\to B} f(\boldsymbol{r})ds = -\int_{B\to A} f(\boldsymbol{r})ds \tag{3.114}$$

となる．

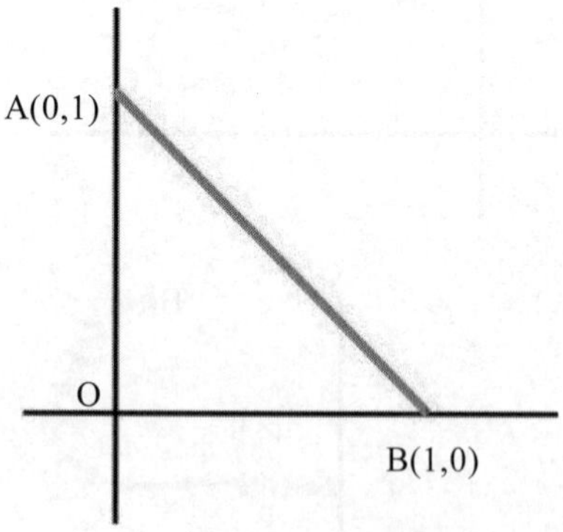

図3.33　例3.17の積分経路

［例3. 17］　関数 $f(\boldsymbol{r}) = f(x, y) = xy$ を図 3.33 の点 A (0,1) から点 B (1,0) まで線分 AB に沿って線積分せよ．また，積分経路を折れ線 AOB としたときと比較せよ．

(解答)

まず，線分 AB の方程式は $y = -x+1$ と書けるので，図 3.33 に示す積分経路 AB において，$\dfrac{dy}{dx} = -1$ である．したがって，

$$ds = \sqrt{1+\left(\frac{dy}{dx}\right)^2}dx = \sqrt{1^2+(-1)^2}dx = \sqrt{2}\,dx$$

であるから，

$$\int_{A\to B} f(\boldsymbol{r})\,ds = \int_0^1 x(-x+1)\sqrt{2}dx = \sqrt{2}\left[-\frac{x^3}{3}+\frac{x^2}{2}\right]_0^1 = \frac{\sqrt{2}}{6}$$

が得られる．一方，積分の経路を点 A→原点 O→点 B とすると，AO では $x = 0$，OB では $y = 0$ より，線積分の被積分関数 $f(r) = f(x, y) = xy = 0$ となる．したがって，

$$\int_{A\to O\to B} f(\boldsymbol{r})\,\mathrm{d}s = \int_{A\to O} xy\,\mathrm{d}s + \int_{O\to B} xy\,\mathrm{d}s = 0$$

のようになる．この例から，積分経路によって線積分の値が異なることが確認できる．　□

一般に，パラメータ $t$（例えば時間）を用いて空間内の曲線 $\mathrm{C}\left(x(t), y(t), z(t)\right)$ が定義されているとき，$t$ と $(t+\mathrm{d}t)$ 間の曲線に沿った距離 $\mathrm{d}s$ は，

$$\mathrm{d}s = \frac{\mathrm{d}s}{\mathrm{d}t}\mathrm{d}t = \sqrt{\left(\frac{\mathrm{d}x}{\mathrm{d}t}\right)^2 + \left(\frac{\mathrm{d}y}{\mathrm{d}t}\right)^2 + \left(\frac{\mathrm{d}z}{\mathrm{d}t}\right)^2}\,\mathrm{d}t \tag{3.115}$$

である．したがって，曲線 C に沿った $f(x,y,z)$ の線積分は，

$$\int_C f(x,y,z)\mathrm{d}s = \int_{t_1}^{t_2} f(x(t), y(t), z(t))\sqrt{\left(\frac{\mathrm{d}x}{\mathrm{d}t}\right)^2 + \left(\frac{\mathrm{d}y}{\mathrm{d}t}\right)^2 + \left(\frac{\mathrm{d}z}{\mathrm{d}t}\right)^2}\,\mathrm{d}t \tag{3.116}$$

と書くことができる．

［例3. 18］　例3.4と同様，ロボットマニピュレータのハンドがある曲面の研磨作業を行っている．時刻 $t$ で表わされた次の曲線

$$\begin{cases} x(t) = t\cos t \\ y(t) = t\sin t \\ z(t) = x^2 + y^2 \end{cases} \tag{3.117}$$

上を曲線に沿った力の成分 $F$ を発生させながら動くとき軌道の長さ $\Delta s$ あたりの運動で $F$ がなす仕事は $\Delta W = F\Delta s$ で与えられる．いま，$F$ は速度 $V$ に比例して $F = cV$ で表わされるとする．このとき $0 \le t \le 2\pi$ の間に $F$ がなす仕事 $W$ を求めよ．

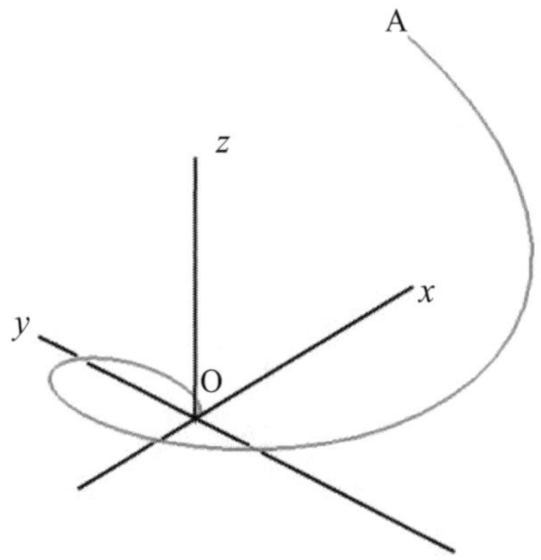

図3.34　ロボットアームの運動

（解答）
ハンドは，$t = 0$ では原点 O にあり，図 3.34 のようにらせん状に運動しながら，$t = 2\pi$ では点 $\mathrm{A}\,(2\pi, 0, 4\pi^2)$ に達する．仕事 $W$ は，線積分

$$W = \int_{O\to A} F\,\mathrm{d}s = c\int_{O\to A} V\,\mathrm{d}s \tag{3.118}$$

で求めることができる．式(3.116)，および，

$$V = \sqrt{\left(\frac{\mathrm{d}x}{\mathrm{d}t}\right)^2 + \left(\frac{\mathrm{d}y}{\mathrm{d}t}\right)^2 + \left(\frac{\mathrm{d}z}{\mathrm{d}t}\right)^2} \tag{3.119}$$

を式(3.118)に代入すると，

$$W = c\int_0^{2\pi}\left\{\left(\frac{\mathrm{d}x}{\mathrm{d}t}\right)^2 + \left(\frac{\mathrm{d}y}{\mathrm{d}t}\right)^2 + \left(\frac{\mathrm{d}z}{\mathrm{d}t}\right)^2\right\}\mathrm{d}t \tag{3.120}$$

が得られる．式(3.117)を $t$ で微分すると

$$\begin{cases} \dfrac{dx}{dt} = \cos t - t\sin t \\ \dfrac{dy}{dt} = \sin t + t\cos t \\ \dfrac{dz}{dt} = 2t \end{cases}$$

より,

$$W = c\int_0^{2\pi}(1+5t^2)\,dt = c\left[\frac{5}{3}t^3 + t\right]_0^{2\pi} = 2\pi c\left(\frac{20}{3}\pi^2 + 1\right)$$

が得られる. □

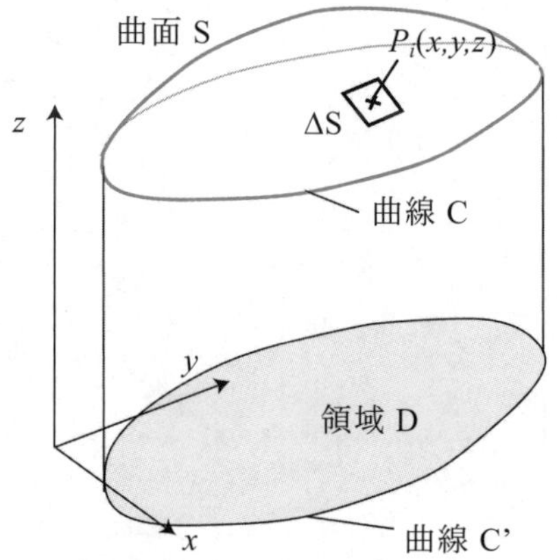


図3.35　面積分の定義

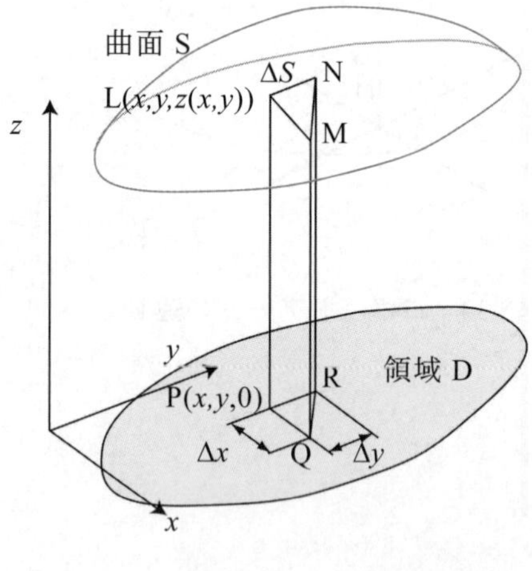


図3.36　曲面上の面積$\Delta S$と$x$-$y$平面への射影との関係

法線ベクトルによる表示の例で示した流体の質量保存則

$$\frac{\partial}{\partial t}\int_{CV}\rho dv = -\int_{CS}\rho \mathbf{v}\cdot\mathbf{n}dA$$

の右辺は面積分である。

## 3・5　面積分 (surface integrals)

機械工学では，平面あるいは空間の中に固定したある領域（検査体積と呼ばれる）を考え，その領域に対する物質，熱，流体，電気力線，磁力線などの出入りを調べることが必要なことがある．ここでは，そのような解析に必要となる面積分について学ぶ．

3・3節の多重積分では，

$$\iint f(x,y)dxdy \tag{3.121}$$

のような 2 つの座標軸に沿った積分を計算したが，線積分が曲線に沿っての積分であったように，ここでは，式(3.121)のような積分を曲面に沿った積分として記述しよう．まず，3 次元空間で曲面 S と関数 $f$ を定義し，S の表面での $f$ の積分を考える．たとえば，曲面 S を宇宙船の表面にとり，関数 $f$ を船体表面が単位面積あたりに受ける太陽からの放射熱とすれば，このような積分は宇宙船が太陽から受ける熱の総量に相当する．

図 3.35 のように，曲面 S を面積$\Delta S$の $N$ 個の微小領域に分割し，それぞれの微小領域の上に点 $\mathrm{P}_i(x,y,z)$ をとる．すると，表面での積分は，

$$\sum_{i=1}^{N} f(\mathrm{P}_i)\Delta S \tag{3.122}$$

と書くことができる．そして，$\Delta S \to 0$ の極限値が存在するとき，これを関数 $f$ の曲面 S の上での面積分として，

$$\int_S f\,d\mathrm{S} \tag{3.123}$$

と定義する．

線積分のときに，線素の長さ d$s$ に関する積分が，$x$ に関する積分に変換できたのと同様，曲面上の微小面積$\Delta S$と $x$-$y$ 平面上の微小面積$\Delta x\Delta y$との関係を用いることで，通常の 2 重積分に変換できる．ここでは，曲面 S が $z = g(x, y)$で表され，滑らかな，つまり，法線ベクトルが連続的に変化する表面とする．図 3.35 のように，S を囲む曲線を C，C を $z$ 軸に平行に $x$-$y$ 平面へ投影した曲線を C'とする．曲線 C'を曲線 C の $x$-$y$ 平面への射影(projection)と呼ぶ．C'で囲まれた面積である領域 D は，曲面 S の $x$-$y$ 平面への射影になっている．

ここで，D 内に

$$
\begin{aligned}
&\mathrm{P}(x, y, 0)\\
&\mathrm{Q}(x+\Delta x, y, 0)\\
&\mathrm{R}(x, y+\Delta y, 0)
\end{aligned}
\tag{3.124}
$$

を頂点とする微小な直角 3 角形 PQR を考えると，これらの頂点に対応する S 上の点は，

$$
\begin{aligned}
&\mathrm{L}\left(x, y, g(x, y)\right)\\
&\mathrm{M}\left(x+\Delta x, y, g(x+\Delta x, y)\right)\\
&\mathrm{N}\left(x, y+\Delta y, g(x, y+\Delta y)\right)
\end{aligned}
\tag{3.125}
$$

である．$\boldsymbol{a}=\overrightarrow{\mathrm{LM}}$， $\boldsymbol{b}=\overrightarrow{\mathrm{LN}}$ とし，ベクトル $\boldsymbol{a}, \boldsymbol{b}$ の $z$ 成分を$(x, y)$のまわりにテイラー展開し， 1 次の項のみを残すと，

$$
\begin{aligned}
\boldsymbol{a}&=\begin{bmatrix}\Delta x\\ 0\\ g(x+\Delta x, y)-g(x, y)\end{bmatrix}=\begin{bmatrix}\Delta x\\ 0\\ \dfrac{\partial g}{\partial x}\Delta x\end{bmatrix}\\
\boldsymbol{b}&=\begin{bmatrix}0\\ \Delta y\\ g(x, y+\Delta y)-g(x, y)\end{bmatrix}=\begin{bmatrix}0\\ \Delta y\\ \dfrac{\partial g}{\partial y}\Delta y\end{bmatrix}
\end{aligned}
\tag{3.126}
$$

となる．一般に，2 つのベクトル $\boldsymbol{a}$，$\boldsymbol{b}$ を 2 辺とする 3 角形の面積を $\Delta\overline{S}$ とおく．2 つのベクトルのなす角をαとすると

$$
\Delta\overline{S}=\frac{1}{2}|\boldsymbol{a}||\boldsymbol{b}|\sin\alpha \tag{3.127}
$$

で計算できる．また，4.2 節で定義するベクトルの内積から次の関係が成り立つ．

$$
\left(\boldsymbol{a}, \boldsymbol{b}\right)=|\boldsymbol{a}||\boldsymbol{b}|\cos\alpha \tag{3.128}
$$

これを用いて式(3.127)を変形すると

$$
\begin{aligned}
\Delta\overline{S}&=\frac{1}{2}|\boldsymbol{a}||\boldsymbol{b}|\sin\alpha=\frac{1}{2}|\boldsymbol{a}||\boldsymbol{b}|\sqrt{1-\cos^2\alpha}=\frac{1}{2}|\boldsymbol{a}||\boldsymbol{b}|\sqrt{1-\left\{\frac{\left(\boldsymbol{a}, \boldsymbol{b}\right)}{|\boldsymbol{a}||\boldsymbol{b}|}\right\}^2}\\
&=\frac{1}{2}\sqrt{|\boldsymbol{a}|^2|\boldsymbol{b}|^2-\left(\boldsymbol{a}, \boldsymbol{b}\right)^2}
\end{aligned}
\tag{0.1}
$$

と書ける．ここで，$|\boldsymbol{a}|$ は，ベクトル $\boldsymbol{a}$ の大きさを表す．式(3.129)を具体的に計算すると（詳細は囲み参照），

$$
\Delta\overline{S}=\frac{1}{2}\sqrt{1+\left(\frac{\partial g}{\partial x}\right)^2+\left(\frac{\partial g}{\partial y}\right)^2}\Delta x\Delta y \tag{3.130}
$$

が得られる．$\Delta S=2\Delta\overline{S}$ であるから，式(3.122), (3.123)より面積分は，

$$
\boldsymbol{a}=\begin{bmatrix}\Delta x\\ 0\\ \dfrac{\partial g}{\partial x}\Delta x\end{bmatrix},\quad \boldsymbol{b}=\begin{bmatrix}0\\ \Delta y\\ \dfrac{\partial g}{\partial y}\Delta y\end{bmatrix}
$$

より，$(\boldsymbol{a}, \boldsymbol{b}), |\boldsymbol{a}|, |\boldsymbol{b}|$ をベクトルの成分を用いて計算すると，

$$
\begin{aligned}
(\boldsymbol{a}, \boldsymbol{b})&=\Delta x\cdot 0+0\cdot\Delta y+\frac{\partial g}{\partial x}\Delta x\cdot\frac{\partial g}{\partial y}\Delta y\\
&=\frac{\partial g}{\partial x}\frac{\partial g}{\partial y}\Delta x\Delta y
\end{aligned}
$$

$$
|\boldsymbol{a}|=\sqrt{1+\left(\frac{\partial g}{\partial x}\right)^2}\Delta x, |\boldsymbol{b}|=\sqrt{1+\left(\frac{\partial g}{\partial y}\right)^2}\Delta y
$$

したがって，

$$
\begin{aligned}
&|\boldsymbol{a}|^2|\boldsymbol{b}|^2-(\boldsymbol{a}, \boldsymbol{b})^2\\
&=\left\{1+\left(\frac{\partial g}{\partial x}\right)^2+\left(\frac{\partial g}{\partial y}\right)^2\right\}\Delta x^2\Delta y^2
\end{aligned}
$$

$$\int_S f\,\mathrm{d}S = \lim_{N\to\infty}\sum_{i=1}^{N} f(P_i)\Delta S$$

$$= \lim_{N\to\infty}\sum_{i=1}^{N} f(x,y,g(x,y))\cdot 2\cdot\frac{1}{2}\sqrt{1+\left(\frac{\partial g}{\partial x}\right)^2+\left(\frac{\partial g}{\partial y}\right)^2}\Delta x\Delta y$$

$$= \int_D f\big(x,y,g(x,y)\big)\sqrt{1+\left(\frac{\partial g}{\partial x}\right)^2+\left(\frac{\partial g}{\partial y}\right)^2}\,\mathrm{d}x\mathrm{d}y \qquad (3.131)$$

と書くことができる．

式(3.123)から式(3.131)にいたる計算では，曲面 S 上の微小面積$\Delta S$ とその $x$-$y$ 平面への射影$\Delta x\Delta y$ の面積の比によって，曲面 S 上の積分を $x$-$y$ 平面上の積分に変換した．この変換係数は曲面 S の傾きのみに依存する．曲面 S の法線ベクトルを使って，変換係数を以下のように求めることもできる．まず，曲面 S が $h(x,\ y,\ z)=0$ で与えられるとすると， S の法線ベクトルは式(3.71)より $\nabla h$ で表されるから，単位法線ベクトル $\boldsymbol{n}$ は，

$$\boldsymbol{n} = \frac{\nabla h}{|\nabla h|} \qquad (3.132)$$

$$\nabla h = \left(\frac{\partial h}{\partial x},\frac{\partial h}{\partial y},\frac{\partial h}{\partial z}\right)^{\mathrm{T}}$$

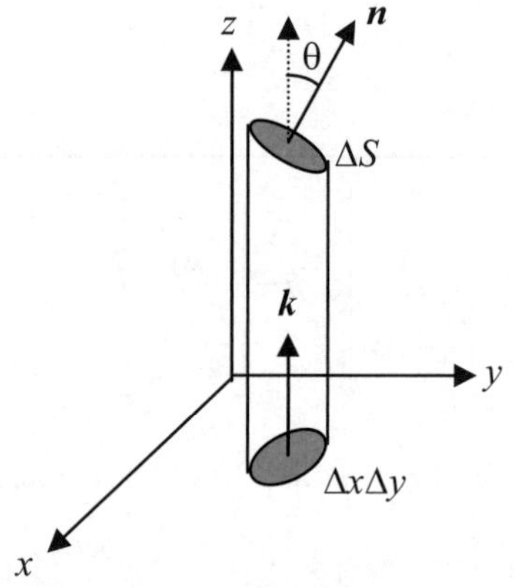

図3.37　曲面の法線ベクトルと微小面積の関係

と書ける．$x$-$y$ 平面の法線ベクトル $\boldsymbol{k}=[0\ 0\ 1]^{\mathrm{T}}$（つまり $z$ 軸方向の単位ベクトル）と $\boldsymbol{n}$ のなす角を$\theta$とおくと，$\Delta S$ は図 3.37 の幾何学的関係から，

$$\Delta S\cos\theta = \Delta x\Delta y \qquad (3.133)$$

である．ここで，$\cos\theta$は，再び 4.2 節の内積を使えば

$$\cos\theta = \frac{(\boldsymbol{k}\cdot\boldsymbol{n})}{|\boldsymbol{k}||\boldsymbol{n}|} = (\boldsymbol{k}\cdot\boldsymbol{n}) = \frac{\dfrac{\partial h}{\partial z}}{\sqrt{\left(\dfrac{\partial h}{\partial x}\right)^2+\left(\dfrac{\partial h}{\partial y}\right)^2+\left(\dfrac{\partial h}{\partial z}\right)^2}} \qquad (3.134)$$

と求まるから，単位法線ベクトル $\boldsymbol{n}$ の向きを $\cos\theta>0$ となるように，つまり $\boldsymbol{n}$ の $z$ 成分が正になるように決めると，式(3.132)，(3.133)，(3.134)より

$$\Delta S = \frac{1}{\cos\theta}\Delta x\Delta y = \frac{1}{(\boldsymbol{k}\cdot\boldsymbol{n})}\Delta x\Delta y = \frac{\sqrt{\left(\dfrac{\partial h}{\partial x}\right)^2+\left(\dfrac{\partial h}{\partial y}\right)^2+\left(\dfrac{\partial h}{\partial z}\right)^2}}{\left|\dfrac{\partial h}{\partial z}\right|}\Delta x\Delta y \qquad (3.135)$$

したがって，

$$\int_S f\,\mathrm{d}S = \int_D f\big(x,y,z\big)\frac{\sqrt{\left(\dfrac{\partial h}{\partial x}\right)^2+\left(\dfrac{\partial h}{\partial y}\right)^2+\left(\dfrac{\partial h}{\partial z}\right)^2}}{\left|\dfrac{\partial h}{\partial z}\right|}\mathrm{d}x\mathrm{d}y \qquad (3.136)$$

が得られる．以上より，曲面が $z=g(x,\ y)$で与えられるときには式(3.131)，曲面が $h(x, y, z)=0$ で与えられるときには式(3.136)を用いればよい．

［例3. 19］　式(3.131)で $f(x,y,z)=1$ とおくと，面積分の値は表面積と等しくなる．これを用いて半径 $R$ の球の表面積を求めよ．

（解答）
原点に中心を持つ球を考え，上半分の面積を求めて 2 倍することにする．球面の方程式は $x^2+y^2+z^2=R^2$ であるから，上半分（$z \geq 0$）では，

$$z=g(x,y)=\sqrt{R^2-x^2-y^2}$$

と書ける．$g$ の $x$，$y$ に対する偏微分を計算すると，

$$\begin{cases}\dfrac{\partial g}{\partial x}=\dfrac{-x}{\sqrt{R^2-x^2-y^2}}\\[2ex]\dfrac{\partial g}{\partial y}=\dfrac{-y}{\sqrt{R^2-x^2-y^2}}\end{cases}$$

より，

$$\frac{S}{2}=\int_{\mathrm{D}}1\cdot\sqrt{1+\frac{x^2}{R^2-x^2-y^2}+\frac{y^2}{R^2-x^2-y^2}}\,\mathrm{d}x\mathrm{d}y=\int_{\mathrm{D}}\frac{R}{\sqrt{R^2-x^2-y^2}}\mathrm{d}x\mathrm{d}y$$

と 2 重積分の形に書ける．ここで，円柱座標を使って，

$$\begin{cases}x=r\cos\theta\\y=r\sin\theta\end{cases}$$

と変数変換すると，ヤコビアンは $\det J=\det\begin{bmatrix}\cos\theta & -r\sin\theta\\ \sin\theta & r\cos\theta\end{bmatrix}=r$ であるから，

$$\begin{aligned}\frac{S}{2}&=\int_0^R\int_0^{2\pi}\frac{R}{\sqrt{R^2-r^2}}r\mathrm{d}\theta\mathrm{d}r\\&=2\pi R\int_0^R\frac{r}{\sqrt{R^2-r^2}}\mathrm{d}r=2\pi R\left[-\sqrt{R^2-r^2}\right]_0^R\\&=2\pi R^2\end{aligned}$$

よって，球の表面積は，$S=4\pi R^2$ である．　□

## 3・6　関数の最適化 (optimization of function)

機械工学はもとより，工学における設計問題の多くは，最適化問題として表される．コスト，効率，寸法，騒音など，なんらかの指標のもとに様々な部品の形状や機械の動作条件を決めることが求められる．石油を輸送するパイプラインを設計することを考えよう．パイプラインは，ある地点から別の地点まで，毎日決まった量の石油を輸送する．細いパイプを使ったほうが建設費や材料費は安く済む．一方，パイプを太くすると，パイプの壁と内部を流れる石油との摩擦が小さくなるので，送り側の圧力を下げることができ，小型の安価なポンプが使えたり，ポンプ運転のための電気代などのランニングコストが下がる．したがって，パイプの太さについては，どこかに最もコストを小さくすることができる値があるはずである．また，軽量であることが重要な人工衛星のように，制約条件の下で機能を最適にする解を見つける必要もでてくる．具体的な設計問題では，このようにお互いに相反する効果の中から，最適な値を見つけることが必要になる（図 3.38 参照）．本節では，

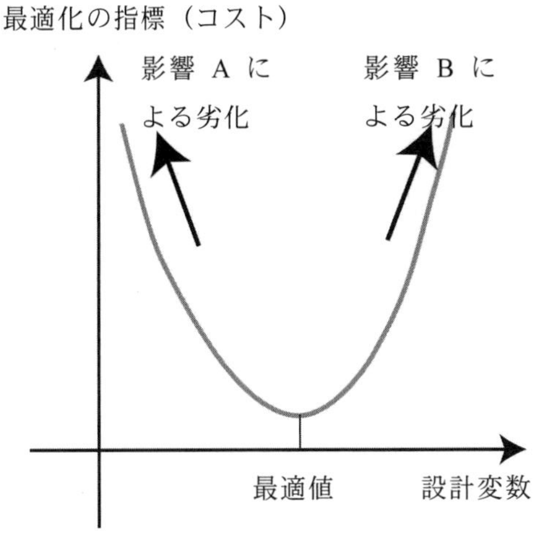

図3.38　設計変数の最適化

このような最適化手法について，数学的な基礎を説明する．

### 3・6・1　ラグランジュの未定乗数法 (method of Lagrange multipliers)

簡単な例として，周囲の長さ一定として長方形の面積を最大にする問題を考える．この問題は，辺の長さを $x$，$y$ として，面積

$$f(x,y)=xy \tag{3.137}$$

を，周囲の長さ一定の条件，例えば，

$$2x+2y=2 \tag{3.138}$$

のもとに最大にする $x$，$y$ を求めるという問題に定式化できる．式(3.137)は最適化の目的を表す目的関数(objective function)であり，式(3.138)はそれに対する拘束条件(constraint)を与えている．この場合は，拘束条件を $y$ について $y=1-x$ と解き，目的関数 $f$ に代入すると，

$$f=x(1-x)=-x^2+x \tag{3.139}$$

となる．$f$ の 1 階，2 階微分を計算すると

$$\frac{\mathrm{d}f}{\mathrm{d}x}=-2x+1,\ \frac{\mathrm{d}^2 f}{\mathrm{d}x^2}=-2 \tag{3.140}$$

であるから，関数 $f$ は $x=y=\dfrac{1}{2}$ のとき，極大かつ最大となり，最大値は $f=\dfrac{1}{4}$ であることがわかる．

拘束条件を表す式が複雑で，1 つの変数について陽に解けない場合に，強力な解法を与えるのが，以下に示すラグランジュの未定乗数法(method of Lagrange multipliers)である．

まず，目的関数 $f(x,y)$，拘束条件 $g(x,y)=0$ に対して，ラグランジュの未定乗数 $\lambda$を用いた新しい関数

$$h(x,y)=f(x,y)+\lambda g(x,y) \tag{3.141}$$

を定義する．そして，この関数を $x$，$y$，$\lambda$の関数と見なし，停留条件

$$\frac{\partial h}{\partial x}=\frac{\partial h}{\partial y}=\frac{\partial h}{\partial \lambda}=0 \tag{3.142}$$

の解を求めることにより，拘束条件を満たしつつ最適化を行うことができる．

実際，上の例では，拘束条件は $g(x,y)=x+y-1=0$ と書き直せるから，

$$h(x,y)=xy+\lambda(x+y-1) \tag{3.143}$$

であり，式(3.142)より，

$$\begin{cases} y-\lambda=0 \\ x-\lambda=0 \\ x+y-1=0 \end{cases} \tag{3.144}$$

となる．したがって，これを解いて，$x=y=\lambda=\dfrac{1}{2}$ となり，上述の直接代入する方法と同じ解が得られる．

[例3. 20]　3 つの気体 A，B，C の間の化学反応 $\mathrm{A}+\mathrm{B} \Leftrightarrow 2\mathrm{C}$ を考える．それ

それの気体の圧力（分圧）を $a(t)$, $b(t)$, $c(t)$とし，反応時の温度，圧力$p$が一定（$a+b+c=p$）に保たれるとする．化学反応は時刻$t_1$で$c^2(t_1)=K\,a(t_1)b(t_1)$で平衡状態になる．$K=4$のとき，反応の結果生成される物質Cの分圧$c(t_1)$を最大にするためには反応前の圧力$(a(t_0),b(t_0),c(t_0))=(a_0,b_0,0)$をどのように設定するべきか．またそのときの$c(t_1)$を求めよ．

分圧：混合気体において，その気体だけが存在していると仮定したときの圧力

（解答）

ラグランジュの未定乗数を$\lambda_1,\lambda_2$とすると，

$$h(a,b)=c+\lambda_1(a+b+c-p)+\lambda_2(c^2-Kab)$$

より，

$$\frac{\partial h}{\partial a}=\lambda_1-\lambda_2 Kb=0$$

$$\frac{\partial h}{\partial b}=\lambda_1-\lambda_2 Ka=0$$

$$\frac{\partial h}{\partial c}=1+\lambda_1+2\lambda_2 c=0$$

$$\frac{\partial h}{\partial \lambda_1}=a+b+c-p=0$$

$$\frac{\partial h}{\partial \lambda_2}=c^2-Kab=0$$

これを$K>0$, $a,b,c>0$で解くと，

$$a=b=\frac{1}{\sqrt{K}+2}p \qquad c=\frac{\sqrt{K}}{\sqrt{K}+2}p$$

$$\lambda_1=\frac{\sqrt{K}}{\sqrt{K}+2} \qquad \lambda_2=-\frac{1}{\sqrt{K}p}$$

A+B $\Leftrightarrow$ 2Cの化学反応より$a(t_1)=b(t_1)$となるためには$a(t_0)=b(t_0)$でなければならない．これは$a_0=b_0=\dfrac{p}{2}$を意味している．　□

［Example 3.21］ Let curve C be given by $x^4+y^4=1$. In the first quadrant of the *x-y* plane ($x>0$, $y>0$), find the point on C that is furthest from the origin.

（Solution）

We compute the maximum value of $r=\sqrt{x^2+y^2}$ subject to the constraint $g(x,y)=x^4+y^4-1=0$. Since $r^2$ ($=x^2+y^2$) is also maximized when $r$ is maximized, we define $h(x,y)=x^2+y^2-\lambda(x^4+y^4-1)$ using the Lagrange multiplier. The partial derivatives of $h$ with respect to $x$, $y$ and $\lambda$ are

$$\begin{cases} 2x-4\lambda x^3=0 \\ 2y-4\lambda y^3=0 \\ x^4+y^4-1=0 \end{cases}$$

The first two of these equations become

$$\begin{cases} 2x\left(1-2\lambda x^2\right)=0 \\ 2y\left(1-2\lambda y^2\right)=0 \end{cases}$$

Since $x>0$ and $y>0$, we obtain $x^2=y^2=\dfrac{\lambda}{2}$. Hence we have $x=y$. Substituting $x=y$ into the above formula, yields $x=y=\dfrac{1}{\sqrt[4]{2}}$ with $\lambda=\dfrac{1}{2\sqrt{2}}$. □

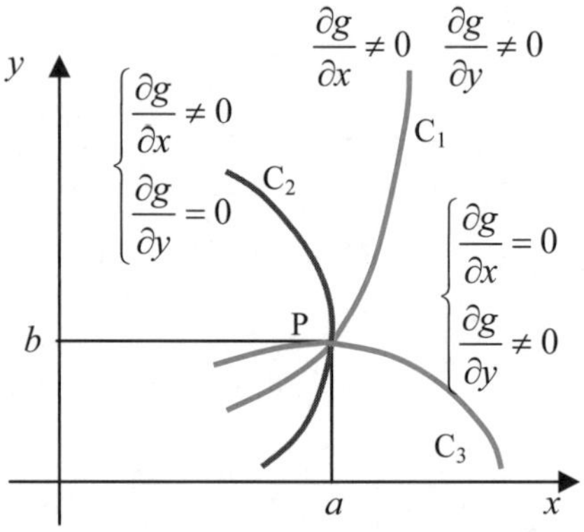


図3.39　陰関数 $z=f(x,y)$ と $x$-$y$ 平面の交線

### 3・6・2　陰関数定理（implicit function theorem）

ラグランジュの未定乗数法によって拘束条件式を持つ場合に目的関数の局地が求められる仕組みを説明しよう．はじめに陰関数定理(implicit function theorem)を与える．

［陰関数定理］　点 $\mathrm{P}(a,b)$ は $g(x,y)=0$ の点であり $g(x,y)$ は P の近傍で微分可能であるとする．$\dfrac{\partial g}{\partial y}\neq 0$ ならば点 P においてその近傍で微分可能な関数 $y=G(x)$ がただ 1 つ存在し $g(x,G(x))=0$ を満たす．また，この関数の導関数は

$$\frac{\mathrm{d}G}{\mathrm{d}x}=-\frac{\partial g}{\partial x}\bigg/\frac{\partial g}{\partial y} \tag{3.145}$$

で与えられる．

$g(x,y)=0$ は実数解が存在するならば，$x$-$y$ 平面上の曲線を表わす．実数解が存在するとき，曲線状の点 $\mathrm{P}(x,y)$ における $\left(\dfrac{\partial g}{\partial x}\ \dfrac{\partial g}{\partial y}\right)^{\mathrm{T}}$ は曲線の法線ベクトルを表わす．したがって $\dfrac{\partial g}{\partial x},\dfrac{\partial g}{\partial y}$ を見ることによって図 3.39 のように曲線上の点における曲線の（接線）方向を知ることができる．特殊な場合では $\dfrac{\partial g}{\partial x}=\dfrac{\partial g}{\partial y}=0$ になることがある．これは $\mathrm{P}(x,y)$ がその近傍で孤立した解（点）であり，“交線”でないことを表わす．また $\dfrac{\partial g}{\partial x}=0,\dfrac{\partial g}{\partial y}\neq 0$ となる場合には，図 3.39 のように $\mathrm{P}(x,y)$ の近傍で，$x$ を与えた場合の $y$ の方程式 $g(x,y)=0$ が多価関数（重根を含む）となることを表わしている．陰関数定理は，この場合を除外して，$g(x,y)=0$ を $y=G(x)$ と書くことができることを表わしている．

陰関数定理を用いて，ラグランジュの未定乗数法により目的関数の極値が求められる仕組みについて考えよう．拘束条件を $g(x,y)=0$ のもとに，$f(x,y)$ の極値を求める問題では

$$h(x,y)=f(x,y)+\lambda g(x,y) \tag{3.146}$$

を $x$，$y$，$\lambda$ について偏微分したものをそれぞれ 0 とおいた．すなわち，

$$\begin{cases}\dfrac{\partial h}{\partial x}=\dfrac{\partial f}{\partial x}+\lambda\dfrac{\partial g}{\partial x}=0\\ \dfrac{\partial h}{\partial y}=\dfrac{\partial f}{\partial y}+\lambda\dfrac{\partial g}{\partial y}=0\\ \dfrac{\partial h}{\partial \lambda}=g=0\end{cases}\tag{3.147}$$

式(3.147)の最後の式は拘束条件そのものである．最初の 2 つの式に注目する．$\dfrac{\partial g}{\partial y}\neq 0$ ならばこれらから $\lambda$ を消去して

$$\frac{\partial f}{\partial x}-\frac{\partial f}{\partial y}\left(\frac{\dfrac{\partial g}{\partial x}}{\dfrac{\partial g}{\partial y}}\right)=0\tag{3.148}$$

を得る．ここで式(3.145)を用いると次のようになる．

$$\frac{\partial f}{\partial x}+\frac{\partial f}{\partial y}\frac{\mathrm{d}G}{\mathrm{d}x}=0\tag{3.149}$$

式(3.149)は合成関数の微分

$$\frac{\mathrm{d}}{\mathrm{d}x}f\left(x,G(x)\right)=0\tag{3.150}$$

と等しいことに気付いてほしい．このことは，$\dfrac{\partial g}{\partial y}\neq 0$ の場合に，式(3.147)の最初の 2 つの式から $\lambda$ を消去する手続きが，拘束条件式を $y=G(x)$ として陽に解き，これを $f(x,y)$ に代入して，拘束条件のない $f(x,G(x))$ の極値を求める手続きに他ならないことを表わしている．変数の数や拘束条件の数が多いときは，特にラグランジュの未定乗数法の威力が発揮される．

[例3.22]　$x^2+y^2+z^2=1$，$x+y+2z=1$ のもとに関数 $f(x,y,z)=x-y+z$ の極値を求めよ．

（解答）

拘束条件が 2 つあるから，ラグランジュの未定乗数として $\lambda_1,\lambda_2$ を使って，

$$h(x,y,z)=x-y+z+\lambda_1(x^2+y^2+z^2-1)+\lambda_2(x+y+2z-1)$$

とおくと，

$$\frac{\partial h}{\partial x}=\frac{\partial h}{\partial y}=\frac{\partial h}{\partial z}=\frac{\partial h}{\partial \lambda_1}=\frac{\partial h}{\partial \lambda_2}=0$$

より，

$$\begin{cases}\partial h/\partial x=1+2\lambda_1 x+\lambda_2=0\\ \partial h/\partial y=-1+2\lambda_1 y+\lambda_2=0\\ \partial h/\partial z=1+2\lambda_1 z+2\lambda_2=0\\ x^2+y^2+z^2-1=0\\ x+y+2z-1=0\end{cases}$$

が得られる．これらを解くと，$x=\dfrac{14\pm 2\sqrt{70}}{21}$，$y=\dfrac{-7\mp 8\sqrt{70}}{42}$，

$z=\frac{35\pm4\sqrt{70}}{84}$ となり，極大・極小値は，$\frac{15\pm4\sqrt{70}}{12}$ （複号同順）である．

### 3・6・3　最急降下法 (steepest descent method)

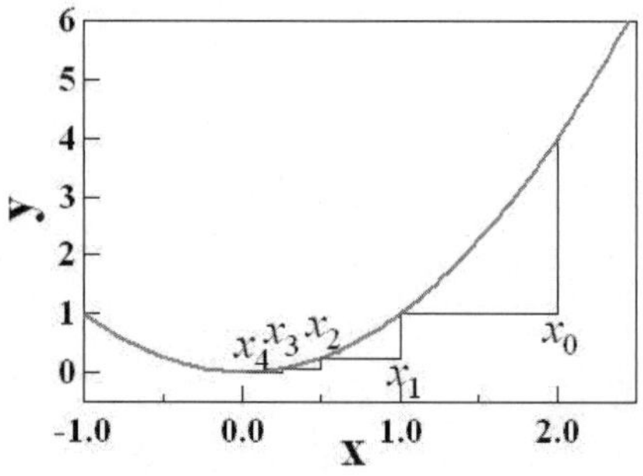


図3.40　$f(x)=x^2$ での最急降下法による極値の推定

実際の工学の問題では，解析的に最適解が得られる場合はまれである．ここでは，数値的に最適化を行うための 1 つの方法である最急降下法(steepest descent method)について説明しよう．

1 変数の関数 $f(x)$ の極値を求めることを考える．最急降下法では，極値を与える $x$ の値について最初に初期値 $x_0$ を与え，繰り返し計算により次第に正しい値に近づけていく．具体的な手順を示そう．まず，$x_0$ における関数 $f(x)$ の勾配 $\frac{\mathrm{d}f(x_0)}{\mathrm{d}x}$ を計算する．これを用いて

$$x_1=x_0-\alpha\frac{\mathrm{d}f(x_0)}{\mathrm{d}x} \tag{3.151}$$

のように $x_1$ を計算する．ここで，$\alpha$ は正の定数である．次に，$x_1$ において $\frac{\mathrm{d}f(x_1)}{\mathrm{d}x}$ を計算し，式(3.151)と同様にして $x_2$ の値を計算する．このようにして $x_i$ を更新していく．

図 3.40 に，$f(x)=x^2$，$x_0=2$，$\alpha=\frac{1}{4}$ の場合の，$x$ の値の変化を示す

$$\begin{aligned}x_1&=x_0-\frac{1}{4}\cdot2x_0=1\\x_2&=x_1-\frac{1}{4}\cdot2x_1=\frac{1}{2}\\x_3&=x_2-\frac{1}{4}\cdot2x_2=\frac{1}{4}\\x_4&=\cdots\end{aligned} \tag{3.152}$$

となって，次第に 0 に近づいていく様子がわかる．停留点に近づくと勾配が小さくなるので，$x$ の変化量も小さくなっていく．

式(3.151)のルールは，山を下る方向に変数の値を更新していくので，直感的に谷に近づくことが理解できる．テイラー展開を使って，以下のように説明することもできる．最急降下法は

$$\begin{cases}x_{i+1}=x_i+\Delta x\\ \Delta x=-\alpha\dfrac{\mathrm{d}f(x_i)}{\mathrm{d}x}\end{cases} \tag{3.153}$$

によって記述できる．$f(x)$ を $x=x_i$ まわりでのテイラー級数の 1 次の項で近似すると

$$f(x_{i+1})=f(x_i+\Delta x)=f(x_i)+\frac{\mathrm{d}f(x_i)}{\mathrm{d}x}\Delta x \tag{3.154}$$

となる．これに式(3.153)の $\Delta x=-\alpha\frac{\mathrm{d}f(x_i)}{\mathrm{d}x}$ を代入すると，

$$f(x_{i+1})=f(x_i)-\alpha\left\{\frac{\mathrm{d}f(x_i)}{\mathrm{d}x}\right\}^2 \tag{3.155}$$

を得る．したがって，微係数の値によらず，$f(x_{i+1}) \le f(x_i)$ であることがわかる．なお，$\alpha$ が大きすぎると式(3.154)の近似精度が悪くなり，極値に収束せずに発散したり，逆に小さすぎると極値に到達するための計算繰返し数が大きくなる．このように取扱う問題によって適切な $\alpha$ の値を選ぶ必要がある．

多変数関数の場合も同様であり，$f(x_1, x_2, \cdots, x_n)$ に対して

$$\boldsymbol{x} = \begin{bmatrix} x_1 \\ x_2 \\ \vdots \\ x_n \end{bmatrix} \tag{3.156}$$

とおくと，$\boldsymbol{x}^i$ から $\boldsymbol{x}^{i+1}$ を関数 $f$ の勾配 $\nabla f$ を用いて

$$\boldsymbol{x}^{i+1} = \boldsymbol{x}^i - \alpha \nabla f \tag{3.157}$$

のように求め，これによって $\boldsymbol{x}$ を更新をしていけばよい．

［例3.23］　深い谷を持つ曲面で表される多変数関数に対して最急降下法を用いて極値を求める場合にしばしば生じる問題について述べる．

図3.41のように，深い谷があって，その一端に極小値となる点Aがある場合を考えよう．このとき，谷線上にある点Bから出発して最急降下法を用いた場合は，速やかに点Aに到達できる．一方，谷線からはずれた点Cから出発する場合は，極小値に到達するのに時間がかかる．なぜなら点Cで勾配が最も急な方向は，極小値が存在する方向ではなく，谷線方向へ向かう．したがって，式(3.157)の最急降下法で更新した座標は，テイラー展開の誤差によって谷底を通り過ぎ，対岸へと登ってしまう．次の更新でも，同様に谷を通り過ぎて再び岸に移動し，図に示すようなジグザク軌跡を示す．それでも極小点に到達できれば運がいい．場合によっては計算途中で発散することがある．このような問題を解決するために，$\alpha$ を変数として $\nabla f$ で定まる最大傾斜方向の直線上で最小の関数値を与える $\alpha$ を毎回求める方法，極値を探索する方向が一次独立になるように選ぶ方法（**共役勾配法**）などが用いられている．　□

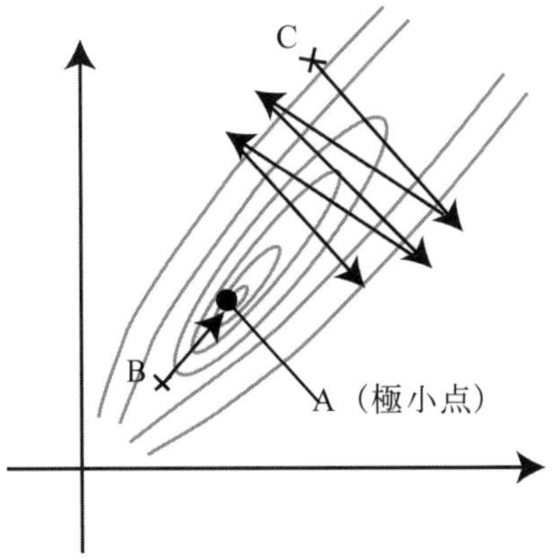


図3.41　最急降下法の問題点

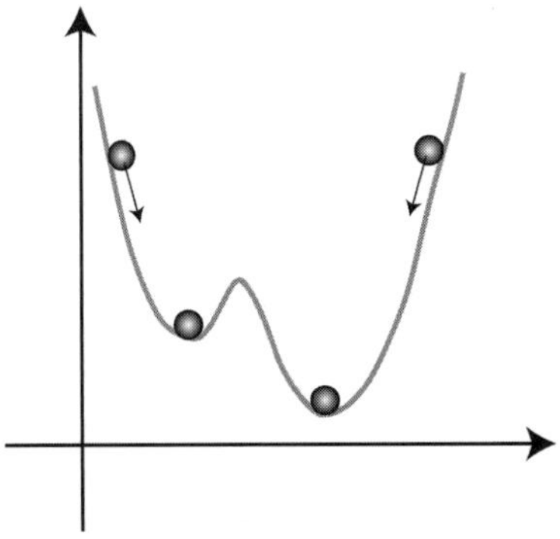

図3.42　最急降下法による最小値の探索

最急降下法など，勾配に依存する方法の本質的な問題は，これらはあくまでも停留点を求める方法であって，最大値または最小値に到達することは保証されないということである．図 3.42 に示すような場合では，右からスタートすれば最小値にたどり着けるが，左からスタートすると，極小値に捕まって最小値に行き着くことができない．

変数の数が多い関数の場合，関数の形状を調べるのは容易でない．実際には，いくつかの異なる初期値からスタートした停留点を求め，それらの最大値あるいは最小値を最適解と見なすことが多い．勾配法やこれらの方法が用いられるのは主に非線形な場合である．最急降下法などの勾配法では満足のいく結果が得られないような，非線形性の強い問題に対しては，焼きなまし法，ニューラルネットワーク，遺伝的アルゴリズムなどの手法が用いられる．

なお，ラグランジュの未定乗数法は拘束条件が等式で与えられる場合だけではなく，不等式で与えられる場合にも拡張されている．特に，不等式を含む拘束条件と目的関数の全てが線形な場合には効率的な探索方法が，線形計画法として確立している．また，拘束条件が線形で目的関数が 2 次関数の場合には，2 次計画法と呼ばれる方法がある．詳しくは関連の書籍を参照されたい．

## 3・7 まとめ (summary)

第3章では，多変数関数の解析方法について，機械工学と関連の深い例題を示しながら説明した．特に，偏微分，テイラー展開，多重積分，線積分は，解析法の根幹をなす重要な数学的操作である．媒介変数を用いた記述や，変数変換した座標系を用いる場合に必要な，合成関数の微分やヤコビアンを用いた重積分についても学んだ．また，最後の節では，多変数関数の最適化を行うための数学的基礎として，ラグランジュの未定乗数法と最急降下法について説明した．

## 参考文献

1. 江尻典雄・三宅正武，微分法&積分法，裳華房，1999
2. 田代嘉宏，理工系の微分積分学，森北出版，1984
3. 加藤裕輔，多変数関数の微積分とベクトル解析，講談社，1987
4. 小形正男，キーポイント多変数の微分積分，岩波書店，1993
5. J. Marsden and A. Weinstein, Calculus III, Springer-Verlag, New York, 1985
6. 嘉納秀明，システムの最適理論と最適化，コロナ社，1987

# 第 4 章
# 3 次元運動の数学
## Mathematical description of three-dimensional motion

3 次元空間内の位置や運動などの物理現象と密接に結びついた数学的概念であるベクトル(vector)について学ぶ．ベクトルについてのより一般的な扱いについては第 5 章に譲る．ここでは，機械工学に関連の深い 3 次元の運動，すなわち，質点の運動や流れや電磁場などの記述に重要である 3 次元ベクトルの基本的な扱いについて説明する．

## 4・1　ベクトル (vector)

われわれの身の回りには色々な物理現象や物理量が存在する．たとえば，気温，湿度，明るさなどである．そんな中で，風や物体に加えられる力などは，それらを特定するのに"風向"や"力の向き"といった「方向」と，"風速"や"力の大きさ"といった「大きさ」をともに指定する．このように，一般に方向と大きさを持った量をベクトル(vector)という．

以下では，まずわれわれの周りの物理世界，縦・横・高さが考えられるいわゆる 3 次元空間においてベクトルの概念を導入する．より抽象的な世界，あるいは，より高次元の世界におけるベクトルは第 5 章で扱う．

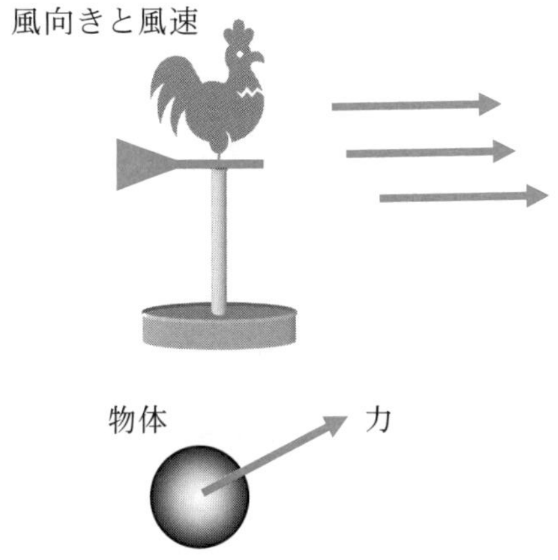

図 4.1　ベクトルの例

### 4・1・1 ベクトルとは (what is vector?)

3 次元空間における 1 つのベクトルは，直感的には図 4.1 のような 1 本の矢印で表現できる．矢印の向きが「方向」で矢印の長さが「大きさ」を表す．

ベクトルの表し方は，$\boldsymbol{a}$，$\vec{a}$，$\underline{a}$ などが用いられるが，本書では太い斜字体を用いて $\boldsymbol{a}$ と書くことにする．

ベクトルが同一平面上にいくつもある状況，たとえば図 4.2 のように $\boldsymbol{a}$～$\boldsymbol{g}$ までのベクトルが散らばっている場合を考えてみよう．われわれの周りを取り囲む空気の流れ (風) は，場所によって様子が異なる．色々な場所に「風」というベクトルが散らばっているとみなすことができる．

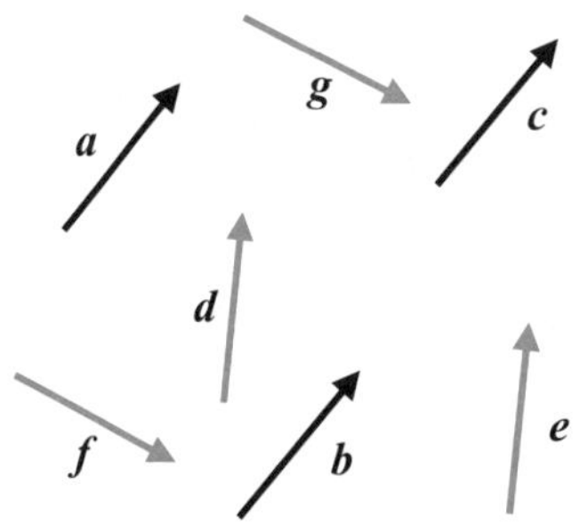

図 4.2 たくさんのベクトルの例

このとき，ベクトルの大きさと方向が同じならば，先のベクトルの定義から，それらは同じベクトルとみなしてよいだろう．それをチェックする一つの方法は，あるベクトルを別のベクトルのところまで平行移動して重なるかどうかを調べればよい．図 4.2 では，ベクトル $\boldsymbol{b}$ とベクトル $\boldsymbol{c}$ は平行移動するとベクトル $\boldsymbol{a}$ にピッタリ重なるのでこれら 3 つは同じベクトルとみなそうということである．同様に，ベクトル $\boldsymbol{d}$ とベクトル $\boldsymbol{e}$，およびベクトル $\boldsymbol{f}$ とベクトル $\boldsymbol{g}$ も一方を平行移動して他方に重ねることができるのでそれぞれ同じベクトルとみなす．

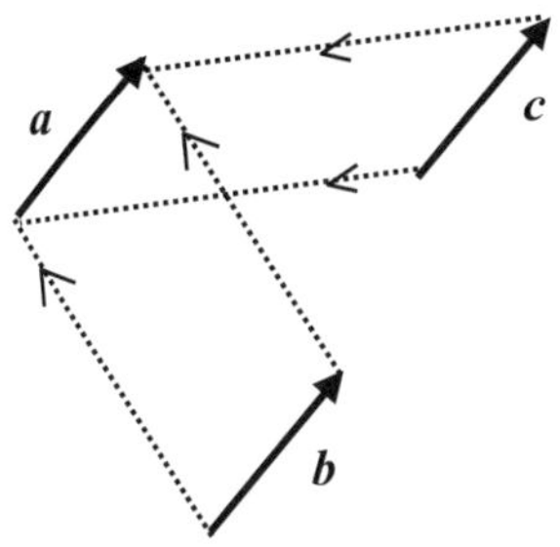

図 4.3 ベクトルの同一性

図 4.3 にはベクトル $\boldsymbol{b}$ とベクトル $\boldsymbol{c}$ がベクトル $\boldsymbol{a}$ に重なる様子を描いている．これは，先の例でいうと，場所が違っていても風向きと風速が同じなら，同じ風が吹いていると考えようということである．ただし，図 4.4 のように，

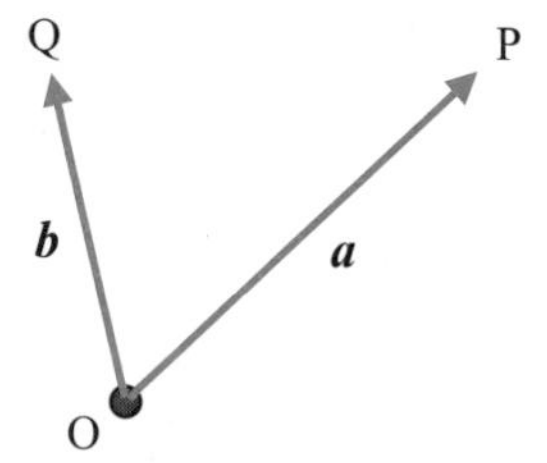


図 4.4　位置ベクトル

ある点を原点 O として，平面あるいは空間での点の位置をベクトルで表したいときは，ベクトルの起点の位置は重要である．このようなベクトルを位置ベクトル(position vector)とよび，起点の位置を移動させることはできない．また，ベクトルの大きさ(length of vector)は，われわれが住む 3 次元空間では，ベクトルの幾何学的な長さに等しく，本書ではベクトル $\boldsymbol{a}$ の大きさを $|\boldsymbol{a}|$ で表すことにする．大きさが 1 のベクトルは，特に単位ベクトル(unit vector)とよばれる．ただし，「大きさ」は考えている物理現象の単位に応じた量になる．たとえば，速度と力を表すベクトルは単位が異なるので大きさを比較することはしない．

### 4・1・2 ベクトルの基本演算 (elementary operations of vectors)

実数に対しては，実数を掛け算したり，実数と実数を加えたりすることができるが，ベクトルについても類似の演算が定義できる．

(1) 零ベクトル (zero vector)：ベクトルの大きさが 0 のベクトルを零ベクトルといい

$$\boldsymbol{a} = \boldsymbol{0} \tag{4.1}$$

と書く．

(2) 等ベクトル (equivalent vectors)：二つのベクトル $\boldsymbol{a}$，$\boldsymbol{b}$ が等しいとは，両者の大きさと方向がともに等しいことと約束する．そのとき，次式のように書く．

$$\boldsymbol{a} = \boldsymbol{b} \tag{4.2}$$

(3) スカラー倍 (scalar multiple)

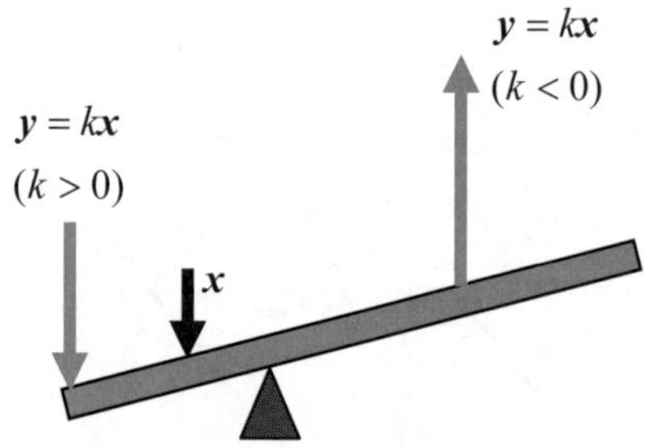


図 4.5 ベクトルのスカラー倍

ベクトルの方向は変えずに大きさだけを変化させる演算がスカラー倍である．ベクトル $\boldsymbol{x}$ の実数 $k$ によるスカラー倍は，図 4.5 のように

$$\boldsymbol{y} = k\boldsymbol{x} \tag{4.3}$$

となる．$k$ が負の場合には $\boldsymbol{y}$ は $\boldsymbol{x}$ の逆向きになる．

物理でのスカラーの例は，質量や温度，密度などがある．これらは単一の量であり，方向を持たず，また，値が座標系の向きのとり方によらない．

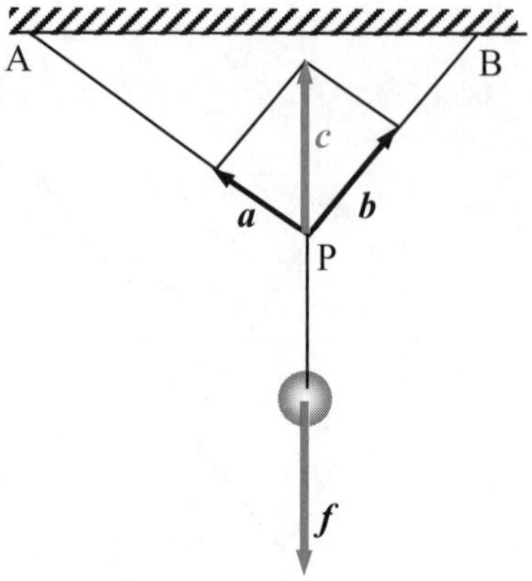


図 4.6　ベクトルの和

［例 4.1］　質点に加わる力と加速度に関するニュートンの法則は，「質点に力が加わるとき，質点は加速度を生じ，その方向は力の方向に等しく，その大きさは力の大きさを質点の質量で割った値に等しい」と説明される．この関係をベクトルの式で表せ．

(解答)

質点の質量を $m$，力ベクトルを $\boldsymbol{f}$，加速度ベクトルを $\boldsymbol{a}$ とすると，ニュートンの法則は

$$\boldsymbol{f} = m\boldsymbol{a}$$

のように記述される．

ベクトルやスカラーは物理的な単位を持つので，それらは整合しなければならない．上の例で SI 単位を用いると，質量の単位は[kg]，力の単位は[N=kg m/s$^2$]，加速度の単位は[m/s$^2$]である．

(4) 和 (sum)

複数の力が加わる場合を考えよう．図 4.6 のように 2 本の糸の一端を点 A，B に固定し，点 P で結んで質点を釣り下げたとする．このとき，点 P に 2 本の糸により加えられる力 $\boldsymbol{c}$ は，2 本の糸に働く力 $\boldsymbol{a}$，$\boldsymbol{b}$ の合力，つまり，ベクトルの和となる．ベクトルの和は 2 つのベクトルで平行四辺形を構成し，その対角線方向のベクトルとして求めることができる．すなわち，ベクトル $\boldsymbol{c}$ は，ベクトル $\boldsymbol{a}$ の終点にベクトル $\boldsymbol{b}$ の始点が一致するまでベクトル $\boldsymbol{b}$ を平行移動させたときの $\boldsymbol{b}$ の終点として求められる．このようにしてベクトルの和を定義して

$$\boldsymbol{c} = \boldsymbol{a} + \boldsymbol{b} \qquad (4.41)$$

と書くことにする．

図 4.6 では，合力 $\boldsymbol{c}$ は質点に加わる重力 $\boldsymbol{f}$ と大きさが等しく，向きが逆，すなわち，$\boldsymbol{c} = -\boldsymbol{f}$ である．したがって，点 P に働く力を全て加えると，

$$\boldsymbol{a} + \boldsymbol{b} + \boldsymbol{f} = \boldsymbol{c} + \boldsymbol{f} = -\boldsymbol{f} + \boldsymbol{f} = \boldsymbol{0} \quad \text{(零ベクトル)} \qquad (4.5)$$

となる．

また，ベクトルの差，たとえば$(\boldsymbol{a}-\boldsymbol{b})$は，$(\boldsymbol{a}+(-\boldsymbol{b}))$と書き直してわかるように，ベクトル $\boldsymbol{a}$ とベクトル$(-\boldsymbol{b})$の和と考えれば良い．したがって，図 4.7 のように，ベクトルの差$(\boldsymbol{a}-\boldsymbol{b})$は，ベクトル $\boldsymbol{b}$ の終点とベクトル $\boldsymbol{a}$ の起点を結ぶベクトルとなることがわかる．

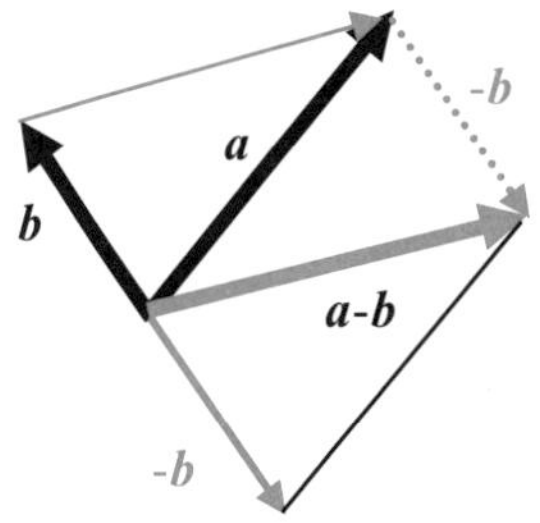


図 4.7　ベクトルの差

なお，厳密な定義は，5.1.1 節に譲るが，本章で扱う 3 次元空間のベクトルにおいても，

$$(\boldsymbol{a} + \boldsymbol{b}) + \boldsymbol{c} = \boldsymbol{a} + (\boldsymbol{b} + \boldsymbol{c}) \quad \text{(結合法則)} \qquad (4.6)$$

のように，和の演算の順序によらず値は等しく，また，

$$\boldsymbol{a} + \boldsymbol{b} = \boldsymbol{b} + \boldsymbol{a} \quad \text{(交換法則)} \qquad (4.7)$$

のように，和の演算の前後を入れ替えても値は等しい．

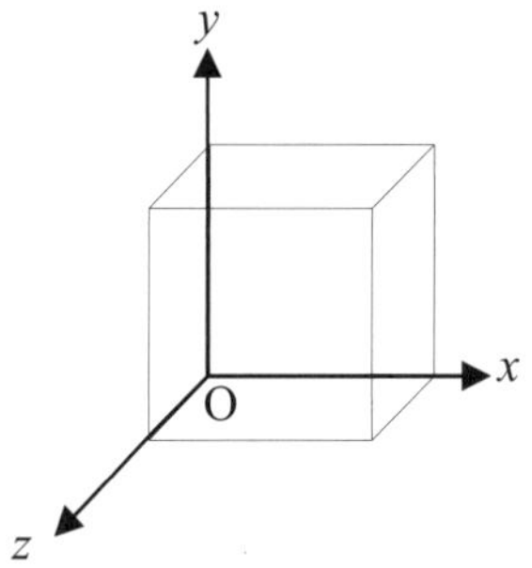


図 4.8　座標系 O-$xyz$

## 4・2　実世界空間と内積 (real world space and inner product)

### 4・2・1 ベクトルと座標系 (vector and coordinates)

われわれの周りの世界は，3 つの方向が存在すると同時に，物理的な単位をもっている．例 4.1 でも示したように，通常の 3 次元空間は SI 単位では[m]の次元をもち，この空間に働く力も同様に[N]の次元をもつ 3 次元空間をつくる．このように物理的な単位をもつ 3 次元空間を実世界空間(real world space)とよぶこととし，座標系 O-$xyz$ を設定しよう．図 4.8 のように，原点 O に立方体の 1 つの頂点を合わせ，その頂点で交わる 3 辺の方向をそれぞれ $x$，$y$，$z$ とする．頂点（原点）から離れる向きを正の向きとして，$x$，$y$，$z$ の方向をそれぞれ $x$ 軸，$y$ 軸，$z$ 軸とよぶ．このようにして選んだ座標軸は通常の幾何学的な意味で互いに直交しているため，直交座標系(orthogonal coordinate)，あるいは，デカルト座標系(Descartes coordinate)とよばれる．

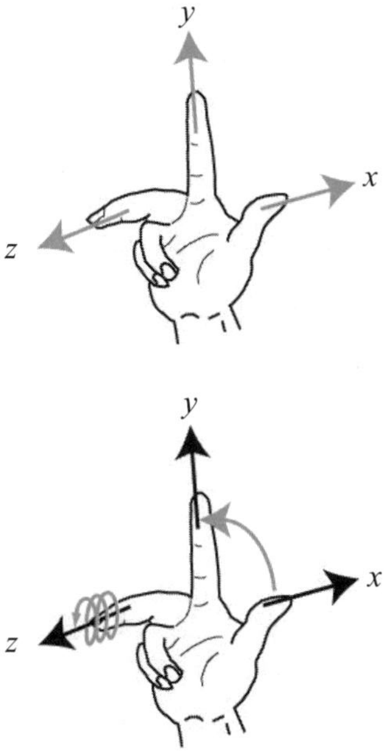


図 4.9　右手座標系

立方体の 3 辺から $x$，$y$，$z$ の向きの定め方は全部で 6 通りあるが，このう

ち 3 通りは，図 4.9 のように $x$，$y$，$z$ をそれぞれ右手の親指，人差し指，中指の方向に順番にとったときである．このように右手の方向にとった座標系を右手座標系とよぶ．また，右手座標系では，$z$ 軸の正方向を，$z$ 軸の周りに $x$ 軸から $y$ 軸の方向に回転させたときの右ねじの進む方向にとる，とも言える．一方，$z$ 軸の正方向を右手座標系と逆にとった座標系を左手座標系とよぶ．一貫してとる限りはどちらをとることもできるが，この本では一貫して右手座標系を採用する．

### 4・2・2 実世界空間における内積 (inner product in real world space)

ここで，ベクトルとベクトルの積として内積(inner product)を定義しよう．内積の一般的な定義は 5･1･2 節に譲るが，われわれが住む実世界空間では，ベクトル $\boldsymbol{a}$，$\boldsymbol{b}$ の内積は，それらが幾何学的になす角度 $\theta$ を用い，

$$(\boldsymbol{a},\boldsymbol{b}) = |\boldsymbol{a}||\boldsymbol{b}|\cos\theta \tag{4.8}$$

と定義される．図 4.10(a)に示すように，ベクトル $\boldsymbol{a}$ の終点からベクトル $\boldsymbol{b}$ に垂線をおろし，その足を H とすると，式(4.8)で定義される内積は，ベクトル $\boldsymbol{a}$ をベクトル $\boldsymbol{b}$ に射影した長さ PH=$|\boldsymbol{a}|\cos\theta$ にベクトル $\boldsymbol{b}$ の大きさ $|\boldsymbol{b}|$ を掛けた量に相当する．垂線の足 H がベクトル $\boldsymbol{b}$ の上にあるとき，すなわち角度θが鋭角のとき内積の値は正となる．また，図 4.10(b)のように，H が P よりも外側にあるとき，すなわち角度θが鈍角のとき内積は負の値となる．さらに，$\theta = \pi/2$ のときに

$$(\boldsymbol{a},\boldsymbol{b}) = 0 \tag{4.9}$$

となり，このときベクトル $\boldsymbol{a}$，$\boldsymbol{b}$ は直交(orthogonal)しているという．内積は 1 組のベクトルを 1 つのスカラーに帰着させる演算であることから，これをスカラー積(scalar product)とよぶことがある．

このように定義された内積は，任意の 3 つのベクトル $\boldsymbol{a}$，$\boldsymbol{b}$，$\boldsymbol{c}$ と任意の実数 $k_1$，$k_1$ に対して，次の 3 つの性質を満たす．

$(\boldsymbol{a}, \boldsymbol{a}) \geqq 0$ であり，等号が成り立つのは $\boldsymbol{a} = 0$ のときに限る．

$$(\boldsymbol{a}, \boldsymbol{b}) = (\boldsymbol{b}, \boldsymbol{a}) \tag{4.10}$$

$$(k_1\boldsymbol{a} + k_2\boldsymbol{b}, \boldsymbol{c}) = k_1(\boldsymbol{a}, \boldsymbol{c}) + k_2(\boldsymbol{b}, \boldsymbol{c}) \tag{4.11}$$

また，内積の定義式(4.8)から，ベクトル $\boldsymbol{a}$ の大きさ $|\boldsymbol{a}|$ は内積を用いて

$$|\boldsymbol{a}| = \sqrt{(\boldsymbol{a}, \boldsymbol{a})} \tag{4.12}$$

と書けることがわかる．ベクトルの大きさは次の性質を持つことが式(4.12)から直接示せる．

$$|\boldsymbol{a}| = 0 \Leftrightarrow \boldsymbol{a} = \boldsymbol{0} \tag{4.13}$$

$$\text{任意の実数 } k \text{ に対して } |k\boldsymbol{a}| = |k||\boldsymbol{a}| \tag{4.14}$$

**内積の記号**

$(\boldsymbol{a},\boldsymbol{b})$，$\boldsymbol{a}\cdot\boldsymbol{b}$ がよく用いられる．この本では一貫して $(\boldsymbol{a},\boldsymbol{b})$ を用いる．

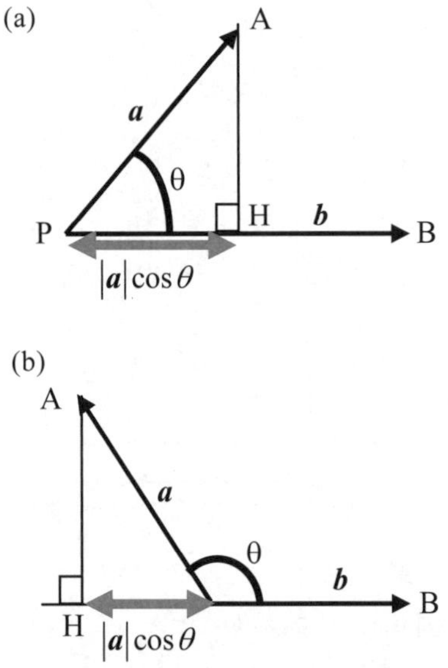


図 4.10　実空間での内積の定義

**内積とベクトルの大きさ**

第 4 章では，まずベクトルの大きさを幾何学的長さと定め，それを用いて内積を定義した．一方，高次元のベクトルを含めベクトルをより一般的に議論する第 3 章では，まず最初にベクトルからなる空間（ベクトル空間）において(a-1)～(a-3)を満たす内積を定義する．この空間を内積空間とよび，内積を使って逆にベクトルの大きさ(ノルム)が定義される．このような抽象的な空間では，式(4.8)以外に様々な内積の具体形を考えることができる．詳しくは 5.1.2 節を参照してほしい．

$$|\boldsymbol{a}|-|\boldsymbol{b}|\le|\boldsymbol{a}+\boldsymbol{b}|\le|\boldsymbol{a}|+|\boldsymbol{b}| \tag{4.15}$$

(4-13), (4-14)は，ベクトルの長さ $|\boldsymbol{a}|$ がベクトル $\boldsymbol{a}$ の幾何学的な長さであることからも自明である．(4-15)は図 4.11 のように，$|\boldsymbol{a}|$，$|\boldsymbol{b}|$，$|\boldsymbol{a}+\boldsymbol{b}|$ を 3 辺とする三角形が満たすべき関係であることから，3 角不等式と呼ばれ，シュワルツの不等式(Schwartz's inequality)とよばれる関係式を用いて示すことができる．これについては，5.1.2 節で証明する．

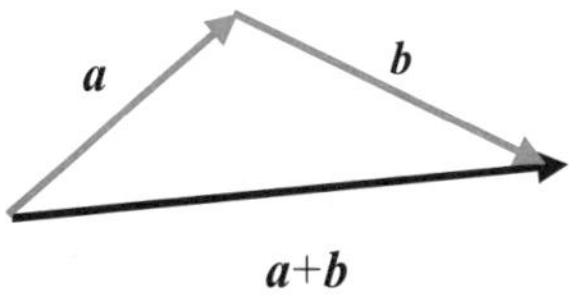


図 4.11　三角不等式

(4-15)の関係式で辺々それぞれ 2 乗すると，

$$\left(|\boldsymbol{a}|-|\boldsymbol{b}|\right)^2\le\left(\boldsymbol{a}+\boldsymbol{b},\boldsymbol{a}+\boldsymbol{b}\right)\le\left(|\boldsymbol{a}|+|\boldsymbol{b}|\right)^2 \tag{4.16}$$

$$|\boldsymbol{a}|^2-2|\boldsymbol{a}||\boldsymbol{b}|+|\boldsymbol{b}|^2\le|\boldsymbol{a}|^2+2\left(\boldsymbol{a},\boldsymbol{b}\right)+|\boldsymbol{b}|^2\le|\boldsymbol{a}|^2+2|\boldsymbol{a}||\boldsymbol{b}|+|\boldsymbol{b}|^2 \tag{4.17}$$

したがって，

$$-|\boldsymbol{a}||\boldsymbol{b}|\le\left(\boldsymbol{a},\boldsymbol{b}\right)\le|\boldsymbol{a}||\boldsymbol{b}| \tag{4.18}$$

が得られる．式(4.18)は，内積の性質(4-10)，(4-11)と式(4.12)から得られる関係式であり，一般的な内積とベクトルの大きさの関係を示している．もちろん，われわれが実世界空間において式(4.8)で定義した内積は，この関係を満たすことは明らかである．

［例 4. 2］　図 4.12 のように，単位法線ベクトル $\boldsymbol{n}$ の鏡面に対して，ベクトル $\boldsymbol{a}$ の方向から光が入射する．このとき，反射光の方向を表すベクトル $\boldsymbol{b}$ を求めよ．

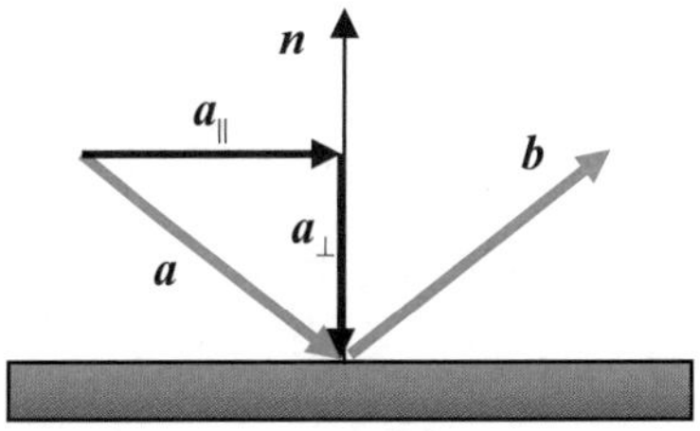


図 4.12　光の反射

(解答)

光の入射ベクトルを，鏡面に垂直な方向と平行な方向に分けることを考える．鏡面に垂直な方向の成分 $\boldsymbol{a}_\perp$ は $\boldsymbol{a}$ の $\boldsymbol{n}$ への正射影であり，$\boldsymbol{n}$ のベクトルの大きさが 1 であることから，

$$\boldsymbol{a}_\perp=\left(\boldsymbol{a},\boldsymbol{n}\right)\boldsymbol{n}$$

と書ける．すると，平行な成分 $\boldsymbol{a}_\parallel$ は $\boldsymbol{a}$ から $\boldsymbol{a}_\perp$ を差し引いたものだから，

$$\boldsymbol{a}_\parallel=\boldsymbol{a}-\left(\boldsymbol{a},\boldsymbol{n}\right)\boldsymbol{n}$$

である．反射光は，平行成分は変化せず，垂直成分の向きが逆向きになるから，

$$\boldsymbol{b}=\boldsymbol{a}_\parallel-\boldsymbol{a}_\perp=\boldsymbol{a}-2\left(\boldsymbol{a},\boldsymbol{n}\right)\boldsymbol{n}$$

となる．

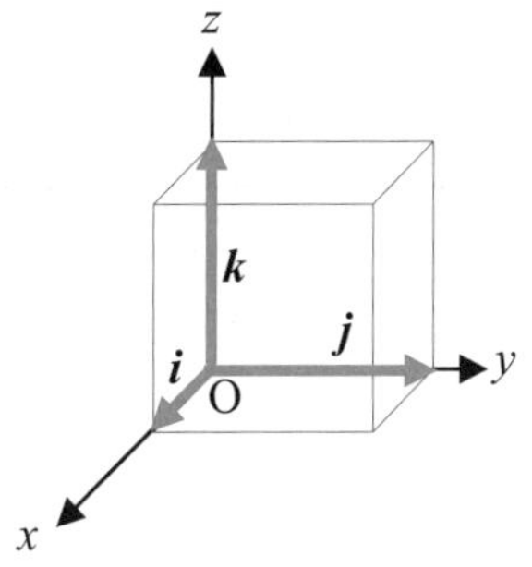


図 4.13　基本ベクトル

いま，図 4.13 に示すように，$x$，$y$，$z$ 軸の正の向きを持つを単位ベクトルそれぞれ $\boldsymbol{i}$，$\boldsymbol{j}$，$\boldsymbol{k}$ で表す．これらは基本ベクトルともよばれ，幾何学的な意味で互いに直交している．ベクトル $\boldsymbol{i}$，$\boldsymbol{j}$，$\boldsymbol{k}$ は，3 次元空間における 1 組の正

規直交基底(orthonormal basis)をなすが，詳しくは5･1･4節を参照されたい．

これらの基本ベクトルの間の内積について

$$
\begin{aligned}
&(\boldsymbol{i},\boldsymbol{i}) = (\boldsymbol{j},\boldsymbol{j}) = (\boldsymbol{k},\boldsymbol{k}) = 1 \\
&(\boldsymbol{i},\boldsymbol{j}) = (\boldsymbol{j},\boldsymbol{i}) = (\boldsymbol{j},\boldsymbol{k}) = (\boldsymbol{k},\boldsymbol{j}) = (\boldsymbol{i},\boldsymbol{k}) = (\boldsymbol{k},\boldsymbol{i}) = 0
\end{aligned}
\tag{4.19}
$$

が成り立つことは明らかである．つぎに，図4.14のように3次元空間に点Pと点Qをとり，$\boldsymbol{a}=\overrightarrow{\mathrm{OP}}$，$\boldsymbol{b}=\overrightarrow{\mathrm{OQ}}$とする．2つのベクトル$\boldsymbol{a}$，$\boldsymbol{b}$は$\boldsymbol{i}$，$\boldsymbol{j}$，$\boldsymbol{k}$によって次のように表される．

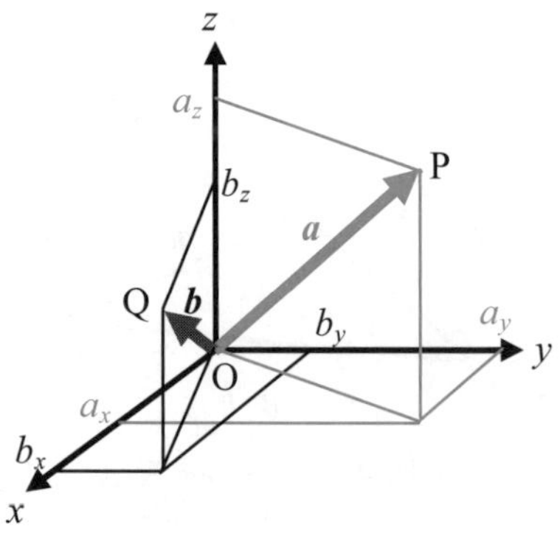


図4.14　3次元空間でのベクトル

$$
\begin{cases}
\boldsymbol{a} = a_x\boldsymbol{i} + a_y\boldsymbol{j} + a_z\boldsymbol{k} \\
\boldsymbol{b} = b_x\boldsymbol{i} + b_y\boldsymbol{j} + b_z\boldsymbol{k}
\end{cases}
\tag{4.20}
$$

ここで，$a_x$，$a_y$，$a_z$などをベクトルの成分(component)とよび，それぞれベクトル$\boldsymbol{a}$の$x$成分，$y$成分，$z$成分とよぶ．P, QをO-$xyz$座標系で点P$(a_x, a_y, a_z)$と点Q$(b_x, b_y, b_z)$のように書くのは，式(4.20)に基づいているといえる．また，$\boldsymbol{a}$，$\boldsymbol{b}$は，それぞれ次のように書くこともできる．

$$
\boldsymbol{a} = \begin{bmatrix} a_x \\ a_y \\ a_z \end{bmatrix}, \quad \boldsymbol{b} = \begin{bmatrix} b_x \\ b_y \\ b_z \end{bmatrix}
\tag{4.21}
$$

ベクトルの起点が原点でない場合，たとえば，図4.14で点Pを起点とし，点Qを終点とするベクトル$\overrightarrow{\mathrm{PQ}}$は，

$$
\overrightarrow{\mathrm{PQ}} = \boldsymbol{b} - \boldsymbol{a}
\tag{4.22}
$$

であるから，成分同士を引き算して

$$
\overrightarrow{\mathrm{PQ}} = \begin{bmatrix} b_x - a_x \\ b_y - a_y \\ b_z - a_z \end{bmatrix}
\tag{4.23}
$$

である．

また，内積$(\boldsymbol{a},\boldsymbol{b})$は，

$$
(\boldsymbol{a},\boldsymbol{b}) = a_x b_x + a_y b_y + a_z b_z
\tag{4.24}
$$

と成分ごとの積の和で表すことができる（囲み参照）．また，$\boldsymbol{a}$の長さ$|\boldsymbol{a}|$についても 式(4.24)で$\boldsymbol{a}=\boldsymbol{b}$とおいて，

$$
|\boldsymbol{a}| = \sqrt{(\boldsymbol{a},\boldsymbol{a})} = \sqrt{a_x^2 + a_y^2 + a_z^2}
\tag{4.25}
$$

となる．

式(4.11)を使って内積$(\boldsymbol{a},\boldsymbol{b})$を展開すると，式(4.19)より

$$
\begin{aligned}
&(\boldsymbol{a},\boldsymbol{b}) \\
&= (a_x\boldsymbol{i} + a_y\boldsymbol{j} + a_z\boldsymbol{k}, b_x\boldsymbol{i} + b_y\boldsymbol{j} + b_z\boldsymbol{k}) \\
&= a_x b_x(\boldsymbol{i},\boldsymbol{i}) + a_x b_y(\boldsymbol{i},\boldsymbol{j}) + a_x b_z(\boldsymbol{i},\boldsymbol{k}) \\
&\quad + a_y b_x(\boldsymbol{j},\boldsymbol{i}) + a_y b_y(\boldsymbol{j},\boldsymbol{j}) + a_y b_z(\boldsymbol{j},\boldsymbol{k}) \\
&\quad + a_z b_x(\boldsymbol{k},\boldsymbol{i}) + a_z b_y(\boldsymbol{k},\boldsymbol{j}) + a_z b_z(\boldsymbol{k},\boldsymbol{k}) \\
&= a_x b_x + a_y b_y + a_z b_z
\end{aligned}
$$

が得られる．

［Example 4.3］ Find a unit vector which is orthogonal to $\boldsymbol{a}$ = $[1\ 1\ 1]^T$ and $\boldsymbol{b}$ = $[1\ 2\ 4]^T$.

(Solution)

Let $\boldsymbol{n}=\left[p\ q\ r\right]^T$ be the unit vector perpendicular to $\boldsymbol{a}$ and $\boldsymbol{b}$. Then $\boldsymbol{n}$ satisfies $(\boldsymbol{n}, \boldsymbol{a}) = (\boldsymbol{n}, \boldsymbol{b}) = 0$ and $(\boldsymbol{n}, \boldsymbol{n}) = 1$. So we have three equations for $p$, $q$, and $r$:

$$\begin{cases} p+q+r=0 \\ p+2q+4r=0 \\ p^2+q^2+r^2=1 \end{cases}$$

From the first two equations, we obtain $p$=2$r$ and $q$ = -3$r$. Substituting this results into the last equation, we get

$$r=\pm\frac{1}{\sqrt{14}}$$

Hence

$$\boldsymbol{n}=\pm\begin{bmatrix} \dfrac{2}{\sqrt{14}} \\ \dfrac{-3}{\sqrt{14}} \\ \dfrac{1}{\sqrt{14}} \end{bmatrix}$$

図 4.15 の $\boldsymbol{a}=\overrightarrow{\mathrm{OP}}=\left[a_x\ a_y\ a_z\right]^T$ の方向を向く単位ベクトル $\boldsymbol{e}_P$ は

$$\begin{aligned} \boldsymbol{e}_P &= \frac{\boldsymbol{a}}{|\boldsymbol{a}|} \\ &= \frac{a_x}{\sqrt{a_x^2+a_y^2+a_z^2}}\boldsymbol{i}+\frac{a_y}{\sqrt{a_x^2+a_y^2+a_z^2}}\boldsymbol{j}+\frac{a_z}{\sqrt{a_x^2+a_y^2+a_z^2}}\boldsymbol{k} \end{aligned} \tag{4.26}$$

と表される．上式で $\boldsymbol{i}$， $\boldsymbol{j}$， $\boldsymbol{k}$ の係数は図 4.15 のようにそれぞれ $\boldsymbol{a}$ と $x$, $y$, $z$ 軸が成す角（$\alpha$， $\beta$， $\gamma$ と書くことにする）の余弦を表している．つまり，

$$\boldsymbol{e}_P=\boldsymbol{i}\cos\alpha+\boldsymbol{j}\cos\beta+\boldsymbol{k}\cos\gamma \tag{4.27}$$

である．この $\cos\alpha$， $\cos\beta$， $\cos\gamma$ をベクトル $\boldsymbol{a}$ の方向余弦とよぶ．式(4.19)からわかるように，あるいは，式(4.25), (4.27)から導けるように方向余弦は，

$$\cos^2\alpha+\cos^2\beta+\cos^2\gamma=1 \tag{4.28}$$

の関係を満足している．

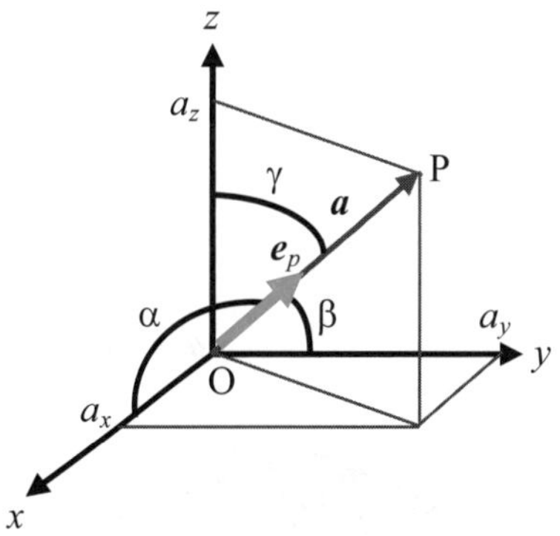

図 4.15 方向余弦

［例 4. 4］　3 次元空間内に点 A(1,3,0)と点 B(3,1,2)をとる．ベクトル $\overrightarrow{\mathrm{AB}}$ について，大きさと方向余弦を求めよ．

（解答）

$\overrightarrow{\mathrm{AB}}=\overrightarrow{\mathrm{OB}}-\overrightarrow{\mathrm{OA}}=\left[2\ -2\ 2\right]^T$ であるから，$\left|\overrightarrow{\mathrm{AB}}\right|=\sqrt{2^2+(-2)^2+2^2}=2\sqrt{3}$，また，

方向余弦は，式(4.26)より $\cos\alpha=\dfrac{\sqrt{3}}{3}$， $\cos\beta=-\dfrac{\sqrt{3}}{3}$， $\cos\gamma=\dfrac{\sqrt{3}}{3}$ となる．

(a)

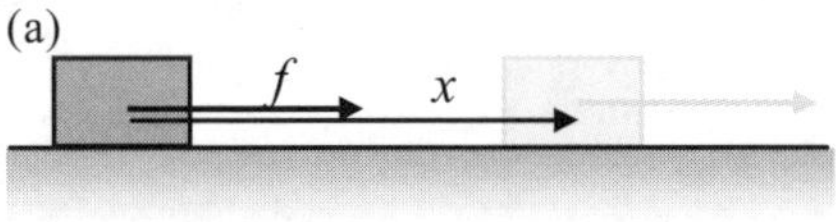


仕事 $w$=移動距離×移動に沿った力
　$= xf$

(b)

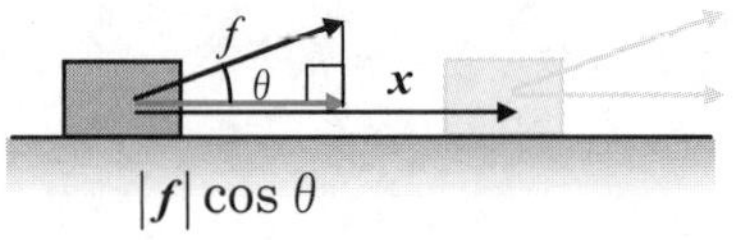


仕事 $w$=移動距離×移動に沿った力
　$=|\boldsymbol{x}||\boldsymbol{f}|\cos\theta$

図 4.16　物体の移動と仕事

#### 4・2・3　内積と仕事 (inner product and work)

図 4.16(a)のように，物体を $f$ の力で押してその方向に $x$ だけ移動させるとき，$f$ は

$$w = x\,f \tag{4.29}$$

の仕事をするという．仕事の概念は，力の釣り合い，運動とエネルギの関係式の誘導などで重要な役割をはたす．一方，図 4.16(b)のように物体に加わる力ベクトル $\boldsymbol{f}$ の方向と物体の移動ベクトル $\boldsymbol{x}$ が一致しないときには，$\boldsymbol{f}$ の $\boldsymbol{x}$ 方向成分 $|\boldsymbol{f}|\cos\theta$ が，$\boldsymbol{x}$ 方向に $|\boldsymbol{x}|$ だけ移動させたと考えて，$\boldsymbol{f}$ のする仕事は

$$w = |\boldsymbol{x}||\boldsymbol{f}|\cos\theta \tag{4.30}$$

となる．また，内積の定義式(4.8)より，上式は，

$$w = (\boldsymbol{x}, \boldsymbol{f}) \tag{4.31}$$

と書くことができる．したがって，仕事は力ベクトルと移動（変位）ベクトルの内積で計算されると考えることができる．また，仕事が 0 になるとき，式(4.31)より $\boldsymbol{x}$，$\boldsymbol{f}$ は直交していると考えることができる．しかし，これには以下に述べるような注意が必要である．

前節で述べたように，通常の 3 次元空間における距離は[m]の次元をもち，その他の物理空間もそれぞれに物理的単位をもつ．式(4.31)の内積において，$\boldsymbol{x}$，$\boldsymbol{f}$ はそれぞれ 3 次元の距離空間と 3 次元の力空間という異なる空間のベクトルである．内積は本来 1 つの空間に定義されるものであり，2 つの空間の間の式(4.31)のような演算を用いるのはむしろ異例である．このため次の 2 点に気をつけなければならない．

(1)　一般の 3 次元空間のベクトルでは，性質(a-1)～(a-3)などを満たす式(4.8)以外の内積を定義して，長さや直交性を抽象的に扱うことも可能である．しかし，仕事は物理的な概念であるため，仕事に関する式(4.31)の内積は，式(4.8)で定めた「もっとも自然な形の内積」に限られる．

(2)　$(\boldsymbol{x}, \boldsymbol{f})$ が仕事の物理的単位（SI 単位系ならば[Nm]）を持つように単位系をそろえる必要がある．したがって，$\boldsymbol{x}$ が[m]ならば $\boldsymbol{f}$ は[N]となる．

(a)

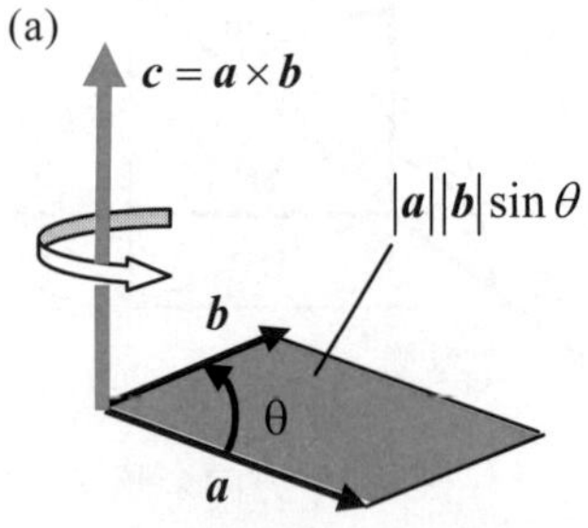


(b)

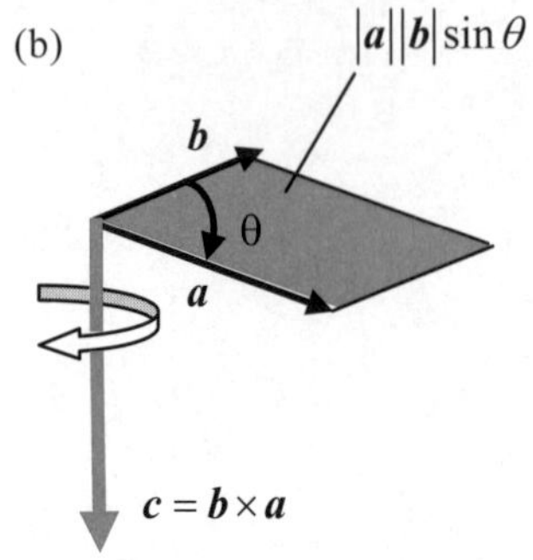


図 4.17　ベクトルの外積

### 4・3　ベクトルの外積 (outer product of vectors)

内積のほかにもう 1 つベクトルとベクトルの積として，ベクトルの外積(outer product)を定義する．外積は次のように表記する．

$$\boldsymbol{c} = \boldsymbol{a} \times \boldsymbol{b} \tag{4.32}$$

スカラー値を与える内積とは異なり，外積はベクトルを与える．この意味でベクトル積(vector product)とよばれることもある．図 4.17 に示すように，ベクトル $\boldsymbol{c}$ は $\boldsymbol{a}$ と $\boldsymbol{b}$ の作る平面に垂直である．$\boldsymbol{c}$ の向きは，$\boldsymbol{a}$ と $\boldsymbol{b}$ を含む平面内で $\boldsymbol{a}$ を 180 度以内回転させて $\boldsymbol{b}$ に重ねることを考え，この回転で右ねじの

進む方向を定める．また，その大きさは，

$$|\boldsymbol{c}| = |\boldsymbol{a}||\boldsymbol{b}||\sin\theta| \tag{4.33}$$

であり，$\boldsymbol{a}$ と $\boldsymbol{b}$ がつくる平行四辺形の面積に相当している．

$\boldsymbol{a}$, $\boldsymbol{b}$ が互いに平行であったり，いずれかが零ベクトルである場合には，$\boldsymbol{a}$, $\boldsymbol{b}$ に垂直な方向は不定になるが，式(4.33)より $\boldsymbol{c}=\boldsymbol{0}$ となるので，この場合でも $\boldsymbol{c}$ は不都合なく与えられる．

また，ベクトルの外積は，その定義から，あるいは図 4.17 から明らかなように

$$\begin{cases} \boldsymbol{a}\times\boldsymbol{a} = \boldsymbol{0} \\ \boldsymbol{b}\times\boldsymbol{a} = -\boldsymbol{a}\times\boldsymbol{b} \end{cases} \tag{4.34}$$

を満たしている．

ベクトルの外積は 3 次元空間に特有の演算であり，これをより一般的な高次元の線形空間に拡張することは自明ではない．しかし，実世界空間の物理現象を扱うさまざまな場面で役立つ演算である．また，$\boldsymbol{a}$, $\boldsymbol{b}$ がともに 3 次元空間の長さ[m]の次元をもつ場合を考えると，式(4.33)より $\boldsymbol{c}$ は[$m^2$]の次元をもつ．つまり，仕事が 2 つの次元の異なる空間の間で定義された特殊な内積であったように，外積はその定義より，必然的に異なる物理的次元をもつ 2 つあるいは 3 つの空間にまたがる演算になっている．

また，式(4.33)で定義された外積は，任意のベクトル $\boldsymbol{a}$, $\boldsymbol{b}$, $\boldsymbol{c}$ と定数 $k$ に対して，以下の演算則を満足する．

$$\begin{cases} (k\boldsymbol{a})\times\boldsymbol{b} = \boldsymbol{a}\times(k\boldsymbol{b}) = k(\boldsymbol{a}\times\boldsymbol{b}) \\ (\boldsymbol{a}+\boldsymbol{b})\times\boldsymbol{c} = \boldsymbol{a}\times\boldsymbol{c}+\boldsymbol{b}\times\boldsymbol{c} \\ \boldsymbol{c}\times(\boldsymbol{a}+\boldsymbol{b}) = \boldsymbol{c}\times\boldsymbol{a}+\boldsymbol{c}\times\boldsymbol{b} \end{cases} \tag{4.35}$$

式(4.34)および式(4.35)のはじめの 2 つの式を用いると，基本ベクトル $\boldsymbol{i}$，$\boldsymbol{j}$，$\boldsymbol{k}$ について，次の関係を示すことができる．

$$\begin{cases} \boldsymbol{i}\times\boldsymbol{j} = \boldsymbol{k},\quad \boldsymbol{j}\times\boldsymbol{k}=\boldsymbol{i},\quad \boldsymbol{k}\times\boldsymbol{i} = \boldsymbol{j} \\ \boldsymbol{j}\times\boldsymbol{i} = -\boldsymbol{k},\quad \boldsymbol{k}\times\boldsymbol{j} = -\boldsymbol{i},\quad \boldsymbol{i}\times\boldsymbol{k} = -\boldsymbol{j} \\ \boldsymbol{i}\times\boldsymbol{i} = \boldsymbol{j}\times\boldsymbol{j} = \boldsymbol{k}\times\boldsymbol{k} = \boldsymbol{0} \end{cases} \tag{4.36}$$

したがって，$\boldsymbol{a} = a_x\boldsymbol{i}+a_y\boldsymbol{j}+a_z\boldsymbol{k}$，$\boldsymbol{b} = b_x\boldsymbol{i}+b_y\boldsymbol{j}+b_z\boldsymbol{k}$ のとき，外積 $\boldsymbol{a}\times\boldsymbol{b}$ は，

$$\begin{aligned} \boldsymbol{c} &= \boldsymbol{a}\times\boldsymbol{b} \\ &= (a_x\boldsymbol{i}+a_y\boldsymbol{j}+a_z\boldsymbol{k})\times(b_x\boldsymbol{i}+b_y\boldsymbol{j}+b_z\boldsymbol{k}) \\ &= (a_yb_z-a_zb_y)\boldsymbol{i}+(a_zb_x-a_xb_z)\boldsymbol{j}+(a_xb_y-a_yb_x)\boldsymbol{k} \end{aligned} \tag{4.37}$$

となる．これらをベクトルの成分の形でまとめると，次式を得る．

$$\boldsymbol{a}\times\boldsymbol{b} = \begin{bmatrix} a_x \\ a_y \\ a_z \end{bmatrix} \times \begin{bmatrix} b_x \\ b_y \\ b_z \end{bmatrix} = \begin{bmatrix} a_yb_z-a_zb_y \\ a_zb_x-a_xb_z \\ a_xb_y-a_yb_x \end{bmatrix} = \boldsymbol{c} \tag{4.38}$$

式(4.38)，(4.38)はベクトルの成分を用いた外積の計算法を示している．外積の形の覚え方としては，図 4.19 に示すように，基本ベクトル，$\boldsymbol{a}$ の成分，$\boldsymbol{b}$ の成分を順に並べて 3×3 の行列を作り，その行列式を形式的に計算すればよ

角速度ベクトル

図 4.18 のように点 O を通る直線 $l$ のまわりに回転している剛体の 1 点 P の速度ベクトル $\boldsymbol{v}$ は

$$\boldsymbol{v} = \boldsymbol{\omega}\times\boldsymbol{r}$$

である．ただし，$\boldsymbol{r}$ =OP であり，$\boldsymbol{\omega}$は この剛体の角速度ベクトルである．

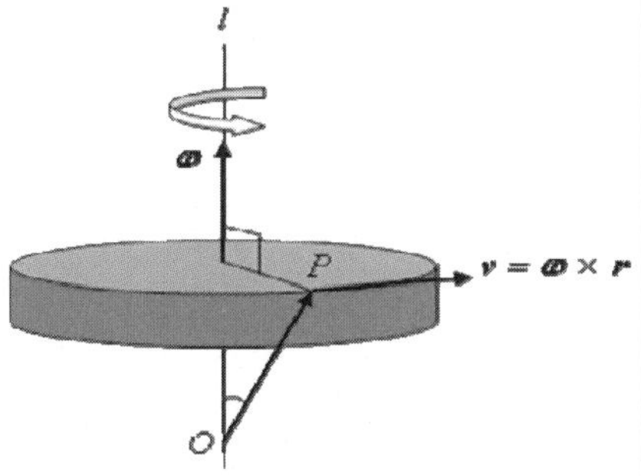


図 4.18　剛体の角速度ベクトル

$$\boldsymbol{c} = \begin{vmatrix} \boldsymbol{i} & \boldsymbol{j} & \boldsymbol{k} \\ a_x & a_y & a_z \\ b_x & b_y & b_z \end{vmatrix}$$

図 4.19　式(4.37)の覚え方

い．

［例 4.5］　ベクトル $\boldsymbol{a}=\begin{bmatrix}1 & 1 & 1\end{bmatrix}^T$，$\boldsymbol{b}=\begin{bmatrix}3 & 2 & 0\end{bmatrix}^T$ について，$\boldsymbol{a}\times\boldsymbol{b}$ を求めよ．

（解答）式(4.37)に代入して，

$$\begin{aligned}\boldsymbol{a}\times\boldsymbol{b} &= (1\cdot 0-1\cdot 2)\boldsymbol{i}+(1\cdot 3-1\cdot 0)\boldsymbol{j}+(1\cdot 2-1\cdot 3)\boldsymbol{k}\\ &= -2\boldsymbol{i}+3\boldsymbol{j}-\boldsymbol{k}\end{aligned}$$

が得られる．

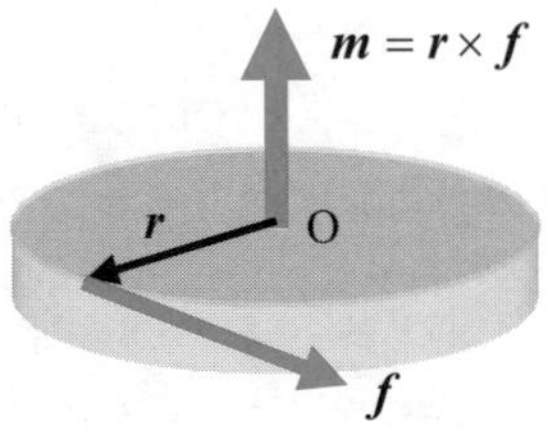

図 4.20　力のモーメント

［例 4.6］　図 4.20 に示すように，軸で支えられた円板の円周上に $\boldsymbol{f}$[N]だけの力が作用しているとき，円板は軸周りにモーメントを受ける．円板の中心を原点にとり，力 $\boldsymbol{f}$ の作用点の位置ベクトルを $\boldsymbol{r}$ [m]とすると，モーメント $\boldsymbol{m}$ [Nm]は，$\boldsymbol{m}=\boldsymbol{r}\times\boldsymbol{f}$ と書くことができる．このとき，ベクトル $\boldsymbol{m}$ の大きさは，モーメントの絶対値を表し，$\boldsymbol{m}$ の方向は回転軸と回転方向を表す．外積の定義より，$\boldsymbol{r}$ と $\boldsymbol{f}$ の大きさが一定ならばベクトル $\boldsymbol{r}$ と $\boldsymbol{f}$ が直交するとき，すなわち，$\boldsymbol{f}$ が円板の接線方向を向くときモーメントの絶対値は最大となり，平行なとき，つまり，半径方向と向くとき，0 となる．

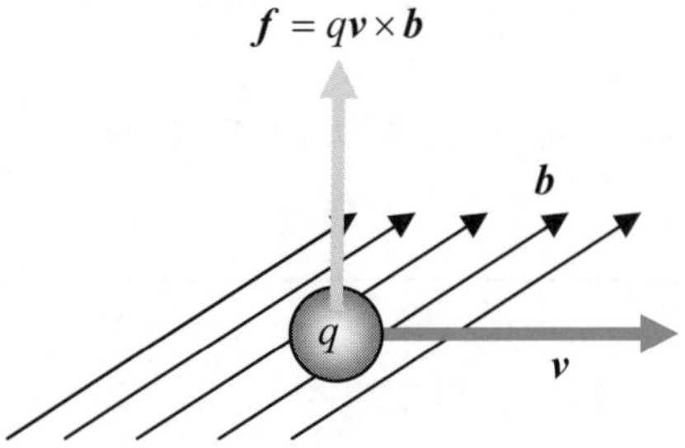

図 4.21　フレミング左手の法則

［例 4.7］　図 4.21 のように，一様な磁場の中で電荷を持つ粒子が運動するとき，粒子が磁場によりローレンツ(Lorentz)力を受ける．これは，フレミング(Fleming)の左手の法則として知られているが，磁束密度を $\boldsymbol{b}$ [Wb/m$^2$]，粒子の速度，電荷をそれぞれ $\boldsymbol{v}$ [m/s]，$q$ [C]とすると，ローレンツ力 $\boldsymbol{f}$[N]は，

$$\boldsymbol{f}=q\boldsymbol{v}\times\boldsymbol{b}$$

と書ける．

［例 4.8］　$\boldsymbol{a}=\boldsymbol{i}+\boldsymbol{j}+\boldsymbol{k}$，$\boldsymbol{b}=2\boldsymbol{i}-3\boldsymbol{j}$，$\boldsymbol{c}=\boldsymbol{j}-2\boldsymbol{k}$ とする．このとき，$(\boldsymbol{a},\boldsymbol{b}\times\boldsymbol{c})$，$(\boldsymbol{b},\boldsymbol{c}\times\boldsymbol{a})$，$(\boldsymbol{c},\boldsymbol{a}\times\boldsymbol{b})$ を求めよ．

（解答）

まず，外積を計算すると，

$$\begin{aligned}\boldsymbol{a}\times\boldsymbol{b} &= -5\boldsymbol{i}+2\boldsymbol{j}-5\boldsymbol{k}\\ \boldsymbol{b}\times\boldsymbol{c} &= 6\boldsymbol{i}+4\boldsymbol{j}+2\boldsymbol{k}\\ \boldsymbol{c}\times\boldsymbol{a} &= 3\boldsymbol{i}-2\boldsymbol{j}-\boldsymbol{k}\end{aligned}$$

したがって，

$$(\boldsymbol{a},\boldsymbol{b}\times\boldsymbol{c})=(\boldsymbol{b},\boldsymbol{c}\times\boldsymbol{a})=(\boldsymbol{c},\boldsymbol{a}\times\boldsymbol{b})=12$$

と 3 つの値は等しくなる．

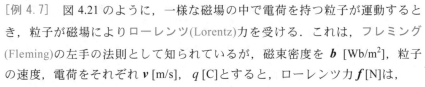

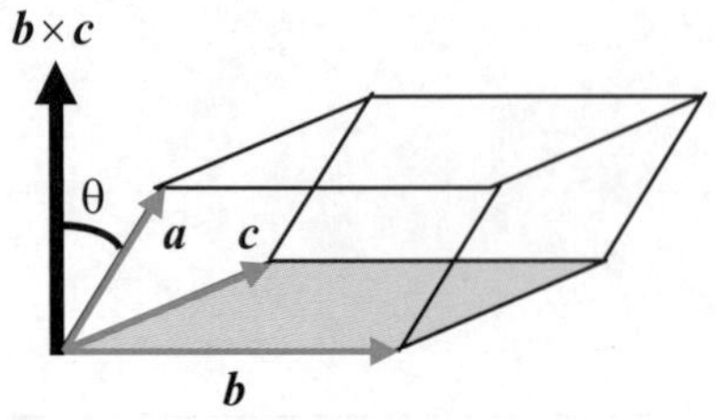

図 4.22　スカラー3 重積の物理的意味

実は，任意の 3 つのベクトル $\boldsymbol{a}$，$\boldsymbol{b}$，$\boldsymbol{c}$ に対して

$$(\boldsymbol{a},\boldsymbol{b}\times\boldsymbol{c})=(\boldsymbol{b},\boldsymbol{c}\times\boldsymbol{a})=(\boldsymbol{c},\boldsymbol{a}\times\boldsymbol{b}) \tag{4.39}$$

が成り立つ．これをスカラー3 重積(scalar triple product)とよび，$\begin{bmatrix}\boldsymbol{a} & \boldsymbol{b} & \boldsymbol{c}\end{bmatrix}$ とい

う記号で表す．スカラー3 重積は，図 4.22 に示すように 3 つのベクトルを 3 辺とする平行四辺形の体積に相当している．3 つのベクトルのうち少なくとも 2 つが等しいかまたは平行であれば 0 となる．外積は順序を交換すると符号が変わるから，次の式が成り立つ．

$$[\boldsymbol{a}\ \boldsymbol{c}\ \boldsymbol{b}] = -[\boldsymbol{a}\ \boldsymbol{b}\ \boldsymbol{c}] \tag{4.40}$$

同様に，任意のベクトル $\boldsymbol{a}$，$\boldsymbol{b}$，$\boldsymbol{c}$ について，恒等式

$$\boldsymbol{a}\times(\boldsymbol{b}\times\boldsymbol{c}) = (\boldsymbol{a},\boldsymbol{c})\boldsymbol{b} - (\boldsymbol{a},\boldsymbol{b})\boldsymbol{c} \tag{4.41}$$

が成り立ち，左辺をベクトル 3 重積(vector triple product)とよぶ．右辺の形がわかるように，一般に $\boldsymbol{a}\times(\boldsymbol{b}\times\boldsymbol{c}) \neq (\boldsymbol{a}\times\boldsymbol{b})\times\boldsymbol{c}$ である．

ベクトル 3 重積

$A\times(B\times C)$は $A$ に垂直である．また， $B\times C$ は $B$ と $C$ が作る平面に垂直な向きであるが，$A\times(B\times C)$ は $B\times C$ とも垂直な向きなので，結局 $B$ と $C$ の張る平面内にあるベクトルとなる．

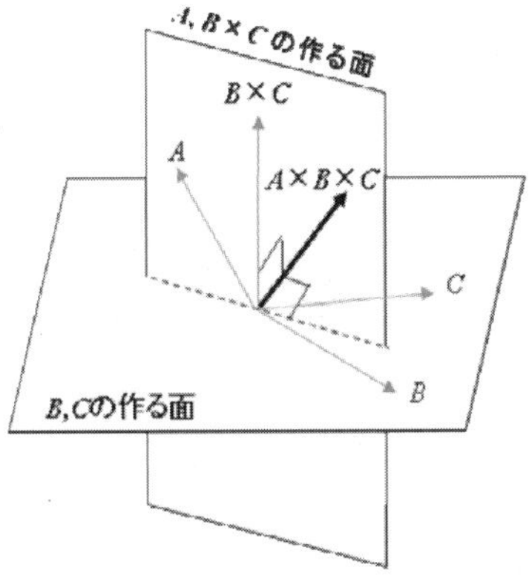


図 4.23　ベクトル 3 重積の物理的意味

［例 4.9］　ベクトル $\boldsymbol{a}(\neq \boldsymbol{0})$，$\boldsymbol{b}$ について $(\boldsymbol{a},\boldsymbol{b}) = 0$ が成り立つとき，

$$\boldsymbol{a}\times\boldsymbol{x} = \boldsymbol{b} \tag{4.42}$$

を満たすベクトル $\boldsymbol{x}$ を求めよ．

（解答）

ベクトル 3 重積 $\boldsymbol{a}\times(\boldsymbol{b}\times\boldsymbol{a})$ を作ると，$(\boldsymbol{a},\boldsymbol{b}) = 0$ より

$$\boldsymbol{a}\times(\boldsymbol{b}\times\boldsymbol{a}) = (\boldsymbol{a},\boldsymbol{a})\boldsymbol{b} - (\boldsymbol{a},\boldsymbol{b})\boldsymbol{a} = |\boldsymbol{a}|^2\boldsymbol{b}$$

したがって，$|\boldsymbol{a}|^2$ で両辺を割ると，$\boldsymbol{a}\times\dfrac{\boldsymbol{b}\times\boldsymbol{a}}{|\boldsymbol{a}|^2} = \boldsymbol{b}$ となるから，$\dfrac{\boldsymbol{b}\times\boldsymbol{a}}{|\boldsymbol{a}|^2}$ は式(4.42)を満たす解の 1 つである．また，式(4.42)の 2 つの解を $\boldsymbol{x}_1$，$\boldsymbol{x}_2$ とおくと，$\boldsymbol{a}\times\boldsymbol{x}_1 = \boldsymbol{b}$，$\boldsymbol{a}\times\boldsymbol{x}_2 = \boldsymbol{b}$ より，$\boldsymbol{a}\times(\boldsymbol{x}_1 - \boldsymbol{x}_2) = 0$．したがって，$(\boldsymbol{x}_1\text{-}\boldsymbol{x}_2)$は $\boldsymbol{a}$ に平行だから，一般解は，任意のスカラー定数を $c$ として

$$\boldsymbol{x} = \frac{\boldsymbol{b}\times\boldsymbol{a}}{|\boldsymbol{a}|^2} + c\boldsymbol{a} \tag{4.43}$$

と書ける．

## 4・4　ベクトル関数の微分と積分 (differentiation and integration of vector functions)

独立変数 $t$（たとえば，時間）の値に依存してベクトルが変化し，1 つの $t$ の値に対して $\boldsymbol{a}$ がただ一つ対応するとき，$\boldsymbol{a} = \boldsymbol{a}(t)$ と書き，これをベクトル関数(vector function)とよぶ．ベクトル関数の成分

$$\boldsymbol{a}(t)=\begin{bmatrix}a_x(t)\\a_y(t)\\a_z(t)\end{bmatrix} \tag{4.44}$$

が全て連続のとき，$\boldsymbol{a}(t)$ は連続であるという．

ベクトル関数の微分は，図 4.24 に示すように，極限

$$\frac{\mathrm{d}\boldsymbol{a}(t)}{\mathrm{d}t}=\lim_{\Delta t\to 0}\frac{\boldsymbol{a}(t+\Delta t)-\boldsymbol{a}(t)}{\Delta t} \tag{4.45}$$

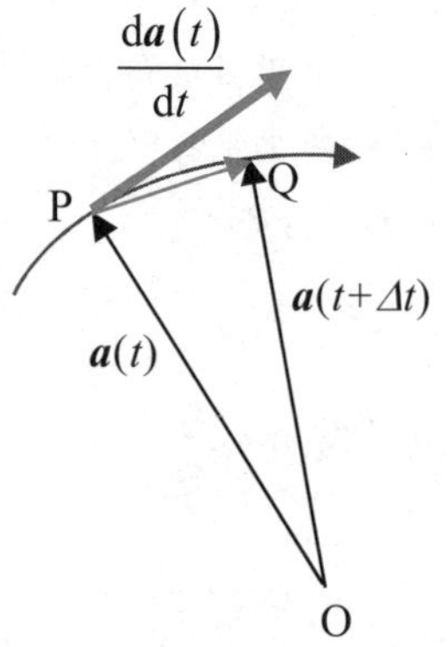

図 4.24　ベクトル関数の微分

で定義される．この極限が存在するとき，$\boldsymbol{a}(t)$ は微分可能であるという．また，ベクトル関数の成分が全て微分可能であることは，$\boldsymbol{a}(t)$ が微分可能であることの必要十分条件であり，ベクトル関数の導関数は成分ごとに微分したベクトルとなる．つまり，

$$\frac{\mathrm{d}\boldsymbol{a}}{\mathrm{d}t}=\begin{bmatrix}\dfrac{\mathrm{d}a_x}{\mathrm{d}t}\\\dfrac{\mathrm{d}a_y}{\mathrm{d}t}\\\dfrac{\mathrm{d}a_z}{\mathrm{d}t}\end{bmatrix} \tag{4.46}$$

である．微分可能なベクトル関数 $\boldsymbol{a}$，$\boldsymbol{b}$ と，微分可能なスカラー関数 $f$ について，

$$\begin{aligned}&\frac{\mathrm{d}}{\mathrm{d}t}(\boldsymbol{a}+\boldsymbol{b})=\frac{\mathrm{d}\boldsymbol{a}}{\mathrm{d}t}+\frac{\mathrm{d}\boldsymbol{b}}{\mathrm{d}t}\\&\frac{\mathrm{d}}{\mathrm{d}t}(f\boldsymbol{a})=f\frac{\mathrm{d}\boldsymbol{a}}{\mathrm{d}t}+\frac{\mathrm{d}f}{\mathrm{d}t}\boldsymbol{a}\\&\frac{\mathrm{d}}{\mathrm{d}t}(\boldsymbol{a},\boldsymbol{b})=\left(\boldsymbol{a},\frac{\mathrm{d}\boldsymbol{b}}{\mathrm{d}t}\right)+\left(\frac{\mathrm{d}\boldsymbol{a}}{\mathrm{d}t},\boldsymbol{b}\right)\\&\frac{\mathrm{d}}{\mathrm{d}t}(\boldsymbol{a}\times\boldsymbol{b})=\boldsymbol{a}\times\frac{\mathrm{d}\boldsymbol{b}}{\mathrm{d}t}+\frac{\mathrm{d}\boldsymbol{a}}{\mathrm{d}t}\times\boldsymbol{b}\end{aligned} \tag{4.47}$$

が成り立つ．

また，高次導関数も同様に考えれば良く，ベクトル関数が $n$ 回以上微分可能であるとは，全ての成分が $n$ 回微分可能であることであり，$\boldsymbol{a}(t)$ の高次導関数は，

$$\frac{\mathrm{d}^n\boldsymbol{a}}{\mathrm{d}t^n}=\begin{bmatrix}\dfrac{\mathrm{d}^n a_x}{\mathrm{d}t^n}\\\dfrac{\mathrm{d}^n a_y}{\mathrm{d}t^n}\\\dfrac{\mathrm{d}^n a_z}{\mathrm{d}t^n}\end{bmatrix} \tag{4.48}$$

である．

［例 4.10］　位置ベクトルが $\boldsymbol{r}=\boldsymbol{i}R(t)\cos\omega t+\boldsymbol{j}R(t)\sin\omega t$ で表される運動の，速度ベクトル $\boldsymbol{v}$，加速度ベクトル $\boldsymbol{a}$ を求めよ．

（解答）

式(4.47)の 2 番目の式を使って，

$$\boldsymbol{v}=\frac{\mathrm{d}\boldsymbol{r}}{\mathrm{d}t}=\frac{\mathrm{d}}{\mathrm{d}t}\left\{R(t)(\cos\omega t\cdot\boldsymbol{i}+\sin\omega t\cdot\boldsymbol{j})\right\}$$
$$=\frac{\mathrm{d}R}{\mathrm{d}t}(\cos\omega t\cdot\boldsymbol{i}+\sin\omega t\cdot\boldsymbol{j})+R\frac{\mathrm{d}}{\mathrm{d}t}(\cos\omega t\cdot\boldsymbol{i}+\sin\omega t\cdot\boldsymbol{j})$$
$$=\left(\frac{\mathrm{d}R}{\mathrm{d}t}\cos\omega t-\omega R\sin\omega t\right)\boldsymbol{i}+\left(\frac{\mathrm{d}R}{\mathrm{d}t}\sin\omega t+\omega R\cos\omega t\right)\boldsymbol{j}$$

$$\boldsymbol{a}=\frac{\mathrm{d}\boldsymbol{v}}{\mathrm{d}t}$$
$$=\left(\frac{\mathrm{d}^2R}{\mathrm{d}t^2}\cos\omega t-2\omega\frac{\mathrm{d}R}{\mathrm{d}t}\sin\omega t-\omega^2R\cos\omega t\right)\boldsymbol{i}$$
$$+\left(\frac{\mathrm{d}^2R}{\mathrm{d}t^2}\sin\omega t+2\omega\frac{\mathrm{d}R}{\mathrm{d}t}\cos\omega t-\omega^2R\sin\omega t\right)\boldsymbol{j}$$

が得られる．

ベクトル関数の積分についても，同様に考えれば良い．すなわち，ベクトル関数 $\boldsymbol{a}(t)=\left[a_x(t)\ \ a_y(t)\ \ a_z(t)\right]^T$ の不定積分は，

$$\int\boldsymbol{a}(t)\mathrm{d}t=\begin{bmatrix}\int a_x(t)\mathrm{d}t\\ \int a_y(t)\mathrm{d}t\\ \int a_z(t)\mathrm{d}t\end{bmatrix}+\boldsymbol{c} \tag{4.49}$$

のように書ける．ここで，$\boldsymbol{c}$ は任意の定ベクトルである．積分については，任意のベクトル $\boldsymbol{a}=\boldsymbol{a}(t)$，$\boldsymbol{b}=\boldsymbol{b}(t)$，定数 $k$，定ベクトル $\boldsymbol{c}$ に対して，

$$\begin{aligned}&\int\left(\boldsymbol{a}(t)+\boldsymbol{b}(t)\right)\mathrm{d}t=\int\boldsymbol{a}(t)\mathrm{d}t+\int\boldsymbol{b}(t)\mathrm{d}t\\&\int k\boldsymbol{a}(t)\mathrm{d}t=k\int\boldsymbol{a}(t)\mathrm{d}t\\&\int\left(\boldsymbol{c},\boldsymbol{a}(t)\right)\mathrm{d}t=\left(\boldsymbol{c},\int\boldsymbol{a}(t)\mathrm{d}t\right)\\&\int\left(\boldsymbol{c}\times\boldsymbol{a}(t)\right)\mathrm{d}t=\boldsymbol{c}\times\int\boldsymbol{a}(t)\mathrm{d}t\end{aligned} \tag{4.50}$$

が成り立つ．

［例 4.11］　任意のベクトル関数 $\boldsymbol{a}=\boldsymbol{a}(t)$ に対し，$\int\left(\boldsymbol{a},\frac{\mathrm{d}\boldsymbol{a}}{\mathrm{d}t}\right)\mathrm{d}t=\frac{1}{2}\left(\boldsymbol{a},\boldsymbol{a}\right)$ を示せ．

(解答)

式(4.47)の 3 番目の式において $\boldsymbol{b}(t)=\boldsymbol{a}(t)$ とおくと，

$$\frac{\mathrm{d}}{\mathrm{d}t}\left(\boldsymbol{a},\boldsymbol{a}\right)=2\left(\boldsymbol{a},\frac{\mathrm{d}\boldsymbol{a}}{\mathrm{d}t}\right)$$

であるから，両辺を $t$ について積分して，

$$\int\left(\boldsymbol{a},\frac{\mathrm{d}\boldsymbol{a}}{\mathrm{d}t}\right)\mathrm{d}t=\frac{1}{2}(\boldsymbol{a},\boldsymbol{a})$$

が得られる．

## 4・5　ベクトル場の微積分 (differentiation and integration of vector fields)

### 4・5・1　スカラー場とベクトル場 (scalar field and vector field)

人工衛星やロボットマニピュレータなどの運動では，時間に対して一意的に空間座標が定まる．この座標をつなげてできた曲線のことを軌道(trajectory)と呼び，独立変数は時間 1 つで，従属変数が空間座標である．一方，軌道とは別に，物理や数学では，場(field)という概念が用いられる．場は，電界・磁界，温度や流れの速度などのように，空間の各点で値を持つ．また，それらの値が時々刻々変化する場合も多い．独立変数は，空間座標および時間である．そして，従属変数が，温度や圧力などのように方向をもたないスカラーの場合は，スカラー場(scalar field)とよび，力，電界，流速のように方向と大きさをもつベクトルの場合は，ベクトル場(vector field)とよぶ．

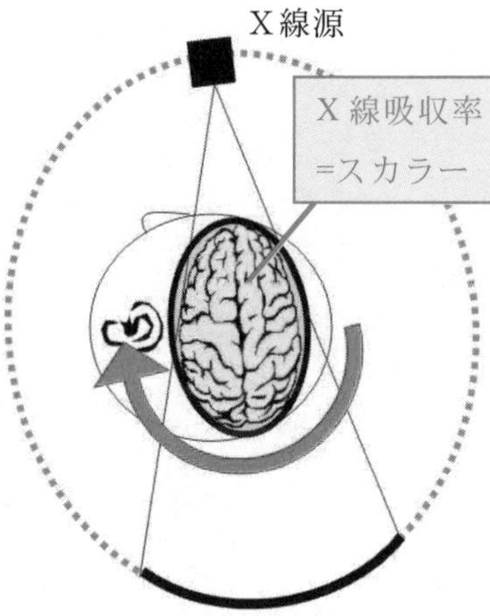

図 4.25　スカラー場の例

[例 4.12]　最近，医療現場でCT(computer tomography)スキャンとよばれる検査機械がよく用いられている．この装置では，組織によってX線吸収率が異なることを利用して，外科的に切り開くことなく人体の内部の様子を調べることができる．すなわち，図 4.25 のように，対向するX線源とX線受光部を観察部位の周りに回転させることで，多数の方向からの X 線投影を行い，コンピュータ処理によって回転面内の観察部位（たとえば頭）の内部構造を復元するものである．観察断面をずらしていくことで，たとえば人間の脳の3 次元的な構造を計測することができる．このとき，X 線の吸収率は観察部位内部のいたるところで，つまり，空間座標のすべての点で定義されるスカラーの物理量であり，スカラー場といえる．

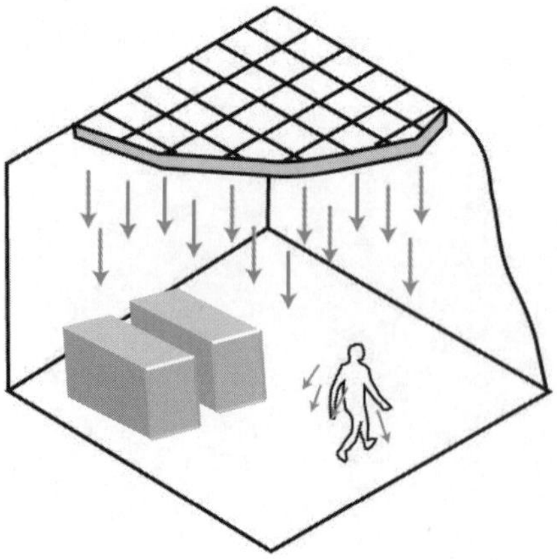
図 4.26　ベクトル場の例

[例 4.13]　LSIなどの半導体を製造する作業は，空気中のほこりを極端に嫌うため，クリーンルームとよばれる特別な部屋で行われる．図 4.26 に示すようには，クリーンルームでは，部屋の天井から垂直下向きに清浄な空気を吹き出し，多数の孔をあけた床面から空気を吸い込む．このため，空気の流れは部屋のどこでも，ほぼ垂直下向きに一様であり，空気の流速をベクトルで表せば，空間のいたるところで鉛直下向きの同じ長さをもったベクトルとして表すことができる．したがって，空気の流速はクリーンルーム内で定義されるベクトル場である．いま，作業員が装置を稼動させるためにクリーンルームに入室したとすると，その作業員が歩くことによって作業員の周りの気流が乱される．このとき，空気流速のベクトル場は，空間座標の関数だけでなく，時間の関数でもある．

### 4・5・2　スカラー場・ベクトル場の微分 (differentiation of scalar and vector fields)

スカラー場を与える関数 $f = f(x, y, z)$に対し，3・2・3 節で定義した勾配(gradient)

$$\mathrm{grad}\, f = \nabla f = \boldsymbol{i}\frac{\partial f}{\partial x} + \boldsymbol{j}\frac{\partial f}{\partial y} + \boldsymbol{k}\frac{\partial f}{\partial z} = \begin{bmatrix} \dfrac{\partial f}{\partial x} & \dfrac{\partial f}{\partial y} & \dfrac{\partial f}{\partial z} \end{bmatrix}^T \tag{4.51}$$

は各点における関数 $f$ の傾きを表す．勾配はベクトルであり，空間の全ての点でベクトル値をとることからベクトル場をつくる．例えば，$f$ をお湯の中に入れた金属塊の中の温度分布を表す関数だとすると，$\nabla f$ は金属塊の中の熱の流れを表すベクトル場に対応する．また，記号ナブラ $\nabla$ を，形式的に

$$\nabla = \boldsymbol{i}\frac{\partial}{\partial x} + \boldsymbol{j}\frac{\partial}{\partial y} + \boldsymbol{k}\frac{\partial}{\partial z} = \begin{bmatrix} \dfrac{\partial}{\partial x} & \dfrac{\partial}{\partial y} & \dfrac{\partial}{\partial z} \end{bmatrix}^T \tag{4.52}$$

と書くこともある．

一方，ベクトル場に対しては，発散(divergence)，回転(rotation)の 2 つの微分操作が重要である．発散は，ベクトル場 $\boldsymbol{A} = \begin{bmatrix} A_x & A_y & A_z \end{bmatrix}^T$ に対し，

$$\mathrm{div}\, \boldsymbol{A} = \frac{\partial A_x}{\partial x} + \frac{\partial A_y}{\partial y} + \frac{\partial A_z}{\partial z} = \nabla \cdot \boldsymbol{A} \tag{4.53}$$

と定義され，その結果はスカラーとなる．なお，式(4.53)右辺は，発散を $\nabla$ と $\boldsymbol{A}$ の内積の形として，式(4.52)で定義した形式的な記号を用いて表したものである．本書では内積として主に $(\boldsymbol{a},\boldsymbol{b})$ の表記を使用しているが，$\nabla$ 記号を含む内積などでは，より簡潔で使われることの多い $\boldsymbol{a}\cdot\boldsymbol{b}$ の表記を併用する．発散の物理的な意味は，ベクトル場の「わき出し」であり，以下のように導くことができる．

いま，簡単のために図 4.27 に示すような 2 次元平面内のベクトル場 $\boldsymbol{A} = \boldsymbol{A}(x, y)$ を考える．ベクトル場として，流体の流れを考えると物理的イメージがつかみやすいので，以下ではベクトル場 $\boldsymbol{A}$ は流れの流速を表すものとして説明を続ける．点$(x,y)$を中心とし，1 辺の長さが $2\Delta x$，$2\Delta y$ である微小面積 $4\Delta x\Delta y$ に対して，流れによる流体の出入りを調べてみよう．左側から入る流体の量は，$(x-\Delta x, y)$ における流速の $x$ 方向成分 $A_x(x-\Delta x, y)$ と $y$ 方向の幅 $2\Delta y$ を掛けて $2A_x(x-\Delta x, y)\Delta y$ であり，また，右側へ出て行く流体の量は，$(x+\Delta x, y)$ における流速の $x$ 方向成分 $A_x(x+\Delta x, y)$ を用いて，$2A_x(x+\Delta x, y)\Delta y$ である．したがって，$x$ 方向への流入・流出量の合計は，点 $(x, y)$ のまわりのテイラー級数を用い，1 次の項のみを残すと，

$$\begin{aligned} &2A_x(x+\Delta x, y)\Delta y - 2A_x(x-\Delta x, y)\Delta y \\ &= 2\Delta y\left\{A_x(x,y) + \frac{\partial A_x}{\partial x}\Delta x + \cdots\right\} - 2\Delta y\left\{A_x(x,y) - \frac{\partial A_x}{\partial x}\Delta x + \cdots\right\} \\ &\cong \frac{\partial A_x}{\partial x} 4\Delta x\Delta y \end{aligned} \tag{4.54}$$

となる．同様に，微小領域の下側から入る量 $2A_y(x, y-\Delta y)\Delta x$ と上側から出る量 $2A_y(x, y+\Delta y)\Delta x$ の差をとり，式(4.54)との総和をとると，この微小面積から流出する量は，

スカラー場 $f$ がそのすべての点で $\nabla f = 0$ を満足すれば，$f$ は一定である．また，逆も成り立つ．

スカラー場 $f$ 内で，その勾配 $\nabla f$ が 0 でない点 P では，$\nabla f$ はこの点 P を通る等位面に垂直である．また，この点 P を通る等位面に垂直な単位ベクトル n を $f$ が増加する向きにとれば，次の式が成り立つ．

$$\nabla f = \frac{df}{dn}\boldsymbol{n},\quad |\nabla f| = \frac{df}{dn}$$

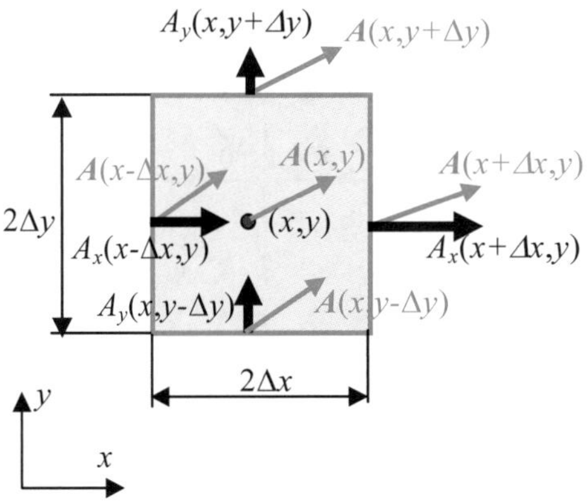


図 4.27　ベクトル場 $\boldsymbol{A}$ の発散

$$\left(\frac{\partial A_x}{\partial x}+\frac{\partial A_y}{\partial y}\right)4\Delta x\Delta y \tag{4.55}$$

となる．以上より，2 次元の発散$\nabla\cdot\boldsymbol{A}$は式(4.55)を微小面積$4\Delta x\Delta y$で除した値であり，単位面積あたりの流出・流入量に相当することがわかる．

$\nabla\cdot\boldsymbol{A}=0$のときは，流入量=流出量であり，微小面積への流体の出入りはバランスしている．$\nabla\cdot\boldsymbol{A}>0$のときは，流入量<流出量であり，図 4.28 に示すように，$\nabla\cdot\boldsymbol{A}>0$の点を中心としておおよそベクトルは外側へ向く．このとき，ベクトル場$\boldsymbol{A}$はその点でわき出し(source)をもつ，という．一方，$\nabla\cdot\boldsymbol{A}<0$のときは，流入量>流出量であり，図 4.29 のようにベクトルは内側へと向く．このとき，ベクトル場$\boldsymbol{A}$はその点で吸い込み(sink)をもつ，という．$\boldsymbol{A}$が流体の流速を表すとすると，わき出し（吸い込み)の源は流体の密度変化であり，$\boldsymbol{A}$が電場を表すとすると，わき出し（吸い込み）の源は電荷である．

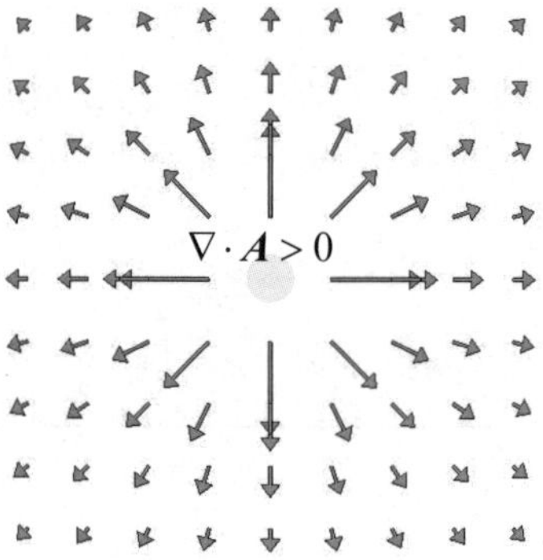


図 4.28　わき出し

図 4.29　吸い込み

発散の演算については，定数$k$，スカラー関数$f$，ベクトル関数$\boldsymbol{A}$，$\boldsymbol{B}$に対して，以下の関係式が成り立つ．

$$\nabla\cdot\left(\boldsymbol{A}+\boldsymbol{B}\right)=\nabla\cdot\boldsymbol{A}+\nabla\cdot\boldsymbol{B} \tag{4.56}$$

$$\nabla\cdot\left(k\boldsymbol{A}\right)=k\nabla\cdot\boldsymbol{A} \tag{4.57}$$

$$\nabla\cdot\left(f\boldsymbol{A}\right)=\left(\nabla f\right)\cdot\boldsymbol{A}+f\left(\nabla\cdot\boldsymbol{A}\right) \tag{4.58}$$

［例 4.14］　ベクトル場$\boldsymbol{A}=(2x+3y)\boldsymbol{i}+(cy+3z)\boldsymbol{j}+(x-4z)\boldsymbol{k}$の発散が 0 となるように，定数$c$の値を求めよ．

(解答)

$$\nabla\cdot\boldsymbol{A}=2+c-4=0$$

より，$c=2$．

また，回転(rotation)は，ベクトル場$\boldsymbol{A}=\left[A_x\ A_y\ A_z\right]^T$に対し，

$$\nabla\times\boldsymbol{A}=\left(\frac{\partial A_z}{\partial y}-\frac{\partial A_y}{\partial z}\right)\boldsymbol{i}+\left(\frac{\partial A_x}{\partial z}-\frac{\partial A_z}{\partial x}\right)\boldsymbol{j}+\left(\frac{\partial A_y}{\partial x}-\frac{\partial A_x}{\partial y}\right)\boldsymbol{k} \tag{4.59}$$

と定義され，その結果はベクトルになる．この表記は，ナブラ$\nabla$と$\boldsymbol{A}$の形式的な外積になっており，また，rot $\boldsymbol{A}$や curl $\boldsymbol{A}$という表記も用いられる． 回転はその名前の通り，ベクトル場の中で回転成分を表し，特に$\nabla\times\boldsymbol{A}=\boldsymbol{0}$のとき，ベクトル場$\boldsymbol{A}$はうずなし(irrotational)である，という．

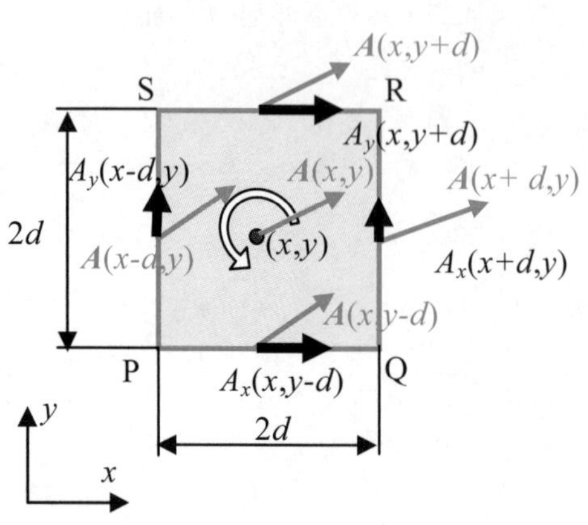


図 4.30　ベクトル場 $\boldsymbol{A}$ の回転

いま，図 4.30 に示すような 2 次元平面内のベクトル場$\boldsymbol{A}=\boldsymbol{A}(x,y)$を考え，点$(x,y)$を中心とする 1 辺が$2d$の正方形 PQRS に対して，各辺に平行に反時計回りに回転する成分の総和を考える．まず，辺 PQ での$x$方向成分は$A_x(x,y-d)$であるから，1 辺の長さ$2d$を乗じて反時計回りに

$$A_x(x, y-d)\cdot 2d \tag{4.60}$$

だけの寄与がある．同様に，辺 RS において時計回りの成分は，$A_x(x, y+d)\cdot 2d$ である．反時計回りの回転方向が正の方向と決めたことに注意して，テイラー級数を用いてこれらを差し引きすると，

$$\left\{A_y(x, y-d) - A_y(x, y+d)\right\}\cdot 2d = -4d^2\frac{\partial A_x}{\partial x} \tag{4.61}$$

である. 一方, $y$ 方向成分 $A_y$ による辺 QR, 辺 SP での回転成分を計算すると，

$$\left(A_y(x+d, y) - A_y(x-d, y)\right)\cdot 2d = 4d^2\frac{\partial A_y}{\partial x} \tag{4.62}$$

であり，これらを合計すると

$$4d^2\left(\frac{\partial A_y}{\partial x} - \frac{\partial A_x}{\partial y}\right) \tag{4.63}$$

が得られる．これは，式(4.59)の第 3 項に正方形の面積 $4d^2$ を掛けたものに等しく，$\nabla\times\boldsymbol{A}$ が回転の効果を表すことがわかる．

ベクトルの回転については，式(4.56)～(4.58)と同様に，以下の関係式が成り立つ．

$$\nabla\times\left(\boldsymbol{A}+\boldsymbol{B}\right) = \nabla\times\boldsymbol{A} + \nabla\times\boldsymbol{B} \tag{4.64}$$

$$\nabla\times\left(k\boldsymbol{A}\right) = k\nabla\times\boldsymbol{A} \tag{4.65}$$

$$\nabla\times\left(f\boldsymbol{A}\right) = \left(\nabla f\right)\times\boldsymbol{A} + f\left(\nabla\times\boldsymbol{A}\right) \tag{4.66}$$

(4.66)の証明

$$\nabla(f\boldsymbol{A}) = \left(\frac{\partial fA_z}{\partial y} - \frac{\partial fA_y}{\partial z}\right)\boldsymbol{i} - \left(\frac{\partial fA_z}{\partial x} - \frac{\partial fA_x}{\partial z}\right)\boldsymbol{j} + \left(\frac{\partial fA_y}{\partial x} - \frac{\partial fA_x}{\partial y}\right)\boldsymbol{k}$$

$$= \left\{f\left(\frac{\partial A_z}{\partial y} - \frac{\partial A_y}{\partial z}\right)\boldsymbol{i} - f\left(\frac{\partial A_z}{\partial x} - \frac{\partial A_x}{\partial z}\right)\boldsymbol{j} + f\left(\frac{\partial A_y}{\partial x} - \frac{\partial A_x}{\partial y}\right)\boldsymbol{k}\right\}$$

$$+ \left\{\left(\frac{\partial f}{\partial y}A_z - \frac{\partial f}{\partial z}A_y\right)\boldsymbol{i} - \left(\frac{\partial f}{\partial x}A_z - \frac{\partial f}{\partial z}A_x\right) + \left(\frac{\partial f}{\partial x}A_y - \frac{\partial f}{\partial y}A_x\right)\boldsymbol{k}\right\}$$

ゆえに，

$$\nabla\times\left(f\boldsymbol{A}\right) = \left(\nabla f\right)\times\boldsymbol{A} + f\left(\nabla\times\boldsymbol{A}\right)$$

［例 4. 15］　$z$ 軸周りの正（反時計回り）の剛体回転（角速度ω）による剛体上の点 $(x, y, z)$ の運動速度 $\boldsymbol{A}(x,y,z)$はベクトル場と見なすことができる. rot $\boldsymbol{A}$ を求めよ．

(解答)

図 4.31 に示すように，剛体回転では点 P$(x,y,z)$においてベクトル $\boldsymbol{A}$ と原点（$z$ 軸）を始点とするベクトル $\overrightarrow{\mathrm{OP}}$ は直交するから，

$$\left(\boldsymbol{A}, \overrightarrow{\mathrm{OP}}\right) = A_x x + A_y y + A_z 0 = 0$$

したがって，$A_z = 0$ とすれば，$\boldsymbol{A}$ は定数 $c$ を用いて，

$$\boldsymbol{A} = \begin{bmatrix} -cy \\ cx \\ 0 \end{bmatrix}$$

と書くことができる．一方，角速度ωの剛体回転において，半径 $r$ の位置での円周方向速度は $r$ωであるから，

$$\left|\boldsymbol{A}\right| = \sqrt{A_x^2 + A_y^2} = \overline{\mathrm{OP}}\,\omega$$

これより，$c$=ωが得られる．以上より，rot $\boldsymbol{A}$ を計算すると，

$$\mathrm{rot}\,\boldsymbol{A} = \nabla\times\begin{bmatrix} -\omega y \\ \omega x \\ 0 \end{bmatrix} = \begin{bmatrix} 0 \\ 0 \\ 2\omega \end{bmatrix}$$

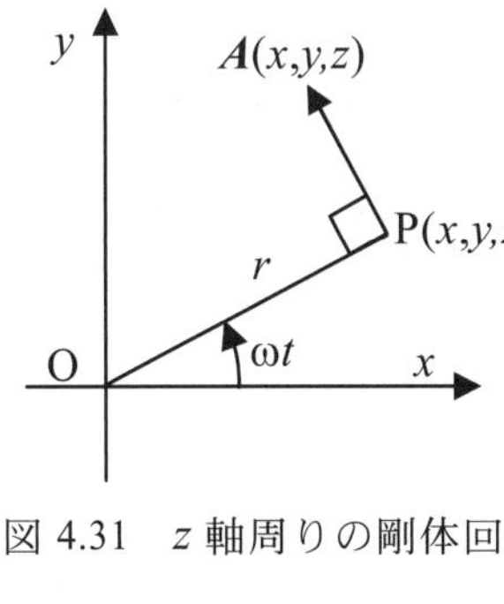


図 4.31　$z$ 軸周りの剛体回転

となり，$z$ 成分のみ値を持ち，角速度の 2 倍となっている．

［例 4.16］　任意のスカラー場 $f$ と任意のベクトル場 $\boldsymbol{A}$ について，$\nabla\times(\nabla f)$，$\nabla\cdot(\nabla\times\boldsymbol{A})$ の値を求めよ．

(解答)

$$\nabla\times(\nabla f)=\begin{bmatrix}\dfrac{\partial}{\partial x}\\ \dfrac{\partial}{\partial y}\\ \dfrac{\partial}{\partial z}\end{bmatrix}\times\begin{bmatrix}\dfrac{\partial f}{\partial x}\\ \dfrac{\partial f}{\partial y}\\ \dfrac{\partial f}{\partial z}\end{bmatrix}=\begin{bmatrix}\dfrac{\partial^2 f}{\partial y\partial z}-\dfrac{\partial^2 f}{\partial z\partial y}\\ \dfrac{\partial^2 f}{\partial z\partial x}-\dfrac{\partial^2 f}{\partial x\partial z}\\ \dfrac{\partial^2 f}{\partial x\partial y}-\dfrac{\partial^2 f}{\partial y\partial z}\end{bmatrix}=\boldsymbol{0}$$

$$\nabla\cdot(\nabla\times\boldsymbol{A})=\begin{bmatrix}\dfrac{\partial}{\partial x}\\ \dfrac{\partial}{\partial y}\\ \dfrac{\partial}{\partial z}\end{bmatrix}\cdot\left\{\begin{bmatrix}\dfrac{\partial}{\partial x}\\ \dfrac{\partial}{\partial y}\\ \dfrac{\partial}{\partial z}\end{bmatrix}\times\begin{bmatrix}A_x\\ A_y\\ A_z\end{bmatrix}\right\}$$

$$=\frac{\partial}{\partial x}\left(\frac{\partial A_z}{\partial y}-\frac{\partial A_y}{\partial z}\right)+\frac{\partial}{\partial y}\left(\frac{\partial A_x}{\partial z}-\frac{\partial A_z}{\partial x}\right)+\frac{\partial}{\partial z}\left(\frac{\partial A_y}{\partial x}-\frac{\partial A_x}{\partial y}\right)=0$$

となる．

> 任意のスカラー場 $f$ と任意のベクトル場 $\boldsymbol{A}$ について
> $\nabla\times(\nabla f)=0$
> $\nabla\cdot(\nabla\times\boldsymbol{A})=0$

これらは，発散，回転に関する重要な恒等式である．$\nabla\times(\nabla f)=\boldsymbol{0}$ は，スカラー関数の勾配で表されるベクトル場の回転は $\boldsymbol{0}$ であることを表す．たとえば，電場 $\boldsymbol{E}$ は，電圧 $V$ を用いて $\boldsymbol{E}=\nabla V$ のように表せるから，$\nabla\times\boldsymbol{E}=\boldsymbol{0}$ が常に成り立つ．一方，$\nabla\cdot(\nabla\times\boldsymbol{A})=0$ は，あるベクトル関数の回転で表されるベクトル場はわき出しがないことを表す．たとえば，時間的に変化しない場において，電流 $\boldsymbol{I}$ は磁界 $\boldsymbol{H}$ を用いて $\boldsymbol{I}=\nabla\times\boldsymbol{H}$ のように表せる．したがって，$\nabla\cdot\boldsymbol{I}=0$ が常に成り立ち，定常電流にはわき出しが存在しないことがわかる．

また，スカラー場 $f$ に，勾配と発散を続けて作用させると，

$$\nabla\cdot(\nabla f)=\frac{\partial^2 f}{\partial x^2}+\frac{\partial^2 f}{\partial y^2}+\frac{\partial^2 f}{\partial z^2} \tag{4.67}$$

となる．これをラプラシアン(Laplacian)と呼び，$\nabla^2 f$，$\Delta f$ などと書く．

[Example 4.17]　When $r=|\boldsymbol{r}|$ and $\boldsymbol{r}=[x\ y\ z]^T$, compute $\nabla r$ and $\nabla^2 r$, and represent the results using $r$ and $\boldsymbol{r}$.

(Solution)

By definition of $r$, $r=\sqrt{x^2+y^2+z^2}$. Thus we get

$$\nabla r = \frac{x}{\sqrt{x^2+y^2+z^2}}\boldsymbol{i} + \frac{y}{\sqrt{x^2+y^2+z^2}}\boldsymbol{j} + \frac{z}{\sqrt{x^2+y^2+z^2}}\boldsymbol{k} = \frac{\boldsymbol{r}}{r}$$

and, similarly,

$$\nabla^2 r = \nabla\cdot(\nabla r) = \nabla\cdot\left(\frac{\boldsymbol{r}}{r}\right)$$
$$= \frac{1}{r}\nabla\cdot\boldsymbol{r} - \frac{\nabla r}{r^2}\cdot\boldsymbol{r}$$

By substituting $\nabla\cdot\boldsymbol{r} = 1+1+1 = 3$ into the above equation, we have

$$\nabla^2 r = \frac{1}{r}\nabla\cdot\boldsymbol{r} - \frac{\nabla r}{r^2}\cdot\boldsymbol{r} = \frac{3}{r} - \frac{\boldsymbol{r}}{r^3}\cdot\boldsymbol{r}$$
$$= \frac{3}{r} - \frac{1}{r} = \frac{2}{r}$$

### 4・5・3　ベクトル場の線積分 (line integration of vector field)

1.4 節では曲線に沿ったスカラー量の積分として線積分を導入した．ここでは，ベクトル場の線積分を考えよう．ベクトル場の線積分では，ベクトル場の接線成分を曲線に沿って積分すればよい．図 4.32 のように，ベクトル場 $\boldsymbol{A}(x,y,z)$ とパラメータ $t$ によって定義される曲線 C を考え，曲線 C 上に点 P($x(t)$,$y(t)$,z($t$))をとる．点 P における単位接線ベクトルを $\boldsymbol{t}$ とすると，ベクトル場 $\boldsymbol{A}$ の接線方向成分は，$\boldsymbol{A}$ を接線方向に正射影した大きさであるから，内積を用いて $(\boldsymbol{A},\boldsymbol{t})$ と表せる．したがって，点 P における微小線要素の長さを d$s$ とすれば，接線線積分は

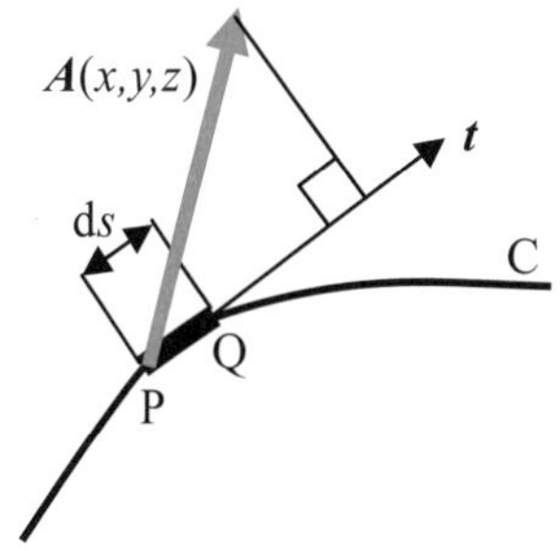

図 4.32　ベクトル関数の線積分

$$\int_C (\boldsymbol{A},\boldsymbol{t})\,\mathrm{d}s \tag{4.68}$$

と書ける．一方，曲線 C がパラメータ $t$ を用いて定義されているとき， P の近傍に点 Q($x(t+\Delta t)$, $y(t+\Delta t)$, z($t+\Delta t$))を曲線 C 上にとり，テイラー級数を用いると

$$\overrightarrow{\mathrm{PQ}} = \begin{bmatrix} x(t+\Delta t)-x(t) \\ y(t+\Delta t)-y(t) \\ z(t+\Delta t)-z(t) \end{bmatrix} = \begin{bmatrix} \dfrac{\mathrm{d}x}{\mathrm{d}t} \\ \dfrac{\mathrm{d}y}{\mathrm{d}t} \\ \dfrac{\mathrm{d}z}{\mathrm{d}t} \end{bmatrix}\Delta t + (\Delta t\text{の高次項}) \tag{4.69}$$

と書ける．したがって，接線ベクトル $\boldsymbol{V}$ は，

$$\boldsymbol{V} = \lim_{\Delta t\to 0}\left(\frac{1}{\Delta t}\overrightarrow{\mathrm{PQ}}\right) = \begin{bmatrix} \dfrac{\mathrm{d}x}{\mathrm{d}t} \\ \dfrac{\mathrm{d}y}{\mathrm{d}t} \\ \dfrac{\mathrm{d}z}{\mathrm{d}t} \end{bmatrix} \tag{4.70}$$

となり，単位接ベクトル t は，

$$\boldsymbol{t}=\frac{\boldsymbol{V}}{|\boldsymbol{V}|}=\frac{1}{\sqrt{\left(\frac{\mathrm{d}x}{\mathrm{d}t}\right)^2+\left(\frac{\mathrm{d}y}{\mathrm{d}t}\right)^2+\left(\frac{\mathrm{d}z}{\mathrm{d}t}\right)^2}}\begin{bmatrix}\frac{\mathrm{d}x}{\mathrm{d}t}\\ \frac{\mathrm{d}y}{\mathrm{d}t}\\ \frac{\mathrm{d}z}{\mathrm{d}t}\end{bmatrix} \tag{4.71}$$

で与えられる．また，

$$\mathrm{d}s=\left|\overline{\mathrm{PQ}}\right|=\sqrt{\left(\frac{\mathrm{d}x}{\mathrm{d}t}\right)^2+\left(\frac{\mathrm{d}y}{\mathrm{d}t}\right)^2+\left(\frac{\mathrm{d}z}{\mathrm{d}t}\right)^2}\ \mathrm{d}t \tag{4.72}$$

であるから，式(4.68)は，

$$\int_{\mathrm{C}}\left(\boldsymbol{A},\boldsymbol{t}\right)ds=\int_{t_1}^{t_2}\left(\boldsymbol{A}(x(t),y(t),z(t)),\boldsymbol{V}(t)\right)dt \tag{4.73}$$

と書くこともできる．ここで，右辺の積分範囲は曲線 C の始点と終点に相当する $t$ の値である．

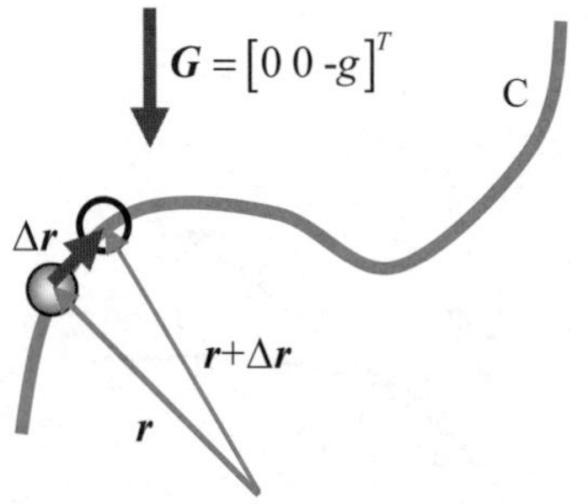


図 4.33　ベクトルの接線線積分

図 4.33 のように，$z$ 軸の負の方向に重力が働く場 $\boldsymbol{G}(x,y,z)=\begin{bmatrix}0 & 0 & -g\end{bmatrix}^T$ の中で質量 $m$ の質点を曲線 C に沿って動かすときにわれわれがしなければならない仕事を考えてみよう．曲線が位置ベクトル $\boldsymbol{r}$ で表されるとし，質点を $\boldsymbol{r}$ からベクトル $\Delta\boldsymbol{r}=\begin{bmatrix}\Delta x & \Delta y & \Delta z\end{bmatrix}^T$ で表される方向に微小距離動かす．このとき，重力の方向へ射影した移動量のみが仕事に関係し，

$$\Delta W=-m\left(\boldsymbol{G},\Delta\boldsymbol{r}\right) \tag{4.74}$$

である．ここで負号は重力に抗してわれわれがする仕事であることを表わしている．これを正にとると重力がなす仕事になる．式(4.71)で計算される単位接ベクトル $\boldsymbol{t}$ を用いると，

$$\Delta\boldsymbol{r}=\boldsymbol{t}\Delta s \tag{4.75}$$

と書けるから，仕事 $W$ は，接線線積分を用いて

$$W=-m\int_{\mathrm{C}}\boldsymbol{G}(\boldsymbol{r})\cdot\boldsymbol{t}ds \tag{4.76}$$

と書くことができる．この表記では，内積の記号として「·」を用いた．

なお，接線線積分の $\boldsymbol{t}ds$ は，曲線 C 上の点を表す位置ベクトル $\boldsymbol{r}$ の変化量だから，ベクトル場 $\boldsymbol{A}(r)$の接線線積分のことを，

$$\int_{\mathrm{C}}\boldsymbol{A}(\boldsymbol{r})\cdot\boldsymbol{t}ds=\int_{\mathrm{C}}\boldsymbol{A}(\boldsymbol{r})\cdot\mathrm{d}\boldsymbol{r} \tag{4.77}$$

と書くことも多く，さらには，$\boldsymbol{A}=\begin{bmatrix}A_x & A_y & A_z\end{bmatrix}^T$ に対して，$\mathrm{d}\boldsymbol{r}=\left[\mathrm{d}x\ \mathrm{d}y\ \mathrm{d}z\right]^T$ とみなし，内積を具体的に表して

$$\int_C\boldsymbol{A}(\boldsymbol{r})\cdot\boldsymbol{t}ds=\int_C A_x\mathrm{d}x+A_y\mathrm{d}y+A_z\mathrm{d}z \tag{4.78}$$

と表記することもある．また，スカラー場の線積分と同様に，

$$\oint_C A(r)\cdot t\,ds \tag{4.79}$$

は曲線 C に沿った一周線積分を表し，循環(circulation)とよばれる．たとえば，図 4.34 のようにベクトル場として流体の粘性を無視した場合の流速ベクトルを考えると，翼の断面に沿った循環は翼の揚力に比例する重要な量である．

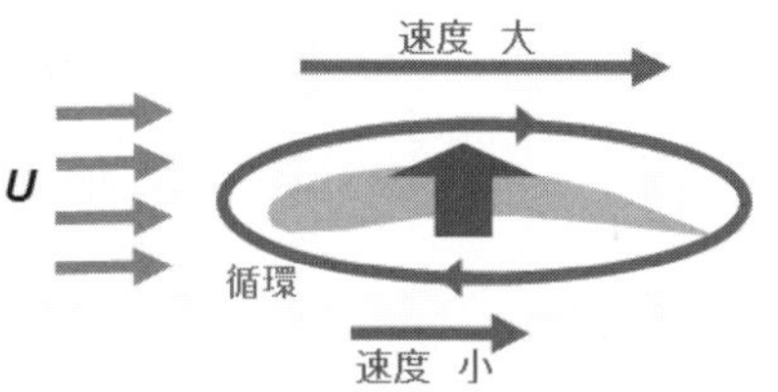

図 4. 34　翼回りの流れ

［例 4. 18］　$z$ 軸の負の方向に重力が働いているとき，質量 $m$ の物体を原点 O から点 P(2,0,4) まで移動させる．このとき，(a)原点から点 Q(2,0,0)，さらに点 P へと区分直線的に移動させる場合，(b)パラメータ $t$ を用いて $(x,y,z)=(t,0,t^2)$ で表される曲線 C' に沿って，原点から点 P まで移動させる場合のそれぞれについて，必要な仕事 $W$ を求めよ．

(解答)

重力を表すベクトルは $\boldsymbol{G}=\begin{bmatrix}0 & 0 & -g\end{bmatrix}^T$ と書けるので，式(4.76)と同様に，

$$W=-m\int_C \boldsymbol{G}(\boldsymbol{r})\cdot \boldsymbol{t}\,ds$$

である．まず，(a)では，

$$W=-m\int_{O\to P} \boldsymbol{G}(\boldsymbol{r})\cdot \boldsymbol{t}\,ds-m\int_{P\to Q} \boldsymbol{G}(\boldsymbol{r})\cdot \boldsymbol{t}\,ds$$

であり，OP では $\boldsymbol{t}=\begin{bmatrix}1 & 0 & 0\end{bmatrix}^T$，PQ では $\boldsymbol{t}=\begin{bmatrix}0 & 0 & 1\end{bmatrix}^T$ であるから，

$$\begin{aligned}W&=-m\int_0^2 0\,dx-m\int_0^4 -g\,dz\\&=0+4mg=4mg\end{aligned}$$

となる．一方，(b)では，式(4.70)より $\boldsymbol{V}=\begin{bmatrix}1 & 0 & 2t\end{bmatrix}^T$ であるから式(4.73)を使って，

$$\begin{aligned}W&=-m\int_{C'} \boldsymbol{G}(\boldsymbol{r})\cdot \boldsymbol{t}\,ds=-m\int_0^2 \boldsymbol{G}(\boldsymbol{r}(t))\cdot \boldsymbol{V}\,dt\\&=-m\int_0^2 (0\cdot 1+0\cdot 0-g\cdot 2t)\,dt\\&=-m\left[-gt^2\right]_0^2=4mg\end{aligned}$$

と計算できる．

この例では，2 つの異なる経路について接線線積分の値が同じであった．重力のように，2 つの点を結ぶ任意の経路について接線線積分の値が等しくなるとき，その力を保存力(conservative force)という．このとき，図 4.35 のように，2 点 A，B を結ぶ 2 つの経路 $C_1$，$C_2$ を考えると，

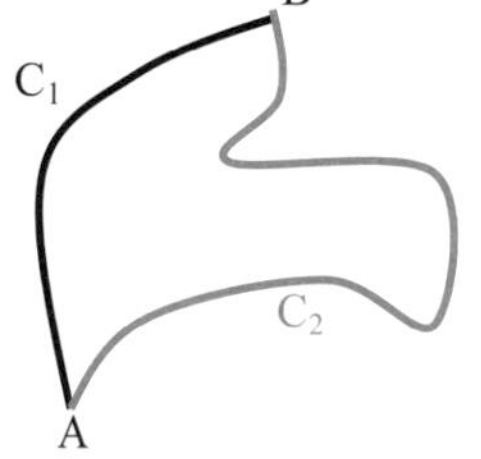

図 4.35　保存力の場合の接線線積分

$$\int_{A\to C_1\to B} \boldsymbol{A}(\boldsymbol{r})\cdot d\boldsymbol{r}=\int_{A\to C_2\to B} \boldsymbol{A}(\boldsymbol{r})\cdot d\boldsymbol{r} \tag{4.80}$$

である．一方，逆向きに線積分すると符号が逆になるから，

$$\int_{B\to C_1\to A} \boldsymbol{A}(\boldsymbol{r})\cdot \mathrm{d}\boldsymbol{r} = -\int_{A\to C_1\to B} \boldsymbol{A}(\boldsymbol{r})\cdot \mathrm{d}\boldsymbol{r} \tag{4.81}$$

であり，結局，

$$\begin{aligned}\oint \boldsymbol{A}(\boldsymbol{r})\cdot \mathrm{d}\boldsymbol{r} &= \int_{A\to C_2\to B} \boldsymbol{A}(\boldsymbol{r})\cdot \mathrm{d}\boldsymbol{r} + \int_{B\to C_1\to A} \boldsymbol{A}(\boldsymbol{r})\cdot \mathrm{d}\boldsymbol{r} \\ &= \int_{A\to C_2\to B} \boldsymbol{A}(\boldsymbol{r})\cdot \mathrm{d}\boldsymbol{r} - \int_{A\to C_1\to B} \boldsymbol{A}(\boldsymbol{r})\cdot \mathrm{d}\boldsymbol{r} = 0\end{aligned} \tag{4.82}$$

となって，任意の閉曲線に沿った一周線積分は全て 0 となる．

また，保存力を表すベクトル場 $\boldsymbol{A}$ は，あるスカラー場 $\varphi(x,y,z)$ を用いて，

$$\boldsymbol{A}(x,y,z) = -\nabla\varphi = -\begin{bmatrix}\dfrac{\partial\varphi}{\partial x} & \dfrac{\partial\varphi}{\partial y} & \dfrac{\partial\varphi}{\partial z}\end{bmatrix}^T \tag{4.83}$$

のように書けることが知られ，この $\varphi$ のことをベクトル場 $\boldsymbol{A}$ のスカラーポテンシャル(scalar potential)とよぶ．先の重力の場合には $\varphi = mgz$ である．実際，曲線Cがパラメータ $t$ を用いて表現されるとし，式(4.73)，(4.70)を使えば，

$$\begin{aligned}\int_C \boldsymbol{A}(\boldsymbol{r})\cdot \boldsymbol{dr} &= -\int_{t_1}^{t_2} \nabla\varphi\cdot\boldsymbol{V}\,\mathrm{d}t \\ &= -\int_{t_1}^{t_2}\left(\frac{\partial\varphi}{\partial x}\frac{\mathrm{d}x}{\mathrm{d}t}+\frac{\partial\varphi}{\partial y}\frac{\mathrm{d}y}{\mathrm{d}t}+\frac{\partial\varphi}{\partial z}\frac{\mathrm{d}z}{\mathrm{d}t}\right)\mathrm{d}t \\ &= -\int_{t_1}^{t_2}\frac{\mathrm{d}\varphi}{\mathrm{dt}}\mathrm{d}t = \varphi_2-\varphi_1\end{aligned} \tag{4.84}$$

となって，線積分は始点，終点でのポテンシャル関数 $\varphi$ の値のみに依存し，積分経路に依存しない．上式の計算では，合成関数の偏微分，

$$\frac{\mathrm{d}}{\mathrm{d}t}\varphi\big(x(t),y(t),z(t)\big) = \frac{\partial\varphi}{\partial x}\frac{\mathrm{d}x}{\mathrm{d}t}+\frac{\partial\varphi}{\partial y}\frac{\mathrm{d}y}{\mathrm{d}t}+\frac{\partial\varphi}{\partial z}\frac{\mathrm{d}z}{\mathrm{d}t} \tag{4.85}$$

を逆に用いた．なお，保存力 $\boldsymbol{A}$ が，ポテンシャル $\varphi$ の勾配つまり法線ベクトルとして $\boldsymbol{A} = -\nabla\varphi$ のように与えられることから，図 4.36 に示すように，等ポテンシャル面（2 次元ならば，等ポテンシャル線）と保存力を表すベクトルは直交している．

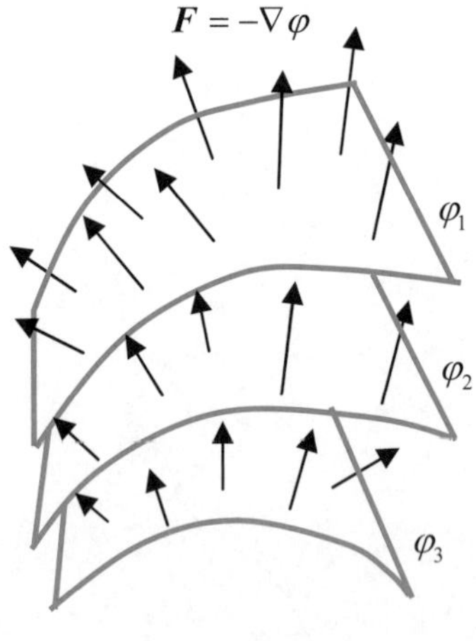

図 4.36　保存力と等ポテンシャル面

あるベクトル場 $\boldsymbol{F} = \begin{bmatrix}F_x & F_y & F_z\end{bmatrix}^T$ で表される力が保存力であるかどうかを判定する基準として，以下を用いることができる．すなわち，仮にあるスカラーポテンシャル $\varphi$ が存在して，

$$\boldsymbol{F} = -\nabla\varphi = -\begin{bmatrix}\dfrac{\partial\varphi}{\partial x} & \dfrac{\partial\varphi}{\partial y} & \dfrac{\partial\varphi}{\partial z}\end{bmatrix}^T \tag{4.86}$$

と書けたとすると，［例 4.16］の解答のスカラー場の恒等式より偏微分の交換則が成立するはずであるから，

$$\nabla\times(\nabla\varphi) = -\nabla\times F = -\begin{pmatrix} \dfrac{\partial F_z}{\partial y}-\dfrac{\partial F_y}{\partial z} \\ \dfrac{\partial F_x}{\partial z}-\dfrac{\partial F_z}{\partial x} \\ \dfrac{\partial F_y}{\partial x}-\dfrac{\partial F_x}{\partial y} \end{pmatrix} = 0 \tag{4.87}$$

が成り立たなければならない．ただし，次の例題で明らかなように，これは微分不可能な点を持つ関数 $\varphi$ に対しては成立しない．

［例 4.19］　2 次元平面内のベクトルが，

$$\boldsymbol{A}(x,y) = \begin{bmatrix} A_x \\ A_y \end{bmatrix} = \frac{1}{x^2+y^2}\begin{bmatrix} -y \\ x \end{bmatrix}$$

で与えられるとき，

$$\frac{\partial A_x}{\partial y} = \frac{\partial A_y}{\partial x}$$

が成り立つことを示せ．また，曲線 $\mathrm{C}: x^2+y^2=1$ に沿って一周接線線積分した値が 0 でないことから，これが保存力でないことを示せ．

(解答)

まず，

$$\frac{\partial A_x}{\partial y} = \frac{-1\cdot\left(x^2+y^2\right)-(-y)\cdot 2y}{\left(x^2+y^2\right)^2} = \frac{-x^2+y^2}{\left(x^2+y^2\right)^2}$$

$$\frac{\partial A_y}{\partial x} = \frac{\left(x^2+y^2\right)-x\cdot 2x}{\left(x^2+y^2\right)^2} = \frac{-x^2+y^2}{\left(x^2+y^2\right)^2}$$

より，これらは等しい．一方，曲線 C は原点を中心とする半径 1 の円だから，

$$\begin{cases} x=\cos t \\ y=\sin t \end{cases}$$

と表すと，

$$\begin{aligned} \oint_C \boldsymbol{A}(\boldsymbol{r})\cdot\boldsymbol{t}\,ds &= \int_0^{2\pi}\left(\begin{bmatrix} A_x \\ A_y \end{bmatrix},\begin{bmatrix} -\sin t \\ \cos t \end{bmatrix}\right)\mathrm{d}t \\ &= \int_0^{2\pi}\left\{-\sin t\frac{-\sin t}{\cos^2 t+\sin^2 t}+\cos t\frac{\cos t}{\cos^2 t+\sin^2 t}\right\}\mathrm{d}t \\ &= \int_0^{2\pi}\frac{\sin^2 t+\cos^2 t}{\cos^2 t+\sin^2 t}\mathrm{d}t = \int_0^{2\pi}\mathrm{d}t \\ &= 2\pi \end{aligned}$$

であり，0 にならずポテンシャルは存在しない．これは，$A_x$，$A_y$ が原点で発散し不連続であるためである．ポテンシャルが存在するためには $A_x$，$A_y$ がいたるところで微分可能であることが必要である．このように式(4.87)の結果のような関係が成立することが，必ずしもスカラーポテンシャルの存在を保証するものではないことには注意が必要である．

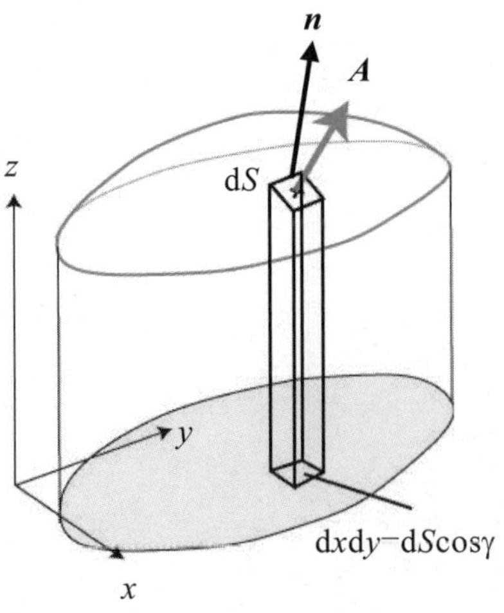


図 4.37　ベクトルの面積分

### 4・5・4　ベクトルの面積分・体積分 ( surface/volume integral of vector field )

空間 V において，ベクトル場 $\boldsymbol{A}=\begin{bmatrix}A_x & A_y & A_z\end{bmatrix}^T$ が定義されているとする．このとき曲面 S についての面積分は，図 4.37 に示す面要素 d$S$ の単位法線ベクトル $\boldsymbol{n}$ を用いて

$$\int_S \boldsymbol{A}\cdot\boldsymbol{n}\,\mathrm{d}S=\int_S A_n\,\mathrm{d}S \qquad (4.88)$$

と定義される．ここで，$A_n$は，ベクトル $\boldsymbol{A}$ の法線ベクトル方向成分を表し，$\boldsymbol{A}$ と $\boldsymbol{n}$ のなす角をθとすれば，$A_n=|\boldsymbol{A}|\cos\theta$ である．また，

$$\mathrm{d}\boldsymbol{S}=\boldsymbol{n}\mathrm{d}S \qquad (4.89)$$

とおくと，d$\boldsymbol{S}$ は $\boldsymbol{n}$ と同じ向きで大きさ d$S$ の面要素を表すベクトルであり，これを用いて，式(4.88)を

$$\int_S \boldsymbol{A}\cdot\mathrm{d}\boldsymbol{S} \qquad (4.90)$$

と書くこともある．

いま，$\boldsymbol{n}$ の方向余弦を $\cos\alpha$，$\cos\beta$，$\cos\gamma$ とすると，

$$\boldsymbol{n}=\boldsymbol{i}\cos\alpha+\boldsymbol{j}\cos\beta+\boldsymbol{k}\cos\gamma \qquad (4.91)$$

であるから，式(4.88)は

$$\int_S \boldsymbol{A}\cdot\boldsymbol{n}\,\mathrm{d}S=\int_S\left(A_x\cos\alpha+A_y\cos\beta+A_z\cos\gamma\right)\mathrm{d}S \qquad (4.92)$$

と変形することができる．一方，d$S$ を各座標平面上に投影した面積は，方向余弦を用いて

$$\begin{cases}\mathrm{d}y\mathrm{d}z=\mathrm{d}S\cos\alpha\\ \mathrm{d}z\mathrm{d}x=\mathrm{d}S\cos\beta\\ \mathrm{d}x\mathrm{d}y=\mathrm{d}S\cos\gamma\end{cases} \qquad (4.93)$$

と書けるから，結局，

$$\int_S \boldsymbol{A}\cdot\boldsymbol{n}\,\mathrm{dS}=\int_{S_x}A_x\mathrm{d}y\mathrm{d}z+\int_{S_y}A_y\mathrm{d}z\mathrm{d}x+\int_{S_z}A_z\mathrm{d}x\mathrm{d}y \qquad (4.94)$$

が得られる．ここで，積分範囲の $S_x$ などは，曲面 S のそれぞれの座標平面への正射影である．したがって，たとえば dydz は $\alpha$ が鋭角ならば正，鈍角ならば負，直角ならば 0 となる．

［例 4.20］　$\boldsymbol{A}=\begin{bmatrix}2x & 2y & z\end{bmatrix}^T$ とし，曲面 S を球面 $x^2+y^2+z^2=1$ の上半分 $(z\geq 0)$ とするとき，$\int_S \boldsymbol{A}\cdot\boldsymbol{n}\,dS$ を求めよ．

（解答）

$h(x,y,z)=x^2+y^2+z^2-1=0$ とおくと，$\nabla h=\begin{bmatrix}2x & 2y & 2z\end{bmatrix}^T$ であるから，単位法線ベクトルは，

$$\boldsymbol{n}=\frac{\nabla h}{|\nabla h|}=\frac{1}{\sqrt{(2x)^2+(2y)^2+(2z)^2}}\begin{bmatrix}2x\\2y\\2z\end{bmatrix}=\begin{bmatrix}x\\y\\z\end{bmatrix}$$

である．したがって，曲面 S の上では，

$$(\boldsymbol{A},\boldsymbol{n})=\left(\begin{bmatrix}2x\\2y\\z\end{bmatrix},\begin{bmatrix}x\\y\\z\end{bmatrix}\right)=2x^2+2y^2+z^2=x^2+y^2+1$$

である．一方，S の $x$-$y$ 平面への射影を D とすると D は半径1の円となり，式(3.135)を用いて d$S$ を d$x$d$y$ に変換すると，

$$\int_S \boldsymbol{A}\cdot\boldsymbol{n}\,dS=\int_D\left(x^2+y^2+1\right)\frac{1}{\boldsymbol{k}\cdot\boldsymbol{n}}\mathrm{d}x\mathrm{d}y$$
$$=\int_D\frac{x^2+y^2+1}{z}\mathrm{d}x\mathrm{d}y=\int_D\frac{x^2+y^2+1}{\sqrt{1-x^2-y^2}}\mathrm{d}x\mathrm{d}y$$

と書ける．ここで，$x=r\cos\theta$，$y=r\sin\theta$（$0\le r\le 1$，$0\le\theta\le 2\pi$）と円筒座標に変換すると，ヤコビアン

$$\det J=\det\begin{bmatrix}\dfrac{\partial x}{\partial r}&\dfrac{\partial y}{\partial r}\\\dfrac{\partial x}{\partial\theta}&\dfrac{\partial y}{\partial\theta}\end{bmatrix}=r$$

であることに注意して，

$$\int_S \boldsymbol{A}\cdot\boldsymbol{n}\,dS=\int_0^1\int_0^{2\pi}\frac{r^2+1}{\sqrt{1-r^2}}r\,d\theta\,dr=2\pi\int_0^1\frac{r^2+1}{\sqrt{1-r^2}}r\,dr$$

となる．これを計算して，

$$\int_S \boldsymbol{A}\cdot\boldsymbol{n}\,\mathrm{d}S=2\pi\int_0^1\left(\frac{2r}{\sqrt{1-r^2}}-r\sqrt{1-r^2}\right)\mathrm{d}r$$
$$=2\pi\left[-2\sqrt{1-r^2}+\frac{1}{3}\left(1-r^2\right)^{3/2}\right]_0^1=\frac{10}{3}\pi$$

が得られる．

［例 4.21］　液体中に置かれた物体に働く浮力は，その物体が押しのけた液体の重量に等しい（アルキメデスの原理）．液面から深さ $z$ の場所の圧力 $p(z)$ が，液体の密度 $\rho$ と重力加速度 $g$ を用いて $p(z)=\rho gz$ で表せることを用い，半径 $R$ の球を例にとってこれを示せ．

（解答）

図 4.38 に示すように，液体中に球面 S で囲まれた物体が沈められているとし，液面から鉛直下向きに $z$ 軸をとる．球面 S を微小面積 $\Delta S$ に分割すると，各部分は圧力 $p(z)$ によって面の法線方向に力

$$\boldsymbol{P}=-p(z)\Delta S\,\boldsymbol{n}=-\rho gz\Delta S\,\boldsymbol{n}$$

を受ける．球の中心が $(x,y,z)=(0,0,a)$ にあるとすると，たとえば，球の液面に最も近い点では法線ベクトルが $\boldsymbol{n}=\begin{bmatrix}0&0&-1\end{bmatrix}^T$ であるから，$\rho g(a-R)\Delta S$

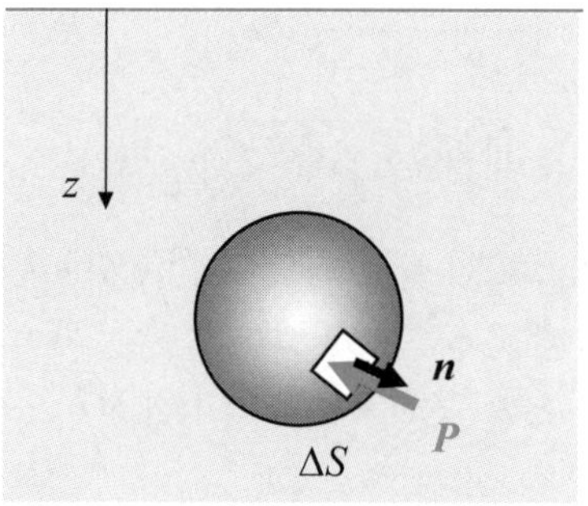


図 4.38　液体中の物体に働く浮力

の下向きの力，最下部では $\boldsymbol{n}=\begin{bmatrix}0 & 0 & 1\end{bmatrix}^T$ だから，$\rho g(a+R)$ の上向きの力が働く．これらの圧力を全表面にわたって合計した合力 $\boldsymbol{F}$ は，ベクトル $\boldsymbol{P}$ の面積分として書くことができ，

$$\boldsymbol{F}=\int_S\left(-p(z)\boldsymbol{n}\right)\mathrm{d}S=-\int_S p(z)\boldsymbol{n}\,\mathrm{d}S=-\rho g\int_S z\boldsymbol{n}\,\mathrm{d}S$$

となる．球の中心が $(x,y,z)=(0,0,a)$ にあるとすると，球面の方程式は

$$h(x,y,z)=x^2+y^2+(z-a)^2-R^2=0$$

で表され，球面の法線ベクトルは，

$$\boldsymbol{n}=\frac{\nabla h}{|\nabla h|}=\frac{1}{R}\begin{bmatrix}x\\ y\\ z-a\end{bmatrix}$$

である．また，式(1.143)から，

$$\mathrm{d}S=\frac{1}{\boldsymbol{k}\cdot\boldsymbol{n}}\mathrm{d}x\mathrm{d}y=\frac{R}{z-a}\mathrm{d}x\mathrm{d}y$$

であるから，合力は，

$$\begin{aligned}\boldsymbol{F}&=-\rho g\int_S z\boldsymbol{n}\,\mathrm{d}S\\ &=-\rho g\int_D z\boldsymbol{n}\frac{R}{z-a}\,\mathrm{d}x\mathrm{d}y\\ &=-\rho g\int_D\left(\boldsymbol{i}\frac{xz}{z-a}+\boldsymbol{j}\frac{yz}{z-a}+z\boldsymbol{k}\right)\mathrm{d}x\mathrm{d}y\end{aligned}$$

と書ける．ここで，領域Dは，球面Sを $x$-$y$ 座標平面上に正射影した半径 $R$ の円である．したがって，$z$ 成分は，

$$\begin{aligned}F_z&=-\rho g\int_D z\,\mathrm{d}x\mathrm{d}y\\ &=-\rho g\int_D\left(\sqrt{R^2-x^2-y^2}+a\right)\mathrm{d}x\mathrm{d}y+\rho g\int_D\left(-\sqrt{R^2-x^2-y^2}+a\right)\mathrm{d}x\mathrm{d}y\\ &=-2\rho g\int_D\sqrt{R^2-x^2-y^2}\,\mathrm{d}x\mathrm{d}y\end{aligned}$$

となり，右辺の積分が半球の体積を表すことから，$V_S=\dfrac{4\pi}{3}R^3$ とおくと

$$F_z=-\rho g V_S$$

すなわち，$z$ 軸の負の方向に球の体積だけの液体の重さ $\rho g V_S$ だけの浮力が働いていることがわかる．一方，$x$ 成分は，

$$\begin{aligned}F_x&=-\rho g\int_D\frac{xz}{z-a}\mathrm{d}x\mathrm{d}y\\ &=-\rho g\int_D\frac{x\left(\sqrt{R^2-x^2-y^2}+a\right)}{\sqrt{R^2-x^2-y^2}}\mathrm{d}x\mathrm{d}y+\rho g\int_D\frac{x\left(-\sqrt{R^2-x^2-y^2}+a\right)}{-\sqrt{R^2-x^2-y^2}}\mathrm{d}x\mathrm{d}y\\ &=-\rho g\int_D\frac{2ax}{\sqrt{R^2-x^2-y^2}}\mathrm{d}x\mathrm{d}y=0\end{aligned}$$

となり，$y$ 方向も同様に0になる．したがって，確かに浮力は $z$ 軸の（負の）方向に球が排除した液体の重さだけ働いている．

> $D$ の境界を $C$ とし，ある $y$ の値に対する円周上の 2 点の $x$ の値を $x_1(y)$，$x_2(y)$ とおくと，
>
> $$\int_D\frac{2ax}{\sqrt{R^2-x^2-y^2}}dxdy=\int_C\left[2a\sqrt{R^2-x^2-y^2}\right]_{x_1(y)}^{x_2(y)}dy$$
>
> と書ける．ここで，$y=R\sin\theta$ とおくと，$x_1=-R\cos\theta$，$x_2=R\cos\theta$ となって，積分の中身が0となる．したがって，
>
> $$\int_D\frac{2ax}{\sqrt{R^2-x^2-y^2}}dxdy=0$$

面積分と同様に，体積 V で定義されたベクトル関数 $\boldsymbol{A}=\begin{bmatrix}A_x & A_y & A_z\end{bmatrix}$ に対して，$\boldsymbol{A}$ の体積分は，単位ベクトル $\boldsymbol{i}$，$\boldsymbol{j}$，$\boldsymbol{k}$ を用いて，

$$\int_{\mathrm{V}} \boldsymbol{A}\,\mathrm{d}V=\boldsymbol{i}\int_{\mathrm{V}} A_x\,\mathrm{d}V+\boldsymbol{j}\int_{\mathrm{V}} A_y\,\mathrm{d}V+\boldsymbol{k}\int_{\mathrm{V}} A_z\,\mathrm{d}V \tag{4.95}$$

と表される．

### 4・5・5　発散定理 (divergence theorem)

図 4.39 に示すように，ベクトル場 $\boldsymbol{A}$ 内に領域 V とその境界面 S を考え，S の単位法線ベクトル $\boldsymbol{n}$ を S の外側を向くように選ぶ．このとき，

$$\int_{V} \nabla\cdot\boldsymbol{A}\,\mathrm{d}V=\int_{S} \boldsymbol{A}\cdot\boldsymbol{n}\,\mathrm{d}S \tag{4.96}$$

が成り立ち，これを発散定理(divergence theorem)，ガウスの定理(Gauss' theorem)とよぶ．式(4.96)の左辺は，ベクトル場 $\boldsymbol{A}$ の発散 $\nabla\cdot\boldsymbol{A}$ を領域 V の内部で体積積分した総量であり，V の内部でのわき出し量に相当している．一方，右辺は，$\boldsymbol{A}\cdot\boldsymbol{n}=(\boldsymbol{A},\boldsymbol{n})$ すなわちベクトル場 $\boldsymbol{A}$ が S を通して流入・流出する量を S の全体にわたって積分した総量であり，式(4.96)はこれらが等しいことを示す．

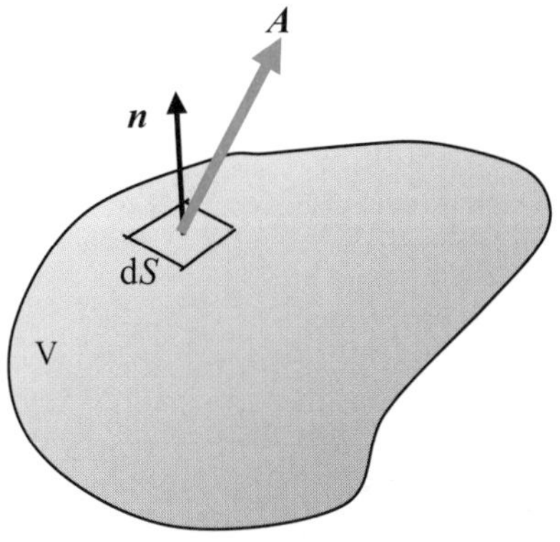


図 4.39　発散定理

［例 4.22］　$\boldsymbol{A}=\begin{bmatrix}x & y & 0\end{bmatrix}^T$ とし，V を $x^2+y^2=1$ と 2 平面 $z=0$，$z=1$ で囲まれた円柱状の領域とするとき，この $\boldsymbol{A}$ と V について発散定理を確かめよ．

（解答）

まず，

$$\nabla\cdot\boldsymbol{A}=\frac{\partial}{\partial x}(x)+\frac{\partial}{\partial y}(y)+\frac{\partial}{\partial z}(0)=2$$

である．円柱の体積 $(\pi\cdot1^2\cdot1)=\pi$ を用いると，

$$\int_{\mathrm{V}}\nabla\cdot\boldsymbol{A}\,\mathrm{d}V=2\int_{\mathrm{V}}\mathrm{d}V=2\pi$$

となる．一方，$\mathrm{S}_1$: $z=0$，$\mathrm{S}_2$: $z=1$ の 2 平面について法線ベクトルはそれぞれ $\boldsymbol{n}=\begin{bmatrix}0 & 0 & -1\end{bmatrix}^T$，$\boldsymbol{n}=\begin{bmatrix}0 & 0 & 1\end{bmatrix}^T$ であり，$(\boldsymbol{A},\boldsymbol{n})=0$ である．また，円筒面 $\mathrm{S}_3$: $x^2+y^2=1$ に関しては，$F(x,y,z)=x^2+y^2-1=0$ とおくと，

$$\boldsymbol{n}=\frac{\nabla F}{|\nabla F|}=\frac{1}{2\sqrt{x^2+y^2}}\begin{bmatrix}2x\\2y\\0\end{bmatrix}=\begin{bmatrix}x\\y\\0\end{bmatrix}$$

であるから，

$$(\boldsymbol{A},\boldsymbol{n})=x^2+y^2=1$$

したがって，$S_3$ の面積は $(2\pi\cdot1)=2\pi$ となることから

$$\int_S \boldsymbol{A}\cdot\boldsymbol{n}\,\mathrm{d}S = \int_{S_1} 0\,\mathrm{d}S + \int_{S_2} 0\,\mathrm{d}S + \int_{S_3} 1\,\mathrm{d}S = \int_{S_3} \mathrm{d}S = 2\pi$$

結局

$$\int_V \nabla\cdot\boldsymbol{A}\,dV = \int_S \boldsymbol{A}\cdot\boldsymbol{n}\,dS$$

であることが示された．

［例 4.23］　電荷密度を $\rho=\rho(x,y,z)$，電場を $\boldsymbol{E}=\boldsymbol{E}(x,y,z)$ とおくと $\nabla\cdot\boldsymbol{E}=\rho$ が成り立つことが静電場の基本式として知られている．これを用いて，閉じた領域 V の表面 S を横切る電場の総量は，内部の電荷に等しいことを示せ．

(解答)

表面 S を横切る電場の総量はガウスの定理より

$$\int_S \boldsymbol{E}\cdot\boldsymbol{n}\,\mathrm{d}S = \int_V \nabla\cdot\boldsymbol{E}\,\mathrm{d}V$$

となる．したがって，$\nabla\cdot\boldsymbol{E}=\rho$ より，

$$\int_S \boldsymbol{E}\cdot\boldsymbol{n}\,\mathrm{d}S = \int_V \rho\,\mathrm{d}V$$

となり，右辺は V の内部の電荷の総量を表す．

### 4・5・6　ストークスの定理 (Stokes theorem)

滑らかな閉曲線 C を境界とする滑らかな曲面 S を考える．このとき，図 4.40 のように $S$ の単位法線ベクトル $\boldsymbol{n}$ の向きと閉曲線 C の向きを C に沿った微小ベクトル $\mathrm{d}\boldsymbol{r}$ で表わすと，ベクトル場 $\boldsymbol{A}$ に対して，

$$\int_S (\nabla\times\boldsymbol{A})\cdot\boldsymbol{n}\,dS = \oint_C \boldsymbol{A}\cdot d\boldsymbol{r} \tag{4.97}$$

が成り立つ．これをストークスの定理(Stokes theorem)とよぶ．ストークスの定理は以下のように説明できる．図 4.40 に示すように，面 S を微小な 3 角形に分割する．図 4.30 を用いて式(4.63)で示したように，ベクトル場の回転は，微小領域周りのベクトル場の回転成分に面積を乗じたものに等しい．したがって微小な 3 角形 ABD について，

$$(\nabla\times\boldsymbol{A})\cdot\boldsymbol{n}\,\Delta S = \boldsymbol{A}\cdot\overrightarrow{\mathrm{AB}} + \boldsymbol{A}\cdot\overrightarrow{\mathrm{BD}} + \boldsymbol{A}\cdot\overrightarrow{\mathrm{DA}} \tag{4.98}$$

が成り立つ．$\boldsymbol{n}$ は 3 角形 ABD の単位法線ベクトル，$\Delta S$ は ABD の面積である．4.5.2 節では簡単のため 2 次元平面を仮定したが，ここでは 3 次元空間のベクトルを考えているので，$\nabla\times\boldsymbol{A}$ のうち 3 角形 ABD に垂直な成分のみを考慮するために左辺は $\nabla\times\boldsymbol{A}$ と法線ベクトル $\boldsymbol{n}$ の内積になっている．式(4.98)を積分形式で書けば，

$$\int_{\mathrm{ABD}} (\nabla\times\boldsymbol{A})\cdot\boldsymbol{n}\,\mathrm{d}S = \int_{\mathrm{AB}} \boldsymbol{A}\cdot\mathrm{d}\boldsymbol{r} + \int_{\mathrm{BD}} \boldsymbol{A}\cdot\mathrm{d}\boldsymbol{r} + \int_{\mathrm{DA}} \boldsymbol{A}\cdot\mathrm{d}\boldsymbol{r} \tag{4.99}$$

である．そこで，図 4.40 の 4 角形 ABCD について式(4.97)が成り立つかどうか，2 つの 3 角形 ABD と BCD の和を考えてみる．式(4.97)の左辺については，面積の和であるから，

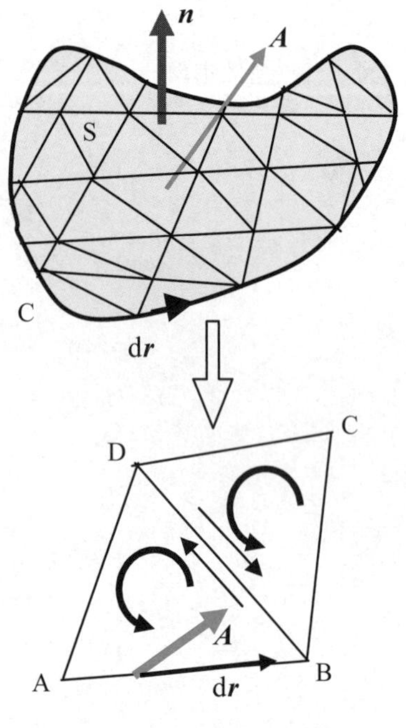

図 4.40　ストークスの定理

$$\int_{\mathrm{ABD}}(\nabla\times\boldsymbol{A})\cdot\boldsymbol{n}\,\mathrm{d}S+\int_{\mathrm{BCD}}(\nabla\times\boldsymbol{A})\cdot\boldsymbol{n}\,\mathrm{d}S=\int_{\mathrm{ABCD}}(\nabla\times\boldsymbol{A})\cdot\boldsymbol{n}\,\mathrm{d}S \tag{4.100}$$

が成り立つことがわかる．一方，右辺は，共有する辺 BD については線積分の方向が逆であり，

$$\int_{\mathrm{BD}}\boldsymbol{A}\cdot\mathrm{d}\boldsymbol{r}=-\int_{\mathrm{DB}}\boldsymbol{A}\cdot\mathrm{d}\boldsymbol{r} \tag{4.101}$$

だから，

$$\begin{aligned}&\int_{\mathrm{AB}}\boldsymbol{A}\cdot\mathrm{d}\boldsymbol{r}+\int_{\mathrm{BD}}\boldsymbol{A}\cdot\mathrm{d}\boldsymbol{r}+\int_{\mathrm{DA}}\boldsymbol{A}\cdot\mathrm{d}\boldsymbol{r}+\int_{\mathrm{BC}}\boldsymbol{A}\cdot\mathrm{d}\boldsymbol{r}+\int_{\mathrm{CD}}\boldsymbol{A}\cdot\mathrm{d}\boldsymbol{r}+\int_{\mathrm{DB}}\boldsymbol{A}\cdot\mathrm{d}\boldsymbol{r}\\&=\int_{\mathrm{AB}}\boldsymbol{A}\cdot\mathrm{d}\boldsymbol{r}+\int_{\mathrm{BC}}\boldsymbol{A}\cdot\mathrm{d}\boldsymbol{r}+\int_{\mathrm{CD}}\boldsymbol{A}\cdot\mathrm{d}\boldsymbol{r}+\int_{\mathrm{DA}}\boldsymbol{A}\cdot\mathrm{d}\boldsymbol{r}\\&=\int_{\mathrm{ABCD}}\boldsymbol{A}\cdot\mathrm{d}\boldsymbol{r}\end{aligned} \tag{4.102}$$

が得られる．すなわち，4 角形 ABCD についても，式(4.97)が成立することがわかる．この操作を続けていくと，結局，曲面 S とその境界の曲線 C に対して，ストークスの定理が成り立つことがわかる．

［例 4.24］　$A=\begin{bmatrix}2x-y & -yz^2 & -y^2z\end{bmatrix}^T$ とし，曲面 S を半球面 $x^2+y^2=1$，$z\geq 0$，閉曲線 C を S の境界とする．このときストークスの定理を確かめよ．

（解答）

$\boldsymbol{A}$ の回転を式(4.59)を用いて計算すると $\nabla\times\boldsymbol{A}=0\cdot\boldsymbol{i}+0\cdot\boldsymbol{j}+1\cdot\boldsymbol{k}$ となる．曲面 S の法線ベクトル $\boldsymbol{n}$ は，曲面の方程式を $F(x,y,z)=x^2+y^2+z^2-1=0$ と書くと，

$$\boldsymbol{n}=\frac{\nabla F}{|\nabla F|}=\frac{1}{\sqrt{(2x)^2+(2y)^2+(2z)^2}}\begin{bmatrix}2x\\2y\\2z\end{bmatrix}=\begin{bmatrix}x\\y\\z\end{bmatrix}$$

より，

$$\begin{aligned}\int_{\mathrm{S}}(\nabla\times\boldsymbol{A})\cdot\boldsymbol{n}\,\mathrm{d}S&=\int_{\mathrm{S}}(\boldsymbol{k},\boldsymbol{n})\,dS\\&=\int_{\mathrm{D}}(\boldsymbol{k},\boldsymbol{n})\frac{1}{(\boldsymbol{k},\boldsymbol{n})}\mathrm{d}x\mathrm{d}y\\&=\int_{\mathrm{D}}\mathrm{d}x\mathrm{d}y=\pi\end{aligned}$$

ここで，式(3.135)の $\mathrm{d}S=\dfrac{1}{(\boldsymbol{k},\boldsymbol{n})}\mathrm{d}x\mathrm{d}y$ を用いた．領域 D は，曲面 S の $x$-$y$ 平面への射影，すなわち $x$-$y$ 平面上の原点を中心とする半径 1 の円である．したがって，最後の積分は円の面積 $\pi$ に等しい．一方，C は，曲面 S の境界，すなわち，領域 D の境界であるから，

$$\begin{cases}x=\cos t\\y=\sin t\\z=0\end{cases}\qquad(0\leq t\leq 2\pi)$$

とおくと，

$$\int_C \boldsymbol{A}\cdot d\boldsymbol{r} = \int_C \left\{(2x-y)\mathrm{d}x - yz^2\mathrm{d}y - yz^2\mathrm{d}z\right\} = \int_C (2x-y)\mathrm{d}x$$
$$= \int_0^{2\pi} (2\cos t - \sin t)\frac{\mathrm{d}x}{\mathrm{d}t}\mathrm{d}t = \int_0^{2\pi} -(2\cos t - \sin t)\sin t\,\mathrm{d}t$$
$$= \left[\frac{1}{2}\cos 2t + \frac{1}{2}\left(t - \frac{1}{2}\sin 2t\right)\right]_0^{2\pi} = \pi$$

以上より，ストークスの定理が成立することがわかる．

## 4・6　テンソルの初歩 (introduction to tensor)

テンソル(tensor)は，材料力学，流体力学，電磁気学などにおいて重要な概念として用いられる．特に，力学を見通し良く整理し，一般的な形で記述するためには欠かせない数学の道具である．本節では，テンソルの初歩について学ぼう．

### 4・6・1　なぜテンソルか？ (why tensor?)

例 4.1 のニュートンの法則でも扱ったように，質点の運動の記述にはベクトルが便利である．微分方程式として運動を記述する場合，成分ごとの式を書き下すのではなく，ベクトル形式で書いたほうがはるかに見通しが良くなる．ベクトル形式で記述する理由は，質点の運動，力がどちらもベクトルで書けるからである．それでは，自動車の衝突時のボディー変形，ジェット機の翼の上の流れなどを記述するときはどうだろうか？ニュートン力学(Newtonian mechanics)であることには違いないのだが，材料や流体を構成する分子 1 つ 1 つの運動を記述するのではなく，分子の大きな集団をマクロ的にとらえて物質の力学的挙動を解析する方法，すなわち，連続体力学(continuum mechanics)が用いられる．そして，物質の各部に働く力と変形との関係を記述するとき，質点の運動とは異なる手続きが必要である．

以下に簡単な例を挙げて考えてみよう．たとえば，パン生地を引き伸ばして変形させることを考えてみよう．図 4.38 に示すように，パン生地の中に 2 つの点 P，Q をとる．P を位置ベクトル $\boldsymbol{r} = [x\ y\ z]^T$ で表される点，Q を位置ベクトル $\boldsymbol{r}+\Delta\boldsymbol{r} = [x+\Delta x\ y+\Delta y\ z+\Delta z]^T$ で表される P の近傍の点とする．引き伸ばしによって，点 P，Q がそれぞれ点 P’，Q’に移動したとする．$\overrightarrow{\mathrm{PP'}}$ を平行移動させて Q に起点をあわせたときの終点を R とすると， Q’と R が重なるならばこれは平行移動であり物体の変形は伴わなかったことになる．一方，Q’が R と異なる位置に移動したとすると，$\Delta\boldsymbol{X} = \overrightarrow{\mathrm{RQ'}}$ が物体の変形を表すベクトルとなる．いま，点 P’， Q’の座標を

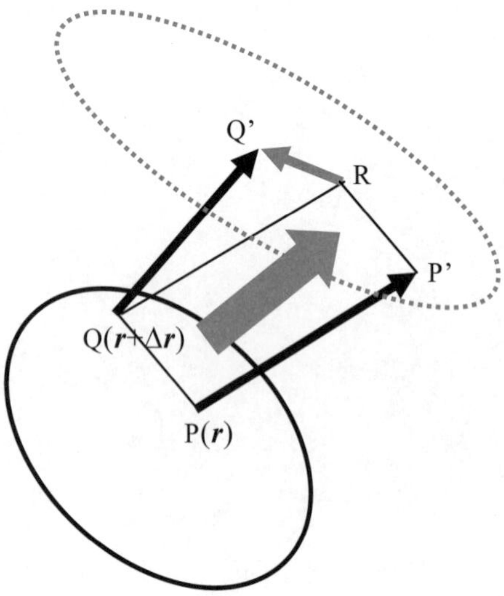

図 4.38　パン生地の変形

$$\mathrm{P'}\left(X(\boldsymbol{r}),Y(\boldsymbol{r}),Z(\boldsymbol{r})\right),\quad \mathrm{Q'}\left(X(\boldsymbol{r}+\Delta\boldsymbol{r}),Y(\boldsymbol{r}+\Delta\boldsymbol{r}),Z(\boldsymbol{r}+\Delta\boldsymbol{r})\right)$$

とおくと，変形ベクトル $\Delta\boldsymbol{X}$ は，テイラー級数の 1 次の項のみを残して

$$\Delta \boldsymbol{X} = \begin{bmatrix} X(\boldsymbol{r}+\Delta\boldsymbol{r}) \\ Y(\boldsymbol{r}+\Delta\boldsymbol{r}) \\ Z(\boldsymbol{r}+\Delta\boldsymbol{r}) \end{bmatrix} - \begin{bmatrix} X(\boldsymbol{r}) \\ Y(\boldsymbol{r}) \\ Z(\boldsymbol{r}) \end{bmatrix} - \Delta\boldsymbol{r} \cong \begin{bmatrix} \left(\dfrac{\partial X}{\partial x}-1\right)\Delta x + \dfrac{\partial X}{\partial y}\Delta y + \dfrac{\partial X}{\partial z}\Delta z \\ \dfrac{\partial Y}{\partial x}\Delta x + \left(\dfrac{\partial Y}{\partial y}-1\right)\Delta y + \dfrac{\partial Y}{\partial z}\Delta z \\ \dfrac{\partial Z}{\partial x}\Delta x + \dfrac{\partial Z}{\partial y}\Delta y + \left(\dfrac{\partial Z}{\partial z}-1\right)\Delta z \end{bmatrix} \tag{4.103}$$

と書ける．この式は，点 P に対して点 Q をどの方向にとるか，すなわち，変形前の相対位置ベクトル$\Delta\boldsymbol{r} = [\Delta x\ \Delta y\ \Delta z]^T$によって，変形ベクトルが変化することを表している．そして，$\Delta\boldsymbol{r}$ のとり方は任意であるから，点 P の周りの変形の様子は $\dfrac{\partial X}{\partial x}$ などの 9 つの微係数で記述される，といえる．そこで，式(4.103)を

$$\Delta \boldsymbol{X} = T\left(\Delta\boldsymbol{r}\right) \tag{4.104}$$

と書き，変形の特性を表す量 $T$ を変形テンソル(deformation tensor)とよぶ．ベクトルが空間の中で方向と大きさを持つ「矢印」という存在を表し，座標系のとり方によらない（当然ベクトルの成分は座標系による）のと同様に，変形テンソルは物体の変形の挙動を表す座標系によらない存在と考えることができる．4.6.4 節で示すように，このような変形によって物体内部に働く力が応力テンソル(stress tensor)として表現されるだけでなく，変形テンソルと応力テンソルの関係もテンソルで表現される．このように，連続体力学では，テンソルはベクトルと同等に重要な基本的概念である．

なお，式(4.104)は，変形前の相対位置ベクトル $\Delta\boldsymbol{r}$ と変形ベクトル$\Delta\boldsymbol{X}$の関係式と考えることもでき，ベクトルをベクトルに線形変換するものをテンソルと定義してもよい．その意味では，式(4.104)の $T$ を 3×3 の正方行列で

$$\Delta \boldsymbol{X} = \begin{bmatrix} \dfrac{\partial X}{\partial x}-1 & \dfrac{\partial X}{\partial y} & \dfrac{\partial X}{\partial z} \\ \dfrac{\partial Y}{\partial x} & \dfrac{\partial Y}{\partial y}-1 & \dfrac{\partial Y}{\partial z} \\ \dfrac{\partial Z}{\partial x} & \dfrac{\partial Z}{\partial y} & \dfrac{\partial Z}{\partial z}-1 \end{bmatrix} \Delta\boldsymbol{r} \tag{4.105}$$

と書くことも可能である．しかし，テンソルは上述のように連続体の運動に関して物理的な意味を持ち，また，その表記方法の工夫により計算の量を格段に減らせるので，一般に行列で書かず，式(4.104)のテンソルに対しては，$T_{ij}$ のように 2 つの添字をつけて書く．また，次節以降で説明する高階のテンソルについては，行列で表現することは難しい．

### 4・6・2　テンソルの定義 (definition of tensor)

ここで，あらためてテンソルを定義しよう．ベクトル $\boldsymbol{y}$ がベクトル $\boldsymbol{x}$ の関数であり，その関数 $\boldsymbol{y} = T(\boldsymbol{x})$が

$$\begin{cases} T\left(\boldsymbol{a}+\boldsymbol{b}\right) = T(\boldsymbol{a}) + T(\boldsymbol{b}) \\ T\left(c\boldsymbol{a}\right) = cT(\boldsymbol{a}) \end{cases} \tag{4.106}$$

スカラーを 0 階のテンソル，ベクトルを 1 階のテンソルということもあるが，4.6.1 節で説明したようなテンソルの物理的性質を考えると，特に統一のよび方を用いる必要はない．

つまり，線形条件を満たすとき，$T$ を2階のテンソル(second order tensor)とよぶ．

空間に直交座標系 O-$xyz$ を定義し，その基本ベクトルを $\boldsymbol{e}_1$，$\boldsymbol{e}_2$，$\boldsymbol{e}_3$ とすると，

$$\boldsymbol{a} = a_1\boldsymbol{e}_1 + a_2\boldsymbol{e}_2 + a_3\boldsymbol{e}_3 \tag{4.107}$$

に対し，$T$ が線形写像を定めるとすれば，

$$T(\boldsymbol{a}) = a_1T(\boldsymbol{e}_1) + a_2T(\boldsymbol{e}_2) + a_3T(\boldsymbol{e}_3) \tag{4.108}$$

となる．そこで，

$$\begin{cases} T(\boldsymbol{e}_1) = \sum_{i=1}^{3} T_{i1}\boldsymbol{e}_i \\ T(\boldsymbol{e}_2) = \sum_{i=1}^{3} T_{i2}\boldsymbol{e}_i \\ T(\boldsymbol{e}_3) = \sum_{i=1}^{3} T_{i3}\boldsymbol{e}_i \end{cases} \tag{4.109}$$

とおき，$\boldsymbol{b} = T(\boldsymbol{a})$ とすれば，

$$\boldsymbol{b} = \sum_{i=1}^{3} b_i\boldsymbol{e}_i = T(\boldsymbol{a}) = \sum_{j=1}^{3} a_j\left(\sum_{i=1}^{3} T_{ij}\boldsymbol{e}_i\right) = \sum_{i=1}^{3}\left(\sum_{i=1}^{3} a_jT_{ij}\right)\boldsymbol{e}_i \tag{4.110}$$

となる．したがって，線形写像を定めるテンソル $T$ は，式(4.109)の基本ベクトルの写像で定まる9個の $T_{ij}$ が成分であることがわかる．一般に $n$ 階のテンソルは $n$ 個の添字を使って表現され，$3^n$ の成分を持つ．

### 4・6・3　テンソル解析 (tensor analysis)

本節では，テンソル表記の約束と簡単な応用について説明しよう．ベクトルを式(4.107)のように基本ベクトルを用いて表示すると，

$$\boldsymbol{a} = a_1\boldsymbol{e}_1 + a_2\boldsymbol{e}_2 + a_3\boldsymbol{e}_3 = \sum_{i=1}^{3} a_i\boldsymbol{e}_i \tag{4.111}$$

と表せる．テンソル解析では，最右辺の総和記号をはずし，単に $a_i\boldsymbol{e}_i$ と書く．これを総和規約(summation convention)とよぶ．すなわち，同じ添字が1つの積や記号の中で2度現れたとき，その添字について1から3までの和をとる，という約束である．添字は $i$ 以外でも文字を自由に選んでよく，このような添字を擬標(dummy index)とよぶ．たとえば，ベクトル $\boldsymbol{a}$ と $\boldsymbol{b}$ の内積，ベクトル場 $\boldsymbol{A}$ の発散を総和規約を用いて表すと，それぞれ，

$$(\boldsymbol{a}, \boldsymbol{b}) = a_ib_i \tag{4.112}$$

$$\nabla \cdot \boldsymbol{A} = \frac{\partial A_i}{\partial x_i} \tag{4.113}$$

と書ける．

ここで，重要な記号を2つ導入する．1つはクロネッカーのデルタ(Kronecker delta)とよばれる2階のテンソルで，

$$\delta_{ij} = \begin{cases} 1 : i = j \\ 0 : i \neq j \end{cases} \tag{4.114}$$

と定義される．すなわち，$\delta_{11}=\delta_{22}=\delta_{33}=1$ であり，残りはすべて 0 である．

[例 4.25] クロネッカーのデルタ $\delta_{ij}$，2 階のテンソル $T_{ij}$ に対して，(a) $\delta_{ii}$，(b) $T_{ij}\delta_{ij}$ の値を求めよ．

（解答）

まず，

$$\delta_{ii}=\delta_{11}+\delta_{22}+\delta_{33}=1+1+1=3$$

また，

$$\begin{aligned}&T_{ij}\delta_{ij}\\&=T_{11}\delta_{11}+T_{12}\delta_{12}+T_{13}\delta_{13}+T_{21}\delta_{21}+T_{22}\delta_{22}+T_{23}\delta_{23}+T_{31}\delta_{31}+T_{32}\delta_{32}+T_{33}\delta_{33}\\&=T_{11}+T_{22}+T_{33}=T_{ii}\end{aligned}$$

である．すなわち，$\delta_{ij}$ を作用させることは，添字 $i$，$j$ を入れ替えることと等価である．

一方，3 階のテンソルである交代テンソル(alternating tensor)は，

$$\varepsilon_{ijk}=\begin{cases}1:i,j,k\text{が}1,2,3\text{の順列}\\-1:i,j,k\text{が}3,2,1\text{の順列}\\0:\text{それ以外}\end{cases}\tag{4.115}$$

と定義される．すなわち，$\varepsilon_{123}=\varepsilon_{231}=\varepsilon_{312}=1$，$\varepsilon_{321}=\varepsilon_{213}=\varepsilon_{132}=-1$ で残りは 0 である．ベクトル $\boldsymbol{a}$ と $\boldsymbol{b}$ の外積，ベクトル場 $\boldsymbol{A}$ の回転を総和規約，交代記号を用いて表すと，それぞれ，

$$(\boldsymbol{a}\times\boldsymbol{b})_k=\varepsilon_{ijk}a_ib_j\tag{4.116}$$

$$(\nabla\times\boldsymbol{A})_k=\varepsilon_{ijk}\frac{\partial A_j}{\partial x_i}\tag{4.117}$$

と書ける．

[例 4.26] スカラー3 重積$[\boldsymbol{a}\ \boldsymbol{b}\ \boldsymbol{c}]$のテンソル表記を求めよ．

（解答）

式(4.116)の $(\boldsymbol{a}\times\boldsymbol{b})_k=\varepsilon_{ijk}a_ib_j$ を使って，

$$\begin{aligned}[\boldsymbol{a}\ \boldsymbol{b}\ \boldsymbol{c}]&=(\boldsymbol{a}\times\boldsymbol{b})\cdot\boldsymbol{c}\\&=(\boldsymbol{a}\times\boldsymbol{b})_k c_k=\varepsilon_{ijk}a_ib_jc_k\end{aligned}\tag{4.118}$$

一般のテンソル $T_{ij}$ に対して，

$$\begin{cases}S_{ij}=\dfrac{1}{2}\left(T_{ij}+T_{ji}\right)\\A_{ij}=\dfrac{1}{2}\left(T_{ij}-T_{ji}\right)\end{cases}\tag{4.119}$$

のように，対称部分 $S_{ij}$ と反対称部分 $A_{ij}$ に分けて考えることが多い．$S_{ij}$ を

対称テンソル（行列で表示）

$$S_{ij}=\begin{bmatrix}S_{11}&S_{12}&S_{13}\\S_{12}&S_{22}&S_{23}\\S_{13}&S_{23}&S_{33}\end{bmatrix}$$

反対称テンソル（行列で表示）

$$A_{ij}=\begin{bmatrix}0&A_{12}&A_{13}\\-A_{12}&0&A_{23}\\-A_{13}&-A_{23}&0\end{bmatrix}$$

（$S_{ij}A_{ij}=0$ の証明）

$i$，$j$ は擬標だからそれらを入れ替えてもよく，

$$S_{ij}A_{ij}=S_{ji}A_{ji}$$

が成り立つ．そこで，$S_{ij}=S_{ji}$, $A_{ij}=-A_{ji}$ を用いると，

$$S_{ij}A_{ij}=-S_{ij}A_{ij}$$

となって $S_{ij}A_{ij}=0$ が証明された．

対称テンソル(symmetry tensor)と $A_{ij}$ を反対称テンソル(skew-symmetric tensor)とよぶ．対称テンソルの成分は $S_{ij}=S_{ji}$ であり，6 つの独立の値を持つが，反対称テンソルの成分は $A_{ij}=-A_{ji}$ となって，対角成分はすべて 0 で独立の値は 3 つである（囲み参照）．たとえば，式(4.104)の変形テンソルをこのように分けると，対称部分は実質的な変形を表し，反対称部分は変形を伴わない局所的な回転を表している．したがって，物質内部で働く力は，変形テンソル全体ではなく，その対称部分 $S_{ij}$ と結びつけることができる．なお，任意の対称テンソル $S_{ij}$ と反対称テンソル $A_{ij}$ について，

$$S_{ij}A_{ij}=0 \tag{4.120}$$

が成り立つ．

### 4・6・4　テンソルの応用例 (example application of tensor)

ここでは，弾性体の変形に絞って話を進める．図 4.39 に示す理想的なバネにおいて，バネ力 $F$ は，バネ定数 $k$ とバネの自然の長さからの変位 $x$ を用いて，$F=kx$ で与えられる．これをフックの法則(Hooke's law)とよぶが，現実的な構造体を解析するのに必要な，連続体としての記述はこれほど単純ではない．

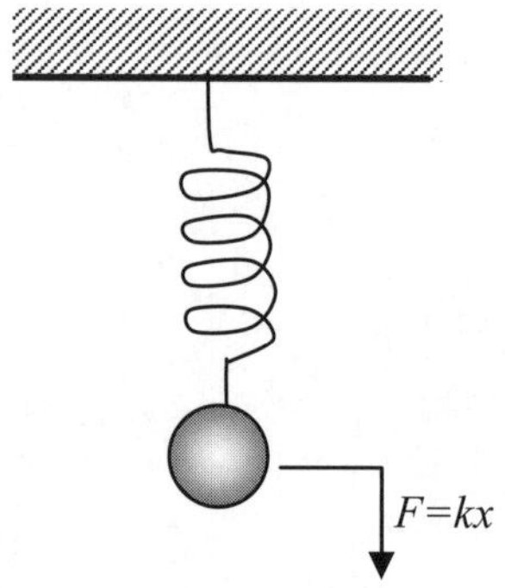


図 4.39　フックの法則

図 4.40 のように物体内部に検査面$\Delta S$ を設定し，この面に作用している力を表すベクトル $\boldsymbol{t}$ を考える．検査面の法線ベクトル $\boldsymbol{n}$ のとり方によって，$\boldsymbol{t}$ は変化するから，式(4.104)と同様に，2 階のテンソル$\sigma$を使って，

$$\boldsymbol{t}=\sigma(\boldsymbol{n}) \tag{4.121}$$

と書くことができる．すなわち，物体の内部に働く力は，応力テンソルとよばれる 2 階のテンソル $\sigma_{ij}$ で表現される．

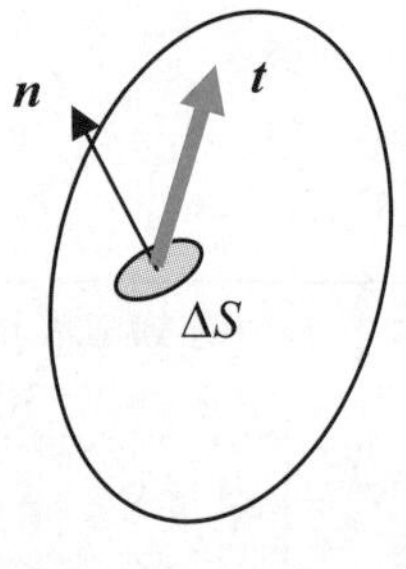


図 4.40　検査面と応力

一方，4.6.1 節で見たように，物体の変形を表す量も 2 階のテンソルである．前述のように，変形テンソルの対称成分のみが重要であるので，これを $E_{kl}$ とおき，歪テンソル(strain tensor)とよぶことにする．すると，フックの法則を満足するフック弾性体(Hookean elastic solid)では，歪と応力の関係は線形であるので，4 階のテンソル $C_{ijkl}$ を用いて，

$$\sigma_{ij}=C_{ijkl}E_{kl} \tag{4.122}$$

と表すことができる．4 階のテンソル $C_{ijkl}$ は，81 個の成分を持つため，式(4.122)のような取り扱いは現実的でないように思うかもしれない．しかし，$\sigma_{ij}$，$E_{kl}$ の両方が対称テンソルであることなどから，最大でも独立な定数は 21 個である．さらに，材料が方向によらない特性（等方性）をもっているときには，4 階の等方テンソルが一般に

$$C_{ijkl}=\lambda\delta_{ij}\delta_{kl}+\mu\delta_{ik}\delta_{jl}+\nu\delta_{ik}\delta_{jl} \tag{4.123}$$

と書けること，また，$\sigma_{ij}$，$E_{kl}$ の両方が対称テンソルでるので，$C_{ijkl}$ についても $i$ と $j$，$k$ と $l$ はそれぞれ対称の形でなければならないことから，

$$C_{ijkl}=\lambda\delta_{ij}\delta_{kl}+\mu\left(\delta_{ik}\delta_{jl}+\delta_{ik}\delta_{jl}\right) \tag{4.124}$$

が得られる．すなわち，数学的手続きのみによって，ただ 2 つの定数$\lambda$，$\mu$によって特性が定まる等方的弾性体の応力と歪の関係が求まったことになる．

同様な手法は，流体の運動や，電場によって誘電体の中に生じる電気応力

などについても用いることが可能である．また，テンソル表記は，すべての成分を書き出さずに厳密な計算を進めることが可能であり，機械工学分野で扱う偏微分方程式の導出や変形などで必須の数学的ツールとなっている．

## 4・7　まとめ (summary)

第 4 章では，我々の周りの物理世界，すなわち，3 次元空間での運動を記述し解析するための，ベクトルの内積，外積，微分，積分などについて述べた．また，場の概念を導入し，スカラー場，ベクトル場での微積分，発散定理，ストークスの定理について説明した．最後の節では，材料力学，流体力学など機械工学で扱う多くの問題の記述に重要な基本概念であるテンソルを導入した．

### 参考文献

1. 岩堀長慶，ベクトル解析，裳華房，1960
2. 安達忠次，ベクトル解析，培風館，1961
3. 加藤裕輔，多変数関数の微積分とベクトル解析，講談社，1987
4. 高木隆司，キーポイントベクトル解析，岩波書店，1993
5. ジョージ・アルフケン・ハンス・ウェーバー（権平・神原・小山訳），基礎物理数学 1　ベクトル・テンソルと行列，講談社，1999
6. 巽友正，連続体の力学，岩波書店，1995

# 第 5 章

# 多変数の関係式と変換(線形代数)

# Multivariable Relationship and Transformation (Linear Algebra)

## 5・1　線形空間とベクトル (linear space and vector)

4章では３次元空間におけるベクトルの線形性と内積の定義を与えることから始め，３次元空間に特有のさまざまな性質を導くことができた．５章では，より一般的で高次元の空間の扱いについて学ぶ．

### 5・1・1 線形空間 (linear space)

４章で導入したベクトルには次のような性質が成り立っていた．

［性質１］ベクトルにスカラーをかけた結果はベクトルになる．

［性質２］２つのベクトルを加えた結果もベクトルになる．

そこで，上の２つの性質をヒントに，これまでのベクトルの概念を拡張する．すなわち，ある集合 $\boldsymbol{V}$ が次に述べる性質を満たすとき，その集合は，先に３次元空間において導入した矢印で表現できるベクトル（幾何ベクトルと呼んでおく）の集合を含むより広い集合になる（図 5.1 参照）．この集合を線形空間(linear space)と呼ぶ．線形空間は幾何ベクトルとして前章で考えた２次元あるいは３次元空間を拡張したものである．

図 5.1 線形空間

(I) $\boldsymbol{V}$ の任意の２つの要素 $\boldsymbol{x}, \boldsymbol{y}$ に対して和という演算が定義でき（これを $\boldsymbol{x}+\boldsymbol{y}$ で表し）その演算結果も $\boldsymbol{V}$ の要素になっており，かつ，その演算に関して次の関係が成り立つ（$\boldsymbol{x}, \boldsymbol{y}, \boldsymbol{z} \in \boldsymbol{V}$ とする)．

(1) $(\boldsymbol{x}+\boldsymbol{y})+\boldsymbol{z}=\boldsymbol{x}+(\boldsymbol{y}+\boldsymbol{z})$　（結合法則）

(2) $\boldsymbol{x}+\boldsymbol{y}=\boldsymbol{y}+\boldsymbol{x}$　（交換法則）

(3) 零ベクトルと呼ばれる $\boldsymbol{V}$ の要素（これを $\boldsymbol{0}$ で表す）が唯１つ存在し，$\boldsymbol{V}$ の全ての要素 $\boldsymbol{x}$ に対して，$\boldsymbol{0}+\boldsymbol{x}=\boldsymbol{x}$ が成り立つ．

(4) $\boldsymbol{V}$ の任意の要素 $\boldsymbol{x}$ に対して，$\boldsymbol{x}+\boldsymbol{x}'=\boldsymbol{0}$ となる $\boldsymbol{V}$ の要素 $\boldsymbol{x}'$ が唯１つ存在する．これを $\boldsymbol{x}$ の逆ベクトルといい，$-\boldsymbol{x}$ で表す．

(II) $\boldsymbol{V}$ の任意の要素 $\boldsymbol{x}$ と実数 $c \in R$ に対して，$\boldsymbol{x}$ の $c$ 倍という演算が定義でき，その演算結果 $c\boldsymbol{x}$ も $\boldsymbol{V}$ の要素になっており，かつ，その演算に関して次の関係が成り立つ（$a \in R, b \in R, \boldsymbol{x} \in \boldsymbol{V}, \boldsymbol{y} \in \boldsymbol{V}$ とする)．

(5) $(a+b)\boldsymbol{x}=a\boldsymbol{x}+b\boldsymbol{x}$

(6) $a(\boldsymbol{x}+\boldsymbol{y})=a\boldsymbol{x}+a\boldsymbol{y}$

(7) $(ab)\boldsymbol{x}=a(b\boldsymbol{x})$

(8) $1\boldsymbol{x}=\boldsymbol{x}$

一般のより抽象的な線形空間の要素は，上の性質を満たすことから，幾何ベクトルと同様に扱うことができる．その結果，抽象的な空間に対して幾何ベクトルの類推に基づく直感的な理解が可能になるところが線形空間という概念を導入する理由である．

線形空間の要素をベクトルという．線形空間はベクトル空間(vector space)と呼ばれることもある．

［例 5.1］ $n$ 個の実数をタテに並べて作った要素

$$\boldsymbol{a} = \begin{bmatrix} a_1 \\ a_2 \\ \vdots \\ a_n \end{bmatrix} \tag{5.1}$$

からなる集合 $\boldsymbol{V}$ を考える．このとき，$\boldsymbol{V}$ の要素 $\boldsymbol{a}$，$\boldsymbol{b}$ および実数 $c$ に対して和とスカラー倍を

$$\boldsymbol{a}+\boldsymbol{b} = \begin{bmatrix} a_1+b_1 \\ a_2+b_2 \\ \vdots \\ a_n+b_n \end{bmatrix}, \qquad c\boldsymbol{a} = \begin{bmatrix} ca_1 \\ ca_2 \\ \vdots \\ ca_n \end{bmatrix} \tag{5.2}$$

と定義すると，$\boldsymbol{V}$ は上の条件を満たしていることがわかるので，線形空間であり，その要素はベクトルである．

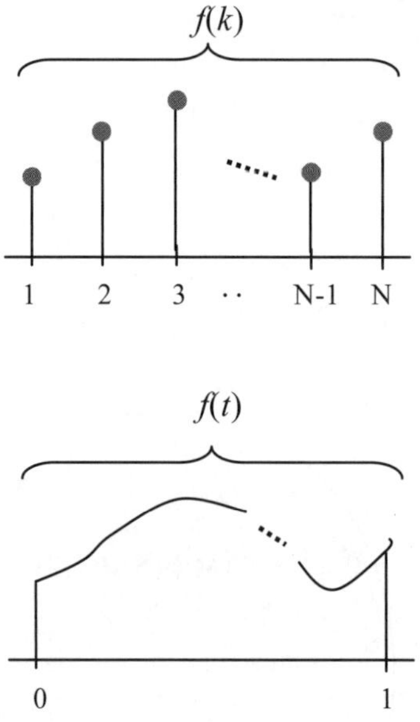

図 5.2 ベクトルの例

［例 5.2］ $k=1,2,\cdots,N$ で実数値をとる関数の集合

$$\boldsymbol{V} = \{f : f = f(k) \in R,\ k=1,2,\cdots,N\} \tag{5.3}$$

を考える（図 5.2 参照）．このとき，$\boldsymbol{V}$ の要素 $f$, $g$ および実数 $c$ に対して和とスカラー倍を

$$\begin{aligned} f+g &= f(k)+g(k) \\ cf &= cf(k) \end{aligned} \tag{5.4}$$

と定義すると，$\boldsymbol{V}$ は上の条件を満たすので，線形空間である．

［例 5.3］ $0 \le t \le 2\pi$ で実数値をとる関数の集合

$$\boldsymbol{V} = \{f : f = f(t) \in R,\ 0 \le t \le 2\pi\} \tag{5.5}$$

を考える．このとき，$\boldsymbol{V}$ の要素 $f$, $g$ および実数 $c$ に対して和とスカラー倍を

$$\begin{aligned} f+g &= f(t)+g(t) \\ cf &= cf(t) \end{aligned} \tag{5.6}$$

と定義すると，$\boldsymbol{V}$ は上の条件を満たすので，線形空間である．

### 5・1・2 ベクトルの内積とノルム (inner product and norm of vector)

前節で線形空間 $\boldsymbol{V}$ の性質として与えた関係によって，4・1・2 節で定義した種々の演算を線形空間の要素であるベクトルに対してもまったく同様に定義できる．以下では 4・2・2 節を一般化することで線形空間 $\boldsymbol{V}$ における内積演算を定義する．さらにその結果を利用してベクトルに対する「長さ」を測る量を定義し，ベクトルどうしの「角度」および「直交性」を定義してゆく．

［定義 5.1：内積(inner product)］ 線形空間 $\boldsymbol{V}$ に含まれる任意の２つのベクトル $\boldsymbol{a}$，$\boldsymbol{b}$ と任意の実数 $c_1$，$c_2$ に対して，次の３つの性質を満たしその結果が実数となる演算 $(\boldsymbol{a},\boldsymbol{b})$ を内積と呼ぶ．

(1) $(\boldsymbol{a},\boldsymbol{a}) \geq 0$，かつ等号が成り立つのは $\boldsymbol{a}=\boldsymbol{0}$ の時に限る．

(2) $(\boldsymbol{a},\boldsymbol{b}) = (\boldsymbol{b},\boldsymbol{a})$

(3) $(c_1\boldsymbol{a}+c_2\boldsymbol{b},\boldsymbol{c}) = c_1(\boldsymbol{a},\boldsymbol{c})+c_2(\boldsymbol{b},\boldsymbol{c})$

内積は上の性質を満たしておればどのようなものでもかまわない．すなわち，具体的な定義は考えている線形空間に依存して色々と考えられる．

[例 5.4] 例 5.1 で考えた線形空間では内積を

$$(\boldsymbol{a},\boldsymbol{b}) = \sum_{k=1}^{N} a_k b_k \tag{5.7}$$

と定義すればよい．これが定義 5.1 を満たしていることを確認せよ．

[例 5.5] 例 5.2 で考えた線形空間では内積を

$$(\boldsymbol{f},\boldsymbol{g}) = \sum_{k=1}^{N} f(k)g(k) \tag{5.8}$$

と定義すればよい．これが定義 5.1 を満たしていることを確認せよ．

[例 5.6] 例 5.3 で考えた線形空間では内積を

$$(\boldsymbol{f},\boldsymbol{g}) = \int_0^{2\pi} f(t)g(t)dt \tag{5.9}$$

と定義すればよい．これが定義 5.1 を満たしていることを確認せよ．

与えられた線形空間に対して内積を定義すると，2・2 節の考察を利用することによって，その線形空間の中の要素に対して大きさに相当する量を定義することができる．

具体的には，線形空間の任意の要素に対して

$$\begin{aligned}&(i)\ \ \|\boldsymbol{a}\| = 0 \Leftrightarrow \boldsymbol{a}=\boldsymbol{0}\\&(ii)\ \ \|\alpha\boldsymbol{a}\| = |\alpha|\|\boldsymbol{a}\|,\quad {}^{\forall}\alpha \in R\\&(iii)\ \ \|\boldsymbol{a}\|-\|\boldsymbol{b}\| \leq \|\boldsymbol{a}+\boldsymbol{b}\| \leq \|\boldsymbol{a}\|+\|\boldsymbol{b}\|\end{aligned} \tag{5.10}$$

を満たし実数値を与える関数 $\|\bullet\|$ を導入する．これはノルムと呼ばれ，幾何ベクトルにおいてベクトルの大きさを与える尺度に相当するものである．$(iii)$ の関係は，$\|\boldsymbol{a}\|$，$\|\boldsymbol{b}\|$，$\|\boldsymbol{a}+\boldsymbol{b}\|$ を３辺とする３角形が満たすべき条件であることから３角不等式と呼ばる．どの辺も他の２辺の和よりは短いか等しく，他の２辺の差の絶対値よりは長いか等しくなければならないという関係である．ノルムの具体的な形も線形空間によってさまざまであるが，標準的な方法は，式(2.12)のベクトルの大きさと内積の関係にならって，内積を用いてノルムを定義することである．すなわち，線形空間 $\boldsymbol{V}$ の要素 $\boldsymbol{a}$ に対するノルムを

$$\|\boldsymbol{a}\| = \sqrt{(\boldsymbol{a},\boldsymbol{a})} \tag{5.11}$$

とすればよい（証明が必要．右欄参照）．

[例 5.7] 例 5.1 で考えた線形空間ではベクトル $\boldsymbol{a} \in \boldsymbol{V}$ に対して例 5.4 の内積

---

**$\|\boldsymbol{a}\| = \sqrt{(\boldsymbol{a},\boldsymbol{a})}$ がノルムである証明**

$(i)(ii)$は明らか．$(iii)$について確認しておこう．まず $|(\boldsymbol{a},\boldsymbol{b})| \leq \sqrt{(\boldsymbol{a},\boldsymbol{a})}\sqrt{(\boldsymbol{b},\boldsymbol{b})}$ を証明する．この不等式はシュワルツの不等式と呼ばれる．まず，$\boldsymbol{a}$と$\boldsymbol{b}$を$\boldsymbol{0}$でないベクトルとし，

$$\begin{aligned}h(t) &= (\boldsymbol{a}-t\boldsymbol{b})(\boldsymbol{a}+t\boldsymbol{b})\\&= t^2(\boldsymbol{b},\boldsymbol{b})-2t(\boldsymbol{a},\boldsymbol{b})+(\boldsymbol{a},\boldsymbol{a})\end{aligned}$$

を考える．これは$t$に関する２次式であり，常に正または0なのでそのための条件は解と係数の関係から判別式が負または0になることである．したがって

$$(\boldsymbol{a},\boldsymbol{b})^2-(\boldsymbol{a},\boldsymbol{a})(\boldsymbol{b},\boldsymbol{b}) \leq 0$$

が成立していることになる．すなわち与不等式が示された．

さて，これを利用すると$(iii)$の右側の不等式は以下のように計算ができる．

$$\begin{aligned}\|\boldsymbol{a}+\boldsymbol{b}\|^2 &= (\boldsymbol{a}+\boldsymbol{b},\boldsymbol{a}+\boldsymbol{b})\\&= (\boldsymbol{a},\boldsymbol{a})+(\boldsymbol{b},\boldsymbol{b})+2(\boldsymbol{a},\boldsymbol{b})\\&\leq (\boldsymbol{a},\boldsymbol{a})+2|(\boldsymbol{a},\boldsymbol{b})|+(\boldsymbol{b},\boldsymbol{b})\\&\leq \|\boldsymbol{a}\|^2+2\|\boldsymbol{a}\|\|\boldsymbol{b}\|+\|\boldsymbol{b}\|^2\\&= (\|\boldsymbol{a}\|+\|\boldsymbol{b}\|)^2\end{aligned}$$

$(iii)$の左側の不等式も同様である．
以上で証明ができた．

を用いて

$$\|\boldsymbol{a}\| = \sqrt{(\boldsymbol{a},\boldsymbol{a})} = \sqrt{\sum_{k=1}^{N} a_k^2} \tag{5.12}$$

とノルムを定義すればよい．

次に内積を用いてベクトルどうしの直交性を定義しよう．幾何ベクトルの場合，２つのベクトルが直交していることは，物理的に二ベクトル間の角度が 90 度であることを意味する．ところが一般の線形空間 $\boldsymbol{V}$ を考えたとき，その要素であるベクトルに対して幾何学的な角度は定義されていない．そこで 式(2.7)にならって，内積を用いて線形空間に対する直交性を導入する．

[定義 5. 2：直交(orthogonal)] 線形空間 $\boldsymbol{V}$ の要素 $\boldsymbol{a}, \boldsymbol{b}$ が

$$(\boldsymbol{a},\boldsymbol{b}) = 0 \tag{5.13}$$

を満たすとき $\boldsymbol{a}, \boldsymbol{b}$ は直交しているという．ただし，$(\cdot,\cdot)$ は線形空間 $\boldsymbol{V}$ に対して定義された内積である．

[例 5. 8] ２つのベクトル

$$\boldsymbol{a} = \begin{bmatrix} 1 \\ 0 \\ 1 \end{bmatrix}, \ \boldsymbol{b} = \begin{bmatrix} 0 \\ 1 \\ 0 \end{bmatrix} \tag{5.14}$$

は線形空間の要素である．この線形空間に例 5. 4 式(5.7)の内積を定義するならば，$\boldsymbol{a}, \boldsymbol{b}$ は直交している．

[例 5. 9] 周期２πの周期関数からなる集合は線形空間である．いま

$$f_m(t) = \sin mt, \quad g_n(t) = \cos nt \quad (m = 0,1,2,\cdots, \quad n = 0,1,2,\cdots) \tag{5.15}$$

とするとこれらは線形空間の要素である．これらをベクトル $\boldsymbol{f}_m, \boldsymbol{g}_m$ で表わす．内積を例 5. 6 の式(5.9)のようにすると，

$$(\boldsymbol{f}_m, \boldsymbol{g}_n) = \int_0^{2\pi} \sin mt \cos nt \, dt = 0 \tag{5.16}$$

となる（証明は左欄参照）．$\boldsymbol{f}_m$ と $\boldsymbol{g}_m$ は直交している．

例 5.9 の証明

・$m \neq n$ のとき

$$\int_0^{2\pi} \sin mt \cos nt \, dt$$
$$= \frac{1}{2}\int_0^{2\pi} \{\sin(m+n)t + \sin(m-n)t\} \, dt$$
$$= \frac{-1}{2(m+n)} \cos(m+n)t \Big|_0^{2\pi} + \frac{1}{2(m-n)} \cos(m-n)t \Big|_0^{2\pi} = 0$$

・$m = n \neq 0$ のとき

$$\int_0^{2\pi} \sin mt \cos mt \, dt = \frac{1}{2}\int_0^{2\pi} \sin 2mt \, dt$$
$$= \frac{-1}{4} \cos 2mt \Big|_0^{2\pi} = 0$$

・$m = n = 0$ のとき

　明らか.

幾何ベクトルではない関数などの集合に対しても線形空間の性質を満たし，内積を定義できるならば，幾何ベクトルと同様にベクトルの大きさ，直交などの概念をはじめとして同様の演算が導入できることが重要ある．

### 5・1・3 線形空間の次元 (dimension of vector space)

これまで「次元」という言葉を直感的な意味で使用してきたが（２次元平面あるいは３次元空間などのように），ここでは，線形空間に対して次元を定義する．そのためにはベクトルの１次結合，１次従属性と１次独立性を定義しておく必要がある．

線形空間 $\boldsymbol{V}$ から $k$ 個のベクトル $\boldsymbol{x}_i \ (i = 1,2,\cdots,k)$ を取り出し，線形空間の性質を用いて，それらと $k$ 個の任意の実数 $c_1, c_2, \cdots, c_k$ から次のように新しいベクトルを作る．

$$\boldsymbol{y} = c_1\boldsymbol{x}_1 + c_2\boldsymbol{x}_2 + \cdots + c_k\boldsymbol{x}_k \tag{5.17}$$

このようにして作られたベクトル $\boldsymbol{y}$ をベクトル $\boldsymbol{x}_i$ の1次結合(linear combination)という．図 5.3 は２次元の幾何ベクトルの場合であるが，２つのベクトル $\boldsymbol{x}_1, \boldsymbol{x}_2$ が与えられたとするといろいろな１次結合を生み出すことができる．

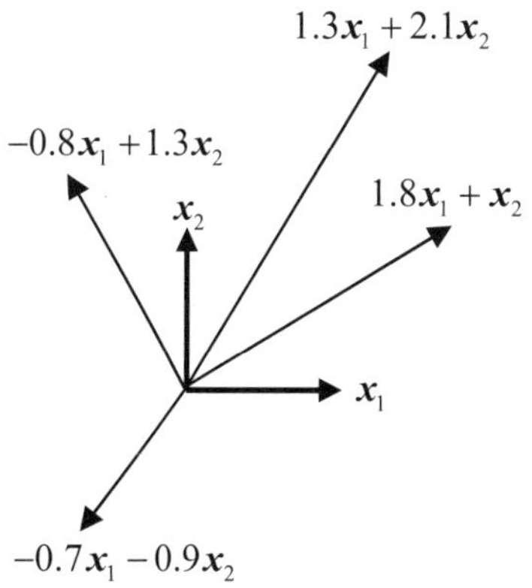


図 5.3 一次結合

線形空間からいくつかのベクトルを取り出したとき，その中の少なくともある１つのベクトルが他のベクトルの１次結合で構成できるならば，それらのベクトルは互いに１次従属(linearly dependent)であると言われる．それに対して，どの１つも他の１次結合で構成できないとき，それらのベクトルは互いに１次独立(linearly independent)であると言われる．例えば，図 5.4(a)の平面内のベクトル $\boldsymbol{y}, \boldsymbol{x}_1, \boldsymbol{x}_2$ は，少なくとも $\boldsymbol{y}$ は $\boldsymbol{x}_1, \boldsymbol{x}_2$ で構成できているのでこれらは１次従属である．それに対して，３つの中から２つのベクトルを選ぶと，どのような組み合わせを考えても（今の場合，図 5.4(b)に示す３つのケース），選んだ２本のベクトルは１次独立である．実際，図 5.4(b)に示すように，選ばれた２本の内の一方のベクトルは他のベクトルのみを使って構成することはできない．

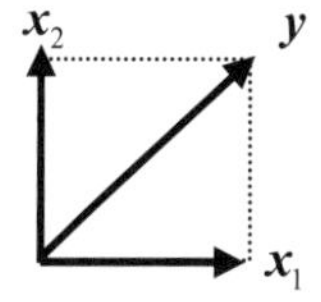


(a) 一次従属な３つのベクトル

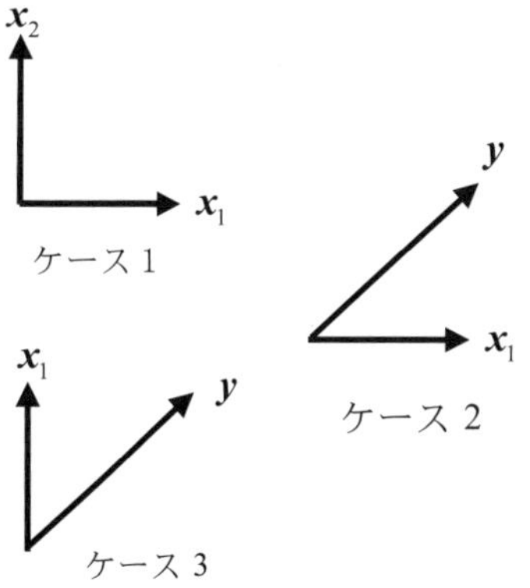


(b)一次独立な２つのベクトル

図 5.4 ベクトルの一次従属と一次独立

以上の例は，平面においては，１次独立な２個のベクトルを見つけることができるが，それ以上ベクトルを増やしても１次独立となることはない．このような性質から「次元」という概念が生まれる．すなわち，平面内には１次独立なベクトルは２個までしか存在しない．だから考えている平面は２次元であるというのである．

以上のことを踏まえて，一般の線形空間に対する１次従属，１次独立，次元について次のように定義することができる．

[定義 5.3：１次従属(linearly dependent)]線形空間 $V$ から $k$ 個のベクトル $\boldsymbol{x}_1, \boldsymbol{x}_2, \cdots, \boldsymbol{x}_k$ を取り出す．このとき，全てが 0 でない $k$ 個の実数 $c_1, c_2, \cdots, c_k$ が存在して，

$$c_1\boldsymbol{x}_1 + c_2\boldsymbol{x}_2 + \cdots + c_k\boldsymbol{x}_k = \boldsymbol{0} \tag{5.18}$$

となるとき，$\boldsymbol{x}_1, \boldsymbol{x}_2, \cdots, \boldsymbol{x}_k$ は１次従属であるという．

[定義 5.4：１次独立(linearly independent)] 線形空間 $V$ から $k$ 個のベクトル $\boldsymbol{x}_1, \boldsymbol{x}_2, \cdots, \boldsymbol{x}_k$ を取り出す．このとき，$k$ 個の実数 $c_1$, $c_2$, $\cdots, c_k$ を用いて

$$c_1\boldsymbol{x}_1 + c_2\boldsymbol{x}_2 + \cdots + c_k\boldsymbol{x}_k = \boldsymbol{0} \tag{5.19}$$

となるのは $c_1 = c_2 = \cdots = c_k = 0$ 以外に無いとき，$\boldsymbol{x}_1, \boldsymbol{x}_2, \cdots, \boldsymbol{x}_k$ は１次独立であるという．

これらの定義は上の平面の場合の説明と異なっているようにみえるが実は同じである．実際，$\boldsymbol{x}_1, \boldsymbol{x}_2, \cdots, \boldsymbol{x}_k$ が定義 5.3 の意味で１次従属だとすると，ある零でない定数 $c_p (1 \le p \le k)$ が存在して，

$$\boldsymbol{x}_p = -\frac{c_1}{c_p}\boldsymbol{x}_1 - \cdots - \frac{c_{p-1}}{c_p}\boldsymbol{x}_{p-1} - \frac{c_{p+1}}{c_p}\boldsymbol{x}_{p+1} - \cdots - \frac{c_n}{c_p}\boldsymbol{x}_n \tag{5.20}$$

と書ける．また，定義 5.4 の意味で１次独立だとすると式(5.20)のように表現できない，すなわち，どの１つのベクトルも他のベクトルの１次結合で構成することはできないことを示している．

最後に，ベクトルの１次独立性を用いて線形空間の次元を次のように定義する．

[定義 5. 5：次元(dimension)] 与えられた線形空間 $\boldsymbol{V}$ に属する 1 次独立なベクトルの最大数をその空間 $\boldsymbol{V}$ の次元という．

**5・1・4 線形空間の基底 (bases of vector space)**

$n$ 次元線形空間 $\boldsymbol{V}$ では $n$ 本の 1 次独立なベクトル $\boldsymbol{x}_1, \boldsymbol{x}_2, \cdots, \boldsymbol{x}_n$ を選ぶことができる．このような $n$ 個の 1 次独立なベクトルの組を $\boldsymbol{V}$ の基底(basis)をいう．特に，全ての基底のノルムが 1 で互いに直交しているとき，正規直交基底(orthonormal basis)と呼ぶ．一般に $r$ 本の 1 次独立なベクトル $\boldsymbol{x}_1, \boldsymbol{x}_2, \cdots, \boldsymbol{x}_r$ が与えられると，それらを適当に一次結合することによって，$r$ 本のノルムが 1 で互いに直交するベクトル正規直交系(orthonormal system)をつくることができる．この方法をシュミットの直交化法(Schmidt orthogonalization process)と呼ぶ．

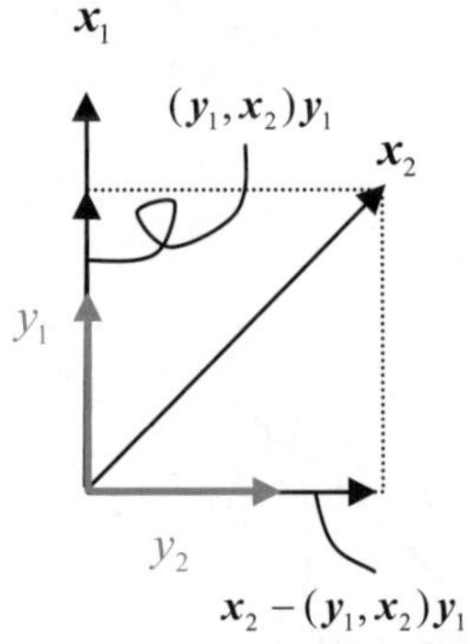


図 5.5 r=2 の場合のシュミットの直交化法

[シュミットの直交化法] $r$ 本の 1 次独立なベクトル $\boldsymbol{x}_1, \boldsymbol{x}_2, \cdots, \boldsymbol{x}_r$ に対して $\boldsymbol{n}(\boldsymbol{x}) = \boldsymbol{x}/\|\boldsymbol{x}\|$ $(\boldsymbol{x} \neq \boldsymbol{0})$ と定義すれば次のようにして $r$ 個の新しいベクトルの組を構成することができる．

$$\begin{aligned}
\boldsymbol{y}_1 &= \boldsymbol{n}(\boldsymbol{x}_1) \\
\boldsymbol{y}_2 &= \boldsymbol{n}\left(\boldsymbol{x}_2 - (\boldsymbol{y}_1, \boldsymbol{x}_2)\boldsymbol{y}_1\right) \\
\boldsymbol{y}_3 &= \boldsymbol{n}\left(\boldsymbol{x}_3 - (\boldsymbol{y}_1, \boldsymbol{x}_3)\boldsymbol{y}_1 - (\boldsymbol{y}_2, \boldsymbol{x}_3)\boldsymbol{y}_2\right) \\
&\vdots \\
\boldsymbol{y}_r &= \boldsymbol{n}\left(\boldsymbol{x}_r - \sum_{j=1}^{r-1} (\boldsymbol{y}_j, \boldsymbol{x}_r)\boldsymbol{y}_j\right)
\end{aligned} \tag{5.21}$$

このようにして得られたベクトルは正規直交系になっている（r=2 の場合の例を図 5.5 に示す）．

上のことから，「$n$ 次元線形空間 $\boldsymbol{V}$ は正規直交基底をもつ」ことがわかる．

さて，基底が定められると $\boldsymbol{V}$ に含まれる任意のベクトルは次のようにその基底の 1 次結合で（一意に）構成できる．

$$\boldsymbol{y} = a_1\boldsymbol{x}_1 + a_2\boldsymbol{x}_2 + \cdots + a_n\boldsymbol{x}_n \tag{5.22}$$

ここで，$n$ 個の数値列 $a_1.a_2, \cdots, a_n$ はベクトル $\boldsymbol{y}$ の基底 $\boldsymbol{x}_1, \boldsymbol{x}_2, \cdots, \boldsymbol{x}_n$ に関する成分(component)と呼ばれ，ベクトル $\boldsymbol{y}$ そのものと同一視することにしよう．すなわち，ベクトル $\boldsymbol{y}$ を

$$\boldsymbol{y} = \begin{bmatrix} a_1 \\ \vdots \\ a_n \end{bmatrix} \tag{5.23}$$

と表現するのである．このような表現は数ベクトル(number vector)と呼ばれることもある．ただし，その前提には基底 $\boldsymbol{x}_1, \boldsymbol{x}_2, \cdots, \boldsymbol{x}_n$ を想定していることを忘れてはならない．したがって，ベクトルを成分表示する場合，異なった基底を選ぶと，ベクトル $\boldsymbol{y}$ 自体は同じであるが，その成分の値は違ってくる．このことは，適切な基底を選ぶことによって都合のよい成分表現が得られることを示唆している．5.3 節参照．

[例 5. 10] 例 5.1 で $n$=2 とした場合の線形空間には

$$\boldsymbol{x}_1 = \begin{bmatrix} 1 \\ 0 \end{bmatrix}, \boldsymbol{x}_2 = \begin{bmatrix} 0 \\ 1 \end{bmatrix} \tag{5.24}$$

という 2 個の 1 次独立なベクトルを考えることができ，$\boldsymbol{V}$ の全ての要素はこれらの 1 次結合

$$a_1\boldsymbol{x}_1 + a_2\boldsymbol{x}_2 \tag{5.25}$$

によって表現することができる． $\boldsymbol{x}_1, \boldsymbol{x}_2$ は互いに直交しておりノルムは 1 である．したがってこの場合，式(5.24)のベクトルは正規直交基底であり，その基底のもとでの成分表現は

$$\boldsymbol{a} = \begin{bmatrix} a_1 \\ a_2 \end{bmatrix} \tag{5.26}$$

となる．また基底として正規直交ではない

$$\boldsymbol{y}_1 = \begin{bmatrix} 1 \\ 0 \end{bmatrix}, \boldsymbol{y}_2 = \begin{bmatrix} 1 \\ 1 \end{bmatrix} \tag{5.27}$$

を考えてもよい．この場合，先のベクトル $\boldsymbol{a}$ は

$$\boldsymbol{a} = a_1\boldsymbol{x}_1 + a_2\boldsymbol{x}_2 = (a_1 - a_2)\boldsymbol{y}_1 + a_2\boldsymbol{y}_2 \tag{5.28}$$

となる．したがってこの基底 $\boldsymbol{y}_1, \boldsymbol{y}_2$ のもとでの成分表現は

$$\boldsymbol{a} = \begin{bmatrix} a_1 - a_2 \\ a_2 \end{bmatrix} \tag{5.29}$$

となる．式(5.26)と式(5.29)は異なった成分表示であるが，基底が違うことによるものであり，両者が意味するベクトル $\boldsymbol{a}$ は同じである．

数ベクトルは線形空間となるが，この空間に内積を定義するときには注意が必要である．なぜならば例 5.4 の式(5.7)のように内積を定義するときに，その値がもとのベクトルの線形空間で定義された内積に一致するのは基底が正規直交基底である場合に限られるからである．

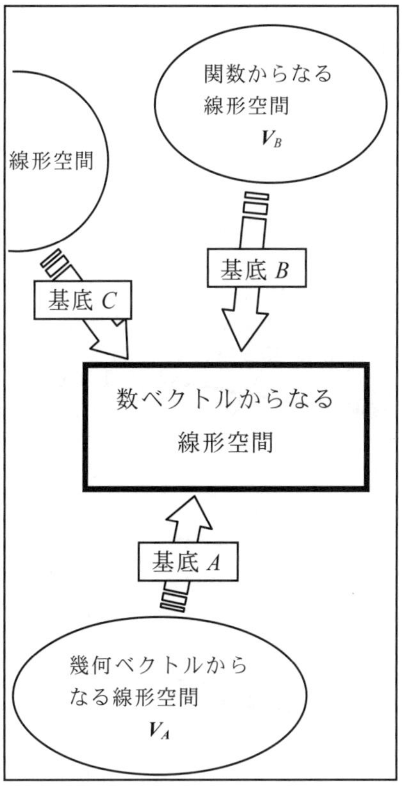

図 5.6 種々の線形空間と数ベクトルの線形空間

［例 5.11］ 例 5.2 で考えた関数で $N$=3 の場合，３つのベクトル

$$\boldsymbol{f}_1 = \begin{cases} 1 & (k=1) \\ 0 & (k=2) \\ 0 & (k=3) \end{cases}, \boldsymbol{f}_2 = \begin{cases} 0 & (k=1) \\ 1 & (k=2) \\ 0 & (k=3) \end{cases}, \boldsymbol{f}_3 = \begin{cases} 0 & (k=1) \\ 0 & (k=2) \\ 1 & (k=3) \end{cases} \tag{5.30}$$

が正規直交基底になっている．この基底をとると $\boldsymbol{V}$ の任意の要素は

$$\boldsymbol{f} = a_1\boldsymbol{f}_1 + a_2\boldsymbol{f}_2 + a_3\boldsymbol{f}_3 \tag{5.31}$$

と書けるので成分表示すると

$$\boldsymbol{f} = \begin{bmatrix} a_1 \\ a_2 \\ a_3 \end{bmatrix} \tag{5.32}$$

となる．

以上のように線形空間の中に正規直交基底を選ぶことによって，幾何ベクトルのみならず，関数の線形空間のベクトルも数ベクトルに置き換えることが可能になる．すなわち，幾何ベクトルから構成される線形空間のみならず，全ての線形空間は

$$\boldsymbol{a} = \begin{bmatrix} a_1 \\ \vdots \\ a_n \end{bmatrix} \tag{5.33}$$

で構成される数ベクトルからなる線形空間と同一視することができる(図 5.6 参照)．したがって，以下では，式(5.33)で表現されるベクトルを考えることにし，これまで定義してきた種々の演算の具体的な計算方法について述べる．

### 5・1・5 ベクトル演算の計算 (calculation of vector operations)

数ベクトルからなる線形空間を定義しておく．

［定義 5.6：線形空間 $\boldsymbol{R}^n$(linear space $\boldsymbol{R}^n$)］一般の $n$ 次元線形空間 $\boldsymbol{V}$ に内積が定義されそれを用いたノルムによって正規直交基底が次のように与えられているものとする．

$$\{\boldsymbol{e}_1, \boldsymbol{e}_2, \cdots, \boldsymbol{e}_n\} \text{ ただし} (\boldsymbol{e}_i, \boldsymbol{e}_j) = \begin{cases} 1 & (i = j) \\ 0 & (i \neq j) \end{cases} \text{とする．} \tag{5.34}$$

このとき式(5.33)で表現される数ベクトルを列ベクトル(column vector)とよび，線形空間 $\boldsymbol{V}$ の全ての要素に対応した数ベクトルがつくる線形空間を $\boldsymbol{R}^n$ と表現する．

線形空間 $\boldsymbol{R}^n$ の上の演算を，これまで出てきた演算を含めて，あらためて以下に定義する．

［1］転置(transpose)：ベクトル $\boldsymbol{a} \in \boldsymbol{R}^n$ の成分を横に並べることを転置といい，

$$\boldsymbol{a}^T = [a_1 \quad a_2 \quad \cdots \quad a_n] \tag{5.35}$$

と書く．

［2］等価(equal)：２つのベクトル $\boldsymbol{a} \in \boldsymbol{R}^n, \boldsymbol{b} \in \boldsymbol{R}^n$ が等しいとは，各成分が等しいことである．すなわち，

$$\boldsymbol{a} = \boldsymbol{b} \Leftrightarrow a_i = b_i \ (i = 1, \cdots, n) \tag{5.26}$$

［3］和(sum)：２つのベクトル $\boldsymbol{a} \in \boldsymbol{R}^n, \boldsymbol{b} \in \boldsymbol{R}^n$ の和を，成分どうしの和と定義する．すなわち，次式のようになる．

$$\boldsymbol{c} = \boldsymbol{a} + \boldsymbol{b} = \begin{bmatrix} a_1 \\ \vdots \\ a_n \end{bmatrix} + \begin{bmatrix} b_1 \\ \vdots \\ b_n \end{bmatrix} = \begin{bmatrix} a_1 + b_1 \\ \vdots \\ a_n + b_n \end{bmatrix} = \begin{bmatrix} c_1 \\ \vdots \\ c_n \end{bmatrix} \tag{5.37}$$

［4］スカラー倍(scalar multiple)：ベクトル $\boldsymbol{a} \in \boldsymbol{R}^n$ に実数 $c$ を掛けることは各成分を $c$ 倍することとする．

$$c\boldsymbol{a} = \begin{bmatrix} ca_1 \\ \vdots \\ ca_n \end{bmatrix} \tag{5.38}$$

［5］零ベクトル(zero vector)：全ての成分が零であるベクトルを零ベクトルといい

$$\boldsymbol{0} = \begin{bmatrix} 0 \\ \vdots \\ 0 \end{bmatrix} \tag{5.39}$$

と書く．

［6］内積(inner product)：ベクトル $\boldsymbol{a} \in \boldsymbol{R}^n, \boldsymbol{b} \in \boldsymbol{R}^n$ に対して演算

$$(\boldsymbol{a}, \boldsymbol{b}) = \sum_{i=1}^{n} a_i b_i = \boldsymbol{a}^T \boldsymbol{b} \tag{5.40}$$

によって内積を定義する．

［7］ノルム(norm)：ベクトル $\boldsymbol{a} \in \boldsymbol{R}^n$ に対してノルムを次のように定義する．

---

一般の線形空間 $\boldsymbol{V}$ の要素 $\boldsymbol{a}, \boldsymbol{b}$ を考え，それらの成分表示を

$$\boldsymbol{a} = a_1\boldsymbol{e}_1 + a_2\boldsymbol{e}_2 + \cdots + a_n\boldsymbol{e}_n = \begin{bmatrix} a_1 \\ \vdots \\ a_n \end{bmatrix}$$

$$\boldsymbol{b} = b_1\boldsymbol{e}_1 + b_2\boldsymbol{e}_2 + \cdots + b_n\boldsymbol{e}_n = \begin{bmatrix} b_1 \\ \vdots \\ b_n \end{bmatrix}$$

とする．

(1) 内積：

$$(\boldsymbol{a}, \boldsymbol{b}) = \left( \sum_{i=1}^{n} a_i \boldsymbol{e}_i, \sum_{j=1}^{n} b_j \boldsymbol{e}_j \right) = \sum_{i=1, j=1}^{n,n} a_i b_j (\boldsymbol{e}_i, \boldsymbol{e}_j) = a_1 b_1 + a_2 b_2 + \cdots a_n b_n$$

(2) ノルム：

$$\|\boldsymbol{a}\| = \sqrt{(\boldsymbol{a}, \boldsymbol{a})} = \sqrt{\left( \sum_{i=1}^{n} a_i \boldsymbol{e}_i, \sum_{j=1}^{n} a_j \boldsymbol{e}_j \right)} = \sqrt{\sum_{i=1, j=1}^{n,n} a_i a_j (\boldsymbol{e}_i, \boldsymbol{e}_j)} = \sqrt{a_1^2 + a_2^2 + \cdots + a_n^2}$$

---

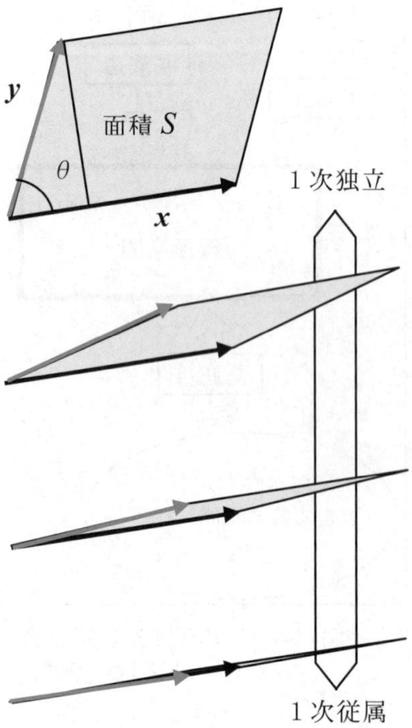


図 5.7　1 次独立と 1 次従属

$$\|\boldsymbol{a}\| = \sqrt{(\boldsymbol{a},\boldsymbol{a})} \\ = \sqrt{\boldsymbol{a}^T\boldsymbol{a}} = \sqrt{\sum_{k=1}^{n} a_k^2} \tag{5.41}$$

内積とノルムに関して，元の線形空間 $\boldsymbol{V}$ で定義されたものと $\boldsymbol{R}^n$ で定義されたものが同じになることを欄外で確認しておこう．

[8] 1次従属・1次独立と行列式(linear dependent・linear independent and determinant)：線形空間 $\boldsymbol{R}^n$ の中のベクトルの1次従属，1次独立について再考する．図5.7のように線形空間 $\boldsymbol{R}^2$ における2つのベクトルの組をいくつか考えると，図の上の場合は1次独立であり，下に行くにしたがって1次従属に近づいていることが直感的に理解できよう．その感覚を定量的に表すことができると有益である．その尺度の候補の1つが図のように2つのベクトルで構成される平行四辺形の面積 $S$ である．Sの値が0になると1次従属になることが予想される．

いま，

$$\boldsymbol{x} = \begin{bmatrix} a \\ b \end{bmatrix}, \quad \boldsymbol{y} = \begin{bmatrix} c \\ d \end{bmatrix} \tag{5.42}$$

という2つのベクトルを考えると，これらの構成される平行四辺形の面積は

$$S = |a||b|\sin\theta \tag{5.43}$$

となる．ただし，$\theta$ は2つのベクトルのなす角度で $\theta$ の値によって面積の符号も変わる符号付面積を考えることにする．ここで，式(4.8) (5.41)より

$$(\cos\theta)^2 = \frac{(x,y)^2}{|x|^2\,|y|^2} = \frac{(ac+bd)^2}{(a^2+b^2)(c^2+d^2)} \tag{5.44}$$

なので

$$(\sin\theta)^2 = 1-(\cos\theta)^2 = 1-\frac{(ac+bd)^2}{(a^2+b^2)(c^2+d^2)} \\ = \frac{(a^2+b^2)(c^2+d^2)-(ac+bd)^2}{(a^2+b^2)(c^2+d^2)} \\ = \frac{(ad-bc)^2}{(a^2+b^2)(c^2+d^2)} \tag{5.45}$$

となる．よって，式(6.43)(6.45)より

$$S = |\boldsymbol{x}||\boldsymbol{y}|\sin\theta = \sqrt{(a^2+b^2)(c^2+c^2)}\frac{ad-bc}{\sqrt{(a^2+b^2)(c^2+d^2)}} \\ = ad-bc \tag{5.46}$$

を得る．この値はベクトルの1次独立性を定量的に評価していると捉えられるので，

$$\det[\boldsymbol{x}\ \ \boldsymbol{y}] = \det\begin{bmatrix} a & c \\ b & d \end{bmatrix} = ad-bc \tag{5.47}$$

と書いて特徴付けておこう．

これは 2 次元ベクトルに対して定義したものであるが，一般に，$n$ 本の $n$ 次元ベクトルに対して

$$\det\left[\boldsymbol{x}_1\ \boldsymbol{x}_2 \cdots \boldsymbol{x}_n\right] = \det\begin{bmatrix} x_{11} & \cdots & x_{1n} \\ \vdots & \ddots & \vdots \\ x_{n1} & \cdots & x_{nn} \end{bmatrix} \tag{5.48}$$

と書いて 1 つのスカラー量を対応付け，これを行列式(determinant)と呼ぶ．

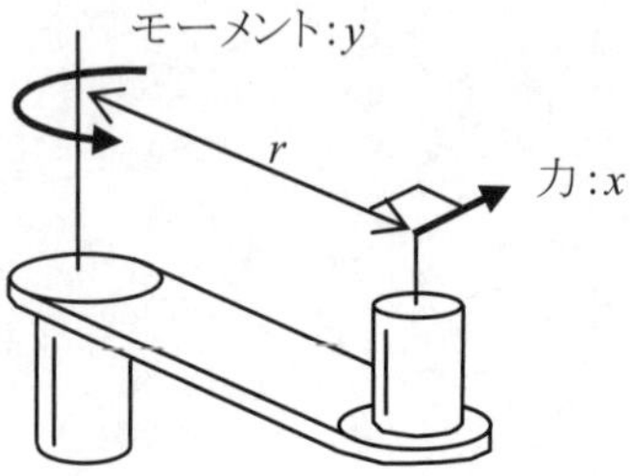


図 5.11　力とモーメント

## 5・2　線形写像 (linear mapping)

ニュートンの法則では物体に加わった力が質量によって加速度に変換される．ここではある物理ベクトルが別の物理的次元を持つベクトルに変換されている．また，ある座標系で表わされた力をもう一つの座標系で表わすことが必要になることがある．これは物理的次元が変化しないベクトルの変換である．本節ではこのようなベクトルの変換を写像として扱う．

### 5・2・1　ベクトルの変換 (transformation of vector)

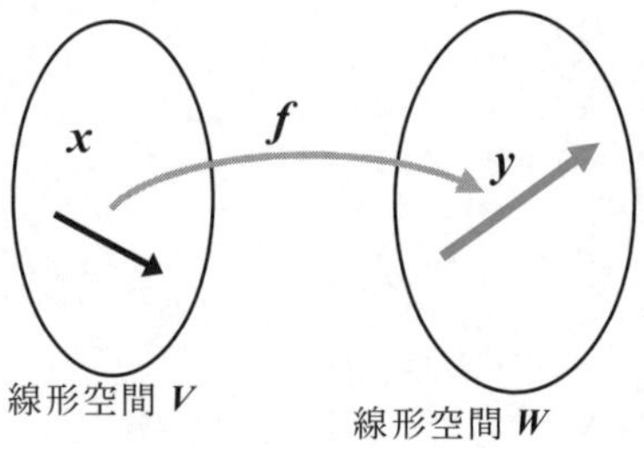


図 5.12　線形写像

例えば，図 5.11 のように半径 $r$ のハンドルが半径方向に直交する向きに大きさ $x$ の力を受けている様子を考える．このとき，ハンドルの軸方向にかかるモーメントの大きさを $y$ とすると

$$y = rx \tag{5.49}$$

となる．この状況をベクトルで表現すると

$$\boldsymbol{y} = \boldsymbol{f}(\boldsymbol{x}) \tag{5.50}$$

と書ける．ここで $\boldsymbol{f}$ はベクトルとして表わした $\boldsymbol{x}$ をベクトルとして表わしたハンドル軸まわりのモーメント $\boldsymbol{y}$ に変換する写像であり，大きさは式(5.49)で規定される．このような場合では，(i) $\boldsymbol{x}$ の大きさが $a$ 倍になると $\boldsymbol{y}$ の大きさも $a$ 倍になる，(ii) $\boldsymbol{x}$ を $\boldsymbol{x}_1 + \boldsymbol{x}_2$ にすると $\boldsymbol{y}$ も $\boldsymbol{y}_1 + \boldsymbol{y}_2$ になる（ただし，$\boldsymbol{y}_1 = \boldsymbol{f}(\boldsymbol{x}_1)$，$\boldsymbol{y}_2 = \boldsymbol{f}(\boldsymbol{x}_2)$）という性質をもっている．

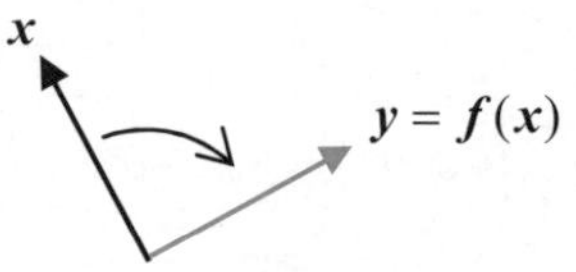


図 5.13 回転の写像

このような性質をもつ写像を線形写像と呼ぶ．線形写像は次のように定義される．

［定義 5.7：線形写像(linear mapping)］線形空間 $\boldsymbol{V}$ の要素 $\boldsymbol{x}$ を線形空間 $\boldsymbol{W}$ の要素 $\boldsymbol{y}$ に変換する写像 $\boldsymbol{f}$ が

$$\begin{aligned} &(i)\ \boldsymbol{f}(\boldsymbol{x}_1 + \boldsymbol{x}_2) = \boldsymbol{f}(\boldsymbol{x}_1) + \boldsymbol{f}(\boldsymbol{x}_2) \\ &(ii)\ \boldsymbol{f}(\lambda \boldsymbol{x}) = \lambda \boldsymbol{f}(\boldsymbol{x}) \end{aligned} \tag{5.51}$$

を満たしているとき，この写像 $\boldsymbol{f}$ を線形写像という．ただし，$\lambda$ は任意の実数である．図 5.12 参照．

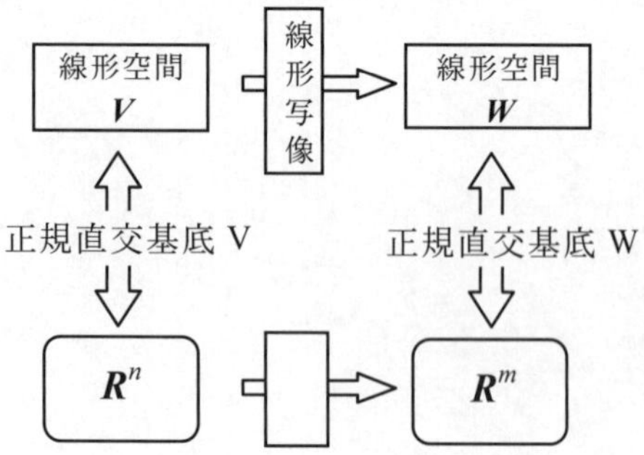


図 5.14　線形写像の表現

［例 5.21］ 図 5.13 のように，2 次元平面内のベクトル $\boldsymbol{x}$ を時計周りに 90 度回転したベクトル $\boldsymbol{y}$ に移す写像 $f(\bullet)$ を考えよう．この写像は明らかに定義 5.7 の $(i)$ $(ii)$ の性質を満たしている（確かめよ）．したがって，線形写像である．

### 5・2・2　線形写像の表現 (representation of linear map)

5・1・4 節で見たように，任意の線形空間は適当な正規直交基底を選ぶ

ことによって数ベクトルからなる線形空間 $\boldsymbol{R}^n$ と同一視することができた．それを利用して，ここでは，線形写像の具体的な表現方法を導出する．そのためにまず，図 5.14 のように線形空間 $\boldsymbol{V}$（$n$ 次元）と線形空間 $\boldsymbol{W}$（$m$ 次元）にそれぞれ適当な正規直交基底 V と W を導入し，それぞれに対応する数ベクトルからなる線形空間 $\boldsymbol{R}^n$ と $\boldsymbol{R}^m$ を求める．そして，線形空間 $\boldsymbol{V}$ から線形空間 $\boldsymbol{W}$ への線形写像に対応する線形空間 $\boldsymbol{R}^n$ と $\boldsymbol{R}^m$ の間を結ぶ適当な写像 $\boldsymbol{A}$ を定める．

線形空間 $\boldsymbol{V}$（$n$ 次元）と線形空間 $\boldsymbol{W}$（$m$ 次元）の正規直交基底をそれぞれ，$\mathrm{V}=\{\boldsymbol{v}_1,\boldsymbol{v}_2,\cdots,\boldsymbol{v}_n\}$ および $\mathrm{W}=\{\boldsymbol{w}_1,\boldsymbol{w}_2,\cdots,\boldsymbol{w}_m\}$ とする．そして，$\boldsymbol{x}\in\mathrm{V}$ と $\boldsymbol{y}\in\mathrm{W}$ の間を結ぶ線形写像を

$$\boldsymbol{y}=\boldsymbol{f}(\boldsymbol{x}) \tag{5.52}$$

とする．まず，

$$\boldsymbol{x}=x_1\boldsymbol{v}_1+x_2\boldsymbol{v}_2+\cdots+x_n\boldsymbol{v}_n \tag{5.53}$$

$$\boldsymbol{y}=y_1\boldsymbol{w}_1+y_2\boldsymbol{w}_2+\cdots+y_m\boldsymbol{w}_m \tag{5.54}$$

なので，両式を(5.52)式に代入すると

$$\boldsymbol{y}=y_1\boldsymbol{w}_1+y_2\boldsymbol{w}_2+\cdots+y_m\boldsymbol{w}_m \tag{5.55}$$

$$=\boldsymbol{f}(x_1\boldsymbol{v}_1+x_2\boldsymbol{v}_2+\cdots+x_n\boldsymbol{v}_n)$$

$$=x_1\boldsymbol{f}(\boldsymbol{v}_1)+x_2\boldsymbol{f}(\boldsymbol{v}_2)+\cdots+x_n\boldsymbol{f}(\boldsymbol{v}_n) \tag{5.56}$$

となる．ところで，$\boldsymbol{f}(\boldsymbol{v}_i)$ は W の要素なので

$$\boldsymbol{f}(\boldsymbol{v}_i)=a_{1i}\boldsymbol{w}_1+a_{2i}\boldsymbol{w}_2+\cdots+a_{mi}\boldsymbol{w}_m \tag{5.57}$$

と書ける．したがって，式(5.57)を式(5.56)に代入し，式(5.55)を用いると

$$y_1\boldsymbol{w}_1+y_2\boldsymbol{w}_2+\cdots+y_m\boldsymbol{w}_m= \tag{5.58}$$

$$\begin{aligned}
&=x_1\boldsymbol{f}(\boldsymbol{v}_1)+x_2\boldsymbol{f}(\boldsymbol{v}_2)+\cdots+x_n\boldsymbol{f}(\boldsymbol{v}_n)\\
&=x_1a_{11}\boldsymbol{w}_1+x_1a_{21}\boldsymbol{w}_2+\cdots+x_1a_{m1}\boldsymbol{w}_m\\
&\quad+x_2a_{12}\boldsymbol{w}_1+x_2a_{22}\boldsymbol{w}_2+\cdots+x_1a_{m2}\boldsymbol{w}_m\\
&\qquad\cdots\\
&\quad+x_na_{1n}\boldsymbol{w}_1+x_na_{2n}\boldsymbol{w}_2+\cdots+x_na_{mn}\boldsymbol{w}_m\\
&=\left(a_{11}x_1+a_{12}x_2+\cdots+a_{1n}x_n\right)\boldsymbol{w}_1\\
&\quad+\left(a_{21}x_1+a_{22}x_2+\cdots+a_{2n}x_n\right)\boldsymbol{w}_2\\
&\qquad\cdots\\
&\quad+\left(a_{m1}x_1+a_{m2}x_2+\cdots+a_{mn}x_n\right)\boldsymbol{w}_m
\end{aligned} \tag{5.59}$$

が得られる．すなわち，

$$\begin{aligned}
y_1&=a_{11}x_1+a_{12}x_2+\cdots+a_{1n}x_n\\
y_2&=a_{21}x_1+a_{22}x_2+\cdots+a_{2n}x_n\\
&\ \vdots\\
y_m&=a_{m1}x_1+a_{m2}x_2+\cdots+a_{mn}x_n
\end{aligned} \tag{5.60}$$

である．

ここで，$m$ 行，$n$ 列の行列（$m\times n$ 行列）$\boldsymbol{A}$ と数ベクトル $\boldsymbol{x},\boldsymbol{y}$ を

$$\boldsymbol{A}=\begin{bmatrix}a_{11}&a_{12}&\cdots&a_{1n}\\a_{21}&a_{22}&\cdots&a_{2n}\\\vdots&\vdots&&\vdots\\a_{m1}&a_{m2}&\cdots&a_{mn}\end{bmatrix},\quad \boldsymbol{x}=\begin{bmatrix}x_1\\x_2\\\vdots\\x_n\end{bmatrix},\quad \boldsymbol{y}=\begin{bmatrix}y_1\\y_2\\\vdots\\y_m\end{bmatrix} \tag{5.61}$$

と定義すると，式 (5.60)は次のように書くことができる．

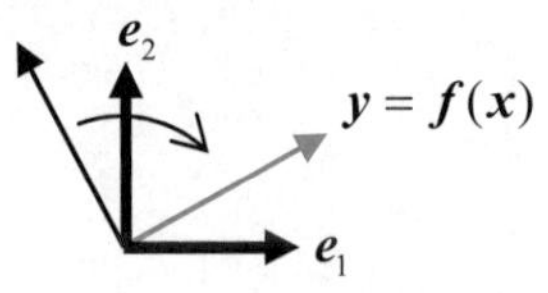

図 5.15 回転の写像と基底

$$\boldsymbol{y} = \boldsymbol{A}\boldsymbol{x} \tag{5.62}$$

あるいは逆に，式(5.62)は行列 $\boldsymbol{A}$ とベクトル $\boldsymbol{x}$ の積であると定義し，その具体的な計算が式(5.60)であると考えてもよい．この式は線形空間 $\boldsymbol{R}^n$ の要素から線形空間 $\boldsymbol{R}^m$ の要素への写像を表している．これは定義 5.7 に従うどのような線形写像も，正規直交基底の採用によって，必ず式(5.96)のような行列とベクトルの関係として表現できることを表わしている．よって，線形写像 $\boldsymbol{f}$ と行列 $\boldsymbol{A}$ を同一視することができる．

［例 5.22］ 例 5.21 の回転の線形写像を考える．そして，図 5.15 のように正規直交基底 $\boldsymbol{e}_1$，$\boldsymbol{e}_2$ を設定する．そうすると，任意のベクトル $\boldsymbol{x}$ と，それを時計周りに 90 度回転したベクトル $\boldsymbol{y}$ をこの基底の元で

$$\boldsymbol{x} = \begin{bmatrix} x_1 \\ x_2 \end{bmatrix},\ \boldsymbol{y} = \begin{bmatrix} y_1 \\ y_2 \end{bmatrix} \tag{5.63}$$

と成分表現する．ここで，

$$\boldsymbol{A} = \begin{bmatrix} 0 & 1 \\ -1 & 0 \end{bmatrix} \tag{5.64}$$

とおくと

$$\boldsymbol{y} = \begin{bmatrix} y_1 \\ y_2 \end{bmatrix} = \begin{bmatrix} x_2 \\ -x_1 \end{bmatrix} = \begin{bmatrix} 0 & 1 \\ -1 & 0 \end{bmatrix}\begin{bmatrix} x_1 \\ x_2 \end{bmatrix} = \boldsymbol{A}\boldsymbol{x} \tag{5.65}$$

となり，行列 $\boldsymbol{A}$ がベクトルを時計回りに 90 度回転させる写像であることがわかる．

### 5・2・3 行列 (matrix)

$m \times n$ 行列

$$\boldsymbol{A} = \begin{bmatrix} a_{11} & a_{12} & \cdots & a_{1n} \\ a_{21} & a_{22} & \cdots & a_{2n} \\ \vdots & \vdots & & \vdots \\ a_{m1} & a_{m2} & \cdots & a_{mn} \end{bmatrix} \tag{5.66}$$

が線形写像を表現することがわかった．すでに 3，4 章において数ベクトルの扱いや，行列，行列式を用いた説明を一部行ってきたが，行列とその演算について，本章以下で公式に定義し，詳しく説明しよう．その結果が後で線形写像の性質を理解することにつながる．

### 5・2・4 行列のノルムとランク (norm and rank of matrix)

ここでは行列を線形写像とみなしたときの，ある意味の大きさを計る尺度と写像としての写像としての能力を測る尺度を導入する．前者の 1 つとして行列のノルムを定義し，後者の 1 つとして行列のランク（階数）を定義する．

#### ①ノルム

数ベクトルに対してノルムが定義できたのと同様，行列に対してもノルムを定義することができる．ノルムはその要素の大きさに相当する量である．ベクトルの場合，幾何ベクトルの類推から数ベクトルの長さをイメージするものであった．行列の場合，ひとつの解釈として，線形写像を表していると

捉えられるので，線形写像の大きさを測ることを考えてみる．線形写像の大きさとは何であろうか．次の例を考えてみよう．

次式のように，ある数ベクトル $\boldsymbol{x}$ を別の数ベクトル $\boldsymbol{y}$ へ移す線形写像 $\boldsymbol{A}$ があったとする．

$$\boldsymbol{y} = \boldsymbol{A}\boldsymbol{x} \tag{5.67}$$

このとき線形写像の大きさを定義することを考える．１つの方法は,数ベクトルのノルムを利用することである．すなわち，$\boldsymbol{x}$ が線形写像を通過することによってどれだけ大きくなったかあるいは小さくなったかを評価し，その割合でもって線形写像 $\boldsymbol{A}$ の大きさを測ろうというわけである．具体的には，行列 $\boldsymbol{A} \in \boldsymbol{R}^{m \times n}$ のノルムとして

$$\|\boldsymbol{A}\| = \max_{\|\boldsymbol{x}\|=1} \|\boldsymbol{A}\boldsymbol{x}\| \tag{5.68}$$

が定義できる．右辺は，$\|\boldsymbol{x}\| = 1$ となる全ての数ベクトル $\boldsymbol{x}$ に対して最大になる $\|\boldsymbol{A}\boldsymbol{x}\|$ である．この定義はノルムの性質を満足している．興味ある読者はチェックされたい．

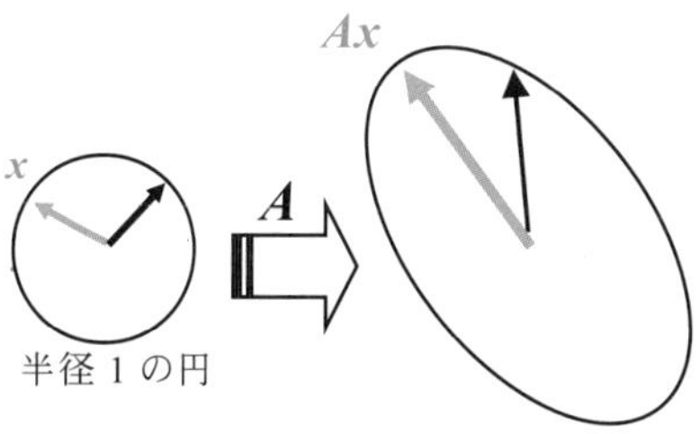


$x$ で $Ax$ が最大になる．

図 5.16　線形写像の大きさ

図 5.16 に上のノルムの解釈を示した．この図は式(5.68)の定義を説明したもので，ノルムが１のベクトル $\boldsymbol{x}$ をあらゆる方向に動かしてみて，それが移された先のベクトル $\boldsymbol{A}\boldsymbol{x}$ のノルムが最大になるときのノルムの値を写像すなわち行列のノルムと定義しようということである．

［例 5. 23］ 行列

$$\boldsymbol{A} = \begin{bmatrix} 1 & 0 \\ 0 & 2 \end{bmatrix} \tag{5.69}$$

のノルムは

$$\begin{aligned} \|\boldsymbol{A}\| &= \max_{\|\boldsymbol{x}\|=1} \|\boldsymbol{A}\boldsymbol{x}\| = \max_{\|\boldsymbol{x}\|=1} \sqrt{\boldsymbol{x}^T \boldsymbol{A}^T \boldsymbol{A}\boldsymbol{x}} \\ &= \max_{\|\boldsymbol{x}\|=1} \sqrt{\boldsymbol{x}^T \begin{bmatrix} 1 & 0 \\ 0 & 2 \end{bmatrix} \begin{bmatrix} 1 & 0 \\ 0 & 2 \end{bmatrix} \boldsymbol{x}} = \max_{\|\boldsymbol{x}\|=1} \sqrt{\boldsymbol{x}^T \begin{bmatrix} 1 & 0 \\ 0 & 4 \end{bmatrix} \boldsymbol{x}} \\ &= \max_{\|\boldsymbol{x}\|=1} \sqrt{x_1^2 + 4x_2^2} \end{aligned} \tag{5.70}$$

である．ここで，$\|\boldsymbol{x}\| = \sqrt{x_1^2 + x_2^2} = 1$ なので

$$\begin{aligned} \max_{\|\boldsymbol{x}\|=1} \sqrt{x_1^2 + 4x_2^2} &= \max_{\|\boldsymbol{x}\|=1} \sqrt{\left(x_1^2 + x_2^2\right) + 3x_2^2} \\ &= \max_{|x_2| \le 1} \sqrt{1 + 3x_2^2} = 2 \end{aligned} \tag{5.71}$$

となる．

**②ランク**

$m \times n$ 行列 $\boldsymbol{A}$ は

$$\boldsymbol{y} = \boldsymbol{A}\boldsymbol{x} \tag{5.72}$$

と書くと，線形空間 $\boldsymbol{V}^n$ のベクトル $\boldsymbol{x}$ を線形空間 $\boldsymbol{V}^m$ へ移す線形写像であると

捉えられた．このとき，ベクトル $\boldsymbol{x}$ を線形空間 $\boldsymbol{V}^n$ のあらゆる要素に選んだときにそれらが移った先のベクトルの集合を線形写像 $\boldsymbol{A}$ の値域(image)といい $Im(\boldsymbol{A})$と書くことにする．$Im(\boldsymbol{A})$は線形空間 $\boldsymbol{V}^m$ の部分集合でかつそれ自体が線形空間になっている．そこで

$$\boldsymbol{A}=[\boldsymbol{a}_1\ \boldsymbol{a}_2\ \cdots\ \boldsymbol{a}_n],\quad \boldsymbol{x}=[x_1,x_2,\cdots,x_n]^T \tag{5.73}$$

とおくと，

$$\boldsymbol{y}=x_1\boldsymbol{a}_1+x_2\boldsymbol{a}_2+\cdots+x_n\boldsymbol{a}_n \tag{5.74}$$

と書ける．したがって，$Im(\boldsymbol{A})$はベクトル $\boldsymbol{a}_1,\boldsymbol{a}_2,\cdots,\boldsymbol{a}_n$ のすべての可能な１次結合の集合であり，１次独立なベクトルの個数が $Im(\boldsymbol{A})$の次元になっていることがわかる．その個数が大きいほど $Im(\boldsymbol{A})$は大きな空間になる．そこで，行列 $\boldsymbol{A}$ の写像としてのある意味での能力を測る尺度として次の定義を導入する．

［定義 5.8：ランク(rank)］$m\times n$ 行列 $\boldsymbol{A}$ の列ベクトルのうちで，１次独立なベクトルの個数の最大値を行列 A のランク(階数：rank)と呼ぶ．

ランクの定義がベクトルの１次独立性をもちいてなされていることより，先に紹介した行列の基本変形に関してはランクの値は変わらない．

ところで，一般には $Im(\boldsymbol{A})$の次元は $n$ 次元よりも小さくなるが，その場合，両者次元の差はどこへいったのだろうか．実はこのようなことが起こっているときには，線形空間 $\boldsymbol{V}^n$ のある集合が行列 $\boldsymbol{A}$ によって線形空間 $\boldsymbol{V}^m$ の中の $\boldsymbol{0}$ に移されているのである．この $\boldsymbol{0}$ に移される線形空間 $\boldsymbol{V}^n$ がわの集合を $\boldsymbol{A}$ の零化空間(null space)と呼び，$Ker(\boldsymbol{A})$と表現することにする．図 5.17 参照．したがって，一般に

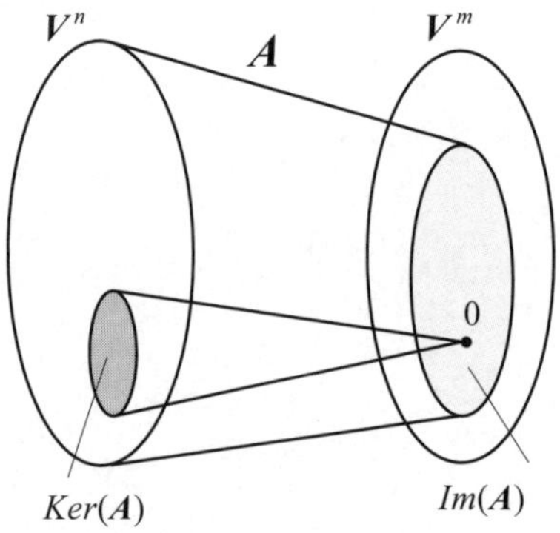


図 5.17　行列と写像

$$\dim(\mathrm{Im}(\boldsymbol{A}))+\dim(Ker(\boldsymbol{A}))=\mathrm{rank}(\boldsymbol{A})+\dim(Ker(\boldsymbol{A}))=n \tag{5.75}$$

となる．ただし，dim(・)は次元を表している．

### 5・2・5 逆行列 (inverse of matrix)

式(5.67)は $\boldsymbol{x}$ から $\boldsymbol{y}$ への線形写像を表しているが，逆に $\boldsymbol{y}$ から $\boldsymbol{x}$ への写像を考えてみよう．たとえば，線形写像がスカラーの場合には簡単で，$A\neq 0$ のとき

$$x=\frac{1}{A}y=A^{-1}y \tag{5.76}$$

が定義でき，写像 $A^{-1}$ は元の線形写像 $A$ の逆写像になり，これも線形写像である．では，線形写像が行列で表現されている場合，式(5.76)のような逆写像はどのようなものになるのだろうか，あるいは，常に存在するのだろうか，また，唯一に確定するのだろうか．さらには，存在するとした場合の存在するための条件はどのようなものだろうか．以下ではこれらのことについて考えてゆく．

ところで，線形写像の関係式

$$\boldsymbol{y}=\boldsymbol{A}\boldsymbol{x} \tag{5.77}$$

は，式(5.60)～(5.62)からわかるように，$\boldsymbol{x}\in\boldsymbol{R}^n$ を未知変数とする１次連立方程式とみなすことができる．したがって，写像 $\boldsymbol{A}$ の逆写像を求めることはこの１次連立方程式を解くことに対応している．そうすると，未知数の数（$\boldsymbol{x}$

の次元：$m$）と方程式の本数（$\boldsymbol{y}$ の次元：$n$）の大小関係に応じて次の３つの場合が考えられる．

ケース１）未知数の数：$m$＝方程式の数：$n$

ケース２）未知数の数：$m$＞方程式の数：$n$

ケース３）未知数の数：$m$＜方程式の数：$n$

たとえば，ケース１）とは

$$\begin{cases} 2x_1 + x_2 = 3 \\ x_1 + x_2 = 2 \end{cases} \Leftrightarrow \begin{bmatrix} 2 & 1 \\ 1 & 1 \end{bmatrix} \begin{bmatrix} x_1 \\ x_2 \end{bmatrix} = \begin{bmatrix} 3 \\ 2 \end{bmatrix} \tag{5.78}$$

のような場合である．このとき，未知数の数：２=方程式の数：２となっており解が

$$\begin{bmatrix} x_1 \\ x_2 \end{bmatrix} = \begin{bmatrix} 1 \\ 1 \end{bmatrix}$$

と一意に求められる．これは図で描くと，図 5.18 のようになる．すなわち，２つの直線の交点が求めるべき解である．

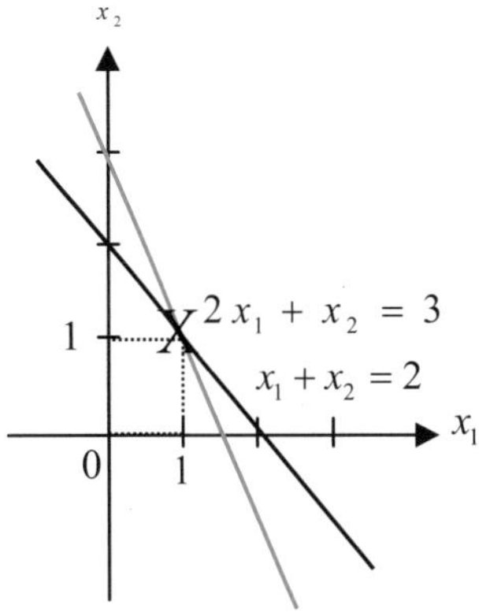


図 5.18 ケース

また，ケース２の例は

$$2x_1 + x_2 = 3 \Leftrightarrow \begin{bmatrix} 2 & 1 \end{bmatrix} \begin{bmatrix} x_1 \\ x_2 \end{bmatrix} = 3 \tag{5.79}$$

である．この場合，未知数の数：２>方程式の数：１であり，この方程式の解は一意ではなく無限に存在する．図 5. 19 にその様子を示す．図の直線上のすべての点がこの方程式の解になる． ところで，ケース１のように見える場合でも実は，ケース２に帰着される場合もある．実際，

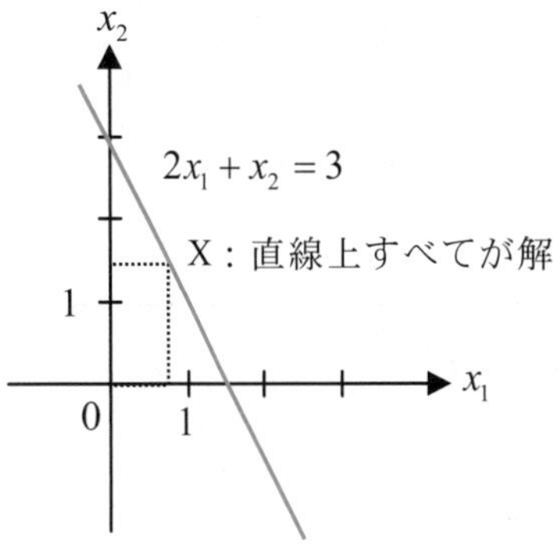


図 5.19 ケース２

$$\begin{cases} 2x_1 + x_2 = 3 \\ 4x_1 + 2x_2 = 6 \end{cases} \Leftrightarrow \begin{bmatrix} 2 & 1 \\ 4 & 2 \end{bmatrix} \begin{bmatrix} x_1 \\ x_2 \end{bmatrix} = \begin{bmatrix} 3 \\ 6 \end{bmatrix}$$

は，一見，未知数が２つで方程式の数が２つのように見えるが，１行目の方程式の両辺を２倍すれば２行目に一致する．すなわち，ケース２になっている．

最後に，

$$\begin{cases} x = 3 \\ 2x = 3 \end{cases} \Leftrightarrow \begin{bmatrix} 1 \\ 2 \end{bmatrix} x = \begin{bmatrix} 3 \\ 3 \end{bmatrix} \tag{5.80}$$

がケース３の例で，未知数の数：１<方程式の数：２となっている．このケースを図で描くと図 5. 20 のようになる．この例では，図からもわかるように，直線と点 Y とは交わらないので解は存在しない．

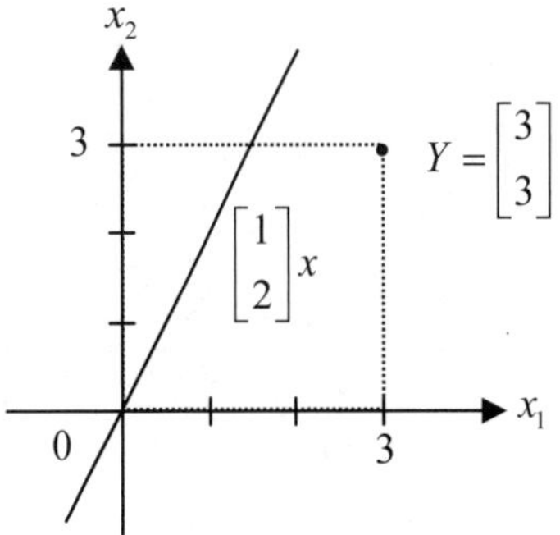


図 5.20 ケース３

以上のように，写像によって逆写像の様子が異なる．具体的には，写像を現す行列のサイズに応じて解の求まり方が変わってくる．以下では上のケースに応じて逆写像を考えてみる．

### a. 逆行列（ケース１）(inverse matrix)

#### ①逆行列の定義

$n \times n$ 正方行列におけるスカラーの逆数に相当するものは逆行列と呼ばれ，次のように定義できる．

［定義 5. 9：逆行列(inverse matrix)］ 正方行列 $\boldsymbol{A} \in \boldsymbol{R}^{n \times n}$ に対して，

$$\boldsymbol{XA} = \boldsymbol{AX} = \boldsymbol{I} \tag{5.81}$$

となる行列 $\boldsymbol{X}\in\boldsymbol{R}^{n\times n}$ が存在するとき，$\boldsymbol{X}$ は唯一に定まり，$\boldsymbol{A}$ を正則行列と言う．このような $\boldsymbol{X}$ を $\boldsymbol{A}$ の逆行列と言い，$\boldsymbol{A}^{-1}$ で表す．

実際，

$$\boldsymbol{y}=\boldsymbol{A}\boldsymbol{x} \tag{5.82}$$

としたとき，$\boldsymbol{A}$ が正則であれば，両辺に $\boldsymbol{A}^{-1}$ を左からかけ左右入れ替えると

$$\boldsymbol{A}^{-1}\boldsymbol{A}\boldsymbol{x}=\boldsymbol{A}^{-1}\boldsymbol{y} \tag{5.83}$$

となり，これは逆写像になっていることがわかる．

［例 5.24］ 直交行列 $\boldsymbol{A}$ の逆行列 $\boldsymbol{A}^{-1}$ はその行列の転置行列である．すなわち，

$$\boldsymbol{A}^{-1}=\boldsymbol{A}^{T} \tag{5.84}$$

である．なぜなら，式(5.81)だからである．

［例 5.25］ 行列

$$\boldsymbol{A}=\begin{bmatrix} a & b \\ c & d \end{bmatrix} \tag{5.85}$$

の逆行列は

$$ad-bc\neq 0 \tag{5.86}$$

のとき存在して

$$\boldsymbol{A}^{-1}=\frac{1}{ad-bc}\begin{bmatrix} d & -b \\ -c & a \end{bmatrix} \tag{5.87}$$

である．

上の例からわかるように常に逆行列が存在するとは限らない．式(5.86)のような条件が満たされないとき，逆行列は存在しない．そこで以下では正方行列に対して，正則であるための条件を求める．

関係式

$$\boldsymbol{y}=\boldsymbol{A}\boldsymbol{x} \tag{5.88}$$

は行列 $\boldsymbol{A}$ とベクトル $\boldsymbol{x}$ を

$$\boldsymbol{A}=[\boldsymbol{a}_1\ \boldsymbol{a}_2\ \cdots\ \boldsymbol{a}_n],\qquad \boldsymbol{x}=[x_1, x_2, \cdots, x_n]^T \tag{5.89}$$

と表現すると

$$\boldsymbol{y}=x_1\boldsymbol{a}_1+x_2\boldsymbol{a}_2+\cdots+x_n\boldsymbol{a}_n \tag{5.90}$$

と書ける．ここで行列 $\boldsymbol{A}$ に逆行列が存在するということは，式(5.83)から,任意に与えられたベクトル $\boldsymbol{y}$ に対して式(5.90)を満たすベクトル $\boldsymbol{x}$ がただ１つ存在することである．そして，そのための条件は $n$ 本のベクトル $\boldsymbol{a}_1$，$\boldsymbol{a}_2$，…，$\boldsymbol{a}_n$ が１次独立なことである．なぜなら，それらが１次従属になっていたら，どれかのベクトルが他のベクトルで表現することができ，上の一意性に反するからである．ところで，ベクトル $\boldsymbol{a}_1$，$\boldsymbol{a}_2$，…，$\boldsymbol{a}_n$ が１次独立であるための条件は

$$\det[\boldsymbol{a}_1\ \boldsymbol{a}_2\ \cdots\ \boldsymbol{a}_n]\neq 0 \tag{5.91}$$

であった．以上から，逆行列が存在するための条件は

$$\det\boldsymbol{A}\neq 0 \tag{5.92}$$

となる．また，同値な条件であるが

$$\mathrm{rank}(\boldsymbol{A})=n \tag{5.93}$$

---

$$\begin{bmatrix} a & b \\ c & d \end{bmatrix}\begin{bmatrix} x \\ y \end{bmatrix}=\begin{bmatrix} p \\ q \end{bmatrix}$$

を満たす$x$，$y$を求める．ただし、$ad-bc\neq 0$とする．
この解は、

$$x=\frac{dp-bq}{ad-bc},\qquad y=\frac{aq-cp}{ad-bc}$$

となる．この$x, y$を行列式で表すと，

$$x=\frac{\begin{vmatrix} p & b \\ q & d \end{vmatrix}}{\begin{vmatrix} a & b \\ c & d \end{vmatrix}},\qquad y=\frac{\begin{vmatrix} a & p \\ c & q \end{vmatrix}}{\begin{vmatrix} a & b \\ c & d \end{vmatrix}}$$

となる．
これは３個以上の未知数の場合でも成り立ち，
例えば３元連立方程式の場合，

$$\begin{bmatrix} a_{11} & a_{12} & a_{13} \\ a_{21} & a_{22} & a_{23} \\ a_{31} & a_{32} & a_{33} \end{bmatrix}\begin{bmatrix} x \\ y \\ z \end{bmatrix}=\begin{bmatrix} b_1 \\ b_2 \\ b_3 \end{bmatrix}$$

とすると

$$\begin{vmatrix} a_{11} & a_{12} & a_{13} \\ a_{21} & a_{22} & a_{23} \\ a_{31} & a_{32} & a_{33} \end{vmatrix}\neq 0$$ であるとして、

$$x=\frac{\begin{vmatrix} b_1 & a_{12} & a_{13} \\ b_2 & a_{22} & a_{23} \\ b_3 & a_{32} & a_{33} \end{vmatrix}}{\begin{vmatrix} a_{11} & a_{12} & a_{13} \\ a_{21} & a_{22} & a_{23} \\ a_{31} & a_{32} & a_{33} \end{vmatrix}},\qquad y=\frac{\begin{vmatrix} a_{11} & b_1 & a_{13} \\ a_{21} & b_2 & a_{23} \\ a_{31} & b_3 & a_{33} \end{vmatrix}}{\begin{vmatrix} a_{11} & a_{12} & a_{13} \\ a_{21} & a_{22} & a_{23} \\ a_{31} & a_{32} & a_{33} \end{vmatrix}},\qquad z=\frac{\begin{vmatrix} a_{11} & a_{12} & b_1 \\ a_{21} & a_{22} & b_2 \\ a_{31} & a_{32} & b_3 \end{vmatrix}}{\begin{vmatrix} a_{11} & a_{12} & a_{13} \\ a_{21} & a_{22} & a_{23} \\ a_{31} & a_{32} & a_{33} \end{vmatrix}}$$

となる．
この方法をクラメルの公式という．

---

$$\begin{bmatrix} a_{11} & a_{12} & a_{13} \\ a_{21} & a_{22} & a_{23} \\ a_{31} & a_{32} & a_{33} \end{bmatrix}\begin{bmatrix} x_1 & x_2 & x_3 \\ y_1 & y_2 & y_3 \\ z_1 & z_2 & z_3 \end{bmatrix}=\begin{bmatrix} 1 & 0 & 0 \\ 0 & 1 & 0 \\ 0 & 0 & 1 \end{bmatrix}$$

を満たす,$x_i, y_i, z_i (i=1,2,3)$を求める．
この行列は次のように３つに分けることができる．

$$\begin{bmatrix} a_{11} & a_{12} & a_{13} \\ a_{21} & a_{22} & a_{23} \\ a_{31} & a_{32} & a_{33} \end{bmatrix}\begin{bmatrix} x_1 \\ y_1 \\ z_1 \end{bmatrix}=\begin{bmatrix} 1 \\ 0 \\ 0 \end{bmatrix}$$

$$\begin{bmatrix} a_{11} & a_{12} & a_{13} \\ a_{21} & a_{22} & a_{23} \\ a_{31} & a_{32} & a_{33} \end{bmatrix}\begin{bmatrix} x_2 \\ y_2 \\ z_2 \end{bmatrix}=\begin{bmatrix} 0 \\ 1 \\ 0 \end{bmatrix}$$

$$\begin{bmatrix} a_{11} & a_{12} & a_{13} \\ a_{21} & a_{22} & a_{23} \\ a_{31} & a_{32} & a_{33} \end{bmatrix}\begin{bmatrix} x_3 \\ y_3 \\ z_3 \end{bmatrix}=\begin{bmatrix} 0 \\ 0 \\ 1 \end{bmatrix}$$

$$x_1=\frac{\begin{vmatrix} 1 & a_{12} & a_{13} \\ 0 & a_{22} & a_{23} \\ 0 & a_{32} & a_{33} \end{vmatrix}}{\begin{vmatrix} a_{11} & a_{12} & a_{13} \\ a_{21} & a_{22} & a_{23} \\ a_{31} & a_{32} & a_{33} \end{vmatrix}},\qquad y_1=\frac{\begin{vmatrix} a_{11} & 1 & a_{13} \\ a_{21} & 0 & a_{23} \\ a_{31} & 0 & a_{33} \end{vmatrix}}{\begin{vmatrix} a_{11} & a_{12} & a_{13} \\ a_{21} & a_{22} & a_{23} \\ a_{31} & a_{32} & a_{33} \end{vmatrix}},\qquad z_1=\frac{\begin{vmatrix} a_{11} & a_{12} & 1 \\ a_{21} & a_{22} & 0 \\ a_{31} & a_{32} & 0 \end{vmatrix}}{\begin{vmatrix} a_{11} & a_{12} & a_{13} \\ a_{21} & a_{22} & a_{23} \\ a_{31} & a_{32} & a_{33} \end{vmatrix}},$$

$$x_2=\frac{\begin{vmatrix} 0 & a_{12} & a_{13} \\ 1 & a_{22} & a_{23} \\ 0 & a_{32} & a_{33} \end{vmatrix}}{\begin{vmatrix} a_{11} & a_{12} & a_{13} \\ a_{21} & a_{22} & a_{23} \\ a_{31} & a_{32} & a_{33} \end{vmatrix}},\qquad y_2=\frac{\begin{vmatrix} a_{11} & 0 & a_{13} \\ a_{21} & 1 & a_{23} \\ a_{31} & 0 & a_{33} \end{vmatrix}}{\begin{vmatrix} a_{11} & a_{12} & a_{13} \\ a_{21} & a_{22} & a_{23} \\ a_{31} & a_{32} & a_{33} \end{vmatrix}},\qquad z_2=\frac{\begin{vmatrix} a_{11} & a_{12} & 0 \\ a_{21} & a_{22} & 1 \\ a_{31} & a_{32} & 0 \end{vmatrix}}{\begin{vmatrix} a_{11} & a_{12} & a_{13} \\ a_{21} & a_{22} & a_{23} \\ a_{31} & a_{32} & a_{33} \end{vmatrix}}$$

$$x_3=\frac{\begin{vmatrix} 0 & a_{12} & a_{13} \\ 0 & a_{22} & a_{23} \\ 1 & a_{32} & a_{33} \end{vmatrix}}{\begin{vmatrix} a_{11} & a_{12} & a_{13} \\ a_{21} & a_{22} & a_{23} \\ a_{31} & a_{32} & a_{33} \end{vmatrix}},\qquad y_3=\frac{\begin{vmatrix} a_{11} & 0 & a_{13} \\ a_{21} & 0 & a_{23} \\ a_{31} & 1 & a_{33} \end{vmatrix}}{\begin{vmatrix} a_{11} & a_{12} & a_{13} \\ a_{21} & a_{22} & a_{23} \\ a_{31} & a_{32} & a_{33} \end{vmatrix}},\qquad z_3=\frac{\begin{vmatrix} a_{11} & a_{12} & 0 \\ a_{21} & a_{22} & 0 \\ a_{31} & a_{32} & 1 \end{vmatrix}}{\begin{vmatrix} a_{11} & a_{12} & a_{13} \\ a_{21} & a_{22} & a_{23} \\ a_{31} & a_{32} & a_{33} \end{vmatrix}}$$

となる．

ここで，$\begin{vmatrix} 1 & a_{12} & a_{13} \\ 0 & a_{22} & a_{23} \\ 0 & a_{32} & a_{33} \end{vmatrix}$は行列$\begin{bmatrix} a_{11} & a_{12} & a_{13} \\ a_{21} & a_{22} & a_{23} \\ a_{31} & a_{32} & a_{33} \end{bmatrix}$の(1,1)成分の余因子であり，

$$\begin{vmatrix} 1 & a_{12} & a_{13} \\ 0 & a_{22} & a_{23} \\ 0 & a_{32} & a_{33} \end{vmatrix}=C_{11},\qquad \begin{vmatrix} a_{11} & 1 & a_{13} \\ a_{21} & 0 & a_{23} \\ a_{31} & 0 & a_{33} \end{vmatrix}=C_{12},\qquad \begin{vmatrix} a_{11} & a_{12} & 1 \\ a_{21} & a_{22} & 0 \\ a_{31} & a_{32} & 0 \end{vmatrix}=C_{13},$$

となり，ほかの行列式も余因子を使って各分子を書くことができる．

も逆行列が存在する条件である．まとめておくと

[結果]行列 $\boldsymbol{A}$ に逆行列が存在するための必要十分条件は $\det \boldsymbol{A} \neq 0$，あるいは，rank($\boldsymbol{A}$)=$n$ となることである．

[例 5.26] p28 で定義されている基本行列 $\boldsymbol{P}_3(1,3)$， $\boldsymbol{Q}_3(2,5)$， $\boldsymbol{R}_3(2,2:5)$ はいずれも正則である．
実際

$$\det \boldsymbol{P}_3(1,3) = \det \begin{bmatrix} 0 & 0 & 1 \\ 0 & 1 & 0 \\ 1 & 0 & 0 \end{bmatrix} = 1 \tag{5.94}$$

$$\det \boldsymbol{Q}_3(2,5) = \det \begin{bmatrix} 1 & 0 & 0 \\ 0 & 5 & 0 \\ 0 & 0 & 1 \end{bmatrix} = 5 \tag{5.95}$$

$$\det \boldsymbol{R}_3(2,2:5) = \det \begin{bmatrix} 1 & 0 & 5 \\ 0 & 1 & 0 \\ 0 & 0 & 1 \end{bmatrix} = 1 \tag{5.96}$$

となっている．

一般の基本行列がいずれも正則になっていることは，例 5.26 と同様に，確かめることができる．確認してみよ．

さて，与えられた行列 $\boldsymbol{A}$ が正則なとき，逆行列はどのように求められるのだろうか．ここでは，左欄の式と式(5.81)から具体的な形を求めておこう．

前頁の左欄より

$$\boldsymbol{A}\frac{1}{\det \boldsymbol{A}}\begin{bmatrix} C_{11} & C_{21} & \cdots & C_{n1} \\ C_{12} & C_{22} & \cdots & C_{n2} \\ \vdots & \vdots & \ddots & \vdots \\ C_{1n} & C_{2n} & \cdots & C_{nn} \end{bmatrix} = \boldsymbol{I} \tag{5.97}$$

となる．したがって，式(5.97)と式(5.81)を比較することによって

$$\boldsymbol{A}^{-1} = \frac{1}{\det \boldsymbol{A}}\begin{bmatrix} C_{11} & C_{21} & \cdots & C_{n1} \\ C_{12} & C_{22} & \cdots & C_{n2} \\ \vdots & \vdots & \ddots & \vdots \\ C_{1n} & C_{2n} & \cdots & C_{nn} \end{bmatrix} = \frac{1}{\det \boldsymbol{A}}\operatorname{adj}\boldsymbol{A} \tag{5.98}$$

が得られる．これが逆行列の計算式である．ここで

$$\operatorname{adj}\boldsymbol{A} = \begin{bmatrix} C_{11} & C_{21} & \cdots & C_{n1} \\ C_{12} & C_{22} & \cdots & C_{n2} \\ \vdots & \vdots & \ddots & \vdots \\ C_{1n} & C_{2n} & \cdots & C_{nn} \end{bmatrix} \tag{5.99}$$

は余因子行列(adjoint matrix)と呼ばれる．

$$\begin{bmatrix} a_{11} & a_{12} & a_{13} \\ a_{21} & a_{22} & a_{23} \\ a_{31} & a_{32} & a_{33} \end{bmatrix}\begin{bmatrix} x_1 & x_2 & x_3 \\ y_1 & y_2 & y_3 \\ z_1 & z_2 & z_3 \end{bmatrix} = \begin{bmatrix} 1 & 0 & 0 \\ 0 & 1 & 0 \\ 0 & 0 & 1 \end{bmatrix}$$

$|A| = \begin{vmatrix} a_{11} & a_{12} & a_{13} \\ a_{21} & a_{22} & a_{23} \\ a_{31} & a_{32} & a_{33} \end{vmatrix}$ として、

$$\begin{bmatrix} x_1 & x_2 & x_3 \\ y_1 & y_2 & y_3 \\ z_1 & z_2 & z_3 \end{bmatrix} = \begin{bmatrix} \frac{C_{11}}{|A|} & \frac{C_{21}}{|A|} & \frac{C_{31}}{|A|} \\ \frac{C_{12}}{|A|} & \frac{C_{22}}{|A|} & \frac{C_{23}}{|A|} \\ \frac{C_{13}}{|A|} & \frac{C_{23}}{|A|} & \frac{C_{33}}{|A|} \end{bmatrix} = \frac{1}{|A|}\begin{bmatrix} C_{11} & C_{21} & C_{31} \\ C_{12} & C_{22} & C_{23} \\ C_{13} & C_{23} & C_{33} \end{bmatrix}$$

と表すことができる．これは、行列 $A = \begin{bmatrix} a_{11} & a_{12} & a_{13} \\ a_{21} & a_{22} & a_{23} \\ a_{31} & a_{32} & a_{33} \end{bmatrix}$ の逆行列 $A^{-1}$ を表すものである。ただし, $A^{-1}$ の $A_{ij}$ 成分は $C_{ji}/|A|$ であることに注意する．

[Example 5.32]Let's obtain the inverse matrix of the next matrix.

$$\boldsymbol{A} = \begin{bmatrix} 1 & 0 & 2 \\ 0 & 5 & 1 \\ 1 & 1 & 0 \end{bmatrix} \tag{5.100}$$

At first, from Ex.2.29, the determinant of the matrix $A$ can be calculated as the following.

$$\det \boldsymbol{A} = \det\begin{bmatrix}5 & 1\\1 & 0\end{bmatrix} + 2\det\begin{bmatrix}0 & 5\\1 & 1\end{bmatrix} = -11\,. \tag{5.101}$$

Then, from Eq. (5.98), we have

$$\boldsymbol{A}^{-1} = \frac{1}{\det \boldsymbol{A}}\begin{bmatrix} \det\begin{bmatrix}5 & 1\\1 & 0\end{bmatrix} & -\det\begin{bmatrix}0 & 2\\1 & 0\end{bmatrix} & \det\begin{bmatrix}0 & 2\\5 & 1\end{bmatrix}\\ -\det\begin{bmatrix}0 & 1\\1 & 0\end{bmatrix} & \det\begin{bmatrix}1 & 2\\1 & 0\end{bmatrix} & -\det\begin{bmatrix}1 & 2\\0 & 1\end{bmatrix}\\ \det\begin{bmatrix}0 & 5\\1 & 1\end{bmatrix} & -\det\begin{bmatrix}1 & 0\\1 & 1\end{bmatrix} & \det\begin{bmatrix}1 & 0\\0 & 5\end{bmatrix}\end{bmatrix}$$

$$\frac{1}{11}\begin{bmatrix}1 & -2 & 10\\-1 & 2 & 1\\5 & 1 & -5\end{bmatrix}. \tag{5.102}$$

> **擬似逆行列の存在と唯一性**
> まず，$\boldsymbol{A}=\boldsymbol{0}$ の時は明らかなので，$\boldsymbol{A}\neq\boldsymbol{0}$ とし rank$\boldsymbol{A}$=r とする．そうすると $\boldsymbol{A}$ は適当な $m\times r$ 行列 $\boldsymbol{B}$ と $r\times n$ 行列 $\boldsymbol{C}$ によって
> $$\boldsymbol{A}=\boldsymbol{BC}$$
> とすることができる．この $\boldsymbol{BC}$ を用いて n×m 行列 D を
> $$\boldsymbol{D}=\boldsymbol{C}^T(\boldsymbol{CC}^T)^{-1}(\boldsymbol{B}^T\boldsymbol{B})^{-1}\boldsymbol{B}^T$$
> と定めると $A^+=D$ が擬似逆行列の定義を満たしている（確かめよ）．従って存在性が示された．
> 次に擬似逆行列が一意であることを示す．いま，条件(a)～(d)を満たす任意の２つの擬似逆行列を $\boldsymbol{A}_1^+, \boldsymbol{A}_2^+$ とすると，これらの性質から
> $$\boldsymbol{A}_1^+-\boldsymbol{A}_2^+=\boldsymbol{0}$$
> となることが示せる（確認せよ）．

### b. 擬似逆行列（ケース２，ケース３）(pseudoinverse matrix)

行列$\boldsymbol{A}$が正則でない場合，あるいは行列が横長の場合（ケース2）や縦長の場合（ケース3）には，上の意味の逆行列は存在しない．言い換えれば連立一次方程式

$$\boldsymbol{y}=\boldsymbol{Ax} \tag{5.103}$$

の解が存在しなかったり，存在しても無数に存在したりするという状況が生じる．例えば，ケース2やケース3がその場合である．しかしながらそのような場合でも，現実問題の中には，「何らかの意味をもった解 $\boldsymbol{x}$（あるいは近似解）」を定めなくてはならない場面がしばしばある．すなわち，ある行列 $\boldsymbol{A}$ に対してある行列 $\boldsymbol{A}^+$が定まり，

$$\hat{\boldsymbol{x}}=\boldsymbol{A}^+\boldsymbol{y} \tag{5.104}$$

を計算したとき，$\hat{\boldsymbol{x}}$がある意味で $\boldsymbol{y}$ の逆像になっているようにしたいのである．このような考えで導入する行列 $\boldsymbol{A}^+$を行列 $\boldsymbol{A}$ の擬似逆行列(pseudoinverse matrix)と呼ぶ．

#### ①擬似逆行列の定義

以下ではまず，擬似逆行列の定義を行った後その物理的意味合いを説明する．

［定義 5.10：擬似逆行列(pseudoinverse matrix)］任意の $m\times n$ 行列 $\boldsymbol{A}$ に対して

(a) $\boldsymbol{AA}^+\boldsymbol{A}=\boldsymbol{A}$ (5.105)

(b) $\boldsymbol{A}^+\boldsymbol{A}\boldsymbol{A}^+=\boldsymbol{A}^+$ (5.106)

(c) $(\boldsymbol{AA}^+)^T=\boldsymbol{AA}^+$ (5.107)

(d) $(\boldsymbol{A}^+\boldsymbol{A})^T=\boldsymbol{A}^+\boldsymbol{A}$ (5.108)

を満足する $n\times m$ 行列 $\boldsymbol{A}^+$がただ一つ存在する．この行列 $\boldsymbol{A}^+$を行列 $\boldsymbol{A}$ の擬似逆行列と呼ぶ．

一般に上の性質を満たす行列 $\boldsymbol{A}^+$は行列 $\boldsymbol{A}$ に応じて唯一存在することは証明でき（左囲み記事参照），

rank$\boldsymbol{A}$=$m$ のとき：$\boldsymbol{A}^+=\boldsymbol{A}^+_R=\boldsymbol{A}^T(\boldsymbol{AA}^T)^{-1}$ （例えば $\boldsymbol{A}$ が横長） (5.109)

rank$\boldsymbol{A}=n$ のとき： $\boldsymbol{A}^{+}=\boldsymbol{A}^{+}{}_{L}=(\boldsymbol{A}\boldsymbol{A}^{T})^{-1}\boldsymbol{A}^{T}$ （例えば $\boldsymbol{A}$ が縦長） (5.110)

（rank$\boldsymbol{A}=n=m$ のとき： $\boldsymbol{A}^{+}=\boldsymbol{A}^{-1}$ （$\boldsymbol{A}$ が正方で正則）） (5.111)

となる．

**②擬似逆行列の意味**

上で導入した擬似逆行列にはそれぞれ明確な物理的意味がある．式(5.109)，式(5.110)，式(5.111)について具体的にみてゆく．

まず，rank$\boldsymbol{A}=m$ のとき，すなわち，行列 $\boldsymbol{A}$ が横長の時は先に考えたケース2に相当するので連立一次方程式 $\boldsymbol{y}=\boldsymbol{A}\boldsymbol{x}$ を満たす解は無数に存在する．この場合，

$$\hat{\boldsymbol{x}}=\boldsymbol{A}^{+}{}_{R}\boldsymbol{y}=\boldsymbol{A}^{T}(\boldsymbol{A}\boldsymbol{A}^{T})^{-1}\boldsymbol{y} \tag{5.112}$$

で計算されるベクトル $\hat{\boldsymbol{x}}$ には $\boldsymbol{y}=\boldsymbol{A}\boldsymbol{x}$ を満たす解の内，もっとも原点に近い解を求めているという意味がある．図 5.21 参照．このことを確認するには，$\boldsymbol{x}$ を $\boldsymbol{y}=\boldsymbol{A}\boldsymbol{x}$ を満たす任意の解としたとき，

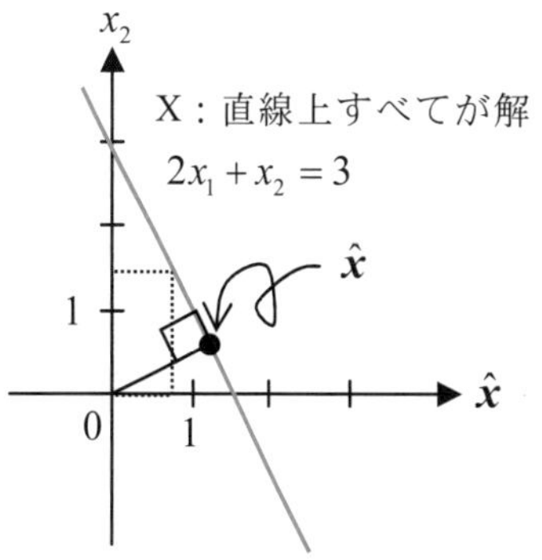


図 5.21 ケース 2

$$\|\boldsymbol{x}\|\geq\|\hat{\boldsymbol{x}}\| \tag{5.113}$$

となっていることを示せばよい．まず，$\boldsymbol{x}$ の原点からの距離は

$$\|\boldsymbol{x}\|^{2}=(\boldsymbol{x},\boldsymbol{x})=\boldsymbol{x}^{T}\boldsymbol{x} \tag{5.114}$$

と書けるので

$$\|\boldsymbol{x}\|^{2}=\|\hat{\boldsymbol{x}}+\boldsymbol{x}-\hat{\boldsymbol{x}}\|^{2}=\|\hat{\boldsymbol{x}}\|^{2}+\|\boldsymbol{x}-\hat{\boldsymbol{x}}\|^{2}+2\hat{\boldsymbol{x}}^{T}\left(\boldsymbol{x}-\hat{\boldsymbol{x}}\right) \tag{5.115}$$

は恒等的に成り立つ．ここで，式(5.103)と(5.112)を利用すると

$$\begin{aligned}\hat{\boldsymbol{x}}^{T}\left(\boldsymbol{x}-\hat{\boldsymbol{x}}\right)&=\boldsymbol{y}^{T}\boldsymbol{A}^{+}{}_{R}{}^{T}(\boldsymbol{x}-\boldsymbol{A}^{+}{}_{R}\boldsymbol{y})=\boldsymbol{y}^{T}\boldsymbol{A}^{+}{}_{R}{}^{T}(\boldsymbol{x}-\boldsymbol{A}^{+}{}_{R}\boldsymbol{A}\boldsymbol{x})\\&=\boldsymbol{y}^{T}\boldsymbol{A}^{+}{}_{R}{}^{T}(\boldsymbol{I}-\boldsymbol{A}^{+}{}_{R}\boldsymbol{A})\boldsymbol{x}\\&=\boldsymbol{y}^{T}\left\{\boldsymbol{A}^{+}{}_{R}{}^{T}-\boldsymbol{A}^{+}{}_{R}{}^{T}\boldsymbol{A}^{+}{}_{R}\boldsymbol{A})\right\}\boldsymbol{x}\end{aligned} \tag{5.116}$$

が得られる．ところで，

$$\boldsymbol{A}^{+}{}_{R}{}^{T}=\left(\boldsymbol{A}^{T}(\boldsymbol{A}\boldsymbol{A}^{T})^{-1}\right)^{T}=\left\{(\boldsymbol{A}\boldsymbol{A}^{T})^{-1}\right\}^{T}\boldsymbol{A}=(\boldsymbol{A}\boldsymbol{A}^{T})^{-1}\boldsymbol{A} \tag{5.117}$$

なので，

$$\begin{aligned}\boldsymbol{A}^{+}{}_{R}{}^{T}\boldsymbol{A}^{+}{}_{R}\boldsymbol{A}&=(\boldsymbol{A}\boldsymbol{A}^{T})^{-1}\boldsymbol{A}\boldsymbol{A}^{T}(\boldsymbol{A}\boldsymbol{A}^{T})^{-1}\boldsymbol{A}\\&=(\boldsymbol{A}\boldsymbol{A}^{T})^{-1}\boldsymbol{A}=\boldsymbol{A}^{+}{}_{R}{}^{T}\end{aligned} \tag{5.118}$$

となる．したがって，式(5.116)と(5.118)より

$$\hat{\boldsymbol{x}}^{T}\left(\boldsymbol{x}-\hat{\boldsymbol{x}}\right)=\boldsymbol{0} \tag{5.119}$$

を得，式(5.115)と(5.119)より

$$\|\boldsymbol{x}\|^{2}=\|\hat{\boldsymbol{x}}\|^{2}+\|\boldsymbol{x}-\hat{\boldsymbol{x}}\|^{2}$$

であるが，右辺第二項は非負なので

$$\|\boldsymbol{x}\| \geq \|\hat{\boldsymbol{x}}\|$$

が得られる．すなわち，$\hat{\boldsymbol{x}}$ の最小性が示された．

［例 5.27］ 図 5.21 の例を見てみよう．この場合，

$$2x_1 + x_2 = 3 \Leftrightarrow \begin{bmatrix} 2 & 1 \end{bmatrix} \begin{bmatrix} x_1 \\ x_2 \end{bmatrix} = 3 \tag{5.120}$$

なので

$$\boldsymbol{A} = \begin{bmatrix} 2 & 1 \end{bmatrix}, \quad \boldsymbol{x} = \begin{bmatrix} x_1 \\ x_2 \end{bmatrix}, \quad y = 3 \tag{5.121}$$

である．したがって，

$$\hat{\boldsymbol{x}} = \boldsymbol{A}^T (\boldsymbol{A}\boldsymbol{A}^T)^{-1} \boldsymbol{y} = \begin{bmatrix} 2 \\ 1 \end{bmatrix} \left( \begin{bmatrix} 2 & 1 \end{bmatrix} \begin{bmatrix} 2 \\ 1 \end{bmatrix} \right)^{-1} 3 = \begin{bmatrix} 6/5 \\ 3/5 \end{bmatrix} \tag{5.122}$$

となる．確かにこの点は，図 5.21 のように，原点から直線までの垂線を引いた交点になっている（確かめよ）．

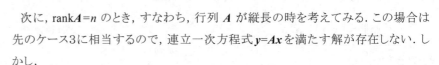

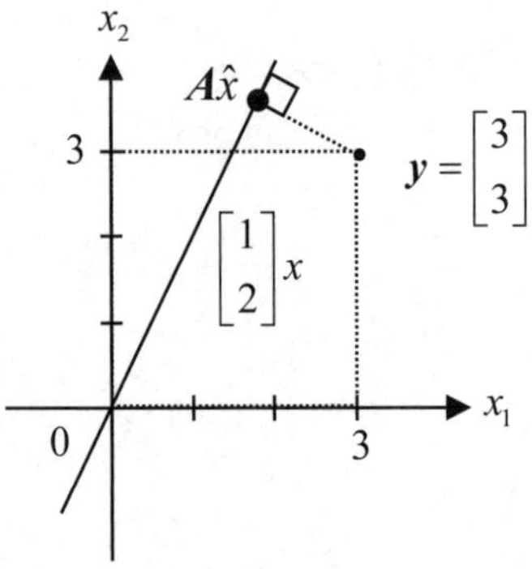


図 5.22 ケース 3

次に，rank$\boldsymbol{A}$=$n$ のとき，すなわち，行列 $\boldsymbol{A}$ が縦長の時を考えてみる．この場合は先のケース3に相当するので，連立一次方程式 $\boldsymbol{y}$=$\boldsymbol{A}\boldsymbol{x}$ を満たす解が存在しない．しかし，

$$\hat{\boldsymbol{x}} = \boldsymbol{A}^+{}_L \boldsymbol{y} = (\boldsymbol{A}^T \boldsymbol{A})^{-1} \boldsymbol{A}^T \boldsymbol{y} \tag{5.123}$$

で計算されるベクトル $\hat{\boldsymbol{x}}$ には，ベクトル $\boldsymbol{y}$ から直線（あるいは超平面）$\boldsymbol{z}$=$\boldsymbol{A}\boldsymbol{x}$ にもっとも近い点を求めている，という意味がある．図 5.22 参照．このことを確認するには，$\hat{\boldsymbol{x}}$ が

$$J = \|\boldsymbol{A}\boldsymbol{x} - \boldsymbol{y}\| \tag{5.124}$$

を最小にしていることを示せばよい．そして，そのことは任意の $\boldsymbol{x}$ と $\hat{\boldsymbol{x}}$ に対して

$$\|\boldsymbol{A}\boldsymbol{x} - \boldsymbol{y}\| \geq \|\boldsymbol{A}\hat{\boldsymbol{x}} - \boldsymbol{y}\| \tag{5.125}$$

となっていることを示せば証明される．実際，

$$\|\boldsymbol{A}\boldsymbol{x} - \boldsymbol{y}\|^2 = \|\boldsymbol{A}(\boldsymbol{x} - \hat{\boldsymbol{x}}) + \boldsymbol{A}\hat{\boldsymbol{x}} - \boldsymbol{y}\|^2 \tag{5.126}$$

$$\begin{aligned} &= \left\|\boldsymbol{A}(\boldsymbol{x} - \hat{\boldsymbol{x}}) + \left(\boldsymbol{A}\boldsymbol{A}^+{}_L - \boldsymbol{I}\right)\boldsymbol{y}\right\|^2 \\ &= \|\boldsymbol{A}(\boldsymbol{x} - \hat{\boldsymbol{x}})\|^2 + \left\|\left(\boldsymbol{A}\boldsymbol{A}^+{}_L - \boldsymbol{I}\right)\boldsymbol{y}\right\|^2 \\ &\quad + 2\{\boldsymbol{A}(\boldsymbol{x} - \hat{\boldsymbol{x}})\}^T \left(\boldsymbol{A}\boldsymbol{A}^+{}_L - \boldsymbol{I}\right)\boldsymbol{y} \end{aligned} \tag{5.127}$$

となり，最終式の第 3 項は，次に示すように，0 になる．

$$\begin{aligned} \{\boldsymbol{A}(\boldsymbol{x} - \hat{\boldsymbol{x}})\}^T \left(\boldsymbol{A}\boldsymbol{A}^+{}_L - \boldsymbol{I}\right)\boldsymbol{y} &= (\boldsymbol{x} - \hat{\boldsymbol{x}})^T \left(\boldsymbol{A}^T \boldsymbol{A}\boldsymbol{A}^+{}_L - \boldsymbol{A}^T\right)\boldsymbol{y} \\ &= (\boldsymbol{x} - \hat{\boldsymbol{x}})^T \left(\boldsymbol{A}^T \boldsymbol{A}(\boldsymbol{A}^T \boldsymbol{A})^{-1} \boldsymbol{A}^T - \boldsymbol{A}^T\right)\boldsymbol{y} \end{aligned}$$

$$= (\boldsymbol{x} - \hat{\boldsymbol{x}})^T \left( \boldsymbol{A}^T - \boldsymbol{A}^T \right) \boldsymbol{y} = 0 \tag{5.128}$$

したがって，

$$\|\boldsymbol{Ax} - \boldsymbol{y}\|^2 = \|\boldsymbol{A}(\boldsymbol{x} - \hat{\boldsymbol{x}})\|^2 + \|\boldsymbol{AA}^{+}{}_{L}\boldsymbol{y} - \boldsymbol{y}\|^2$$

$$= \|\boldsymbol{A}(\boldsymbol{x} - \hat{\boldsymbol{x}})\|^2 + \|\boldsymbol{A}\hat{x} - \boldsymbol{y}\|^2 \tag{5.129}$$

であるが，右辺第 2 項は非負なので所望の式

$$\|\boldsymbol{Ax} - \boldsymbol{y}\| \geq \|\boldsymbol{A}\hat{x} - \boldsymbol{y}\| \tag{5.130}$$

を得る．

［例 5.28］ 図 5.22 の例を見てみよう．この場合，

$$\begin{cases} x = 3 \\ 2x = 3 \end{cases} \Leftrightarrow \begin{bmatrix} 1 \\ 2 \end{bmatrix} x = \begin{bmatrix} 3 \\ 3 \end{bmatrix}$$

なので

$$\boldsymbol{A} = \begin{bmatrix} 1 \\ 2 \end{bmatrix}, \quad \boldsymbol{x} = x, \quad \boldsymbol{y} = \begin{bmatrix} 3 \\ 3 \end{bmatrix} \tag{5.131}$$

である．したがって，

$$\hat{x} = (\boldsymbol{A}^T \boldsymbol{A})^{-1} \boldsymbol{A}^T \boldsymbol{y} = \left( \begin{bmatrix} 1 & 2 \end{bmatrix} \begin{bmatrix} 1 \\ 2 \end{bmatrix} \right)^{-1} \begin{bmatrix} 1 & 2 \end{bmatrix} \begin{bmatrix} 3 \\ 3 \end{bmatrix} = \frac{9}{5} \tag{5.132}$$

となる．確かにこの点から作られる点

$$z = \boldsymbol{A}\hat{x} = \frac{9}{5} \begin{bmatrix} 1 \\ 2 \end{bmatrix}$$

は，図 5.22 のように，点 $\boldsymbol{y}$ から直線までの垂線を引いた交点になっている（確かめよ）．

## 5・3 行列の標準形 (canonical form of matrix)

本節では，与えられた行列を適当に変換することでできるだけ簡単な形，たとえば対角行列，に変形することを考える．以下ではまず $n \times n$ 正方行列に対して考察し，あとで一般の $m \times n$ 行列に対して考える．

### 5・3・1 動機 (motivation)

本章では行列を線形写像の表現の 1 つとして導入したが，行列にはそれ以外にもいろいろな意味合いを持たせることが可能である．例えば，図 5.23 のような回転力学系を考えても行列がでてくる．

図 5.23 は質量 $m$=1/2 の質点 $P$ と $Q$ を質量が無視できる細棒で連結したものである．この系に対して，互いに直交するベクトル $\boldsymbol{x}$，$\boldsymbol{y}$，$\boldsymbol{z}$ を図のように設定する．これらのベクトルは始点を棒の中心におき，棒に対して固定されているものとする．そして，2 つの質点はこのベクトル $\boldsymbol{x}$，$\boldsymbol{y}$，$\boldsymbol{z}$ を座標軸とみなしたとき

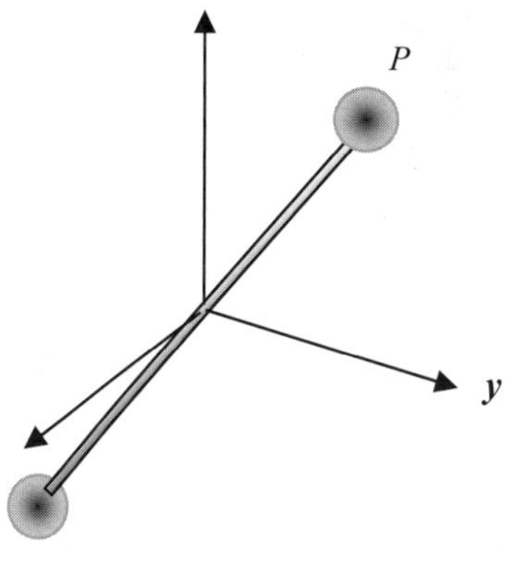

図 5.23 回転力学系

$$\boldsymbol{P}=\begin{bmatrix}1\\1\\1\end{bmatrix},\quad \boldsymbol{Q}=\begin{bmatrix}-1\\-1\\-1\end{bmatrix} \tag{5.133}$$

という位置にあるものとする．このとき，この系のベクトル $\boldsymbol{x}$，$\boldsymbol{y}$，$\boldsymbol{z}$ に関する慣性行列は

$$\boldsymbol{J}=\begin{bmatrix}\int mx^2dv & -\int mxydv & -\int mxzdv\\ -\int mxydv & \int my^2dv & -\int myzdv\\ -\int mxzdv & \int myzdv & \int mz^2dv\end{bmatrix}=\begin{bmatrix}1 & -1 & -1\\ -1 & 1 & -1\\ -1 & -1 & 1\end{bmatrix} \tag{5.134}$$

となる．慣性行列の対角項はぞれぞれ $\boldsymbol{x}$ 軸，$\boldsymbol{y}$ 軸，$z$ 軸まわりのいわゆる慣性モーメントであり，非対角項は $\boldsymbol{x}$ 軸と $\boldsymbol{y}$ 軸，$\boldsymbol{y}$ 軸と $\boldsymbol{z}$ 軸，$\boldsymbol{x}$ 軸と $\boldsymbol{z}$ 軸に関する干渉効果を表しており慣性乗積と呼ばれる．慣性行列 $\boldsymbol{J}$ がわかるとベクトル $\tau$ を加えたときの回転に関する角加速度ベクトル $\dot{\boldsymbol{\omega}}$ との関係が

$$\boldsymbol{J}\dot{\boldsymbol{\omega}}=\boldsymbol{\tau} \tag{5.135}$$

と求められる．

> 慣性行列とは
>
> 慣性モーメント $J$ の回転体に対する運動方程式は
>
> $J\ddot{\theta}=\tau$
>
> となる．ここで，$\ddot{\theta}$ は回転軸に関する角加速度，$\tau$ は回転軸回りのトルクである．式(5.134)は空間的に回転する物体の慣性モーメントに相当する．

さて，慣性乗積が零でない場合には，例えば $\boldsymbol{x}$ 軸のみに対する回転を得るために $\boldsymbol{x}$ 軸，$\boldsymbol{y}$ 軸，$z$ 軸のすべての軸回りに対するトルクが必要になる．なぜなら

$$\begin{bmatrix}1 & -1 & -1\\ -1 & 1 & -1\\ -1 & -1 & 1\end{bmatrix}\begin{bmatrix}1\\0\\0\end{bmatrix}=\begin{bmatrix}1\\-1\\-1\end{bmatrix} \tag{5.136}$$

となるからである．ここで，式(5.136)左辺のベクトル $[1, 0, 0]^T$ は $\boldsymbol{x}$ 軸回りの角加速度を表すベクトル，右辺のベクトル $[1, -1, -1]^T$ の要素がその角加速度を実現するために必要な $\boldsymbol{x}$ 軸，$\boldsymbol{y}$ 軸，$z$ 軸回りに加えるべきトルクになっている．この状況は他の軸についても同様で，いずれにしても運動の理解がしづらい．

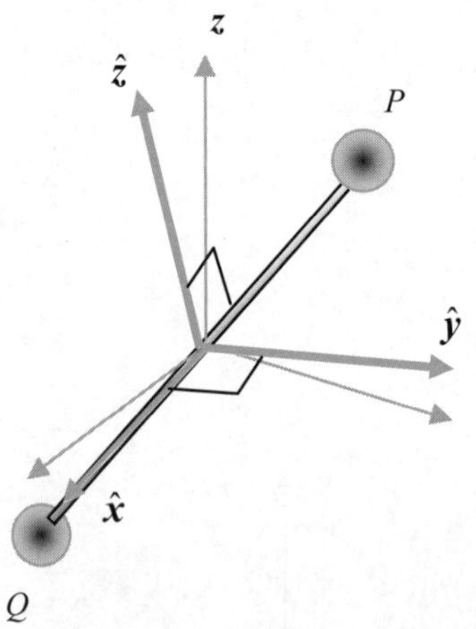

図 5.24 座標の取り直し

そこで，座標を図 5.24 のようにとってみる．すなわち，$\hat{\boldsymbol{x}}$ を棒にそってとり，$\hat{\boldsymbol{y}}$ を $\hat{\boldsymbol{x}}$ に直交するように，そして，$\hat{\boldsymbol{z}}$ 軸を $\hat{\boldsymbol{x}}$ 軸と $\hat{\boldsymbol{y}}$ 軸に共に直交するようにとる．ただし長さはもとの座標と同じとする．そうすると，質点 $P$ と $Q$ の新しい座標軸に対する位置は

$$\hat{\boldsymbol{P}}=\begin{bmatrix}-\sqrt{2}\\0\\0\end{bmatrix},\quad \hat{\boldsymbol{Q}}=\begin{bmatrix}\sqrt{2}\\0\\0\end{bmatrix} \tag{5.137}$$

となる．したがって，$\hat{\boldsymbol{z}}$ 軸を $\hat{\boldsymbol{x}}$ 軸と $\hat{\boldsymbol{y}}$ 軸に関する慣性行列は

$$\hat{J}=\begin{bmatrix}\int m\hat{x}^2dv & -\int m\hat{x}\hat{y}dv & -\int m\hat{x}\hat{z}dv\\ -\int m\hat{x}\hat{y}dv & \int m\hat{y}^2dv & -\int m\hat{y}\hat{z}dv\\ -\int m\hat{x}zdv & \int m\hat{y}\hat{z}dv & \int m\hat{z}^2dv\end{bmatrix}=\begin{bmatrix}2 & 0 & 0\\ 0 & 2 & 0\\ 0 & 0 & 2\end{bmatrix} \tag{5.138}$$

となる．慣性行列が対角行列になったので 2 つの軸間の干渉はなくなり，運動の解析が単純になる．例えば，$\hat{\boldsymbol{x}}$ 軸まわりに加えたとトルクは $\hat{\boldsymbol{x}}$ 軸まわりのみの回転を生むようになっている．

以上の考察が示唆するところは，「与えられた行列を何らかの方法によっ

て単純な形，例えば対角行列，に変換することができれば，考えている問題が単純化される」ということである．

### 5・3・2 基底の変換 (transformation of basis)

$n \times n$ の正方行列 $\boldsymbol{A}$ を考える．これは，5・2・2 節から，$n$ 次元線形空間 $\boldsymbol{V}$ から同じ線形空間 $\boldsymbol{V}$ への線形写像

$$\boldsymbol{y} = \boldsymbol{f}(\boldsymbol{x}) \tag{5.139}$$

をある基底

$$\{\boldsymbol{e}_1, \boldsymbol{e}_2, \cdots, \boldsymbol{e}_n\} \tag{5.140}$$

のもとで表現したものであると解釈できた．すなわち，線形空間 $\boldsymbol{V}$ の中の任意のベクトル $\boldsymbol{x}$ および写像(5.139)で移されたベクトル $\boldsymbol{y}$ はこの基底のもとで

$$\boldsymbol{x} = x_1\boldsymbol{e}_1 + x_2\boldsymbol{e}_2 + \cdots + x_n\boldsymbol{e}_n \tag{5.141}$$

$$\boldsymbol{y} = y_1\boldsymbol{e}_1 + y_2\boldsymbol{e}_2 + \cdots + y_n\boldsymbol{e}_n \tag{5.142}$$

と書けるので $\boldsymbol{x}$，$\boldsymbol{y}$ を数ベクトル

$$\boldsymbol{x} = \begin{bmatrix} x_1 \\ \vdots \\ x_n \end{bmatrix}, \quad \boldsymbol{y} = \begin{bmatrix} y_1 \\ \vdots \\ y_n \end{bmatrix} \tag{5.143}$$

で表現し，行列 $\boldsymbol{A}$ は上の数ベクトル(5.143)の間を結ぶものとして導入した．具体的には

$$\boldsymbol{y} = \boldsymbol{A}\boldsymbol{x} \tag{5.144}$$

と書いた．図 5.25 参照．

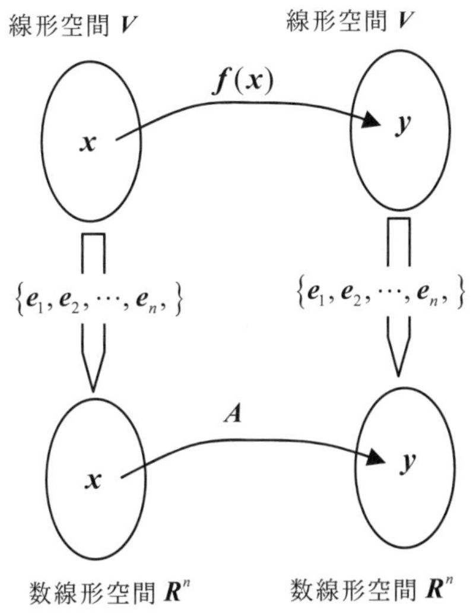


図 5.25 線形空間と線形写像の表現

ここで注意すべきことは，もともとの写像，関係式(5.139)，は唯一に確定しているが，基底をもとに表現した式(5.144)の $\boldsymbol{A}$ に現れる数値は考える基底によって異なってくる，という点である．このことは逆に，なんらかの適切な基底を選ぶことによって行列 $\boldsymbol{A}$ を対角行列にすることができることを示唆している．

そこで，新しい基底を

$$\begin{aligned} \hat{\boldsymbol{e}}_1 &= p_{11}\boldsymbol{e}_1 + p_{21}\boldsymbol{e}_2 + \cdots + p_{n1}\boldsymbol{e}_n \\ \hat{\boldsymbol{e}}_2 &= p_{12}\boldsymbol{e}_1 + p_{22}\boldsymbol{e}_2 + \cdots + p_{n2}\boldsymbol{e}_n \\ &\vdots \\ \hat{\boldsymbol{e}}_n &= p_{1n}\boldsymbol{e}_1 + p_{2n}\boldsymbol{e}_2 + \cdots + p_{nn}\boldsymbol{e}_n \end{aligned} \tag{5.145}$$

のように合成することを考える．そうするとこの基底のもとでの線形空間 $\boldsymbol{V}$ の要素 $\boldsymbol{x}$，$\boldsymbol{y}$ は

$$\boldsymbol{x} = \hat{x}_1\hat{\boldsymbol{e}}_1 + \hat{x}_2\hat{\boldsymbol{e}}_2 + \cdots + \hat{x}_n\hat{\boldsymbol{e}}_n \tag{5.146}$$

$$\boldsymbol{y} = \hat{y}_1\hat{\boldsymbol{e}}_1 + \hat{y}_2\hat{\boldsymbol{e}}_2 + \cdots + \hat{y}_n\hat{\boldsymbol{e}}_n \tag{5.147}$$

となる．さらに，式(5.145)を用いると

$$
\begin{aligned}
\boldsymbol{x} = &\hat{x}_1\left(p_{11}\boldsymbol{e}_1 + p_{21}\boldsymbol{e}_2 + \cdots + p_{n1}\boldsymbol{e}_n\right) \\
&+ \hat{x}_2\left(p_{12}\boldsymbol{e}_1 + p_{22}\boldsymbol{e}_2 + \cdots + p_{n2}\boldsymbol{e}_n\right) \\
&+ \cdots \\
&+ \hat{x}_n\left(p_{1n}\boldsymbol{e}_1 + p_{2n}\boldsymbol{e}_2 + \cdots + p_{nn}\boldsymbol{e}_n\right) \\
= &\left(p_{11}\hat{x}_1 + p_{12}\hat{x}_2 + \cdots + p_{1n}\hat{x}_n\right)\boldsymbol{e}_1 \\
&+ \left(p_{21}\hat{x}_1 + p_{22}\hat{x}_2 + \cdots + p_{2n}\hat{x}_n\right)\boldsymbol{e}_2 \\
&+ \cdots \\
&+ \left(p_{n1}\hat{x}_1 + p_{n2}\hat{x}_2 + \cdots + p_{nn}\hat{x}_n\right)\boldsymbol{e}_n
\end{aligned}
\tag{5.148}
$$

$$
\begin{aligned}
\boldsymbol{y} = &\hat{y}_1\left(p_{11}\boldsymbol{e}_1 + p_{21}\boldsymbol{e}_2 + \cdots + p_{n1}\boldsymbol{e}_n\right) \\
&+ \hat{y}_2\left(p_{12}\boldsymbol{e}_1 + p_{22}\boldsymbol{e}_2 + \cdots + p_{n2}\boldsymbol{e}_n\right) \\
&+ \cdots \\
&+ \hat{y}_n\left(p_{1n}\boldsymbol{e}_1 + p_{2n}\boldsymbol{e}_2 + \cdots + p_{nn}\boldsymbol{e}_n\right) \\
= &\left(p_{11}\hat{y}_1 + p_{12}\hat{y}_2 + \cdots + p_{1n}\hat{y}_n\right)\boldsymbol{e}_1 \\
&+ \left(p_{21}\hat{y}_1 + p_{22}\hat{y}_2 + \cdots + p_{2n}\hat{y}_n\right)\boldsymbol{e}_2 \\
&+ \cdots \\
&+ \left(p_{n1}\hat{y}_1 + p_{n2}\hat{y}_2 + \cdots + p_{nn}\hat{y}_n\right)\boldsymbol{e}_n
\end{aligned}
\tag{5.149}
$$

と書ける．したがって，式(5.141)と式(5.148)および式(5.142)と式(5.149)を比較することによって，（数）ベクトルで $\boldsymbol{x}$，$\boldsymbol{y}$ の元の基底における表現と新しい基底における表現の関係は

$$\boldsymbol{x} = \boldsymbol{P}\hat{\boldsymbol{x}} \tag{5.150}$$

$$\boldsymbol{y} = \boldsymbol{P}\hat{\boldsymbol{y}} \tag{5.151}$$

となっていることがわかる．ただし，

$$
\boldsymbol{P} = \begin{bmatrix} p_{11} & p_{12} & \cdots & p_{1n} \\ p_{21} & p_{22} & \cdots & p_{2n} \\ \vdots & & \ddots & \vdots \\ p_{n1} & p_{n2} & \cdots & p_{nn} \end{bmatrix}
\tag{5.152}
$$

である．ここで，ベクトルの次元が変わってはいけないので $\boldsymbol{P}$ は正則になるように選ばれていなくてはならないことは言うまでもない．

以上から，式(5.144)に式(5.150)と(5.151)を代入することにより，行列 $\boldsymbol{A}$ の新しい基底における表現が

$$
\begin{aligned}
\hat{\boldsymbol{y}} &= \boldsymbol{P}^{-1}\boldsymbol{A}\boldsymbol{P}\hat{\boldsymbol{x}} \\
&= \hat{\boldsymbol{A}}\hat{\boldsymbol{x}}
\end{aligned}
\tag{5.153}
$$

ともとまった．ただし，

$$\hat{\boldsymbol{A}} = \boldsymbol{P}^{-1}\boldsymbol{A}\boldsymbol{P} \tag{5.154}$$

とおいた．

まとめると，正則な行列 $\boldsymbol{P}$ によって以下の図式が得られる．

基底：$\{\boldsymbol{e}_1, \boldsymbol{e}_2, \cdots, \boldsymbol{e}_n\}$ → 基底：$\{\hat{\boldsymbol{e}}_1, \hat{\boldsymbol{e}}_2, \cdots, \hat{\boldsymbol{e}}_n\}$ （式(5.145)）
数ベクトル：$\boldsymbol{x}$ → 数ベクトル：$\hat{\boldsymbol{x}} = \boldsymbol{P}^{-1}\boldsymbol{x}$
数ベクトル：$\boldsymbol{y}$ → 数ベクトル：$\hat{\boldsymbol{y}} = \boldsymbol{P}^{-1}\boldsymbol{y}$
線形写像の成分：$\boldsymbol{A}$ →線形写像の成分：$\hat{\boldsymbol{A}} = \boldsymbol{P}^{-1}\boldsymbol{A}\boldsymbol{P}$
$\boldsymbol{y} = \boldsymbol{A}\boldsymbol{x}$ → $\hat{\boldsymbol{y}} = \hat{\boldsymbol{A}}\hat{\boldsymbol{x}}$

ここで考えた変換(5.154)のことを相似変換(similarity transformation)という．上に現れている２つの行列 $\boldsymbol{A}$ と $\hat{\boldsymbol{A}}$ は同じ線形写像を異なった基底に関する成分で表現したものであることを注意しておこう．

以上の考察から次項では，与えられた行列 $\boldsymbol{A}$ に対してできるだけ単純な行列に変換されるような相似変換のための変換行列 $\boldsymbol{P}$ を求めることを考える．その際，行列の固有値と固有ベクトルという考え方が基本になるので，以下ではまずこれらの考え方を紹介する．その後，対角行列に変換できる場合を考える．このケースは続いて紹介する必ずしも対角行列化できない場合に対する標準形の１つであるジョルダン標準形への変換に含まれる話題であるが，行列の標準化の考え方をわかりやすく説明する目的で挿入しておく．そして，最後に正方行列とは限らない行列に対する単純化の１つとして特異値分解について説明する．

機械や構造物の振動特性は，振動数，振動形態（モード）で表すことができる．それらの特性を示す重要な物性値が固有振動数と固有モードであり，これらは固有値を求めることで決定される．

## 5・3・3 行列の固有値 (eigenvalue of matrix)

一般に，ベクトル $\boldsymbol{x}$ を線形写像

$$\boldsymbol{y} = \boldsymbol{A}\boldsymbol{x} \tag{5.155}$$

によってベクトル $\boldsymbol{y}$ に写像すると，その方向は元のベクトル $\boldsymbol{x}$ と異なっている．しかし，ある方向のベクトルを選ぶと変換しても方向が変わらないことがある．図 5.26 参照．すなわち，そのベクトルを $\boldsymbol{v} \neq \boldsymbol{0}$ とすると，ある定数 $\lambda$ が存在して

$$\boldsymbol{A}\boldsymbol{v} = \lambda\boldsymbol{v} \tag{5.156}$$

あるいは

$$(\lambda\boldsymbol{I} - \boldsymbol{A})\boldsymbol{v} = 0 \tag{5.157}$$

となる．このときの定数 $\lambda$ を行列 $\boldsymbol{A}$ の固有値(eigenvalue)，ベクトル $\boldsymbol{v}$ を行列 $\boldsymbol{A}$ の固有値 $\lambda$ に対する固有ベクトル(eigenvector)という．写像によって方向が変化しない固有ベクトルとその比例定数である固有値は，その行列の変換に対する特性を表す特徴的なベクトルであり定数である．ゆえに固有値，固有ベクトルと呼ばれる．

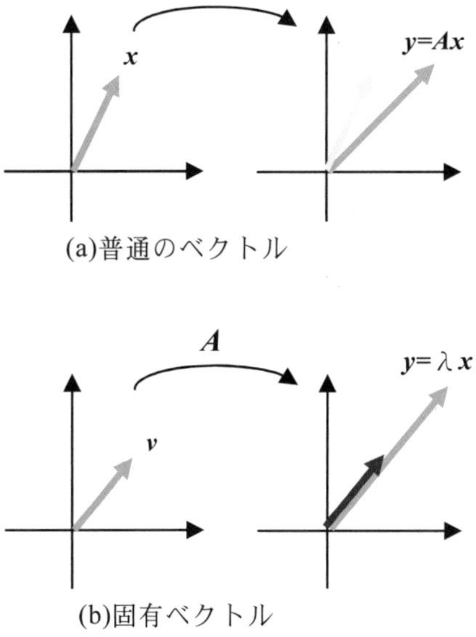

図 5.26　固有ベクトルと固有値

さて，式(5.157)は $\boldsymbol{v}$ に関する１次連立方程式とみなせるが，この方程式に非零の解 $\boldsymbol{v}$ が存在するための条件は行列 $\lambda\boldsymbol{I} - \boldsymbol{A}$ が正則でないことである．なぜなら，もしもこれが正則ならば $\boldsymbol{v} = (\lambda\boldsymbol{I} - \boldsymbol{A})^{-1}\boldsymbol{0} = \boldsymbol{0}$ が唯一の解になり固有ベクトルが $\boldsymbol{0}$ になり意味がなくなるからである．

したがって固有値とは，行列 $\lambda\boldsymbol{I} - \boldsymbol{A}$ が正則でなくなる条件から

$$\det(\lambda\boldsymbol{I} - \boldsymbol{A}) = \lambda^n + a_1\lambda^{n-1} + \cdots + a_{n-1}\lambda + a_0 = 0 \tag{5.158}$$

を満たす定数であることがわかる．これより $n \times n$ 行列の固有値は $n$ 個存在する．固有ベクトルはそれぞれの固有値に応じて定まってくる．ここで $\lambda$ に関

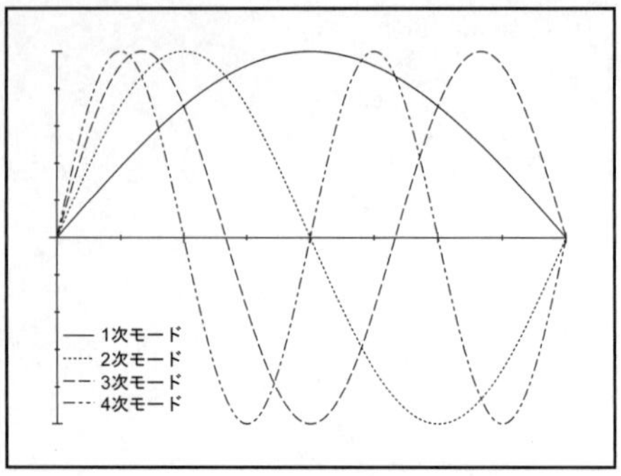


図 5.27　両端固定の弦の振動モード

する $n$ 次の多項式を $s$ の多項式とみなし

$$\phi(s) = \det(s\boldsymbol{I} - \boldsymbol{A}) = 0 \tag{5.159}$$

と特徴つけ，$\phi(s) = 0$ を特性多項式(characteristic polynomial)という．

［例 5.29］行列

$$A = \begin{bmatrix} 1 & 2 \\ 0 & 3 \end{bmatrix} \tag{5.160}$$

の固有値と固有ベクトルを計算してみよう．特性多項式が

$$\phi(s) = \det(s\boldsymbol{I} - \boldsymbol{A}) = \det \begin{bmatrix} s-1 & -2 \\ 0 & s-3 \end{bmatrix}$$
$$= (s-1)(s-3) = 0 \tag{5.161}$$

となるので，固有値はその根として

$$s = \lambda_1 = 1, \quad s = \lambda_2 = 3 \tag{5.162}$$

と求められる．

固有ベクトルは 2 つの固有値に対してそれぞれ求める．固有値 $\lambda_i$ に対する固有ベクトルを

$$\boldsymbol{v}_i = \begin{bmatrix} v_{i1} \\ v_{i2} \end{bmatrix} \tag{5.163}$$

とすると式(5.156)より

$$\begin{bmatrix} 1 & 2 \\ 0 & 3 \end{bmatrix} \begin{bmatrix} v_{11} \\ v_{12} \end{bmatrix} = \begin{bmatrix} v_{11} \\ v_{12} \end{bmatrix} \tag{5.164}$$

$$\begin{bmatrix} 1 & 2 \\ 0 & 3 \end{bmatrix} \begin{bmatrix} v_{21} \\ v_{22} \end{bmatrix} = 3 \begin{bmatrix} v_{21} \\ v_{22} \end{bmatrix} \tag{5.165}$$

なる関係式が得られる．しかがって，上 2 式から

$$\boldsymbol{v}_1 = \begin{bmatrix} v_{11} \\ v_{12} \end{bmatrix} = \begin{bmatrix} a \\ 0 \end{bmatrix} \quad (a \text{ は零でない任意の定数}) \tag{5.166}$$

および

$$\boldsymbol{v}_2 = \begin{bmatrix} v_{21} \\ v_{22} \end{bmatrix} = \begin{bmatrix} b \\ b \end{bmatrix} \quad (b \text{ は零でない任意の定数}) \tag{5.167}$$

が得られる．

上の定義から $n \times n$ 行列 $\boldsymbol{A}$ に対する固有値は $n$ 次多項式である特性方程式の根なので常に $n$ 個存在する．ただし，その値は実数であったり複素数であったりする．固有値がすべて実数なのか複素数も混じるのか，あるいはすべて異なるのか重複するのかによって，行列がどこまで対角化できるかが異なってくる．

ところで，固有値の重複度には次のように 2 種類ある．まず，特性多項式の左辺を因数分解することで

$$\det(s\boldsymbol{I} - \boldsymbol{A}) = (s-\lambda_1)^{m(1)}(s-\lambda_2)^{m(2)} \cdots (s-\lambda_k)^{m(k)} \tag{5.168}$$

と表されるとする．ここで，$\lambda_1$，$\lambda_2$，…，$\lambda_k$ は相異なる固有値であり，$m(1)$，$m(2)$，…，$m(k)$ はそれぞれの重複度である．このとき 2 つの重複度を次のように定義する．

[定義 5.11:代数的重複度(algebraic multiplicity)] 特性多項式を因数分解したときの $m(1)$, $m(2)$, …, $m(k)$ を $\lambda_1$, $\lambda_2$, …, $\lambda_k$ に対する代数的重複度と呼ぶ.

[定義 5.12:幾何的重複度(geometric multiplicity)] 固有値 $\lambda_i$ に対して定まる

$$\alpha(i) = n - \mathrm{rank}(\lambda_i \boldsymbol{I} - \boldsymbol{A}) \tag{5.169}$$

を固有値 $\lambda_i$ の幾何的重複度と呼ぶ.

代数的重複度 $m(i)$ は文字通り多項式の根の重複度である. 一方, 幾何的重複度 $\alpha(i)$ は固有値 $\lambda_i$ に対応する 1 次独立な固有ベクトルの数になる. したがって, その値は代数的重複度 $m(i)$ を超えることはない. また, 次の定義を導入する.

[定義 5.13: シンプル(simple)] すべての固有値 $\lambda_i$ に対して代数的重複度と幾何的重複度が等しい行列をシンプルと呼ぶ.

[例 5.30] $n \times n$ 行列 $\boldsymbol{A}$ の固有値がすべてことなるときは, すべての固有値に対する代数的重複度と幾何的重複度は一致し, すべて 1 になる. すなわちシンプルである. したがって, この場合, 各固有値に対して 1 本の固有ベクトルが定まる.

### 5・3・4 行列の標準化 (canonical form of matrix)

ここではシンプルな行列から徐々に一般的な行列の標準化について述べる.

**①行列の対角化**

[一般論:]まず, シンプルな $n \times n$ 行列 $\boldsymbol{A}$ を考える. この場合, $n$ 個の固有値 $\lambda_1$, $\lambda_2$, …, $\lambda_n$ に対して (必ずしもすべてが異なっている必要はない), それぞれ固有ベクトル $\boldsymbol{v}_1$, $\boldsymbol{v}_2$, …, $\boldsymbol{v}_n$ が存在し, すべて 1 次独立になっている. すなわち

$$\begin{aligned} \boldsymbol{A}\boldsymbol{v}_1 &= \lambda_1 \boldsymbol{v}_1 \\ \boldsymbol{A}\boldsymbol{v}_2 &= \lambda_2 \boldsymbol{v}_2 \\ &\vdots \\ \boldsymbol{A}\boldsymbol{v}_n &= \lambda_n \boldsymbol{v}_n \end{aligned} \tag{5.170}$$

となっているので, 固有ベクトルを並べた行列

$$\boldsymbol{P} = [\boldsymbol{v}_1\ \boldsymbol{v}_2 \cdots \boldsymbol{v}_n\ ] \tag{5.171}$$

は正則になり

$$\boldsymbol{A}\boldsymbol{P} = \boldsymbol{P} \begin{bmatrix} \lambda_1 & 0 & \cdots & 0 \\ 0 & \lambda_2 & \ddots & \vdots \\ \vdots & \ddots & \ddots & 0 \\ 0 & \cdots & 0 & \lambda_n \end{bmatrix} \tag{5.172}$$

となっていることがわかる. すなわち

$$\hat{\boldsymbol{A}} = \boldsymbol{P}^{-1}\boldsymbol{A}\boldsymbol{P} = \begin{bmatrix} \lambda_1 & 0 & \cdots & 0 \\ 0 & \lambda_2 & \ddots & \vdots \\ \vdots & \ddots & \ddots & 0 \\ 0 & \cdots & 0 & \lambda_n \end{bmatrix} \tag{5.173}$$

と対角化できる.

<table>
<tr><td>

**対称行列の固有値は実数**

対称行列 $A$ の固有値が実数になることを確認しておく．いま，
$$A\boldsymbol{x} = \alpha\boldsymbol{x} \quad \boldsymbol{x} \neq \boldsymbol{0}$$
とすると（$\alpha$ は固有値），両辺の複素共役をとると
$$A\bar{\boldsymbol{x}} = \bar{\alpha}\bar{\boldsymbol{x}}$$
となる．よって，
$$\begin{aligned}(A\bar{\boldsymbol{x}}, \boldsymbol{x}) &= (\alpha\bar{\boldsymbol{x}}, \boldsymbol{x}) = \alpha(\boldsymbol{x}, \bar{\boldsymbol{x}})\\ &= (\boldsymbol{x}, A\bar{\boldsymbol{x}}) = (\boldsymbol{x}, \bar{\alpha}\bar{\boldsymbol{x}})\\ &= \bar{\alpha}(\boldsymbol{x}, \bar{\boldsymbol{x}})\end{aligned}$$
である．すなわち，
$$\alpha(\boldsymbol{x}, \bar{\boldsymbol{x}}) = \bar{\alpha}(\boldsymbol{x}, \bar{\boldsymbol{x}})$$
であるが，$(\boldsymbol{x}, \bar{\boldsymbol{x}}) > 0$ なので
$$\alpha = \bar{\alpha},$$
すなわち $\alpha$ は実数である．

</td></tr>
</table>

[例 5.31]　例 5.35 の行列
$$A = \begin{bmatrix} 1 & 2 \\ 0 & 3 \end{bmatrix}$$
を対角化してみる．例 5.35 の計算より，この行列の 2 つの固有値は異なっているので，シンプルな行列である．確かに，2 つの 1 次独立な固有ベクトルが求まっている．それらより変換行列を
$$P = \begin{bmatrix} 1 & 1 \\ 0 & 1 \end{bmatrix} \tag{5.174}$$
と構成し，$P^{-1}AP$ を計算してみると
$$P^{-1}AP = \begin{bmatrix} 1 & -1 \\ 0 & 1 \end{bmatrix}\begin{bmatrix} 1 & 2 \\ 0 & 3 \end{bmatrix}\begin{bmatrix} 1 & 1 \\ 0 & 1 \end{bmatrix} = \begin{bmatrix} 1 & 0 \\ 0 & 3 \end{bmatrix} \tag{5.175}$$
と対角できた．

**[対称行列：]** 一般に，与えられた行列がシンプルかどうかを判定するには，固有値を求めてそれらがすべて異なっているか，あるいは，重複している場合には幾何的重複度と代数的重複度が一致しているかを調べる必要がある．ただし，与えられた行列が対称行列の場合には，調べるまでもなく，常に対角化可能であることが知られている．すなわち結果的にシンプルになっているのである．

以下，実際にみてゆくが，そのためにいくつかの大切な性質をみておく．

まず，任意の $n \times n$ 対称行列 $A$ のすべての固有値は実数になり，固有ベクトルはすべて実ベクトル（成分がすべて実数のベクトル）になることに注意しよう（証明は左欄参照）．そして，互いに異なる固有値に対する固有ベクトルは互いに直交していることもわかる（証明は左欄参照）．さらに，任意の $n \times n$ 行列 $A$ すべての固有値 $\lambda_1$，$\lambda_2$，$\cdots$，$\lambda_n$ が実数のとき，適当な直交行列 $U$ によって上三角行列に変換できることが知られている．すなわち，

<table>
<tr><td>

**対称行列の固有ベクトルは実ベクトル**

対称行列 $A$ の固有ベクトルが実ベクトルになることを確認しておく．$\alpha$ を $A$ の固有値とすると，
$$A - \alpha I$$
は実行列（成分がすべて実数の行列）になり，
$$|A - \alpha I| = 0$$
である．よって，
$$(A - \alpha I)\boldsymbol{x} = \boldsymbol{0}$$
を満たす $\boldsymbol{0}$ でない実ベクトル $\boldsymbol{x}$ が存在する．すなわち，$\alpha$ に対する固有ベクトルは実ベクトルである．

</td></tr>
</table>

$$U^{-1}AU = U^{T}AU = \begin{bmatrix} \lambda_1 & * & \cdots & * \\ 0 & \lambda_2 & \ddots & \vdots \\ \vdots & \ddots & \ddots & * \\ 0 & \cdots & 0 & \lambda_n \end{bmatrix} \tag{5.176}$$

となる（証明は本章付録参照）．

これらの事実を利用して，$n \times n$ 対称行列 $A$ が対角化可能であることを示そう．

いま，$n \times n$ 対称行列 $A$ が与えられたとすると，上で述べたように，その固有値はすべて実数になっている．したがって，式(5.176)のように上三角行列に変換できる．ところで，行列 $A$ は対称行列なので

<table>
<tr><td>

**対称行列の相異なる固有値に対する固有ベクトルは互いに直交する**

対称行列 $A$ の相異なる二つの固有値を $\lambda_1, \lambda_2$ とし，
$$A\boldsymbol{x}_1 = \lambda_1\boldsymbol{x}_1, \quad A\boldsymbol{x}_2 = \lambda_2\boldsymbol{x}_2$$
とする（$\boldsymbol{x}_1 \neq \boldsymbol{0}, \boldsymbol{x}_2 \neq \boldsymbol{0}$）．そうすると
$$\begin{aligned}\boldsymbol{x}_2^T A\boldsymbol{x}_1 &= (A\boldsymbol{x}_1, \boldsymbol{x}_2) = \lambda_1(\boldsymbol{x}_1, \boldsymbol{x}_2)\\ \boldsymbol{x}_2^T A\boldsymbol{x}_1 &= (\boldsymbol{x}_1, A^T\boldsymbol{x}_2) = (\boldsymbol{x}_1, A\boldsymbol{x}_2)\\ &= \lambda_2(\boldsymbol{x}_1, \boldsymbol{x}_2)\end{aligned}$$
となり，$\lambda_1(\boldsymbol{x}_1, \boldsymbol{x}_2) = \lambda_2(\boldsymbol{x}_1, \boldsymbol{x}_2)$ を得るが，$\lambda_1 \neq \lambda_2$ なので
$$(\boldsymbol{x}_1, \boldsymbol{x}_2) = 0$$
すなわち，二つの固有ベクトルは直交している．

</td></tr>
</table>

$$U^{T}AU = \begin{bmatrix} \lambda_1 & * & \cdots & * \\ 0 & \lambda_2 & \ddots & \vdots \\ \vdots & \ddots & \ddots & * \\ 0 & \cdots & 0 & \lambda_n \end{bmatrix} = \left(U^{T}AU\right)^{T} = \begin{bmatrix} \lambda_1 & 0 & \cdots & 0 \\ * & \lambda_2 & \ddots & \vdots \\ \vdots & \ddots & \ddots & 0 \\ * & \cdots & * & \lambda_n \end{bmatrix} \tag{5.177}$$

となっており，これは

$$U^T A U = \begin{bmatrix} \lambda_1 & 0 & \cdots & 0 \\ 0 & \lambda_2 & \ddots & \vdots \\ \vdots & \ddots & \ddots & 0 \\ 0 & \cdots & 0 & \lambda_n \end{bmatrix} \tag{5.178}$$

となっていることを意味している．ちなみに，直交行列 $\boldsymbol{U}$ は行列 $\boldsymbol{A}$ の固有値 $\lambda_1$，$\lambda_2$，…，$\lambda_n$ に対する固有ベクトル $\boldsymbol{v}_1$，$\boldsymbol{v}_2$，…，$\boldsymbol{v}_n$（これらのノルムを 1 に正規化しておけば互いに直交することが保証されているの）を用いて

$$\boldsymbol{U} = [\boldsymbol{v}_1\ \boldsymbol{v}_2 \cdots \boldsymbol{v}_n] \tag{5.179}$$

とすれば構成できる．

### ②行列のジョルダン標準形

$n \times n$ 行列 $\boldsymbol{A}$ がシンプルとは限らないものとする．そして，$n$ 個の固有値は $r$ 種類の異なった値をもつとし $(r \le n)$

$$\lambda_1[m(1),\alpha(1)],\ \lambda_2[m(2),\alpha(2)],\ \cdots,\ \lambda_r[m(r),\alpha(r)] \tag{5.180}$$

と表記しておく．ただし，$\lambda_i[m(i),\alpha(i)]$ は固有値 $\lambda_i$ の代数的重複度が $m(i)$，幾何的重複度が $\alpha(i)$ であることを示しているとする．すなわち，固有値 $\lambda_i$ は $m(i)$ 個重複しており，$\lambda_i$ に関する 1 次独立な固有ベクトルが $\alpha(i)$ 本，具体的には，$\lambda_i$ に関して式(5.157)を満たすベクトルとして

$$\boldsymbol{v}_{i1}, \boldsymbol{v}_{i2}, \cdots, \boldsymbol{v}_{i\alpha(i)} \tag{5.181}$$

が得られることを意味している．ここで個数に関する確認をしておくと

$$m(1) + m(2) + \cdots + m(r) = n \tag{5.182}$$

であり，式(5.157)から直接もとめられる 1 次独立な固有ベクトルの個数は

$$\alpha(1) + \alpha(2) + \cdots + \alpha(r) \le n \tag{5.183}$$

である．このように，行列がシンプルでない場合，シンプルな行列のように 1 次独立な固有ベクトルを $n$ 本直接求めることができない．ベクトルの数が各 $\lambda_i$ に関して $m(i) - \alpha(i)$ 本足りないのである．ゆえに①で示したように対角化ができない．

そこで，以下のように，各 $\lambda_i$ に関して $\alpha(i)$ のベクトル(5.181)を核にして 1 次独立なベクトルの本数を追加し，総合計の 1 次独立なベクトルの数を $n$ 本にすることを考える．

$\boldsymbol{v}_{i1} : \boldsymbol{A}\boldsymbol{v}_{i1} = \lambda_i \boldsymbol{v}_{i1}$ を満たす $\boldsymbol{v}_{i1}$

　$\boldsymbol{v}_{i1}^{[2]} : \boldsymbol{A}\boldsymbol{v}_{i1}^{[2]} = \lambda_i \boldsymbol{v}_{i1}^{[2]} + \boldsymbol{v}_{i1}$ を満たす $\boldsymbol{v}_{i1}^{[2]}$

　　$\vdots$

　$\boldsymbol{v}_{i1}^{[d(i,1)]} : \boldsymbol{A}\boldsymbol{v}_{i1}^{[d(i,1)]} = \lambda_i \boldsymbol{v}_{i1}^{[d(i,1)]} + \boldsymbol{v}_{i1}^{[d(i,1)]-1}$ を満たす $\boldsymbol{v}_{i1}^{[d(i,1)]}$

　　$\vdots$

　（得られたベクトルがそれ以前に作られたベクトルと一次従属になるまで続ける）

$\boldsymbol{v}_{i2} : \boldsymbol{A}\boldsymbol{v}_{i2} = \lambda_i \boldsymbol{v}_{i2}$ を満たす $\boldsymbol{v}_{i2}$

　$\boldsymbol{v}_{i2}^{[2]} : \boldsymbol{A}\boldsymbol{v}_{i2}^{[2]} = \lambda_i \boldsymbol{v}_{i2}^{[2]} + \boldsymbol{v}_{i2}$ を満たす $\boldsymbol{v}_{i2}^{(2)}$

$$\vdots$$

$$\boldsymbol{v}_{i2}^{[d(i,2)]} : \boldsymbol{A}\boldsymbol{v}_{i2}^{[d(i,2)]} = \lambda_i \boldsymbol{v}_{i2}^{[d(i,2)]} + \boldsymbol{v}_{i2}^{[d(i,2)]-1} \text{ を満たす } \boldsymbol{v}_{i2}^{[d(i,2)]}$$

$$\vdots$$

（得られたベクトルがそれ以前に作られたベクトルと一次従属になるまで続ける）

$$\boldsymbol{v}_{ik} : A\boldsymbol{v}_{ik} = \lambda_i \boldsymbol{v}_{ik} \text{ を満たす } \boldsymbol{v}_{ik}$$

$$\boldsymbol{v}_{ik}^{[2]} : \boldsymbol{A}\boldsymbol{v}_{ik}^{[2]} = \lambda_i \boldsymbol{v}_{ik}^{[2]} + \boldsymbol{v}_{ik} \text{ を満たす } \boldsymbol{v}_{ik}^{[2]}$$

$$\vdots$$

$$\boldsymbol{v}_{ik}^{[d(i,k)]} : \boldsymbol{A}\boldsymbol{v}_{ik}^{[d(i,k)]} = \lambda_i \boldsymbol{v}_{ik}^{[d(i,k)]} + \boldsymbol{v}_{ik}^{[d(i,k)]-1} \text{ を満たす } \boldsymbol{v}_{ik}^{[d(i,k)]}$$

$$\vdots$$

（得られたベクトルがそれ以前に作られたベクトルと一次従属になるまで続ける）

$$\boldsymbol{v}_{i\alpha(i)} : A\boldsymbol{v}_{i\alpha(i)} = \lambda_i \boldsymbol{v}_{i\alpha(i)} \text{ を満たす } \boldsymbol{v}_{i\alpha(i)}$$

$$\boldsymbol{v}_{ik}^{[2]} : \boldsymbol{A}\boldsymbol{v}_{ik}^{[2]} = \lambda_i \boldsymbol{v}_{ik}^{[2]} + \boldsymbol{v}_{ik} \text{ を満たす } \boldsymbol{v}_{ik}^{[2]}$$

$$\vdots$$

$$\boldsymbol{v}_{i\alpha(i)}^{[d(i,\alpha(i))]} : \boldsymbol{A}\boldsymbol{v}_{i\alpha(i)}^{[d(i,\alpha(i))]} = \lambda_i \boldsymbol{v}_{i\alpha(i)}^{[d(i,\alpha(i))]} + \boldsymbol{v}_{i\alpha(i)}^{[d(i,\alpha(i))-1]} \text{ を満たす } \boldsymbol{v}_{i\alpha(i)}^{[d(i,\alpha(i))]}$$

$$\vdots$$

（得られたベクトルがそれ以前に作られたベクトルと一次従属になるまで続ける）

ただし，$d(i,1)+d(i,2)+\cdots d(i,\alpha(i)) = m_i$ である．ここで，$\lambda_i$ に関する $\boldsymbol{v}_{ik}$ は固有ベクトルであるが，$\boldsymbol{v}_{ik}^{[d(i,k)]}$ は一般化固有ベクトル(generalized eigenvector)と呼ばれる．

以上のようにして計算されたベクトル

$$\begin{array}{l}
\boldsymbol{v}_{i1},\ \boldsymbol{v}_{i1}^{[2]},\ \cdots,\ \boldsymbol{v}_{i1}^{[d(i,1)]} \\
\boldsymbol{v}_{i2},\ \boldsymbol{v}_{i2}^{(2)},\ \cdots,\ \boldsymbol{v}_{i2}^{[d(i,2)]} \\
\vdots \\
\boldsymbol{v}_{ik},\ \boldsymbol{v}_{ik}^{[2]},\ \cdots,\ \boldsymbol{v}_{ik}^{[d(i,k)]} \\
\vdots \\
\boldsymbol{v}_{i\alpha(i)},\ \boldsymbol{v}_{ik}^{[2]},\ \cdots,\ \boldsymbol{v}_{i\alpha(i)}^{[d(i,\alpha(i))]}
\end{array} \tag{5.184}$$

を用いると標準系への変換行列が

$$\boldsymbol{P} = [\boldsymbol{P}_1\ \boldsymbol{P}_2\ \cdots\ \boldsymbol{P}_r] \tag{5.185}$$

$$\boldsymbol{P}_i = [\boldsymbol{P}_{i1}\ \boldsymbol{P}_{i2}\ \cdots\ \boldsymbol{P}_{i\alpha(i)}]$$

$$\boldsymbol{P}_{ik} = [\boldsymbol{v}_{ik}\ \boldsymbol{v}_{ik}^{[2]}\ \cdots\ \boldsymbol{v}_{ik}^{[d(i,k)]}]$$

と求められる．そして，この変換行列を用いてもとの行列 $\boldsymbol{A}$ を変換すると

$$\hat{A} = P^{-1}AP = J = \begin{bmatrix} J_1 & 0 & \cdots & 0 \\ 0 & J_2 & \ddots & \vdots \\ \vdots & \ddots & \ddots & 0 \\ 0 & \cdots & 0 & J_r \end{bmatrix} (r \text{は異なる固有値の数}) \quad (5.186)$$

$$J_i = \begin{bmatrix} J_{i1} & 0 & \cdots & 0 \\ 0 & J_{i2} & \ddots & \vdots \\ \vdots & \ddots & \ddots & 0 \\ 0 & \cdots & 0 & J_{im(i)} \end{bmatrix} (m(i)\text{は代数的重複度})$$

$$J_{ik} = \begin{bmatrix} \lambda_i & 1 & 0 & \cdots & 0 \\ 0 & \lambda_i & \ddots & & \vdots \\ \vdots & \ddots & \ddots & \ddots & 0 \\ 0 & & \ddots & \ddots & 1 \\ 0 & 0 & \cdots & 0 & \lambda_i \end{bmatrix} (d(i,k) \times d(i,k))$$

となる．この形の行列をジョルダン標準形(Jordan canonical form)という．

[例 5. 32] 行列

$$A = \begin{bmatrix} 0 & 1 & 0 \\ 0 & 0 & 1 \\ 2 & -5 & 4 \end{bmatrix} \quad (5.187)$$

をジョルダン標準形に変換する．まず固有値を求めるために特性多項式

$$\phi(s) = \det(sI - A) = 0 \quad (5.188)$$

を解くと，

$$s = \lambda_1 = 2, \quad s = \lambda_2 = 1, \quad s = \lambda_2 = 1 \quad (5.189)$$

となる．重複している固有値に関して

$$\alpha_2 = 3 - \mathrm{rank}(\lambda_2 I - A)$$
$$= 3 - \mathrm{rank}\begin{bmatrix} 1 & -1 & 0 \\ 0 & 1 & -1 \\ -2 & 5 & -3 \end{bmatrix} = 3 - 2 = 1 \quad (5.190)$$

したがって，代数的重複度と幾何的重複度は各固有値に関して

$$\lambda_1 = 2 : m(1) = 1, \alpha(1) = 1 \quad (5.191)$$

$$\lambda_2 = 1 : m(1) = 2, \alpha(2) = 1 \quad (5.192)$$

となる．したがって，固有値 $\lambda_1$ に関しても固有値 $\lambda_2$ に関しても独立な固有ベクトルは 1 つずつになる．そこで，1 次独立なベクトルが全部で 3 本になるように，固有値 $\lambda_2$ に関しては一般化固有ベクトルを求める．

固有値 $\lambda_1$ に関する固有ベクトルは

$$Av_1 = 2v_1 \quad (5.193)$$

より計算でき

$$v_1 = \begin{bmatrix} 1 \\ 2 \\ 4 \end{bmatrix} \quad (5.194)$$

となる．固有値 $\lambda_2$ に関する唯一の固有ベクトルは

$$Av_2 = v_2 \quad (5.195)$$

より計算でき

$$v_2 = \begin{bmatrix} 1 \\ 1 \\ 1 \end{bmatrix} \tag{5.196}$$

となる．そして，これに対する一般化固有ベクトルは

$$Av_2^{[2]} = 1v_2^{[2]} + v_2 \tag{5.197}$$

を満たすベクトル $v_2^{[2]}$ である．$v_2^{[2]} = [a, b, c]^T$ とおきこの式を1次連立方程式とみなして解くと

$$v_2^{[2]} = \begin{bmatrix} -2 \\ -1 \\ 0 \end{bmatrix} \tag{5.198}$$

が得られる．したがって，変換行列を

$$P = \begin{bmatrix} 1 & 1 & -2 \\ 2 & 1 & -1 \\ 4 & 1 & 0 \end{bmatrix} \tag{5.199}$$

とすることによって，ジョルダン標準形

$$J = P^{-1}AP = \begin{bmatrix} 2 & 0 & 0 \\ 0 & 1 & 1 \\ 0 & 0 & 1 \end{bmatrix} \tag{5.200}$$

が得られる．

### ③行列の実ジョルダン標準形

これまで述べてきた標準形への変換は固有値が複素数の場合でも同様に計算すればよい．ただし，最終的に得られた標準形に複素数が表れる点に注意しなくてはならない．そのようなジョルダン標準形を複素ジョルダン標準形(complex Jordan canonical form)と呼ぶ．数学的には問題ないが，われわれが関わる物理現象のいろいろな物理量はすべて実数なので複素数を用いない標準形の変形も必要になる．

上と同様，一般系を考察することも可能であるが記述が煩雑になるので，ここでは，2×2行列 $A$ で互いに共役な複素固有値

$$\lambda_1 = \alpha + j\omega, \quad \lambda_2 = \alpha - j\omega \tag{5.201}$$

を単根にもつ簡単な例で説明しておこう．この場合，固有ベクトルは

$$Av_i = \lambda_i v_i \qquad (i=1,2) \tag{5.202}$$

を満たす複素ベクトルで，$v_1 = x + jy$ を $\lambda_1$ の固有ベクトルとすると $\lambda_2$ に関する固有ベクトルは $v_2 = x - jy$ なる．すなわち

$$A(x + jy) = (\alpha + j\omega)(x + jy) = (\alpha x - \omega y) + j(\omega x + \alpha y) \tag{5.203}$$

$$A(x - jy) = (\alpha - j\omega)(x - jy) = (\alpha x - \omega y) - j(\omega x + \alpha y) \tag{5.204}$$

となっている．上2式の左右の実数部分と虚数部分がそれぞれ等しいとおくことにより

$$Ax = \alpha x - \omega y \tag{5.205}$$

$$Ay = \omega x + \alpha y \tag{5.206}$$

が得られる．これらをまとめると

$$A[x\ y]=[x\ y]\begin{bmatrix}\alpha & \omega\\ -\omega & \alpha\end{bmatrix} \tag{5.207}$$

となるので,

$$[x\ y]^{-1}A[x\ y]=\begin{bmatrix}\alpha & \omega\\ -\omega & \alpha\end{bmatrix} \tag{5.208}$$

を得る.

以上から, 固有値に複素数が含まれる場合には, まず複素ジョルダン標準形を求めた上で複素固有値に相当する部分

$$J=\begin{bmatrix}\lambda_1 & 0\\ 0 & \lambda_2\end{bmatrix} \tag{5.209}$$

を, 式(5.208)の右辺に置き換えるとよい. そうするとすべての要素が実数のジョルダン標準形が得られる.

一般形を書くと次のようになる. いま, $n\times n$ 行列 $A$ に対して, $\lambda_1,\cdots,\lambda_q$, $a_1\pm jb_1,\cdots a_r\pm jb_r$ を $A$ の固有値とし, $m_i$ ($i=1,\cdots,q$) を実数固有値 $\lambda_i$ の代数的重複度, $l_i$ ($i=1,\cdots,r$) を複素固有値 $a_i\pm jb_i$ の代数的重複度とする. また, ここでは記述の簡単のため, 全ての固有値に対する幾何的重複度は 1 とする.

そうすると, 適当な正則行列 $P$ が存在して, $J=P^{-1}AP$ は次の形になる.

$$J=\begin{bmatrix}J(\lambda_1,m_1) & & & & & \\ & \ddots & & & \boldsymbol{0} & \\ & & J(\lambda_q,m_q) & & & \\ & & & K(a_1,b_1,l_1) & & \\ & \boldsymbol{0} & & & \ddots & \\ & & & & & K(a_r,b_r,l_r)\end{bmatrix} \tag{5.210}$$

$J(\lambda,m),K(a,b,l)$ はそれぞれ, $m$ 次, $2l$ 次の実ジョルダンブロックと呼ばれる $m\times m,2l\times 2l$ の正方行列であり

$$J(\lambda,m)=\begin{bmatrix}\lambda & 1 & & \boldsymbol{0}\\ & \lambda & 1 & \\ & & \ddots & \ddots \\ & & & \ddots & 1\\ \boldsymbol{0} & & & & \lambda\end{bmatrix},\ K(a,b,l)=\begin{bmatrix}L & I_2 & & \boldsymbol{0}\\ & L & I_2 & \\ & & \ddots & \ddots \\ & & & \ddots & I_2\\ \boldsymbol{0} & & & & L\end{bmatrix} \tag{5.211}$$

のような形をしている. ただし, $L=\begin{bmatrix}a & -b\\ b & a\end{bmatrix}$, $I_2$ は $2\times 2$ の単位行列である. $J$ は実ジョルダン標準形(real Jordan canonical form)と呼ばれる.

### ④行列の特異値分解

これまでは $n\times n$ 正方行列を取り扱ってきたが, ここでは正方とは限らない一般的な $m\times n$ 行列に対する標準形の一つである特異値分解について説明する.

まず，

$$D = A^T A \tag{5.212}$$

は $n \times n$ 対称行列になるので，その固有値 $\lambda_i$ はすべて非負の実数になる．そこでこれらを大きさ順に並べたものを改めて

$$\lambda_1 \geqq \lambda_2 \geqq \cdots \geqq \lambda_r > 0,\ \lambda_{r+1} \cdots = \lambda_n = 0 \tag{5.213}$$

とおき，正の固有値 $\lambda_i\,(i=1,2,\cdots,r)$ に対して

$$\sigma_i = \sqrt{\lambda_i} > 0\ (i = 1,2,\cdots,r) \tag{5.214}$$

で定義する値を行列 $\boldsymbol{A}$ の特異値(singular value)という．

このとき次の結果が得られる．

[特異値分解(singular value decomposition)] $m \times n$ 行列 $\boldsymbol{A}$ はある直交行列 $\boldsymbol{U}, \boldsymbol{V}$ によって

$$\boldsymbol{A} = \boldsymbol{U\Sigma V}^T \tag{5.215}$$

と変換できる．ただし

$$\boldsymbol{\Sigma} = \begin{bmatrix} \boldsymbol{\Sigma}_{r\times r} & \boldsymbol{0}_{r\times(n-r)} \\ \boldsymbol{0}_{(m-r)\times n} & \boldsymbol{0}_{(m-r)\times(n-r)} \end{bmatrix} \tag{5.216}$$

$$\boldsymbol{\Sigma}_{r\times r} = diag[\sigma_1,\cdots,\sigma_r] \tag{5.217}$$

である．ここで，式(5.215)のような分解を特異値分解という．

上の結果を確かめておこう．いま，行列 $\boldsymbol{D}$ は対称行列になるので，$\boldsymbol{D}$ の固有値 $\lambda_i$ それぞれに対応する固有ベクトル $\boldsymbol{v}_1$，$\boldsymbol{v}_2$，…，$\boldsymbol{v}_n$（お互いが直交しているベクトル）から直交行列 $\boldsymbol{V} = [\boldsymbol{v}_1\ \boldsymbol{v}_2 \cdots \boldsymbol{v}_n]$ をつくることができ，行列 $\boldsymbol{D}$ は

$$\boldsymbol{V}^T \boldsymbol{DV} = \boldsymbol{V}^T \boldsymbol{A}^T \boldsymbol{AV} = \begin{bmatrix} \lambda_1 & 0 & \cdots & 0 \\ 0 & \lambda_2 & \ddots & \vdots \\ \vdots & \ddots & \ddots & 0 \\ 0 & \cdots & 0 & \lambda_n \end{bmatrix} \tag{5.218}$$

と対角化することができる．式(5.178)と(5.179)などを参照．この $\boldsymbol{V}$ を用いて

$$\boldsymbol{F} = \boldsymbol{AV} = [\boldsymbol{f}_1, \boldsymbol{f}_2, \cdots, \boldsymbol{f}_n] \tag{5.219}$$

を定義すると，ベクトル $\boldsymbol{f}_i\,(i=1,2,\cdots,r)$ は互いに直交しており，$\boldsymbol{f}_i = \boldsymbol{0}\,(i=r+1,\cdots,n)$ となっていることがわかる．そこで，

$$\boldsymbol{u}_i = \frac{1}{\sqrt{\lambda_i}} \boldsymbol{f}_i \quad (i = 1,2,\cdots,r) \tag{5.220}$$

を考え，$\boldsymbol{u}_i\ (i=r+1,\cdots,m)$ を $\boldsymbol{U} = [\boldsymbol{u}_1\ \boldsymbol{u}_2 \cdots \boldsymbol{u}_m]$ が直交行列になるように選ぶ．そうすると，

$$\boldsymbol{F} = \boldsymbol{U\Sigma} = \boldsymbol{AV} \tag{5.221}$$

が成立するので，式(5.215)が成立する．

[例 5. 39] 行列

$$\boldsymbol{A} = \begin{bmatrix} 1 & 0 \\ 1 & 2 \\ 0 & 1 \end{bmatrix}$$

を特異値分解してみよう．まず，

$$D = A^T A = \begin{bmatrix} 1 & 1 & 0 \\ 0 & 2 & 1 \end{bmatrix} \begin{bmatrix} 1 & 0 \\ 1 & 2 \\ 0 & 1 \end{bmatrix} = \begin{bmatrix} 2 & 2 \\ 2 & 5 \end{bmatrix}$$

なので，行列 $D$ の固有値と固有ベクトルは計算の結果

$$\lambda_1 = 1, \lambda_2 = 6$$

$$v_1 = \begin{bmatrix} -2 \\ 1 \end{bmatrix}, v_2 = \begin{bmatrix} 2 \\ 1 \end{bmatrix}$$

となる．したがって，特異値は

$$\sigma_1 = 1, \sigma_2 = \sqrt{6}$$

である．

## 5・4 まとめ (summary)

本章では，３次元空間で定義したベクトルをより高次元な空間へと拡張した．そして，ベクトルからベクトルへの線形写像は行列で表現できることをみてきた．行列は適当な変換を行うことによって対角行列に近い行列に展開できる．

行列が単純になると，第４章における微分方程式の解が具体的に計算できるようになり便利である．

## 付録(appendix)

任意の $n \times n$ 行列 $A$ すべての固有値 $\lambda_1$，$\lambda_2$，…，$\lambda_n$ が実数のとき，適当な直交行列 $U$ によって上三角行列に変換できることを証明する．

まず，$\lambda_1$ に対応する固有ベクトルを $x_1$ とする．ここで適当な $n$-1 本のベクトル｛$v_2$，$v_3$，…，$v_n$｝を，｛$x_1$，$v_2$，$v_3$，…，$v_n$｝が $R^n$ の基底になるように導入する．そして，｛$x_1$，$v_2$，$v_3$，…，$v_n$｝をシュミットの直交化法（5・1・4 節参照）によって正規直交系｛$u_1$，$u_2$，…，$u_n$｝に変換する．ただし，$u_1 = x_1 / \left( x_1^T x_1 \right)^{1/2}$ とする．こうすると行列 $P_1 = [u_1\ u_2 \cdots u_n]$ は直交行列になり，この行列を用いて行列 $A$ を相似変換すると

$$P_1^{-1} A P_1 = P_1^T A P_1 = \left[ \begin{array}{c|c} \lambda_1 & u_1^T A[u_2 \cdots u_n] \\ \hline 0 & \begin{bmatrix} u_2^T \\ \vdots \\ u_n^T \end{bmatrix} A[u_2 \cdots u_n] \end{array} \right] = \left[ \begin{array}{c|c} \lambda_1 & A_{11} \\ \hline 0 & A_2 \end{array} \right] \tag{5.222}$$

となる．上式においてブロック $A_2$ の固有値は $\lambda_2$，…，$\lambda_n$ である．そこで，$A_2$ に対して $A$ に対するのと同様の直行変換 $P_2$ を行うことで

$$P_2^{-1} A_2 P_2 = P_2^T A_2 P_2 = \left[ \begin{array}{c|c} \lambda_2 & A_{23} \\ \hline 0 & A_3 \end{array} \right], \quad A_3 \in R^{(n-2)\times(n-2)} \tag{5.223}$$

とできる．以下，同様にこの手順を繰り返して行けばよい．

最終的に変換行列は

$$U = T_1 T_2 \cdots T_n T_i \tag{5.224}$$

となる．ただし，

$$T_i = \left[\begin{array}{c|c} I_{i-1} & 0 \\ \hline 0 & P_i \end{array}\right], \quad i = 1, 2, \cdots, n-1 \tag{5.225}$$

である．

参考文献

1）児玉慎三，須田信英：システム制御のためのマトリクス理論，（社）計測自動制御学会，1978
2）甘利俊一，金谷健一：理工学者が書いた数学の本-線形代数，講談社，1987
3）太田快人：システム制御のための数学(1)-線形代数編-，コロナ社，2000

# 第 6 章

# 運動の時間発展　（微分方程式）

## Time Evolution of Motion

本章では運動の時間発展について考えるが，まず運動の時間発展(time evolution)と微分方程式(differential equation)の関係について説明しよう．一般に物理学とは図 6.1 に示すように自然界の様々な物理現象を支配する法則である運動法則を見出し，その物理現象を理解するための学問といっていいであろう．また，工学とは図 6.2 に示すようにその運動法則を巧みに利用して我々に役に立ち自然界にマッチする人工物を生み出すための学問といっていいであろう．この運動法則とは何を指しどんな形で表されているのであろうか．自然界の様々な物理現象を支配する法則として知られているものの多くは微分方程式の形で表されている．ある力学現象に対し，それをある程度理想化した物理モデルをつくり，そのモデルから微分方程式で記述される数学モデルを導き，これを解くことにより，自然界における未知の物理現象を予測したり，自然界にマッチする新しい工学的な製品を設計することが可能となる（図 6.3 参照）．微分方程式で表現される物理モデルとしては，例えば，空気中を伝わる音や電磁波に代表される波の伝播，弾性体の変形，物体の並進や回転運動，静と動が複雑に入り混じる水の流れ，熱の伝導，電気回路の発振，衛星や惑星の運動などがあり，数え上げればきりがない．機械工学の分野において微分方程式は，機械力学・材料力学・流体力学・熱力学などの

図 6.1　物理学ってどんな学問?

図 62　工学ってどんな学問?

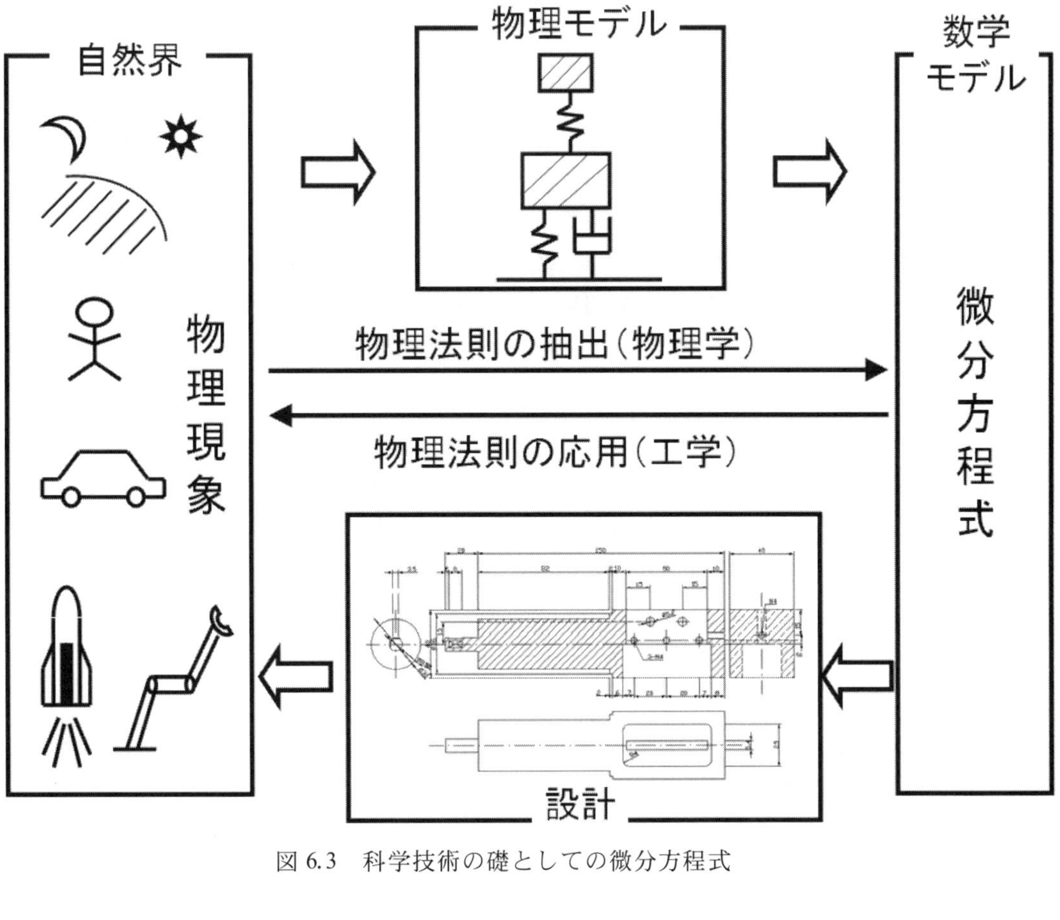


図 6.3　科学技術の礎としての微分方程式

重要な力学の基礎である．

さて，微分方程式はあるいくつかの要素について，それらの要素間の相互作用および要素と外界との相互作用をあらわしており，それらの要素がもつ物理量の時間発展を表しているものと考えられる．それらの要素と相互作用をひとまとめにしてシステム(system)または系とよぶ．微分方程式を解くことにより，システムがどのように時間とともに変化していくのかを知ることができる．すなわち，微分方程式の解析を通して，起こり得る事態を精密に予測し制御することが可能になる．ブラックホールの存在が予言され，電子顕微鏡で原子レベルまで見ることができ，スペースシャトルが人間の宇宙への旅を可能にし，ヒューマノイドロボットが街中を歩く，これらの成功の根源は微分方程式にあると言っても過言ではない．

図 6.4　ニュートン

図 6.5　オイラー

このような，物理モデルを経て，数学モデル（微分方程式）をつくり，これを解くことによって力学現象を説明する方法を確立したのはニュートン（I. Newton）（図 6.4 参照）である．ニュートンは 1687 年に出版された「プリンキピア」で力学現象の物理モデルを論じ，それからニュートンの運動方程式と呼ばれる運動方程式の導出法を示した．そして，微積分を創始して，これを解く方法を与えた．また，現在の形式の微分方程式は 1749 年に発表されたオイラー（L. Euler）（図 6.5 参照）の論文の中で最初に書かれたとされている．これを契機として，電磁気学，相対性理論，量子力学などが作られ半導体などの発明に結びつき，コンピュータが実現されるようになった．このような方法は，生体システムや脳システムの解析などの生命科学，経済現象の解析などの社会科学にまで適用され，人類の文明社会，現代の高度に発展した科学技術の礎となっている．

本章では，システムの運動の時間発展を知るための強力な手法である微分方程式について説明する．まず，6･1 節で微分方程式の解とは何であるかについて説明する．6･2 節では微分方程式の解を求める方法について説明し，6･3 節では特に 1 階の微分方程式の解法について詳しく述べる．6･4 節では線形ではあるが高い階数の微分方程式の解法について説明する．6･5 節では微分方程式の解を求めることなく，解のふるまい（システムの運動の時間発展）や解の性質を知る方法について説明する．最後に，6･6 節では機械工学でもよく登場する振動現象と微分方程式について説明する．本章の内容を学ぶことにより，物理モデルとしての微分方程式を解き，様々な力学現象の不思議を解き明かすことが可能となる．

## 6・1　微分方程式とは (differential equation)

本節では，システムの運動の時間発展を表す微分方程式とは何であるかについて説明する．6･1･1 節では高校で習ったニュートンの法則から始め，微分方程式の分類として常微分方程式と偏微分方程式を紹介する．6･1･2 節では微分方程式の解とは何であるかについて説明する．

### 6・1・1　常微分方程式と偏微分方程式 (ordinary differential equation and partial differential equation)

高校の物理の授業でニュートンの法則

$$f = ma$$

を習ったことを思い出そう．これは図 6.6 のように質量 $m$ の質点を力 $f$ で押した場合に，加速度 $a$ が生じるというものである．速度は単位時間当りの位置の変化量，すなわち位置の傾きである．また，加速度は単位時間当りの速度の変化量，すなわち速度の傾きである．このニュートン力学の発見の契機となったリンゴの落下は，

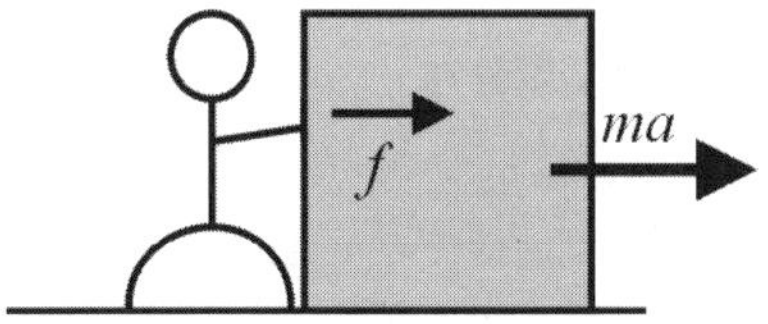


図 6.6　ニュートンの法則

$$ma = f \quad \Rightarrow \quad m\frac{\mathrm{d}^2 x}{\mathrm{d}t^2} = -mg \tag{6.1}$$

と表現される．ここで，図 6.7 に示すように $x$ 軸を設定し，重力は $x$ 軸と逆方向に働くとし，リンゴの質量を $m$，重力加速度を $g$ とし，$x(t)$ はリンゴの位置を表すとしている．式(6.1)には $x(t)$ の $t$ に関する 2 階の導関数が含まれており，これはリンゴの加速度を表している．このように，求めるべき関数に関する方程式が，関数およびその微分によって与えられている場合，その方程式を微分方程式という．

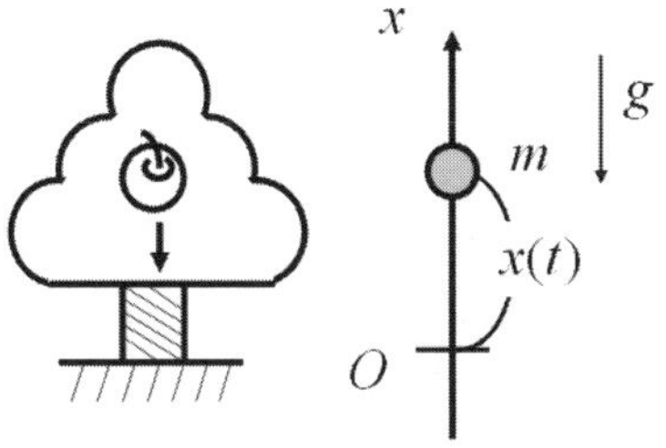


図 6.7　リンゴの落下

[例 6.1]　図 6.7 のリンゴの落下は式(6.1)の両辺を $m$ で割った微分方程式

$$\frac{\mathrm{d}^2 x}{\mathrm{d}t^2} + g = 0 \tag{6.2}$$

と表現できる．したがって，物体の落下運動の時間発展には質量は無関係であることがわかる．

一般に，ただ 1 つの独立変数 $t$ に依存する関数 $x(t)$ に関する微分方程式は，適当な関数 $F$ を用いて

$$F\left(t,\ x,\ \frac{\mathrm{d}x}{\mathrm{d}t},\ \frac{\mathrm{d}^2 x}{\mathrm{d}t^2},\ \cdots,\ \frac{\mathrm{d}^m x}{\mathrm{d}t^m}\right) = 0 \tag{6.3}$$

と書くことができる．このように 1 独立変数の方程式を常微分方程式という．微分方程式(6.3)に表れる関数 $x(t)$ の微分の最高階数 $m$ を微分方程式の階数(order)という．例えば，式(6.1)は 2 階の常微分方程式である．

また，弾性波，音波，電磁波などを代表とする振動現象を表す波動方程式は，

$$\frac{\partial^2 u}{\partial t^2} = c^2\left(\frac{\partial^2 u}{\partial x^2} + \frac{\partial^2 u}{\partial y^2} + \frac{\partial^2 u}{\partial z^2}\right) \tag{6.4}$$

で与えられる．ここで，$x, y, z$ は空間変数，$t$ は時間変数で，$u(x,y,z,t)$ は時刻 $t$ の空間 $(x,y,z)$ における振動の変位，$c$ はシステムに依存して決まる定数を意味している．式(6.4)にも $u(x,y,z,t)$ の $x$, $y$, $z$, $t$ に関するそれぞれの 2 階の導関数が含まれており，式(6.4)も微分方程式である．

微分方程式(6.4)は関数が複数の独立変数 $x$, $y$, $z$, $t$ をもち，関数の偏微分 $\frac{\partial^2 u}{\partial x^2}$，$\frac{\partial^2 u}{\partial y^2}$，$\frac{\partial^2 u}{\partial z^2}$ を含む．例えば，$u(x,y,t)$ に対する 2 階の微分方程式を最も一般的な形で表せば

---

常微分方程式の例

・平板の定常熱伝導

図 6.8 のように平板の高温側 $(x{=}0)$ および低温側 $(x{=}L)$ の表面温度がそれぞれ $T_1$ および $T_2$ で一定に保たれている場合，定常熱伝導は

$$\frac{\mathrm{d}}{\mathrm{d}x}\left(\kappa\frac{\mathrm{d}T}{\mathrm{d}x}\right) = 0$$

と表される．ここで，$k$ は熱伝導率，$T$ は温度である．

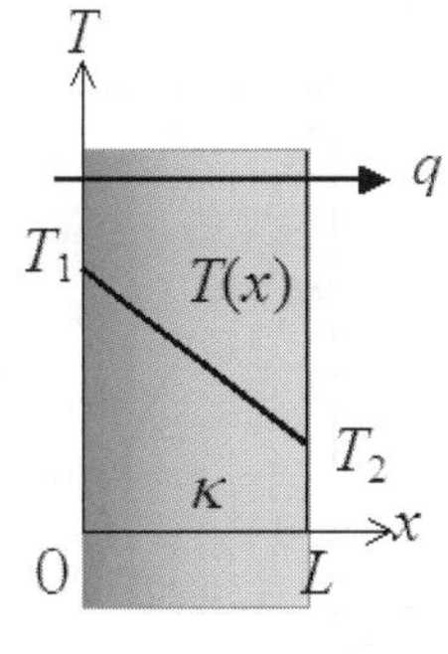


図 6.8　平板の定常熱伝導

偏微分方程式の例

・平板内温度分布

図 6.9 のように厚さ $2L$ の平板が，初期温度が一様で $T_i$ の状態から，温度 $T_\infty$，熱伝導率 $h$ の流体にさらされる場合の 1 次元非定常熱伝導は

$$\frac{\partial T}{\partial t}=\alpha\frac{\partial^2 T}{\partial x^2}$$

と表される．ここで，$\alpha$は熱拡散率，$T$は温度である．$T_\infty$および $h$ は境界条件に関係する。

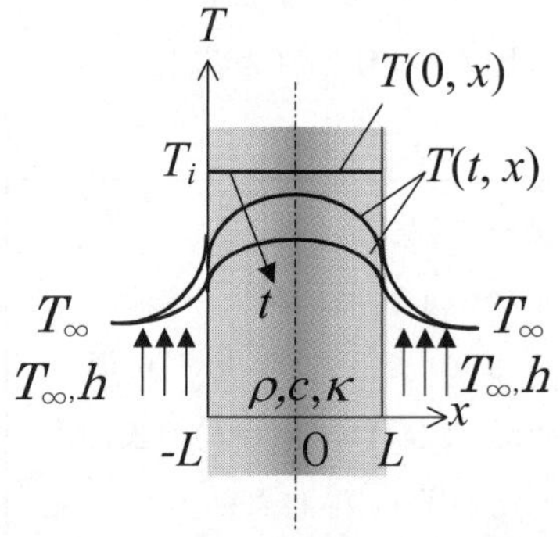


図 6.9　平板の過渡温度分布

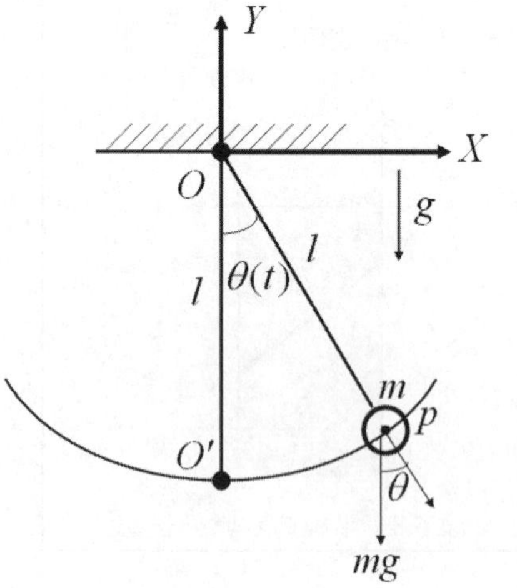


図 6.10　振子

求積法

微分方程式を変形し，あるときは変数変換を用いて不定積分により解を求める方法．

$$G\left(x,y,t,u,\frac{\partial u}{\partial t},\frac{\partial u}{\partial x},\frac{\partial u}{\partial y},\frac{\partial^2 u}{\partial t^2},\frac{\partial^2 u}{\partial x^2},\frac{\partial^2 u}{\partial y^2},\frac{\partial^2 u}{\partial t\partial x},\frac{\partial^2 u}{\partial t\partial y},\frac{\partial^2 u}{\partial x\partial y}\right)=0 \quad (6.5)$$

と書ける．このような方程式を式(6.3)と区別して偏微分方程式と呼んでいる．

本書では常微分方程式を主な対象とすることとし，偏微分方程式については 6･6 節で簡単にふれることとする．

### 6・1・2　微分方程式の解とは

微分方程式を解くとは，微分方程式と等価で微分を含まない独立変数と従属変数の関係式に変換することである．その関係式は微分方程式の解と呼ばれる．

[例 6.2]　例えば，物体の自由落下を表す 2 階の常微分方程式(6.1)の解は

$$x(t)=-\frac{1}{2}gt^2+c_1t+c_2 \quad (6.6)$$

となる．ここで，$c_1$, $c_2$ は任意定数である．実際に式(6.6)を微分すると

$$\frac{\mathrm{d}x}{\mathrm{d}t}=-gt+c_1,\quad \frac{\mathrm{d}^2x}{\mathrm{d}t^2}=-g$$

となり，確かに式(6.6)は式(6.1)を満足することがわかり，式(6.6)が式(6.1)の解であることが確かめられた．

[例 6.3] 次に，図 6.10 のような振子を考えよう．質量 $m$ の重りが質量を無視できる長さ $l$ の糸の一端に取り付けられ，他端が環境に固定されている場合，鉛直方向（重力方向）のベクトルと糸のなす角を $\theta(t)$ とすれば，質点 $m$ の運動方程式は

$$ml\frac{\mathrm{d}^2\theta}{\mathrm{d}t^2}=-mg\sin\theta \quad\Leftrightarrow\quad l\frac{\mathrm{d}^2\theta}{\mathrm{d}t^2}+g\sin\theta=0 \quad (6.7)$$

となる．式(6.7)は，式(6.1)と異なり解をすぐ見つけることは困難である．この原因は関数 $\theta$ に関する $\sin\theta$ の項が方程式に含まれているからである．

式(6.1)のように関数およびその導関数についての 1 次式で表される微分方程式を線形(linear)と呼び，そうでないものを非線形(nonlinear)という．例えば，式(6.1)や

$$\frac{\mathrm{d}u}{\mathrm{d}x}=a(x)u,\quad \frac{\mathrm{d}^2x}{\mathrm{d}t^2}=-kx$$

などは線形常微分方程式であり，式(6.7)や

$$\frac{\mathrm{d}x}{\mathrm{d}t}=x^3,\quad \frac{\mathrm{d}^2x}{\mathrm{d}t^2}=\tan x$$

などは非線形常微分方程式である．また，式(6.4)は線形偏微分方程式である．

## 6・2　求積法 (quadrature)

6･1･2 節の冒頭で説明したように，微分方程式のすべての解を具体的な式で

書き表すことを，微分方程式を解くという．前節の例 6.2 では解の候補を見つけ,それを微分方程式に代入することにより,発見的に解を見つけている．この方法を発見的解法とよぶ．発見的解法においては，発見した解以外の解は存在しないのかといった問題が生じる．これに対して，方程式を変形し，あるときは変数変換を用いて不定積分により解を求める方法を求積法という．与えられた微分方程式が複雑で，それを解くことが不可能な場合も多い．このような場合には，計算機を用いて数値的に解を求めることが有用であり，種々な数値解法が提案されている．近年の計算機のめざましい発達により，複雑な問題に対して数値計算で解の定量的な評価を行うことが可能となってきている．しかし，これらの方法は万能ではなく，種々の条件を考慮した上で，適用限界あるいは適用範囲を正しく理解し，それぞれの長所と短所をわきまえて，使い分けすることが必要である．本書では，不定積分により解を式で書き表すこと（求積法）について考えていく．6･2･1 節では微分方程式の一般解と特殊解について説明する．6･2･2 節では初期値問題と境界値問題について述べ，一般解から具体的にシステムの挙動を与える特殊解を求めることについて説明する．6･2･3 節では微分方程式の解の存在性と一意性について説明する．

### 6・2・1　一般解と特殊解

[例 6.4]　まず，簡単な 1 階の常微分方程式

$$\frac{dx}{dt} = x \tag{6.8}$$

について考えてみよう．微分方程式(6.8)の解は

$$x(t) = ce^t \tag{6.9}$$

の形で与えられる．ここで，$c$ は任意定数でどんな値でもよい．実際，式(6.9)を式(6.8)の左辺と右辺にそれぞれ代入すると

$$\frac{dx}{dt} = ce^t, \quad x = ce^t$$

となり等式が成立し，式(6.9)が式(6.8)の解であることがわかる．（具体的な解法は 6･3･1 節の例 6.9 において説明する．）さて，式(6.8)において $x = 0$ は定常解であり，解(6.9)において任意定数 $c$ を $c = 0$ とした場合が $x = 0$ となる．すなわち，式(6.9)の表現は定常解を含んでいることがわかる．

> 定常解（平衡解）
> 微分方程式
> $$\frac{dx}{dt} = f(x)$$
> において，$\frac{dx}{dt} = 0$ とした式
> $$f(x) = 0$$
> を考え，この方程式の解を定常解（平衡解）と呼ぶ．

[例 6.5]　次に，図 6.11 に示すような，一端を固定し，他端に質点をもつバネ･質量系を考えよう．バネの質量は無視し，質点の質量を $m$，バネのばね定数を $k$，バネのつり合いの位置（平衡点）からのバネの変位を $x$ とすると，質点の運動方程式は

$$m\frac{d^2x}{dt^2} = -kx \quad \Leftrightarrow \quad \frac{d^2x}{dt^2} = ax \tag{6.10}$$

と 2 階の常微分方程式で与えられる．ここで，$a = -\frac{k}{m}$ である．微分方程式(6.10)の解は，$a$ の値によって以下のように解の形が変化する．

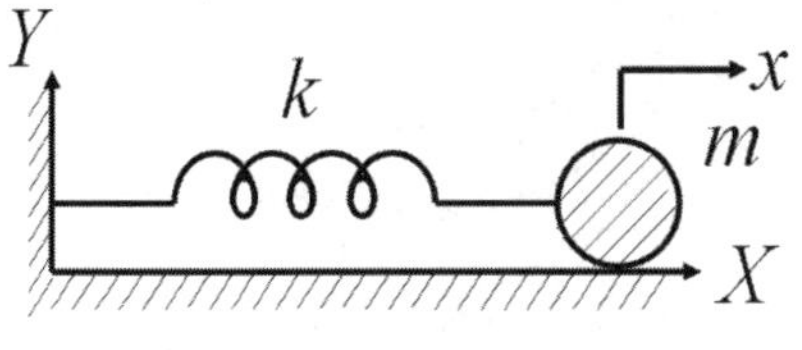


図 6.11　バネ･質量系

$\dfrac{\mathrm{d}^2 x}{\mathrm{d}t^2} = ax$ の解

① $a > 0$ のとき

$x = c_1 e^{\sqrt{a}t} + c_2 e^{-\sqrt{a}t}$

$\dfrac{\mathrm{d}x}{\mathrm{d}t} = \sqrt{a}\left(c_1 e^{\sqrt{a}t} - c_2 e^{-\sqrt{a}t}\right)$

$\dfrac{\mathrm{d}^2 x}{\mathrm{d}t^2} = a\left(c_1 e^{\sqrt{a}t} + c_2 e^{-\sqrt{a}t}\right) = ax$

② $a = 0$ のとき

$x = c_1 + c_2 t$

$\dfrac{\mathrm{d}x}{\mathrm{d}t} = c_2$,　$\dfrac{\mathrm{d}^2 x}{\mathrm{d}t^2} = 0$

③ $a < 0$ のとき

$x = c_1 \cos\sqrt{-a}t + c_2 \sin\sqrt{-a}t$

$\dfrac{\mathrm{d}x}{\mathrm{d}t} = \sqrt{-a}\left(-c_1 \sin\sqrt{-a}t + c_2 \cos\sqrt{-a}t\right)$

$\dfrac{\mathrm{d}^2 x}{\mathrm{d}t^2} = -a\left(-c_1 \cos\sqrt{-a}t - c_2 \sin\sqrt{-a}t\right)$

$= ax$

$$
\begin{aligned}
&① \quad a > 0 \text{ のとき} \qquad x = c_1 e^{\sqrt{a}t} + c_2 e^{-\sqrt{a}t} \\
&② \quad a = 0 \text{ のとき} \qquad x = c_1 + c_2 t \\
&③ \quad a < 0 \text{ のとき} \qquad x = c_1 \cos\sqrt{-a}t + c_2 \sin\sqrt{-a}t
\end{aligned}
\tag{6.11}
$$

ここで，$c_1$, $c_2$ は任意定数である．実際，式(6.11)が式(6.10)の解であることは例 6.4 と同様に確かめることができる．（具体的な解法は 6･4･3 節の例 6.26 において説明する．）ただし，バネ･質量系では，物理的に質量 $m > 0$，バネ定数 $k > 0$ であるので，$a = -\dfrac{k}{m} < 0$ となり，解は式(6.11)の③のように表現されることがわかる．また，解(6.11)には微分方程式(6.10)の定常解 $x = 0$ が含まれている．

例 6.4 の式(6.8)は 1 階の常微分方程式であり，その解(6.9)は 1 個の任意定数 $c$ を含む．また，例 6.5 の式(6.10)は 2 階の常微分方程式であり，その解(6.11)は $a$ の値にかかわらず，2 個の任意定数 $c_1$, $c_2$ を含む．このように，関数 $x$ に関する $m$ 階常微分方程式

$$
\frac{\mathrm{d}^m x}{\mathrm{d}t^m} = f\left(t, x, \frac{\mathrm{d}x}{\mathrm{d}t}, \cdots, \frac{\mathrm{d}^{m-1} x}{\mathrm{d}t^{m-1}}\right) \tag{6.12}
$$

の解は $m$ 個の任意定数を含む形で表される．このことを直感的に説明する．$m$ 階の微分方程式(6.12)を $m$ 回積分すれば解 $x$ が求まることになり，1 回積分するごとに積分定数である任意定数が 1 つずつ加わっていくので，$m$ 回積分操作を繰り返すと，$m$ 個の任意定数を含むことになる．このように，微分方程式の階数に対応した数の任意定数を含んだ形として表現される微分方程式の解を一般解と呼ぶ．これに対し，一般解に表れる任意定数に特定の値を代入して得られる個々の解を特殊解（特解）と呼ぶ．また，例 6.4，例 6.5 において $x = 0$ は定常解であり，それらの例のように一般解を定常解を含めた形で表現できる場合が少なくない．

なお，一般解の任意定数にある値を与えることでは得られないような解が生ずる場合がある．そのような解を方程式の特異解という．特異解は，工学の問題にもまれに現れることがあるが，本書では取り扱わないこととする．

### 6・2・2　初期値問題と境界値問題

物理系の現在の状態が将来にどのように変化していくかというシステムの時間発展を精密に予測しようとする試みは科学技術の歴史の中で数多くなされてきた．例えば，リンゴがどのように落下するか，惑星がどのような運動をするか，図 6.12 のようにサッカー選手が蹴ったボールがどのように運動するか，あるいは野球のピッチャーが投げたフォークボールがどのように軌跡を描くかなども身近な例である．この問題は微分方程式の初期値問題 (initial value problem)として解くことができる．一方，図 6.13 のように川の上にかけられたつり橋や電柱に張られた電線が重力や端の高低差によってどのような形状を示すかなど，両端点における情報が解を決めるような場合があ

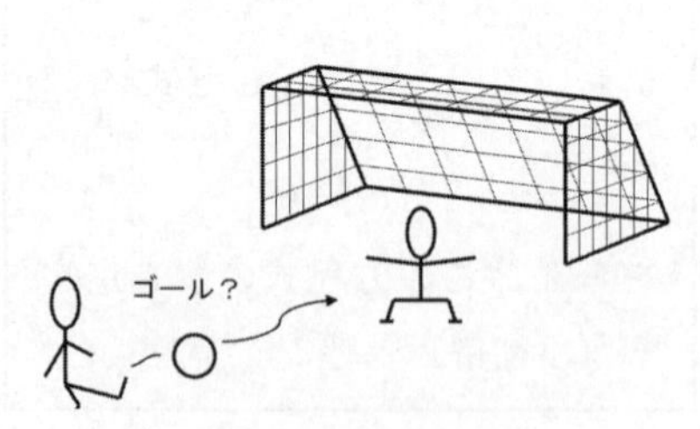


図 6.12　初期値問題

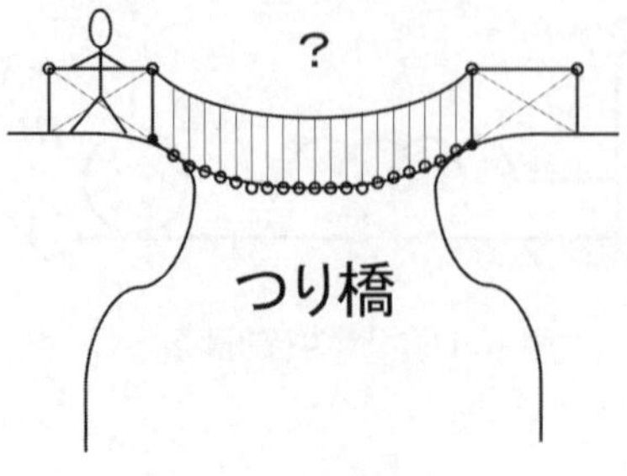


図 6.13　境界値問題

る．このような問題も物理的な挙動を微分方程式で表して扱うことができ，微分方程式の境界値問題(boundary value problem)に分類される．

初期値問題も境界値問題も微分方程式に何らかの情報を与えることにより，一般解から具体的にシステムの挙動を与える特殊解を求めることに対応している．

独立変数が時間となる常微分方程式で，物理系が記述される多くの場合には，運動の開始時刻に全ての必要な条件が与えられると，その後の運動がそれによって一意に決定される．これが初期値問題である．同様の場合でも，必要な条件が運動の開始時刻だけでなくいくつかの時刻に分散されて与えられる場合がある．これは境界値問題の例である．

時間だけでなく空間位置に関わる変数も独立変数になるような微分方程式，つまり偏微分方程式で物理系が記述される場合は，一般に境界値問題となる．上述の，つり橋や電線はこのような例である．ここでは，常微分方程式について説明する．

**(a)　初期値問題**

まず，1 階の常微分方程式

$$\frac{\mathrm{d}x}{\mathrm{d}t} = f(t,x) \tag{6.13}$$

について考えよう．微分方程式(6.13)の解 $x(t)$ で，条件

$$x(t_0) = x_0 \tag{6.14}$$

を満足するものを求める問題を常微分方程式(6.13)に対する初期値問題という．ここで，$t_0$ はあらかじめ与えられた実数であり，これを初期時刻という．また，式(6.14)を初期条件といい，その右辺の $x_0$ を初期値と呼ぶ．

[例 6.6]　初期値問題とし，例 6.4 において初期条件を加えた

$$\frac{\mathrm{d}x}{\mathrm{d}t} = x, \quad x(t_0) = x_0 \tag{6.15}$$

を考えよう．微分方程式の一般解は式(6.9)で与えられ，任意定数 $c$ を用いて

$$x(t) = c\,\mathrm{e}^{t} \tag{6.16}$$

と表現される．式(6.16)において初期条件 $x(t_0) = x_0$ を用いると

$$x(t_0) = c\,\mathrm{e}^{t_0} = x_0 \tag{6.17}$$

となり，$c = x_0\,\mathrm{e}^{-t_0}$ を得る．したがって，初期値問題(6.15)の解はこの $c$ を式(6.16)に代入して

$$x(t) = x_0\,\mathrm{e}^{t-t_0} \tag{6.18}$$

となる．このシステムの時間発展は図 6.14 のようになり，初期値 $x_0$ を与えればシステムが初期時刻以後（$t \geq t_0$）どのような挙動を示すかを知ることができる．

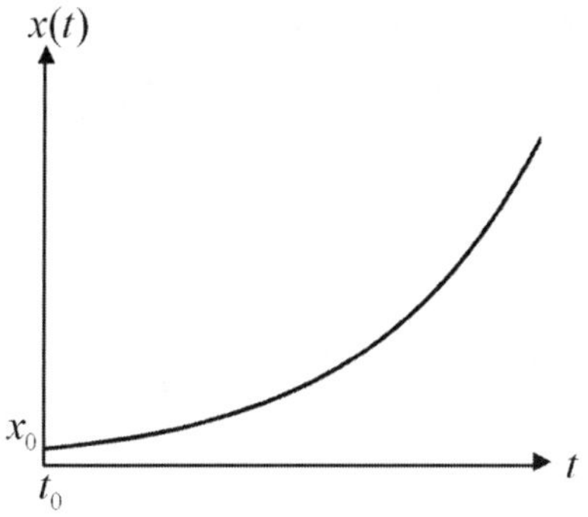


図 6.14　1 階微分方程式の時間発展　[例 4.6]

さて，高階微分方程式

・初期値問題の例

初速度 $v_0$ で垂直上方に投げ上げた物体の速度および高さの変化を求める．

運動方程式は式(6.1)のようになる．

$$m\frac{\mathrm{d}^2 y}{\mathrm{d}t^2}=-mg \qquad \text{(a)}$$

式(a)の両辺を $m$ で割り，積分すると，

$$\frac{\mathrm{d}y}{\mathrm{d}t}=-gt+c_1 \qquad \text{(b)}$$

式(b)を積分すると，

$$y=-\frac{1}{2}gt^2+c_1t+c_2 \qquad \text{(c)}$$

$t$=0 で $\frac{\mathrm{d}y}{\mathrm{d}t}=v_0$ (d)

$y$=0 (e)

であるとすると，(d)から $c_1=v_0$ であり，(e)から $c_2=0$ である．したがって，速度と高さはそれぞれ

$$\frac{\mathrm{d}y}{\mathrm{d}t}=-gt+v_0$$

$$y=-\frac{1}{2}gt^2+v_0t$$

となる．

例 6.7 のノート

$$\begin{bmatrix}\cos\alpha t_0 & \sin\alpha t_0\\ -\alpha\sin\alpha t_0 & \alpha\cos\alpha t_0\end{bmatrix}\begin{bmatrix}c_1\\ c_2\end{bmatrix}=\begin{bmatrix}x_0\\ x_1\end{bmatrix}$$

$$\begin{bmatrix}\cos\alpha t_0 & \sin\alpha t_0\\ -\alpha\sin\alpha t_0 & \alpha\cos\alpha t_0\end{bmatrix}^{-1}=\frac{1}{\alpha}\begin{bmatrix}\alpha\cos\alpha t_0 & -\sin\alpha t_0\\ \alpha\sin\alpha t_0 & \cos\alpha t_0\end{bmatrix}$$

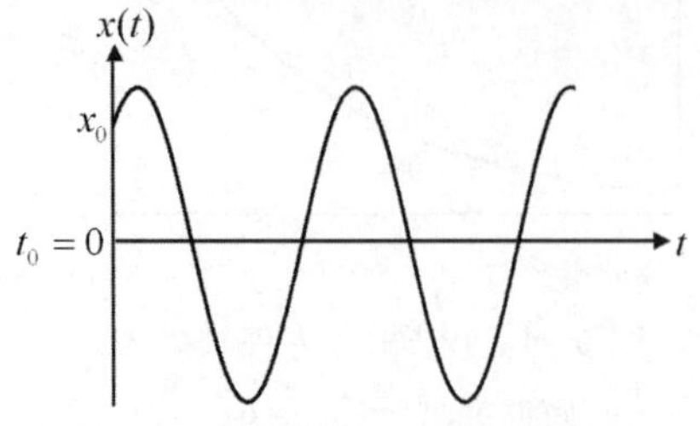


図 6.15　バネ・質量系の初期値問題(6.21)(6.22)の解の時間発展 [例 6.7]

$$\frac{\mathrm{d}^m x}{\mathrm{d}t^m}=f\left(t,x,\frac{\mathrm{d}x}{\mathrm{d}t},\cdots,\frac{\mathrm{d}^{m-1}x}{\mathrm{d}t^{m-1}}\right) \qquad (6.19)$$

の場合は，初期条件は通常

$$\frac{\mathrm{d}^k x}{\mathrm{d}t^k}(t_0)=x_k \quad (k=0,1,\cdots,m-1) \qquad (6.20)$$

の形に書かれる．ここで，$\frac{\mathrm{d}^0 x}{\mathrm{d}t^0}(t_0)$ は $x(t_0)$ を意味するものとする．6・2・1 節の最後で説明したように，式(6.19)の一般解は $m$ 個の任意定数を含むので，具体的なシステムの時間発展を知るためには $m$ 個の条件が必要となる．式(6.20)のように初期条件が与えられれば具体的にシステムの挙動を知ることができる．

[例 6.7]　例 6.5 で説明したバネ・質量系に対する初期値問題

$$\frac{\mathrm{d}^2 x}{\mathrm{d}t^2}=-\frac{k}{m}x \qquad (6.21)$$

$$x(t_0)=x_0,\quad \frac{\mathrm{d}x}{\mathrm{d}t}(t_0)=x_1 \qquad (6.22)$$

を考えよう．ここで，物理的には，バネ定数も質量も負の値をとることはないので $\frac{k}{m}>0$ であるとしよう．式(6.21)の一般解は式(6.11)より

$$x=c_1\cos\alpha t+c_2\sin\alpha t$$

となる．ここで，$c_1,c_2$ は任意定数であり，$\sqrt{\frac{k}{m}}=\alpha$ とおいている．初期条件(6.22)を用いると

$$x(t_0)=c_1\cos\alpha t_0+c_2\sin\alpha t_0=x_0$$

$$\frac{\mathrm{d}x}{\mathrm{d}t}(t_0)=\alpha\left(-c_1\sin\alpha t_0+c_2\cos\alpha t_0\right)=x_1$$

となり，任意定数は

$$\begin{bmatrix}c_1\\ c_2\end{bmatrix}=\begin{bmatrix}\cos\alpha t_0 & -\frac{1}{\alpha}\sin\alpha t_0\\ \sin\alpha t_0 & \frac{1}{\alpha}\cos\alpha t_0\end{bmatrix}\begin{bmatrix}x_0\\ x_1\end{bmatrix}$$

のように定まる．$t_0=0$ と初期時刻を 0 とした場合には，$c_1=x_0$，$c_2=\frac{1}{\alpha}x_1$ となり，特殊解

$$x(t)=x_0\cos\alpha t+\frac{1}{\alpha}x_1\sin\alpha t \qquad (6.23)$$

を得る．このシステムの時間発展は図 6.15 のようになり，初期値 $x_0,x_1$ を与えればシステムが初期時刻以後（$t\geq t_0=0$）どのような挙動を示すかを知ることができる．

**(b)　境界値問題**

例えば，有界区間 $a < r < b$ の上で定義された関数 $w(r)$ で 2 階の微分方程式

$$F\left(r, w, \frac{\mathrm{d}\,w}{\mathrm{d}\,r}, \frac{\mathrm{d}^2 w}{\mathrm{d}\,r^2}\right) = 0 \qquad (a < r < b) \tag{6.24}$$

を満足し，かつ区間の両端点における条件，例えば

$$w(a) = \alpha, \quad w(b) = \beta \tag{6.25}$$

を満足するものを求める問題は境界値問題の一つである．ここで，条件(6.25)を境界条件という．微分方程式(6.24)に対する境界条件は式(6.25)のほかにいろいろなタイプがある．代表的なタイプは以下のようである．

(1)　$w(a) = \alpha, \qquad w(b) = \beta$

(2)　$\dfrac{\mathrm{d}\,w}{\mathrm{d}\,r}(a) = \alpha, \qquad \dfrac{\mathrm{d}\,w}{\mathrm{d}\,r}(b) = \beta$

(3)　$\dfrac{\mathrm{d}\,w}{\mathrm{d}\,r}(a) + \xi w(a) = \alpha, \quad \dfrac{\mathrm{d}\,w}{\mathrm{d}\,r}(b) + \eta w(b) = \beta$

ここで，$\alpha, \beta, \xi, \eta$ はあらかじめ与えられた実数である．また，境界条件は区間の端点でなくてもよい．上の(1)(2)(3)のように両端点だけで境界条件が与えられている境界値問題を 2 点境界値問題という．例えば，式(6.24), (6,25)は 2 階の微分方程式に対する境界値問題であるが，さらに高階の微分方程式に対する境界値問題も定義できる．この場合には，与える境界条件の個数も微分方程式の階数に応じて変化する．

[例 6.8]　2 階の微分方程式に対する境界値問題

$$\frac{\mathrm{d}^2 w}{\mathrm{d}\,r^2} + cw = 0 \tag{6.26}$$

$$w(a) = \alpha, \qquad w(b) = \beta \tag{6.27}$$

を考えよう．ここで，$c > 0$ とする．式(6.26)の一般解は

$$w(r) = c_1 \cos\sqrt{c}r + c_2 \sin\sqrt{c}r$$

となる．境界条件(6.27)を用いると

$$w(a) = c_1 \cos\sqrt{c}a + c_2 \sin\sqrt{c}a = \alpha$$
$$w(b) = c_1 \cos\sqrt{c}b + c_2 \sin\sqrt{c}b = \beta$$

となり，任意定数は

$$\begin{bmatrix} c_1 \\ c_2 \end{bmatrix} = \frac{1}{\sin\left(\sqrt{c}b - \sqrt{c}a\right)} \begin{bmatrix} \sin\sqrt{c}b & -\sin\sqrt{c}a \\ -\cos\sqrt{c}b & \cos\sqrt{c}a \end{bmatrix} \begin{bmatrix} \alpha \\ \beta \end{bmatrix}$$

のように定まる．$a = 0, b = \dfrac{\pi}{2}, c = 1$ の場合を考えると，$c_1 = \alpha, c_2 = \beta$ となり

$$w(r) = \alpha \cos r + \beta \sin r \tag{6.28}$$

が得られる．その形状は図 6.16 のようになる．

・境界値問題の例

p.155 に示した平板の定常熱伝導を表す微分方程式

$$\frac{\mathrm{d}}{\mathrm{d}x}\left(\kappa \frac{\mathrm{d}T}{\mathrm{d}x}\right) = 0 \tag{a}$$

において，熱伝導率 $\kappa$ が一定で次の境界条件

$$x=0 \text{ で } T=T_1 \tag{b}$$

$$x=L \text{ で } T=T_2 \tag{c}$$

が与えられたときの温度を求めよう．$\kappa$ が一定なので、式(a)は次式のようになる．

$$\kappa \frac{\mathrm{d}^2 T}{\mathrm{d}\,x^2} = 0 \tag{d}$$

両辺を $\kappa$ で割ると，

$$\frac{\mathrm{d}^2 T}{\mathrm{d}\,x^2} = 0 \tag{e}$$

となり、式(e)を 2 回積分すると，

$$T = c_1 x + c_2 \tag{f}$$

となる．ここで、境界条件(b)から

$$c_2 = T_1$$

境界条件(c)から，

$$T_2 = c_1 L + T_1$$

を得る．したがって，

$$c_1 = \frac{T_2 - T_1}{L}$$

となる．$c_1$ および $c_2$ を式(f)に代入すると，

$$T = \frac{T_2 - T_1}{L} x + T_1$$

を得ることができ，温度は図 6.8 に示すように直線になることがわかる．

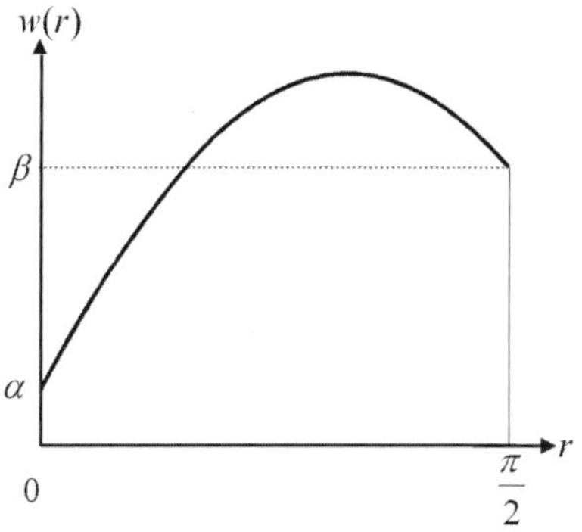


図 6.16　境界値問題(6.26)(6.27)の解　[例 6.8]

### 6・2・3　解の存在と一意性

初期値問題

$$\left|\frac{\mathrm{d}x}{\mathrm{d}t}\right| + |x| = 0, \quad x(0) = 1 \tag{6.29}$$

は解をもたない．なぜなら，任意の $t$ に対して $\frac{\mathrm{d}x}{\mathrm{d}t} = 0, x = 0$ でなければならず，$x \equiv 0$（$x$ が恒等的に 0）のみが解となり，初期条件 $x(0) = 1$ を満足することができない．初期値問題

$$\frac{\mathrm{d}x}{\mathrm{d}t} = 2t, \quad x(0) = 1 \tag{6.30}$$

はちょうど1つの解 $x = t^2 + 1$ をもつ．また，初期値問題

$$t\frac{\mathrm{d}x}{\mathrm{d}t} = 2(x-1), \quad x(0) = 1 \tag{6.31}$$

は $t = 0$ において $\frac{\mathrm{d}x}{\mathrm{d}t}$ が任意になるので無限に解をもち，それは $c$ を任意定数として $x = 1 + ct^2$ と表現される．これらの例からわかるように，初期値問題は解をもたなかったり，ただ 1 つの解をもったり，2 つ以上の解をもったりすることがあり，次の 2 つの疑問が生じる．

存在の問題：どんな条件のもとで，初期値問題は少なくとも 1 つの解をもつのであろうか．

一意性の問題：どんな条件のもとで，初期値問題はただ 1 つの解（一意的な解）をもつのであろうか．

この 2 つの問題が解かれて，解の存在条件と一意性の条件が明らかにされた初期値問題を考えるとする．この問題の存在条件が満足されていれば，解をみつけることに意味があり，一意性の条件が満足されていれば，解を 1 つみつければ他の解をさがす必要はなくなる．また，複雑な物理現象をモデル化した微分方程式を用いてその挙動を調べるために，数値的解法により数値解を求めようとする場合にも，まず解の存在と一意性を確認する必要がある．

さて，一般的な初期値問題

$$\frac{\mathrm{d}x}{\mathrm{d}t} = f(t,x), \quad x(t_0) = x_0 \tag{6.32}$$

を考えよう．微分方程式の多くは求積法をもたないので，先に示した式(6.29)，(6.30)，(6.31)の例のように具体的に解を与えることによってその存在を示すという直接的な方法は一般的には適用できない．先に述べた解の存在の問題と一意性の問題における条件を述べた定理をそれぞれ，存在定理および一意性の定理という．これら 2 つの定理を紹介しよう．

> [定理 6.1]　解の存在定理
> 初期値問題(6.32) において，
> $f(t,x)$ が $\Re$ で有界
> ⇓
> 解が存在

[定理 6.1：存在定理]　初期値問題(6.32)において $f(t,x)$ がある領域

$$\Re = \left\{(t,x) \mid |t - t_0| < a, \quad |x - x_0| < b\right\}$$

の全ての点 $(t,x)$ で連続であり，また $\Re$ において有界(bounded)，すなわち $\Re$ のすべての点 $(t,x)$ に対して

$$|f(t,x)| \le K$$

なる $K>0$ が存在すれば，初期値問題(6.32)は少なくとも 1 つの解 $x(t)$ をもつ．この解は，$|t-t_0|<\alpha$ のすべての $t$ に対して定義される．ここで，$\alpha$ は $a,b,K$ に依存して決まる数 $\alpha=\min\left(a,\dfrac{b}{K}\right)$ である．

[定理 6.2: 一意性定理]　初期値問題(6.32)において，$f(t,x)$ と $\dfrac{\partial f}{\partial x}$ が領域 $\Re$ のすべての点 $(t,x)$ で連続であり，また $\Re$ において有界，すなわち $\Re$ のすべての点 $(t,x)$ に対して

$$|f(t,x)|\le K,\quad \left|\frac{\partial f}{\partial x}\right|\le M$$

なる $K>0,\ M>0$ が存在すれば，初期値問題(6.32)はただ 1 つの解をもつ．この解は，$|t-t_0|<\alpha$ のすべての $t$ に対して定義される．ただし，領域 $\Re$ と $\alpha$ は定理 6.1 と同じものである．

式(6.32)では関数 $x(t)$ は 1 個の変数（スカラー値をもつスカラー関数）であった．一般に物理系はいくつかの関数がたがいに影響をおよぼしあいその挙動が決まる．ここでは，関数を $x_1(t),\cdots,x_n(t)$ として $n$ 元連立 1 階微分方程式

$$\begin{aligned}\frac{\mathrm{d}x_1}{\mathrm{d}t}&=f_1\left(t,x_1,\cdots,x_n\right)+g_1(t)\\ \frac{\mathrm{d}x_2}{\mathrm{d}t}&=f_2\left(t,x_1,\cdots,x_n\right)+g_2(t)\\ &\ \vdots\\ \frac{\mathrm{d}x_n}{\mathrm{d}t}&=f_n\left(t,x_1,\cdots,x_n\right)+g_n(t)\end{aligned}\tag{6.33}$$

を考えよう．この場合 $\boldsymbol{x}=\left[x_1\ \cdots\ x_n\right]^T$，$\boldsymbol{f}=\left[f_1\ \cdots f_n\right]^T$，$\boldsymbol{g}=\left[g_1\ \cdots\ g_n\right]^T$ とすれば式(6.33)はベクトル表現でき以下のように書くことができる．

$$\frac{\mathrm{d}\boldsymbol{x}}{\mathrm{d}t}(t)=\boldsymbol{f}\left(t,\boldsymbol{x}\right)+\boldsymbol{g}(t)\tag{6.34}$$

特に，右辺の $\boldsymbol{g}(t)$ が恒等的に 0 である場合は式(6.34)に対応する同次方程式あるいは斉次方程式と呼ばれている．これに対して式(6.34)は非同次方程式あるいは非斉次方程式と呼ばれている．$n$ 元連立 1 階微分方程式でも特殊な場合

$$\begin{aligned}\frac{\mathrm{d}x_1}{\mathrm{d}t}&=a_{11}(t)x_1+\cdots+a_{1n}(t)x_n+g_1(t),\\ \frac{\mathrm{d}x_2}{\mathrm{d}t}&=a_{21}(t)x_1+\cdots+a_{2n}(t)x_n+g_1(t),\\ &\ \vdots\\ \frac{\mathrm{d}x_n}{\mathrm{d}t}&=a_{n1}(t)x_1+\cdots+a_{nn}(t)x_n+g_1(t),\end{aligned}\tag{6.35}$$

をベクトル表現すると

$$\frac{\mathrm{d}\boldsymbol{x}}{\mathrm{d}t}=\boldsymbol{A}(t)\boldsymbol{x}+\boldsymbol{g}(t)\tag{6.36}$$

[定理 6.2]　解の一意性定理
初期値問題(6.32)において，$f(t,x)$，$\dfrac{\partial f}{\partial x}$ が $\Re$ で連続かつ有界
⇓
解は唯一

直流モータの状態方程式

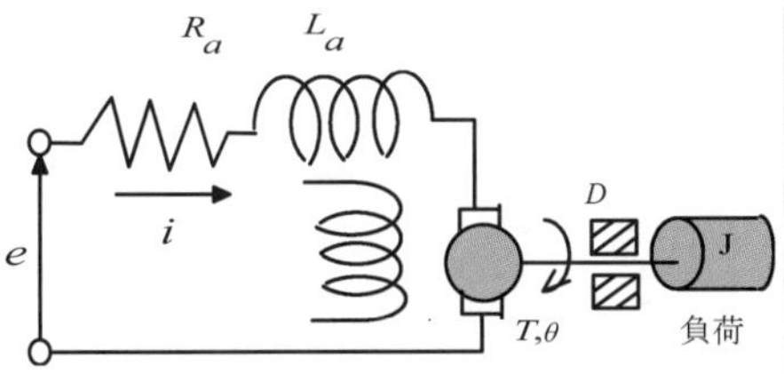


図 6.17　負荷付き DC モータ

図 6.17 から次のような方程式が得られる．

$$e=R_a i+L_a\frac{\mathrm{d}i}{\mathrm{d}t}+v_a$$

$$v_a=K_E\frac{\mathrm{d}\theta}{\mathrm{d}t}$$

$$T=K_T i=J\frac{\mathrm{d}^2\theta}{\mathrm{d}t^2}+D\frac{\mathrm{d}\theta}{\mathrm{d}t}$$

ここで，$L_a$ と $R_a$ は電機子回路のインダクタンスと抵抗，$i$ は電機子電流，$e$ は電機子電圧，$v_a$ はモータの逆起電力，$K_E$ は逆起電力定数，$T$ はモータのトルク，$K_T$ はトルク定数，$J$ と $D$ はモータの慣性モーメントと粘性摩擦係数である．入力 $e$=0 のときの状態変数を $x=\left[\theta\ \ \dfrac{\mathrm{d}\theta}{\mathrm{d}t}\ \ i\right]^T$ とすると，状態方程式は，

$$\frac{\mathrm{d}x}{\mathrm{d}t}=Ax$$

であり，$A$ は次式のようになる．

$$A=\begin{bmatrix}0 & 1 & 0\\ 0 & -D/J & K_T/J\\ 0 & -K_E/L_a & -R_a/L_a\end{bmatrix}$$

と書くことができる．ここで，$a_{ij}(t)$ $(i=1,\cdots,n, j=1,\cdots,n)$ は $t$ の連続関数であり，

$$\boldsymbol{A}(t)=\begin{bmatrix} a_{11}(t) & a_{12}(t) & \cdots & a_{1n}(t) \\ a_{21}(t) & a_{22}(t) & \cdots & a_{2n}(t) \\ \vdots & \vdots & & \vdots \\ a_{n1}(t) & a_{n2}(t) & \cdots & a_{nn}(t) \end{bmatrix}$$

である．式(6.36)は $\boldsymbol{x}$ に関して線形であるので $n$ 元連立 1 階線形常微分方程式と呼ばれる．この $n$ 元連立 1 階線形常微分方程式の同次方程式に対する初期値問題

$$\frac{\mathrm{d}\boldsymbol{x}}{\mathrm{d}t}=\boldsymbol{A}(t)\boldsymbol{x}, \qquad \boldsymbol{x}(0)=\boldsymbol{x}_0 \tag{6.37}$$

について以下の定理がある．ただし，$\boldsymbol{x}_0=\left[x_1(0)\ x_2(0)\ \cdots\ x_n(0)\right]^T$ である．

[定理 6.3]　線形常微分方程式に対する初期値問題(6.37)は，任意の初期値 $x_0$ に対して，ただ 1 つの解をもち，しかも解は大域的に，つまり区間 $-\infty<t<\infty$ 上で存在する．

> [定理 6.3]
> $n$ 次元連立 1 階線形常微分方程式に対する初期値問題(6.37)は大域的な一意解をもつ．

ここで，式(6.34)，(6.36)のようなベクトル表現に対して式(6.1)，(6.7)，(6.32)などをスカラー表現といい，微分方程式は 1 個の変数で表現されている．

## 6・3　1 階微分方程式

本節では，スカラー関数 $x(t)$ に関する 1 階常微分方程式の一般形である

$$Q(t,x)\frac{\mathrm{d}x}{\mathrm{d}t}+P(t,x)=0 \tag{6.38}$$

について考える．6･3･1 節で変数分離形，6･3･2 節で完全微分形，6･3･3 節で線形の 1 階常微分方程式の解法について説明する．

### 6・3・1　変数分離形

まず，1 階微分方程式が変数分離形の場合の解法について説明する．式(6.38)において，$P(t,x)=f(t),\ Q(t,x)=g(x)$ であるとき，

$$g(x)\frac{\mathrm{d}x}{\mathrm{d}t}+f(t)=0 \tag{6.39}$$

となる．この微分方程式を以下のような手法で解く．まず，式(6.39)を

$$g(x)\,\mathrm{d}x=-f(t)\,\mathrm{d}t \tag{6.40}$$

と書く．式(6.40)は左辺は $x$ だけの関数，右辺は $t$ だけの関数と変数分離(separation of variables)されているので，このような形の微分方程式を変数分離形微分方程式とよぶ．式(6.40)の両辺を積分

$$\int g(x)\,\mathrm{d}x=-\int f(t)\,\mathrm{d}t \tag{6.41}$$

し，式(6.41)を計算することにより解を得ることができる．

> ・変数分離形の例
> 蒸気が理想気体の状態式に従うときの**クラペイロン・クラジウスの式**は任意の飽和温度 $T$ における蒸発熱を $r$ とすると，
> $$\frac{\mathrm{d}p}{\mathrm{d}T}=\frac{rp}{RT^2} \tag{a}$$
> となる．ここで，$p$ は飽和圧力，$R$ は気体定数である．式(a)から，
> $$\frac{\mathrm{d}p}{p}=\frac{r}{R}\frac{\mathrm{d}T}{T^2} \tag{b}$$
> となり，両辺を積分すると，
> $$\log p=-\frac{r}{R}\frac{1}{T}+c \tag{c}$$
> を得る．

[例 6.9]　1 階の線形常微分方程式

$$\frac{\mathrm{d}x}{\mathrm{d}t}=a(t)x \qquad (6.42)$$

を解いてみよう． $x=0$ が式(6.42)の定常解であることはすぐわかるので， $x\neq 0$ として非定常解を求める．式(6.42 は変数分離形であり

$$\int\frac{1}{x}\mathrm{d}x=\int a(t)\,\mathrm{d}t$$

より

$$\log|x|=A(t)+c_1 \qquad (6.43)$$

を得る．ここで，$A(t)$ は $a(t)$ の原始関数の 1 つであり，$c_1$ は任意定数である．ただし，原始関数とは関数 $f(t)$ に対して，$\dfrac{\mathrm{d}F}{\mathrm{d}t}=f$ となる関数 $F(t)$ のことである．式(6.43)より

$$x=ce^{A(t)} \qquad (6.44)$$

を得る．ここで，非定常解を求めているので $c$ は 0 でない任意定数であるが，$c=0$ のとき $x\equiv 0$ となり，$c$ を 0 を含む任意定数とすれば一般解(6.44)は定常解も含むことになる．例 6.4 で考えた微分方程式(6.8)は式(6.42)において，$a(t)=1$ とした場合であり，この場合 $A(t)=t$ となり，解(6.9)を得る．

> 原始関数
> 関数 $f(t)$ に対して
> $$\frac{\mathrm{d}F(t)}{\mathrm{d}t}=f(t)$$
> となる関数 $F(t)$ を $f(t)$ の原始関数という．

[例 6.10：人口の時間発展モデル（ロジステック方程式）]　マルサスの法則によれば，人口が少ない場合には，人口 $p(t)$ の変化率 $\dfrac{\mathrm{d}p}{\mathrm{d}t}$ は $p(t)$ に比例する．人口が多い場合には，これを改良したモデルであるロジスティック方程式

$$\frac{\mathrm{d}p}{\mathrm{d}t}=ap-bp^2 \qquad (6.45)$$

がよく知られている．ここで，$a,b$ は定数であり，$a\neq 0,\ b\neq 0$ である．この 1 階の非線形（ $p^2$ の項が存在する）微分方程式(6.45)を解いてみよう．例 6.5 と同様に $p=0$ は定常解であり，別の定常解 $p=\dfrac{a}{b}\overset{\Delta}{=}k$ も存在する．そこで，$p\neq 0,\ k$ として非定常解を求める．式(6.45)は変数分離形であり，

$$\int\frac{1}{p(k-p)}\mathrm{d}p=\int b\,\mathrm{d}t \qquad (6.46)$$

より，$\dfrac{1}{p(k-p)}=\dfrac{1}{k}\left(\dfrac{1}{p}+\dfrac{1}{k-p}\right)$, $bk=a$ を用いれば

$$\log\left|\frac{p}{k-p}\right|=at+\tilde{c} \qquad (6.47)$$

を得る．これより

$$p=\frac{ck\,\mathrm{e}^{at}}{1+c\,\mathrm{e}^{at}} \qquad (6.48)$$

を得る．このままでは，定常解 $p=0$ は式(6.48)に含まれているが，定常解 $p=k$ が含まれていない．式(6.48)において $c\to\infty$ とすれば $p=k$ となり，すべての解を単一の一般解で表すことができていると解釈することもできるが，

> 部分分数展開
> $$\frac{1}{p(k-p)}=\frac{a_1}{p}+\frac{a_2}{k-p}=\frac{a_1(k-p)+a_2p}{p(k-p)}=\frac{(a_2-a_1)p+a_1k}{p(k-p)}$$
> $$a_1=a_2,\quad a_1=\frac{1}{k}$$

> 式(6.46) ⇒ (6.47)の計算
> $$\int\frac{1}{ax+b}\mathrm{d}x=\frac{1}{a}\log|ax+b|+c$$
> $$\int\frac{1}{p}\mathrm{d}p=\log|p|+c$$
> $$\int\frac{1}{k-p}\mathrm{d}p=-\log|-p+k|+c$$
> $$\log|p|-\log|-p+k|=\log\left|\frac{p}{k-p}\right|$$

> 式(6.47) ⇒ (6.48)の計算
> $$c\,\mathrm{e}^{at}=\frac{p}{k-p}$$
> $$(k-p)c\,\mathrm{e}^{at}=p$$
> $$\left(1+c\,\mathrm{e}^{at}\right)p=kc\,\mathrm{e}^{at}$$
> $$p=\frac{kc\,\mathrm{e}^{at}}{1+c\,\mathrm{e}^{at}}$$

一般に係数は有界である．そこで，$c_1 = 1/c$ とおいて，式(6.48)を変形すると

$$p = \frac{k}{1 + c_1 \mathrm{e}^{-bt}} \tag{6.49}$$

となり，定常解 $p = k$ を含んだ一般解を得る．ロジスティック方程式(6.45)においては，定常解 $p = 0$ は一般解(6.48)の特殊解であり，定常解 $p = k$ は別の一般解(6.49)の特殊解であり，すべての解は一般解の表現として表すことができており，特異解が存在しない．にもかかわらず，すべての解を単一の一般解の表現として表すことができない．非線形微分方程式では，このようなことがしばしば起こることに注意しておく．

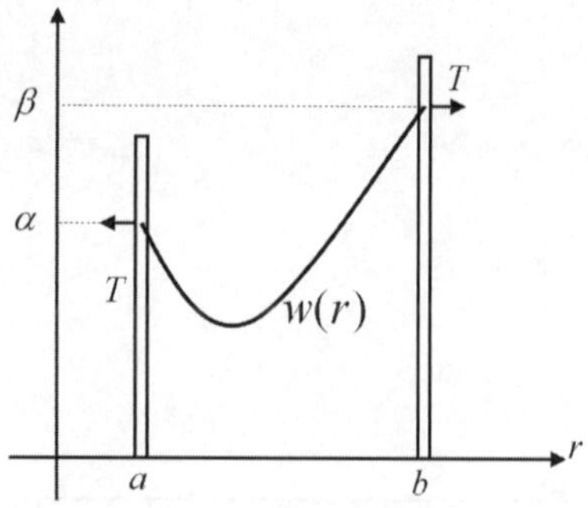


図 6.18　2本の電柱に張られた電線のたわみ

[例 6.11]　図 6.18 に示すように2つの固定点において水平成分が $T$ の張力でつるされていて，伸縮せずに自由に変形できる均質（線密度 $\rho$ ）なケーブル（2 本の電柱の間に張られた電線）が静止状態にあるときにどのようなたわみ方をするかを考えてみよう．ケーブルの各点での引力 $T$ による垂直方向の力 $T\dfrac{\mathrm{d}^2 w}{\mathrm{d}r^2}$ と重力による垂直方向の力 $\rho g\sqrt{1+\left(\dfrac{\mathrm{d}w}{\mathrm{d}r}\right)^2}$ がつり合うことから，各水平位置 $r$ における電線の高さ $w(r)$ は微分方程式

$$\frac{\mathrm{d}^2 w}{\mathrm{d}r^2} = k\sqrt{1+\left(\frac{\mathrm{d}w}{\mathrm{d}r}\right)^2} \tag{6.50}$$

の解として得られることが知られている．ここで，$g$ は重力加速度，$k = \dfrac{\rho g}{T}$ である．また，2 本の電柱の高さをそれぞれ $\alpha, \beta$ とおくと，境界条件

$$w(a) = \alpha, \qquad w(b) = \beta \tag{6.51}$$

を満足しなければならない．この境界値問題(6.50)(6.51)を解いてみよう．

まず，式(6.50)の一般解を求めてみよう．$p = \dfrac{\mathrm{d}w}{\mathrm{d}r}$ とおくと，式(6.50)は

$$\frac{\mathrm{d}p}{\mathrm{d}r} = k\sqrt{1+p^2} \tag{6.52}$$

となり，変数分離形となるので，

$$\int \frac{1}{\sqrt{1+p^2}}\,\mathrm{d}p = \int k\,\mathrm{d}r \tag{6.53}$$

より

$$\frac{\mathrm{d}w}{\mathrm{d}r} = p = \frac{1}{2}\left(\mathrm{e}^{kr+c} - \mathrm{e}^{-(kr+c)}\right) = \sinh(kr+c) \tag{6.54}$$

を得る．式(6.54)は容易に積分できて

$$w(r) = \int p\,\mathrm{d}r = \frac{1}{k}\cosh(kr+c) + c_1 \tag{6.55}$$

を得る．境界条件(6.51)を用いると，任意定数 $c, c_1$ を

---

式(6.53) ⇒ (6.54)の計算

式(6.53)を積分すると

$$\log\left(p+\sqrt{1+p^2}\right) = kr + c$$

となる．実際

$$\frac{\mathrm{d}}{\mathrm{d}p}\log\left(p+\sqrt{1+p^2}\right)$$

$$= \frac{1+\dfrac{1}{2}\dfrac{2p}{\sqrt{1+p^2}}}{p+\sqrt{1+p^2}}$$

$$= \frac{\sqrt{1+p^2}+p}{\sqrt{1+p^2}\left(\sqrt{1+p^2}+p\right)}$$

$$= \frac{1}{\sqrt{1+p^2}}$$

であり，左辺の積分は

$$\int \frac{1}{\sqrt{1+p^2}}\,\mathrm{d}p = \log\left(p+\sqrt{1+p^2}\right)$$

となる．これより，以下を得る．

$$p + \sqrt{1+p^2} = \mathrm{e}^{kr+c}$$

$$1 + p^2 = \mathrm{e}^{2(kr+c)} - 2p\,\mathrm{e}^{kr+c} + p^2$$

$$p \;= \frac{1}{2}\mathrm{e}^{-(kr+c)}\left(\mathrm{e}^{2(kr+c)} - 1\right)$$

$$\;= \frac{1}{2}\left(\mathrm{e}^{kr+c} - \mathrm{e}^{-(kr+c)}\right)$$

---

$$\sinh a = \frac{\mathrm{e}^{a} - \mathrm{e}^{-a}}{2}$$

$$\cosh a = \frac{\mathrm{e}^{a} + \mathrm{e}^{-a}}{2}$$

$$\mathrm{e}^{a} = \sinh a + \cosh a$$

$$\mathrm{e}^{-a} = -\sinh a + \cosh a$$

性質

$$\cosh^2 a - \sinh^2 a = 1$$

$$w(a)=\frac{1}{k}\cosh\left(ka+c\right)+c_1$$
$$w(b)=\frac{1}{k}\cosh\left(kb+c\right)+c_1$$

を満足するように決めればよいことがわかる．得られた曲線は懸垂線と呼ばれている．

### 6・3・2　完全微分形

次に，1階微分方程式が完全微分形の場合の解法について説明する．本節でも，関数 $x(t)$ はスカラー値であるものとする．1 階常微分方程式の一般形(6.38)において，係数 $P(t,x)$, $Q(t,x)$ がある関数 $f(t,x)$ を用いて

$$P(t,x)=\frac{\partial f}{\partial t},\quad Q(t,x)=\frac{\partial f}{\partial x} \tag{6.56}$$

のように表されたとき，式(6.38)と等価な

$$P(t,x)\,\mathrm{d}\,t+Q(t,x)\,\mathrm{d}\,x=0 \tag{6.57}$$

は，式(6.56)を用いると

$$\frac{\partial f}{\partial t}\mathrm{d}\,t+\frac{\partial f}{\partial x}\mathrm{d}\,x=\mathrm{d}\,f=0 \tag{6.58}$$

となり，全微分（3章 基礎解析 3･2･3 節参照）の形で書ける．このとき，このような微分方程式(6.57)は完全微分形であるという．式(6.58)から $\mathrm{d}\,f=0$ であるので，積分すれば，式(6.58)の一般解として

$$f(t,x)=c \tag{6.59}$$

を得る．ただし，$c$ は任意定数である．式(6.59)を $x$ について解けば解が陽に表現できる．

さて，次に $P(t,x)\mathrm{d}t+Q(t,x)\mathrm{d}x$ が完全微分の形で書けるための条件について考えてみよう． $P(t,x)\mathrm{d}t+Q(t,x)\mathrm{d}x$ が関数 $f(t,x)$ の完全微分の形で書けたとする．すなわち $P$, $Q$ が式(6.56)と書けるので，$P$, $Q$ は共に $x$, $t$ に関して微分可能であるとすれば，偏微分の順序を交換でき，

$$\frac{\partial P}{\partial x}=\frac{\partial^2 f}{\partial x\partial t}=\frac{\partial Q}{\partial t}$$

が得られる．したがって，微分方程式(6.38)が完全微分形で書けるための必要条件は

$$\frac{\partial P}{\partial x}=\frac{\partial Q}{\partial t}$$

が成り立つことである．この条件は必要条件であるだけでなく十分条件であることも知られている．以上を定理としてまとめておく．

[定理 6.4]　微分方程式(6.38)が完全微分形で書けるための必要十分条件は

$$\frac{\partial P}{\partial x}=\frac{\partial Q}{\partial t} \tag{6.60}$$

が成り立つことである．

[例 6.12]　微分方程式

$$\int\frac{1}{\sqrt{1+p^2}}\mathrm{d}\,p=\log\left(p+\sqrt{1+p^2}\right)+c$$

の導出（求積法）

変数変換 $p=\sinh t$ を考える．

$$p=\sinh t=\frac{\mathrm{e}^t-\mathrm{e}^{-t}}{2}$$

の両辺に $2\mathrm{e}^t$ をかけた

$$2\mathrm{e}^t\,p=\mathrm{e}^{2t}-1$$

を $\mathrm{e}^t$ に関する 2 次方程式

$$\mathrm{e}^{2t}-2p\,\mathrm{e}^t-1=0$$

とみなし，$\mathrm{e}^t$ について解くと

$$\mathrm{e}^t=p\pm\sqrt{p^2+1}$$

となる．$\mathrm{e}^t>0$ であるので

$$\mathrm{e}^t=p+\sqrt{p^2+1}$$

となる．したがって

$$t=\log\left(p+\sqrt{p^2+1}\right)$$

である．さて変数変換より

$$\mathrm{d}\,p=\cosh t\,\mathrm{d}\,t$$

であるので，以下を得る．

$$\begin{aligned}&\int\frac{1}{\sqrt{1+p^2}}\mathrm{d}\,p\\&=\int\frac{1}{\sqrt{1+\sinh^2 t}}\cosh t\,\mathrm{d}\,t\\&=\int\frac{1}{\sqrt{\cosh^2 t}}\cosh t\,\mathrm{d}\,t\\&=\int\mathrm{d}\,t\\&=t+c\\&=\log\left(p+\sqrt{p^2+1}\right)+c\end{aligned}$$

[定理 6.4]

微分方程式(6.38)が完全微分形

⇕

$$\frac{\partial P}{\partial x}=\frac{\partial Q}{\partial t}$$

・完全微分形の例

p.164 で変数分離形の例で示したクラペイロン・クラジウスの式を完全微分形として解くこともできる．

$$\frac{\mathrm{d}p}{\mathrm{d}T} = \frac{rp}{RT^2} \tag{a}$$

は次のようになる．

$$\frac{r}{R}\frac{\mathrm{d}T}{T^2} - \frac{\mathrm{d}p}{p} = 0 \tag{b}$$

式(6.57)と比較すると，

$$P = \frac{r}{RT^2} \quad Q = -\frac{1}{p} \tag{c}$$

となる．したがって，

$$\frac{\partial P}{\partial p} = \frac{\partial Q}{\partial T} = 0$$

となり，式(a)は完全微分方程式である．式(6,68)から，以下を得る．

$$\int -\frac{1}{p}\mathrm{d}p + \int\left(\frac{r}{RT^2} - \frac{\partial}{\partial T}\int -\frac{1}{p}\mathrm{d}p\right)\mathrm{d}T = c$$

上式を計算すると，

$$-\log p - \frac{r}{RT} = c$$

を得る．

$$|g| = \left|-\frac{x}{t} + 4\right|$$
$$\le \max\left(\frac{|x_{\max}|}{t_{\min}} + 4, \frac{|x_{\min}|}{t_{\min}} + 4\right)$$
$$\left|\frac{\partial g}{\partial x}\right| = \left|-\frac{1}{t}\right| \le \frac{1}{t_{\min}}$$

$$(x + 4t) + t\frac{\mathrm{d}x}{\mathrm{d}t} = 0 \tag{6.61}$$

を解いてみよう．式(6.61)は式(6.57)において $P(t,x) = x + 4t,\ Q(t,x) = t$ であり，

$$\frac{\partial P}{\partial x} = 1, \quad \frac{\partial Q}{\partial t} = 1$$

となり，定理 6.4 の式(6.60)を満足するので完全微分形であることが確かめられる．式(6.56)より

$$\frac{\partial f}{\partial t} = x + 4t, \quad \frac{\partial f}{\partial x} = t \tag{6.62}$$

となり，連立偏微分方程式(6.62)の解として

$$f = xt + 2t^2 = c \tag{6.63}$$

を見つけることができる．式(6.63)が式(6.62)の解であることは代入することによって容易に確かめることができる．式(6.63)を $x$ について陽に解けば，微分方程式(6.61)の解は

$$x = -2t + \frac{c}{t} \tag{6.64}$$

となる．

この例に示したように，解を求めるにあたり式(6.56)あるいは式(6.62)を満足する $f$ を見つけなければならない（発見的である）．また，発見的に見つけた式(6.63)以外の解が存在しないのかが疑問である．微分方程式(6.61)の解が一意的でない場合には連立偏微分方程式(6.62)の解(6.64)以外の解をすべて見つけなければならない．幸いにも，この例の場合には式(6.61)は

$$\frac{\mathrm{d}x}{\mathrm{d}t} = -\frac{x}{t} + 4 \equiv g(x,t)$$

となり，$\Re = \left\{(t,x)\middle| 0 < t_{\min} < t < t_{\max},\ x_{\min} < x < x_{\max}\right\}$ において $|g| \le K$，，$\left|\frac{\partial g}{\partial x}\right| \le M$ なる $K > 0,\ M > 0$ が存在するので，定理 6.1 および定理 6.2 より解の存在と一意性は保証される．しかし，一般にこのような連立偏微分方程式を解くことは困難のように思われる．

式(6.56)を満足する $f$ を発見的でなく与える方法はないのであろうか．式(6.56)の第 2 式を $x$ について積分すると

$$f = \int Q(t,x)\,\mathrm{d}x + l(t) \tag{6.65}$$

となる．ここで，式(6.56)の第 2 式が $f$ の $x$ についての偏微分であることから，$Q(t,x)$ の $t$ を定数のように扱って $x$ について積分する．また，$l(t)$ は $x$ には依存しない $t$ に関する任意関数である．式(6.65)を $t$ に関して微分し，式(6.56)の第 1 式を用いると

$$\frac{\partial f}{\partial t} = \frac{\partial}{\partial t}\int Q(t,x)\,\mathrm{d}x + \frac{\partial l}{\partial t} = P(t,x) \tag{6.66}$$

となる．式(6.66)から

$$\frac{\partial l}{\partial t}=P(t,x)-\frac{\partial}{\partial t}\int Q(t,x)\,\mathrm{d}x$$

を得る．これを $t$ に関して積分すると，式(6.65)の任意関数 $l(t)$ が

$$l=\int\left\{P(t,x)-\frac{\partial}{\partial t}\int Q(t,x)\,\mathrm{d}x\right\}\mathrm{d}t+c_1 \tag{6.67}$$

と与えられる．ただし，$c_1$ は任意定数である．したがって，式(6.65)に式(6.67)を代入すると式(6.59)より

$$f(t,x)=\int Q(t,x)\,\mathrm{d}x+\int\left\{P(t,x)-\frac{\partial}{\partial t}\int Q(t,x)\,\mathrm{d}x\right\}\mathrm{d}t+c_1=c_2$$

を得る．以上の結果を定理としてまとめておく．

[定理 6.5]　微分方程式(6.38)が完全微分形である場合，その一般解は

$$\int Q(t,x)\,\mathrm{d}x+\int\left\{P(t,x)-\frac{\partial}{\partial t}\int Q(t,x)\,\mathrm{d}x\right\}\mathrm{d}t=c \tag{6.68}$$

で与えられる．ここで，$c$ は任意定数である．

[定理 6.5]
微分方程式(6.38)が完全微分形
⇓
一般解は式(6.68)

[例 6.13]　例 6.12 で考えた，微分方程式(6.61)を定理 6.5 を用いて解いてみよう．$Q(t,x)=t,\ P(t,x)=x+4t$ を式(6.68)に代入すると

$$tx+\int(x+4t-x)\,\mathrm{d}t=c\quad\Rightarrow\quad tx+2t^2=c$$

となり，一般解 $x=-2t+\dfrac{c}{t}$ を得る．したがって，例 6.12 において発見的に示した解(6.64)が一般解であることがわかった．

### 6・3・3　1階線形微分方程式

非同次1階微分方程式

$$\frac{\mathrm{d}x}{\mathrm{d}t}+p(t)x=q(t) \tag{6.69}$$

を考える．ただし，$p,q$ は任意に与えられた $t$ に関する連続関数である．これより，定理 6.1 および定理 6.2 を用いれば微分方程式(6.69)の解の存在と一意性が保証される．

微分方程式(6.69)の解の存在と一意性：
式(6.69)は

$$\frac{\mathrm{d}x}{\mathrm{d}t}=-p(t)x+q(t)=f(t,x)$$

と書ける．領域

$$\Re=\{(t,x)\,|\,t_{\min}<t<t_{\max},\ x_{\min}<x<x_{\max}\}$$

を考える．ここで，$p(t)$，$q(t)$ は $t$ に関して連続なので $\Re$ を含む有界閉領域において有界となる．（有界閉領域で連続な関数はその領域で有界である）また，$\dfrac{\partial f}{\partial x}=-p(t)$ であり $p(t)$ が連続関数であるので $\dfrac{\partial f}{\partial x}$ は有界となる．

したがって，

$$|f(t,x)|\le K,\ \left|\frac{\partial f}{\partial x}\right|\le M$$

なる $K>0, M>0$ が存在するので定理 6.1 および定理 6.2 より微分方程式(6.69)の解の存在と一意性が保証される．

**(a)　定数変化法**

非同次1階線形微分方程式(6.69)を解く方法として定数変化法について説明しよう．まず，式(6.69)に対応する同次方程式

$$\frac{\mathrm{d}x}{\mathrm{d}t}+p(t)x=0 \tag{6.70}$$

を解く．その解は，変数分離して

$$\frac{1}{x}\mathrm{d}x=-p(t)\,\mathrm{d}t$$

より，

$$\log|x|=-\int p(t)\,\mathrm{d}t+c_1$$

すなわち，$c_2$ を任意定数として

$$x = c_2\,\mathrm{e}^{-\int p(t)\mathrm{d}t} \tag{6.71}$$

となる．次に，非同次方程式(6.69)の解を，式(6.71)において任意定数 $c_2$ を $t$ の関数とした

$$x = c_2(t)\,\mathrm{e}^{-\int p(t)\mathrm{d}t} \tag{6.72}$$

の形で求めよう．非同次微分方程式(6.69)の解の一意性が示されているので，式(6.72)の形の解が見つかればそれが唯一解であり，他の形の解は存在しない．さて，式(6.72)は非同次方程式(6.69)の解であるためには式(6.69)を満足しなければならない．式(6.72)を式(6.69)に代入すると

$$\frac{\mathrm{d}c_2}{\mathrm{d}t}\mathrm{e}^{-\int p(t)\mathrm{d}t} - pc_2\,\mathrm{e}^{-\int p(t)\mathrm{d}t} + pc_2\,\mathrm{e}^{-\int p(t)\mathrm{d}t} = q$$

となる．これより $c_2(t)$ は

$$\frac{\mathrm{d}c_2}{\mathrm{d}t} = \mathrm{e}^{\int p(t)\mathrm{d}t}\,q$$

を満足するので，上式の両辺を $t$ で積分すると

$$c_2(t) = \int \mathrm{e}^{\int p(t)\mathrm{d}t}\,q\,\mathrm{d}t + c \tag{6.73}$$

となり，式(6.73)を式(6.72)に代入すれば，

$$x(t) = \mathrm{e}^{-\int p(t)\mathrm{d}t}\left(\int \mathrm{e}^{\int p(t)\mathrm{d}t}\,q\,\mathrm{d}t + c\right) \tag{6.74}$$

となり，非同次 1 階線形微分方程式(6.69)の一般解を得る．

**(b)　積分因子法**

次に，1 階線形微分方程式(6.69)を解く方法として積分因子法について説明しよう．まず，積分因子について説明しよう．与えられた方程式

$$P(t,x)\mathrm{d}t + Q(t,x)\mathrm{d}x \tag{6.75}$$

は完全微分形ではないが適当な関数 $F(t,x)$（$\neq 0$）を掛けることによって完全微分形にすることができる場合，$F(t,x)$ を式(6.75)の積分因子という．

さて，非同次な 1 階線形微分方程式(6.69)の解法にもどろう．式(6.69)は

$$(px-q)\mathrm{d}t + \mathrm{d}x = 0$$

と書ける．積分因子 $F = e^{\int p(t)\mathrm{d}t}$ を掛けると

$$e^{\int p(t)\mathrm{d}t}(px-q)\mathrm{d}t + e^{\int p(t)\mathrm{d}t}\mathrm{d}x = 0 \tag{6.76}$$

となる．ここで

$$\frac{\partial}{\partial x}\mathrm{e}^{\int p(t)\mathrm{d}t}(px-q) = \mathrm{e}^{\int p(t)dt}\,p$$

$$\frac{\partial}{\partial t}\mathrm{e}^{\int p(t)\mathrm{d}t} = p\,\mathrm{e}^{\int p(t)dt}$$

より，

積分因子 $F(t,x)$ の満たす条件
積分因子 $F$ を式(6.69)に掛けた
$F(px-q)dt + Fdx = 0$
が完全微分形であるための必要十分条件は定理 6.4 より
$$\frac{\partial F(px-q)}{\partial x} = \frac{\partial F}{\partial t}$$
である．

式(6.69)の積分因子 $F(t,x)$ を求める
積分因子として $t$ だけの関数である $F(t)$ を求める．$F(t)$ が積分因子であるためには
$$\frac{\partial F(t)\big(p(t)x - q(t)\big)}{\partial x} = \frac{\partial F(t)}{\partial t}$$
を満足しなければならない．これは
$$Fp = \frac{\partial F}{\partial t}$$
の形となり，変数分離すれば
$$p(t)\mathrm{d}t = \frac{1}{F}\mathrm{d}F$$
となる．これを積分して
$$\log|F| = \int p(t)\mathrm{d}t$$
が得られる．したがって
$$F(t) = \mathrm{e}^{\int p(t)dt}$$
が得られる．ただし，任意定数は1としている．したがって，積分因子は $\mathrm{e}^{\int p(t)dt}$ であることがわかる．

$$\frac{\partial F(px-q)}{\partial x}=\frac{\partial F}{\partial t}$$

が示され，定理 6.4 において

$$Q(t,x)=e^{\int p(t)\mathrm{d}t},\quad P(t,x)=e^{\int p(t)\mathrm{d}t}(px-q)$$

とおけば，式(6.76)が完全微分形であることがわかる．したがって，定理 6.5 の式(6.68)より微分方程式(6.69)の解は

$$x(t)=e^{-\int p(t)\mathrm{d}t}\left(\int e^{\int p(t)\mathrm{d}t}q\,\mathrm{d}t+c\right)$$

となり，定数変化法で求めた解(6.74)と一致することがわかる．

また，式(6.76)は

$$\mathrm{e}^{\int p\mathrm{d}t}\frac{\mathrm{d}x}{\mathrm{d}t}+\mathrm{e}^{\int p\mathrm{d}t}px=\mathrm{e}^{\int p\mathrm{d}t}q$$

であり，すなわち

$$\frac{\mathrm{d}}{\mathrm{d}t}\left(\mathrm{e}^{\int p\mathrm{d}t}x\right)=\mathrm{e}^{\int p\mathrm{d}t}q \tag{6.77}$$

となる．式(6.77)を積分すれば

$$\mathrm{e}^{\int p\mathrm{d}t}x=\int \mathrm{e}^{\int p\mathrm{d}t}q\mathrm{d}t+c_1$$

を得る．よって

$$x(t)=\mathrm{e}^{-\int p\mathrm{d}t}\left\{\int \mathrm{e}^{\int p\mathrm{d}t}q\mathrm{d}t+c_1\right\}$$

となり，定理 6.5 を用いなくても解くことができる．

**定理 6.5 の適用**

$$\int \mathrm{e}^{\int p(t)\mathrm{d}t}\mathrm{d}x$$
$$+\int\left\{\mathrm{e}^{\int p(t)\mathrm{d}t}(px-q)-\frac{\partial}{\partial t}\int \mathrm{e}^{\int p(t)\mathrm{d}t}\mathrm{d}x\right\}\mathrm{d}t=c.$$
$$x\mathrm{e}^{\int p(t)\mathrm{d}t}$$
$$+\int\left\{\mathrm{e}^{\int p(t)\mathrm{d}t}(px-q)-p\,\mathrm{e}^{\int p(t)\mathrm{d}t}x\right\}\mathrm{d}t=c.$$
$$x\mathrm{e}^{\int p(t)\mathrm{d}t}$$
$$-\int \mathrm{e}^{\int p(t)\mathrm{d}t}q\,\mathrm{d}t=c.$$
$$x=\mathrm{e}^{-\int p(t)\mathrm{d}t}\left(\int \mathrm{e}^{\int p(t)\mathrm{d}t}q\,\mathrm{d}t+c\right)$$

[例 6.14：RL 回路]　図 6.19 のような抵抗とコイルと電源からなる回路（RL 回路）に対しては，キルヒホッフの法則から

$$L\frac{\mathrm{d}I}{\mathrm{d}t}+RI=E \tag{6.78}$$

が成立している．ここで，$R$ は抵抗の抵抗値，$L$ はコイルのインダクタンスであり，$I(t)$ は回路を流れる電流である．(a) 一定起電圧 $E(t)=E_0$ の場合と，(b) 周期的な起電力 $E(t)=E_0\sin\omega t$ の場合について考えよう．

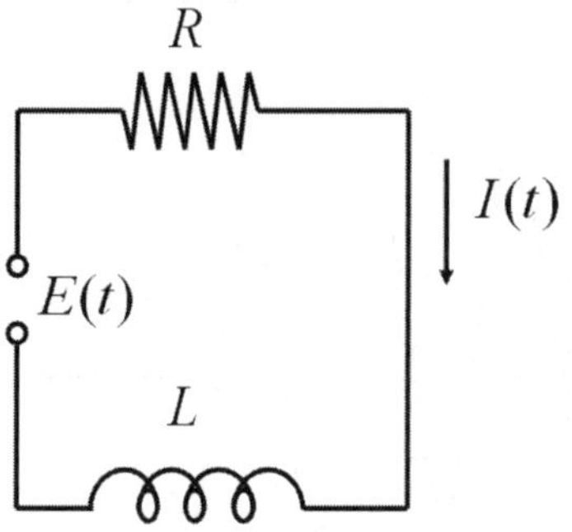


図 6.19　RL 回路

(a)　一定の起電力

式(6.78)において，$E(t)=E_0$（定数）ならば，式(6.74)より

$$I(t)=\mathrm{e}^{-\frac{R}{L}t}\left(\int \mathrm{e}^{\frac{R}{L}t}\frac{E_0}{L}\mathrm{d}t+c_1\right)$$
$$=\frac{E_0}{R}+c_1\mathrm{e}^{-\frac{R}{L}t}$$

を得る．これより，$t$ が無限に大きくなるとき，$I(t)$ は一定値 $\dfrac{E_0}{R}$ に収束することがわかる．初期条件 $I(0)=0$ に対する特殊解は

$$I(t)=\frac{E_0}{R}\left(1-\mathrm{e}^{-\frac{R}{L}t}\right)$$

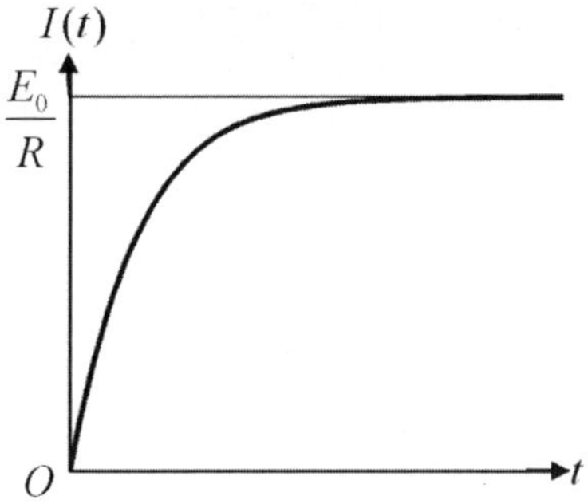


図 6.20　RL 回路の時間応答
（一定起電力 $E(t)=E_0$ の場合）
[例 6.14(a)]

となり，その時間的変化は図 6.20 のようになる．

(b)　周期的な起電力

式(6.78)において，$E(t)=E_0\sin\omega t$ ならば，式(6.74)より

$$I(t)=\mathrm{e}^{-\frac{R}{L}t}\left(\int \mathrm{e}^{-\frac{R}{L}t}\frac{E_0}{L}\sin\omega t\,\mathrm{d}t+c_1\right)$$

である．部分積分より

$$I(t)=c_1\mathrm{e}^{-\frac{R}{L}t}+\frac{E_0}{R^2+\omega^2L^2}\left(R\sin\omega t-\omega L\cos\omega t\right)$$

を得る．これを変形すると，

$$I(t)=c_1\mathrm{e}^{-\frac{R}{L}t}+\frac{E_0}{\sqrt{R^2+\omega^2L^2}}\sin\left(\omega t-\delta\right)$$

$$\delta=\tan^{-1}\frac{\omega L}{R}$$

となる．これは，十分長い時間のあとには，解の右辺第一項は 0 に収束し，電流 $I(t)$ は調和振動(harmonic oscillation)することを意味している．この振動は周波数が起電力の振動周波数 $\omega$ と同じで，振幅が $\frac{1}{\sqrt{R^2+\omega^2L^2}}$ 倍となり位相が $\tan^{-1}\frac{\omega L}{R}$ だけ遅れた応答になる．それら振幅や位相が起電力 $E(t)$ の振動周波数 $\omega$ に依存して変化することに注意しておく．初期条件 $I(0)=0$ に対する特殊解は

$$I(t)=\frac{E_0\omega L}{R^2+\omega^2L^2}\mathrm{e}^{-\frac{R}{L}t}+\frac{E_0}{\sqrt{R^2+\omega^2L^2}}\sin\left(\omega t-\delta\right)$$

となり，その時間的変化は図 6.21 のようになる．ここで，調和振動は周期運動の最も簡単なもので，その時間応答は正弦関数または余弦関数で表される．機械システムの振動現象の多くがこの例のように十分時間がたてば調和振動するので，振動現象のだいたいのふるまいを理解するのに近似的に調和振動を用いていることに注意しておく．詳細は 6･6･1 節で学ぶ．

部分積分

$$\int \mathrm{e}^{-at}\sin\omega t\,\mathrm{d}t=-\frac{1}{\omega}\mathrm{e}^{-at}\cos\omega t+\frac{a}{\omega}\int \mathrm{e}^{-at}\cos\omega t\,\mathrm{d}t+c_1$$
$$=-\frac{1}{\omega}\mathrm{e}^{-at}\cos\omega t+\frac{a}{\omega^2}\mathrm{e}^{-at}\sin\omega t-\frac{a^2}{\omega^2}\int \mathrm{e}^{-at}\sin\omega t\,\mathrm{d}t+c_2$$

したがって

$$\left(1+\frac{a^2}{\omega^2}\right)\int \mathrm{e}^{-at}\sin\omega t\,\mathrm{d}t=\frac{1}{\omega}\mathrm{e}^{-at}\left(-\cos\omega t+\frac{a}{\omega}\sin\omega t\right)+c_2$$

となり，これを解いて

$$\int \mathrm{e}^{-at}\sin\omega t\,\mathrm{d}t=\frac{1}{\omega^2+a^2}\mathrm{e}^{-at}\left(-\omega\cos\omega t+a\sin\omega t\right)+c$$

を得る．

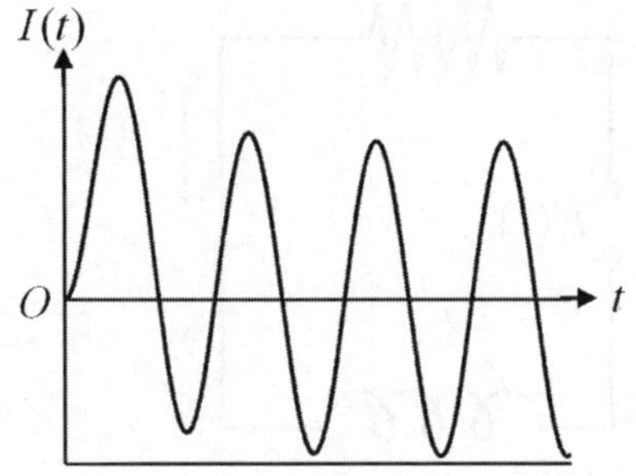


図 6.21　RL 回路の時間応答（周期的な起電力 $E(t)=E_0\sin\omega t$ の場合）［例 6.14(b)］

## 6・4　線形微分方程式

常微分方程式には 6･1･2 節で説明したように，線形常微分方程式と非線形常微分方程式がある．非線形常微分方程式は，2 階およびそれより高い階数の場合には，解を見つけることは非常に難しい（例 6.3 参照）．一方，滑らかな曲線や曲面はその一部を拡大して見ると平坦でまっすぐに見える．言い換えれば，滑らかな曲線や曲面はその上の各点まわりの近傍でみれば，直線や平面に近似できるということである．例えば，例 6.3 において，振子の角度 $\theta$ が十分に小さい（$\theta\approx 0$）といった重力方向からの微小な振幅の運動を考えれば $\sin\theta\approx\theta$ と近似でき，式(6.7)は

$$l\frac{\mathrm{d}^2\theta}{\mathrm{d}t^2}+g\sin\theta=0\ \overset{\theta\approx 0}{\Longrightarrow}\ l\frac{\mathrm{d}^2\theta}{\mathrm{d}t^2}+g\theta=0$$

となり，線形常微分方程式を得る．この方程式は $\theta=0$ の近傍での振子の運

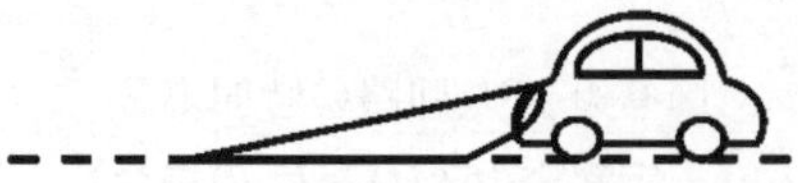

図 6.22　局所的な情報で十分？

動を精度よく表現している．図 6.22 のように，夜中に曲がりくねった山道で車を運転する場合，ヘッドライトがあたる部分だけを見ながら，運転をする．これは山道である曲線の各点における近傍（ヘッドライトのあたっている部分）での局所的な性質だけに頼って曲線の大域的な性質を使わずに運転していることになる．このように局所的な性質を理解することで十分な場合も多い．ただし，車の速度が速い場合には局所的な情報では不十分で道を見誤って，谷底に転落する危険性もあることも忘れてはならない．

われわれが自然現象を観察する際に同様な情況がしばしばおこる．厳密には線形性が成り立たない場合でも，基準状態からの比較的小さな運動を観察対象とする限り線形の問題として取り扱えることが多い．その小さな運動を表現する線形微分方程式は，解の性質が一般的に表現され，多くの方程式に対して標準的な解法が得られている．自然科学や工学において線形微分方程式が重要である理由のひとつにはこういった背景がある．本節では，線形常微分方程式の基礎と解法について説明する．まず，6•4•1 節では線形システムの表現と基本的な原理について説明する．次に，6•4•2 節ではスカラー変数をもつ微分方程式，6•4•3 節ではベクトル表現された微分方程式の解法について述べる．

### 6・4・1　線形系 (linear system) と重ね合わせの原理 (principle of superposition)

#### (a)　線形系

未知関数 $x_1(t)$ およびその導関数についての 1 次式で書き表される常微分方程式を線形常微分方程式と呼ぶ．その一般形は

$$a_0(t)\frac{\mathrm{d}^m x_1}{\mathrm{d}t^m}+a_1(t)\frac{\mathrm{d}^{m-1} x_1}{\mathrm{d}t^{m-1}}+\cdots+a_m(t)x_1=f(t) \tag{6.79}$$

といった形に書かれる．ここでは，未知関数 $x_1(t)$ がスカラーであり，したがって，係数 $a_0(t),\cdots,a_m(t)$ と $f(t)$ もスカラーである場合について考える．

式(6.79)における最高階の係数 $a_0(t)$ が 0 でない場合（$a_0(t)\neq 0$）には

$$\frac{\mathrm{d}\boldsymbol{x}}{\mathrm{d}t}=\boldsymbol{A}(t)\boldsymbol{x}+\boldsymbol{g}(t) \tag{6.80}$$

と変形することができる．ただし，

$$\begin{aligned} x_2 &= \frac{\mathrm{d}x_1}{\mathrm{d}t}, \\ x_3 &= \frac{\mathrm{d}x_2}{\mathrm{d}t}=\frac{\mathrm{d}^2 x_1}{\mathrm{d}t^2}, \\ &\vdots \\ x_m &= \frac{\mathrm{d}x_{m-1}}{\mathrm{d}t}=\frac{\mathrm{d}^{m-1} x_1}{\mathrm{d}t^{m-1}} \end{aligned} \tag{6.81}$$

とおいており，

$$\boldsymbol{x}(t)=\left[x_1(t)\ \cdots\ x_m(t)\right]^T,$$

---

重ね合わせの原理

次のようなことも重ね合わせの原理と呼ばれる．線形系に対しては，いくつかの原因によって生じる現象をそれぞれの原因によって生じる現象の和で表すことができる．例えば，図 6.23 に示すようにばね・質点系が静止状態から次の入力 $f(t)$ を受けるときの応答を考える．

入力 $f(t)$は次のような 2 つの力の和である．

$$f(t)=f_1(t)+f_2(t)$$

この系は線形系なので，次式のように応答はそれぞれの入力に対する応答の和で表すことができる．

$$x(t)=x_1(t)+x_2(t)$$

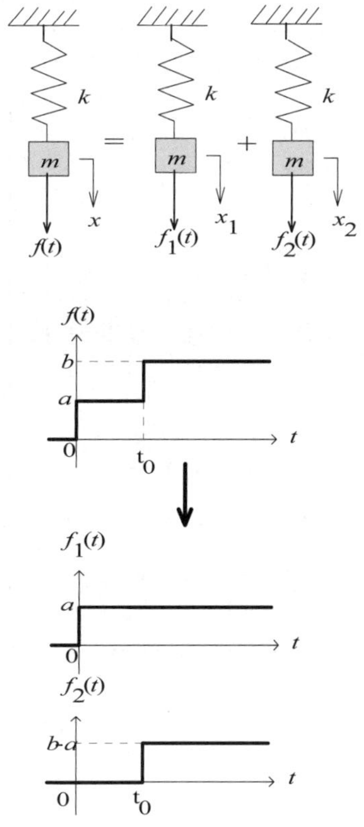


図 6.23　重ね合わせの原理

$$A(t)=\begin{bmatrix}0&1&0&\cdots&0\\0&0&1&\cdots&0\\\vdots&\vdots&\vdots&\ddots&\vdots\\0&0&0&\cdots&1\\\dfrac{a_m}{a_0}&\dfrac{a_{m-1}}{a_0}&\dfrac{a_{m-2}}{a_0}&\cdots&\dfrac{a_1}{a_0}\end{bmatrix},\quad g=\begin{bmatrix}0\\0\\\vdots\\0\\\dfrac{1}{a_0}\end{bmatrix} \tag{6.82}$$

である．式(6.79)はスカラーの未知関数をもつ $m$ 階の微分方程式であるが，それに等価な式(6.80)は $m$ 次元の未知関数ベクトルをもつ 1 階の微分方程式と表現されている．ここで，式(6.80)のような形の表現は $x(t)$ の定義によって異なり，一意でないことに注意しておく．

[例 6.15]　例 6.5 で説明したバネ・質量系に対する質点の運動方程式は

$$\frac{\mathrm{d}^2 x}{\mathrm{d}t^2}=ax \tag{6.83}$$

である．これを式(6.80)のような 1 階の微分方程式に変形してみよう．式(6.81)のように $\dfrac{\mathrm{d}x}{\mathrm{d}t}=y$ とおくと式(6.83)は $\dfrac{\mathrm{d}y}{\mathrm{d}t}=ax$ となる．したがって，式(6.83)は

$$\frac{\mathrm{d}}{\mathrm{d}t}\begin{bmatrix}x\\y\end{bmatrix}=\begin{bmatrix}0&1\\a&0\end{bmatrix}\begin{bmatrix}x\\y\end{bmatrix}$$

と表現することができる．

**(b)　重ね合わせの原理**

まず，同次 2 階常微分方程式

$$\frac{\mathrm{d}^2 y}{\mathrm{d}t^2}+y=0 \tag{6.84}$$

を考えてみよう．$y=\cos t, y=\sin t$ はそれぞれ式(6.84)の解であることは容易に確かめることができる．また，$\cos t$ と $\sin t$ の一次結合

$$y=c_1\cos t+c_2\sin t$$

も同様に式(6.84)の解であることが確かめられる．

一般の線形常微分方程式に関する同次方程式

$$\frac{\mathrm{d}\boldsymbol{x}}{\mathrm{d}t}=\boldsymbol{A}(t)\boldsymbol{x},\ \ \boldsymbol{x}(t)=\left[x_1(t)\ \cdots\ x_n(t)\right]^T,\ \ \boldsymbol{A}(t)=\begin{bmatrix}a_{11}(t)&\cdots&a_{1n}(t)\\\vdots&&\vdots\\a_{n1}(t)&\cdots&a_{nn}(t)\end{bmatrix} \tag{6.85}$$

の場合には任意個の解 $x^1(t),\cdots,x^k(t)$ の 1 次結合

$$c_1x^1(t)+\cdots+c_kx^k(t)$$

は再び同じ方程式の解となる．つまり，同次線形常微分方程式においては，解をスカラー倍したり，相異なる解を定数をかけて足し合わせても再び同じ方程式の解となる．これを重ね合わせの原理と呼ぶ．

重ね合わせの原理から，次の定理を導くことができる．

> $\boldsymbol{x},\boldsymbol{y}$ を式(6.85)の解とする．
>
> $$\frac{\mathrm{d}\boldsymbol{x}}{\mathrm{d}t}=\boldsymbol{A}(t)\boldsymbol{x},\frac{\mathrm{d}\boldsymbol{y}}{\mathrm{d}t}=\boldsymbol{A}(t)\boldsymbol{y}$$
>
> が成り立つ．
>
> $$\frac{\mathrm{d}}{\mathrm{d}t}(\boldsymbol{x}+\boldsymbol{y})=\frac{\mathrm{d}\boldsymbol{x}}{\mathrm{d}t}+\frac{\mathrm{d}\boldsymbol{y}}{\mathrm{d}t}=\boldsymbol{A}(t)\boldsymbol{x}+\boldsymbol{A}(t)\boldsymbol{y}=\boldsymbol{A}(t)(\boldsymbol{x}+\boldsymbol{y})$$
>
> $$\frac{\mathrm{d}}{\mathrm{d}t}(\alpha\boldsymbol{x})=\alpha\frac{\mathrm{d}\boldsymbol{x}}{\mathrm{d}t}=\alpha\boldsymbol{A}(t)\boldsymbol{x}=\boldsymbol{A}(t)(\alpha\boldsymbol{x})$$
>
> であるので，$\boldsymbol{x}+\boldsymbol{y}$ と $\alpha\boldsymbol{x}$ はそれぞれ式(6.85)の解であることが確かめられる．

[定理 6.6]　同次方程式(6.85)の解全体のなす集合を $S$ とおく．このとき

(i)　$S$ はスカラー倍 $x(t) \mapsto \alpha x(t)$ および加法 $x(t), y(t) \mapsto x(t)+y(t)$ の 2 つの演算について閉じている．したがって，線形空間としての構造をもっている．

(ii)　線形空間 $S$ の次元は $n$（未知ベクトル値関数の次元）に等しい．すなわち，互いに 1 次独立な $n$ 個の元 $x^1(t), \cdots, x^n(t)$ を見つけて，$S$ の任意の元をこれらの 1 次結合で表すことができる．

> [定理 6.6]
> 同次方程式(6.85)の解全体のなす集合 $S$
> (i) $S$ は線形空間である．
> (ii) 線形空間 $S$ の次元は未知ベクトル値関数 $\boldsymbol{x}$ の次元に等しい．

なお，同次方程式の任意の解は大域解である（定理 6.3 参照）ので，相異なる解どうしの和の演算において定義域の違いを気にする必要はないことに注意しておく．

[例 6.16]　非同次線形常微分方程式

$$\frac{d^2 y}{dt^2} + y = a \tag{6.86}$$

について考えてみよう．ここで，$a$ は定数である．$y_1 = \cos t + a, y_2 = \sin t + a$ は式(6.86)の解であることは，それぞれ代入することにより容易に確かめられる．それらのスカラー倍 $\alpha y_1$ や和 $y_1 + y_2$ は再び式(6.86)の解となるであろうか．実際に

$$\frac{d^2}{dt^2}(\alpha y_1) + (\alpha y_1) = \alpha\left(\frac{d^2 y_1}{dt^2} + y_1\right) = \alpha a \neq a$$

$$\frac{d^2}{dt^2}(y_1 + y_2) + (y_1 + y_2) = \frac{d^2 y_1}{dt^2} + y_1 + \frac{d^2 y_2}{dt^2} + y_2 = a + a = 2a \neq a$$

となり，式(6.86)の解ではないことがわかる．この例は非同次線形常微分方程式においては重ね合わせの原理が成り立たないことを示している．

[例 6.17]　2 階常微分方程式

$$\frac{d^2 x}{dt^2} + 5\frac{dx}{dt} + 6x = 0 \tag{6.87}$$

を考えよう．これは同次方程式であるので，重ね合わせの原理よりその一般解は 2 つの特殊解の 1 次結合 $c_1 x^1 + c_2 x^2$ の形で書き表される．

$$x^1 = e^{-2t}, \quad x^2 = e^{-3t}$$

が式(6.87)の解であることは容易に確かめることができる（この解を見つけることが容易かどうかは別である）．したがって，式(6.87)の一般解は

$$x = c_1 e^{-2t} + c_2 e^{-3t}$$

となる．式(6.87)の解法は，次節で説明する．

> 例 6.17 のノート
>
> $$\frac{d^2 x^1}{dt^2} + 5\frac{dx^1}{dt} + 6x^1 = 4e^{-2t} - 10e^{-2t} + 6e^{-2t} = 0$$
>
> $$\frac{d^2 x^2}{dt^2} + 5\frac{dx^2}{dt} + 6x^2 = 9e^{-3t} - 15e^{-3t} + 6e^{-3t} = 0$$

### 6・4・2　定数係数高階微分方程式

#### (a)　演算子法

演算子法は，広義には線形作用素による関数解析学全般になるが，普通には，微分積分の演算を記号的・代数的に行い，線形常微分方程式を簡単に解く技法のことである．この技法はかなり古くからあり，普及し始めたのは，19 世紀末にヘヴィサイド（O.Heaviside）（図 6.24）が電気工学の諸問題に広

図 6.24　ヘヴィサイド
出展：
http://scienceworld.wolfram.com

く応用してからである．しかし，彼の理論は電気回路の解析などには有効で工学者には十分なインパクトを与えたが，厳密さを追求する解析学者たちを納得させるには至らなかった．その後ラプラス変換（第７章参照）による裏づけがなされ，演算子法の数学的根拠が明らかになり，これが最も標準的な解法とされている．

係数がすべて定数であるような線形常微分方程式（定数係数線形常微分方程式）においては，微分演算子法を用いることにより，簡単な代数的計算のみによって解を求めることができる．微分演算を１つの文字（演算子）で表し，微分方程式をあたかもこの文字についての代数方程式のように扱って解くことができる．これを微分演算子法という．$t$ についての微分を表す微分演算子 $D$ を用いて $x$ の微分は次のように表すことができる．

$$Dx = \frac{\mathrm{d}}{\mathrm{d}t}x \tag{6.88}$$

$D$ はそれが作用することによって微分可能な $x(t)$ からその導関数 $\frac{\mathrm{d}x(t)}{\mathrm{d}t}$ を演算する記号（つまり演算子）と考えることができる．例えば

$$D\ t^n = nt^{n-1},\quad D\ \sin\omega t = \omega\cos\omega t$$

である．$D$ を２回掛けると

$$D\left(Dx\right) = D\ \frac{\mathrm{d}x}{\mathrm{d}t} = \frac{\mathrm{d}^2 x}{\mathrm{d}t^2}$$

となり，２階の導関数が得られる．ここで，$D\left(Dx\right) = D^2 x$ のように書くこととする．高階微分演算は $D$ を繰り返し施したものであるので

$$\frac{\mathrm{d}^k}{\mathrm{d}t^k} = D^k \tag{6.89}$$

と $D$ のベキで表現できる．また，微分演算子 $D$ の逆演算子は $D^{-1}$ と書き

$$\frac{1}{D}x = D^{-1}x = \int x\,\mathrm{d}t = \int_0^t x(s)\,\mathrm{d}s + c$$

のように積分を意味する．

さて，未知関数 $x$ に関する同次定数係数線形常微分方程式と非同次定数係数線形常微分方程式の一般形は，それぞれ

$$a_0\frac{\mathrm{d}^n x}{\mathrm{d}t^n} + a_1\frac{\mathrm{d}^{n-1} x}{\mathrm{d}t^{n-1}} + \cdots + a_n x = 0 \tag{6.90}$$

$$a_0\frac{\mathrm{d}^n x}{\mathrm{d}t^n} + a_1\frac{\mathrm{d}^{n-1} x}{\mathrm{d}t^{n-1}} + \cdots + a_n x = f(t) \tag{6.91}$$

と表現できる．微分演算子 $D$ を用いると

$$\left(a_0 D^n + a_1 D^{n-1} + \cdots + a_n\right)x = 0 \tag{6.92}$$

$$\left(a_0 D^n + a_1 D^{n-1} + \cdots + a_n\right)x = f(t) \tag{6.93}$$

と書くことができる．このように，演算子を用いた微分方程式の解法を演算子法という．さて，$n$ 次の多項式

### 複素数

$j$ を虚数単位（$j^2 = -1$）としたとき，一般に複素数は２つの実数 $x, y$ に対して $z = x + jy$ の形に表される数をいう．ここで，$x$ を $z$ の実部，$y$ を $z$ の虚部という．

- $\sqrt{x^2 + y^2}$ を $z$ の絶対値といい $\left|z\right|$ で記す．
- $z = x + jy$ に対して $\overline{z} = x - jy$ を $z$ の共役複素数という．
- 四則演算

$z_1 = x_1 + jy_1$，$z_2 = x_2 + jy_2$ について

(1) $z_1 + z_2 = \left(x_1 + x_2\right) + j\left(y_1 + y_2\right)$

(2) $z_1 - z_2 = \left(x_1 - x_2\right) + j\left(y_1 - y_2\right)$

(3) $z_1 z_2 = \left(x_1 x_2 - y_1 y_2\right) + j\left(x_1 y_2 + x_2 y_1\right)$

(4) $\frac{z_2}{z_1} = \frac{x_1 x_2 + y_1 y_2}{x_1^2 + y_1^2} + j\frac{x_1 y_2 - x_2 y_1}{x_1^2 + y_1^2} \quad \left(z_1 \neq 0\right)$

- 複素平面

点 $(x, y)$ に複素数 $z = x + jy$ を対応させて幾何学的に表示する．

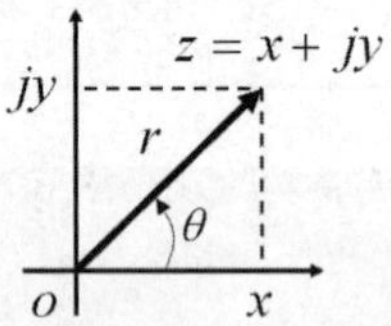


平面上の点 $(x, y)$ を表すのに極座標を使って，$x = r\cos\theta$，$y = r\sin\theta$ とすれば，$z = r\left(\cos\theta + j\sin\theta\right)$ と表される．これを $z$ の極形式という．この場合 $r = \left|z\right| \geq 0$ であり，$\theta$ を $z$ の偏角といって $\arg z$ で表す．$z = 0$ に対しては $\arg 0$ は定義しないで $r = 0$ と定める．

$$P(\lambda)=a_0\lambda^n+a_1\lambda^{n-1}+\cdots+a_n \tag{6.94}$$

を考えよう．$P(\lambda)$ は代数の通常の意味で $\lambda$ についての多項式である．$\lambda$ を微分演算子 $D$ でおきかえると，微分演算子多項式 $P(D)=a_0D^n+a_1D^{n-1}+\cdots+a_n$ が得られる．これを用いると式(6.92)，(6.93)はそれぞれ $P(D)x=0$，$P(D)x=f(t)$ と表される．特に，式(6.93)の解は形式的に

$$x(t)=P(D)^{-1}f(t)\quad\left(=\frac{1}{P(D)}f(t)\right) \tag{6.95}$$

と表現する．演算子法の特徴は $P(D)$ を代数的な量として扱えるという点である．ここで，$P(\lambda)=0$ を微分方程式 $P(D)x=0$ の特性方程式という．例えば

$$(D+3)(D+2)=D^2+5D+6 \tag{6.96}$$

のように因数分解が許されることがわかる．このことは微分演算子の定義から容易に示される．

さて，式(6.96)の微分演算子に対応する微分方程式に関して，例 6.17 では重ね合わせの原理により発見的に一般解を求めている．$(D+3)x=0$ の解は $x=\mathrm{e}^{-3t}$ であり $(D+2)x=0$ の解は $x=\mathrm{e}^{-2t}$ である．これは例 6.17 でみつけた特殊解であり，特性方程式 $P(\lambda)=\lambda^2+5\lambda+6=0$ の解 $\lambda=-2,-3$ と対応している．すなわち，微分演算子法を用いて特性方程式 $P(\lambda)=0$ を解くことにより発見的でなく 2 つの特殊解を求めることができる．

演算子法では，$P(D)$ の因数分解や $\dfrac{1}{f(D)}$ の部分分数展開などを自由に行うことができる．このような式変形が可能なのは，定数係数線形微分方程式において演算子が(1)加法の交換律，(2)加法の結合律，(3)乗法の交換律，(4)乗法の結合律，(5)分配律を成り立たせることに起因している．微分方程式の演算子法による解法において有用な原理を定理として紹介する．

[定理 6.7]　$P(\lambda)$ を式(6.94)のように

$$P(\lambda)=a_0\lambda^n+a_1\lambda^{n-1}+\cdots+a_n$$

とおき，$\alpha$ を定数とする．

(i)　$$P(D)\left\{\mathrm{e}^{\alpha t}f(t)\right\}=\mathrm{e}^{\alpha t}P(D+\alpha)f(t) \tag{6.97}$$

(ii)　$$\frac{1}{P(D)}\left\{\mathrm{e}^{\alpha t}f(t)\right\}=\mathrm{e}^{\alpha t}\frac{1}{P(D+\alpha)}f(t)\quad\left(P(D+\alpha)\neq 0\right) \tag{6.98}$$

[定理 6.7：(i)の証明]

数学的帰納法で証明する．まず

・$n=1$ の場合，式(6.97)は

$$\left(a_0D+a_1\right)\left\{\mathrm{e}^{\alpha t}f(t)\right\}=\mathrm{e}^{\alpha t}\left\{a_0\left(D+\alpha\right)+a_1\right\}f(t) \tag{6.99}$$

---

$(D+3)(D+2)=D^2+5D+6$　の検算

微分演算子の定義より，

$(D+2)x=\dfrac{\mathrm{d}x}{\mathrm{d}t}+2x$ であり

$$(D+3)(D+2)x=(D+3)\left(\frac{\mathrm{d}x}{\mathrm{d}t}+2x\right)$$
$$=\frac{\mathrm{d}^2x}{\mathrm{d}t^2}+2\frac{\mathrm{d}x}{\mathrm{d}t}+3\frac{\mathrm{d}x}{\mathrm{d}t}+6x$$
$$=\frac{\mathrm{d}^2x}{\mathrm{d}t^2}+5\frac{\mathrm{d}x}{\mathrm{d}t}+6x$$
$$=\left(D^2+5D+6\right)x$$

を得る．

---

$f,g,h$：任意の定数係数の多項式

(1)　加法の交換律

$f(D)+g(D)=g(D)+f(D)$

(2)　加法の結合律

$\left\{f(D)+g(D)\right\}+h(D)$
$=f(D)+\left\{g(D)+h(D)\right\}$

(3)　乗法の交換律

$f(D)g(D)=g(D)f(D)$

(4)　乗法の結合律

$\left\{f(D)g(D)\right\}h(D)$
$=f(D)\left\{g(D)h(D)\right\}$

(5)　分配律

$f(D)\left\{g(D)+h(D)\right\}$
$=f(D)g(D)+f(D)h(D)$

---

[定理 6.7]

(i)

$P(D)\left\{\mathrm{e}^{\alpha t}f(t)\right\}$
$=\mathrm{e}^{\alpha t}P(D+\alpha)f(t)$

(ii)

$\dfrac{1}{P(D)}\left\{\mathrm{e}^{\alpha t}f(t)\right\}$
$=\mathrm{e}^{\alpha t}\dfrac{1}{P(D+\alpha)}f(t)$
$\left(P(D+\alpha)\neq 0\right)$

となる．式(6.99)の左辺を変形すると

$$\left(a_0D+a_1\right)\left\{\mathrm{e}^{\alpha t}f(t)\right\}=a_0\left(\alpha\,\mathrm{e}^{\alpha t}f+\mathrm{e}^{\alpha t}Df\right)+a_1\mathrm{e}^{\alpha t}f$$
$$=\mathrm{e}^{\alpha t}\left\{a_0\left(D+\alpha\right)+a_1\right\}f$$

となり，式(6.99)が成立することがわかる．次に

・$n=k$ の場合，式(6.97)が成立するとする，すなわち

$$\left(a_0D^k+a_1D^{k-1}+\cdots+a_k\right)\left\{\mathrm{e}^{\alpha t}f\right\}$$
$$=\mathrm{e}^{\alpha t}\left\{a_0\left(D+\alpha\right)^k+a_1\left(D+\alpha\right)^{k-1}+\cdots+a_k\right\}f \tag{6.100}$$

が成り立っていると仮定し，

・$n=k+1$ の場合，すなわち

$$\left(a_0D^{k+1}+a_1D^k+\cdots+a_kD+a_{k+1}\right)\left\{\mathrm{e}^{\alpha t}f\right\}$$
$$=\mathrm{e}^{\alpha t}\left\{a_0\left(D+\alpha\right)^{k+1}+a_1\left(D+\alpha\right)^k+\cdots+a_k\left(D+\alpha\right)+a_{k+1}\right\}\left\{\mathrm{e}^{\alpha t}f\right\} \tag{6.101}$$

が成立することを証明すればよい．式(6.101)の左辺は

$$\left(a_0D^{k+1}+a_1D^k+\cdots+a_kD+a_{k+1}\right)\left\{\mathrm{e}^{\alpha t}f\right\}$$
$$=D\left(a_0D^k+a_1D^{k-1}+\cdots+a_k\right)\left\{\mathrm{e}^{\alpha t}f\right\}+a_{k+1}\left\{\mathrm{e}^{\alpha t}f\right\}$$
$$=D\,\mathrm{e}^{\alpha t}\left\{a_0\left(D+\alpha\right)^k+a_1\left(D+\alpha\right)^{k-1}+\cdots+a_k\right\}\left\{\mathrm{e}^{\alpha t}f\right\}+a_{k+1}\left\{\mathrm{e}^{\alpha t}f\right\}$$
$$=\alpha\,\mathrm{e}^{\alpha t}\left\{a_0\left(D+\alpha\right)^k+a_1\left(D+\alpha\right)^{k-1}+\cdots+a_k\right\}\left\{\mathrm{e}^{\alpha t}f\right\}$$
$$+\mathrm{e}^{\alpha t}D\left\{a_0\left(D+\alpha\right)^k+a_1\left(D+\alpha\right)^{k-1}+\cdots+a_k\right\}\left\{\mathrm{e}^{\alpha t}f\right\}+a_{k+1}\left\{\mathrm{e}^{\alpha t}f\right\}$$
$$=\mathrm{e}^{\alpha t}\left\{a_0\left(D+\alpha\right)^{k+1}+a_1\left(D+\alpha\right)^k+\cdots+a_k\left(D+\alpha\right)+a_{k+1}\right\}\left\{\mathrm{e}^{\alpha t}f\right\} \tag{6.102}$$

と変形できるので，式(6.101)が示された．ここで，式(6.102)の第 2 の等式の導出には，式(6.100)を用いた．$n=k$ の場合，式(6.98)が成り立つと仮定し，$n=k+1$ の場合に式(6.98)が成立することがわかった．したがって，数学的帰納法より定理 6.7(i)が証明された．

> **数学的帰納法**
> 自然数について述べられている命題が $n\geq n_0$（$n$，$n_0$ は自然数）について成り立つことを証明するのに
> (ア)　その命題は $n=n_0$ のとき成り立つ
> (イ)　その命題が $n=k$（$k$ は $k\geq n_0$ の自然数）のとき成り立つと仮定すると，$n=k+1$ のときもまた成り立つ
> の 2 段階を証明して，与えられた命題が成り立つことを立証する方法

[定理 6.7 : (ii)の証明]

数学的帰納法で証明する．まず，

$$P_k(\lambda)=a_0\lambda^k+a_1\lambda^{k-1}+\cdots+a_{k-1}\lambda+a_k \tag{6.103}$$

と定義する．

・$n=1$ の場合，式(6.98)は

$$\frac{1}{a_0D+a_1}\left\{\mathrm{e}^{\alpha t}f(t)\right\}=\mathrm{e}^{\alpha t}\frac{1}{a_0\left(D+\alpha\right)+a_1}f(t) \tag{6.104}$$

となる．式(6.104)を証明する．式(6.104)の右辺を $g(t)$ とおくと

$$f=\left\{a_0\left(D+\alpha\right)+a_1\right\}\left(\mathrm{e}^{-\alpha t}g\right)$$
$$=a_0\left(-\alpha\,\mathrm{e}^{-\alpha t}g+\mathrm{e}^{-\alpha t}Dg+\alpha\,\mathrm{e}^{-\alpha t}g\right)+a_1\mathrm{e}^{-\alpha t}g$$
$$=\mathrm{e}^{-\alpha t}\left(a_0D+a_1\right)g$$

となるので

$$g=\frac{1}{a_0D+a_1}\left(\mathrm{e}^{\alpha t}f\right)$$

となり，式(6.104)が成立することがわかり，$n=1$ の場合，式(6.98)が成り立つことが示された．次に，

・$n=k$ の場合，式(6.98)が成立するとする，すなわち

$$\frac{1}{P_k(D)}\left(\mathrm{e}^{\alpha t}f\right)=\mathrm{e}^{\alpha t}\frac{1}{P_k(D+\alpha)}f$$

が成り立っていると仮定し，

・$n=k+1$ の場合，すなわち

$$\frac{1}{P_{k+1}(D)}\left(\mathrm{e}^{\alpha t}f\right)=\mathrm{e}^{\alpha t}\frac{1}{P_{k+1}(D+\alpha)}f \tag{6.105}$$

が成立することを証明すればよい．式(6.105)の右辺を $g(t)$ とおくと

$$\begin{aligned} f &= P_{k+1}(D+\alpha)\mathrm{e}^{-\alpha t}g \\ &= P_k(D+\alpha)(D+\alpha)\left(\mathrm{e}^{-\alpha t}g\right)+a_{k+1}\mathrm{e}^{-\alpha t}g \\ &= P_k(D+\alpha)\left(-\alpha\,\mathrm{e}^{-\alpha t}g+\mathrm{e}^{-\alpha t}Dg+\alpha\,\mathrm{e}^{-\alpha t}g\right)+a_{k+1}\mathrm{e}^{-\alpha t}g \\ &= P_k(D+\alpha)\left(\mathrm{e}^{-\alpha t}Dg\right)+a_{k+1}\mathrm{e}^{-\alpha t}g \end{aligned}$$

となる．この式より

$$\begin{aligned} \mathrm{e}^{\alpha t}f &= \mathrm{e}^{\alpha t}P_k(D+\alpha)\left(\mathrm{e}^{-\alpha t}Dg\right)+a_{k+1}g \\ &= P_k(D)\left(\mathrm{e}^{\alpha t}\mathrm{e}^{-\alpha t}Dg\right)+a_{k+1}g \\ &= \left\{P_k(D)D+a_{k+1}\right\}g \\ &= P_{k+1}(D)g \end{aligned} \tag{6.106}$$

となり

$$g=\frac{1}{P_{k+1}(D)}\left(\mathrm{e}^{\alpha t}f\right)$$

を得る．ここで，式(6.106)の 2 つ目の等式の導出には定理 6.7(i)を用いている．したがって，式(6.106)より式(6.105)の右辺と左辺が等しいことがわかり，数学的帰納法より定理 6.7(ii)が証明された．

$P_{k+1}(D+\alpha)=P_k(D+\alpha)(D+\alpha)+a_{k+1}$ の証明

$$\begin{aligned} P_{k+1}(D+\alpha) &= a_0(D+\alpha)^{k+1}+a_1(D+\alpha)^k \\ &\quad +\cdots+a_k(D+\alpha)+a_{k+1} \\ &= \left\{a_0(D+\alpha)^k+a_1(D+\alpha)^{k-1}+\cdots+a_k\right\} \\ &\quad \times(D+\alpha)+a_{k+1} \\ &= P_k(D+\alpha)(D+\alpha)+a_{k+1} \end{aligned}$$

[例 6.18]　$n$ 階の常微分方程式

$$\frac{\mathrm{d}^n}{\mathrm{d}t^n}x=f \tag{6.107}$$

の解は，

$$\begin{aligned} x=D^{-n}f &= \int_0^t\int_0^{s_1}\cdots\int_0^{s_{n-1}}f(s_n)\mathrm{d}s_n\cdots\mathrm{d}s_2\mathrm{d}s_1+\sum_{k=0}^{n-1}c_kt^k \\ &= \int_0^t\frac{(t-s)^{n-1}}{(n-1)!}f(s)\mathrm{d}s+\sum_{k=0}^{n-1}c_kt^k \end{aligned}$$

となる．ここで，上式の最後の等式は以下のように証明される．

$\int_0^t\int_0^{s_1}\cdots\int_0^{s_{n-1}}f(s_n)\,\mathrm{d}s_n\cdots\mathrm{d}s_2\,\mathrm{d}s_1=\int_0^t\frac{(t-s)^{n-1}}{(n-1)!}f(s)\,\mathrm{d}s$ の証明

数学的帰納法により証明する．まず，$n=2$ の場合

$$D^{-2}f(t)=\int_0^t (t-s)f(s)\mathrm{d}s=\int_o^t (t-s)\frac{\mathrm{d}}{\mathrm{d}s}\int_0^s f(s_1)\mathrm{d}s_1\mathrm{d}s$$

$$=\left[(t-s)\int_0^s f(s_1)\mathrm{d}s_1\right]_{s=0}^{s=t}-\int_0^t\{\frac{\partial}{\partial s}(t-s)\}\int_0^s f(s_1)\mathrm{d}s_1\mathrm{d}s$$

$$=\int_0^t\int_0^s f(s_1)\mathrm{d}s_1\mathrm{d}s=\int_0^t\int_0^{s_1} f(s_2)\mathrm{d}s_2\mathrm{d}s_1$$

となるので与式は成立している．いま，$n=k$ のときに与式が成り立つと仮定する．

$$D^{-k}f(t)=\int_0^t\int_0^{s_1}\cdots\int_0^{s_{k-1}} f(s_k)\,\mathrm{d}s_k\cdots\mathrm{d}s_2\mathrm{d}s_1=\int_o^t\frac{(t-s)^{k-1}}{(k-1)!}f(s)\,\mathrm{d}s$$

$D^{-(k+1)}f(t)$ は上式の両辺を 0 から $t$ まで積分すれば得られるので，

$$D^{-(k+1)}f(t)=\int_0^t\int_0^{s_1}\cdots\int_0^{s_{k-1}}\int_0^{s_k} f(s_{k+1})\,\mathrm{d}s_{k+1}\mathrm{d}s_k\cdots\mathrm{d}s_2\mathrm{d}s_1=\int_o^t D^{-k}f(\tau)\,\mathrm{d}\tau$$

$$=\int_0^t\int_0^\tau\frac{(\tau-s)^{k-1}}{(k-1)!}f(s)\,\mathrm{d}s\,\mathrm{d}\tau$$

$$=\int_o^t\frac{\mathrm{d}}{\mathrm{d}\tau}\int_0^\tau\frac{(\tau-s)^k}{k!}f(s)\,\mathrm{d}s\,\mathrm{d}\tau \tag{6.108}$$

$$=\left[\int_0^\tau\frac{(\tau-s)^k}{k!}f(s)\,\mathrm{d}s\right]_{\tau=0}^{\tau=t}$$

$$=\int_o^t\frac{(t-s)^k}{k!}f(s)\,\mathrm{d}s$$

となり，$n=k+1$ のときにも与式が成り立っていることが示された．したがって，与式はすべての自然数 $n$ に対して成立する．

ただし，式(6.108)の最後から 3 番目の等号は以下の公式

$$\frac{\mathrm{d}}{\mathrm{d}\tau}\int_{a(\tau)}^{b(\tau)}g(\tau,s)\,\mathrm{d}s=\frac{\mathrm{d}b(\tau)}{\mathrm{d}\tau}g(\tau,b(\tau))-\frac{\mathrm{d}a(\tau)}{\mathrm{d}\tau}g(\tau,a(\tau))+\int_{a(\tau)}^{b(\tau)}\frac{\partial}{\partial\tau}g(\tau,s)\,\mathrm{d}s$$

において，$a(\tau)=0,b(\tau)=\tau$ とおいた

$$\frac{\mathrm{d}}{\mathrm{d}\tau}\int_0^\tau g(\tau,s)\mathrm{d}s=[g(\tau,s)]_{s=\tau}+\int_0^\tau\frac{\mathrm{d}}{\mathrm{d}\tau}g(\tau,s)\mathrm{d}s$$

を用いて，以下の等式を適用している．

$$\frac{\mathrm{d}}{\mathrm{d}\tau}\int_0^\tau\frac{(\tau-s)^k}{k!}f(s)\mathrm{d}s=\left[\frac{(\tau-s)^k}{k!}f(s)\right]_{s=\tau}+\int_0^\tau\frac{k(\tau-s)^{k-1}}{k!}f(s)\mathrm{d}s$$

$$=\int_o^\tau\frac{(\tau-s)^{k-1}}{(k-1)!}f(s)\mathrm{d}s$$

p.155 におけるりんごの落下の式(6.2)に[例 6.18]の解法を用いると次のようになる．

式(6.2)は次式のようになる．

$$\frac{\mathrm{d}^2x}{\mathrm{d}t^2}=-g \tag{a}$$

したがって，

$$x=-D^{-2}g$$
$$=-\int_0^t(t-s)g\,\mathrm{d}s+\sum_{k=0}^{1}c_kt^k \tag{b}$$

となり，式(b)の第 1 項は

$$-\int_0^t(t-s)g\,\mathrm{d}s=g\left[ts-\frac{1}{2}s^2\right]_0^t$$
$$=-\frac{1}{2}gt^2$$

となり，式(b)の第 2 項は

$$\sum_{k=0}^{1}c_kt^k=c_0+c_1t$$

となる．したがって，以下を得る．

$$x=-\frac{1}{2}gt^2+c_0+c_1t$$

[例 6.19]　1 階の常微分方程式

$$\frac{\mathrm{d}x}{\mathrm{d}t}-ax=f(t) \tag{6.109}$$

を演算子法を用いて解いてみよう．式(6.109)は微分演算子 $D$ を用いると

$$\left(D-a\right)x=f(t)$$

と書き直すことができるので，

$$
\begin{aligned}
x &= \frac{1}{D-a} f(t) \\
&= \mathrm{e}^{at} \frac{1}{D}\left(\mathrm{e}^{-at} f\right) \\
&= \mathrm{e}^{at}\left\{\int_0^t \mathrm{e}^{-as} f(s)\,\mathrm{d}s + c\right\} \\
&= c\,\mathrm{e}^{at} + \int_0^t \mathrm{e}^{a(t-s)} f(s)\,\mathrm{d}s
\end{aligned}
$$

を得る．ただし，$c$ は任意定数である．特に，$f(t)=0$ と非同次方程式の場合には

$$x = c\,\mathrm{e}^{at}$$

となる．これは，例 6.4 で発見的に見つけた解(6.9)が一般解であることを示している．

> [定理 6.7](ii)において
> $P(D)=D,\ \alpha=-a$
> とおけば
> $$\frac{1}{D}\left(\mathrm{e}^{-at} f\right) = \mathrm{e}^{-at}\frac{1}{D-a} f$$
> となり
> $$\frac{1}{D-a} f = \mathrm{e}^{at}\frac{1}{D}\left(\mathrm{e}^{-at} f\right)$$
> を得る．

[例 6.20]　2 階の常微分方程式

$$\frac{\mathrm{d}^2 x}{\mathrm{d}t^2} - \left(\lambda_1+\lambda_2\right)\frac{\mathrm{d}x}{\mathrm{d}t} + \lambda_1\lambda_2 x = f(t) \tag{6.110}$$

を演算子法を用いて解いてみよう．式(6.110)は微分演算子 $D$ を用いると

$$\left(D-\lambda_1\right)\left(D-\lambda_2\right)x = f(t)$$

と書き直すことができる．したがって，

・$\lambda_1 \neq \lambda_2$ の場合

$$
\begin{aligned}
x &= \frac{1}{\left(D-\lambda_1\right)\left(D-\lambda_2\right)} f \\
&= \frac{1}{\lambda_1-\lambda_2}\left(\frac{1}{D-\lambda_1} - \frac{1}{D-\lambda_2}\right) f \\
&= \frac{1}{\lambda_1-\lambda_2}\left\{c_1\,\mathrm{e}^{\lambda_1 t} + \int_0^t \mathrm{e}^{\lambda_1(t-s)} f(s)\,\mathrm{d}s - c_2\,\mathrm{e}^{\lambda_2 t} - \int_0^t \mathrm{e}^{\lambda_2(t-s)} f(s)\,\mathrm{d}s\right\} \\
&= c_3\,\mathrm{e}^{\lambda_1 t} + c_4\,\mathrm{e}^{\lambda_2 t} + \frac{1}{\lambda_1-\lambda_2}\int_0^t \left\{\mathrm{e}^{\lambda_1(t-s)} - \mathrm{e}^{\lambda_2(t-s)}\right\} f(s)\,\mathrm{d}s
\end{aligned}
\tag{6.111}
$$

> 部分分数展開（$\lambda_1 \neq \lambda_2$）
> $$\frac{1}{\left(\lambda-\lambda_1\right)\left(\lambda-\lambda_2\right)} = \frac{a}{\lambda-\lambda_1} + \frac{b}{\lambda-\lambda_2}$$
> $$= \frac{\left(a+b\right)\lambda - a\lambda_2 - b\lambda_1}{\left(\lambda-\lambda_1\right)\left(\lambda-\lambda_2\right)}$$
> $$\begin{cases} a+b=0 \\ -a\lambda_2 - b\lambda_1 = 1 \end{cases}$$
> $$a = \frac{1}{\lambda_1-\lambda_2}$$
> $$b = -\frac{1}{\lambda_1-\lambda_2}$$

・$\lambda_1 = \lambda_2$ の場合

$$
\begin{aligned}
x &= \frac{1}{\left(D-\lambda_1\right)^2} f \\
&= \mathrm{e}^{\lambda_1 t}\frac{1}{D^2}\mathrm{e}^{-\lambda_1 t} f \\
&= \mathrm{e}^{\lambda_1 t}\left\{\int_0^t (t-s)\mathrm{e}^{-\lambda_1 s} f(s)\,\mathrm{d}s + c_5 + c_6 t\right\} \\
&= c_5\,\mathrm{e}^{\lambda_1 t} + c_6 t\,\mathrm{e}^{\lambda_1 t} + \int_0^t (t-s)\mathrm{e}^{\lambda_1(t-s)} f(s)\,\mathrm{d}s
\end{aligned}
\tag{6.112}
$$

となる．

> [定理 6.7](ii)において
> $P(D)=D^2,\ \alpha=-\lambda_1$
> とおけば
> $$\frac{1}{D^2}\left(\mathrm{e}^{-\lambda_1 t} f\right) = \mathrm{e}^{-\lambda_1 t}\frac{1}{(D-\lambda_1)^2} f$$
> となり
> $$\frac{1}{(D-\lambda_1)^2} f = \mathrm{e}^{\lambda_1 t}\frac{1}{D^2}\left(\mathrm{e}^{-\lambda_1 t} f\right)$$
> を得る．

例 6.5 でバネ・質量系の 2 階の常微分方程式(6.10)の解を発見的に示した．

式(6.11)は式(6.110)において $f(t)=0,\ \lambda_1=\sqrt{a},\ \lambda_2=-\sqrt{a}$ とした場合に対応している．$a>0$ と $a<0$ の場合，式(6.111)より式(6.10)の解は

① $a>0$ の場合　$\lambda_1=\sqrt{a},\ \lambda_2=-\sqrt{a}$

$$x=\frac{1}{2\sqrt{a}}\left(c_1\,\mathrm{e}^{\sqrt{a}t}+c_2\,\mathrm{e}^{-\sqrt{a}t}\right)=c_3\,\mathrm{e}^{\sqrt{a}t}+c_4\,\mathrm{e}^{-\sqrt{a}t}$$

③ $a<0$ の場合　$\lambda_1=j\sqrt{-a},\ \lambda_2=-j\sqrt{-a}$

$$\begin{aligned}x&=c_5\,\mathrm{e}^{j\sqrt{-a}t}+c_6\,\mathrm{e}^{-j\sqrt{-a}t}\\&=c_5\left(\cos\sqrt{-a}t+j\sin\sqrt{-a}t\right)+c_6\left(\cos\sqrt{-a}t-j\sin\sqrt{-a}t\right)\\&=c_7\cos\sqrt{-a}t+c_8\sin\sqrt{-a}t\end{aligned}$$

となる．ただし，$c_5,\ c_6$ は共役複素数であり，$c_5+c_6=c_7,\ j\left(c_5-c_6\right)=c_8$ となる．ここで，第2式にはオイラーの公式を用いており，$c_7$，$c_8$ は実数であることに注意しておく．また，$a=0$ の場合 $\lambda_1=\lambda_2=0$ となり式(6.112)より

② $a=0$

$$x=c_0+c_1t$$

を得る．したがって，例 6.5 で示した式(6.110)の発見的な解(6.11)は一般解であることがわかった．

［例 6.21］　$n$ 階同次定数係数線形常微分方程式

$$P(D)x=0 \tag{6.113}$$

の特性方程式 $P(\lambda)=0$ が互いに異なる実根 $\lambda_1,\lambda_2,\cdots,\lambda_k$ のみをもつとし，それぞれの重複度を $m_1,m_2,\cdots,m_k$（$m_1+m_2+\cdots+m_k=n$）とすれば

$$P(\lambda)=\left(\lambda-\lambda_1\right)^{m_1}\left(\lambda-\lambda_2\right)^{m_2}\cdots\left(\lambda-\lambda_k\right)^{m_k}$$

となり，式(6.113)は

$$\left(D-\lambda_1\right)^{m_1}\left(D-\lambda_2\right)^{m_2}\cdots\left(D-\lambda_k\right)^{m_k}x=0 \tag{6.114}$$

となる．式(6.114)の解は

$$x=\frac{1}{\left(D-\lambda_1\right)^{m_1}\left(D-\lambda_2\right)^{m_2}\cdots\left(D-\lambda_k\right)^{m_k}}\cdot 0$$

と書ける．部分分数展開により

$$\frac{1}{\left(D-\lambda_1\right)^{m_1}\left(D-\lambda_2\right)^{m_2}\cdots\left(D-\lambda_k\right)^{m_k}}=\sum_{l=1}^{k}\sum_{i=1}^{m_l}\frac{a_{li}}{\left(D-\lambda_l\right)^{i}}$$

とすることができる．したがって

---

**複素数（続き）**

- 複素数の指数関数

実数 $x$ の指数関数 $e^x$ の定義

$e^x=\lim_{n\to\infty}\left(1+\frac{x}{n}\right)^n$ を複素数 $z=x+jy$ に拡張し，指数関数 $e^z$ を

$e^z=\lim_{n\to\infty}\left(1+\frac{z}{n}\right)^n$ と定義する．詳細は省略するが

$$\lim_{n\to\infty}\left|\left(1+\frac{z}{n}\right)^n\right|=e^x$$

$$\lim_{n\to\infty}\arg\left(1+\frac{z}{n}\right)^n=y\quad\left(\mathrm{mod}\,2\pi\right)$$

が成り立つ．したがって，以下の定理

$\lim_{n\to\infty}z_n=r$ かつ $\lim_{n\to\infty}\arg z_n=y\ \left(\mathrm{mod}\ 2\pi\right)$

$\Rightarrow\lim_{n\to\infty}z_n=r\left(\cos\theta+j\sin\theta\right)$

を用いれば

$$\lim_{n\to\infty}\left(1+\frac{z}{n}\right)^n=e^x\left(\cos y+j\sin y\right).$$

結局，以下を得る．

$$e^z=e^x(\cos y+j\sin y) \tag{a}$$

- オイラーの公式

式(a)において $x=0$ とおくと

$$e^{jy}=\cos y+j\sin y$$

を得る．指数関数と三角関数を結びつけるこの等式をオイラーの公式という．

$$x=\sum_{l=1}^{k}\sum_{i=1}^{m_l}a_{li}\frac{1}{\left(D-\lambda_l\right)^i}\cdot 0$$
$$=\sum_{l=1}^{k}\sum_{i=1}^{m_l}a_{li}\,\mathrm{e}^{\lambda_l t}\frac{1}{D^i}\cdot 0$$

を得る．$\dfrac{1}{D^i}\cdot 0$ はたかだか $i-1$ 次の $t$ の多項式であるので，解は

$$x(t)=\sum_{l=1}^{k}\left(\sum_{i=1}^{m_l}c_{li}t^{i-1}\right)\mathrm{e}^{\lambda_l t} \tag{6.115}$$

と書くことができる．

特性方程式が実根と虚根をもつ，一般的な場合の同次定数係数線形常微分方程式の一般解を定理として紹介しておく．

[定理 6.8]　$n$ 階同次定数係数線形常微分方程式

$$P(D)x=0 \tag{6.116}$$

の特性方程式 $P(\lambda)=0$ が互いに異なる実根 $\lambda_1,\lambda_2,\cdots,\lambda_s$ および互いに異なる虚根 $a_1\pm jb_1,a_2\pm jb_2,\cdots,a_l\pm jb_l$ をもつとし，それらの重複度をそれぞれ $m_1,m_2,\cdots,m_s$, $n_1,n_2,\cdots,n_l$ （$m_1+m_2+\cdots+m_s+n_1+n_2+\cdots+n_l=n$）とすると

$$P(\lambda)=\left(\lambda-\lambda_1\right)^{m_1}\left(\lambda-\lambda_2\right)^{m_2}\cdots\left(\lambda-\lambda_s\right)^{m_s}\left\{\left(\lambda-a_1\right)^2+b_1^2\right\}^{n_1}\cdots$$
$$\left\{\left(\lambda-a_2\right)^2+b_2^2\right\}^{n_2}\cdots\left\{\left(\lambda-a_l\right)^2+b_l^2\right\}^{n_l} \tag{6.117}$$

となる．このとき，同次方程式(6.116)の一般解は

$$\begin{aligned}x(t)=\;&f_1(t)\mathrm{e}^{\lambda_1 t}+f_2(t)\mathrm{e}^{\lambda_2 t}+\cdots+f_s(t)\mathrm{e}^{\lambda_s t}\\&+g_1(t)\mathrm{e}^{a_1 t}\cos b_1 t+h_1(t)\mathrm{e}^{a_1 t}\sin b_1 t+\cdots\\&+g_l(t)\mathrm{e}^{a_l t}\cos b_l t+h_l(t)\mathrm{e}^{a_l t}\sin b_l t\end{aligned} \tag{6.118}$$

で与えられる．ここで，$f_i(t)$（$i=1,\cdots,s$）は $m_i-1$ 次以下の多項式，$g_i(t),h_i(t)$（$i=1,\cdots,l$）は $n_i-1$ 次以下の多項式である．

> [定理 6.8]
> $n$ 階同次定数係数線形常微分方程式
> (6.116)の特性方程式が式(6.117)
> ⇓
> 一般解(6.118)

[Example 6.22]　Consider a linear nonhomogeneous second-order ordinary differential equation given by

$$\frac{\mathrm{d}^2x}{\mathrm{d}t^2}+5\frac{\mathrm{d}x}{\mathrm{d}t}+6x=\sin t\,. \tag{6.119}$$

Let us find the solution of Eq. (6.119) by using the differential operator method. Using the differential operator $D$ Eq. (6.119) is rewritten as

$$\left(D+2\right)\left(D+3\right)x=\sin t\,.$$

From the result in Example 6.20, the solution of Eq. (6.119) is obtained as

> 部分積分
>
> $$\begin{aligned}I&=\int_0^t\mathrm{e}^{\lambda s}\sin s\,\mathrm{d}s\\&=\left[\frac{1}{\lambda}\mathrm{e}^{\lambda s}\sin s\right]_0^t-\int_0^t\frac{1}{\lambda}\mathrm{e}^{\lambda s}\cos s\,\mathrm{d}s\\&=\frac{1}{\lambda}\mathrm{e}^{\lambda t}\sin t-\left[\frac{1}{\lambda^2}\mathrm{e}^{\lambda s}\cos s\right]_0^t\\&\qquad-\int_0^t\frac{1}{\lambda^2}\mathrm{e}^{\lambda s}\sin s\,\mathrm{d}s\end{aligned}$$
> $$\therefore I=\frac{1}{1+\lambda^2}\left(\lambda\,\mathrm{e}^{\lambda t}\sin t-\mathrm{e}^{\lambda t}\cos t+1\right)$$

[定理 6.9](i)　$\mathrm{e}^{\boldsymbol{A}+\boldsymbol{B}}=\mathrm{e}^{\boldsymbol{A}}\mathrm{e}^{\boldsymbol{B}}$ は一般には成り立たない．
例えば

$$\boldsymbol{A}=\begin{bmatrix}0&1\\0&0\end{bmatrix},\ \boldsymbol{B}=\begin{bmatrix}0&0\\1&0\end{bmatrix}$$

の場合，$\boldsymbol{A}^k=\boldsymbol{0}$（$k\geq 2$），$\boldsymbol{B}^k=\boldsymbol{0}$（$k\geq 2$）であるので

$$\mathrm{e}^{\boldsymbol{A}}=\boldsymbol{I}+\boldsymbol{A}=\begin{bmatrix}1&1\\0&1\end{bmatrix},$$

$$\mathrm{e}^{\boldsymbol{B}}=\boldsymbol{I}+\boldsymbol{B}=\begin{bmatrix}1&0\\1&1\end{bmatrix}$$

となる．したがって

$$\mathrm{e}^{\boldsymbol{A}}\mathrm{e}^{\boldsymbol{B}}=\begin{bmatrix}1&1\\0&1\end{bmatrix}\begin{bmatrix}1&0\\1&1\end{bmatrix}=\begin{bmatrix}2&1\\1&1\end{bmatrix}$$

となる．一方，

$$(\boldsymbol{A}+\boldsymbol{B})=\begin{bmatrix}0&1\\1&0\end{bmatrix},$$

$$(\boldsymbol{A}+\boldsymbol{B})^2=\begin{bmatrix}1&0\\0&1\end{bmatrix}$$

より，

$$(\boldsymbol{A}+\boldsymbol{B})^{2k+1}=\begin{bmatrix}0&1\\1&0\end{bmatrix},$$

$$(\boldsymbol{A}+\boldsymbol{B})^{2k}=\begin{bmatrix}1&0\\0&1\end{bmatrix}$$

であるので，

$$\begin{aligned}\mathrm{e}^{\boldsymbol{A}+\boldsymbol{B}}&=\boldsymbol{I}+(\boldsymbol{A}+\boldsymbol{B})+\frac{1}{2!}(\boldsymbol{A}+\boldsymbol{B})^2\\&\quad+\frac{1}{3!}(\boldsymbol{A}+\boldsymbol{B})^3+\cdots\\&=\boldsymbol{I}+\begin{bmatrix}0&1\\1&0\end{bmatrix}+\frac{1}{2!}\begin{bmatrix}1&0\\0&1\end{bmatrix}\\&\quad+\frac{1}{3!}\begin{bmatrix}0&1\\1&0\end{bmatrix}+\cdots\\&=\begin{bmatrix}1+\dfrac{1}{2!}+\dfrac{1}{4!}+\cdots & 1+\dfrac{1}{3!}+\dfrac{1}{5!}+\cdots\\ 1+\dfrac{1}{3!}+\dfrac{1}{5!}+\cdots & 1+\dfrac{1}{2!}+\dfrac{1}{4!}+\cdots\end{bmatrix}\\&=\begin{bmatrix}\dfrac{\mathrm{e}+\mathrm{e}^{-1}}{2}&\dfrac{\mathrm{e}-\mathrm{e}^{-1}}{2}\\\dfrac{\mathrm{e}-\mathrm{e}^{-1}}{2}&\dfrac{\mathrm{e}+\mathrm{e}^{-1}}{2}\end{bmatrix}\end{aligned}$$

であるので $\mathrm{e}^{\boldsymbol{A}+\boldsymbol{B}}\neq\mathrm{e}^{\boldsymbol{A}}\mathrm{e}^{\boldsymbol{B}}$ となる．

$$\begin{aligned}x&=\frac{1}{(D+2)(D+3)}\sin t\\&=\left(\frac{1}{D+2}-\frac{1}{D+3}\right)\sin t\\&=c_1\,\mathrm{e}^{-2t}+c_2\,\mathrm{e}^{-3t}-\int_0^t\left(\mathrm{e}^{-2(t-s)}-\mathrm{e}^{-3(t-s)}\right)\sin s\,\mathrm{d}s\\&=c_1\,\mathrm{e}^{-2t}+c_2\,\mathrm{e}^{-3t}+\frac{1}{5}\mathrm{e}^{-2t}\left(2\,\mathrm{e}^{-2t}\sin t+\mathrm{e}^{-2t}\cos t-1\right)\\&\qquad-\frac{1}{10}\mathrm{e}^{-3t}\left(3\,\mathrm{e}^{-3t}\sin t+\mathrm{e}^{-3t}\cos t-1\right).\end{aligned}$$

### 6・4・3　定数係数連立線形常微分方程式

さて，次に式(6.85)の $n$ 元連立 1 階線形常微分方程式の係数 $a_{ij}$ $(i=1,\cdots,n,\ j=1,\cdots,n)$ がすべて定数である $n$ 元連立 1 階同次微分方程式

$$\frac{\mathrm{d}\boldsymbol{x}}{\mathrm{d}t}=\boldsymbol{A}\boldsymbol{x}\tag{6.120}$$

を考える．ここで

$$\boldsymbol{A}=\begin{bmatrix}a_{11}&a_{12}&\cdots&a_{1n}\\a_{21}&a_{22}&\cdots&a_{2n}\\\vdots&\vdots&\ddots&\vdots\\a_{n1}&a_{n2}&\cdots&a_{nn}\end{bmatrix}$$

であり，$\boldsymbol{A}$ は定数行列である．このような定数係数連立線形常微分方程式は行列の指数関数を用いると，比較的容易に解くことができる．

まず，行列の指数関数について説明しよう．通常の指数関数のテーラ展開は

$$\mathrm{e}^z=\lim_{k\to\infty}\left(1+\frac{z}{k}\right)^k=1+\frac{z}{1!}+\frac{z^2}{2!}+\cdots+\frac{z^k}{k!}+\cdots$$

であり，右辺のベキ級数は $z$ が複素数であっても収束することが知られている．これと同じように $n\times n$ 行列 $\boldsymbol{A}$ の指数関数を

$$\begin{aligned}\mathrm{e}^{\boldsymbol{A}}&=\boldsymbol{I}+\frac{1}{1!}\boldsymbol{A}+\frac{1}{2!}\boldsymbol{A}^2+\cdots+\frac{1}{k!}\boldsymbol{A}^k+\cdots\\&=\sum_{k=0}^{\infty}\frac{\boldsymbol{A}^k}{k!}\end{aligned}\tag{6.121}$$

と定義する．ここで，0!=1，$\boldsymbol{I}$ は $n\times n$ の単位行列である．行列の指数関数に関して以下の定理が良く知られている．

[定理 6.9]　任意の $n\times n$ 行列 $\boldsymbol{A},\boldsymbol{B}$ に対して，次が成り立つ．

(i)　$\boldsymbol{AB}=\boldsymbol{BA}$ ならば $\mathrm{e}^{\boldsymbol{A}+\boldsymbol{B}}=\mathrm{e}^{\boldsymbol{A}}\mathrm{e}^{\boldsymbol{B}}=\mathrm{e}^{\boldsymbol{B}}\mathrm{e}^{\boldsymbol{A}}$

(ii)　$\mathrm{e}^{\boldsymbol{A}}$ は正則行列であり，$\left(\mathrm{e}^{\boldsymbol{A}}\right)^{-1}=\mathrm{e}^{-\boldsymbol{A}}$

(iii)　正則行列 $\boldsymbol{P}$ に対して $\mathrm{e}^{\boldsymbol{P}^{-1}\boldsymbol{A}\boldsymbol{P}} = \boldsymbol{P}^{-1}\mathrm{e}^{\boldsymbol{A}}\boldsymbol{P}$ ，および $\mathrm{e}^{\boldsymbol{P}\boldsymbol{A}\boldsymbol{P}^{-1}} = \boldsymbol{P}\mathrm{e}^{\boldsymbol{A}}\boldsymbol{P}^{-1}$

[定理 6.9]
行列の指数関数に関する性質
(i) $\boldsymbol{AB} = \boldsymbol{BA} \Rightarrow \mathrm{e}^{\boldsymbol{A}+\boldsymbol{B}} = \mathrm{e}^{\boldsymbol{A}}\mathrm{e}^{\boldsymbol{B}} = \mathrm{e}^{\boldsymbol{B}}\mathrm{e}^{\boldsymbol{A}}$
(ii) $\mathrm{e}^{\boldsymbol{A}}$ は正則行列

$$\left(\mathrm{e}^{\boldsymbol{A}}\right)^{-1} = \mathrm{e}^{-\boldsymbol{A}}$$

(iii) 正則行列 $\boldsymbol{P}$ に対して

$$\mathrm{e}^{\boldsymbol{P}^{-1}\boldsymbol{A}\boldsymbol{P}} = \boldsymbol{P}^{-1}\mathrm{e}^{\boldsymbol{A}}\boldsymbol{P}$$
$$\mathrm{e}^{\boldsymbol{P}\boldsymbol{A}\boldsymbol{P}^{-1}} = \boldsymbol{P}\mathrm{e}^{\boldsymbol{A}}\boldsymbol{P}^{-1}$$

さて，級数

$$\mathrm{e}^{t\boldsymbol{A}} = \boldsymbol{I} + \frac{t}{1!}\boldsymbol{A} + \frac{t^2}{2!}\boldsymbol{A}^2 + \cdots + \frac{t^k}{k!}\boldsymbol{A}^k + \cdots$$

を項別に微分すると

$$\begin{aligned}\frac{\mathrm{d}}{\mathrm{d}t}\mathrm{e}^{t\boldsymbol{A}} &= \frac{1}{1!}\boldsymbol{A} + \frac{2t}{2!}\boldsymbol{A}^2 + \frac{3t^2}{3!}\boldsymbol{A}^3 + \cdots + \frac{kt^{k-1}}{k!}\boldsymbol{A}^k + \cdots \\ &= \boldsymbol{A}\left\{\boldsymbol{I} + t\boldsymbol{A} + \frac{1}{2!}t^2\boldsymbol{A}^2 + \cdots + \frac{t^{k-1}}{(k-1)!}\boldsymbol{A}^{k-1} + \cdots\right\} \\ &= \boldsymbol{A}\mathrm{e}^{t\boldsymbol{A}}\end{aligned} \tag{6.122}$$

を得る．ここで，$\mathrm{e}^{t\boldsymbol{A}} = \mathrm{e}^{\boldsymbol{A}t}$ であることに注意しておく．式(6.122)から定数係数連立線形常微分方程式(6.120)に対応する初期値問題に対して次の定理を得る．

[定理 6.10]　初期値問題

$$\frac{\mathrm{d}\boldsymbol{x}}{\mathrm{d}t} = \boldsymbol{A}\boldsymbol{x}, \quad \boldsymbol{x}(0) = \boldsymbol{x}_0 \tag{6.123}$$

の解は

$$x(t) = \mathrm{e}^{t\boldsymbol{A}}x_0 \tag{6.124}$$

で与えられる．

[定理 6.10]
初期値問題

$$\frac{\mathrm{d}\boldsymbol{x}}{\mathrm{d}t} = \boldsymbol{A}\boldsymbol{x}, \ \boldsymbol{x}(0) = \boldsymbol{x}_0$$

の解

$$x(t) = \mathrm{e}^{t\boldsymbol{A}}x_0$$

この定理の正当性は式(6.124)を微分方程式(6.123)に代入し，式(6.122)を考慮すれば直ちに導かれる．また，6･2･4 節の定理 6.3 で説明したように，線形常微分方程式の初期値問題(6.123)の解は一意であるので，式(6.124)以外の解は存在しないことが保証されている．

この定理 6.10 より，与えられた行列 $\boldsymbol{A}$ に対してその指数関数 $\mathrm{e}^{t\boldsymbol{A}}$ を求めれば，定数係数連立線形微分方程式の初期値問題の解を求めることができる．以下では，(i) $\boldsymbol{A}$ が対角化可能行列，(ii) $\boldsymbol{A}$ が対角化できない行列の 2 つの場合に分けて，指数関数 $\mathrm{e}^{t\boldsymbol{A}}$ の具体形を求める手法について説明する．

(i) $\boldsymbol{A}$ が対角化可能行列の場合

まず，$\boldsymbol{A}$ が対角行列

$$\boldsymbol{A} = \begin{bmatrix}\lambda_1 & & & \boldsymbol{0} \\ & \lambda_2 & & \\ & & \ddots & \\ \boldsymbol{0} & & & \lambda_n\end{bmatrix} \tag{6.125}$$

とすると，任意の自然数 $k$ に対して

$$\boldsymbol{A}^k = \begin{bmatrix}\lambda_1^k & & & \boldsymbol{0} \\ & \lambda_2^k & & \\ & & \ddots & \\ \boldsymbol{0} & & & \lambda_n^k\end{bmatrix}$$

である．したがって，$\boldsymbol{A}$ の指数関数は容易に計算でき，

$$\mathrm{e}^{A}=\begin{bmatrix}1+\lambda_1+\frac{1}{2!}\lambda_1^2+\cdots & & & \boldsymbol{0}\\ & 1+\lambda_2+\frac{1}{2!}\lambda_2^2+\cdots & & \\ & & \ddots & \\ \boldsymbol{0} & & & 1+\lambda_n+\frac{1}{2!}\lambda_n^2+\cdots\end{bmatrix}$$

$$=\begin{bmatrix}e^{\lambda_1} & & & \boldsymbol{0}\\ & e^{\lambda_2} & & \\ & & \ddots & \\ \boldsymbol{0} & & & e^{\lambda_n}\end{bmatrix}$$

となり，以下を得る．

$$\mathrm{e}^{tA}=\begin{bmatrix}\mathrm{e}^{\lambda_1 t} & & & \boldsymbol{0}\\ & \mathrm{e}^{\lambda_2 t} & & \\ & & \ddots & \\ \boldsymbol{0} & & & \mathrm{e}^{\lambda_n t}\end{bmatrix} \tag{6.126}$$

次に，対角化可能な行列 $\boldsymbol{A}$ について考えてみよう． $\boldsymbol{A}$ の固有値を $\lambda_1,\lambda_2,\cdots,\lambda_n$，対応する固有ベクトルを $\boldsymbol{v}_1,\boldsymbol{v}_2,\cdots,\boldsymbol{v}_n$ とし，これらの固有ベクトルを縦ベクトルとする行列を $\boldsymbol{P}=\left[\boldsymbol{v}_1\ \boldsymbol{v}_2\ \cdots\ \boldsymbol{v}_n\right]$ と定義し，

$$\boldsymbol{x}=\boldsymbol{P}\boldsymbol{y} \tag{6.127}$$

の変数変換を行う．式(6.127)を微分方程式(6.123)に代入すれば，

$$\frac{\mathrm{d}\,\boldsymbol{y}}{\mathrm{d}\,t}=\boldsymbol{\Lambda}\boldsymbol{y},\qquad \boldsymbol{y}(0)=\boldsymbol{P}^{-1}\boldsymbol{x}_0 \tag{6.128}$$

を得る．ここで，

$$\boldsymbol{\Lambda}=\boldsymbol{P}^{-1}\boldsymbol{A}\boldsymbol{P}=\begin{bmatrix}\lambda_1 & & & \boldsymbol{0}\\ & \lambda_2 & & \\ & & \ddots & \\ \boldsymbol{0} & & & \lambda_n\end{bmatrix} \tag{6.129}$$

である．式(6.129)より $\mathrm{e}^{t\Lambda}$ は式(6.126)と同様に容易に求まり

$$\mathrm{e}^{t\Lambda}=\begin{bmatrix}\mathrm{e}^{\lambda_1 t} & & & \boldsymbol{0}\\ & \mathrm{e}^{\lambda_2 t} & & \\ & & \ddots & \\ \boldsymbol{0} & & & \mathrm{e}^{\lambda_n t}\end{bmatrix} \tag{6.130}$$

となり，式(6.128)の解は

$$\boldsymbol{y}=\mathrm{e}^{t\Lambda}\,\boldsymbol{y}(0) \tag{6.131}$$

となる．式(6.131)に式(6.127)，(6.128)を用いると

$$\boldsymbol{x}=\boldsymbol{P}\,\mathrm{e}^{t\Lambda}\,\boldsymbol{P}^{-1}\boldsymbol{x}_0 \tag{6.132}$$

となり，初期値問題(6.123)の解を求めることができる．

さて，式(6.132)では $\boldsymbol{P}^{-1}$ を計算しなくてはならないので，逆行列計算を必要としない次の解の定理が便利である．

・変数変換

微分方程式

$$\frac{\mathrm{d}x}{\mathrm{d}t}=Ax \tag{a}$$

に変数変換（$P$ は正則）

$$x=Py \tag{b}$$

を導入する．式(b)を式(a)に代入すると

$$\frac{\mathrm{d}}{\mathrm{d}t}Py=APy$$

となり，以下を得る．

$$\frac{\mathrm{d}y}{\mathrm{d}t}=P^{-1}APy$$

[定理 6.11]　初期値問題(6.123)において，行列 $\boldsymbol{A}$ が対角化可能とする．その固有値を $\lambda_1,\lambda_2,\cdots,\lambda_n$，対応する固有ベクトルを $\boldsymbol{v}_1,\boldsymbol{v}_2,\cdots,\boldsymbol{v}_n$ とおく（多重固有値は重複して数える）．このとき同次定数係数連立線形常微分方程式の初期値問題(6.123)の一般解は

$$\boldsymbol{x}(t)=c_1\,\mathrm{e}^{\lambda_1 t}\,\boldsymbol{v}_1+c_2\,\mathrm{e}^{\lambda_2 t}\,\boldsymbol{v}_2+\cdots+c_n\,\mathrm{e}^{\lambda_n t}\,\boldsymbol{v}_n \tag{6.133}$$

と与えられる．ここで，$c_1,c_2,\cdots,c_n$ は任意定数である．とくに，

$$\boldsymbol{x}_0=c_1\boldsymbol{v}_1+c_2\boldsymbol{v}_2+\cdots+c_n\boldsymbol{v}_n \tag{6.134}$$

を満足するように $c_1,c_2,\cdots,c_n$ を選べば，初期値問題(6.123)の解が得られる．具体的には，$c_i=(\boldsymbol{x}_0,\boldsymbol{v}_i)$ と $x_0$ と $v_i$ の内積と定義すればよい．

ここで，定理6.11をもう少し基底変換という側面からみてみよう．システム(6.123)に対して，$\boldsymbol{P}=[\boldsymbol{v}_1\quad\boldsymbol{v}_2\quad\cdots\quad\boldsymbol{v}_n]$ による式(6.127)の線形変換 $\boldsymbol{x}=\boldsymbol{P}\boldsymbol{y}$ により新しいベクトル $\boldsymbol{y}$ を導入した．$\boldsymbol{x}=[x_1\quad x_2\quad\cdots\quad x_n]^T$，$\boldsymbol{y}=[y_1\quad y_2\quad\cdots\quad y_n]^T$ とおくと，$\boldsymbol{x}=\boldsymbol{P}\boldsymbol{y}$ という関係は

$$\boldsymbol{x}=y_1\boldsymbol{v}_1+y_2\boldsymbol{v}_2+\cdots+y_n\boldsymbol{v}_n$$

と書ける．これは，$\{\boldsymbol{v}_1,\ \boldsymbol{v}_2,\ \cdots,\ \boldsymbol{v}_n\}$ を基底ベクトル系とする新しい座標系を導入し，新しい座標系に関して $\boldsymbol{x}$ を分解した座標構成分が新しいベクトル $\boldsymbol{y}$ の成分であることを示している．つまり，線形変換 $\boldsymbol{x}=\boldsymbol{P}\boldsymbol{y}$ は空間の基底変換を意味する．変換行列 $\boldsymbol{P}$ を適当に選ぶと $\boldsymbol{x}(t)$ よりも $\boldsymbol{y}(t)$ のほうが単純な運動を行うようにすることができる．すなわち，運動を見やすくあるいはとらえやすくすることができ，システムの固有な性質を調べるのが容易になる．

式(6.133)の $\mathrm{e}^{\lambda_i t}\,\boldsymbol{v}_i$（$i=1,\ \cdots,\ n$）を線形システム $\dfrac{\mathrm{d}\boldsymbol{x}}{\mathrm{d}t}=\boldsymbol{A}\boldsymbol{x}$ の第 $i$ 番目のモード(mode)という．式(6.133)は「相異なる固有値をもつ線形システムの自由運動はシステムのモードに適当な重み $c_1,c_2,\cdots,c_n$ をつけてベクトル的に合成したものである」という線形システムの基本的な性質を示している．

[定理 6.11]
初期値問題(6.123)において行列 $\boldsymbol{A}$ が対角化可能
⇓
一般解(6.133)

[定理 6.11]の証明
$\boldsymbol{x}(t)$ を初期条件を満足する式(6.134)のような解とする．式(6.132)を用いると

$$\begin{aligned}
\boldsymbol{x}(t)&=\mathrm{e}^{t\boldsymbol{A}}\,\boldsymbol{x}_0\\
&=\boldsymbol{P}\,\mathrm{e}^{t\boldsymbol{\Lambda}}\,\boldsymbol{P}^{-1}\left(c_1\boldsymbol{v}_1+c_2\boldsymbol{v}_2+\cdots+c_n\boldsymbol{v}_n\right)\\
&=\boldsymbol{P}\,\mathrm{e}^{t\boldsymbol{\Lambda}}\,\boldsymbol{P}^{-1}[\boldsymbol{v}_1\ \boldsymbol{v}_2\cdots\boldsymbol{v}_n]\begin{bmatrix}c_1\\c_2\\\vdots\\c_n\end{bmatrix}\\
&=\boldsymbol{P}\,\mathrm{e}^{t\boldsymbol{\Lambda}}\,\boldsymbol{P}^{-1}\boldsymbol{P}\begin{bmatrix}c_1\\c_2\\\vdots\\c_n\end{bmatrix}\\
&=[\boldsymbol{v}_1\ \boldsymbol{v}_2\cdots\boldsymbol{v}_n](c_1\,\mathrm{e}^{\lambda_1 t}\,\boldsymbol{e}_1+c_2\,\mathrm{e}^{\lambda_2 t}\,\boldsymbol{e}_2\\
&\qquad+\cdots+c_n\,\mathrm{e}^{\lambda_n t}\,\boldsymbol{e}_n)\\
&=c_1\,\mathrm{e}^{\lambda_1 t}\,\boldsymbol{v}_1+c_2\,\mathrm{e}^{\lambda_2 t}\,\boldsymbol{v}_2+\cdots+c_n\,\mathrm{e}^{\lambda_n t}\,\boldsymbol{v}_n
\end{aligned}$$

を得る．ここで，
$\boldsymbol{e}_i=[0\cdots0\,1\,0\cdots0]^T$ は第 $i$ 番目の要素が1でそれ以外は0となる単位ベクトルである，したがって，定理6.11が証明された．

基底変換：
原基底

$$\begin{bmatrix}1\\0\\\vdots\\0\end{bmatrix},\ \begin{bmatrix}0\\1\\\vdots\\0\end{bmatrix},\ \cdots,\ \begin{bmatrix}0\\\vdots\\0\\1\end{bmatrix}$$

⇓ $\boldsymbol{P}$

新基底
$\boldsymbol{v}_1,\ \boldsymbol{v}_2,\ \cdots,\ \boldsymbol{v}_n$

［例 6.23］　システム(6.123)の行列 $\boldsymbol{A}$ の固有値 $\lambda_i$ がすべて実数の場合について考えよう．この場合には基底変換後のシステム(6.128)における行列 $\boldsymbol{\Lambda}$ は実対角行列になり，第 $i$ モードの運動は他のモードに依存せず $y_i(t)=y_i(0)\mathrm{e}^{\lambda_i t}$ となる．$n=2$ の 2 次のシステムの場合には

$$\frac{\mathrm{d}}{\mathrm{d}t}\begin{bmatrix} y_1 \\ y_2 \end{bmatrix}=\begin{bmatrix} \lambda_1 & 0 \\ 0 & \lambda_2 \end{bmatrix}\begin{bmatrix} y_1 \\ y_2 \end{bmatrix}$$

となる．表 6.1 に相異なる実数固有値をもつ場合の運動の例を示す．

表 6.1　相異なる実数固有値をもつ 2 次のシステムの運動［例 6.23］

| | 固有値 | $\lambda_1<0,\ \lambda_2<0$ | $\lambda_1<0,\ \lambda_2>0$ | $\lambda_1>0,\ \lambda_2>0$ |
|---|---|---|---|---|
| 固有値がともにゼロでない場合 | 一般形 | 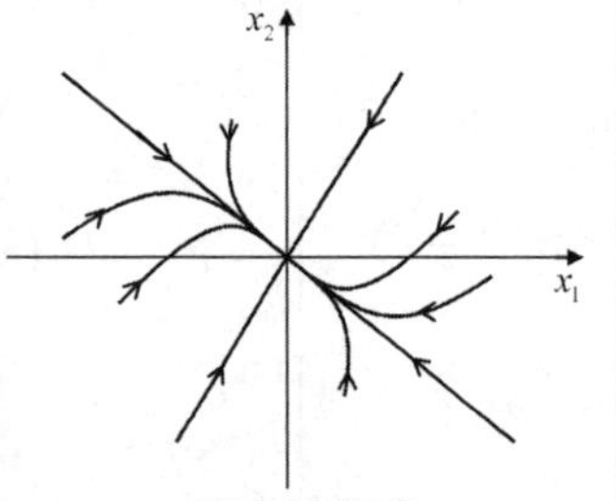  安定結節点 | 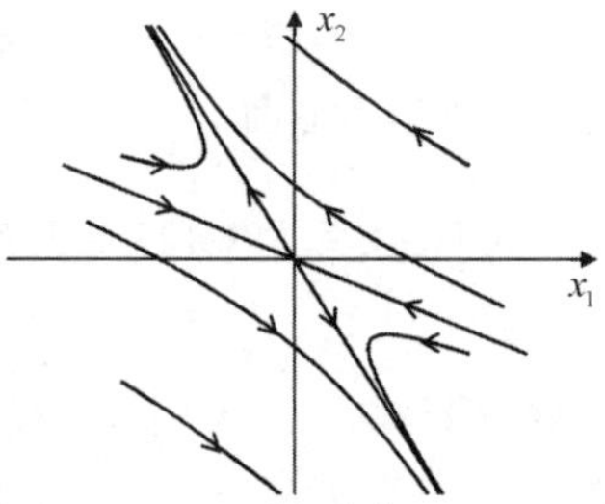  鞍形点 | 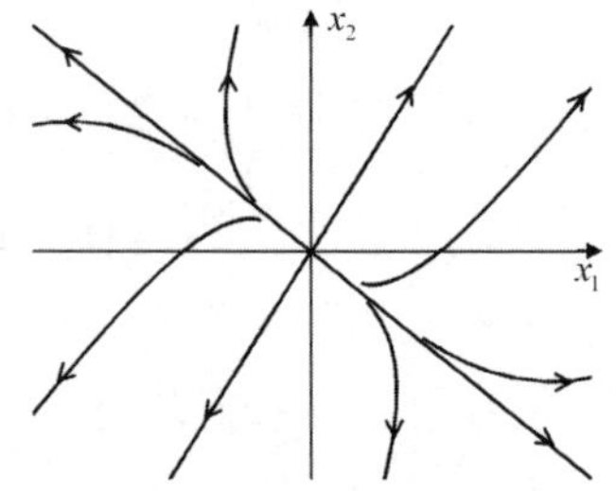  不安定結節点 |
| | ジョルダン標準形 | 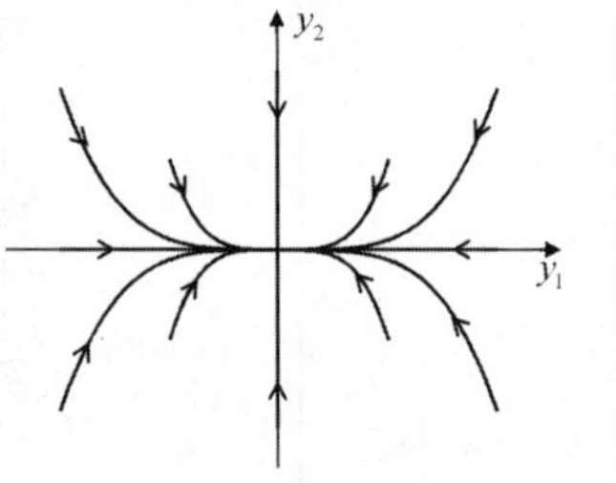  | 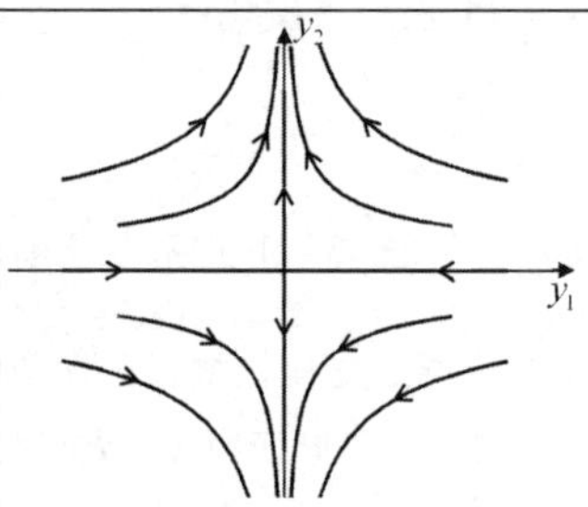  | 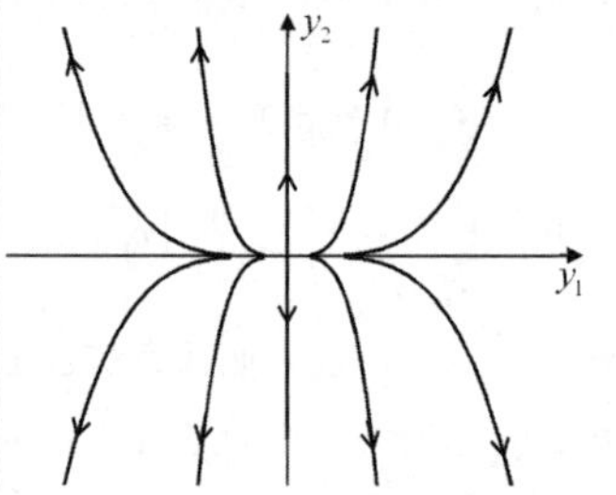  |
| | 固有値 | $\lambda_1<0,\ \lambda_2=0$ | | $\lambda_1>0,\ \lambda_2=0$ |
| ゼロ固有値を含む場合 | 一般形 | 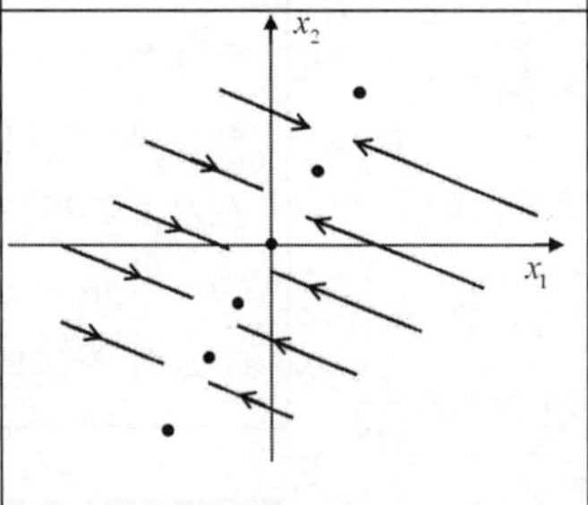  | — | 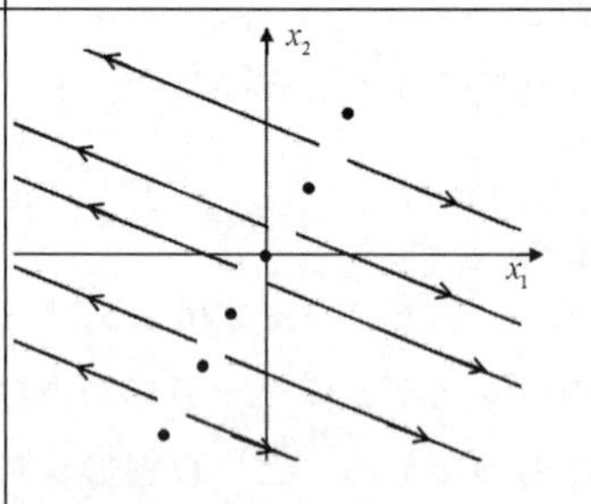  |
| | ジョルダン標準形 | 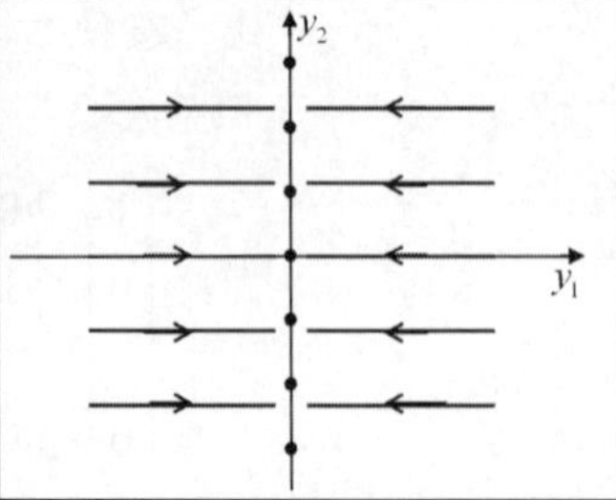  | — | 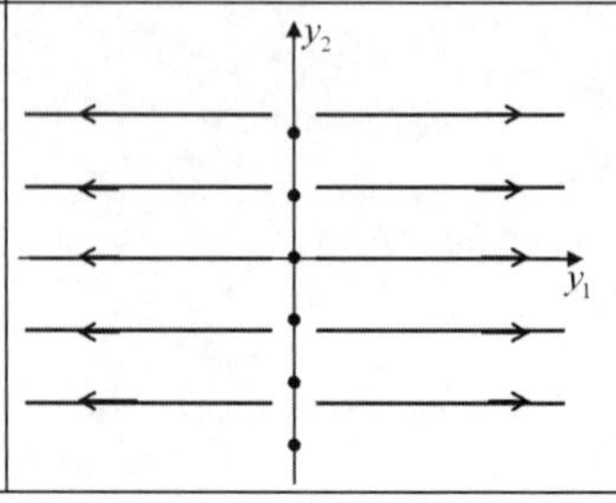  |

［例　6.24］　システム(6.123)において $n=2$ とし行列 $\boldsymbol{A}$ の固有値が複素数 $a \pm bj$ の場合についてその運動を図示してみよう．この場合行列 $\boldsymbol{A}$ の固有ベクトルを用いた変数変換によって得られる基底変換後の行列 $\boldsymbol{\Lambda}$ は実行列ではなくなる．そこで第5章で学んだ実ジョルダン標準形を用いることにより，

$$\frac{\mathrm{d}}{\mathrm{d}t}\begin{bmatrix} y_1 \\ y_2 \end{bmatrix} = \begin{bmatrix} a & -b \\ b & a \end{bmatrix}\begin{bmatrix} y_1 \\ y_2 \end{bmatrix}$$

を得る．これにより，解を図で表現することが可能となり，直感的に運動をとらえることが可能となる．表6.2にこの場合の運動の例を図で示す．

表6.2　複素固有値をもつ2次のシステムの運動［例6.24］

| 固有値 | $a<0$ | $a=0$ | $a>0$ |
|---|---|---|---|
| 一般形 | 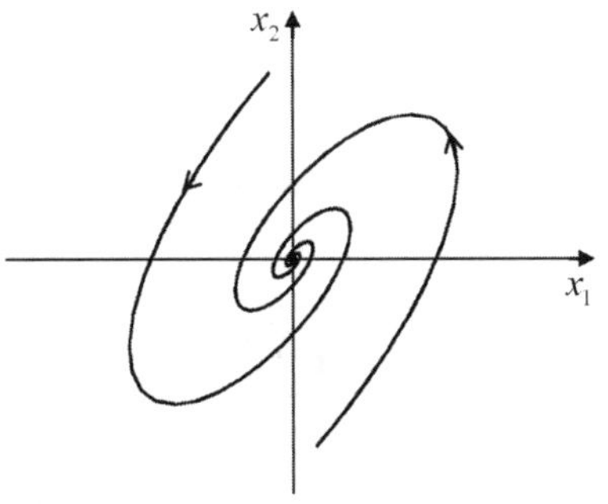<br>安定渦状点 | 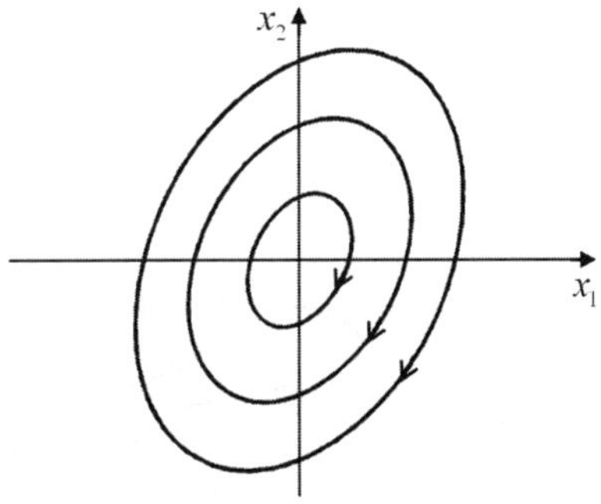<br>渦心点 | 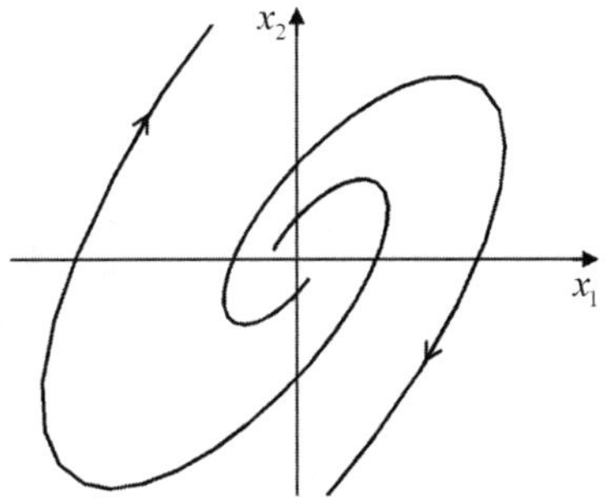<br>不安定渦状点 |
| 実ジョルダン標準形 | 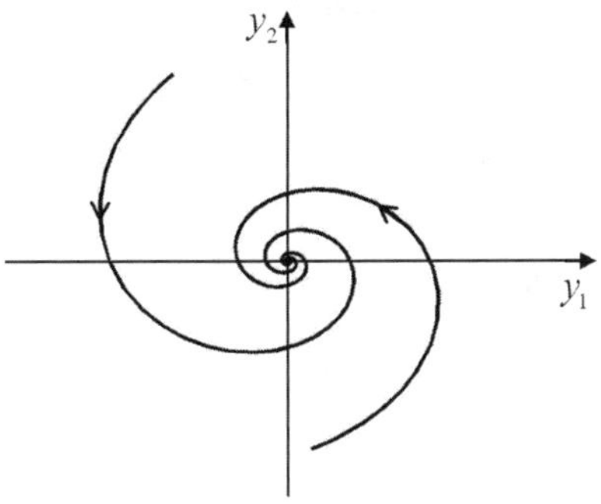 | 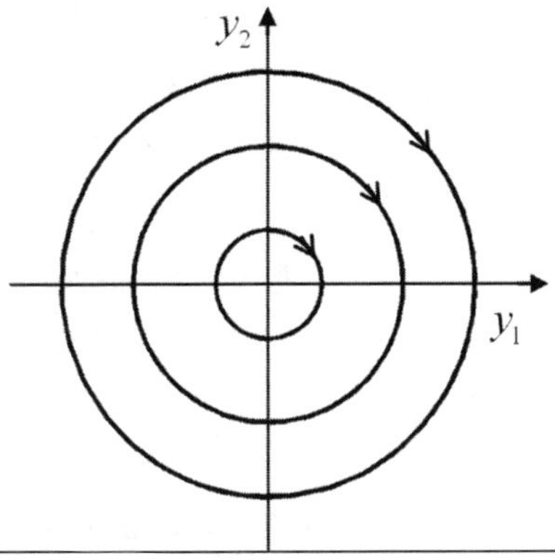 | 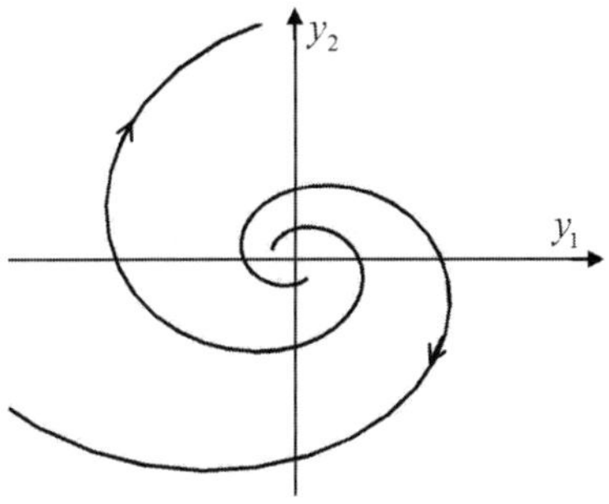 |

［例　6.25］　システム(6.123)において $n=3$, $\boldsymbol{x}=\begin{bmatrix} x_1 & x_2 & x_3 \end{bmatrix}^T$ とした3次のシステム

$$\frac{\mathrm{d}\boldsymbol{x}}{\mathrm{d}t} = \boldsymbol{A}\boldsymbol{x}$$

において，行列 $\boldsymbol{A}$ の固有値が複素数を含む場合について考えよう．例6.23と同様に，実ジョルダン標準形を求めると

$$\frac{\mathrm{d}}{\mathrm{d}t}\begin{bmatrix} y_1 \\ y_2 \\ y_3 \end{bmatrix} = \begin{bmatrix} \lambda & 0 & 0 \\ 0 & a & -b \\ 0 & b & a \end{bmatrix}\begin{bmatrix} y_1 \\ y_2 \\ y_3 \end{bmatrix}$$

となる．表6.3にこの場合の運動の例を図で示す．

表 6.3　複素固有値をもつ 3 次のシステムの運動パターン [例 6.25]

<table>
<tr><td>固有値</td><td>$a<\lambda<0$</td><td>$\lambda<a<0$</td><td>$\lambda<0,\ a=0$</td></tr>
<tr><td>一般形</td><td>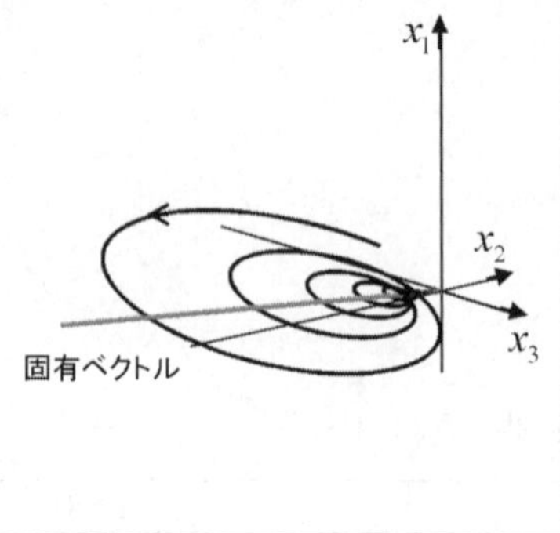
</td><td>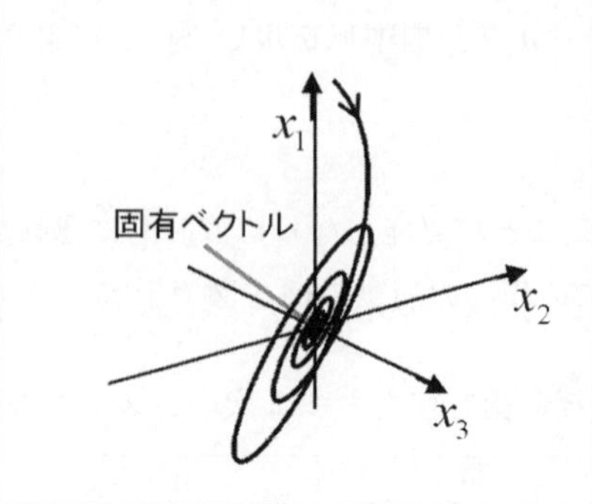
</td><td>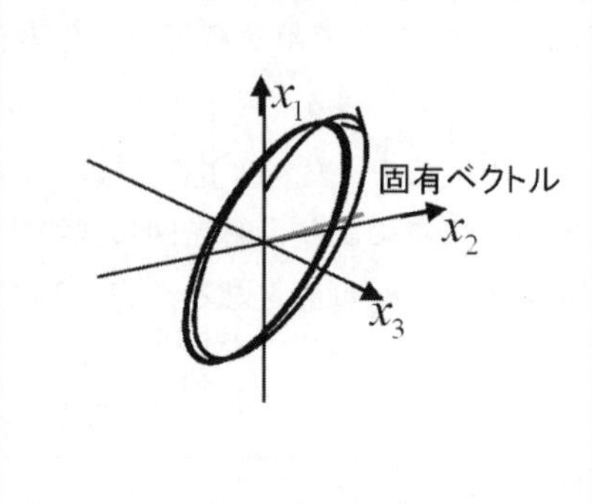
</td></tr>
<tr><td>実ジョルダン標準形</td><td>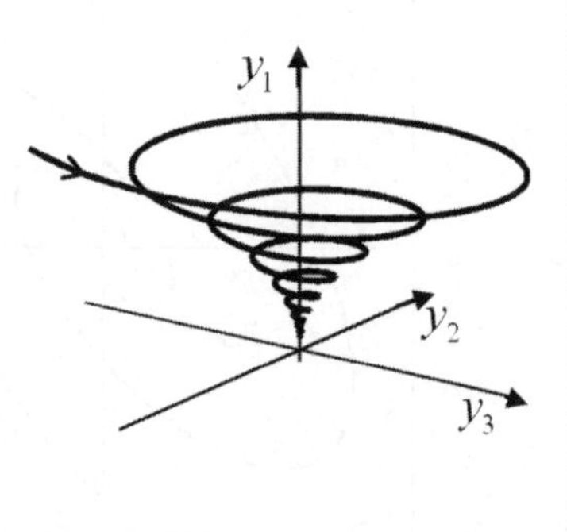
</td><td>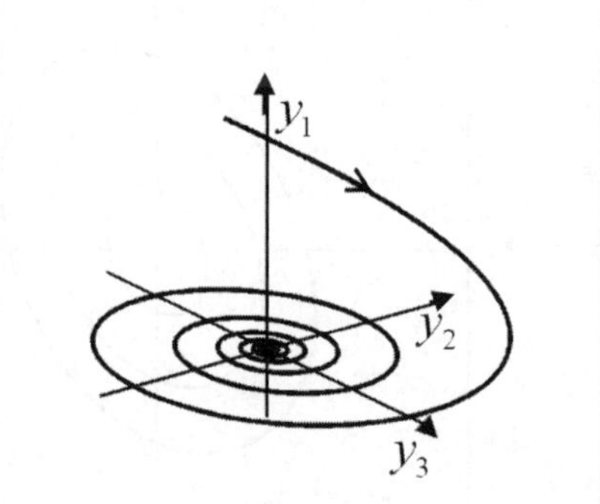
</td><td>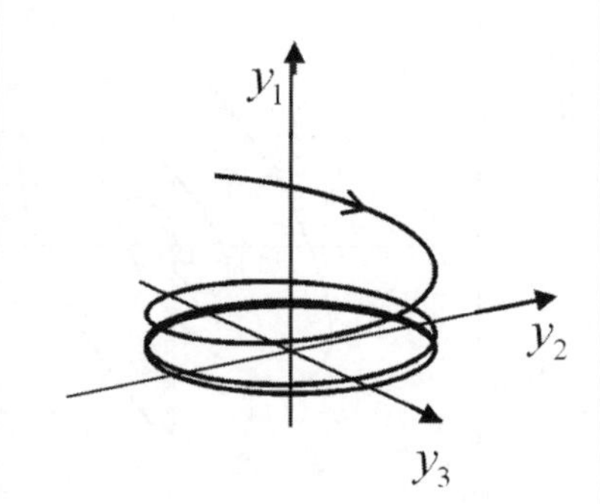
</td></tr>
</table>

例 6.23～6.25 で示した表 6.1～6.3 のように実数固有値に対応する固有ベクトルはシステムの運動の方向を表しており，実ジョルダン標準形を用いることによりその運動を図を用いて直感的に知ることができることがわかる．

[例 6.26]　例 6.5 で考えたバネ・質量系（図 6.11 参照）に対するバネのつり合いの位置からの質点の変位 $x$ に関する運動方程式は

$$m\frac{\mathrm{d}^2 x}{\mathrm{d}t^2}+kx=0 \tag{6.135}$$

と 2 階の同次定数係数常微分方程式で与えられる．$k=1,\ m=1$ の場合を考えよう．$\dfrac{\mathrm{d}x}{\mathrm{d}t}=y$ とおくと式(6.135)は，連立常微分方程式として

$$\frac{\mathrm{d}}{\mathrm{d}t}\begin{bmatrix}x\\y\end{bmatrix}=\begin{bmatrix}0&1\\-1&0\end{bmatrix}\begin{bmatrix}x\\y\end{bmatrix} \tag{6.136}$$

と表現できる．ここで，初期時刻 $t=0$ でバネが $x=1$ の位置で静止している状態

$$\begin{bmatrix}x(0)\\y(0)\end{bmatrix}=\begin{bmatrix}1\\0\end{bmatrix} \tag{6.137}$$

を初期条件として課した初期値問題を考えよう．行列 $\boldsymbol{A}=\begin{bmatrix}0&1\\-1&0\end{bmatrix}$ の固有値は $\lambda_1=j,\lambda_2=-j$ である．固有値 $\lambda_1,\lambda_2$ に対応する固有ベクトルは $\boldsymbol{v}_1=\begin{bmatrix}1\\j\end{bmatrix}$, $\boldsymbol{v}_2=\begin{bmatrix}1\\-j\end{bmatrix}$ である．これに定理 6.11 を用いれば，式(6.136)の一般解は

$$\begin{bmatrix} x \\ y \end{bmatrix} = c_1 \mathrm{e}^{jt} \begin{bmatrix} 1 \\ j \end{bmatrix} + c_2 \mathrm{e}^{-jt} \begin{bmatrix} 1 \\ -j \end{bmatrix} = \begin{bmatrix} c_1 \mathrm{e}^{jt} + c_2 \mathrm{e}^{-jt} \\ c_1 j \mathrm{e}^{jt} - c_2 j \mathrm{e}^{-jt} \end{bmatrix}$$

となる.ここで,オイラーの公式 $\mathrm{e}^{jt} = \cos t + j \sin t, \mathrm{e}^{-jt} = \cos t - j \sin t$ を用い, $c_1 + c_2 = c_3, j(c_1 - c_2) = c_4$ とすると

$$\begin{bmatrix} x \\ y \end{bmatrix} = \begin{bmatrix} c_3 \cos t + c_4 \sin t \\ -c_3 \sin t + c_4 \cos t \end{bmatrix}$$

となり，一般解を得る．初期条件から $c_3 = 1, c_4 = 0$ となるので，初期値問題の解

$$\begin{bmatrix} x \\ y \end{bmatrix} = \begin{bmatrix} \cos t \\ -\sin t \end{bmatrix}$$

を得る．この解の時間発展を図示すると，図 6.25 のようになり，調和振動している様子がわかる．

$$c_1 \mathrm{e}^{jt} + c_2 \mathrm{e}^{-jt} = c_1 (\cos t + j \sin t) + c_2 (\cos t - j \sin t) = (c_1 + c_2) \cos t + (c_1 - c_2) j \sin t$$

$$c_1 j \mathrm{e}^{jt} - c_2 j \mathrm{e}^{-jt} = c_1 j (\cos t + j \sin t) - c_2 j (\cos t - j \sin t) = (c_1 - c_2) j \cos t - (c_1 + c_2) \sin t$$

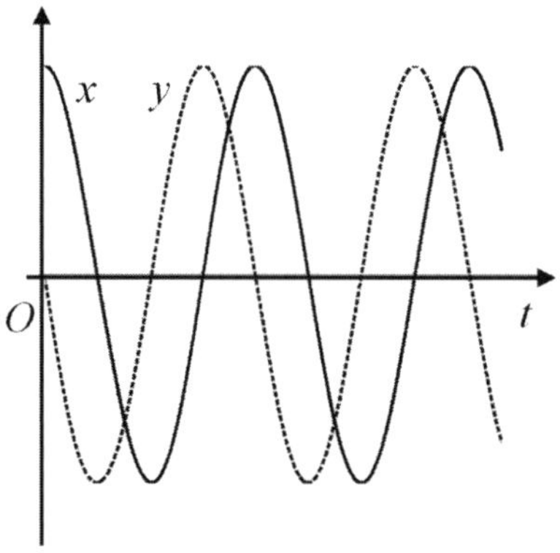

図 6.25　バネ・質量系の運動の時間発展 [例 6.26]

(ii) ***A*** が対角化できない行列の場合

***A*** が対角化できない場合にはジョルダン標準形を用いて，初期値問題 (6.123)の解を求める．ここで，簡単のため行列 ***A*** のすべての固有値に対する代数的重複度と幾何学的重複度が等しいシンプルな行列を考える．また，2 つの重複度を区別せず単に重複度と呼ぶこととする.第 5 章で学んだように, $n \times n$ 行列 ***A*** に対して，適当な正則行列 ***P*** が存在して， $\boldsymbol{J} = \boldsymbol{P}^{-1} \boldsymbol{A} \boldsymbol{P}$ は次の形になる.

$$\boldsymbol{J} = \begin{bmatrix} \boldsymbol{J}(\lambda_1, m_1) & & & & & \\ & \ddots & & & \boldsymbol{0} & \\ & & \boldsymbol{J}(\lambda_q, m_q) & & & \\ & & & \boldsymbol{K}(a_1, b_1, l_1) & & \\ & \boldsymbol{0} & & & \ddots & \\ & & & & & \boldsymbol{K}(a_r, b_r, l_r) \end{bmatrix} \tag{6.138}$$

ここで, $\lambda_1, \cdots, \lambda_q, a_1, \cdots, a_r, b_1, \cdots, b_r$ は実数（ただし $b_j \neq 0$ ）, $m_1, \cdots, m_q, l_1, \cdots, l_r$ は正整数， $\boldsymbol{J}(\lambda, m), \boldsymbol{K}(a, b, l)$ はそれぞれ， $m$ 次， $2l$ 次の実ジョルダンブロックと呼ばれる $m \times m, 2l \times 2l$ の正方行列であり

$$\boldsymbol{J}(\lambda, m) = \begin{bmatrix} \lambda & 1 & & & \boldsymbol{0} \\ & \lambda & 1 & & \\ & & \ddots & \ddots & \\ & & & \ddots & 1 \\ \boldsymbol{0} & & & & \lambda \end{bmatrix}, \boldsymbol{K}(a, b, l) = \begin{bmatrix} \boldsymbol{L} & \boldsymbol{I}_2 & & & \boldsymbol{0} \\ & \boldsymbol{L} & \boldsymbol{I}_2 & & \\ & & \ddots & \ddots & \\ & & & \ddots & \boldsymbol{I}_2 \\ \boldsymbol{0} & & & & \boldsymbol{L} \end{bmatrix} \tag{6.139}$$

のような形をしている.ただし, $\boldsymbol{L} = \begin{bmatrix} a & -b \\ b & a \end{bmatrix}$, $\boldsymbol{I}_2$ は $2 \times 2$ の単位行列である.

***J*** は実ジョルダン標準形と呼ばれる．***J*** において，

$\lambda_1,\cdots,\lambda_q$, $a_1 \pm jb_1,\cdots a_r \pm jb_r$ が $\boldsymbol{A}$ の固有値であり，$m_i$ （$i=1,\cdots,q$）は実数固有値 $\lambda_i$ の重複度，$l_i$ （$i=1,\cdots,r$）は複素固有値 $a_i \pm jb_i$ の重複度である．なお，正則行列 $\boldsymbol{P}$ として複素行列を許せば，$\boldsymbol{J}$ は $\lambda$ として虚数を許した $\boldsymbol{J}(\lambda,m)$ の形の行列となる．これを複素ジョルダン標準形と呼ぶ．$\boldsymbol{A}$ の固有値が実数のみの場合には複素ジョルダン標準形は実ジョルダン標準形と一致する．

実ジョルダン標準形 $\boldsymbol{J}$ の指数関数は

$$\mathrm{e}^{t\mathbf{J}} = \begin{bmatrix} \mathrm{e}^{t\mathbf{J}(\lambda_1,m_1)} & & & & & \\ & \ddots & & & \mathbf{0} & \\ & & \mathrm{e}^{t\mathbf{J}(\lambda_q,m_q)} & & & \\ & & & \mathrm{e}^{t\mathbf{K}(a_1,b_1,l_1)} & & \\ & \mathbf{0} & & & \ddots & \\ & & & & & \mathrm{e}^{t\mathbf{K}(a_r,b_r,l_r)} \end{bmatrix} \tag{6.140}$$

ただし，

$$\mathrm{e}^{t\boldsymbol{J}(\lambda,m)} = \mathrm{e}^{\lambda t}\begin{bmatrix} 1 & t & \dfrac{t^2}{2!} & \cdots & \dfrac{t^{m-1}}{(m-1)!} \\ & 1 & t & \ddots & \vdots \\ & & \ddots & \ddots & \dfrac{t^2}{2!} \\ & \boldsymbol{0} & & \ddots & t \\ & & & & 1 \end{bmatrix} \tag{6.141}$$

$$\mathrm{e}^{t\mathbf{K}(a,b,l)} = \begin{bmatrix} \mathbf{R} & t\mathbf{R} & \dfrac{t^2}{2!}\mathbf{R} & \cdots & \dfrac{t^{l-1}}{(l-1)!}\mathbf{R} \\ & \mathbf{R} & t\mathbf{R} & \ddots & \vdots \\ & & \ddots & \ddots & \dfrac{t^2}{2!}\mathbf{R} \\ & \mathbf{0} & & \ddots & t\mathbf{R} \\ & & & & \mathbf{R} \end{bmatrix} \tag{6.142}$$

$$\mathbf{R} = \begin{bmatrix} \cos bt & -\sin bt \\ \sin bt & \cos bt \end{bmatrix}$$

である．したがって，$\boldsymbol{A}$ が対角化できない場合の，初期値問題(6.123)の解は，実ジョルダン標準形 $\boldsymbol{J}$ を用いて

$$\boldsymbol{x}(t) = \boldsymbol{P}\mathrm{e}^{t\boldsymbol{J}}\boldsymbol{P}^{-1}\boldsymbol{x}_0 \tag{6.143}$$

となる．

[例 6.27]　以下は $2\times 2$ 行列の実ジョルダン標準形とその指数関数の例である．

(i) $\boldsymbol{J} = \begin{bmatrix} \lambda & 0 \\ 0 & \mu \end{bmatrix}$,　　$\mathrm{e}^{t\boldsymbol{J}} = \begin{bmatrix} \mathrm{e}^{\lambda t} & 0 \\ 0 & \mathrm{e}^{\mu t} \end{bmatrix}$

(ii) $\boldsymbol{J}=\begin{bmatrix}\alpha & -\beta \\ \beta & \alpha\end{bmatrix}$, $\mathrm{e}^{t\boldsymbol{J}}=\mathrm{e}^{\alpha t}\begin{bmatrix}\cos\beta t & -\sin\beta t \\ \sin\beta t & \cos\beta t\end{bmatrix}$

(iii) $\boldsymbol{J}=\begin{bmatrix}\lambda & 1 \\ 0 & \lambda\end{bmatrix}$, $\mathrm{e}^{t\boldsymbol{J}}=\mathrm{e}^{\lambda t}\begin{bmatrix}1 & t \\ 0 & 1\end{bmatrix}$

(i)は $\boldsymbol{A}$ が実数固有値 $\lambda$ と $\mu$ をもち対角化可能（$\lambda=\mu$ の場合を許す）の場合，(ii)は $\boldsymbol{A}$ が虚数固有値 $a\pm jb$ $(b\neq 0)$ をもつ場合，(iii)は $\boldsymbol{A}$ が重複固有値 $\lambda=\mu$ をもち対角化できない場合である．

[例 6.28] 次の非同次定数係数連立常微分方程式

$$\frac{\mathrm{d}x_1}{\mathrm{d}t}=4x_1+4x_2$$
$$\frac{\mathrm{d}x_2}{\mathrm{d}t}=-x_1 \tag{6.144}$$

に初期条件 $x_1(0)=-1,\ x_2(0)=1$ を課した初期値問題を考えよう．この微分方程式(6.144)をベクトル表現すれば

$$\frac{\mathrm{d}}{\mathrm{d}t}\begin{bmatrix}x_1 \\ x_2\end{bmatrix}=\begin{bmatrix}4 & 4 \\ -1 & 0\end{bmatrix}\begin{bmatrix}x_1 \\ x_2\end{bmatrix},$$

すなわち，

$$\frac{\mathrm{d}\boldsymbol{x}}{\mathrm{d}t}=\boldsymbol{A}\boldsymbol{x}$$

となる．行列 $\boldsymbol{A}=\begin{bmatrix}4 & 4 \\ -1 & 0\end{bmatrix}$ の固有値は $\lambda=2$ であり，その重複度は 2 である．この固有値に対応する固有ベクトルは

$$\boldsymbol{v}_1=\begin{bmatrix}2 \\ -1\end{bmatrix}$$

のみであり，対角化できない．$\boldsymbol{P}=\begin{bmatrix}2 & 1 \\ -1 & 0\end{bmatrix}$ と選ぶと，実ジョルダン標準形を得る．

$$\boldsymbol{J}=\boldsymbol{P}^{-1}\boldsymbol{A}\boldsymbol{P}=\begin{bmatrix}0 & -1 \\ 1 & 2\end{bmatrix}\begin{bmatrix}4 & 4 \\ -1 & 0\end{bmatrix}\begin{bmatrix}2 & 1 \\ -1 & 0\end{bmatrix}=\begin{bmatrix}2 & 1 \\ 0 & 2\end{bmatrix}$$

式(6.143)より初期値問題(6.144)の解は

$$\begin{aligned}\boldsymbol{x}&=\boldsymbol{P}\mathrm{e}^{t\boldsymbol{J}}\boldsymbol{P}^{-1}\boldsymbol{x}_0\\&=\begin{bmatrix}2 & 1 \\ -1 & 0\end{bmatrix}\begin{bmatrix}\mathrm{e}^{2t} & t\,\mathrm{e}^{2t} \\ 0 & \mathrm{e}^{2t}\end{bmatrix}\begin{bmatrix}0 & -1 \\ 1 & 2\end{bmatrix}\begin{bmatrix}-1 \\ 1\end{bmatrix}=\begin{bmatrix}-2\,\mathrm{e}^{2t}+2t\,\mathrm{e}^{2t}+\mathrm{e}^{2t} \\ \mathrm{e}^{2t}-t\,\mathrm{e}^{2t}\end{bmatrix}\\&=\begin{bmatrix}(-1+2t)\mathrm{e}^{2t} \\ (1-t)\mathrm{e}^{2t}\end{bmatrix}\end{aligned} \tag{6.145}$$

となる．式(6.145)が微分方程式(6.144)の解であることは容易に確かめることができる．

> 解 $x_1=(-1+2t)\mathrm{e}^{2t}$，$x_2=(1-t)\mathrm{e}^{2t}$ の検算
>
> • $\dfrac{\mathrm{d}x_1}{\mathrm{d}t}=2\,\mathrm{e}^{2t}+2(-1+2t)\mathrm{e}^{2t}=4\,\mathrm{e}^{2t}$
>
> $4x_1+4x_2$
>
> $=4(-1+2t)\mathrm{e}^{2t}+4(1-t)\mathrm{e}^{2t}=4\,\mathrm{e}^{2t}$
>
> ⇓
>
> $\dfrac{\mathrm{d}x_1}{\mathrm{d}t}=4x_1+4x_2$
>
> • $\dfrac{\mathrm{d}x_2}{\mathrm{d}t}=-\mathrm{e}^{2t}+2(1-t)\mathrm{e}^{2t}$
>
> $=(1-2t)\mathrm{e}^{2t}=-x_1$

[例 6.29]　システム(6.123)において，$n=2$ とし実数固有値 $\lambda$ が重複度 2 をもつ場合について考える．この場合にも実ジョルダン標準形を用いて運動を図を用いて表現すると表 6.4 のようになる．ここで，干渉していない（対角形）場合は行列 $\boldsymbol{A}$ が $\begin{bmatrix} \lambda & 0 \\ 0 & \lambda \end{bmatrix}$ の形をしている場合のことを意味している．

表 6.4　重複度 2 の実数固有値をもつ 2 次システムの運動 [例 6.29]

| | 固有値 | $\lambda<0$ | $\lambda=0$ | $\lambda>0$ |
|---|---|---|---|---|
| 干渉している場合 | 一般形 | 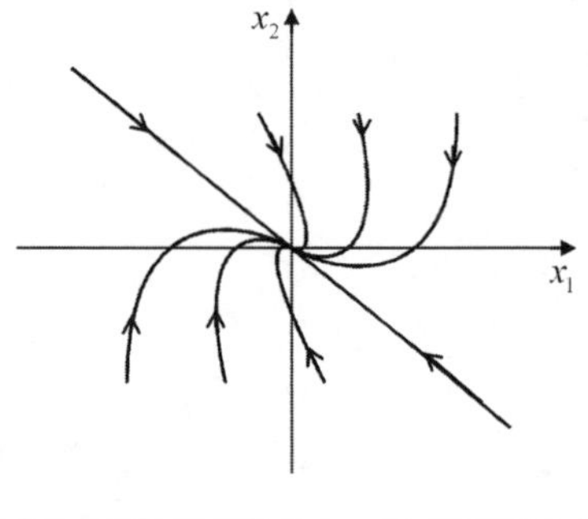 | 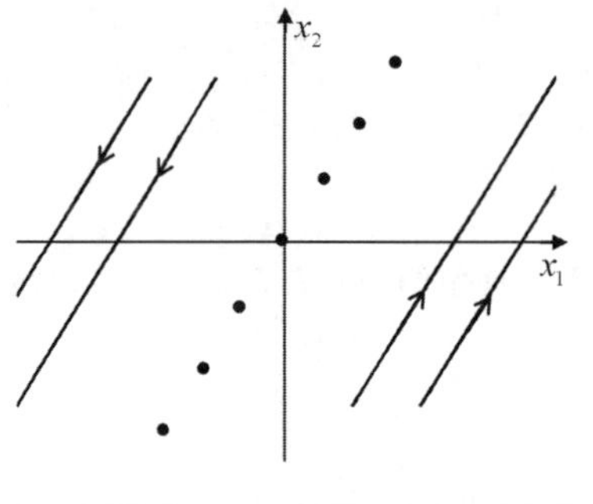 | 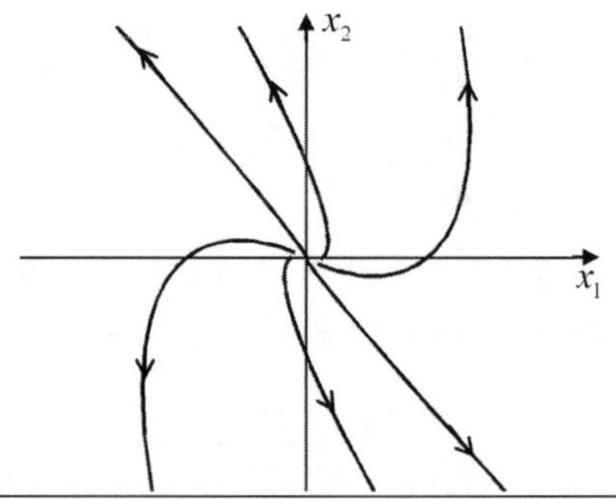 |
| | ジョルダン標準形 | 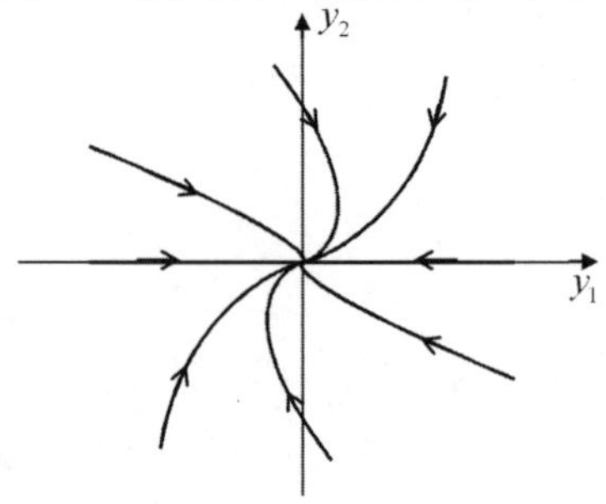 | 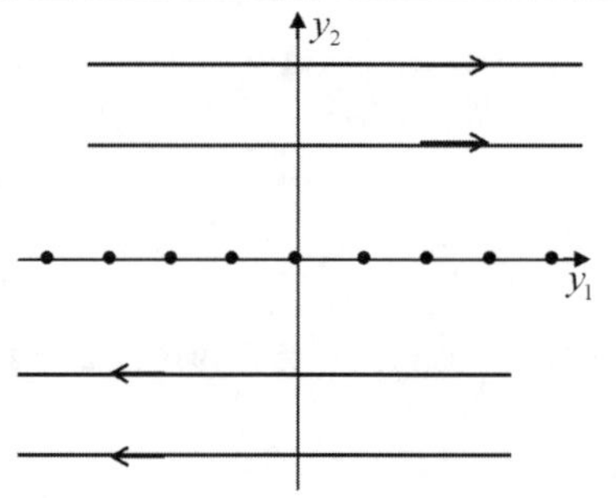 | 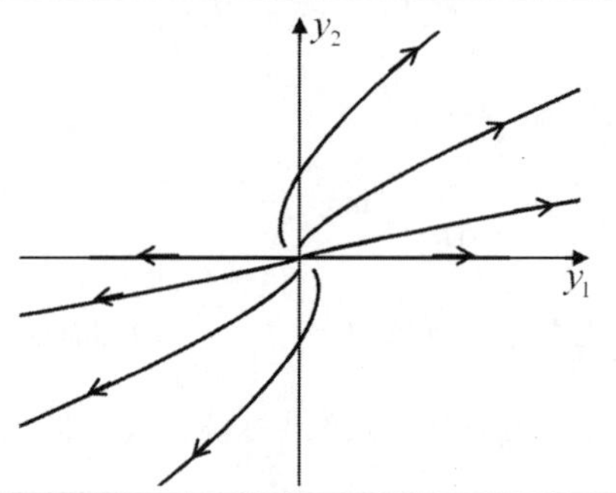 |
| 干渉していない（対角形）の場合 | | 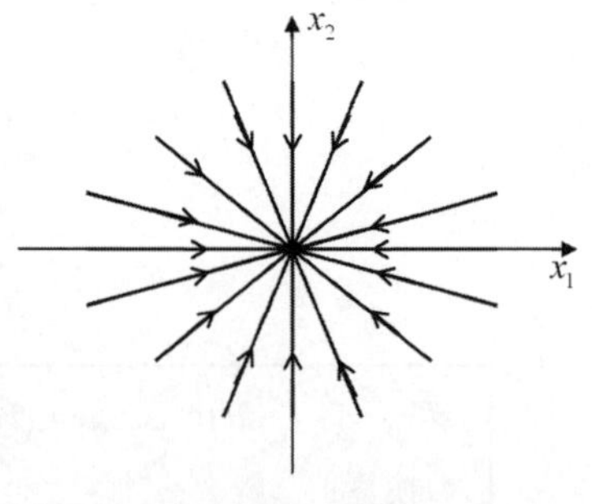 安定星状点（結節点） | 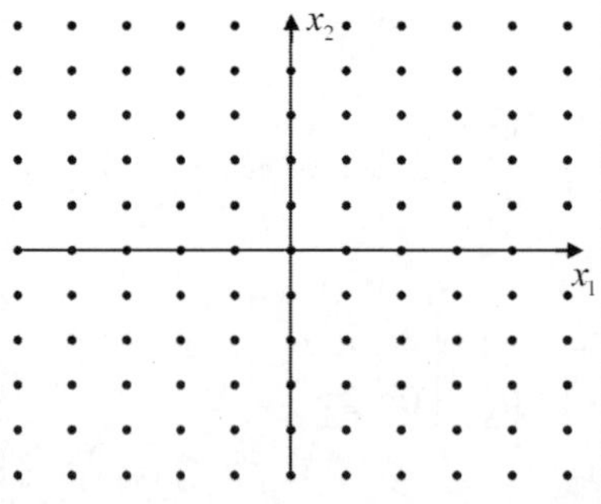 | 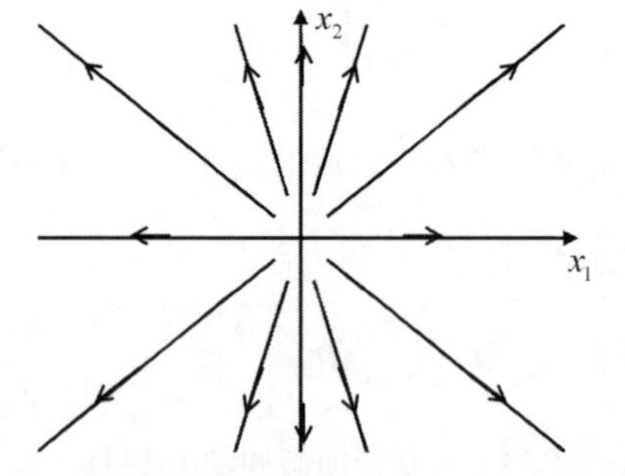 不安定星状点（結節点） |

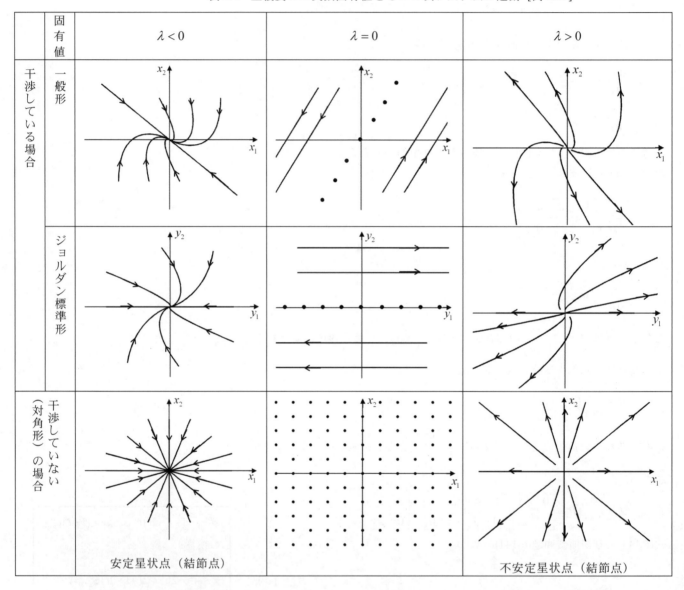

以上，同次方程式について説明してきたが，次に非同次定数係数連立線形常微分方程式の初期値問題について考えよう．まず，以下の定理を説明しよう．

[定理 6.12]　非同次定数係数連立線形常微分方程式

$$\frac{\mathrm{d}\boldsymbol{x}}{\mathrm{d}t} = \boldsymbol{A}\boldsymbol{x} + \boldsymbol{f}(t), \quad \boldsymbol{x}(0) = \boldsymbol{x}_0 \tag{6.146}$$

の解は

$$\boldsymbol{x}(t)=\mathrm{e}^{tA}\boldsymbol{x}_0+\int_0^t \mathrm{e}^{(t-s)A}\boldsymbol{f}(s)\,\mathrm{d}s \tag{6.147}$$

で与えられる．

> [定理 6.12]
> 非同次定数係数連立常微分方程式(6.146)の一般解は式(6.147)で与えられる．

[式(6.147)の誘導]　この公式は，6･3･3 節(a)で説明したスカラーの場合の定数変化法を成分ごとに適用すれば導くことができる．式(6.146)の両辺に $\mathrm{e}^{-tA}$ を左から掛けると

$$\mathrm{e}^{-tA}\frac{\mathrm{d}\boldsymbol{x}}{\mathrm{d}t}=\mathrm{e}^{-tA}\boldsymbol{A}\boldsymbol{x}+\mathrm{e}^{-tA}\boldsymbol{f}(t)$$

となり，

$$\frac{\mathrm{d}}{\mathrm{d}t}\left\{\mathrm{e}^{-tA}\boldsymbol{x}\right\}=-\boldsymbol{A}\mathrm{e}^{-tA}\boldsymbol{x}+\mathrm{e}^{-tA}\frac{\mathrm{d}\boldsymbol{x}}{\mathrm{d}t}$$

を用いると

$$\frac{\mathrm{d}}{\mathrm{d}t}\left\{\mathrm{e}^{-tA}\boldsymbol{x}\right\}=\mathrm{e}^{-tA}\boldsymbol{f}(t)$$

を得る．これを成分ごとに積分し，初期条件 $x(0)=x_0$ を考慮すると

$$\mathrm{e}^{-tA}\boldsymbol{x}-\boldsymbol{x}_0=\int_0^t \mathrm{e}^{-sA}\boldsymbol{f}(s)\,\mathrm{d}s$$

となる．この両辺に $\mathrm{e}^{tA}$ を掛ければ

$$\boldsymbol{x}=\mathrm{e}^{tA}\boldsymbol{x}_0+\mathrm{e}^{tA}\int_0^t \mathrm{e}^{-sA}\boldsymbol{f}(s)\,\mathrm{d}s$$

となり，解(6.147)を得る．

[例 6.30]　例 6.5 で考えたマス・質量系において質点を $X$ 軸の方向に引っ張る力（外力）$f(t)$ を考えよう（図 6.26 参照）．バネのつり合いの位置からの変位 $x$ に関する運動方程式は

$$m\frac{\mathrm{d}^2x}{\mathrm{d}t^2}+kx=f(t) \tag{6.148}$$

となる．ここで，$\alpha=\sqrt{\dfrac{k}{m}}$，$\beta=\dfrac{1}{m}$ とおき，初期条件を

$$x(0)=\eta_0,\quad \dot{x}(0)=\eta_1 \tag{6.149}$$

とした初期値問題を考えよう．式(6.148)は，$y=\dfrac{\mathrm{d}x}{\mathrm{d}t}$ とおけば

$$\frac{\mathrm{d}}{\mathrm{d}t}\begin{bmatrix}x\\y\end{bmatrix}=\begin{bmatrix}0&1\\-\alpha^2&0\end{bmatrix}\begin{bmatrix}x\\y\end{bmatrix}+\begin{bmatrix}0\\\beta\end{bmatrix}f(t)$$

となる．行列 $\boldsymbol{A}=\begin{bmatrix}0&1\\-\alpha^2&0\end{bmatrix}$ の固有値は $\pm j\alpha$ である．$\boldsymbol{P}=\begin{bmatrix}1&1\\\alpha&-\alpha\end{bmatrix}$ と選ぶと，実ジョルダン標準形

$$\boldsymbol{J}=\boldsymbol{P}^{-1}\boldsymbol{A}\boldsymbol{P}=\frac{1}{2\alpha}\begin{bmatrix}\alpha&1\\\alpha&-1\end{bmatrix}\begin{bmatrix}0&1\\-\alpha^2&0\end{bmatrix}\begin{bmatrix}1&1\\\alpha&-\alpha\end{bmatrix}=\begin{bmatrix}0&-\alpha\\\alpha&0\end{bmatrix}$$

を得る．また，例 6.27 を用いると

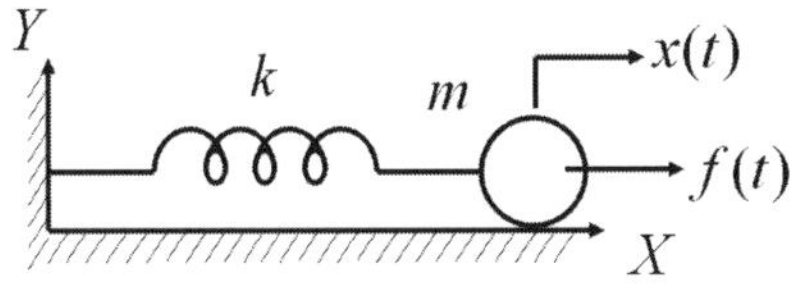


図 6.26　外力を考慮したバネ・質量系

$$P\,\mathrm{e}^{tJ}P^{-1} = \begin{bmatrix} 1 & 1 \\ \alpha & -\alpha \end{bmatrix}\begin{bmatrix} \cos\alpha t & -\sin\alpha t \\ \sin\alpha t & \cos\alpha t \end{bmatrix}\frac{1}{2\alpha}\begin{bmatrix} \alpha & 1 \\ \alpha & -1 \end{bmatrix}$$
$$= \frac{1}{2\alpha}\begin{bmatrix} 2\alpha\cos\alpha t & 2\sin\alpha t \\ -2\alpha^2\sin\alpha t & 2\alpha\cos\alpha t \end{bmatrix}$$

となる．式(6.147)より，初期値問題(6.148), (6.149)の解は $\boldsymbol{x}=[x, y]^{\mathrm{T}}$ とすると，

$$\boldsymbol{x} = P\,\mathrm{e}^{tJ}P^{-1}\begin{bmatrix} \eta_0 \\ \eta_1 \end{bmatrix} + \int_0^t P\,\mathrm{e}^{(t-s)J}P^{-1}\begin{bmatrix} 0 \\ \beta \end{bmatrix} f(s)\,\mathrm{d}s$$

となる．ここで，$\alpha=\beta=1$ の場合を考えよう．初期条件を $\eta_0=0, \eta_1=0$ と質点がつり合いの位置で静止しているとし，外力 $f(t)=\sin\omega t$ とすると，

$$\boldsymbol{x} = \int_0^t \begin{bmatrix} \cos(t-s) & \sin(t-s) \\ -\sin(t-s) & \cos(t-s) \end{bmatrix}\begin{bmatrix} 0 \\ \sin\omega s \end{bmatrix}\mathrm{d}s$$
$$= \int_0^t \begin{bmatrix} \sin(t-s)\sin\omega s \\ \cos(t-s)\sin\omega s \end{bmatrix}\mathrm{d}s = \begin{bmatrix} \dfrac{1}{\omega^2-1}\left(\omega\sin t - \sin\omega t\right) \\ \dfrac{\omega}{\omega^2-1}\left(\cos t - \cos\omega t\right) \end{bmatrix}$$

となる．$\omega=0.3$, $\omega=0.8$, $\omega=1.2$ と設定し，これらの解の時間発展を図示すると，図 6.27 のようになる．

部分積分

$$I = \int_0^t \sin(t-s)\sin\omega s\,\mathrm{d}s$$
$$= \left[-\sin(t-s)\frac{1}{\omega}\cos\omega s\right]_0^t + \int_0^t -\cos\omega t\frac{1}{\omega}\cos\omega s\,\mathrm{d}s$$
$$= \frac{1}{\omega}\sin t + \left[-\cos(t-s)\frac{1}{\omega^2}\sin\omega s\right]_0^t + \int_0^t \sin(t-s)\frac{1}{\omega^2}\sin\omega s\,\mathrm{d}s$$
$$= \frac{1}{\omega}\sin t - \frac{1}{\omega^2}\sin\omega t + \frac{1}{\omega^2}\int_0^t \sin(t-s)\sin\omega s\,\mathrm{d}s,$$

したがって

$$\left(1-\frac{1}{\omega^2}\right)I = \frac{1}{\omega}\sin t - \frac{1}{\omega^2}\sin\omega t,$$

となり，これを解いて

$$I = \frac{1}{\omega^2-1}(\omega\sin t - \sin\omega t)$$

を得る．

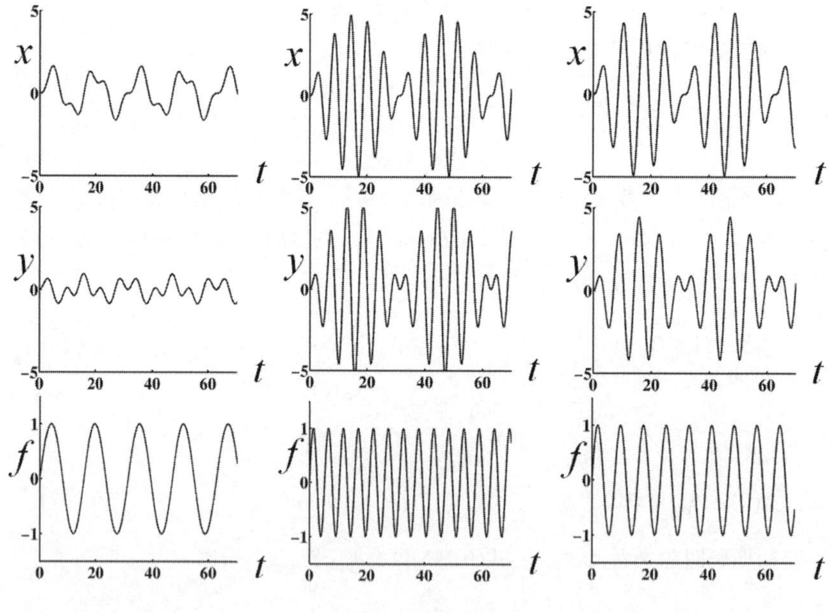


$\omega=0.4$　　$\omega=0.8$　　$\omega=1.2$

図 6.27　外力 $\sin\omega t$ を考慮したバネ・質量系の運動の時間発展

[Example 6.31]　Consider an initial value problem of a linear homogeneous third-order differential equation given by

$$\frac{\mathrm{d}^3 x_1}{\mathrm{d}t^3} + 6\frac{\mathrm{d}^2 x_1}{\mathrm{d}t^2} + 11\frac{\mathrm{d}x_1}{\mathrm{d}t} + 6x_1 = 0 \tag{6.150}$$

and initial conditions

$$\frac{d^2 x_1}{dt^2}(0) = \frac{dx_1}{dt}(0) = 0,\ \ x_1(0) = 1\,. \tag{6.151}$$

Let us find the solution of Eq. (6.150) with Eq. (6.151) by using the matrix exponential function. If we define

$$\begin{aligned} &\frac{dx_1}{dt} = x_2, \\ &\frac{d^2 x_1}{dt^2} = \frac{d}{dt}\left(\frac{dx_1}{dt}\right) = \frac{dx_2}{dt} = x_3, \\ &\boldsymbol{x} = \begin{bmatrix} x_1 & x_2 & x_3 \end{bmatrix}^T, \\ &\boldsymbol{x}(0) = \boldsymbol{x}_0 = \begin{bmatrix} x_1(0) & x_2(0) & x_3(0) \end{bmatrix}^T, \end{aligned} \tag{6.152}$$

then Eq. (6.150) is rewritten as the following vector form $\frac{d}{dt}\boldsymbol{x} = \boldsymbol{A}\boldsymbol{x}$

$$\frac{d}{dt}\begin{bmatrix} x_1 \\ x_2 \\ x_3 \end{bmatrix} = \begin{bmatrix} 0 & 1 & 0 \\ 0 & 0 & 1 \\ -6 & -11 & -6 \end{bmatrix}\begin{bmatrix} x_1 \\ x_2 \\ x_3 \end{bmatrix},$$

$$\boldsymbol{x}(0) = \boldsymbol{x}_0.$$

The eigenvalues of the matrix $\boldsymbol{A}$ are obtained as $\lambda = -1, -2, -3$ by solving the characteristic roots of $\det(s\boldsymbol{I} - \boldsymbol{A}) = 0$. The corresponding eigenvectors are then derived as $\begin{bmatrix} 1 & -1 & 1 \end{bmatrix}^T, \begin{bmatrix} 1 & -2 & 4 \end{bmatrix}^T, \begin{bmatrix} 1 & -3 & 9 \end{bmatrix}^T$. The transformation matrix $\boldsymbol{P}$ is then obtaind as

$$\boldsymbol{P} = \begin{bmatrix} 1 & 1 & 1 \\ -1 & -2 & -3 \\ 1 & 4 & 9 \end{bmatrix}.$$

From $\boldsymbol{P}$ and $\boldsymbol{A}$, a diagonal matrix is given by

$$\boldsymbol{\Lambda} = \boldsymbol{P}^{-1}\boldsymbol{A}\boldsymbol{P} = \begin{bmatrix} -1 & 0 & 0 \\ 0 & -2 & 0 \\ 0 & 0 & -3 \end{bmatrix}.$$

Thus, the solution of Eq. (6.150) with Eq. (6.151) is derived as

$$\begin{aligned} \boldsymbol{x} &= \boldsymbol{P}e^{t\boldsymbol{\Lambda}}\boldsymbol{P}^{-1}\boldsymbol{x}_0 \\ &= \begin{bmatrix} 1 & 1 & 1 \\ -1 & -2 & -3 \\ 1 & 4 & 9 \end{bmatrix}\begin{bmatrix} e^{-t} & 0 & 0 \\ 0 & e^{-2t} & 0 \\ 0 & 0 & e^{-3t} \end{bmatrix}\begin{bmatrix} 3 & 2.5 & 0.5 \\ -3 & -4 & -1 \\ 1 & 1.5 & 0.5 \end{bmatrix}\begin{bmatrix} 1 \\ 0 \\ 0 \end{bmatrix} \\ &= \begin{bmatrix} 3e^{-t} - 3e^{-2t} + e^{-3t} \\ -3e^{-t} + 6e^{-2t} - 3e^{-3t} \\ 3e^{-t} - 12e^{-2t} + 9e^{-3t} \end{bmatrix}. \end{aligned}$$

## 6・5　解のふるまい

これまで与えられた微分方程式をある条件のもとに解くことを考えてきた. その方法は微分方程式を変形し，あるときは変数変換を用いて不定積分により解を求積的に求めることを目指してきた. ところで, 3 次元空間において $N$

個の質点 $P_1,\cdots,P_N$ がニュートンの運動方程式に従って，万有引力によって互いに力を及ぼすとき，その運動を求めることを $N$ 体問題という．惑星の運動では，太陽の質点が他の惑星の質点に比べて十分に大きいので，ある惑星の運動を考えるのに太陽以外の惑星から受ける力を無視するという近似を行えば，問題は近似的に太陽とある惑星のみを考慮した $N=2$ の 2 体問題と考えることができる．これは古典的なケプラー問題であり，6 元連立の 2 階微分方程式を求積法によって解くことにができることが知られている．では，太陽，地球，木星の組などの 3 体問題は求積法によって解けるだろうか？　19 世紀末にポアンカレ（H. Poincare）（図 6.28 参照）は，この問題の求積法をみつけることは見込みがないことを明らかにした．

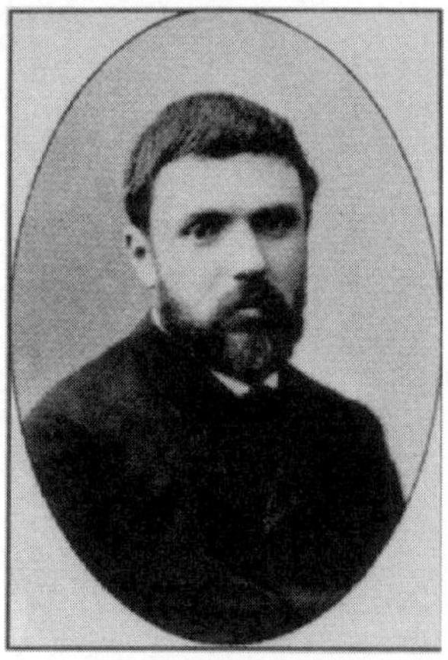

図 6.28　ポアンカレ
出展：
http://scienceworld.wolfram.com/

このように現実の多くの問題は残念ながら求積法で解くことができない微分方程式で表されるというのが事実である．逆に求積法で解ける微分方程式はむしろまれである．では，求積法で解けない微分方程式の解のふるまいや解の性質を何らかの方法で知ることはできないであろうか．本節では，微分方程式の解を求めることなく，解のふるまいを調べる方法について説明する．物理現象を表現する微分方程式の解のふるまいがわかれば，物理現象が理解でき，運動の時間発展の様子を知ることができる．

$n$ 個の物理量によって表される系を考え，それらの物理量の時間発展を支配する微分方程式は

$$\frac{\mathrm{d}x_i}{\mathrm{d}t}=f_i\left(x_1,x_2,\cdots,x_n,t,\mu\right) \qquad \left(i=1,2,\cdots,n\right) \tag{6.153}$$

と表されるものとする．ここで，$\mu$ はパラメータであり，例えば流体力学のレイノルズ数のように，微分方程式に含まれる物理パラメータで環境条件などによって変化するものである．式(6.153)の右辺に独立変数 $t$ を陽に含まないとき，それによって記述される物理系を自励系と呼ぶ，逆に $t$ の関数でもあるとき非自励系という．

本節では，まず 6･5･1 節で微分方程式の解のふるまいを示す重要な指標である微分方程式の解の安定性について紹介する．次に，6･5･2 節では，微分方程式の解の時間発展を幾何学的に調べる方法である相図について説明する．先にあげたレイノルズ数のような微分方程式に含まれる物理パラメータが変化する場合に，微分方程式の平衡解の数や安定性が変わる分岐現象も関連する興味深い話題であるが，ページ数の制約のため本書では取り扱わない．興味ある読者はさらに専門的な書物に当たってほしい．

### 6・5・1　安定性

未知の $n$ 次元関数ベクトル $\boldsymbol{x}(t)$ に関する自励的微分方程式

$$\frac{\mathrm{d}\boldsymbol{x}}{\mathrm{d}t}=\boldsymbol{f}\left(x(t)\right) \tag{6.154}$$

の解のふるまいを理解する指標として，安定性は重要な役割をはたす．ここで，$\boldsymbol{x}=\left[x_1\ \cdots\ x_n\right]^T$，$\boldsymbol{f}=\left[f_1\ \cdots\ f_n\right]^T$ であり，一般に平衡点(equilibrium point)はいくつかあるが，ここでは原点 $x=0$ も平衡点あるとする．ここで，平衡

> 平衡点
> 自励的微分方程式
> $$\frac{\mathrm{d}\boldsymbol{x}}{\mathrm{d}t}=\boldsymbol{f}\left(x\right)$$
> において $\boldsymbol{f}\left(x\right)=0$ を満たす軌道 $x$

点とは式(6.154)において $\boldsymbol{f}(x)=0$ を満たす点 $x$ である．以下に 3 つの安定性（リアプノフ安定，漸近安定，指数安定）の定義を述べておく．

[定義 6.1：リアプノフ安定]　微分方程式(6.154)について，任意の $\varepsilon>0$ に対してある $\delta(\varepsilon)>0$ が存在して，初期条件 $\|\boldsymbol{x}(0)\|<\delta(\varepsilon)$ を満足するすべての $\boldsymbol{x}(0)$ と，$t\geq 0$ について，

$$\|\boldsymbol{x}(t)\|<\varepsilon$$

となるとき，原点 $\boldsymbol{x}=0$（平衡点 $O$）はリアプノフ安定であるという．

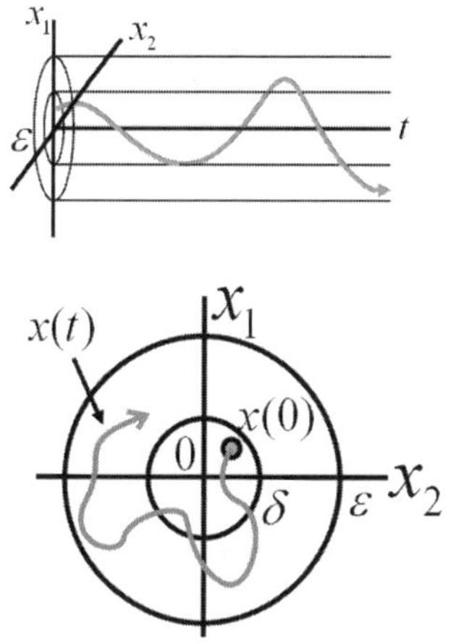

図 6.29　リアプノフ安定

これは図 6.29 に示すように任意の $\varepsilon$ に対して初期値 $\boldsymbol{x}(0)$ が $\varepsilon$ に依存する半径 $\delta(\varepsilon)$ の円内にあれば微分方程式(6.154)の解 $\boldsymbol{x}(t)$ は $t=0$ から未来永遠に半径 $\varepsilon$ の円の外部に出ることはないことを意味している．

[定義 6.2：漸近安定]　微分方程式(6.154)について，任意の $\varepsilon>0$ に対してある $\delta(\varepsilon)>0$ が存在して，$\|\boldsymbol{x}(0)\|<\delta(\varepsilon)$ を満足するすべての $\boldsymbol{x}(0)$ と，$t\geq 0$ について，

$$\|\boldsymbol{x}(t)\|<\varepsilon \text{ かつ } \lim_{t\to\infty}\|\boldsymbol{x}(t)\|=0$$

となるとき，原点 $\boldsymbol{x}=0$（平衡点 $O$）は漸近安定であるという．

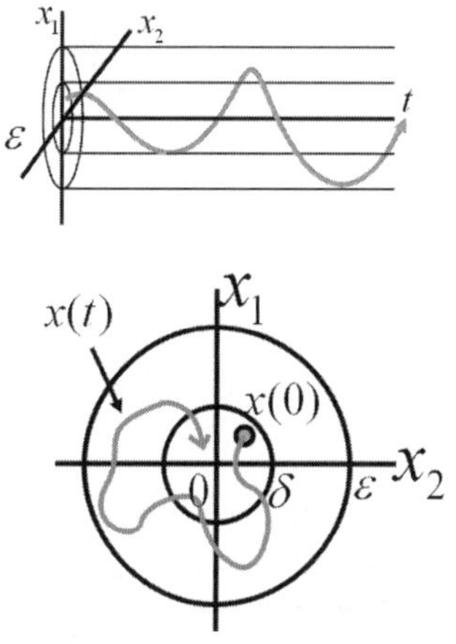

図 6.30　漸近安定

これは図 6.30 に示すように任意の $\varepsilon$ に対して初期値 $\boldsymbol{x}(0)$ が $\varepsilon$ に依存する半径 $\delta(\varepsilon)$ の円内にあれば，微分方程式(6.154)の解 $\boldsymbol{x}(t)$ は $t=0$ から未来永遠に半径 $\varepsilon$ の円の外部に出ることはなく，時間 $t$ が無限大になれば原点 $\boldsymbol{x}=0$ に収束することを意味している．

[定義 6.3：指数安定]　微分方程式(6.154)について，ある定数 $\alpha>0,\ K>0$ が存在して，

$$\|\boldsymbol{x}(0)\|<\delta \quad \text{ならば} \quad \|\boldsymbol{x}(t)\|<K\,\mathrm{e}^{-\alpha t} \tag{6.155}$$

となるとき，原点 $\boldsymbol{x}=0$（平衡点 $O$）は指数安定であるという．

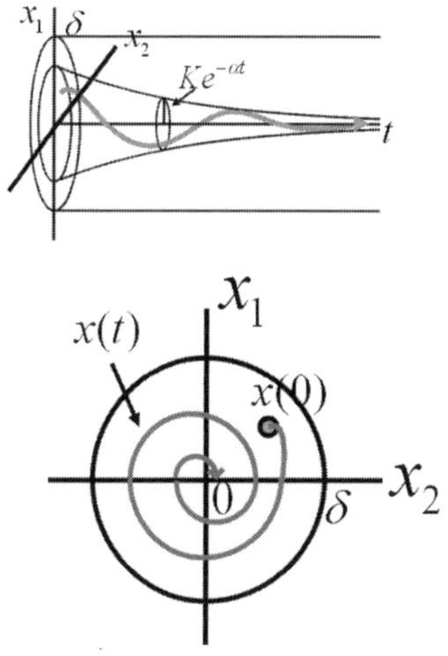

図 6.31　指数安定

これは図 6.31 に示すように，ある $\delta>0$ に対して初期値 $\boldsymbol{x}(0)$ が半径 $\delta$ の円内にあれば，微分方程式(6.154)の解 $\boldsymbol{x}(t)$ は $t=0$ から未来永遠に半径 $\delta$ の円の内部かつ任意の時刻 $t$ において半径 $Ke^{-\alpha t}$ の円の内部に存在し，時間 $t$ が無限大になれば原点 $\boldsymbol{x}=0$ に収束することを意味している．これに対し，漸近安定性は図 6.30 に示すように $\boldsymbol{x}(t)$ が半径 $\delta$ の円から出てしまうこともある．

安定性とは $\boldsymbol{x}(0)$ が原点 $O$（したがって平衡点）から少しずれたとき，$\boldsymbol{x}(t)$ が依然として原点近傍に留まり得るか否かを述べたものである．例えば，図 6.32 のように坂の上でボールが運動しているとき，(a)はリアプノフ安定，(b)は漸近安定，(c)は不安定となる．

漸近安定性と指数安定性の違いを次の例によって説明しよう．

[例 6.32]　次の 2 つの微分方程式の解の安定性を調べてみよう．

$$\dot{x}_1(t) = -\frac{1}{t+1}x_1(t), \quad x_1(0) = 1 \tag{6.156}$$

$$\dot{x}_2(t) = -x_2(t), \qquad x_2(0) = 1 \tag{6.157}$$

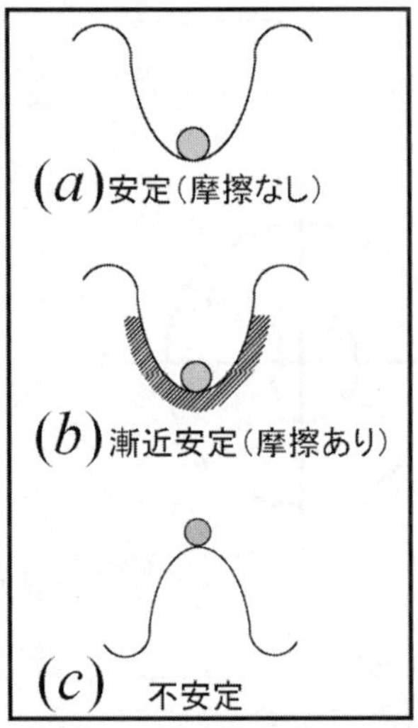


図 6.32　安定性

式(6.156)を解くと

$$x_1(t) = \frac{1}{t+1} \tag{6.158}$$

となる．式(6.157)を解くと

$$x_2(t) = e^{-t} \tag{6.159}$$

となる．これらの解を図示すると図 6.33 のようになり，ともに時間無限大で 0 に収束することがわかる．式(6.158)は漸近安定であるが指数安定ではない．これは，どんな $K$, $\alpha$ を与えても $\frac{1}{t+1} = Ke^{-\alpha t}$ を満足する $t$ が必ず存在してしまい，式(6.155)を満足する $K$, $\alpha$ が存在しないことからわかる．これに対し，式(6.159)は指数安定である．これは，式(6.155)において例えば $\alpha = 0.9$, $K = 1$ とすれば $\| x_2 \| = e^{-t} < Ke^{-\alpha t}$ となることからわかる．

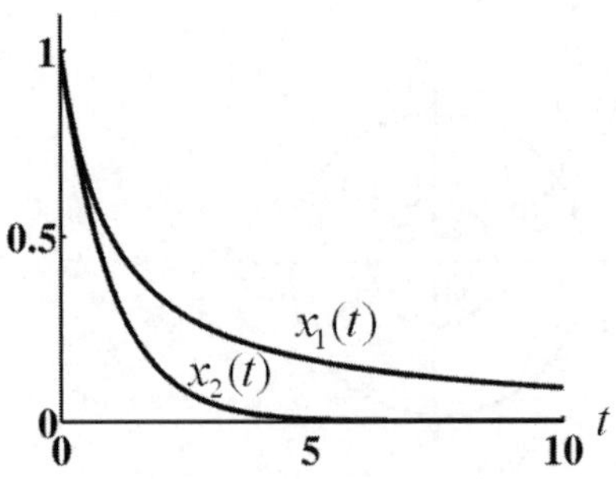


図 6.33　漸近安定と指数定性
[例 6.32]

ここで，指数安定なら漸近安定であることは明らかであるが，一般には漸近安定であっても指数安定とは限らない．しかし，有限次元線形システムにおいて漸近安定性は指数安定性を意味することに注意しておく．

以上，安定とは何かについて述べたが，システムが与えられたとき，その運動の時間発展を特徴づける安定性を判別することも重要である．その方法としてリアプノフの第 1 と第 2 の方法などがよく用いられるが本書では取り扱わない．興味のある読者は他書を参考にされたい．

### 6・5・2　解の時間発展と相平面(phase plane)の解曲線

微分方程式の解が求積法によっては求まらない場合に，その微分方程式を満たす解全体を幾何学的に調べる方法を紹介する．そのために，相空間を導入する．相空間とは，運動の状態を 1 点で対応させることができるようにした高次元空間であり，質点の位置と速度の各々の $x$, $y$, $z$ 成分を直交軸（座標）とする空間のことである．式(6.153)に示した 1 階の微分方程式（自励系を考える）が，ある領域 $D$ の上で与えられているとき，$D$ をその方程式で与えられたシステムの相空間あるいは状態空間と呼ぶ．このとき，相空間は $\left(x_1, x_2, \cdots, x_n\right)$ で表される $n$ 次元空間である．

任意の時刻 $t$ を与えると式(6.153)の解が相空間上の 1 つの点として表され，解の時間発展は相空間上の 1 つの曲線として表される．相空間にすべての解軌道を書き込んだものを相図あるいは相空間図という．実際にはすべての解軌道を書くことはできないので，以下の例に示すようにいくつかの代表的な軌道を書いたものを相図と呼んでいる．

[例 6.33]　バネ・質量系の初期値問題である例 6.26 の解の関係を図示することを考えてみよう．初期条件 $x(0)=1$， $y(0)=0$ に対する特殊解は $x=\cos t$， $\frac{\mathrm{d}x}{\mathrm{d}t}=y=-\sin t$ であり，この 2 つの関係式から $t$ を消去すると $x^2+y^2=1$ となる．したがって，この解の軌道は横軸 $x$，縦軸 $y$ として図示すると図 6.34 のようになる．これに，いくつか別の初期条件に対する解の軌道を $xy$ -平面に図示したものが相図である．

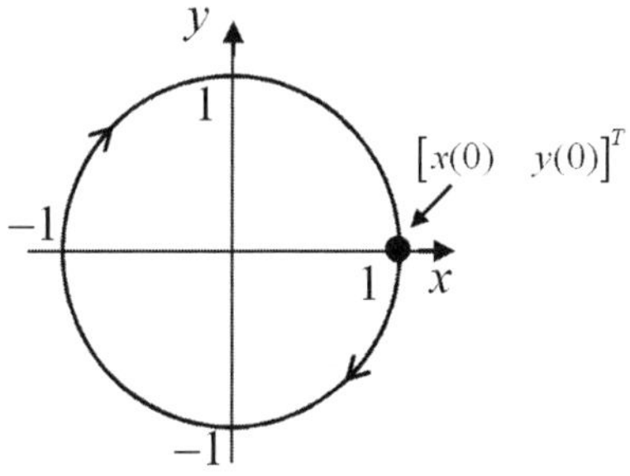


図 6.34　バネ・質量系の解軌道
[例 6.33]

次に，2 階の微分方程式に対して微分方程式を解くことなく相図を求めることについて考えてみよう．

[例 6.34]　例 6.33 で考えたバネ・質量系における質点の運動をその位置と速度の組としてとらえることによって解を与え，相図を描いてみよう．そのためには，質点の運動をその位置と速度の組としてとらえることが鍵となる．また，系のもつエネルギーと解との関係も考察してみる．さて，バネ・質量系の運動方程式(6.135)において $\frac{\mathrm{d}x}{\mathrm{d}t}=y$ とおいて得られる，連立の 1 階微分方程式

$$\frac{\mathrm{d}\,x}{\mathrm{d}\,t}=y,\quad \frac{\mathrm{d}\,y}{\mathrm{d}\,t}=-\alpha^2 x \tag{6.160}$$

を考える．ここで，$\alpha=\sqrt{\frac{k}{m}}$ である．式(6.10)の解 $x(t)$ に対して

$$(x(t),\ y(t))=\left(x(t),\ \frac{\mathrm{d}\,x(t)}{\mathrm{d}\,t}\right)\in R^2 \tag{6.161}$$

は $t$ を媒介変数とした $xy$ -平面上の曲線を定義する．これは，1 次元の実数空間 $\boldsymbol{R}^1$ の要素である時間 $t$ に対して，位置 $x(t)$ と速度 $\frac{\mathrm{d}\,x(t)}{\mathrm{d}\,t}$ の情報をもった 2 次元の実数空間 $\boldsymbol{R}^2$ 上の点を定義するもので，時間 $t$ を $\boldsymbol{R}^1$ 上で変化させると $\left(x, \frac{\mathrm{d}\,x}{\mathrm{d}\,t}\right)$ は $\boldsymbol{R}^2$ 平面上の曲線となる．初期条件 $\left(x(0),\ \frac{\mathrm{d}\,x}{\mathrm{d}\,t}(0)\right)$ を任意に与えて運動の軌跡を描くと，$xy$ -平面はこのような曲線群で埋め尽くされる．$\begin{bmatrix}\frac{\mathrm{d}\,x}{\mathrm{d}\,t} & \frac{\mathrm{d}\,y}{\mathrm{d}\,t}\end{bmatrix}^T=\begin{bmatrix}y(t) & -\alpha^2 x(t)\end{bmatrix}^T$ は曲線の上の点 $(x,\ y)$ が運動する速度ベクトルであり，その方向は点 $(x(t),\ y(t))$ における曲線の接ベクトルと一致している．このように平面上の全ての点 $(x(t),\ y(t))$ にベクトル $\begin{bmatrix}y(t) & -\alpha^2 x(t)\end{bmatrix}^T$ を対応させたものをベクトル場と呼ぶ．微分方程式(6.160)の解については例 6.5, 例 6.26 で調べたが，相空間における解は式(6.160)から直接求めることができる．まず，

$$\frac{\mathrm{d}\,y}{\mathrm{d}\,t}=\frac{\mathrm{d}\,y}{\mathrm{d}\,x}\frac{\mathrm{d}\,x}{\mathrm{d}\,t}=\frac{\mathrm{d}\,y}{\mathrm{d}\,x}y$$

の関係を式(6.160)の第 2 式に適用すれば

$$\frac{\mathrm{d}\,y}{\mathrm{d}\,x}y = -\alpha^2 x$$

となり，変数分離して

$$y\,\mathrm{d}y = -\alpha^2 x\,\mathrm{d}x$$

を得る．これを積分して

$$\frac{1}{2}\alpha^2 x^2 + \frac{1}{2}y^2 = c \quad (\geq 0) \tag{6.162}$$

となる．ここで，$c$ は積分定数である．この式は微分方程式(6.160)の解曲線あるいは積分曲線と呼ばれる．いくつかの代表的な解曲線を図示したものが相図であり，その様子は図 6.35 のようになる．ここで，図 6.35 の矢印は $xy$-平面上の点における速度ベクトル（速度の大きさと向き）を表している．式(6.162)の両辺に $m$ を乗じると式(6.162)は次のようになる．

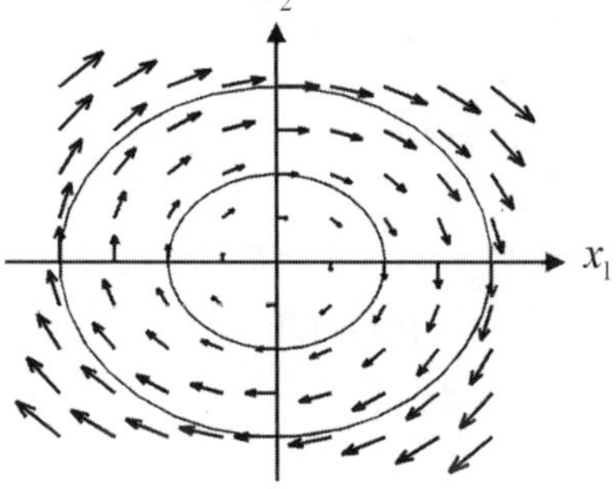


図 6.35　バネ・質量系のベクトル場と解曲線群（相図）[例 6.34]

$$\frac{1}{2}m\alpha^2 x^2 + \frac{1}{2}my^2 = \frac{1}{2}kx^2 + \frac{1}{2}m\left(\frac{\mathrm{d}x}{\mathrm{d}t}\right)^2 = E \quad (= mc) \geq 0 \tag{6.163}$$

式(6.163)の第 2 式の 2 項は，それぞれバネにたくわえられる弾性エネルギーおよび質量の運動エネルギーであり，第 3 式はこれらの和 $E$ が保存されることを表している．つまり，解曲線はエネルギー保存則の相空間における表現であるといえる．

[例 6.35]　6･1･2 節で解を発見的に見つけるのが困難な例として示した振り子について考えよう（図 6.10 参照）．その運動方程式(6.7)において $\frac{g}{l} = a$ とした，微分方程式

$$\frac{\mathrm{d}^2\theta}{\mathrm{d}t^2} + a\sin\theta = 0 \tag{6.164}$$

において $\theta = x_1, \frac{\mathrm{d}\theta}{\mathrm{d}t} = x_2$ とおけば

$$\begin{aligned}\frac{\mathrm{d}\,x_1}{\mathrm{d}\,t} &= x_2 \\ \frac{\mathrm{d}\,x_2}{\mathrm{d}\,t} &= -a\sin x_1\end{aligned} \tag{6.165}$$

を得る．このシステムは図 6.36(a)に示すような鉄棒ロボット（アクロバットロボット）の最も簡単なモデルである．式(6.164)の解曲線は，$x_1x_2$-平面上のベクトル場 $\begin{bmatrix}\frac{\mathrm{d}\,x_1}{\mathrm{d}\,t} & \frac{\mathrm{d}\,x_2}{\mathrm{d}\,t}\end{bmatrix}^T = \begin{bmatrix}x_2 & -a\sin x_1\end{bmatrix}^T$ の解曲線である．式(6.164)に $\frac{\mathrm{d}\theta}{\mathrm{d}t}$ を掛けて

$$\frac{\mathrm{d}\theta}{\mathrm{d}t}\frac{\mathrm{d}^2\theta}{\mathrm{d}t^2} + \frac{\mathrm{d}\theta}{\mathrm{d}t}a\sin\theta = x_2\frac{\mathrm{d}\,x_2}{\mathrm{d}\,t} + a\sin x_1\frac{\mathrm{d}\,x_1}{\mathrm{d}\,t} = 0$$

を得る．これを積分することにより

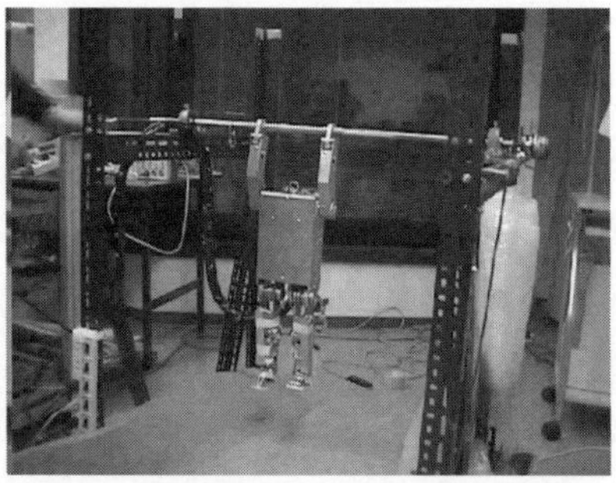

(a)　アクロバットロボット（鉄棒ロボット）

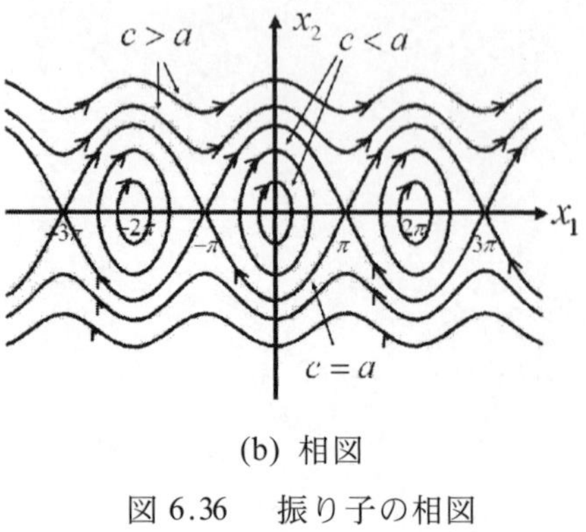


(b)　相図

図 6.36　　振り子の相図 [例 6.35]

$$\frac{1}{2}x_2^2 - a\cos x_1 = c \tag{6.166}$$

を得る．ここで，$c$は積分定数である．ただし，例 6.34 と同様に変数分離を用いて式(6.166)を求めることもできる．さて，式(6.166)を用いて相図を書くと図 6.36(b)のようになる．パラメータ $a$ と積分定数 $c$ の関係により解曲線の様子が大きく異なっていることに注意しておく．$c < a$ の場合には，ブランコの振動のようであり，$c > a$ の場合は，鉄棒の大車輪のような運動となる．$c = a$ ではちょうど質量の中心が回転軸の鉛直上の位置で停止する鉄棒の倒立のような運動となる．式(6.166)の両辺に $ml^2$ を掛けて次式の形を得る．

$$E_2 = \frac{1}{2}ml^2\left(\frac{\mathrm{d}\theta}{\mathrm{d}t}\right)^2 - mlg\cos\theta = \bar{c}\ \ (= ml^2 c) \tag{6.167}$$

式(6.167)の第 2 式の第 1 項は質点の運動エネルギー，第 2 項は重力による位置エネルギーを表しており，式(6.167)はエネルギー保存則を与えている．また，$c$=$a$ の場合は，全力学的エネルギーは $E_2$=$mgl$ となり，倒立状態$(\theta = \pm\pi, \pm 3\pi, \pm 5\pi, \cdots)$では運動エネルギーが 0 になりポテンシャルエネルギーが全力学的エネルギーとなり，角速度 $x_2 = \dfrac{\mathrm{d}\theta}{\mathrm{d}t}$ が 0 になることがわかる．

[例 6.36]　例 6.34 で考えたバネ･質量系に減衰を考慮したバネ･質量･ダンパ系について考える（図 6.37 参照）．ここで，$d > 0$ をダンパの減衰係数とし，それ以外の変数，パラメータの定義は例 6.34 と同じである．バネのつり合い位置からの質点の変位 $x$ は

$$m\frac{\mathrm{d}^2 x}{\mathrm{d}t^2} = -kx - d\frac{\mathrm{d}x}{\mathrm{d}t} \tag{6.168}$$

と与えられる．ここで式(6.168)の右辺第 2 項はダンパの発生力，つまり運動速度に比例して運動とは逆方向に発生する粘性力をあらわしている．ダンパーは摩擦力の数学モデルである．$x_1 = x, x_2 = \dfrac{\mathrm{d}x}{\mathrm{d}t}, \alpha = \dfrac{k}{m}, \beta = \dfrac{d}{m}$ とおくと式(6.168)は

$$\frac{\mathrm{d}x_1}{\mathrm{d}t} = x_2$$
$$\frac{\mathrm{d}x_2}{\mathrm{d}t} = -\alpha x_1 - \beta x_2 \tag{6.169}$$

と書き直される．式(6.169)に対する相図は図 6.38 のようになる．バネ･質量系を考えた例 6.32 では相空間における解曲線（図 6.35 参照）は閉軌道を描くのに対して，バネ･質量･ダンパ系に対する解曲線は閉軌道が存在せず，解はどんどんと原点$(x_1, x_2) = (0, 0)$に近づいていくことがわかる．これはバネ･質量･ダンパ系の全力学的エネルギーがダンパによって熱として消費されて減衰することを表している．これを数学的に見るために相平面上の関数 $J_1$ をバネ･質量･ダンパ系の全力学的エネルギーと定義すると

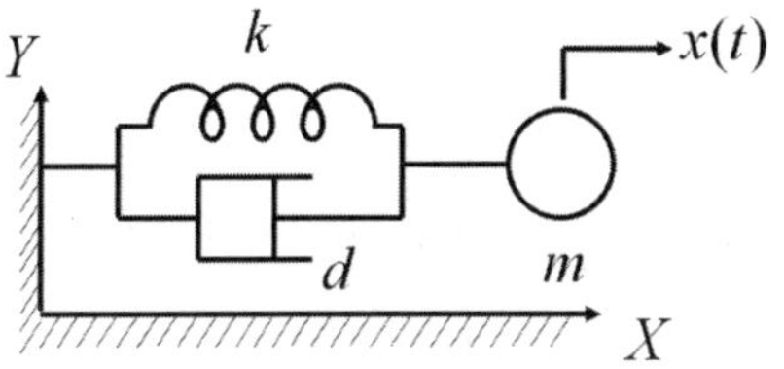

図 6.37　バネ・質量・ダンパ系

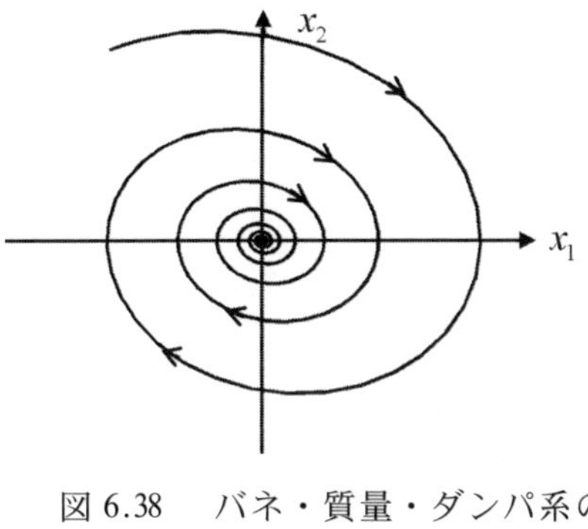

図 6.38　バネ・質量・ダンパ系の相図　[例 6.36]

$$J_1(x_1,x_2)=\frac{1}{2}kx_1^2+\frac{1}{2}mx_2^2 \tag{6.170}$$

となる．式(6.170)の式(6.169)の解軌道に沿った微分を計算すると

$$\frac{\mathrm{d}}{\mathrm{d}t}J_1(x_1,x_2)=-dx_2^2(t)\le 0 \tag{6.171}$$

$$\begin{aligned}\frac{\mathrm{d}}{\mathrm{d}t}J_1(x_1,x_2)&=mx_2\frac{\mathrm{d}x_2}{\mathrm{d}t}+kx_1\frac{\mathrm{d}x_1}{\mathrm{d}t}\\&=mx_2(-\alpha x_1-\beta x_2)+kx_1x_2\\&=x_2(-kx_1-dx_2+kx_1)\\&=-dx_2^2\end{aligned}$$

を得る．解軌道に沿った微分であるので，式(6.171)の $(x_1,x_2)$ は式(6.169)の任意の解に対して定義されている．式(6.171)はバネ・質量・ダンパ系の全力学的エネルギー $J_1$ の値が各解曲線に沿って単調非増加であることを意味している．たとえ，いったん $x_2=\frac{\mathrm{d}x}{\mathrm{d}t}=0$ となっても式(6.168)より再びバネ力 $-kx$ によって質点が加速され $x_2\ne 0$ となり減衰が再開する．このようにして，全力学的エネルギーが 0 に向かうことになる．

[例 6.37]　例 6.35 で考えた振り子に，摩擦や空気抵抗によって減衰が働く場合を考えよう．減衰力は振り子の速さに比例すると仮定すると，振り子の運動方程式は

$$\frac{\mathrm{d}^2\theta}{\mathrm{d}t^2}=-a\sin\theta-b\frac{\mathrm{d}\theta}{\mathrm{d}t} \tag{6.172}$$

となる．ここで，$b$ は正の定数である．$x_1=\theta, x_2=\frac{\mathrm{d}\theta}{\mathrm{d}t}$ とおくと，式(6.172)は，

$$\begin{aligned}\frac{\mathrm{d}x_1}{\mathrm{d}t}&=x_2\\\frac{\mathrm{d}x_2}{\mathrm{d}t}&=-a\sin x_1-bx_2\end{aligned} \tag{6.173}$$

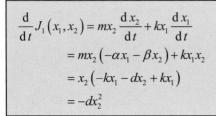

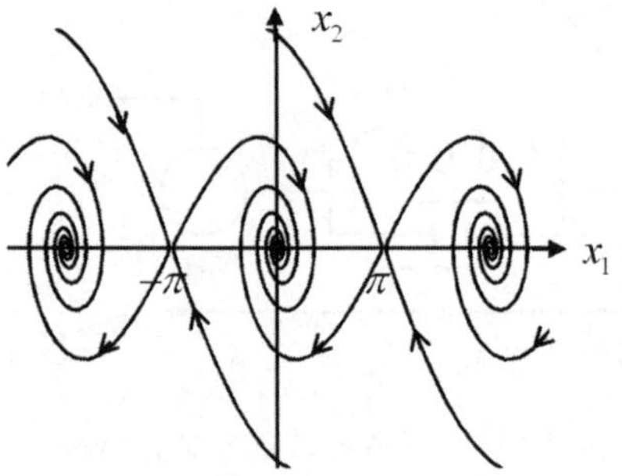


図 6.39　摩擦のある振り子の相図
[例 6.37]

となる．式(6.173)に対する相図は図 6.39 のようになる．減衰を考慮しない振り子では図 6.35 のように閉軌道が存在するが，減衰を考慮すると図 6.39 のように閉軌道は存在せず，解はその初期値により，点 $(x_1,x_2)=(\pm 2n\pi,0)$ $(n=0,1,2,\cdots)$ に近づいていくことがわかる．この場合も例 6.36 と同様に，相平面上の関数 $J_2$ をシステムの全力学的エネルギーと等価なものとして式(6.166)より

$$J_2(x_1,x_2)=\frac{1}{2}x_2^2-a\cos x_1$$

と定義すると，式(6.173)の任意の解 $(x_1,x_2)$ に対して

$$\frac{\mathrm{d}}{\mathrm{d}t}J_2(x_1,x_2)=-bx_2^2(t)\le 0 \tag{6.174}$$

$$\begin{aligned}\frac{\mathrm{d}}{\mathrm{d}t}J_1(x_1,x_2)&=x_2\frac{\mathrm{d}x_2}{\mathrm{d}t}+a\sin x_1\frac{\mathrm{d}x_1}{\mathrm{d}t}\\&=x_2(-a\sin x_1-bx_2)\\&\qquad+x_2a\sin x_1\\&=-bx_2^2\end{aligned}$$

となり，全力学的エネルギーは単調非増加であることがわかる．$x_2=0$ になる場合についても例 6.36 と同様のことが言える．

さて，次に生物の歩容（歩行のリズム）について少し考えてみよう．足をもつ生物が一定のリズムで歩行している際に，つまずいた場合，足の運び（周期的な歩行のリズム）が乱れる．その後少し時間が経つと元のリズムに戻って一定のリズムで歩行していく．このようにある周期解（一定の歩行リズム）から少しずれた（つまずいてリズムが乱れた）場合に，時間とともに元の周期解に収束していくような周期的運動を相空間ではリミットサイクルといい，軌道は閉曲線となる．このような振動を記述する微分方程式の1つがファンデルポル方程式

$$\frac{\mathrm{d}^2x}{\mathrm{d}t^2}-\mu(1-x^2)\frac{\mathrm{d}x}{\mathrm{d}t}+x=0 \qquad (\mu \geq 0) \tag{6.175}$$

である．ここで，$\mu$は非負のパラメータである．以下に，$\mu$と解の関係を考察してみる．

1) $\mu=0$の場合：$\dfrac{\mathrm{d}^2x}{\mathrm{d}t^2}+x=0$となり調和振動が得られる．

2) $\mu>0$の場合：式(6.175)の左辺第2項である減衰項の係数は$-\mu(1-x^2)$である．

　$x^2<1$を満たす微小振動の場合には，係数が負になり負の減衰となる

　$x^2=1$の場合には減衰係数は，0になり非減衰となる．

　$x^2>1$を満たす大振動の場合には，減衰係数が正となり正の減衰（エネルギー損失）となる．

これらから，ファンデルポル方程式で記述される物理系は，微小振動ではエネルギーが注入され，大振動の場合にはエネルギーが消散されることがわかった．したがって，エネルギーの観点から考えると，この物理系は任意の初期値に対して運動が周期的運動に収束いていくことが期待される．ファンデルポル方程式は非線形方程式であり，解くことはできないが相平面を用いて議論することにより，生物の歩行や走行の理解，歩行・走行ロボットの実現，電気回路の挙動解析などに重要な役割を果たしている．

以上，いくつかの例を通して相図について考え，実際に相図を描いてみた．得られた相図から解の振る舞いに関していかなる情報を読み取ることができるであろうか．その基本的なポイントを以下に示す．

(1) 漸近挙動：時間が十分大きくなるとき（$t\to\infty$）に解の挙動はどうなるのか（平衡点に近づくのか，周期運動に収束していくのかあるいは発散していくのか，それとももっと複雑な運動をするのかなど）を相図から読み取ることができる．例えば，図6.35からは解が安定な周期運動であることが，図6.38からは解が平衡点に収束することが見て取れる．

(2) 安定性：着目している平衡状態や周期運動が安定かどうかを相図から読み取ることができる．例えば，図6.39の$(0,0)$は安定平衡点（少し平衡点からずれてもその平衡点にもどる）であり，$(\pi,0)$，$(-\pi,0)$は不安定平衡点（少し平衡点からずれるとその平衡点にもどってこない）であることがわかる．安定平衡点$(0,0)$は図36(a)の鉄棒ロボットでは鉄棒にぶら下がっている状態であり，不安定

平衡点は $(\pi,0)$，$(-\pi,0)$ は倒立状態である．鉄棒にぶら下がるのは容易だが，倒立は難しい．技の難度が平衡点の安定性と関連していることも興味深い．

(3) セパラトリクス：解の挙動は，初期値がどの領域に存在するかによって大きく変わる．その領域の境界をセパラトリクス（分離線）という．例えば，図 6.36(b)において $c>a, c=a, c<a$ によって解曲線は大きく変わっている．この図でのセパラトリックスは $c=a$ の解曲線である．相図の中でセパラトリクスの位置をつかむことは解の挙動を把握するうえで重要である．

(4) 解の分岐：微分方程式に含まれるパラメータ（式(6.153)の $\mu$）値を少しずつ変化させていくと，ある値を越えたところで急に解の漸近挙動に大きな変化が生じることがある．こうした現象は解の分岐と呼ばれており，少しパラメータ値が異なる相図を比較することによって分岐現象をはっきりと捉えることができる．

[例 6.38]　ここで，解の分岐の例について説明しよう．図 6.40(a)は坂道を推力なしで重力のみで下っていく玩具である．これと同様な原理で坂道を推力なしで歩行し下っていく脚機構が研究されている．これは受動歩行機械と呼ばれており，図 6.40(b)のような実験システムを用いて人間を含めた生物の歩行のメカニズムの解明に関する研究がなされている．さて，この受動歩行機械の運動は式(6.153)のような微分方程式と足と床との衝突現象をモデル化した衝突方程式によって表現される．ここで，パラメータ $\mu$ の 1 つとして坂の角度を考えてみよう．坂の角度を少しずつ増していくと，坂と足との衝突によって「タン，タン，タン，タン」といった音をたてて歩いていた受動歩行機械がある角度を境に，「タン，タ，タン，タ，タン，タ」といった別の音のリズムで坂を下るようになる．これは，受動歩行機械の歩行周期（片方の浮いている足が坂と接触しもう一方の坂と接触していた足が浮き上がる瞬間から，次に足と坂との接触状態が変化する瞬間までの時間）に関して，坂の角度というパラメータの変化によって，1 つの歩行周期しかなかったものが突如別の歩行周期が生じたことを意味している．この現象はパラメータ $\mu$ の変化によって微分方程式の解であるシステムの運動の時間発展が本質的に変化したことを表しており，分岐現象の 1 つとして知られている．

(a) 坂を推力なしで下る玩具

(b) 歩行ロボット

図 6.40　受動歩行機械

(5) 構造安定性：物理現象を微分方程式で表現する場合に本質的でないと思われる項を無視して，簡便なモデルを用いることが多い．$\dfrac{\mathrm{d}x}{\mathrm{d}t}=f(x)+g(x)$ に対して右辺第 2 項を無視して $\dfrac{\mathrm{d}x}{\mathrm{d}t}=f(x)$ とモデルを作成する場合である．この近似における $g(x)$ の影響を調べるために，パラメータ $\varepsilon$ を導入し，$\dfrac{\mathrm{d}x}{\mathrm{d}t}=f(x)+\varepsilon g(x)$ とした方程式を用いる．このとき第 2 項を摂動項と呼ぶ．$\varepsilon$ が十分に小さい場合，

その解の挙動は $\frac{\mathrm{d}x}{\mathrm{d}t} = f(x)$ とほとんど変わらない．しかし，$\varepsilon$ が大きくなった場合にはどうなるかはわからない．$\varepsilon$ を大きくしていき，相図の変化を観察することにより，摂動項が解の性質に重要な影響をもつのかどうかを知ることができる．方程式にざまざまな微小な摂動項を加えても解曲線（相図の全体構造）が本質的に影響を受けないとき，この方程式は構造安定であるという．

## 6・6　振動と微分方程式

振動とは物体や状態が時間とともに変化し，平衡点を中心として繰り返して運動するふるまいのことであり，自然界の中でも極めて多い現象である．われわれの身近な振動現象としては，例えば光，音，弾性体や地震波，電気回路の発振などが挙げられる．本章でも例 6.7, 6.26, 6.30, 6.33, 6.34 でバネ・質量系，例 6.36 でバネ・質量・ダンパ系，例 6.3, 6.35, 6.37 で振り子，例 6.14 では電気系として RL 回路の振動現象を対象とし，数学モデルである微分方程式を解くことにより，それぞれのシステムのふるまいを明らかにしてきた．機械・電気系以外でも，例えば生物の歩行のリズムを，振動波形を出力する非線形システム（CPG:セントラル・パターン・ジェネレータ）を足の数だけ相互に結合させることにより生成させる研究がなされている．これらの研究により，6 足の昆虫や馬や猫などの 4 足の動物や 2 足の人間などの歩行のための足の運びの自然なパターンを生成するメカニズムが解明されてきている．このように，生物の運動系の理解にも振動現象は重要な役割をはたしている．本節では機械や構造物の振動問題を扱うが，その原理は他の様々な振動現象と共通の性質をもっており，その応用範囲は極めて広いことに注意しておく．

近年機械システムが発達し，大型化・高速化・軽量化を実現し高性能化が進むにつれて，振動現象はますます重要となってきている．機械システムの振動は，一般には好ましくなく，システムの機能を低下させ，騒音の発生源となり最悪の場合には破壊といった事態を引き起こしてしまう．こういった好ましくない振動現象を理解し，抑制し，無害なレベルまで減少させることは重要である．例えば，宇宙開発において図 6.41 に示すような宇宙ステーション，宇宙望遠鏡などは重要な役割を担っている．これらはロケットやスペースシャトルでその構成要素を宇宙空間に投入し，構築される．これらはロケットなどの積載能力の限界から厳しい質量制限が課されており，軽量化が必須である．宇宙空間では重力の影響がないので軽量化された構成要素が地球上のように重力により定常変形することはないが，スペースシャトルの発着などの衝撃が振動を励起して無重力実験をだいなしにするばかりでなく，最悪の場合には宇宙構造物自体を破壊してしまう危険性もある．次に，身近な例として自動車を考えてみよう．自動車が道路を走行する場合に，その凹凸や風の影響，ドライバーの運転などによって，車体・シャーシ・タイヤをはじめとする自動車の構成要素はそれぞれ複雑な運動をする．自動車の安全性や乗りごこちなどの向上にはこの運動を解明し設計や制御に十分な対策を練らなければならない．図 6.42 に示すように，例 6.36 で説明したバネ・質量・ダ

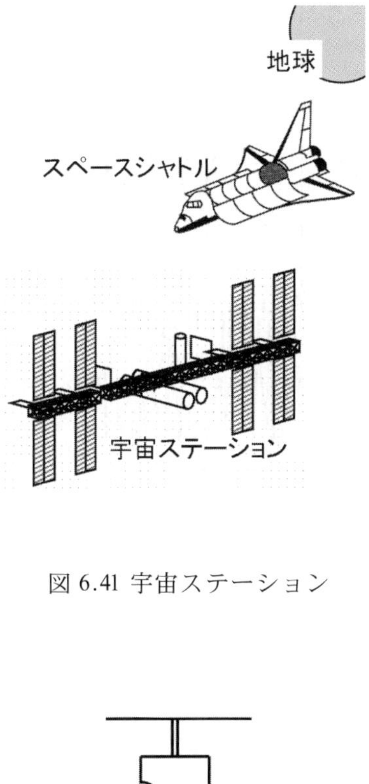

図 6.41 宇宙ステーション

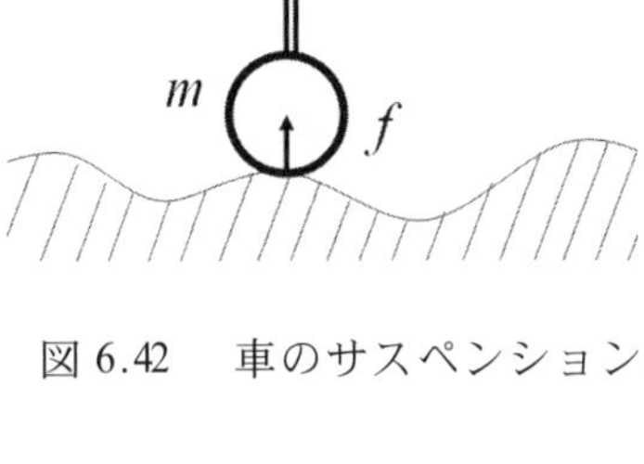

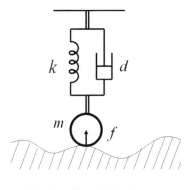

図 6.42　車のサスペンション

ンパ系は質量 $m$ のタイヤが路面からの力 $f$ を受けるバネ定数 $k$，減衰係数 $d$ をもつサスペンションの最も簡単なモデルである．路面の凹凸によってタイヤが受ける外力 $f$ による衝撃をいかにドライバーに伝達させないようにサスペンションのバネ･ダンパを設計するかは安全性や乗りごこち向上に重要な課題である．また，逆に鍛造機械，振動ふるい，振動試験機などのように振動エネルギーを積極的に利用しようとするシステムや生物の歩行に重要な役割を果たす CPG など非線形の振動現象を巧みに利用するシステムもあることを忘れてはならない．このように，振動現象を十分に理解し，活用するためにはその数学モデルである微分方程式は重要な役割をはたす．

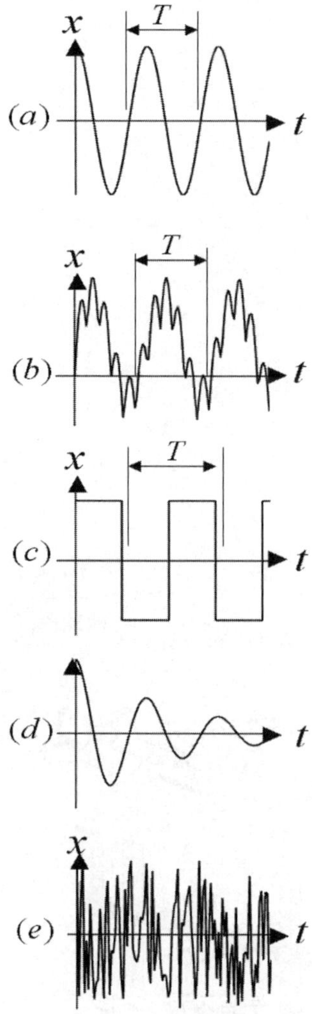

図 6.43　振動波形

### 6・6・1　調和振動

図 6.43 はシステムの状態 $x(t)$ が時間 $t$ とともに変化する振動波形の例である．図 6.43(a)(b)(c)は一定の時間間隔をおいて同じ現象が繰り返されており，このような振動を周期運動という．この一定の時間間隔を周期 $T$ という．図 6.43(d)は時間とともに減衰する振動であり，周期運動ではない．図 6.43(e)は周期性や簡単な規則性が明らかでない運動であり，不規則振動あるいはランダム振動とよばれることがある．RL 回路についての例 6.14 で説明したように調和振動は周期運動の最も簡単なものでその時間応答が正弦関数あるいは余弦関数で表される．機械システムの振動現象の多くが近似的に調和振動で表され，複雑な波形の周期運動もすべて調和振動の重ね合わせによって記述されることに注意しておく（詳細は 7 章フーリエ解析で学ぶ）．

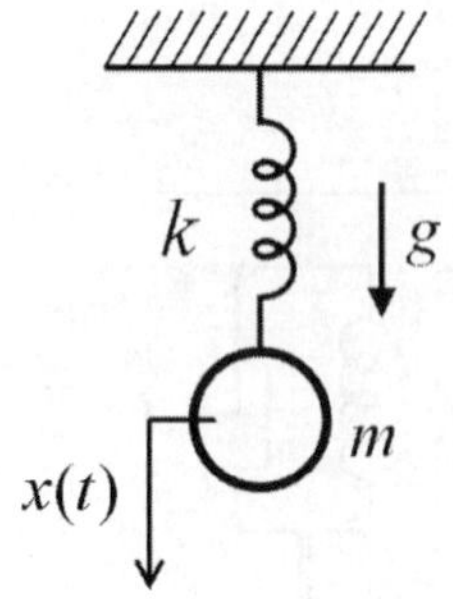

図 6.44　重力場における
バネ･質量系

[例　6.39]　図 6.44 のように一端を固定し，他端に質量 $m$ の物体を重力方向につるしたバネ･質量系を考え，6.4.2(a)で学んだ演算子法と 6.4.3 で学んだ行列の指数関数を用いて解いてみよう．バネは質点がない場合に比べて $\dfrac{mg}{k}$ だけ重力方向に伸びる．ここで，$k$ はバネ定数，$g$ は重力加速度である．$x(t)$ をバネに質点をつるした場合のつり合いの位置からのバネの変位とする．このように設定すれば，重力場におけるバネ･質量系の運動は重力の影響を受けないバネ･質量系と同じ微分方程式

$$m\frac{\mathrm{d}^2 x}{\mathrm{d}t^2} = -kx \tag{6.176}$$

によって表現される．質量は正（$m > 0$）であるので，$\omega^2 = \dfrac{k}{m}$ とおけば，式(6.176)は

$$\frac{\mathrm{d}^2 x}{\mathrm{d}t^2} + \omega^2 x = 0 \tag{6.177}$$

となる．6･4･2 節で学んだ演算子法を用いると式(6.177)は

$$\left(D^2 + \omega^2\right)x = 0$$

となり，$P(D) = D^2 + \omega^2$ となる．微分方程式 $P(D)x = 0$ の特性方程式は

$$P(\lambda) = \lambda^2 + \omega^2 = 0$$

となり，解は $\lambda = \pm\omega j$ となる．したがって，式(6.177)の一般解は

$$x = c_1 \sin \omega t + c_2 \cos \omega t \tag{6.178}$$

と調和振動となる．位相角が $\omega T = 2\pi$ となったとき，1 周期の運動が終わるので振動の周期は $T = \dfrac{2\pi}{\omega} = 2\pi\sqrt{\dfrac{m}{k}}$ であり振動数 $f$ はその逆数 $f = \dfrac{1}{T} = \dfrac{1}{2\pi}\sqrt{\dfrac{k}{m}}$ となる．これらより，周期や振動数は変位や速度すなわち運動の状態とは関係なく，質量とばね定数の値によって決まることがわかる．システム固有の値で振動数が決まるので，その意味で固有振動数(natural frequency)とよぶ．

次に，行列の指数関数を用いて解いてみよう．式(6.177)を $x = x_1, \dfrac{\mathrm{d}x}{\mathrm{d}t} = x_2$ とおいてベクトル表現すれば

$$\frac{\mathrm{d}}{\mathrm{d}t}\begin{bmatrix} x_1 \\ x_2 \end{bmatrix} = \begin{bmatrix} 0 & 1 \\ -\omega^2 & 0 \end{bmatrix}\begin{bmatrix} x_1 \\ x_2 \end{bmatrix}$$

となり，これを，$\boldsymbol{x} = \begin{bmatrix} x_1 & x_2 \end{bmatrix}^T$ とし，

$$\dot{\boldsymbol{x}} = \boldsymbol{A}\boldsymbol{x}$$

とおく．行列 $\boldsymbol{A}$ の特性方程式は $s^2 + \omega^2 = 0$ となり固有値は $\lambda = j\omega, \bar{\lambda} = -j\omega$ となる．これは，演算子法における特性方程式と特性根と同じであることに注意しておく．行列 $\boldsymbol{A}$ に対する実ジョルダン標準形 $\boldsymbol{J}$ とその指数関数 $\mathrm{e}^{t\boldsymbol{J}}$ は

$$\boldsymbol{J} = \begin{bmatrix} 0 & -\omega \\ \omega & 0 \end{bmatrix}, \quad \mathrm{e}^{t\boldsymbol{J}} = \begin{bmatrix} \cos\omega t & -\sin\omega t \\ \sin\omega t & \cos\omega t \end{bmatrix}$$

となる．式(6.132)より

$$\boldsymbol{x} = \boldsymbol{P}\mathrm{e}^{t\boldsymbol{J}}\boldsymbol{P}^{-1}\boldsymbol{x}_0$$

となる．初期値 $\boldsymbol{x}_0$ を任意とすれば，変換行列 $\boldsymbol{P}$ は実数行列であるので，式(6.177)の一般解は(6.178)と一致する．また，行列 $\boldsymbol{A}$ の固有値 $\lambda(\boldsymbol{A})$ と振動の周期 $T$ および振動数 $f$ の関係は

$$T = \frac{2\pi}{\mathrm{Im}\left(\lambda(\boldsymbol{A})\right)}, \quad f = \frac{\mathrm{Im}\left(\lambda(\boldsymbol{A})\right)}{2\pi}$$

である．ここで，$\mathrm{Im}\left(\lambda(\boldsymbol{A})\right)$ は行列 $\boldsymbol{A}$ の固有値 $\lambda(\boldsymbol{A})$ の虚数部である．

> $\dot{\boldsymbol{x}} = \boldsymbol{A}\boldsymbol{x}$ の振動周期 $T_i$
>
> $\omega_i = \mathrm{Im}\left(\lambda_i(\boldsymbol{A})\right)$
>
> $T_i = 2\pi\omega_i$

[例 6.40]　図 6.45 のように例 6.39 で考えたシステムにダンパを導入したバネ・質量・ダンパ系を考え，6.4.2(a)で学んだ演算子法と 6.4.3 で学んだ行列の指数関数を用いて解いてみよう．例 6.39 と同様に考えると微分方程式

$$m\frac{\mathrm{d}^2 x}{\mathrm{d}t^2} = -d\frac{\mathrm{d}x}{\mathrm{d}t} - kx \tag{6.179}$$

を得る．6・4・2 節で学んだ演算子法を用いると，式(6.179)は

$$\left(mD^2 + dD + k\right)x = 0$$

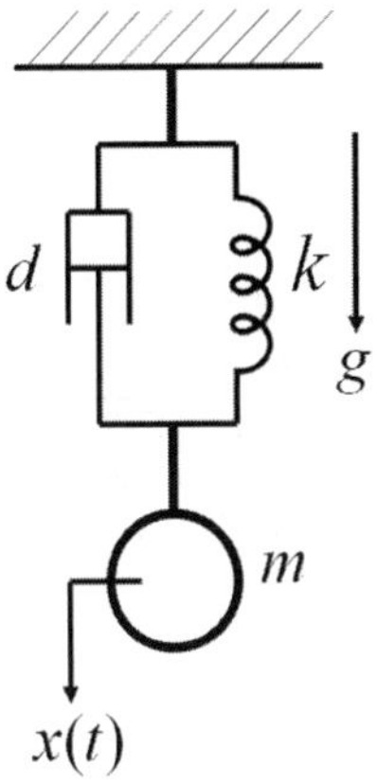

図 6.45　重力場におけるバネ・質量・ダンパ系

となり，$P(D)=mD^2+dD+k$ となる．微分方程式 $P(D)x=0$ の特性方程式は

$$P(\lambda)=m\lambda^2+d\lambda+k=0$$

となり，解は $\lambda=\dfrac{-d\pm\sqrt{4mk-d^2}\,j}{2m}$ となる．したがって，式(6.179)の一般解は

$$x=\mathrm{e}^{-\delta t}\left(c_1\sin\omega t+c_2\cos\omega t\right) \tag{6.180}$$

となる．ここで，$\delta=\dfrac{d}{2m}$，$\omega=\dfrac{1}{2}\sqrt{4\dfrac{k}{m}-\left(\dfrac{d}{m}\right)^2}$ $\left(4mk>d^2\right)$ である．$x(0)=1$，$\dot{x}(0)=0,\ \delta=0.01,\ \omega=1$ とすれば $x(t)$ の応答は図 6.46 のようになり，図 6.39(d)のような振動波形となる．この図から調和振動 $c_1\sin\omega t+c_2\cos\omega t$ が $\mathrm{e}^{-\delta t}$ で減衰していくことがわかる．図 6.46 の振動波形は時間とともに減衰していくので周期的ではないが，振動の周期は一定であるので，振動数は調和振動の場合と同様に $f=2\pi\omega$ と定義している．

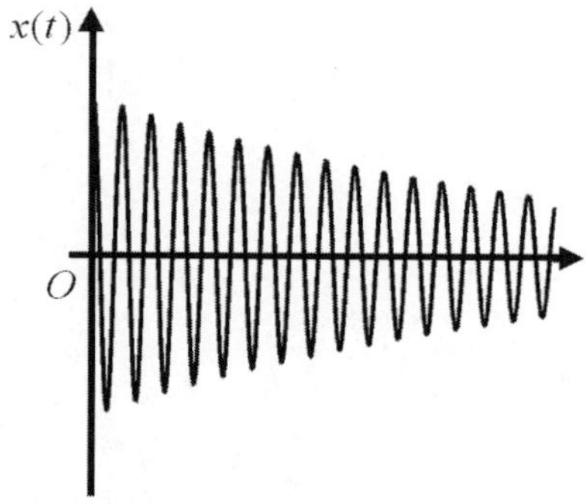


図 6.46　バネ・質量・ダンパ系の時間応答　[例 6.40]

次に，行列の指数関数を用いて解く．式(6.179)を $x=x_1$，$\dfrac{\mathrm{d}x}{\mathrm{d}t}=x_2$ とおいてベクトル表現すれば

$$\frac{\mathrm{d}}{\mathrm{d}t}\begin{bmatrix}x_1\\x_2\end{bmatrix}=\begin{bmatrix}0&1\\-\dfrac{k}{m}&-\dfrac{d}{m}\end{bmatrix}\begin{bmatrix}x_1\\x_2\end{bmatrix}$$

となり，これを，$\boldsymbol{x}=\begin{bmatrix}x_1&x_2\end{bmatrix}^T$ とおいて，

$$\dot{\boldsymbol{x}}=\boldsymbol{A}\boldsymbol{x}$$

とおく．行列 $\boldsymbol{A}$ の特性方程式は $s^2+\dfrac{d}{m}s+\dfrac{k}{m}=0$ となり，固有値は $\lambda=-\dfrac{d}{2m}+\dfrac{1}{2}\sqrt{4\dfrac{k}{m}-\left(\dfrac{d}{m}\right)^2}$，$\bar{\lambda}=-\dfrac{d}{2m}-\dfrac{1}{2}\sqrt{4\dfrac{k}{m}-\left(\dfrac{d}{m}\right)^2}$ となる．これは，演算子法における特性方程式と特性根と同じであることに注意しておく．行列 $\boldsymbol{A}$ に対する実ジョルダン標準形 $\boldsymbol{J}$ とその指数関数 $\mathrm{e}^{t\boldsymbol{J}}$ は

$$\boldsymbol{J}=\begin{bmatrix}-\delta&-\omega\\\omega&-\delta\end{bmatrix},\quad \mathrm{e}^{t\boldsymbol{J}}=\mathrm{e}^{-\delta t}\begin{bmatrix}\cos\omega t&-\sin\omega t\\\sin\omega t&\cos\omega t\end{bmatrix}$$

となる．例 6.39 と同様に行列の指数関数を用いた一般解は演算子法で求めた一般解(6.180)と一致する．また，減衰がある場合も，行列 $\boldsymbol{A}$ の固有値 $\lambda(\boldsymbol{A})$ と振動数 $f$ の関係は

$$f=\frac{\mathrm{Im}\left(\lambda(\boldsymbol{A})\right)}{2\pi}$$

である．

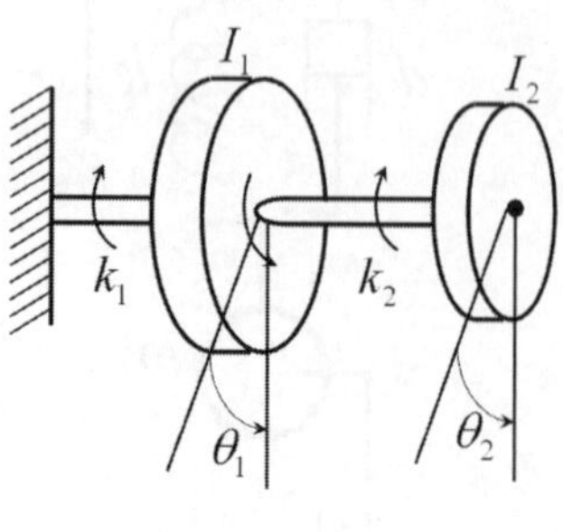


図 6.47　2 慣性系

例 6.39，6.40 において高階微分方程式をそのまま演算子法を用いて解く手法と，高階微分方程式を多元連立 1 階微分方程式に変形して行列の指数関数を用いて解く手法を紹介した．これらの例からもわかるようにそれぞれの手

法で求めた解は一致する．また，高階微分方程式に対する演算子法の特性方程式の根と多元次元連立1階微分方程式の行列 $\boldsymbol{A}$ の固有値が一致することに注意しておく．

さて，実際のシステムは複数の状態が複雑に干渉しあう多自由度系として取り扱うべきものが多い．多自由度機械システムの振動系の場合には，いくつかの固有振動数と振動形状をもち，これらが合成された振動が起こる．この例として歯車などの動力伝達機構の運動のモデルとしてよく用いられる2つの円板を有する弾性軸（2慣性系）を考える（図6.47参照）．

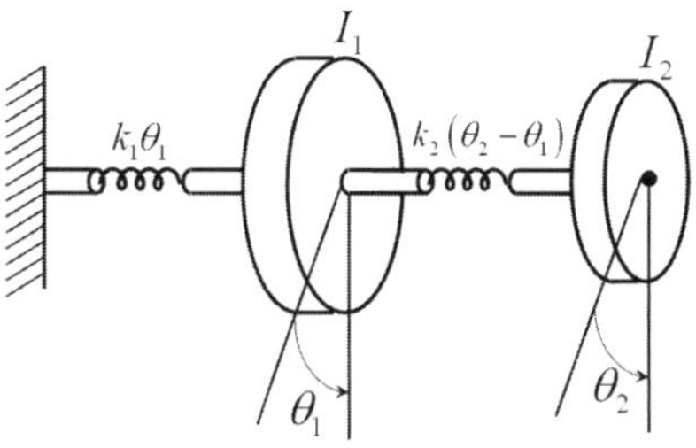


図 6.48 ねじりバネモデル

[例 6.41] 図6.47に示すような2つの円板がねじり変形する弾性軸により連結されているねじり振動系（2 慣性系）を考えよう．弾性軸は円板の回転による慣性力を受け，ねじり変形を生じる．このねじり角は弾性軸の位置によって変化し，その運動は厳密には偏微分方程式となる．その簡易モデルとして図6.48のようなねじりバネモデルがよく用いられる．このモデルは，弾性軸の根元と弾性軸の先端（すなわち円板側）の角度の差に比例した反トルクが生じるとするものであり，機械システムにおける動力伝達機構である歯車などの運動の典型的なモデルである．円板の慣性モーメントを $I_1, I_2$，ねじり角を $\theta_1, \theta_2$，弾性軸のねじりのバネ定数を $k_1, k_2$ とする．弾性軸の運動を表す微分方程式は，ねじりバネに生じる反トルクを考慮したモーメントのつり合いから

$$\begin{aligned} I_1\frac{\mathrm{d}^2\theta_1}{\mathrm{d}t^2} &= -k_1\theta_1 + k_2\left(\theta_2-\theta_1\right) \\ I_2\frac{\mathrm{d}^2\theta_2}{\mathrm{d}t^2} &= -k_2\left(\theta_2-\theta_1\right) \end{aligned} \tag{6.181}$$

となる．ここで，$\theta_1 = x_1$，$\theta_2 = x_2$，$\dfrac{\mathrm{d}\theta_1}{\mathrm{d}t} = x_3$，$\dfrac{\mathrm{d}\theta_2}{\mathrm{d}t} = x_4$ とおいて式(6.181)をベクトル表現すると

$$\frac{\mathrm{d}}{\mathrm{d}t}\begin{bmatrix} x_1 \\ x_2 \\ x_3 \\ x_4 \end{bmatrix} = \begin{bmatrix} 0 & 0 & 1 & 0 \\ 0 & 0 & 0 & 1 \\ -\dfrac{k_1}{I_1}-\dfrac{k_2}{I_1} & \dfrac{k_2}{I_1} & 0 & 0 \\ \dfrac{k_2}{I_2} & -\dfrac{k_2}{I_2} & 0 & 0 \end{bmatrix}\begin{bmatrix} x_1 \\ x_2 \\ x_3 \\ x_4 \end{bmatrix} \tag{6.182}$$

を得る．式(6.182)は4元連立1階線形常微分方程式であるので式(6.120)のように

$$\dot{\boldsymbol{x}} = \boldsymbol{A}\boldsymbol{x}, \qquad \boldsymbol{x}(0) = \boldsymbol{x}_0 \tag{6.183}$$

と書ける．ただし，

$$\boldsymbol{x} = \left[x_1\ x_2\ x_3\ x_4\right]^T,\ \boldsymbol{x}(0) = \left[x_1(0)\ x_2(0)\ x_3(0)\ x_4(0)\right]^T$$

$$\boldsymbol{A} = \begin{bmatrix} 0 & 0 & 1 & 0 \\ 0 & 0 & 0 & 1 \\ a_{11} & a_{12} & 0 & 0 \\ a_{21} & a_{22} & 0 & 0 \end{bmatrix},\quad \begin{aligned} & a_{11} = -\frac{k_1}{I_1}-\frac{k_2}{I_1} \\ & a_{12} = \frac{k_2}{I_1}, a_{21} = \frac{k_2}{I_2}, a_{22} = -\frac{k_2}{I_2} \end{aligned}$$

である．定理6.10に従って行列の指数関数を用いて式(6.183)の解を求める．

**$\boldsymbol{A}$ の固有値**

$$\det\left(s\boldsymbol{I}-\boldsymbol{A}\right) = \det\begin{bmatrix} s & 0 & -1 & 0 \\ 0 & s & 0 & -1 \\ -a_{11} & -a_{12} & s & 0 \\ -a_{21} & -a_{22} & 0 & s \end{bmatrix}$$

$$= s\begin{vmatrix} s & 0 & -1 \\ -a_{12} & s & 0 \\ -a_{22} & 0 & s \end{vmatrix} - 1\begin{vmatrix} 0 & s & -1 \\ -a_{11} & -a_{12} & 0 \\ -a_{21} & -a_{22} & s \end{vmatrix}$$

$$= s\left\{s\begin{vmatrix} s & 0 \\ 0 & s \end{vmatrix} - 1\begin{vmatrix} -a_{12} & s \\ -a_{22} & 0 \end{vmatrix}\right\} + s\begin{vmatrix} -a_{11} & 0 \\ -a_{21} & s \end{vmatrix} + 1\begin{vmatrix} -a_{11} & -a_{12} \\ -a_{21} & -a_{22} \end{vmatrix}$$

$$= s\left(s^3 - a_{22}s\right) - a_{11}s^2 + a_{11}a_{22} - a_{12}a_{21}$$

$$= s^4 - \left(a_{22}+a_{11}\right)s^2 + a_{11}a_{22} - a_{12}a_{21}$$

$$= s^4 - \left(-\frac{k_2}{I_2}-\frac{k_1}{I_1}-\frac{k_2}{I_1}\right)s^2 + \frac{k_1+k_2}{I_1}\frac{k_2}{I_2} - \frac{k_2}{I_1}\frac{k_2}{I_2}$$

$$= s^4 + \underbrace{\left(\frac{k_1}{I_1}+\frac{k_2}{I_1}+\frac{k_2}{I_2}\right)}_{b}s^2 + \underbrace{\frac{k_1k_2}{I_1I_2}}_{c}$$

$\det\left(s\boldsymbol{I}-\boldsymbol{A}\right) = 0$ の解は

$$s^2 = \frac{-b \pm \sqrt{b^2-4c}}{2}$$

ここで

$c > 0$

$$b^2 - 4c = \left(\frac{k_1}{I_1}+\frac{k_2}{I_1}+\frac{k_2}{I_2}\right)^2 - 4\frac{k_1k_2}{I_1I_2} > 0$$

である．$-b \pm \sqrt{b^2-4c} < 0$ より

$$s = \pm j\sqrt{\frac{b \mp \sqrt{b^2-4c}}{2}}$$

を得る．

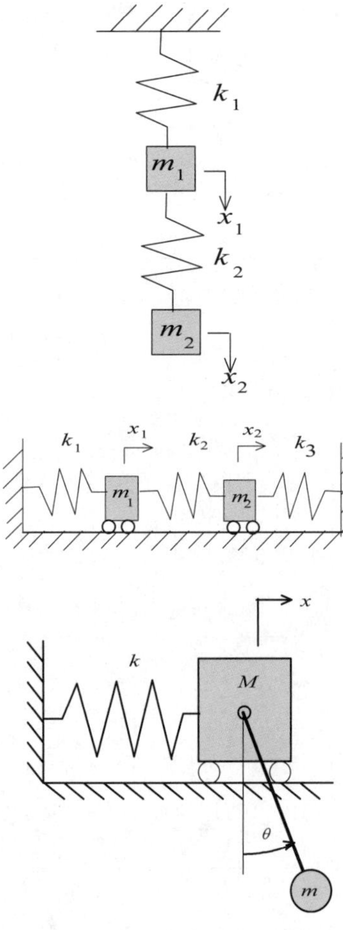


図 6.49　2 慣性系と同様な多自由度系のモデルの例

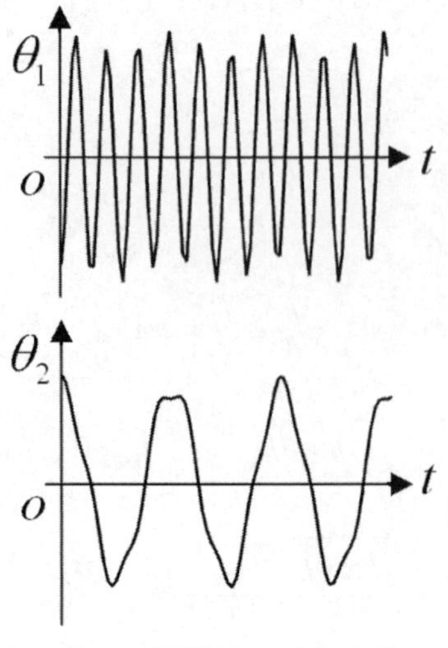


図 6.50　2 慣性系の時間応答 [例 6.41]

行列 $\boldsymbol{A}$ の固有値は特性方程式

$$\begin{aligned}\det(s\boldsymbol{I}-\boldsymbol{A}) &= s^4-(a_{22}+a_{11})s^2+a_{11}a_{22}-a_{12}a_{21}\\ &= s^4+\left(\frac{k_1}{I_1}+\frac{k_2}{I_1}+\frac{k_2}{I_2}\right)s^2+\frac{k_1k_2}{I_1I_2}\\ &= s^4+bs^2+c=0\end{aligned}$$

の解であり，

$$s^2=\frac{-b\pm\sqrt{b^2-4c}}{2}$$

となる．ここで，$c>0$，$b^2-4c>0$ であるので $-b\pm\sqrt{b^2-4c}<0$ となることがわかる．したがって，行列 $\boldsymbol{A}$ の固有値は

$$s=\pm j\sqrt{\frac{b\mp\sqrt{b^2-4c}}{2}} \tag{6.184}$$

となる．これより，2 慣性系の振動は 2 種類存在することがわかり，$\omega_1=\sqrt{\dfrac{b-\sqrt{b^2-4c}}{2}}$，$\omega_2=\sqrt{\dfrac{b+\sqrt{b^2-4c}}{2}}$ とおくと，2 慣性系の振動周期は $T=\dfrac{2\pi}{\omega_1}$，$\dfrac{2\pi}{\omega_2}$ であり，振動数は $f=\dfrac{\omega_1}{2\pi}$，$\dfrac{\omega_2}{2\pi}$ となる．行列 $\boldsymbol{A}$ に対する実ジョルダン標準形 $\boldsymbol{J}$ とその指数関数 $e^{t\boldsymbol{J}}$ は

$$\boldsymbol{J}=\begin{bmatrix}0 & -\omega_1 & & \\ \omega_1 & 0 & \multicolumn{2}{c}{\boldsymbol{0}} \\ & & 0 & -\omega_2 \\ \multicolumn{2}{c}{\boldsymbol{0}} & \omega_2 & 0\end{bmatrix},\ \mathrm{e}^{t\boldsymbol{J}}=\begin{bmatrix}\cos\omega_1 t & -\sin\omega_1 t & & \\ \sin\omega_1 t & \cos\omega_1 t & \multicolumn{2}{c}{\boldsymbol{0}} \\ & & \cos\omega_2 t & -\sin\omega_2 t \\ \multicolumn{2}{c}{\boldsymbol{0}} & \sin\omega_2 t & \cos\omega_2 t\end{bmatrix} \tag{6.185}$$

となる．式(6.132)より

$$\boldsymbol{x}=\boldsymbol{P}\mathrm{e}^{t\boldsymbol{J}}\boldsymbol{P}^{-1}\boldsymbol{x}_0 \tag{6.186}$$

となる．$\boldsymbol{x}_0$ を任意とすれば変換行列 $\boldsymbol{P}$ は実数行列であるので式(6.181)の一般解は

$$\begin{aligned}\theta_1 &= c_{11}\sin\omega_1 t+c_{12}\cos\omega_1 t+c_{13}\sin\omega_2 t+c_{14}\cos\omega_2 t\\ \theta_2 &= c_{21}\sin\omega_1 t+c_{22}\cos\omega_1 t+c_{23}\sin\omega_2 t+c_{24}\cos\omega_2 t\end{aligned} \tag{6.187}$$

となり，初期条件 $\boldsymbol{x}(0)=\boldsymbol{x}_0$ を満足するように未定係数 $c_{ij}\ (i=1,\cdots,4,\ j=1,\cdots,4)$ を決めればよい．$I_1=I_2=1,\ k_1=10,\ k_2=1$ とし，

$\theta_1(0)=-1$ [deg], $\theta_2(0)=1$ [deg], $\dot{\theta}_1(0)=\dot{\theta}_2(0)=0$ [deg/s] とした場合の $\theta_1(t)$ と $\theta_2(t)$ の時間応答を図 6.50 に示す．式(6.187)や図 6.50 からわかるように，2 つの振動数の振動波形が合成された応答となる．適当な初期条件 $c_{13}=c_{14}=0$，$c_{21}=c_{22}=0$ を設定するといずれかの振動数だけが起こりうる．このような特殊な振動系を主振動形(principal mode of vibration)といい，低い振動数の振動を第 1 モード(first mode)の振動，高い方を第 2 モード(second mode)の振動と

いう．また，第 1 モードの振動数は $f_1 = \dfrac{\omega_1}{2\pi}$，第 2 モードの振動数は $f_2 = \dfrac{\omega_2}{2\pi}$ となる．

この例も，例 39, 40 と同様に式(6.181)に演算子法を用いて解くこともできる．ただし，この場合は 2 変数が互いに干渉した 2 階の微分方程式であり，ただちに 1 変数高階微分方程式として演算子法を用いることはできないが，式(6.181)の第 1 式を $\theta_2$ について解き，第 2 式に代入し $\theta_2$ を消去することにより，$\theta_1$ に関する 4 階微分方程式を得ることができ，演算子法を適用できることに注意しておく（$\theta_1$ に関しても同様である.）．

### 6・6・2　偏微分方程式へのいざない

6･1･1 節で述べたように，偏微分方程式は関数が複数の独立変数をもち，関数の偏微分を含む方程式である．自然界のほとんどの現象は偏微分方程式で記述されると言っても過言ではない．例えば，バイオリンやチェロやギターや琴などの弦楽器は弦の振動により美しい音色をかもし出し，しっかりとしたリズムを刻むドラムや強烈な音を生み出すティンパニや和太鼓などの打楽器は膜の振動に依っている．水溜りの中に落ちた雨粒は波紋を作り，F1 マシンは空気の流れをうまく使ってダウンフォースを得て高速走行を実現している．これらの運動を記述するには独立変数として空間変数と時間変数が必要であり，運動方程式は偏微分方程式となる．

これまで述べてきた常微分方程式の個々の解が解曲線としてとらえられたのに対して，偏微分方程式の解は解曲面が対応する．例えば，一端が固定で他端が自由な片持ち梁の運動は図 6.51(a)のように 3 次元曲面として表現できる．ここで，図 6.51(a)の $r$ 軸は梁の長さ方向の空間変数 $r$ で $t$ 軸は時間変数で，それらに直交する軸は梁の縦変位 $w(t,r)$ を表している．また，図 6.51(b)は各時刻での梁の変形の様子を示している．このように，偏微分方程式の解の振る舞いは，常微分方程式のそれに比べてはるかに多様である．

偏微分方程式と常微分方程式の違いを別の角度からみれば，例えば線形常微分方程式の一般解は有限個の特殊解の 1 次結合として表現できるのに対して，先程の弦や膜の振動は無限個の固有振動の合成として表される．このように解の表現に無限個のパラメータが依存することが偏微分方程式は難しそうだと思わせている原因であろう．この点を数学的に厳密に議論するためには線形代数を無限次元に拡張したような問題を扱う関数解析の知識が必要となる．本節では難しい数学の道具立てを用いなくても偏微分方程式を解くことができることを説明する．

6･6 節の冒頭でも述べたが，大規模宇宙構造物はロケットなどの積載能力の制約から極端な軽量化がなされており，その構成要素は剛体とはみなせず柔軟性による弾性振動が大きな問題となっている．ここでは，宇宙構造物や宇宙ロボットアームの最も簡単な例として柔軟梁を考える．柔軟梁の振動現象がいかにしてモデル化され偏微分方程式として記述されるかと，いかにして偏微分方程式を解くかについて難しい数学を使うことなく説明する．

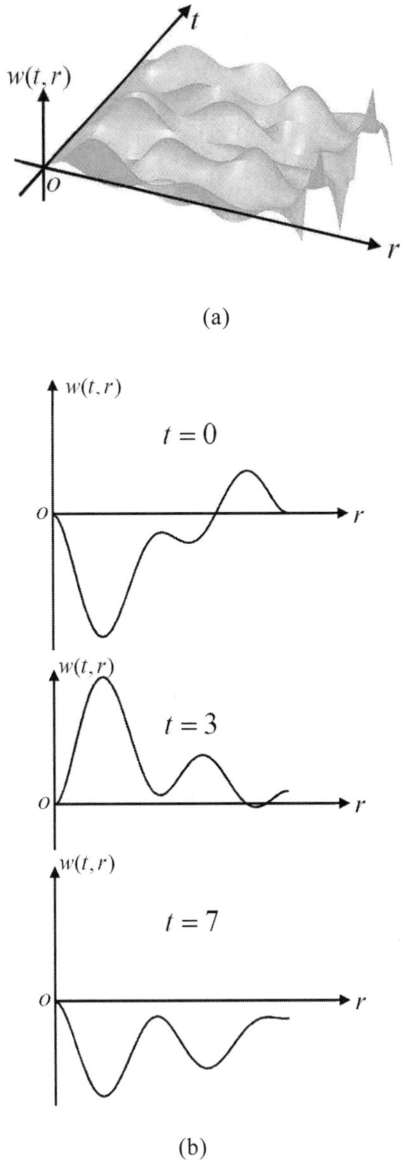


図 6.51　片持ち梁の運動

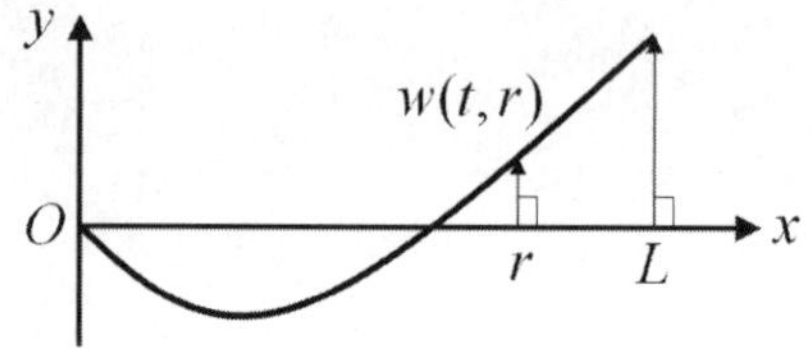


図 6.52　柔軟梁

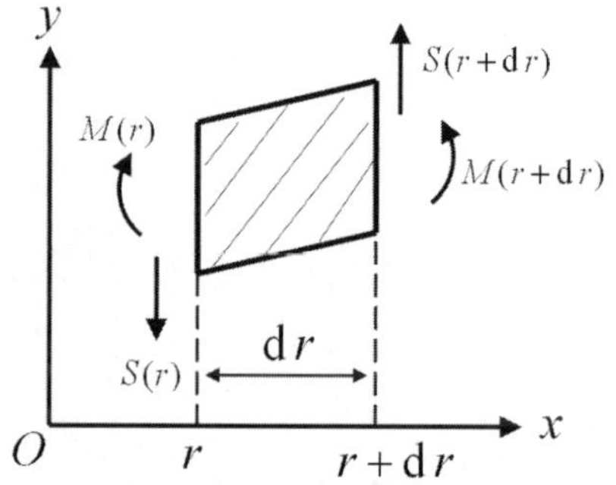


図 6.53　柔軟梁の微小切片

$$S(r+\mathrm{d}r)-S(r)$$
$$\cong S(r)+\frac{\partial S}{\partial r}\mathrm{d}r-S(r)$$
$$=\frac{\partial S}{\partial r}\mathrm{d}r$$

$$S(r+\mathrm{d}r)\mathrm{d}r+M(r+\mathrm{d}r)-M(r)$$
$$\cong S(r)\mathrm{d}r+\frac{\partial S}{\partial r}(\mathrm{d}r)^2$$
$$+M(r)+\frac{\partial M}{\partial r}\mathrm{d}r-M(r)$$
$$\cong S(r)\mathrm{d}r+\frac{\partial M}{\partial r}\mathrm{d}r=0$$
$$S(r)=-\frac{\partial M}{\partial r}$$
$$\frac{\partial S}{\partial r}=-\frac{\partial^2 M}{\partial r^2}=-\frac{\partial^2}{\partial r^2}\left(EI\,\frac{\partial^2 w}{\partial r^2}\right)$$
$$=-EI\,\frac{\partial^4 w}{\partial r^4}$$

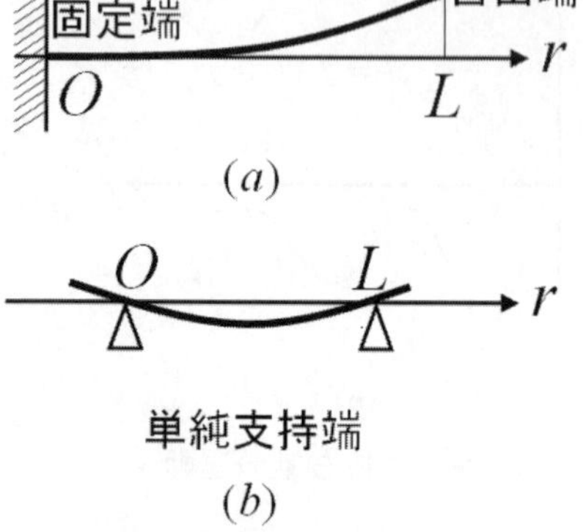


図 6.54　境界条件

**(a)　振動方程式の導出**

まず，水平面内で運動する一様な柔軟梁のモデルを導出してみよう．原点 $O$ を柔軟梁の一端に取り，柔軟梁に変形がない場合の梁の長手方向に $x$ 軸をとり，絶対座標系 $O-xy$ を定める．図 6.52 に示すように柔軟梁は 2 次元平面内で変形する．その変形の大きさは空間的な位置により異なり，$x$ 軸上の位置 $r$ に依存する．さらに，時間とともに柔軟梁の全体の形状が変形するので，その変形は時間 $t$ にも依存する．これまで取り扱ってきた例は時間あるいは空間のみに依存した関数で運動あるいは形を表現でき，そのモデルである常微分方程式を解くことにより，運動の時間発展あるいは空間分布を調べてきた．しかし，柔軟梁の変位は時間変数 $t$ と空間変数 $r$ の両方に依存する．したがって，柔軟梁の運動方程式は偏微分方程式として記述される．さて，柔軟梁の長さを $L$，線密度を $\rho$，曲げ剛性を $EI$ とし，変形は小さいと仮定し，$x$ 軸上の点 $r$ $(0\le r\le L)$ における柔軟梁の変位を $w(t,r)$ とする．図 6.53 のように柔軟梁に対して幅 $\mathrm{d}r$ の微小切片を考える．ここで，$M(r)$ は柔軟梁の位置 $r$ における曲げモーメント，$S(r)$ はせん断力である．この微小切片の質量は $\rho\mathrm{d}r$ であり，微小切片に働く力は $S(r+\mathrm{d}r)-S(r)$ である．したがって，微小切片の力の釣り合いから

$$\rho\,\mathrm{d}r\frac{\partial^2 w}{\partial t^2}=S(r+\mathrm{d}r)-S(r) \tag{6.188}$$

を得る．また，モーメントの釣り合いから

$$S(r+\mathrm{d}r)\mathrm{d}r+M(r+\mathrm{d}r)-M(r)=0 \tag{6.189}$$

を得る．$S(r+\mathrm{d}r)\cong S(r)+\dfrac{\partial S}{\partial r}\mathrm{d}r,\ M(r+\mathrm{d}r)\cong M(r)+\dfrac{\partial M}{\partial r}\mathrm{d}r$ を用いれば式(6.188)(6.189)はそれぞれ

$$\rho\,\mathrm{d}r\frac{\partial^2 w}{\partial t^2}=\frac{\partial S}{\partial r}\mathrm{d}r \tag{6.190}$$

$$S(r)\mathrm{d}r+\frac{\partial M}{\partial r}\mathrm{d}r=0 \tag{6.191}$$

となる．材料力学において，曲げモーメントと曲率の関係として

$$M(r)=EI\frac{\partial^2 w}{\partial r^2} \tag{6.192}$$

が知られている．式(6.190)(6.191)(6.192)を用いると，柔軟梁の運動方程式として偏微分方程式

$$\frac{\partial^2 w(t,r)}{\partial t^2}+\alpha\frac{\partial^4 w(t,r)}{\partial r^4}=0 \tag{6.193}$$

を得る．ただし，$\alpha=EI/\rho$ とおいている．$t=0$ のときの柔軟梁の形状が初期条件であり，それは空間変数 $r$ の関数として

$$w(0,r)=w_0(r) \tag{6.194}$$

と与えられる．また，柔軟梁の端の設定の仕方として図 6.54 に示すように，がっちりと環境に固定する固定端，何も制約がない自由端，単に支持されているだけの単純支持端などがある．これらは，柔軟梁の端点すなわち境界の条件を指定しているので境界条件と呼ばれる．図 6.54(a) の場合には $r=0$ は固定端であり環境に固定されているので，その点での柔軟梁の変位と空間的

な傾きは零であり，境界条件は $w(t,0)=0,\ \dfrac{\partial w(t,0)}{\partial r}=0$ となる．ここで，$w(t,0)=w(t,r)|_{r=0},\ \dfrac{\partial w(t,0)}{\partial r}=\dfrac{\partial w(t,r)}{\partial r}|_{r=0}$ を意味している．また，$r=L$ は自由端であり，その点では曲げモーメントとせん断力が零になるので，$\dfrac{\partial^2 w(t,L)}{\partial r^2}=0,\ \dfrac{\partial^3 w(t,L)}{\partial r^3}=0$ となる．図 6.54(b)の場合には $r=0,\ L$ は単純支持端であるので，その点での変位と曲げモーメントは零になるので，$w(t,0)=0$，$\dfrac{\partial^2 w(t,L)}{\partial r^2}=0$ となる．これらの境界条件をまとめると

$$\begin{aligned}&\text{固定端：} && w(t,l)=0,\quad \frac{\partial w(t,l)}{\partial r}=0\ \ (l=0\ \text{または}\ L)\\&\text{自由端：} && \frac{\partial^2 w}{\partial r^2}(t,l)=0,\quad \frac{\partial^3 w(t,l)}{\partial r^3}=0(l=0\ \text{または}\ L)\\&\text{単純支持端：} && w(t,l)=0,\quad \frac{\partial^2 w(t,l)}{\partial r^2}=0\ \ (l=0\ \text{または}\ L)\end{aligned} \tag{6.195}$$

となる．以上より，柔軟梁の振動方程式は偏微分方程式(6.193)，初期条件(6.194)，境界条件(6.195)によって表現されることがわかった．

**(b)　偏微分方程式を解く**

次に，柔軟梁の振動現象を明らかにするために振動方程式を解くことを考える．

まず，偏微分方程式(6.193)の一般解を求めてみよう．式(6.193)の解の存在や一意性の議論は常微分方程式と同様になされており，詳細は触れないが適切な領域を定義し関数の滑らかさを仮定すれば解の存在や一意性が保証されるので，ここでは解の存在と一意性を仮定しておく．まず，柔軟梁の変位 $w(t,r)$ が変数が分離された形

$$w(t,r)=v(t)\varphi(r) \tag{6.196}$$

と表現できるとする．ただし，$\varphi(r)$ は境界条件を満足するものとする．解の一意性より変数が分離された形で解が見つかれば他の解を探す必要はなくなる．式(6.196)を偏微分方程式(6.193)に代入すると

$$\frac{\mathrm{d}^2 v}{\mathrm{d}t^2}\varphi(r)+\alpha v(t)\frac{\mathrm{d}^4\varphi}{\mathrm{d}r^4}=0$$

となる．これを変形すると

$$-\frac{\dfrac{\mathrm{d}^2 v}{\mathrm{d}t^2}}{v(t)}=\frac{\alpha\dfrac{\mathrm{d}^4\varphi}{\mathrm{d}r^4}}{\varphi(r)} \tag{6.197}$$

を得る．式(6.197)のように独立変数を分離して，独立変数の少ない方程式（この場合には 2 変数なので完全に分離できる．）に帰着させる方法を変数分離という．式(6.197)の左辺は時間変数 $t$ のみの関数で構成されており，右辺は空間変数 $r$ の関数のみで構成されている．したがって，式(6.197)は定数とならなければ矛盾が生じる．この定数を $\lambda$ とすると，式(6.197)は

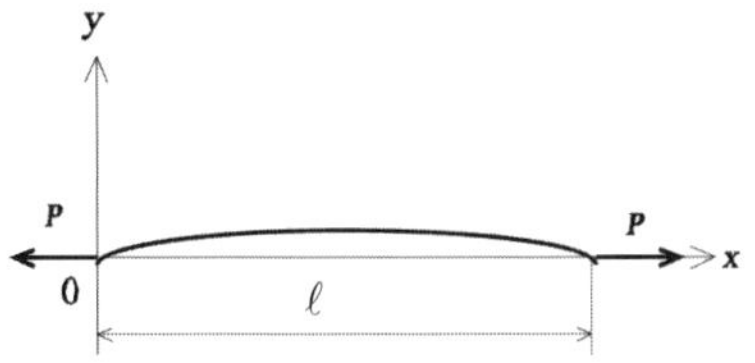


$$\frac{\partial^2 y}{\partial t^2}=\frac{P}{\rho A}\frac{\partial^2 y}{\partial x^2}$$

$y$：弦の $y$ 方向の変位

$P$：張力，$A$：断面積，$\rho$：密度

(a) 張力を受ける弦の振動

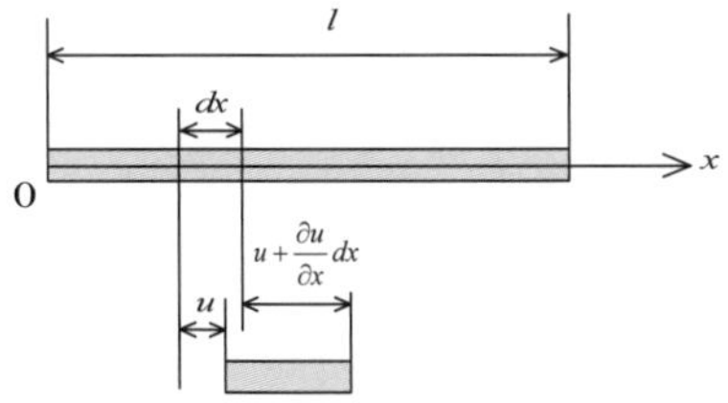


$$\frac{\partial^2 u}{\partial t^2}=\frac{E}{\rho}\frac{\partial^2 u}{\partial x^2}$$

$u$：棒の $x$ 方向の変位

$E$：縦弾性係数，$\rho$：密度

(b) 棒の縦振動

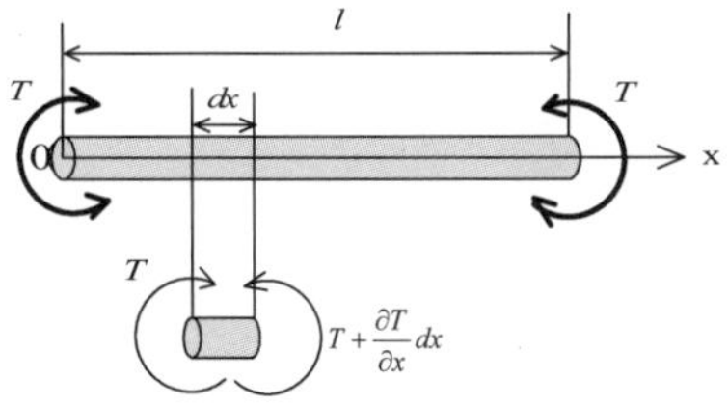


$$\frac{\partial^2 \theta}{\partial t^2}=\frac{G}{\rho}\frac{\partial^2 \theta}{\partial x^2}$$

$\theta$：トルク $T$ による角変位

$G$：せん断弾性係数，$\rho$：密度

(c) 棒のねじり振動

図 6.55　偏微分方程式で表される振動現象の例

$$\frac{d^2 v(t)}{dt^2} = -\lambda v(t) \tag{6.198}$$

$$\alpha \frac{d^4 \varphi(r)}{dr^4} = \lambda \varphi(r) \tag{6.199}$$

となり，それぞれ常微分方程式として表現される．したがって，$\lambda$ の正負がわかれば式(6.198)(6.199)を満足する具体的な関数を求めることができる．では，$\lambda$ の符号を確かめてみよう．ここで，境界条件として $r=0$ が固定端，$r=L$ が自由端の場合について考えよう．$\varphi(r)$ は境界条件を満たしているので

$$\varphi(0) = \frac{d\varphi}{dr}(0) = \frac{d^2\varphi}{dr^2}(L) = \frac{d^3\varphi}{dr^3}(L) = 0 \tag{6.200}$$

を満足する．式(6.199)と境界条件(6.200)を用いて部分積分すれば

$$\begin{aligned}\lambda \int_0^L \varphi^2(r)\,dr &= \alpha \int_0^L \varphi(r) \frac{d^4\varphi}{dr^4} dr \\ &= \alpha \left\{ \left[ \varphi \frac{d^3\varphi}{dr^3} \right]_0^L - \left[ \frac{d\varphi}{dr} \frac{d^2\varphi}{dr^2} \right]_0^L + \int_0^L \left( \frac{d^2\varphi}{dr^2} \right)^2 dr \right\} \\ &= \alpha \int_0^L \left( \frac{d^2\varphi}{dr^2} \right)^2 dr \geq 0\end{aligned} \tag{6.201}$$

となる．ここで，等号が成立するのは $\dfrac{d^2\varphi}{dr^2} = 0$ のときだけであるから，この場合には境界条件(6.200)より $\varphi = 0$ となり，$w(t,r) = 0$ となってしまい意味のない解となる．このような場合を除けば

$$\lambda \int_0^L \varphi^2(r)\,dr > 0 \tag{6.202}$$

となり，$\lambda > 0$ である．他の境界条件を考慮した場合にも同様に $\lambda > 0$ が導かれることに注意しておく．(興味のある読者は各自確かめられたい．)

さて，$\lambda > 0$ であるので，式(6.198)の一般解は

$$v(t) = a_1 \sin\sqrt{\lambda} t + a_2 \cos\sqrt{\lambda} t = a \sin\left(\sqrt{\lambda} t + \phi\right) \tag{6.203}$$

となる．一方，式(6.199)の特性方程式は

$$p^4 - \frac{\lambda}{\alpha} = \left( p^2 + \sqrt{\frac{\lambda}{\alpha}} \right)\left( p^2 - \sqrt{\frac{\lambda}{\alpha}} \right) = 0$$

となり

$$p = \pm \left( \frac{\lambda}{\alpha} \right)^{\frac{1}{4}},\quad \pm j \left( \frac{\lambda}{\alpha} \right)^{\frac{1}{4}}$$

を得る．$\left( \dfrac{\lambda}{\alpha} \right)^{\frac{1}{4}} = \beta \neq 0$ と定義し，定理 6.8 を用いると

$$\varphi(r) = c_1 \sin\beta r + c_2 \cos\beta r + c_3 \sinh\beta r + c_4 \cosh\beta r \tag{6.204}$$

を得る．ここで，$e^{\beta r} = \sinh\beta r + \cosh\beta r$，$e^{-\beta r} = -\sinh\beta r + \cosh\beta r$ を用いている．式(6.204)において未知数は $c_1, c_2, c_3, c_4, \beta$ の５つであり，境界条件(6.200)を満足するようにこれらを決定する．式(6.204)に式(6.200)の境界条件を考慮すると

$$\varphi(0) = 0 \ \to \ c_2 + c_4 = 0 \ \to \ c_4 = -c_2$$

$$\frac{d\varphi}{dr}(0) = 0 \ \to \ c_1 + c_3 = 0 \ \to \ c_3 = -c_1$$

$$\frac{d^2\varphi}{dr^2}(L) = 0 \ \to \ -c_1 \sin\beta L - c_2 \cos\beta L - c_1 \sinh\beta L - c_2 \cosh\beta L = 0 \tag{6.205}$$

$$\frac{d^3\varphi}{dr^3}(L) = 0 \ \to \ -c_1 \cos\beta L - c_2 \sin\beta L - c_1 \cosh\beta L - c_2 \sinh\beta L = 0 \tag{6.206}$$

となる．ただし，$\beta \neq 0$ を用いている．式(6.205)(6.206)をベクトル表現すると

$$\begin{bmatrix} \sin\beta L + \sinh\beta L & \cos\beta L + \cosh\beta L \\ \cos\beta L + \cosh\beta L & -\sin\beta L + \sinh\beta L \end{bmatrix} \begin{bmatrix} c_1 \\ c_2 \end{bmatrix} = \boldsymbol{0} \tag{6.207}$$

すなわち

$$\boldsymbol{Mc} = \boldsymbol{0} \tag{6.208}$$

である．ここで，$\boldsymbol{c} = 0$ は明らかに解であるが，$c_1 = c_3 = 0, c_2 = c_4 = 0$ となり，$w(t, r) = 0$ となってしまう．式(6.208)が $\boldsymbol{c} \neq 0$ でない解（非自明解）を持つためには $\det \boldsymbol{M} = 0$ でなければならない．この場合，条件 $\det \boldsymbol{M} = 0$ は

$$1 + \cos\beta L \cosh\beta L = 0 \tag{6.209}$$

となる．式(6.209)は $\beta$ を未知数とする方程式で，固有方程式と呼ばれ，式(6.209)を満足する $\beta$ を求めれば

$$\lambda = \alpha\beta^4$$

より，式(6.198)(6.199)の未知定数 $\lambda$ を得る．式(6.199)(6.200)を固有値問題と呼んでおり，$\lambda$ は固有値問題の固有値，$\varphi$ は固有値 $\lambda$ に対応する固有関数と呼ばれている．$\alpha = 1, L = 1$ として，式(6.209)の左辺を $\bar{f}(\beta)$，$f(\beta) = \bar{f}(\beta)/e^{\beta L}$ と定義すると $f(\beta)$ は図 6.56 のようになる．図 6.56 からわかるように，固有方程式 $f(\beta) = 0$ を満足する $\beta$ は無限個（可算無限個）あることがわかる．ここで，$e^{\beta L} \neq 0$ であるので，$\bar{f}(\beta) = 0$ を満たす $\beta$ と $f(\beta) = 0$ を満たす $\beta$ は一致することに注意しておく．固有方程式(6.209)を満足する解を $\beta_1 < \beta_2 < \cdots < \beta_n < \cdots$ とおくと固有値は

$$\lambda_i = \alpha\beta_i^4 \quad (i = 1, 2, \cdots) \tag{6.210}$$

となり，式(6.207)より $c_2 = -\dfrac{\sin\beta L + \sinh\beta L}{\cos\beta L + \cosh\beta L} c_1$ を用いると，対応する固有関

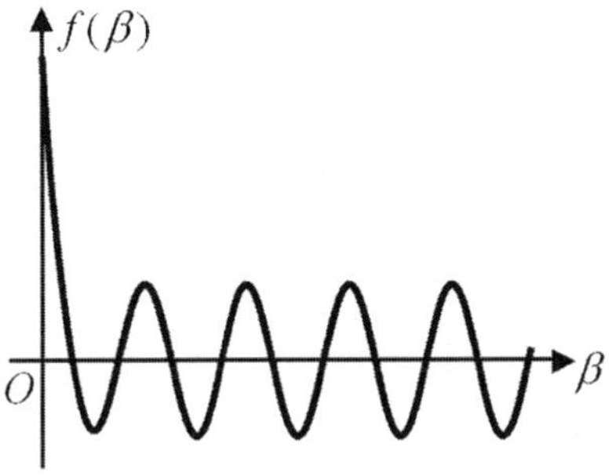


図 6.56 固有方程式の解

固有値 $\lambda$，固有関数 $\varphi$：

$$\alpha \frac{d^4\varphi}{dr^4} = \lambda\varphi \tag{a}$$

$y = \alpha \dfrac{d^4\varphi}{dr^4} = A\varphi$ と $\varphi$ を $y$ に写像する変換を考え，微分作用素を

$$A = \alpha \frac{d^4}{dr^4}$$

とおくと，式$(a)$は

$$A\varphi = \lambda\varphi$$

と書ける．これは 5 章の式(5.156)と同様な表現となり，$\lambda$ は $A$ の固有値，$\varphi$ は固有関数（固有ベクトル）と呼ばれる．

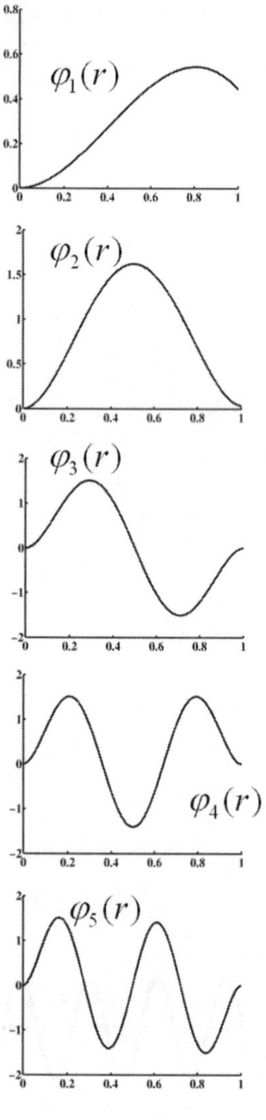


図 6.57　固有関数

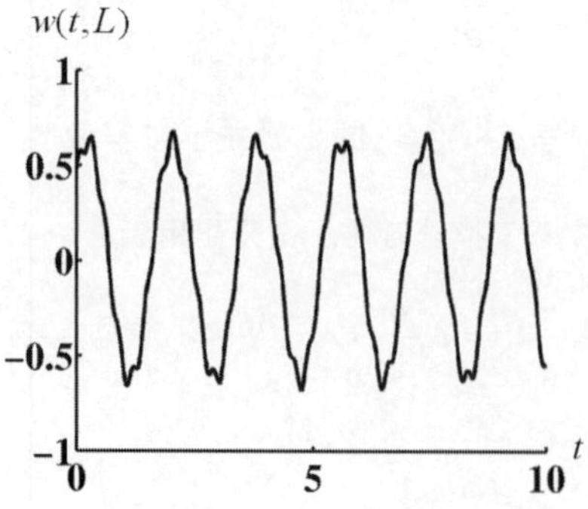


図 6.58　柔軟梁先端の時間応答

数は

$$\varphi_i(r)=\alpha_i\left\{\sin\beta_i r-\sinh\beta_i r-\frac{\sin\beta_i L+\sinh\beta_i L}{\cos\beta_i L+\cosh\beta_i L}\left(\cos\beta_i r-\cosh\beta_i r\right)\right\} \tag{6.211}$$

となる．ただし，$\alpha_i$ は任意定数である．$\alpha=1,\ L=1$ とした場合の最初の 5 つの固有値は $\lambda_1=12.23,\ \lambda_2=48.38\times10,\ \lambda_3=37.97\times10^2,\ \lambda_4=14.64\times10^3$，$\lambda_5=39.98\times10^3$ となり，対応する固有関数 $\varphi_i(r)\ (i=1,\cdots,5)$ を図 6.57 に示す．ただし，グラフを描くにあたって任意定数を $\alpha_i=1$ とおいた．図 6.57 から $i$ が増すごとに，波形が複雑になることがわかる．式(6.196)より振動の第 $i$ モードの解は

$$w(t,r)=c_i\sin\left(\sqrt{\lambda_i}\,t+\phi_i\right)\varphi_i(r) \tag{6.212}$$

となる．重ね合わせの原理を正当化する以下の定理

[定理 6.13]　$u_i(t,r)$ が式(6.193)の解であって，級数 $u=\sum_{i=1}^{\infty}k_i u_i$　（$k_i$ は定数）およびそれを項別微分した級数 $\sum_{i=1}^{\infty}k_i\dfrac{\partial^4 u_i}{\partial r^4}$ が，考える適当な領域で収束するならば，$u$ も式(6.193)の解である．

を用いれば，振動の第 $i$ モードに関する特殊解をすべて重ね合わせると

$$w(t,r)=\sum_{i=1}^{\infty}c_i\sin\left(\sqrt{\lambda_i}\,t+\phi_i\right)\varphi_i(r) \tag{6.213}$$

となる．

次に，初期条件(6.194)を考えよう．固有関数系 $\{\varphi_1,\varphi_2,\cdots\}$ は考える適当な空間を張る基底関数（基底ベクトル）になっており

$$w_0(r)=\sum_{i=1}^{\infty}a_i\varphi_i(r) \tag{6.214}$$

と任意の初期値 $w_0(r)$ を表現できる係数 $a_i\ (i=1,2,\cdots)$ が存在する（詳しくは 7 章フーリエ解析を参照のこと）．固有関数系の一次独立性を用いて，式(6.213)(6.214)を比較すると

$$c_i=\frac{a_i}{\sin\phi_i}$$

と求まる．初期値として $w_0(r)=\sum_{i=1}^{5}e_i\varphi_i(r),\ e_i=\sin\phi_i\ \ (i=1,\ldots,5),\ \alpha=1, L=1$ とした場合の柔軟梁先端 $w(t,L)$ の時間応答は図 6.58 のようになり，調和振動となっていることがわかる．

本節では，柔軟梁を対象として偏微分方程式の解法について説明した．偏微分方程式の解法は難しいと思われているが，偏微分方程式の多くは式(6.212)のような固有値 $\lambda_i$ に対応する常微分方程式の解を式(6.213)のように無限個重ね合わせることによって，その解を表現することができる．したがって，常微分方程式の解法の延長線上に偏微分方程式の解法があるといってもよいであろう．偏微分方程式恐るるに足らずである．

## 6・7　まとめ

本節ではシステムの運動の時間発展を知るための強力な手法である微分方程式について説明した．計算機の近年のめざましい発達により，流れや熱など複雑な微分方程式として表現されるシステムの時間発展も数値計算により求めることができるようになってきている．また，最近では地球環境シミュレータの開発など複雑かつ大規模なシステムのシミュレーションに関する研究も行われている．このような状況の中で，本章で説明したような微分方程式を変形してあるいは変数変換して不定積分により解を求める求積法は重要性が低くなっているように思えるかもしれない．しかし，数値計算は万能ではなく，数値計算を行って解を求める意味があるのか，どのように数値計算のパラメータ（刻み幅など）を与えれば数値計算は収束するのか，あるいは数値計算で得られた解以外の解は存在しないのかといった疑問が生じる．この疑問に明確な答えを出してくれるのが，微分方程式の解の存在定理や一意性定理であり，求積法であり相図である．また，数学を道具として数値計算アルゴリズムの適用限界を明らかにすることは重要である．その適用範囲を十分に理解したうえで計算機を用いるべきである．

機械工学において対象としているシステムはほとんどすべての物理システムであるといっても過言ではない．それらのシステムの挙動は微分方程式でモデル化されており，その微分方程式を解くことによりシステムのふるまいを理解できる．様々な機械システムに生じる現象を理解し安全性を確認するためには，さらには新たな機械システムを開発するためにはシステムの運動の時間発展を知ることは重要である．その意味でも微分方程式は機械工学を支える重要な数学の分野である．

ただし，自然界の物理現象の多くは微分方程式で記述されるのは事実であるが，一方で差分式や写像によってしか記述できない重要な現象もある．本章の冒頭で述べた図 6.3 などに関連してこのことの認識は重要である．特に，微分方程式は普通，連続で有界な関数の存在を前提とし，その導関数の連続性までも仮定する．その結果，解はきわめて拘束の強い条件下のものしか得られず，概して「素直」で「おとなしい」ものになる．しかし，実際に自然は多様であり，カタストロフィー的，突然変異的現象を内在している．したがって，真の自然界の物理現象は，微分方程式で全て記述できるとするには，あまりにも複雑である．こうした自然観は，最近発展著しい，カオス力学やフラクタル幾何学と結びついている．興味ある読者は他書を参考にされたい．

## 参考文献

1. E. Kreyszing, Advanced Engineering Mathematics,（北原和夫訳），培風館，1987
2. 竹之内脩，常微分方程式，秀潤社，1987
3. 俣野博，微分方程式 I，岩波講座応用数学[基礎 4]，岩波書店，1994
4. 伊藤秀一，常微分方程式と解析力学，共立出版，1998
5. Y. Takahashi, M. J. Robms and D. M. Auslamder，制御と力学系，（高橋安人，北森俊之共訳），コロナ社，1977
6. 山本稔，常微分方程式の安定性，実教出版，1979

7. 堀内龍太郎，水島二郎，柳瀬眞一郎，山本恭二，理工学のための応用解析学 I，朝倉書店，2001
8. 伊藤清三，偏微分方程式，倍風館，1978

他にも多くの微分方程式の良書を参考にさせていただいた．

# 第７章

# 運動の周波数解析（フーリエ解析）

# Frequency Analysis of Motion (Fourier Analysis)

## 7・1　運動の解析

機械工学の分野には運動を伴う事象が多い．機械的な動きのみならず，流体や熱の移動などもある意味で「運動」と捉えることができる．そしてそれら運動の様子を表現するとき，「すばやい動き」であるとか，「緩慢な動き」，「敏感に反応する」などと言った表現がよく用いられる．また，図 7.1 に示す運動の応答信号に対しては，「滑らかは変化」であるとか「ギザギザした変動」などと表現される．こうした表現によって，運動のもつ定性的な性質はそれとなく理解できるが，運動の物理をより明瞭な形で定量的に把握することはできないであろうか．その問に対する一つの答えが本章で説明するフーリエ解析である．

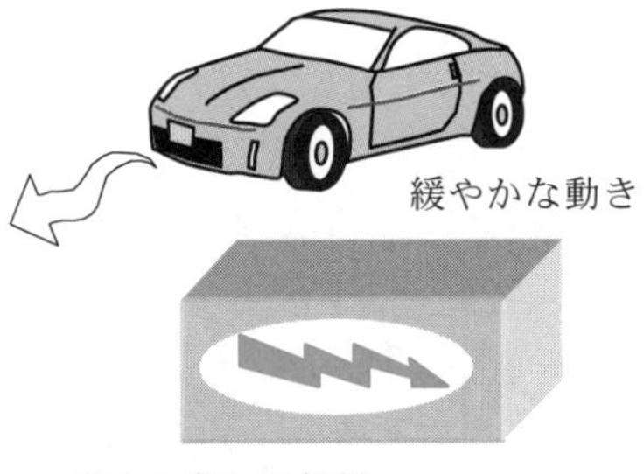

図7.1 色々な運動

フーリエ解析は 1800 年初頭に，フランスの数理物理学者であるフーリエ (J.B.J. Fourier)（図 7.2）によって生み出された手法である．フーリエは，物体中を移動する熱について解析する過程で，今日フーリエ級数展開と呼ばれている手法を発見した．その考えは，「複雑に見える波も，それが周期的であれば，多数の単純な波，具体的には周波数が異なる多数の三角関数波の重ね合わせで構成される」というものである．これにより，たとえば「早い動き」，「遅い動き」，「音色の違い」などの性質が，実は構成された三角関数波の周波数によって定まることを明らかにした．

図 7.2 フーリエ

本章では，まず，7・2 でフーリエのもともとの発想である周期関数（現象・信号）の三角関数展開について説明する．次の 7・3 では，7・2 の結果を，大きさが発散しない非周期関数にまで拡張する．7・4 ではさらに，ある種の発散する信号についても同様の手法適用できることを，周波数分解の方法を示して説明する．そして最後の 7・7 では，7・2〜7・4 で示した解析手法が動的システム（後に定義）の解析にも利用できることを示す．

## 7・2　周期的な現象（フーリエ級数）

「音」あるいは「声」は空気が周期的に振動して伝わるものである．より厳密に言えば，発音源が空気を振動的に押すことによって空気中に密度の疎密（濃い部分と薄い部分）をつくり，それが伝播する．われわれは，その空気の振動を鼓膜で受け，耳小骨を介して蝸牛管に導き，そこで振動を電気信号に変換して脳へ伝える（図 7.3）．これが耳で「聞く」ということの物理的意味である．例えば，「あ」「い」「う」「え」「お」を発声し，そのときの空気の振動をマイクロフォンで電気信号に変換して記録すると，いずれの音も雑然とした一見不規則な振動波形のかたまりに見える．しかし同時に，異なる音には明らかにパターンの違いのあることもわかる．そして，そのパターン

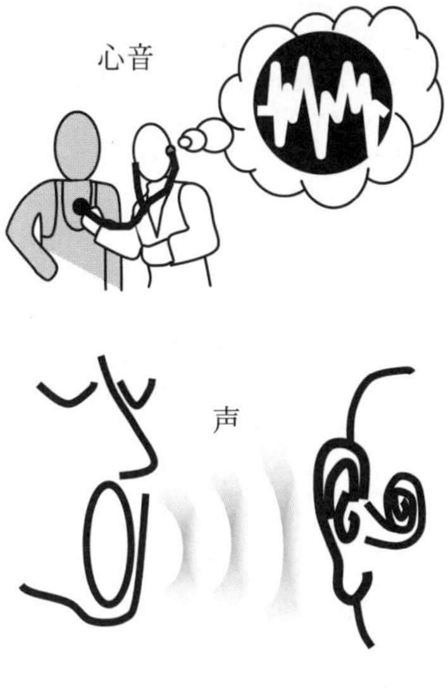

図7.3 周期的な信号

の違いこそ「あ」～「お」の違いであり，われわれはその違いを感知し，脳の高次機能によって音の違いとして認識している．

ところで音声に関し，「高い声」「低い声」という表現がなされる．この，「高い」あるいは「低い」とはいったい何を意味しているのだろうか？　また，多くの機械は振動音を伴って稼動している（図 7.4）．その振動は騒音となったり，別の振動を誘発して場合によっては周辺機器へ悪影響を与えるとか，あるいは最悪の場合には機器の破壊を招くことがある．このような声や振動などの周期現象を定量的に把握することは非常に大切である．なぜなら，それによって音声認識の原理が解明できるかもしれないし，また，機械振動に付随した諸問題の解決策が見出されるかもしれないからである．本章では，一見複雑に見える周期現象を周期関数によって上手に表現し，その特徴を定量的に明らかにする方法について説明する．

ところで，複雑な現象を定量的に特徴付け客観的に分析する１つの方法は，その中に含まれている基本成分の量を知ることである．例えば，野菜ジュースの味は複雑であり，かつメーカーによって微妙に異なっている．その違いを客観的に伝える方法は，そのジュースの中に含まれている野菜成分の量を分析し，定量化することである．そして，ジュース 100g の中にあるレタス成分，キューリ成分，セロリ成分がそれぞれ何グラムかということを明示すればよい．

第５章では，適当な基底を選ぶことによって，ベクトル空間の要素は，基底の要素の一次結合で表現できることを示した．実は，先に述べたフーリエが発見したアイデア「複雑に見える波も，それが周期的であれば，多数の単純な波の重ね合わせでできている」はまさにこのことを述べている．すなわち，「周期 $T$ の周期関数からなる集合はベクトル空間 $\boldsymbol{W}$ を構成し，その要素は適当な基底の要素の一次結合で合成することができる」ということである．

以上のことから，周期関数は適切な基底を選ぶことで，それらの一次結合として表現することが有効であると考えられる．基底は，周期 $T$ の関数でベクトル空間の意味で１次独立なものであれば何でもよい．例えば，三角波や方形波なども考えられるが，いたずらに複雑なものを選ぶことは得策ではない．できるだけ単純で性質がよくかわっており，物理現象と整合性がいいものを選ぶことができると良い．そのようなものの内，三角関数は周期関数であり，かつ，バネ・質量系などの基本的な機械系の運動を表したり，身の回りに存在するいろいろな波の構成要素になっている．また微分や積分に関しても扱い易く，上記の目的に合致する．

フーリエが約 200 年前に考えたことは，周期関数を多数の正弦波と余弦波の線形和で表現しようというものである．具体的には，周期 $T$ をもつ周期関数 $f_T(t)$ は

$$f_T(t) = \frac{a_0}{2} + \sum_{k=1}^{\infty}\left(a_k \cos k\omega_0 t + b_k \sin k\omega_0 t\right) \tag{7.1}$$

と表現できる．これをフーリエ級数(Fourier series)という．ここで，$\omega_0 = 2\pi/T$ は基本角周波数(fundamental angular frequency [rad/sec])と呼ばれ，$a_k$ や $b_k$ は，$f(t)$ から定まる定数である．このように周波数分解をすれば，与えられた周期信号にどのような周波数の振動成分がどれくらい含まれてい

図7.4 機械の振動

周期 $T$ の周期関数

すべての $t$ に対して次の式が成り立つものを周期 $T$ の周期関数という．

$f(t) = f(t+T)$

図で描くと下のようである．

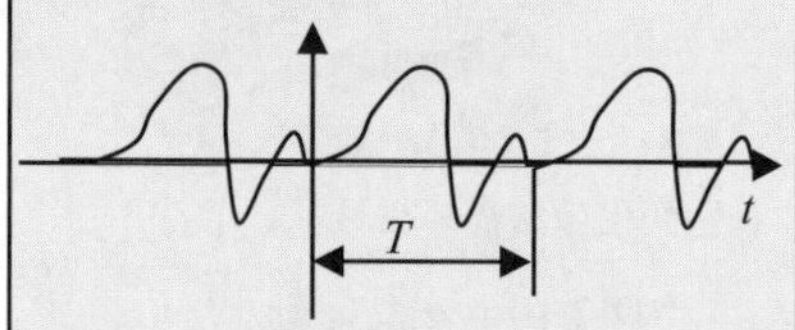


周期 $T$ の周期関数は
ベクトル空間 $W$ を構成

周期関数の集合を $\boldsymbol{W}$ とし，任意の要素

$\boldsymbol{f} = f(t) \in \boldsymbol{W}, \boldsymbol{g} = g(t) \in \boldsymbol{W}$

を考えると

$f(t) = f(t+T),\ g(t) = g(t+T)$

となっている．そこで和とスカラー倍を

$(\boldsymbol{f}+\boldsymbol{g})(t) = f(t) + g(t),\ (c\boldsymbol{f})(t) = cf(t)$

と定義すると

$$\begin{aligned}(\boldsymbol{f}+\boldsymbol{g})(t) &= f(t) + g(t)\\ &= f(t+T) + g(t+T)\\ &= (\boldsymbol{f}+\boldsymbol{g})(t+T) \in \boldsymbol{W}\end{aligned}$$

$(c\boldsymbol{f})(t) = cf(t) = cf(t+T)$

$(c\boldsymbol{f})(t+T) \in \boldsymbol{W}$

となる．すなわち W はベクトル空間になっている．

正弦波と余弦波

正弦波 $f(t) = a\sin\omega t$ には次のような性質がある．

(1)時間に対して連続な関数が二つのパラメータ $a, \omega$ で特定できる．

(2)微分と積分がそれぞれ

$$\frac{d}{dt}a\sin\omega t = a\omega\cos\omega t$$

$$\int a\sin\omega t dt = -\frac{1}{\omega}a\cos\omega t$$

と簡単に求められる．

るかが $a_k$ や $b_k$ の大きさとして定量的にわかり，$a_k$ や $b_k$ をパラメータとして信号の解析が客観的にできる．以下，式(7.1)について詳細に見てゆこう．

### 7・2・1 フーリエ級数

フーリエは周期関数に対して次の結果を与えた．

[フーリエ級数]周期 $T$ の連続な周期関数 $f_T(t)$ は

$$f_T(t) = \frac{a_0}{2} + \sum_{k=1}^{\infty}\left(a_k \cos k\omega_0 t + b_k \sin k\omega_0 t\right) \tag{7.2}$$

と級数展開できる．ただし，$\omega_0 = 2\pi / T$ であり，$a_k$ や $b_k$ はフーリエ係数(Fourier coefficient)とよばれる．フーリエ係数は $f_T(t)$ を用いて

$$a_k = \frac{2}{T}\int_{-\frac{T}{2}}^{\frac{T}{2}} f_T(\tau)\cos k\omega_0 \tau d\tau \tag{7.3}$$

$$b_k = \frac{2}{T}\int_{-\frac{T}{2}}^{\frac{T}{2}} f_T(\tau)\sin k\omega_0 \tau d\tau \tag{7.4}$$

と計算できる．

式(7.2)～(7.4)について，いくつか注意すべき点がある．まず，式(7.2)の右辺は無限級数である．したがって，その収束性についての議論をしなくてはならない．この点については後で少し触れるが，いくつかの仮定のもとで級数は収束し，その収束先は元の周期関数に一致する．次に，第５章でみたように連続関数はベクトル空間を構成し，基底ベクトルを定めれば任意の要素はその１次結合で表現できる．

フーリエ級数の式(7.2)は，

$$\{1, \cos\omega t, \sin\omega t, \cos 2\omega t, \sin 2\omega t, \cdots, \cos k\omega t, \sin k\omega t, \cdots\} \tag{7.5}$$

を基底に選び，与えられた関数をこの基底で表現していることになる．式(7.5)の基底は例 5. 9 で考えた内積の意味であり，互いに直交している．すなわち，

$$\frac{2}{T}\int_{-\frac{T}{2}}^{\frac{T}{2}} \cos m\omega_0\tau \cos n\omega_0\tau d\tau = \begin{cases} 0 & m \neq n \\ 1 & m = n \neq 0 \end{cases} \tag{7.6}$$

$$\frac{2}{T}\int_{-\frac{T}{2}}^{\frac{T}{2}} \sin m\omega_0\tau \sin n\omega_0\tau d\tau = \begin{cases} 0 & m \neq n \\ 1 & m = n \neq 0 \end{cases} \tag{7.7}$$

$$\int_{-\frac{T}{2}}^{\frac{T}{2}} \sin m\omega_0\tau \cos n\omega_0\tau d\tau = 0 \quad (\text{すべての}m,\ n) \tag{7.8}$$

である．この直交性を利用すると，右に示すように，フーリエ係数が式(7.3)(7.4)で計算できることが容易にわかる．

> **フーリエ係数**
>
> 関数 $f_T(t)$ が式(7.2)のように書けたとして，$a_k, b_k$ が式(7.3)(7.4)となることを示す．
>
> 式(7.2)の両辺に $\cos m\omega_0 t$ を掛け，$-T/2$ から $T/2$ まで積分すると
>
> $$\int_{-\frac{T}{2}}^{\frac{T}{2}} f_T(\tau)\cos m\omega_0\tau d\tau$$
> $$= \int_{-\frac{T}{2}}^{\frac{T}{2}}\left\{\frac{a_0}{2}\right\}\cos m\omega_0\tau d\tau$$
> $$+ \int_{-\frac{T}{2}}^{\frac{T}{2}}\left\{\sum_{k=1}^{\infty} a_k \cos k\omega_0\tau\right\}\cos m\omega_0\tau d\tau$$
> $$+ \int_{-\frac{T}{2}}^{\frac{T}{2}}\left\{\sum_{k=1}^{\infty} b_k \sin k\omega_0\tau\right\}\cos m\omega_0\tau d\tau$$
>
> となるが，$\cos m\omega_0 t$ が偶関数であることと式(7.6)(7.7)(7.8)より
>
> $$\text{右辺} = \frac{T}{2}a_m$$
>
> となる．したがって，
>
> $$a_m = \frac{2}{T}\int_{-\frac{T}{2}}^{\frac{T}{2}} f_T(\tau)\cos m\omega_0\tau d\tau$$
>
> である．$b_m$ も同様である．

[例 7. 1] $n$ 次元ベクトル空間 $\boldsymbol{V}$ と直交基底 $\{\boldsymbol{e}_1, \boldsymbol{e}_2, \cdots, \boldsymbol{e}_n\}$ を考える．$\boldsymbol{V}$ の要素 $\boldsymbol{x}$ は

$$\boldsymbol{x} = a_1\boldsymbol{e}_1 + a_2\boldsymbol{e}_2 + \cdots + a_n\boldsymbol{e}_n \tag{7.9}$$

と表現できる．もしも成分 $a_i$ の値がわからなければ，$\boldsymbol{x}$ と $\boldsymbol{e}_i$ の内積を計算すれば求められる．なぜなら，下に記すように，$\boldsymbol{e}_i$ と $\boldsymbol{e}_i$ の内積は 0 ではなく，それ以外の基底との内積は0になり，係数 $a_i$ が浮き上がってくるからである．

$$\begin{aligned}(x,\boldsymbol{e}_i) &= (a_1\boldsymbol{e}_1 + a_2\boldsymbol{e}_2 + \cdots + a_n\boldsymbol{e}_n, \boldsymbol{e}_i) \\ &= a_1(\boldsymbol{e}_1,\boldsymbol{e}_i) + \cdots + a_i(\boldsymbol{e}_i,\boldsymbol{e}_i) + \cdots + a_n(\boldsymbol{e}_n,\boldsymbol{e}_i) \\ &= a_i(\boldsymbol{e}_i,\boldsymbol{e}_i)\end{aligned} \tag{7.10}$$

上式より

$$a_i = \frac{1}{\|\boldsymbol{e}_i\|^2}(\boldsymbol{x},\boldsymbol{e}_i) \tag{7.11}$$

となる．

上の例から式(7.3)(7.4)によって全ての基底にかかっている係数が計算できることがわかる．

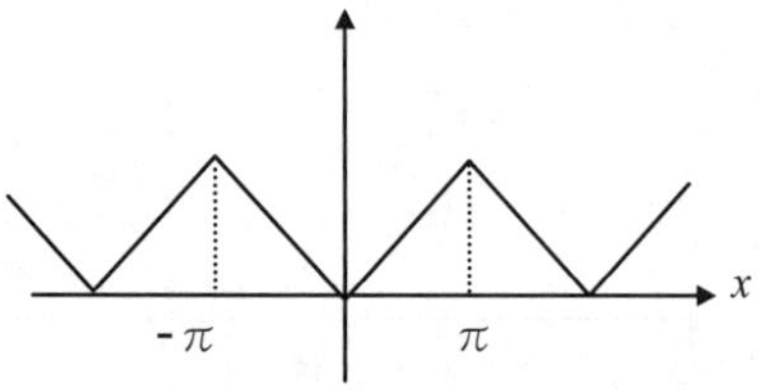


図 7.5 周期２πの関数

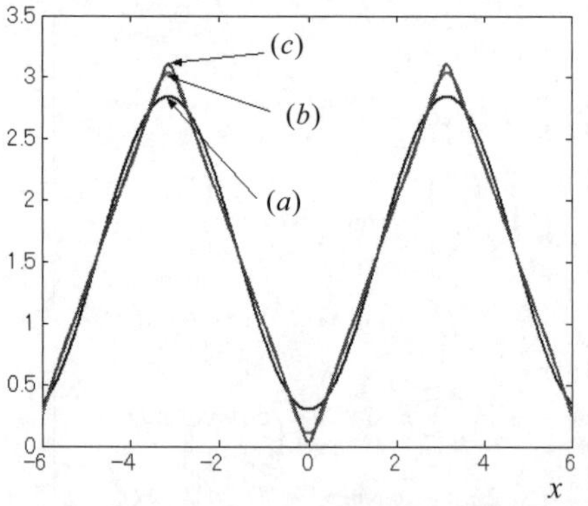


図 7.6 フーリエ級数の収束

［例 7.2］ 図 7.5 のような周期 2π の周期関数を考える．これは

$$f(x) = \begin{cases} x & 0 \le x \le \pi \\ -x & -\pi \le x \le 0 \end{cases} \tag{7.12}$$

という関数を左右に繰り返し接続したものである．この関数をフーリエ級数で表現した時のフーリエ係数を計算してみよう．これらは定義より以下のように求められる．

$$a_0 = \frac{1}{\pi}\int_{-\pi}^{\pi} f(\tau)d\tau = \frac{2}{\pi}\int_0^{\pi} \tau d\tau = \pi \tag{7.13}$$

$$\begin{aligned}a_k &= \frac{1}{\pi}\int_{-\pi}^{\pi} f(\tau)\cos k\tau d\tau = \frac{2}{\pi}\int_0^{\pi} \tau\cos k\tau d\tau \\ &= \frac{2}{\pi k}\left(\left[\tau\sin k\tau\right]_0^{\pi} - \int_0^{\pi}\sin k\tau d\tau\right) = \frac{2(\cos k\pi - 1)}{\pi k^2} \\ &= \begin{cases} 0 & (k:偶数) \\ -\dfrac{4}{\pi k^2} & (k:奇数) \end{cases}\end{aligned} \tag{7.14}$$

$$b_k = \frac{1}{\pi}\int_{-\pi}^{\pi} f(\tau)\sin k\tau d\tau = 0 \tag{7.15}$$

したがって

$$f(x) = \frac{\pi}{2} - \frac{4}{\pi}\left(\cos x + \frac{1}{9}\cos 3x + \frac{1}{25}\cos 5x + \cdots\right) \tag{7.16}$$

となる．図 7.6 に最初の３項をとった近似式

$$\begin{aligned}&(a) \quad f_a = \frac{\pi}{2} - \frac{4}{\pi}\cos x \\ &(b) \quad f_b = \frac{\pi}{2} - \frac{4}{\pi}\left(\cos x + \frac{1}{9}\cos 3x + \frac{1}{25}\cos 5x\right)\end{aligned} \tag{7.17}$$

$$(c)\quad f_c = \frac{\pi}{2} - \frac{4}{\pi}\left(\cos x + \frac{1}{9}\cos 3x + \frac{1}{25}\cos 5x + \cdots \frac{1}{289}\cos 17x\right)$$

を示す．項数が増えてくるにつれて $f(x)$ に近づいてゆく様子がわかる．

フーリエ級数を用いると，与えられた信号の変化が「ゆっくりしている」とか「急峻である」といった時間軸方向に広がった波形に対する定性的な表現が，$a_k$，$b_k$ の実数の組として定量的に表現することができる．

[例 7.3] 図 7.7 の実線のような周期 $\pi/2$ の周期関数を考える．これは

$$g(x) = \begin{cases} 4x & 0 \le x \le \pi/4 \\ -4x & -\pi/4 \le x \le 0 \end{cases} \tag{7.18}$$

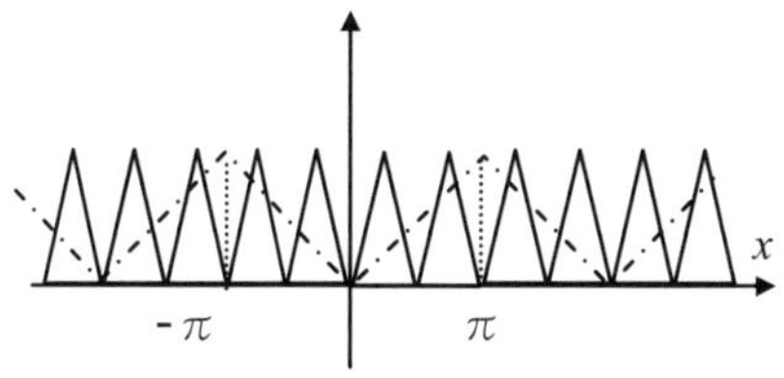


図 7.7 周期 2π と π/2 の関数

という関数を左右に繰り返し接続したものである．同じ図に先の例 7.2 の関数 $f(x)$ を一点鎖線で示している．感覚的には $f(x)$ よりも $g(x)$ の方が変化が激しいと言える．この違いを定量的に示してみよう．先と同様，フーリエ係数を計算すると次のようになる．

$$a_0 = \frac{4}{\pi}\int_{-\pi/4}^{\pi/4} g(\tau)d\tau = \frac{2}{\pi}\int_0^{\pi/4} 4\tau d\tau = \pi$$

$$a_k = \frac{4}{\pi}\int_{-\pi/4}^{\pi/4} g(\tau)\cos 4k\tau d\tau = \frac{8}{\pi}\int_0^{\pi/4} 4\tau\cos 4k\tau d\tau$$

$$= \frac{8}{\pi k}\left(\left[\tau\sin 4k\tau\right]_0^{\pi/4} - \int_0^{\pi/4}\sin 4k\tau d\tau\right) = \frac{2}{\pi k^2}(\cos k\pi - 1)$$

$$= \begin{cases} 0 & (k:\text{偶数}) \\ -\dfrac{4}{\pi k^2} & (k:\text{奇数}) \end{cases}$$

$$b_k = \frac{1}{\pi}\int_{-\pi/4}^{\pi/4} g(\tau)\sin k\tau d\tau = 0$$

そこで，例 7.2 と同じ $k$ までの項を加えた 3 つのケースを図 7.8 に示す．

$$(a) g_a = \frac{\pi}{2} - \frac{4}{\pi}\cos 4x$$

$$(b) g_b = \frac{\pi}{2} - \frac{4}{\pi}\left(\cos 4x + \frac{1}{9}\cos 12x + \frac{1}{25}\cos 20x\right) \tag{7.19}$$

$$(c) g_c = \frac{\pi}{2} - \frac{4}{\pi}\left(\cos 4x + \frac{1}{9}\cos 12x + \frac{1}{25}\cos 20x + \cdots \frac{1}{289}\cos 68x\right)$$

$(a)$は $k$=1，$(b)$は $k$=7，$(c)$は $k$=17 までの項を加えている．

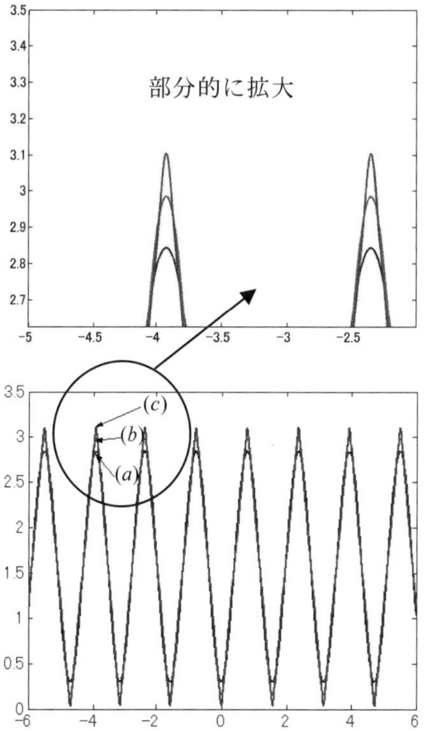


図 7.8 フーリエ級数

さて，上の例を考察してみよう．$(c)$でほぼ例 7.2 と同程度の関数を再現している．ただし，必要としている cos は，例 7.2 では cos17$x$ だったのに対し，この例では cos68$x$ まで必要になっている．すなわち，より高い周波の信号が必要とされている．図 7.9 に $f_c(x)$ と $g_c(x)$ の基底成分の大きさをプロットした．これより，変化の激しい信号にはより高い周波数の信号が含まれていることがわかる．

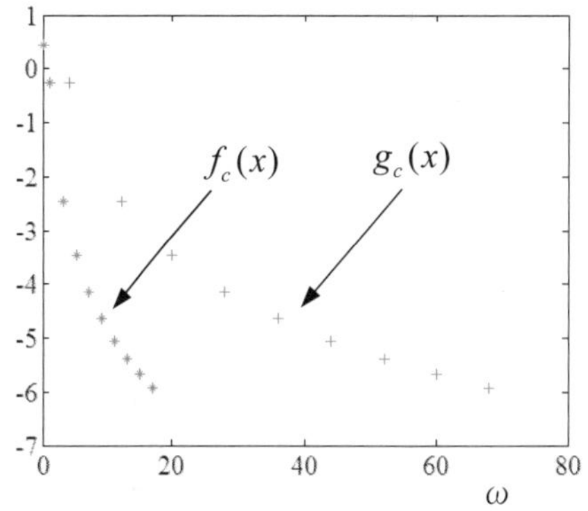


図 7.9 周波数成分

### 7・2・2　フーリエ級数の性質

ここではフーリエ級数が持っているいくつかの性質について説明する．

**a. フーリエ級数の別表現**

式(7.2)～(7.4)は複素数を用いるとコンパクトに表現することができる．そのためには 6・4 でみたオイラーの公式から導かれる次式

$$\cos k\omega_0 t = \frac{e^{jk\omega_0 t} + e^{-jk\omega_0 t}}{2},\quad \sin k\omega_0 t = \frac{e^{jk\omega_0 t} - e^{-jk\omega_0 t}}{2j} \tag{7.20}$$

を用いる．本式を式(7.2)に代入すると

$$f_T(t) = \frac{a_0}{2} + \sum_{k=1}^{\infty}\left(a_k \cos k\omega_0 t + b_k \sin k\omega_0 t\right) \tag{7.21}$$

$$= \frac{a_0}{2} + \sum_{k=1}^{\infty}\left(a_k \frac{e^{jk\omega_0 t} + e^{-jk\omega_0 t}}{2} + b_k \frac{e^{jk\omega_0 t} - e^{-jk\omega_0 t}}{2j}\right)$$

$$= \frac{a_0}{2} + \sum_{k=1}^{\infty}\left\{\frac{1}{2}\left(a_k - jb_k\right)e^{jk\omega_0 t} + \frac{1}{2}\left(a_k + jb_k\right)e^{-jk\omega_0 t}\right\} \tag{7.22}$$

となるので，

$$c_0 = \frac{a_0}{2},\ c_k = \frac{a_k - jb_k}{2},\ c_{-k} = \frac{a_k + jb_k}{2} \tag{7.23}$$

と定義すると，式(7.21)は

$$f_T(t) = \sum_{k=-\infty}^{\infty} c_k e^{jk\omega_0 t} \tag{7.24}$$

と書ける．ここで，$c_k$ は**複素フーリエ係数**(complex Fourier coefficient)と呼ばれ，式(7.3)(7.4)より

$$c_k = \frac{1}{T}\int_{-\frac{T}{2}}^{\frac{T}{2}} f_T(\tau) e^{-j\omega_0 k\tau} d\tau \tag{7.25}$$

となる．

$$\left|c_k\right| = A_k = \sqrt{a_k^2 + b_k^2}\,/\,2 \tag{7.26}$$

は**振幅スペクトル**(amplitude spectrum)，と呼ばれ（「1/2」は計算上のもので本質的ではない），また，

$$\angle c_k = \theta_k = -\tan^{-1}\left(\frac{b_k}{a_k}\right) \tag{7.27}$$

は**位相スペクトル**(phase spectrum)と呼ばれる．これら二つの量（$A_k, \theta_k$）で関数 $f_T(t)$ に含まれる周波数 $k\omega_0$ の信号成分を表現している．したがって，$c_k$ は

$$c_k = A_k e^{j\omega\theta_k} = \frac{a_k - jb_k}{2} \tag{7.28}$$

と書くこともできる．

**b. 収束**

これまで，フーリエ級数はもとの関数に収束するという前提で，色々な議論をしてきた．ここでは，どのようなときに収束するかということを明確にしておく．この点については以下のような結果が知られている．

---

**偏微分方程式への応用**

偏微分方程式の初期値問題や境界値問題ではフーリエ級数を応用して解くことができる．

例えば1次元非定常熱伝導は

$$\frac{\partial T}{\partial t} = \alpha \frac{\partial^2 T}{\partial x^2}$$

（$\alpha$ は熱拡散率，$T$ は温度）

となる．この偏微分方程式を境界条件　$T(0,t) = T(l,t) = 0$ の下で，変数分離法によって求めると，

$$T(x,t) = C_n e^{-n^2 t} \sin nx \quad n = 1,2,3,\cdots$$

となる．また，解の重ね合わせから

$$T(x,t) = \sum_{n=1}^{\infty} C_n e^{-n^2 t} \sin nx$$

と表せる．ここで初期条件

$T(x,0) = f(x)$

を用いた後に，フーリエ係数により係数 $C_n$ を求めることで $T(x,t)$ が得られる．

---

**区分的滑らか**

関数 $f(t)$ が区間$[a,b]$で区分的滑らかであるとは，$[a,b]$を適当な有限個の部分区間

$a = x_0 < x_1 < \cdots < x_m = b$

に分けると，各区間で $df(t)/dt$ が連続であり，かつ

$\lim_{\varepsilon \to +0} df(x_{i-1} + \varepsilon)/dt,$

$\lim_{\varepsilon \to +0} df(x_{i-1} - \varepsilon)/dt$

がともに存在することをいう．

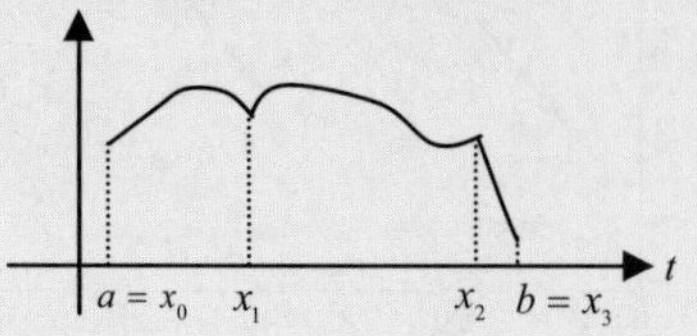

[定理 7.1] 関数 $f_T(t)$ が周期 $T$ をもち，さらに $[-T/2,\ T/2]$ で区分的に滑らかだとすると，

$$\frac{a_0}{2}+\sum_{k=1}^{m}\left(a_k\cos k\omega_0 t+b_k\sin k\omega_0 t\right) \to \frac{1}{2}\left\{f_T(t+0)-f_T(t-0)\right\}\ (m\to\infty) \tag{7.29}$$

である．

すなわち，連続点 $t$ では $f_T(t)$ に，不連続点 $t$ では右側極限と左側極限との相加平均に収束する．

[定理 7.2] 関数 $f_T(t)$ が周期 $T$ をもち，さらに $[-T/2,\ T/2]$ で区分的に滑らかかつ連続だとすると

$$\frac{a_0}{2}+\sum_{k=1}^{m}\left(a_k\cos k\omega_0 t+b_k\sin k\omega_0 t\right) \tag{7.30}$$

は $f_T(t)$ に一様収束する（$m\to\infty$）．

> **一様収束**
> ある区間で定義された関数列
> $f_1(x), f_2(x), \cdots, f_n(x), \cdots$
> が $f(x)$ に収束するとは，任意の $\varepsilon>0$ に対して，自然数 $N$ が存在して，
> $n>N \Rightarrow |f(x)-f_n(x)|<\varepsilon$
> となることをいう．ところで，一般には $N$ の大きさは $\varepsilon$ の値のみならず $x$ の値にも依存するだろう．そこで，$N$ の値が $x$ に依存せずに $\varepsilon$ のみに依存する場合を特に区別する．すなわち，任意の $\varepsilon>0$ に対して，$x$ に依存せずに自然数 $N$ が定まり，
> $n>N \Rightarrow |f(x)-f_n(x)|<\varepsilon$
> となるとき一様収束するという．

### c. 微分と積分

全ての区間で連続かつ滑らかな周期関数 $f_T(t)$ は，式(7.24)のように一様にフーリエ級数展開できる．一般に $f_T(t)$ の微分は複雑になることが多いが，

$$\frac{d}{dt}e^{j\omega_0 kt}=j\omega_0 k e^{j\omega_0 t} \tag{7.31}$$

を利用すると容易に計算でき

$$\frac{d}{dt}f_T(t)=\sum_{k=-\infty}^{\infty} j\omega_0 k c_k e^{-jk\omega_0 t} \tag{7.32}$$

となる．同様に，積分の計算も

$$\int_0^t e^{j\omega_0 k\tau}d\tau=\left[\frac{1}{j\omega_0 k}e^{j\omega_0 k\tau}\right]_0^t=\frac{1}{j\omega_0 k}\left(e^{j\omega_0 kt}-1\right) \tag{7.33}$$

を利用することにより

$$\int_0^t f_T(\tau)d\tau=c_0 t+\sum_{\substack{k=-\infty\\(k\neq 0)}}^{\infty}\frac{c_k\left(e^{j\omega_0 kt}-1\right)}{j\omega_0 k} \tag{7.34}$$

とできる．

## 7・3 非周期的な現象（フーリエ変換）

周期的な関数は

$$f_T(t)=\sum_{k=-\infty}^{\infty}c_k e^{jk\omega_0 t} \tag{7.35}$$

$$c_k=\frac{1}{T}\int_{-\frac{T}{2}}^{\frac{T}{2}} f_T(\tau)e^{-j\omega_0 k\tau}d\tau \tag{7.36}$$

とフーリエ級数展開でき，信号の性質を解析することができた．しかし，世の中には周期的ではない関数も多々存在する．例えば，図 7.10 に示すように，時刻 0 で発生し，時間とともに 0 になって行く信号などは周期関数ではない．本項ではこのような非周期関数における解析手法を考察する．この際，その

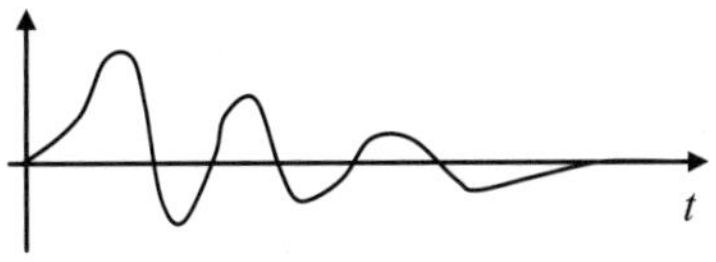


図 7.10　非周期関数

手法の考え方が前項のフーリエ級数展開の拡張になるように構築する．

### 7・3・1　フーリエ変換

非周期関数とは，周期関数の周期 $T$ を∞にしたものだと捉える．そうすると，フーリエ級数展開を非周期関数に対して拡張するには，式(7.35)(7.36)で $T\to\infty$ とすればよいことがわかる．そこで，$f_T(t)$ から式(7.36)によってフーリエ係数を求め，それを式(7.35)に代入すると元の関数 $f_T(t)$ になる，ということを用いてフーリエ級数展開を拡張してみる．すなわち，式(7.36)を式(7.35)に代入すると

$$f_T(t)=\sum_{k=-\infty}^{\infty}\left[\frac{1}{T}\int_{-\frac{T}{2}}^{\frac{T}{2}} f_T(\tau)e^{-j\omega_0 k\tau}d\tau\right]e^{-jk\omega_0 t} \tag{7.37}$$

となるので，$T\to\infty$ の極限を考えることによって，

$$f(t)=\frac{1}{2\pi}\int_{-\infty}^{\infty}\left[\int_{-\infty}^{\infty} f(\tau)e^{-j\omega\tau}d\tau\right]e^{j\omega t}d\omega \tag{7.38}$$

を得る．そこで，

$$F(j\omega)=\int_{-\infty}^{\infty} f(t)e^{-j\omega t}dt \tag{7.39}$$

$$f(t)=\frac{1}{2\pi}\int_{-\infty}^{\infty} F(j\omega)e^{j\omega t}d\omega \tag{7.40}$$

と書くと，式(7.38)は，$f(t)$ を式(7.39)で変換して式(7.40)で逆変換すれば元の $f(t)$ になることを表現していることがわかる（図 7.11）．

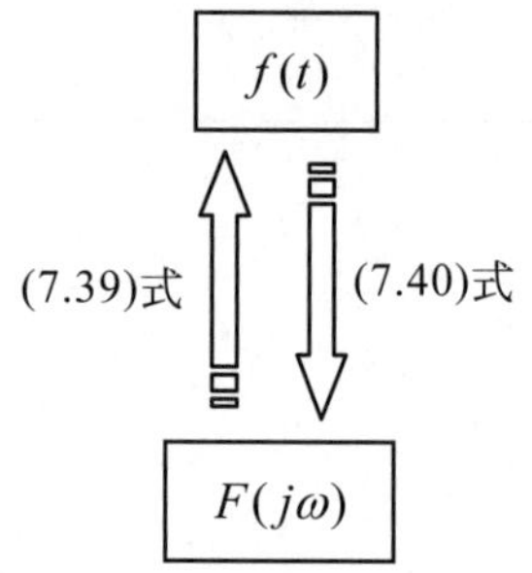

図 7.11　フーリエ変換と逆変換

ここで，式(7.37)から式(7.38)への変形は次のように考える．すなわち，

$$\omega_k=\frac{2k\pi}{T},\ \Delta\omega=\omega_k-\omega_{k-1}=\frac{2\pi}{T} \tag{7.41}$$

とおくと式(7.37)は

$$f_T(t)=\sum_{k=-\infty}^{\infty}\left[\frac{1}{2\pi}\int_{-\frac{T}{2}}^{\frac{T}{2}} f_T(\tau)e^{-j\omega_k\tau}d\tau\right]e^{-j\omega_k t}\Delta\omega \tag{7.42}$$

となる．そこで，$T\to\infty$ を考えると，Σが∫に，$\Delta\omega$ が $d\omega$ になり，上式は式(7.38)になる．

ところで,式(7.39)の積分は常に存在するとは限らない．積分が可能になるための十分条件の１つは関数 $f(t)$ が絶対積分可能(absolutely integrable)，すなわち

$$\int_{-\infty}^{\infty}|f(\tau)|d\tau<\infty \tag{7.43}$$

を満たすことである．

以上をまとめると次のようになる．

［フーリエ変換・フーリエ逆変換］絶対積分可能な関数 $f(t)$ に対してフーリエ変換，フーリエ逆変換を次のように定義する．

$$\text{フーリエ変換}\quad :\ F(j\omega)=\int_{-\infty}^{\infty} f(t)e^{-j\omega t}dt=\mathscr{F}[f(t)] \tag{7.44}$$

> 「絶対積分可能」がフーリエ変換可能であるための十分条件
>
> まず，$\int_{-\infty}^{\infty}\left|f(t)e^{-j\omega t}\right|dt$ が有限であれば $\int_{-\infty}^{\infty} f(t)e^{-j\omega t}dt$ も有限確定する．
>
> ところで，
>
> $$\left|e^{j\omega t}\right|=\sqrt{\cos^2\omega t+\sin^2\omega t}=1$$
>
> なので
>
> $$\left|f(t)e^{-j\omega t}\right|=\left|f(t)\right|$$
>
> である．ここで，$f(t)$ が絶対可積分すなわち，式(7.43)が成り立てば
>
> $$\int_{-\infty}^{\infty}\left|f(t)\right|dt=\int_{-\infty}^{\infty}\left|f(t)e^{-j\omega t}\right|dt$$
>
> も有限になる．すなわち，
>
> $$\int_{-\infty}^{\infty} f(t)e^{-j\omega t}dt$$
>
> が有限確定する．

フーリエ逆変換： $f(t)=\dfrac{1}{2\pi}\displaystyle\int_{-\infty}^{\infty}F(j\omega)e^{j\omega t}d\omega=\mathscr{F}^{-1}[F(j\omega)]$ (7.45)

フーリエ変換がフーリエ係数の極限であるというこれまでの説明から，式(7.25)に対して，振幅スペクトルを式(7.26)で，位相スペクトルを式(7.27)で定義したと同様，式(7.44)式に対して $A(\omega)=|F(j\omega)|$ を振幅スペクトル，$\theta(\omega)=\angle F(j\omega)$ を位相スペクトルと呼ぶ．したがって，フーリエ変換は

$$F(j\omega)=A(\omega)e^{j\theta(\omega)} \tag{7.46}$$

と表現することもできる．

> **フーリエ変換の対（1）**
> 機械工学で用いられる関数が，それぞれのフーリエ変換とフーリエ逆変換の対で表されるものがある．
> 単位インパルス応答関数 $h(t)$と周波数応答関数 $H(j\omega)$の間には次の関係がある．
> $$H(j\omega)=\int_{-\infty}^{\infty}h(t)e^{-j\omega t}dt$$
> $$h(t)=\frac{1}{2\pi}\int_{-\infty}^{\infty}H(j\omega)e^{j\omega t}d\omega$$

[Example7.4] Consider the next function shown in Fig.7.12(a).

$$f(t)=\begin{cases}0 & t<0\\ e^{-\lambda t} & t\geq 0,\lambda>0\end{cases}. \tag{7.47}$$

The Fourier transformation of the function can be derived as the following.

$$F(j\omega)=\int_{-\infty}^{\infty}f(\tau)e^{-j\omega\tau}d\tau=\int_{0}^{\infty}e^{-\lambda t}e^{-j\omega\tau}d\tau$$

$$=\int_{0}^{\infty}e^{-(\lambda+j\omega)t}dt=\left[\frac{1}{\lambda+j\omega}e^{-(\lambda+j\omega)t}\right]_{0}^{\infty}=\frac{1}{\lambda+j\omega}. \tag{7.48}$$

Then, the amplitude spectrum and the phase spectrum can be obtained as the following.

$$|F(j\omega)|=\frac{1}{\sqrt{\lambda^2+\omega^2}},\quad \theta(\omega)=-\tan^{-1}\left(\frac{\omega}{\lambda}\right). \tag{7.49}$$

For example, we show the graph in case of $\lambda=1$ in Fig.7.12(b).

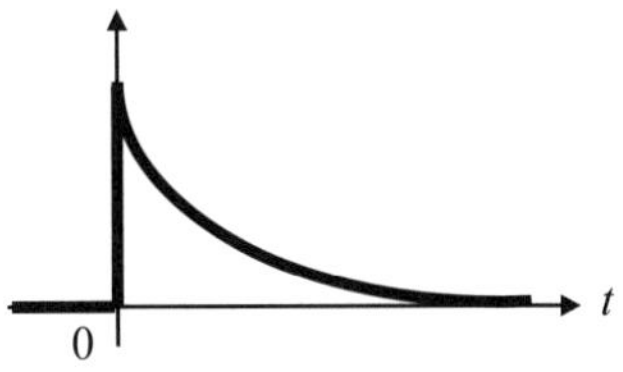


(a) $f(t)$

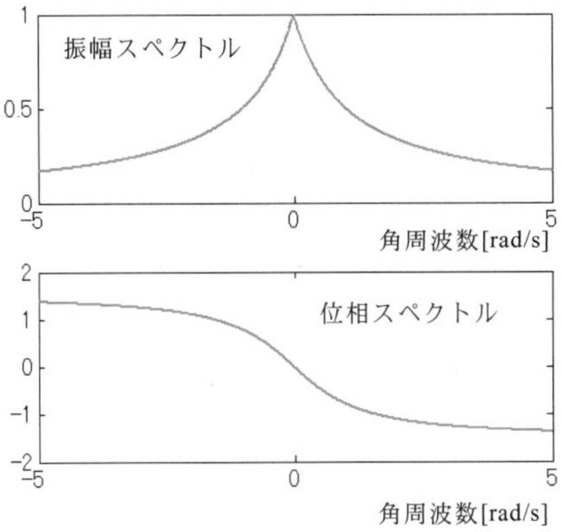


(b)スペクトル

図 7.12　フーリエ変換

### 7・3・2　フーリエ変換の基本性質

フーリエ変換の性質をいくつか紹介する．これらは後でフーリエ変換や逆変換を実際に計算する場合や，動的システムを表現する際に用いられる．この項で現れる関数は連続かつ滑らかで，絶対積分可能であるとする．

#### a. 推移性

関数 $f(t)$ に対して $\tau$ 秒遅れた関数 $f(t-\tau)$ のフーリエ変換は

$$\mathscr{F}[f(t-\tau)]=\int_{-\infty}^{\infty}f(t-\tau)e^{-j\omega t}dt \tag{7.50}$$

であるが，$s=t-\tau$ とおくと，

$$\mathscr{F}[f(t-\tau)]=\int_{-\infty}^{\infty}f(s)e^{-j\omega(s+\tau)}ds$$

$$=e^{-j\omega\tau}\int_{-\infty}^{\infty}f(t)e^{-j\omega t}dt=e^{-j\omega\tau}F(j\omega) \tag{7.51}$$

となる．この性質を時間推移の性質(time-shifting property)と呼ぶ．

> **時間推移性**
> $$\mathscr{F}[f(t-\tau)]=e^{-j\omega\tau}F(j\omega)$$

また，関数 $f(t)e^{j\omega_0 t}$ のフーリエ変換は

$$\mathscr{F}[f(t)e^{j\omega_0 t}]=\int_{-\infty}^{\infty}f(t)e^{j\omega_0 t}e^{-j\omega t}dt$$

> **周波数推移性**
> $$\mathscr{F}[f(t)e^{j\omega_0 t}]=F(j(\omega-\omega_0))$$

$$= \int_{-\infty}^{\infty} f(t) e^{-j(\omega-\omega_0)t} dt = F(j(\omega-\omega_0)) \tag{7.52}$$

となる．これは周波数推移の性質(frequency-shifting property)と呼ばれる．

［例 7.7］図 7.13 のような関数

$$g(t) = \begin{cases} 0 & t < \tau \\ e^{-\lambda(t-\tau)} & t \ge \tau, \lambda > 0 \end{cases} \tag{7.53}$$

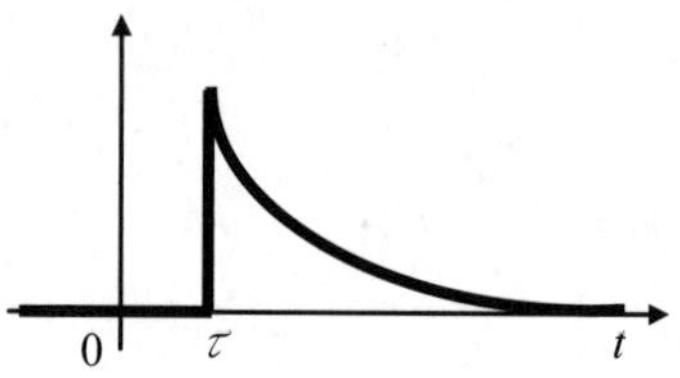


図 7.13　時間シフト

のフーリエ変換は

$$G(j\omega) = \int_{-\infty}^{\infty} g(s) e^{-j\omega s} ds = \int_{\tau}^{\infty} e^{-\lambda(s-\tau)} e^{-j\omega s} ds$$

$$= \int_{\tau}^{\infty} e^{-\lambda(s-\tau)} e^{-j\omega s} ds = e^{\lambda\tau} \int_{\tau}^{\infty} e^{-(\lambda+j\omega)s} ds$$

$$= e^{-j\omega\tau} \frac{1}{\lambda + j\omega} \tag{7.54}$$

となる．この場合の振幅スペクトルと位相スペクトルはそれぞれ

$$|G(j\omega)| = \frac{1}{\sqrt{\lambda^2 + \omega^2}}, \quad \theta(\omega) = -\tan^{-1}\left(\frac{\omega}{\lambda}\right) - \omega\tau \tag{7.55}$$

となる．

**b. 線形性**

> 線形性
> $\mathscr{F}[\alpha f(t) + \beta g(t)] =$
> $= \alpha F(j\omega) + \beta G(j\omega)$

二つの関数 $f(t)$， $g(t)$ の重み付和で構成される関数

$$h(t) = \alpha f(t) + \beta g(t) \tag{7.56}$$

を考える．ただし，$\alpha$，$\beta$ は実定数である．このとき

$$\mathscr{F}[h(t)] = \mathscr{F}[\alpha f(t) + \beta g(t)] = \int_{-\infty}^{\infty} [\alpha f(t) + \beta g(t)] e^{-j\omega t} dt$$

$$= \alpha \int_{-\infty}^{\infty} f(t) e^{-j\omega t} dt + \beta \int_{-\infty}^{\infty} g(t) e^{-j\omega t} dt$$

$$= \alpha F(j\omega) + \beta G(j\omega) \tag{7.57}$$

が成り立つ．ただし，$F(j\omega) = \mathscr{F}[f(t)]$，$G(j\omega) = \mathscr{F}[g(t)]$ とおく．式(7.57)が成り立つことを線形性(linear property)が成り立つという．

**c. 縮尺性**

> 縮尺性
> $\mathscr{F}[f(\alpha t)] = \frac{1}{|\alpha|} F(j\frac{\omega}{\alpha})$

関数 $f(t)$ と定数 $\alpha$ を考え，$\mathscr{F}[f(\alpha t)]$ を求める．まず $\alpha>0$ とすると，

$$\mathscr{F}[f(\alpha t)] = \int_{-\infty}^{\infty} f(\alpha t) e^{-j\omega t} dt \tag{7.58}$$

は，$\alpha t = \tau$ とおくと

$$\mathscr{F}[f(\alpha t)] = \frac{1}{\alpha} \int_{-\infty}^{\infty} f(\tau) e^{-j\omega t/\alpha} d\tau$$

$$= \frac{1}{\alpha} \int_{-\infty}^{\infty} f(\tau) e^{-j\omega t/\alpha} d\tau = \frac{1}{\alpha} F(j\frac{\omega}{\alpha}) \tag{7.59}$$

となる．次に定数 $\alpha<0$ を考える．このとき，$\alpha t = \tau$ とおくことにより

$$\mathscr{F}[f(\alpha t)] = \frac{1}{\alpha} \int_{\infty}^{-\infty} f(\tau) e^{-j\omega t/\alpha} d\tau$$

$$= -\frac{1}{\alpha}\int_{-\infty}^{\infty} f(t)e^{-j\omega t/\alpha}dt = \frac{1}{|\alpha|}F(j\frac{\omega}{\alpha}) \qquad (7.60)$$

となる．以上から

$$\mathscr{F}[f(\alpha t)] = \frac{1}{|\alpha|}F(j\frac{\omega}{\alpha}) \qquad (7.61)$$

が得られる．これを縮尺の性質(scaling property)が成り立つという．

**d. 対称性**

関数 $f(t)$ のフーリエ変換を $F(j\omega)$ とすると

$$\mathscr{F}[F(jt)] = 2\pi f(-\omega) \qquad (7.62)$$

となっている．この性質を対称性の性質(symmetry property)という．実際，式(7.45)より

> 対称性
> $\mathscr{F}[F(jt)] = 2\pi f(-\omega)$

$$2\pi f(t) = \int_{-\infty}^{\infty} F(j\omega)e^{j\omega t}d\omega \qquad (7.63)$$

なので，$t$ を $-t$ にとし，その後で $t$ と $\omega$ を入れ替えると

$$2\pi f(-\omega) = \int_{-\infty}^{\infty} F(jt)e^{-j\omega t}dt = \mathscr{F}[F(jt)] \qquad (7.64)$$

となる．

**e. たたみこみ積分**

二つの関数 $f(t)$，$g(t)$ に対して

$$y(t) = \int_{-\infty}^{\infty} f(\tau)g(t-\tau)d\tau \qquad (7.65)$$

という演算をたたみこみ積分(convolution)と呼び，

$$h(t) = f(t) * g(t) \qquad (7.66)$$

と書く．これは信号処理や制御工学などの多くの分野でしばしば現れる重要な演算である．たたみ込み積分のフーリエ変換は以下のようになる．

$$\mathscr{F}[f(t)*g(t)] = \int_{-\infty}^{\infty}\left[\int_{-\infty}^{\infty} f(\tau)g(t-\tau)d\tau\right]e^{-j\omega t}dt$$

$$= \int_{-\infty}^{\infty} f(\tau)\left[\int_{-\infty}^{\infty} g(t-\tau)e^{-j\omega t}dt\right]d\tau \text{（積分順序の入れ替え）}$$

$$= \int_{-\infty}^{\infty} f(\tau)G(j\omega)e^{-j\omega\tau}d\tau \text{（時間推移の性質より）}$$

$$= \int_{-\infty}^{\infty} f(\tau)e^{-j\omega\tau}d\tau G(j\omega) = F(j\omega)G(j\omega) \qquad (7.67)$$

すなわち，たたみこみ積分はフーリエ変換の表現では単純な積になる．たたみこみ積分の意味や重要さは 7・5・2(b)節で触れる．

### 7・3・3 特殊関数のフーリエ変換

これまでは，簡単のため，連続で滑らか，かつ絶対積分可能な関数に対するフーリエ変換を考えてきた．ここでは，いくつかの特殊関数を取り上げることで，取り扱う関数のクラスを少し広げる．

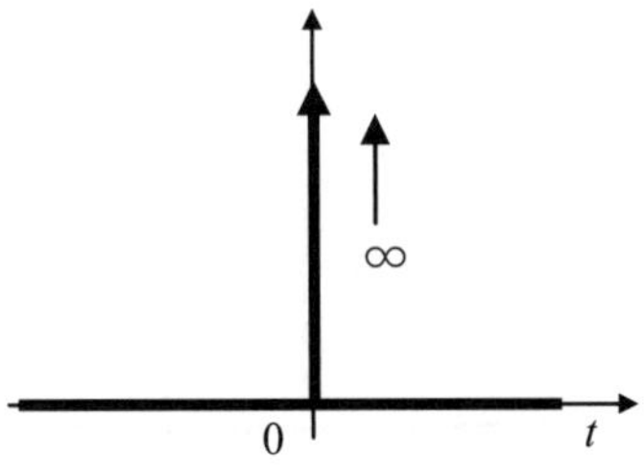

(a)インパルス関数

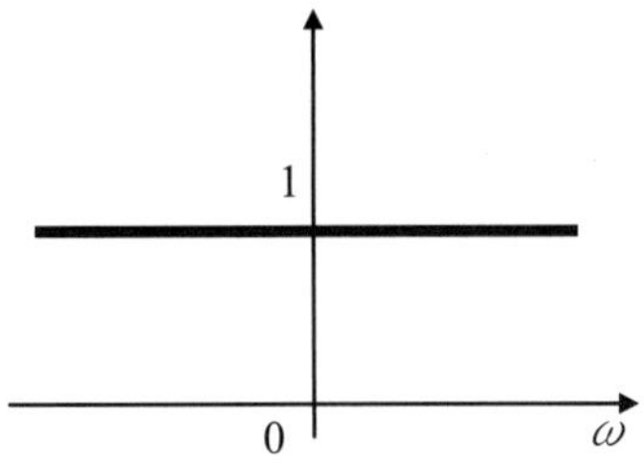

(b)インパルス関数のスペクトル

図 7.14 インパルス関数とスペクトル

**フーリエ変換の対（２）**

不規則振動や不規則信号を扱う際に用いられる自己相関関数 $R(t)$ とパワースペクトル密度関数 $S(j\omega)$ の間には次の関係がある．

$$S(j\omega)=\int_{-\infty}^{\infty}R(\tau)e^{-j\omega\tau}d\tau$$

$$R(\tau)=\frac{1}{2\pi}\int_{-\infty}^{\infty}H(j\omega)e^{j\omega\tau}d\omega$$

自己相関関数は時間が $\tau$ だけ離れたデータ間の相関関係を表す関数であり，測定された振動または信号を $x(t)$ とすると次式で与えられる．

$$R(\tau)=\lim_{T\to\infty}\int_{-T/2}^{T/2}x(t)x(t+\tau)dt$$

### a. インパルス関数のフーリエ変換

図 7.14(a)のように時刻 0 以外では常に 0，時刻 0 で無限大になる信号

$$\delta(t)=\begin{cases}0 & (t\neq 0)\\ \infty & (t=0)\end{cases} \tag{7.68}$$

をインパルス関数と呼ぶ．ただし，形式上面積は 1，すなわち

$$\int_{-\infty}^{\infty}\delta(\tau)d\tau=1 \tag{7.69}$$

とし，この性質を満たすものを単位インパルス関数(unit impulse function)と呼ぶ．この関数は通常の意味での積分は考えられないが，形式的に式(7.69)のように表現しておく．また，このような性質を満たす信号は厳密に考えると物理世界には存在しないが，短い時間に大きな入力を与えるものだと理解すると，物体のハンマリングなどは，ほぼこのような関数であるといえる．

［例 7.6　ハンマリング］医者が患者の胸をポンポンとたたく．あるいは機械の点検などを行うとき，機械をハンマでたたく．これらは対象物にインパルス関数に相当する入力を入れ，そのときの反応や音を調べている．

上のようなインパルス関数のフーリエ変換は

$$\mathscr{F}[\delta(t)]=\int_{-\infty}^{\infty}\delta(t)e^{-j\omega t}dt=\left[e^{-j\omega t}\right]_{t=0}=1 \tag{7.70}$$

となる．これは全ての周波数におけるスペクトルが全て 1 であること表しており（図 7.14(b)），インパルス関数にはあらゆる周波数の余弦波が含まれていることを示している．

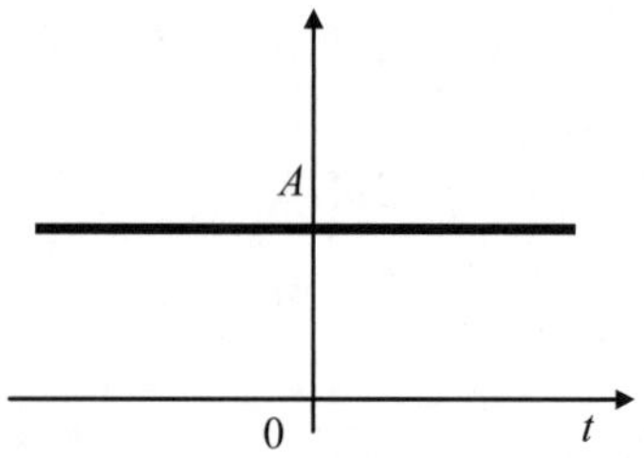


(a)定数

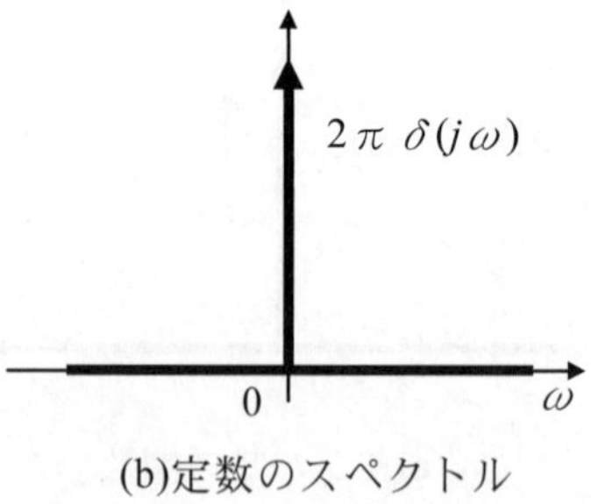


(b)定数のスペクトル

図 7.15　定数とスペクトル

### b. 定数のフーリエ変換

全ての時間にわたって一定値をとる関数

$$f(t)=A \quad (\text{任意の}t) \tag{7.71}$$

のフーリエ変換を考える（図 7.15(a)）．この関数はフーリエ変換が存在するために十分条件(7.43)（絶対積分可能性）を満たしていないが計算できる．なぜなら，

$$\mathscr{F}[\delta(t)]=1 \tag{7.72}$$

となることと対称性および線形性の性質を用いると

$$\mathscr{F}[A]=2\pi A\delta(-j\omega)=2\pi A\delta(j\omega) \tag{7.73}$$

と求めることができる（図 7.15(b)）．直感的にもわかるように定数は非常に遅い余弦波になっている．すなわち，$\omega=0$ の余弦波からなっていることを示している．

### c. ステップ関数のフーリエ変換

次に，図 7.16 のように，時刻が負の時には 0 で時刻 0 で 1 になり以降 1 を保つ関数を考える．

$$u(t)=\begin{cases}1 & (t>0)\\ 0 & (t<0)\end{cases} \tag{7.74}$$

この関数はステップ状の関数なので単位ステップ関数(unit step function)とよ

ばれる．単位ステップ関数のフーリエ変換は以下のようにして求める．すなわち，$\mathscr{F}[u(t)]=U(j\omega)$ とおき，実際に $U(j\omega)$ を構成してゆく．まず，

$$u(-t)=\begin{cases}0 & (t>0)\\ 1 & (t<0)\end{cases} \tag{7.75}$$

とすると，式(7.61)から

$$\mathscr{F}[u(-t)]=U(-j\omega) \tag{7.76}$$

なので，

$$u(t)+u(-t)=1 \quad (t=0\text{を除く}) \tag{7.77}$$

を得る．ここで，フーリエ変換の線形性(7.57)と式(7.73)を用いると

$$\begin{aligned}\mathscr{F}[u(t)+u(-t)]&=\mathscr{F}[u(t)]+\mathscr{F}[u(-t)]\\ &=U(j\omega)+U(-j\omega)=2\pi\delta(j\omega)\end{aligned} \tag{7.78}$$

となる．そこで，$B(j\omega)$ を奇関数として

$$U(j\omega)=\pi\delta(j\omega)+B(j\omega) \tag{7.79}$$

と置くと式(7.78)を満たす．したがって，次の問題は，$B(j\omega)$ を求めることである．そのために，以下の計算を行う．

$$\begin{aligned}\mathscr{F}\left[\frac{d}{dt}u(t)\right]&=\int_{-\infty}^{\infty}\left\{\frac{d}{dt}u(t)\right\}e^{-j\omega t}dt\\ &=\left[u(t)e^{-j\omega t}\right]_{-\infty}^{\infty}+j\omega\int_{-\infty}^{\infty}u(t)e^{-j\omega t}dt\\ &=j\omega U(j\omega)=j\omega\left(\pi\delta(j\omega)+B(j\omega)\right)\\ &=j\pi\omega\delta(j\omega)+j\omega B(j\omega)\\ &=j\omega B(j\omega)\\ &=\mathscr{F}[\delta(t)]=1\end{aligned} \tag{7.80}$$

上式（最後の２式に注目）より

$$B(j\omega)=\frac{1}{j\omega} \tag{7.81}$$

となるので，結局

$$\mathscr{F}[u(t)]=\pi\delta(j\omega)+\frac{1}{j\omega} \tag{7.82}$$

を得る（図 7.16(b)）．

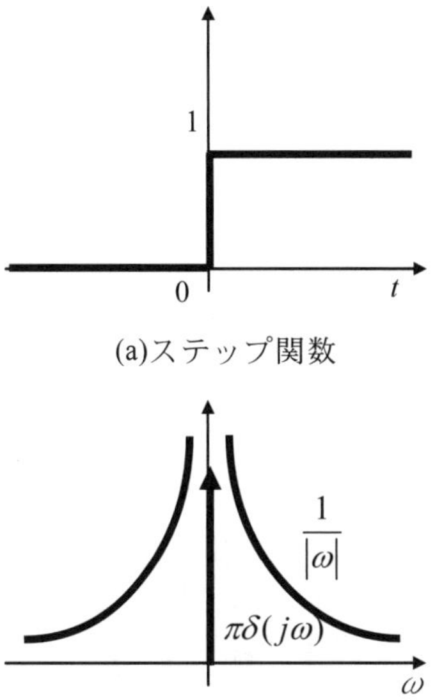


(a)ステップ関数

(b)ステップ関数のスペクトル

図 7.16　ステップ関数

> **フーリエ変換を利用した線形常微分方程式の解法**
>
> 図 6.37 の振動系において質量 $m$ に入力 $f(t)$ を与えた場合の運動方程式は
>
> $$m\frac{d^2x(t)}{dt^2}+d\frac{dx(t)}{dt}+kx(t)=f(t)$$
>
> と記述出来る．これをフーリエ変換すると
>
> $$\left[(j\omega)^2m+j\omega d+k\right]X(\omega)=F(\omega)$$
>
> となる．ここで
>
> $$H(\omega)=1/(j\omega)^2m+j\omega d+k$$
>
> と置けば
>
> $$X(\omega)=H(\omega)F(\omega)$$
>
> となるため，フーリエ逆変換
>
> $$x(t)=\frac{1}{2\pi}\int_{-\infty}^{\infty}H(\omega)F(\omega)e^{j\omega t}dt$$
>
> から求められる．

### c. 周期関数のフーリエ変換

周期関数のフーリエ変換を求める前に，指数関数 $e^{j\omega_0 t}$ のフーリエ変換を求めておく．これは，定数１のフーリエ変換が

$$\mathscr{F}[1]=2\pi\delta(j\omega) \tag{7.83}$$

となることと，周波数推移の性質(7.52)

$$\mathscr{F}[f(t)e^{j\omega_0 t}]=F(j(\omega-\omega_0)) \tag{7.84}$$

から

$$\mathscr{F}[e^{j\omega_0 t}]=2\pi\delta(j(\omega-\omega_0)) \tag{7.85}$$

となる．

さて，周期 $T$ を持つ周期関数 $f(t)$ はフーリエ級数展開できたので

$$f(t)=\sum_{k=-\infty}^{\infty}c_k e^{jk\omega_0 t}\ ,\quad \omega_0=\frac{2\pi}{T} \tag{7.86}$$

と表現する．そこで，式(7.85)を用いて上式の両辺をフーリエ変換すると

$$\begin{aligned}\mathscr{F}[f(t)]&=\mathscr{F}\left[\sum_{k=-\infty}^{\infty}c_k e^{jk\omega_0 t}\right]\\&=\sum_{k=-\infty}^{\infty}c_k\mathscr{F}\left[e^{jk\omega_0 t}\right]=2\pi\sum_{k=-\infty}^{\infty}c_k\delta(\omega-\omega_0)\end{aligned} \tag{7.87}$$

となる．

［例 7.8］ $f(t)=\cos\omega_0 t$ をフーリエ変換しよう．まず，オイラーの公式から

$$\cos\omega_0 t=\frac{1}{2}\left(e^{j\omega_0 t}+e^{-j\omega_0 t}\right)$$

が得られるので，式(7.85)を用いて両辺をフーリエ変換することにより

$$\begin{aligned}\mathscr{F}[\cos\omega_0 t]&=\mathscr{F}\left[\frac{1}{2}\left(e^{j\omega_0 t}+e^{-j\omega_0 t}\right)\right]\\&=\frac{1}{2}\mathscr{F}\left[e^{j\omega_0 t}\right]+\frac{1}{2}\mathscr{F}\left[e^{-j\omega_0 t}\right]\\&=\pi\delta(\omega-\omega_0)+\pi\delta(\omega+\omega_0)\end{aligned} \tag{7.88}$$

となる（図 7.17）．

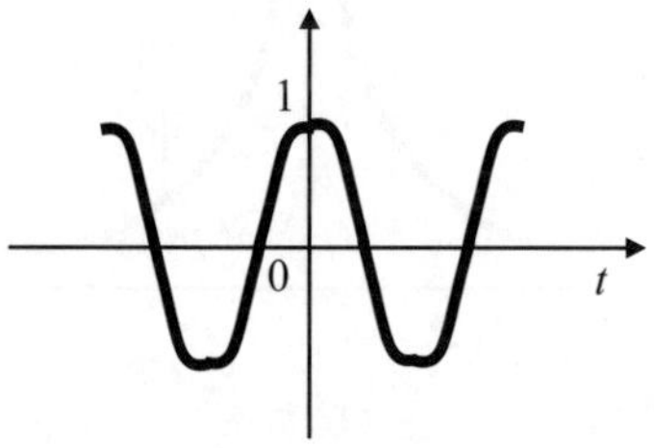


(a)余弦波

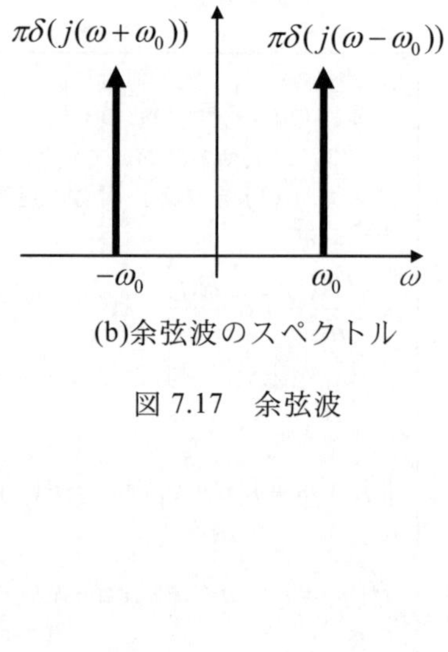


(b)余弦波のスペクトル

図 7.17　余弦波

### 7・3・4　フーリエ変換とフーリエ逆変換の計算

7・3・1 でフーリエ変換とフーリエ逆変換を定義した．フーリエ変換を表す式(7.44)は比較的初等的な計算をすることで求められるが，フーリエ逆変換は複素積分の知識が必要になり，必ずしも容易に計算できるものではない．そこで，フーリエ逆変換は，種々の関数についてそのフーリエ変換をまとめた表を用意しておき，その表を利用して計算することが多い．そこで表 7.1 に代表的な関数に対するフーリエ変換を示しておく．

表 7.1 フーリエ変換表

| $f(t)$ | $F(j\omega)$ | $f(t)$ | $F(j\omega)$ |
|---|---|---|---|
| $e^{-at}u(t)$ | $\dfrac{1}{j\omega+a}$ | $e^{-at}\sin btu(t)$ | $\dfrac{b}{(j\omega+a)^2+b^2}$ |
| $\dfrac{1}{b-a}(e^{-at}-e^{-bt})$ | $\dfrac{1}{(j\omega+a)(j\omega+b)}$ | $e^{-at}\cos btu(t)$ | $\dfrac{j\omega+a}{(j\omega+a)^2+b^2}$ |
| $\dfrac{t^{n-1}}{(n-1)!}e^{-at}u(t)$ | $\dfrac{1}{(j\omega+a)^n}$ | $\sin\omega_0 t$ | $-j\pi[\delta(\omega-\omega_0)-\delta(\omega+\omega_0)]$ |
| $\dfrac{1}{a^2+t^2}u(t)$ | $\dfrac{\pi}{a}e^{-a\lvert\omega\rvert}$ | $\cos\omega_0 t$ | $\pi[\delta(\omega-\omega_0)+\delta(\omega+\omega_0)]$ |
| $u(t)$ | $\pi\delta(j\omega)+\dfrac{1}{j\omega}$ | $\delta(t)$ | $1$ |
| $u(t-t_0)$ | $\pi\delta(j\omega)+\dfrac{1}{j\omega}e^{-j\omega t_0}$ | $\delta(t-t_0)$ | $e^{-j\omega_0 t}$ |

より複雑な関数に対するフーリエ変換は，これまでできてきたフーリエ変換の性質を利用して計算する．

## 7・4　不安定な現象（ラプラス変換）

これまで，周期的な関数に対するフーリエ級数展開，非周期的であるが時間とともに 0 に収束する，あるいは発散しない関数に対しては，フーリエ係数を拡張することでフーリエ変換を考えてきた．ここでは，さらに取り扱う関数のクラスを拡張する．すなわち，図 7.18 のような発散しゆく関数に関して，フーリエ変換を拡張したものを作ってゆく．

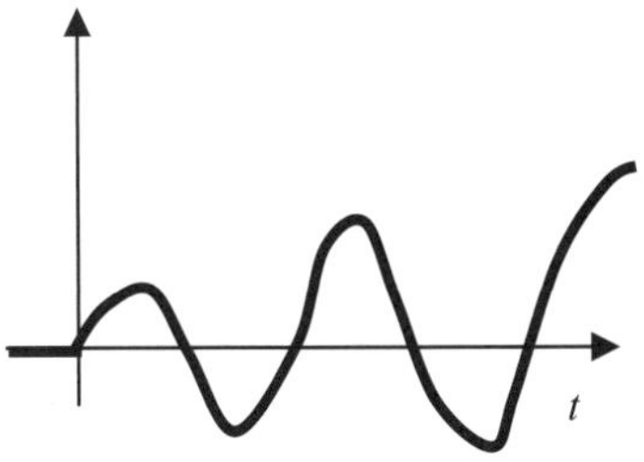


図 7.18　発散関数

### 7・4・1　ラプラス変換のアイデア

与えられた関数 $f(t)$ が図 7.18 のように発散すると

$$\mathcal{F}\ [f(t)] = F(j\omega) = \int_{-\infty}^{\infty} f(t)e^{-j\omega t}dt \tag{7.89}$$

という計算を行ったとき，積分値が発散してしまう．したがって発散関数はフーリエ変換できない．しかし，フーリエ変換にはフーリエ係数の拡張という物理的に理解しやすい意味がある．もう一歩，発散関数にまでその考え方が拡張できると，広いクラスの関数に対する直感的理解がすすむ（図 7.19）．

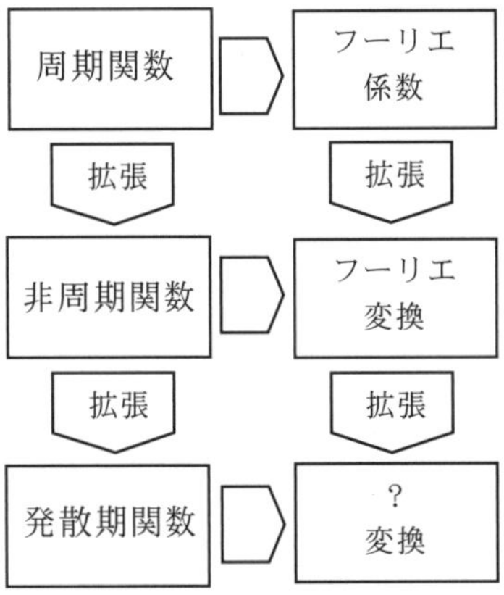


図 7.19 関数の拡張

それがラプラス変換であり，ラプラス(Pierre-Simon Laplace)（図 7.20）によって考え出されたものである．ラプラスは，1749 年フランスで生まれ，多くの物理数学分野における業績を残している多彩な人物である．フーリエが生まれたのもフランスで，1768 年のことである．そして二人とも 1830 年前後にパリで亡くなっている．この二人はほぼ同時代の人物であったことは興味深い．

図 7.20　ラプラス

ラプラス変換のアイデアは，「時間とともに発散する関数を，何らかの方法で圧縮することができ，時間とともに収束させることができれば，その圧縮した関数に対してはフーリエ変換が可能ではないか！」というものである（図 7.21）．この「関数の圧縮」と「フーリエ変換」をまとめて 1 つの作用とし改めて名前をつけたのがラプラス変換である．そう考えると，逆ラプラス変換は，「逆フーリエ変換」を行い，「関数の解凍」を行えばよいことがわかる．実際，この 2 つの作用を一度に行う形で逆ラプラス変換は定義される．

さて，ラプラス変換はその後，１９世紀後半，ヘヴィサイド(Oliver Heaviside)によって「演算子法」に用いられた．演算子法とは，6 章で説明しているように，微分方程式や積分方程式の解法の 1 つであり，微積分方程式の問題を記号的または代数的処理の問題に変換して簡単に解く技法のことである．

### 7・4・2　ラプラス変換の定義

先に述べたアイデアでフーリエ変換を拡張してゆこう．具体的に考えてゆく際に必要なことは，(i) 関数にどこまでの発散の度合いを許すかということと，(ii) どのような圧縮を考えればよいか，ということである．この二つに対する 1 つの解は，次に定義する指数位という性質を導入することで合理的に得られる．

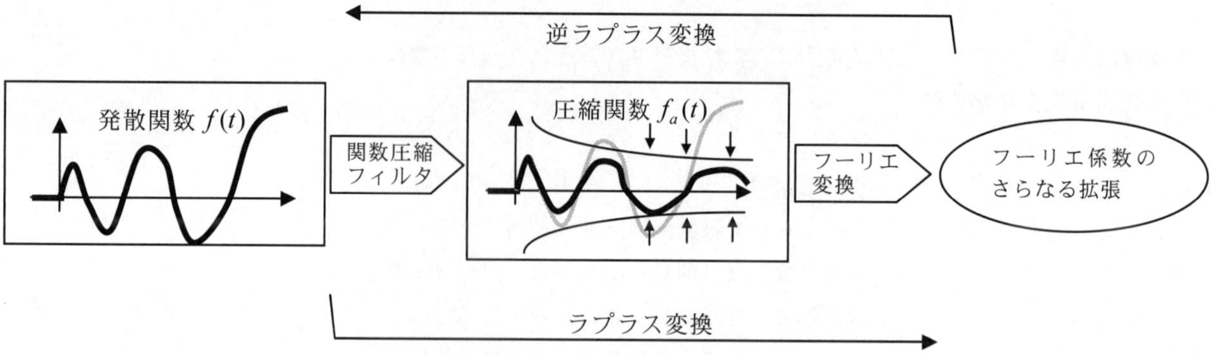


図 7.21 ラプラス変換のアイデア

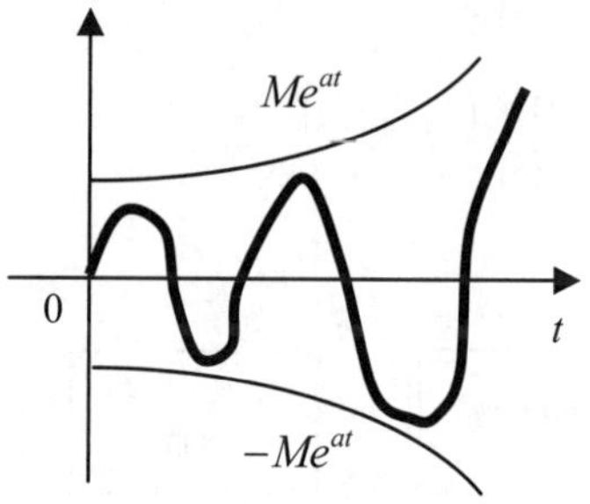


図 7.22 指数位

［指数位］ある関数 $f(t)$ に対して，$t \geq t_0$ において

$$|f(t)| \leq Me^{at} \tag{7.90}$$

を満たす正定数 $M, a$ が存在するとき，この関数は指数位(exponential order)であるという．このとき，$a$ を指数位数(index of exponential order)という（図 7.22）．

すなわち，指数位な関数とは，発散することがあっても発散の度合いが高々指数関数のオーダーであるものを指す．

［例 7.8］次の関数はいずれも指数位である（$t \geq 0$）．

(a) $f(t) = e^{3t}$，　(b) $f(t) = 1 + t^2$，　(c) $f(t) = \sin t$

なぜなら $t \geq 0$ で

(a) $|f(t)| < 1.2e^{4t}$，(b) $|f(t)| < 3e^{t} = 3\left(1 + \frac{t}{!} + \frac{t^2}{2!} + \cdots\right)$，(c) $|f(t)| < 1.2e^{0t}$

となるからである．この例からわかるように，発散しない関数は明らかに指数位であり，指数位数は 0 である．

> **時刻負で 0 の関数**
> ラプラス変換で取り扱う関数は時刻が負では 0 になっているものとする．
> 　それは，われわれが扱う多くの問題は時刻 0 を初期値としてそれ以降の振る舞いに興味があるからである．

さて，与えられた関数が $t < 0$ では 0 であり，$t \geq 0$ では指数位だとすると，

$$g(t) = e^{-\sigma t} \quad (t \geq 0, \sigma > a) \tag{7.91}$$

を作用させることによって得られる関数

$$f_g(t) = f(t)g(t) = f(t)e^{-\sigma t} \tag{7.92}$$

は時間とともに 0 に収束し，

$$\lim_{t \to \infty} f_g(t) = 0 \tag{7.93}$$

となる．すなわち，指数位数 $a$ で発散しようとする関数は，それよりも急速に 0 に収束する関数を掛けることで発散を抑え，0 に収束させることができる．これにより，圧縮された関数 $f_g(t)$ に対してのフーリエ変換が可能になり

$$\mathscr{F}[f_g(t)] = F_g(j\omega) = \int_0^\infty f_g(t)e^{-j\omega t}dt \tag{7.94}$$

とできる．この演算を元の関数 $f(t)$ に関して書き直すと

$$\int_0^\infty f_g(t)e^{-j\omega t}dt = \int_0^\infty f(t)e^{-\sigma t}e^{-j\omega t}dt$$

$$= \int_0^\infty f(t)e^{-(\sigma+j\omega)t}dt = \int_0^\infty f(t)e^{-st}dt \tag{7.95}$$

という演算をしたことになる．ただし，$s=\sigma+j\omega$ とおいた．

以上から，関数の圧縮およびフーリエ変換を一度に行う演算が次のように定義できる．

［ラプラス変換］ 時刻 $t \geq 0$ で指数位（指数位度 $a$）な関数 $f(t)$ に対してラプラス変換を次のように定義する．

$$\text{ラプラス変換：}\mathscr{L}[f(t)] = F(s) = \int_0^\infty f(t)e^{-st}dt \qquad (\sigma > a) \tag{7.96}$$

$\sigma$ は収束半径(radius of convergence)と呼ばれ，その存在が明らかな場合には特に明示しないこともある．

これが図 7.21 に示した考え方の具現化である．この演算の逆，つまりラプラス逆変換は上で行った手順の逆を踏めばよい．

［ラプラス逆変換］ ラプラス変換 $F(s)$ が与えられたとする．収束半径 $\sigma$ が明示されているとする．

Step1) $F(s)$ を $F(\sigma+j\omega)=F_g(j\omega)$ と書き直す．

Step2) $F_g(j\omega)$ のフーリエ逆変換を求める．

$$\mathscr{F}^{-1}[F_g(j\omega)] = \frac{1}{2\pi}\int_{-\infty}^\infty F_g(j\omega)e^{j\omega t}d\omega = f_g(t) \tag{7.97}$$

Step3) $f_g(t)$ を逆圧縮関数 $e^{\sigma t}$ で解凍する．

$$f(t) = f_g(t)e^{\sigma t} \tag{7.98}$$

上の操作を一度に行うには複素積分

$$\mathscr{L}^{-1}[F(s)] = \frac{1}{2\pi j}\int_{\sigma_1 - j\infty}^{\sigma_1 + j\infty} F(s)e^{st}ds \tag{7.99}$$

を計算する．よく現れる時間関数については，そのラプラス変換をまとめたラプラス変換表がある（表 7.2)．これを次節のラプラス変換の性質といっしょに利用することで，多くの場合は式(7.99)を直接計算することなくラプラス逆変換を行うことができる．

上述のように，ラプラス変換では，取り扱う関数を発散するものまで許すことができたが，「時刻負では 0」とするという条件がついている点に注意しておこう．

> 適応範囲と条件
>
> フーリエ級数
> 　周期関数に適用可能
> フーリエ変換
> 　非周期関数にも適用可能
> 　ただし，絶対積分可能が存在のための十分条件である．
> ラプラス変換
> 　発散関数まで取り扱える
> 　ただし，時刻負では 0 とする．

### 7・4・3 ラプラス変換の性質

ラプラス変換はフーリエ変換の拡張なので，フーリエ変換から継承する性質を含むいくつかの基本性質を有している．

推移性
$\mathscr{L}[f(t-\tau)] = e^{-s\tau}F(s)$

**a. 推移性**

ラプラス変換が $F(s)$ である関数 $f(t)$ $(t \geq 0)$ に対して，$\tau$ 秒遅れた関数 $f(t-\tau)$ のラプラス変換は

$$\mathscr{L}[f(t-\tau)] = \int_0^\infty f(t-\tau)e^{-st}dt \tag{7.100}$$

であり，ここで $p = t-\tau$ とおくと，

$$\mathscr{L}[f(t-\tau)] = \int_0^\infty f(p)e^{-s(p+\tau)}dp$$

$$= e^{-s\tau}\int_0^\infty f(p)e^{-sp}dp = e^{-s\tau}F(s) \tag{7.101}$$

となる．

線形性
$\mathscr{L}[\alpha f(t) + \beta g(t)]$
$= \alpha F(s) + \beta G(s)$

**b. 線形性**

二つの関数 $f(t)(t \geq 0)$，$g(t)(t \geq 0)$ の重み付和で構成される関数

$$h(t) = \alpha f(t) + \beta g(t) \tag{7.102}$$

を考える．ただし，$\alpha$，$\beta$ は実定数である．このとき

$$\mathscr{L}[h(t)] = \mathscr{L}[\alpha f(t) + \beta g(t)] = \int_0^\infty [\alpha f(t) + \beta g(t)]e^{-st}dt$$

$$= \alpha\int_0^\infty f(t)e^{-st}dt + \beta\int_0^\infty g(t)e^{-st}dt$$

$$= \alpha F(s) + \beta G(s) \tag{7.103}$$

が成り立つ．ただし，$F(s) = \mathscr{L}[f(t)]$，$G(s) = \mathscr{L}[g(t)]$ とおいた．

微分と積分
$\mathscr{L}\left[\frac{d}{dt}f(t)\right]$
$= sF(s) - f(0)$

$\mathscr{L}\left[\int_0^t f(\tau)d\tau\right] = \frac{1}{s}F(s)$

**c. 微分と積分**

ラプラス変換 $F(s)$ と微分を有する関数 $f(t)$ $(t \geq 0)$ に対して

$$\mathscr{L}\left[\frac{d}{dt}f(t)\right] = \int_0^\infty \frac{d}{dt}f(t)e^{-st}dt$$

$$= \int_0^\infty \frac{d}{dt}f(t)e^{-st}dt = \left[f(t)e^{-st}\right]_0^\infty + s\int_0^\infty f(t)e^{-st}dt$$

$$= sF(s) - f(0) \tag{7.104}$$

となる．すなわち，関数の微分は，ラプラス変換の s を乗じることに対応する．さらに，$f(t)$ が $n$ 階微分可能だとすると，上の式を繰り返し用いることで次式を得る．

$$\mathscr{L}\left[\frac{d^n}{dt^n}f(t)\right] = s^nF(s) - s^{n-1}f(0) - s^{n-2}\frac{d}{dt}f(0) - \cdots - \frac{d^{n-1}}{dt^{n-1}}f(0) \tag{7.105}$$

逆に，

$$\mathscr{L}\left[\int_0^t f(\tau)d\tau\right] = \frac{1}{s}F(s) \tag{7.106}$$

である．なぜなら，

$$g(t) = \int_0^t f(\tau)d\tau \tag{7.107}$$

とおくと

$$\frac{d}{dt}g(t) = f(t) \tag{7.108}$$

であり，式(7.105)より

$$\mathscr{L}\left[\frac{d}{dt}g(t)\right] = sG(s) - g(0) = F(s) \tag{7.109}$$

となり，上式で g(0)=0 とすると式(7.106)が得られるからである．

**d. 最終値の定理と初期値の定理**

ラプラス変換が $F(s)$ で与えられる関数 $f(t)$ $(t \geq 0)$ の時刻∞および時刻 0 の時の値は $F(s)$ から次のように計算できる．

まず，

$$\lim_{t\to\infty} f(t) = \lim_{s\to 0} sF(s) \tag{7.110}$$

である．なぜなら，式(7.104)から

$$\lim_{s\to 0}\mathscr{L}\left[\frac{d}{dt}f(t)\right] = \lim_{s\to 0} sF(s) - f(0) \tag{7.111}$$

であり，一方，

$$\lim_{s\to\infty}\mathscr{L}\left[\frac{d}{dt}f(t)\right] = \lim_{s\to\infty}\int_0^\infty \frac{d}{dt}f(t)e^{-st}dt$$

$$= \int_0^\infty \frac{d}{dt}f(t)dt = f(\infty) - f(0) \tag{7.112}$$

でもある．したがって上二式の右辺を等値とすれば式(7.110)が得られる．

次に，

$$\lim_{t\to 0} f(t) = \lim_{s\to\infty} sF(s) \tag{7.113}$$

が成り立つ．なぜなら，式(7.104)から

$$\lim_{s\to\infty}\mathscr{L}\left[\frac{d}{dt}f(t)\right] = \lim_{s\to\infty}\int_0^\infty \frac{d}{dt}f(t)e^{-st}dt = \lim_{s\to\infty} sF(s) - f(0) \tag{7.114}$$

である．ところが，上式の真ん中の式において，lim と積分の順序を入れ替えると非積分項が 0 になるので積分値が 0 になる．したがって

$$0 = \lim_{s\to\infty} sF(s) - f(0) \tag{7.115}$$

となり，式(7.113)を得る．

**最終値と初期値の定理**

$$\lim_{t\to\infty} f(t) = \lim_{s\to 0} sF(s)$$

$$\lim_{t\to 0} f(t) = \lim_{s\to\infty} sF(s)$$

**e. たたみこみ積分**

フーリエ変換のところでも出てきたが，ラプラス変換が存在する二つの関数 $f(t)(t \geq 0)$， $g(t)(t \geq 0)$ に対して積分

$$y(t) = f(t) * g(t) = \int_0^t f(\tau)g(t-\tau)d\tau \tag{7.116}$$

はたたみこみ積分(convolution)と呼ばれ，そのラプラス変換は以下のようになる．

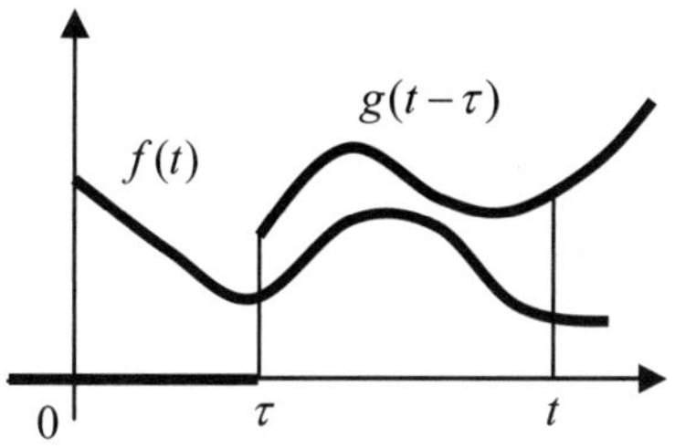


図 7.23 時間シフト

たたみこみ積分
$\mathscr{F}[f(t)*g(t)] = F(s)G(s)$

$$\mathscr{L}[f(t)*g(t)] = \int_0^\infty \left[ \int_0^t f(\tau)g(t-\tau)d\tau \right] e^{-st}dt \tag{7.117}$$

ここで，図 7.23 からわかるように，

$$f(\tau)g(t-\tau) = \begin{cases} f(\tau)g(t-\tau) & (t > \tau) \\ 0 & (t \le \tau) \end{cases} \tag{7.118}$$

となっているので，式(7.117)の内側の積分における積分の上限は $t$ から∞に置き換えても差し障りない．したがって，

$$\mathscr{L}[f(t)*g(t)] = \int_0^\infty \left[ \int_0^\infty f(\tau)g(t-\tau)d\tau \right] e^{-st}dt$$

$$= \int_0^\infty f(\tau) \left[ \int_0^\infty g(t-\tau)e^{-st}dt \right] d\tau \quad \text{（積分順序の入れ替え）}$$

$$= \int_0^\infty f(\tau)G(s)e^{-s\tau}d\tau \quad \text{（時間推移の性質より）}$$

$$= \int_0^\infty f(\tau)e^{-s\tau}d\tau G(s) = F(s)G(s) \tag{7.119}$$

すなわち，たたみこみ積分はラプラス変換の表現では単純な積になる．なお，たたみこみ積分の意味については 7・5・2(b)節で説明を加える．

### 7・4・4　ラプラス変換とラプラス逆変換の計算

7・3・4 でフーリエ逆変換の計算はフーリエ変換表を用いて計算することが多いと述べたが，ラプラス変換においても同様である．表 7.2 にいくつかの関数に対するラプラス変換の結果をまとめておく．ただし，$f(t) = 0(t < 0)$ である．

表 7.2 ラプラス変換

| $f(t)$ | $F(s)$ | $f(t)$ | $F(s)$ |
|---|---|---|---|
| $e^{-at}$ | $\dfrac{1}{s+a}$ | $e^{-at}\sin bt$ | $\dfrac{b}{(s+a)^2+b^2}$ |
| $\dfrac{1}{b-a}(e^{-at}-e^{-bt})$ | $\dfrac{1}{(s+a)(s+b)}$ | $e^{-at}\cos bt$ | $\dfrac{s+a}{(s+a)^2+b^2}$ |
| $\dfrac{t^{n-1}}{(n-1)!}e^{-at}$ | $\dfrac{1}{(s+a)^n}$ | $\dfrac{1}{(n-1)!}t^{n-1}$ | $\dfrac{1}{s^n}$ |
| $u(t)$ | $\dfrac{1}{s}$ | $\delta(t)$ | $1$ |
| $u(t-T)$ | $\dfrac{1}{s}e^{-sT}$ | $\delta(t-T)$ | $e^{-Ts}$ |
| $e^{-rt}\left(\cos rt - \dfrac{b}{r}\sin rt\right)$<br>$r=\sqrt{c-b^2}$ | $\dfrac{s}{s^2+2bs+c}, b^2-c<0$ | $\dfrac{1}{r}e^{-bt}\sin rt$<br>$r=\sqrt{c-b^2}$ | $\dfrac{1}{s^2+2bs+c}, b^2-c<0$ |

[例 7.9] 次の二つの関数

$$f(t)=e^{-2t}\ (t<0\text{では}0) \tag{7.120}$$

$$g(t)=5u(t) \tag{7.121}$$

のたたみこみ積分

$$y(t)=f(t)*g(t)=5\int_0^t e^{-2t}u(t-\tau)d\tau \tag{7.122}$$

のラプラス変換は式(7.119)と表 7.2 より

$$\mathscr{L}[f(t)*g(t)]=F(s)G(s)=\frac{1}{s+2}\cdot\frac{5}{s}$$

$$=\frac{5}{s(s+2)} \tag{7.123}$$

となる．逆に，たたみこみ積分は，式(7.123)を逆ラプラス変換することで容易に計算できる．具体的には，ラプラス変換の線形性の性質と表 7.2 を利用することによって

$$y(t)=f(t)*g(t)=\mathscr{L}^{-1}\left[\frac{5}{s(s+2)}\right]$$

$$=\frac{5}{2}\mathscr{L}^{-1}\left[\frac{1}{s}-\frac{1}{s+2}\right]=\frac{5}{2}\left\{\mathscr{L}^{-1}\left[\frac{1}{s}\right]-\mathscr{L}^{-1}\left[\frac{1}{s+2}\right]\right\}$$

$$=\frac{5}{2}(1-e^{-2t})\quad(t\geq 0) \tag{7.124}$$

となる．

### 7・4・5 ラプラス変換とフーリエ変換

ラプラス変換をフーリエ変換の拡張として導入したことからわかるように，ある場合には，フーリエ変換はラプラス変換の特別な場合になっている．すなわち，時刻が負で 0 をとる関数を取り扱うのであれば，その関数のフーリエ変換はラプラス変換から求めることができる．

具体的には，フーリエ変換可能な関数は基本的には絶対積分可能なので指数位でその指数位数は $a$=0 である．したがって，まずラプラス変換を求め，その後で，$s=j\omega$ とおけばそれがフーリエ変換になっている．まとめるとラプラス変換を経由してフーリエ変換を求める手順をまとめると，

Step1) $f(t)$ のラプラス変換 $F(s)$ を求める．

Step2) $F(s)$ の $s$ を $j\omega$ に置き換える．

である．

[例 7.10] 例 7.9 の関数は指数位数 $a$=0 なので上の手順でフーリエ変換が求められる．すなわち，ラプラス変換が

$$F(s)=\frac{1}{s+2} \tag{7.125}$$

なので，フーリエ変換は

$$F(j\omega)=\frac{1}{j\omega+2} \tag{7.126}$$

となる．

## 7・5　フーリエ解析の動的システム解析への応用

以上述べてきたフーリエ解析（フーリエ級数，フーリエ変換，ラプラス変換）は色々な分野で応用されている．ここではその１つの例として，機械システムの挙動解析に対する話題をとりあげる．具体的には，ある機械システムの運動方程式を例に，その振動特性の把握と入力に対する運動解析について考えることにしよう．

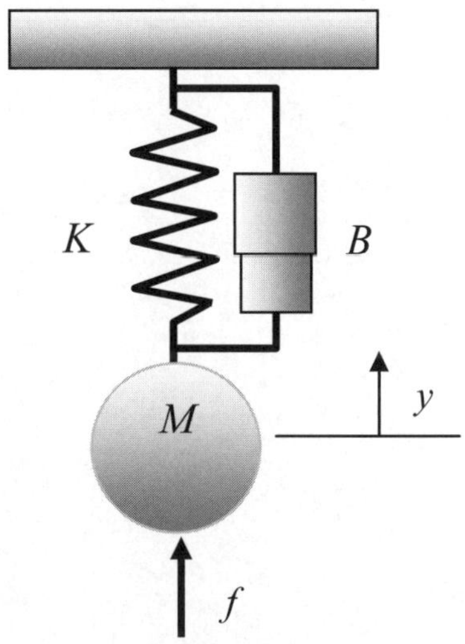


図 7.24　機械システム

### 7・5・1　機械システムのモデリング

図 7.24 のようにバネ・質量・ダッシュポットからなる機械システムを考える．ただし，バネ定数を $K$，質量を $M$，粘性摩擦係数を $B$，中立点からの質量中心の変位量を $y$，質量中心に加えられる力を $f$ とおく．また初期状態 $t=0$ まで運動は停止しているものとする．すなわち，

$$y(t)=0,\ \dot{y}(t)=0\ (t\le 0) \tag{7.127}$$

とする．

このシステムの運動方程式は，慣性力 $M\ddot{y}$，粘性力 $B\dot{y}$ およびバネ力 $Ky$ が外力 $f$ に抵抗して働くので

$$M\ddot{y}+B\dot{y}+Ky=f \tag{7.128}$$

となる．以下では，この機械システムの挙動を表す表現として伝達関数を導入し，それを基にいくつかの解析を行う．

まず，伝達関数を定義する．この運動方程式は線形な微分方程式になっているので，解は存在し，7・4・2 の結果を参照すると指数位になっていることが確認できる．また，同時に $\dot{y}$，$\ddot{y}$ も指数位である．さらに，$f$ として指数位なものを考えると，式(7.128)に現れる全ての関数はラプラス変換可能である．したがって，式(7.128)の両辺を，初期条件が全て 0 であることに注意して，ラプラス変換すると

$$(Ms^2+Bs+K)Y(s)=F(s) \tag{7.129}$$

となる．ただし，$y(t)$，$f(t)$ のラプラス変換を $Y(s)$，$F(s)$ とおいた．これより

$$Y(s)=\frac{1}{Ms^2+Bs+K}F(s) \tag{7.130}$$

が得られる．ここで

$$G(s)=\frac{1}{Ms^2+Bs+K} \tag{7.131}$$

とおくと式(7.130)は

$$Y(s)=G(s)F(s) \tag{7.132}$$

と書ける．上で定義した $G(s)$ は，このシステムへ加えられた入力 $F(s)$ が出力 $Y(s)$ へどのように伝達されるかを示す関数になっており，伝達関数(transfer function)と呼ばれる．図で表現すると図 7.25 のようになり，力 $f(t)$ によって変位 $y(t)$ が影響されることをラプラス変換により表現したことになる．その結果，表現が式(7.132)のように簡単になり，後で述べるように色々

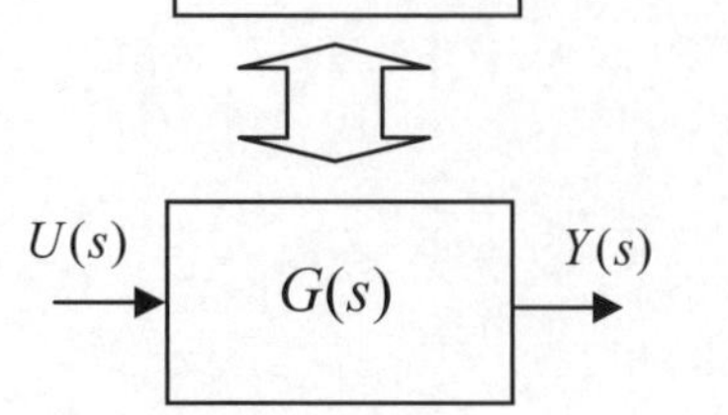

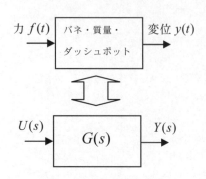

図 7.25 挙動の表し方

なことがわかる．

ここでおこなったような作業は与えられたシステムの挙動を把握するための数学モデルを導出しているという意味でモデリング(modeling)を行っていると言う．

### 7・5・2　伝達関数の性質

システムの伝達関数が求まると色々なことがわかる．ここではいくつかを紹介しよう．

#### (a)インパルス応答

入力としてインパスル関数を加える．これをインパルス入力(impulse input)という．インパルス関数とは

$$f(t)=\delta(t)=\begin{cases}0 & (t\neq 0)\\ \infty & (t=0)\end{cases}\quad \text{ただし，}\int_{-\infty}^{\infty}\delta(t)dt=1 \tag{7.133}$$

であるが，これは時刻 0 の瞬間に∞の大きさの力を加えること意味し，実は実際には存在しない．ただ，われわれはしばしば近似的にこのような関数をシステムに加えることがある．例えば，スイカの中身を調べるためにたたいてみたり，医者が患者の胸をたたいたりする．あるいは，機械の故障を探索するのにハンマーで機械をたたくこともある．これらはいずれも，短時間のうちにエネルギーを注入することでシステムを瞬間的に励起しシステムの特性を引き出そうという意図をもつ．

さて，表 7.2 より，インパルス関数のラプラス変換は 1 なので，インパルス入力のラプラス変換は $F(s)=1$ である．システムにインパルス入力を加えた時の応答をインパルス応答(impulse response)とよび，「$g(t)$」と固有のよび方を導入しておく，インパルス応答は

$$y(t)=g(t)=\mathscr{L}^{-1}\left[G(s)F(s)\right]=\mathscr{L}^{-1}\left[\frac{1}{Ms^2+Bs+K}\right] \tag{7.134}$$

となる．このようにインパルス応答は伝達関数のラプラス逆変換になる．さらに表 7.2 を活用すると

$$g(t)=\frac{1}{\alpha M}e^{-\frac{B}{2M}t}\sin\alpha t,\quad \alpha=\frac{\sqrt{4K^2M^2-B^2}}{2M} \tag{7.135}$$

と求められる．ただし，$2KM>B$ とした．

［例 7.11］ 図 7.24 のシステムで $M=1, B=1, K=1$ の場合のインパルス応答は

$$g(t)=\frac{2}{\sqrt{3}}e^{-\frac{1}{2}t}\sin\frac{\sqrt{3}}{2}t \tag{7.136}$$

となる（図 7.26）．

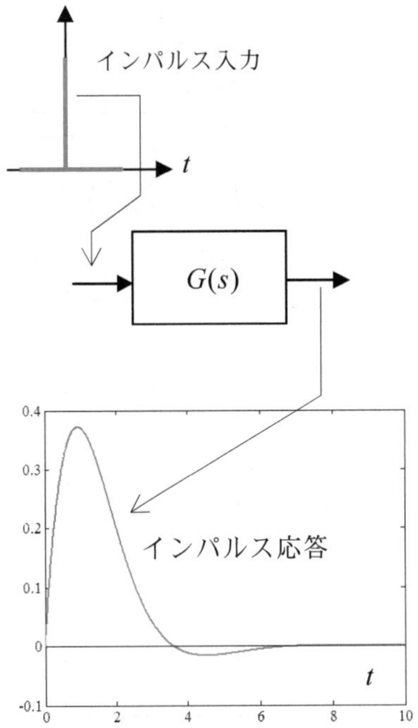

図 7.26 インパルス応答

インパルス応答がわかるとシステムの安定性を次のように定義することができる．

［安定性］ システムのインパルス応答が時間と共に発散しなければ，そのシステムは安定であるという．ここで発散するとは，時間とともに増大して最終的には無限大になることを意味している．

直感的に言えば，システムをたたいてみて暴れなければ安定，暴れるようだったら不安定ということである．ちなみに，ここで考えているシステムは図 7.26 から安定である．

### (b) 一般的な入力に対する応答

一般的な入力に対する応答はインパルス応答を用いて計算することができる．また，この中でたたみこみ積分の意味と重要さについても触れよう．その方法のアイデアは，入力関数を非常に幅の狭い短冊状のパルス列だと捉えることである．

すなわち，図 7.27 の上部に与えた任意の入力波形 $f(t)$ をその下に示した短冊状のパルス列 $f(\tau)\delta(t-\tau)$ が次々と加わっているものとみなす．ここで $G(s)$ は伝達関数であり $g(t)$ はそのラプラス逆変換，つまりインパルス応答とする．そうすると，それぞれの短冊状のパルス（近似的にはインパルスを表している）に対する挙動がその短冊状パルスに応じてシステムから出てくる．それは $\delta(t-\tau)$ に係数 $f(\tau)$ が掛けられたものに対する応答なので $g(t-\tau)f(\tau)$ となっている．

以上から結局，入力波形 $f(t)$ に対する応答は $g(t-\tau)f(\tau)$ を加え合わせればよいことがわかり，それを式で表現すると

$$y(t) = \int_0^t g(t-\tau)f(\tau)d\tau \tag{7.137}$$

となる．これがたたみこみ積分である．

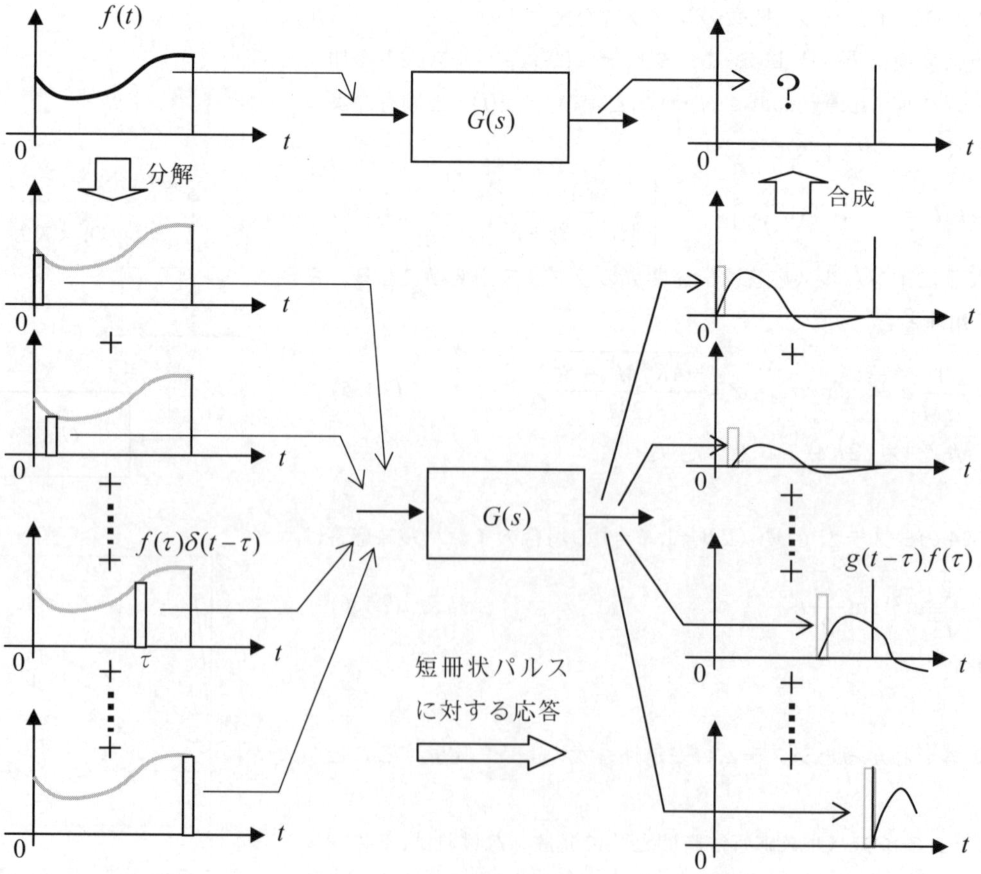


図 7.27 たたみこみ積分の概念説明

さて，任意の入力に対する応答が式(7.137)のように書けることがわかったが，一般には，たたみこみ積分を行うのは困難である．そこでラプラス変換を用いて計算する方法がしばしばとられる．具体的には，ラプラス変換の性質式(7.119)と式(7.137)から

$$y(t)=\mathscr{L}^{-1}[G(s)F(s)] \tag{7.138}$$

とすればよい．この計算はラプラス変換表などを用いると容易である．

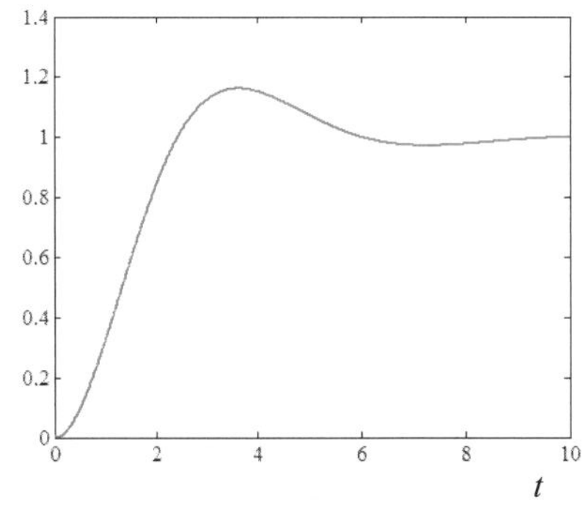

図 7.28　ステップ応答

[例 7.12] 例 7.11 のシステムに対して入力としてステップ入力が加わったときの出力の応答を計算してみる．ステップ関数のラプラス変換は

$$U(s)=\frac{1}{s}$$

なので，このときの応答は

$$\begin{aligned}
y(t)&=\mathscr{L}^{-1}\left[\frac{1}{s^2+s+1}\cdot\frac{1}{s}\right]\\
&=\mathscr{L}^{-1}\left[\frac{1}{s}-\frac{s+1}{s^2+s+1}\right]=\mathscr{L}^{-1}\left[\frac{1}{s}-\frac{s}{s^2+s+1}-\frac{1}{s^2+s+1}\right]\\
&=\mathscr{L}^{-1}\left[\frac{1}{s}\right]-\mathscr{L}^{-1}\left[\frac{1}{s^2+s+1}\right]-\mathscr{L}^{-1}\left[\frac{s}{s^2+s+1}\right]\\
&=u(t)-\frac{2}{\sqrt{3}}e^{-\frac{1}{2}t}\sin\frac{\sqrt{3}}{2}t-e^{-\frac{1}{2}t}\left(\cos\frac{\sqrt{3}}{2}t-\frac{1}{\sqrt{3}}\sin\frac{\sqrt{3}}{2}t\right)\\
&=u(t)-\frac{1}{\sqrt{3}}e^{-\frac{1}{2}t}\sin\frac{\sqrt{3}}{2}t-e^{-\frac{1}{2}t}\cos\frac{\sqrt{3}}{2}t
\end{aligned} \tag{7.139}$$

である（図 7.28）．上式の３行目から４行目の演算ではラプラス変換表を利用している．

### (c) 周波数応答

次に，振動解析において重要な役割を果たす周波数応答(frequency response)について述べておく．周波数応答とはシステムに正弦波を加えた続けたときに，そのシステムがどれくらいの周波数の信号にまで反応するかをみるものである．ただし，この解析はシステムが安定なものでないと行えない．

いま，図 7.24 のシステムの伝達関数を

$$\lambda=\frac{1}{K},\quad \zeta=\frac{B}{2\sqrt{MK}},\quad \omega_n=\sqrt{\frac{K}{M}} \tag{7.140}$$

と置くことによって

$$G(s)=\frac{\lambda\omega_n^2}{s^2+2\zeta\omega_n s+\omega_n^2} \tag{7.141}$$

と書き換えておく．このシステムに，図 7.29 のような正弦波入力

$$f(t)=\sin\omega t \qquad 0\le t<\infty \tag{7.142}$$

を加えた時の定常応答（時間が十分たったときの応答）を求めてみよう．式(7.142)のラプラス変換は

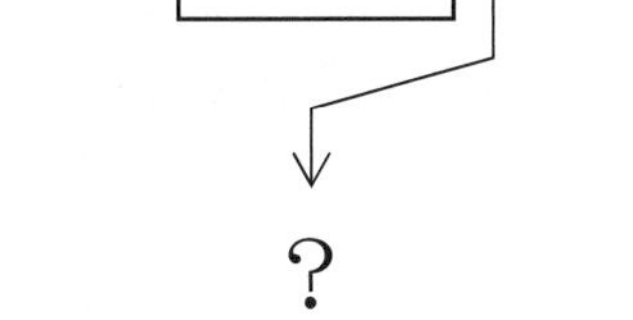

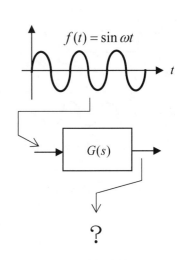

図 7.29 周波数応答

$$F(s)=\frac{\omega}{s^2+\omega^2} \tag{7.143}$$

なので，このときの応答は

$$y(t)=\mathscr{L}^{-1}\left[G(s)F(s)\right]$$

$$y(t)=\mathscr{L}^{-1}\left[\frac{\lambda\omega_n^2}{s^2+2\zeta\omega_n s+\omega_n^2}\cdot\frac{\omega}{s^2+\omega^2}\right]$$

$$=\mathscr{L}^{-1}\left[\frac{k_1 s+k_0}{s^2+2\zeta\omega_n s+\omega_n^2}\right]+\mathscr{L}^{-1}\left[\frac{a_1 s+a_0}{s^2+\omega^2}\right] \tag{7.144}$$

となる．ただし，$k_0$，$k_1$，$a_0$，$a_1$ は上の第 1 式と第 2 式からの係数比較で定まる定数である．ここで，表 7.2 より $k_0$，$k_1$ の値に関わらず

$$\lim_{t\to\infty}\mathscr{L}^{-1}\left[\frac{k_1 s+k_0}{s^2+2\zeta\omega_n s+\omega_n^2}\right]=0 \tag{7.145}$$

となることがわかるので，定常状態を考える場合には，式(7.144)の第 2 項のみを考えればよい．それは，表 7.2 より

$$\bar{y}(t)=\frac{a_0}{\omega}\mathscr{L}^{-1}\left[\frac{\omega}{s^2+\omega^2}\right]+a_1\mathscr{L}^{-1}\left[\frac{s}{s^2+\omega^2}\right]$$

$$=\frac{a_0}{\omega}\sin\omega t+a_1\cos\omega t$$

$$=A(\omega)\sin(\omega t+\theta(\omega)) \tag{7.146}$$

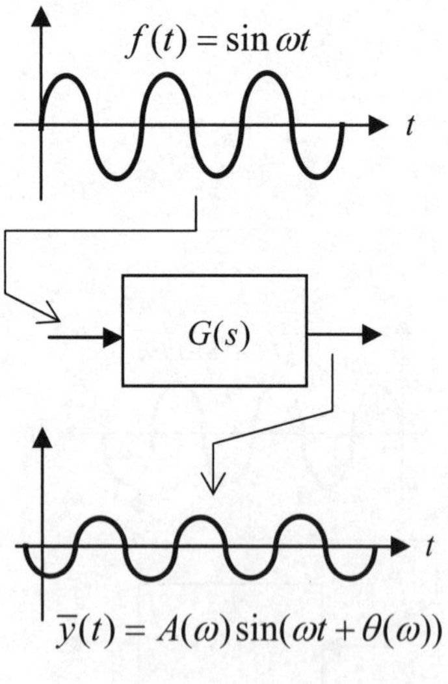


図 7.30 正弦波応答

となる．ただし，$\bar{y}$ は定常状態を意味するものとし，

$$A(\omega)=\sqrt{\frac{a_0^2}{\omega^2}+a_1^2}=\frac{\lambda\omega_n^2}{\sqrt{\left(\omega_n^2-\omega^2\right)^2+4\zeta^2\omega_n^2\omega^2}} \tag{7.147}$$

$$\theta(\omega)=\tan^{-1}\left(\frac{\omega a_1}{a_0}\right)=-\tan^{-1}\left(\frac{2\zeta\omega_n\omega}{\omega_n^2-\omega^2}\right) \tag{7.148}$$

である．

この結果は，このシステムに振幅 1 で角周波数 $\omega$ の正弦波を加えつづけると，定常状態における出力も正弦波になることを示している（図 7.30）．ただし，振幅は $A(\omega)$ 倍され，位相は $\theta(\omega)$ ずれる．これらは共に $\omega$ に依存している．

ところで，このシステムは安定なのでインパルス応答は指数位数 0 で指数位である．したがって，伝達関数を表す式(7.141)で $s=j\omega$ とすることによってインパルス応答のフーリエ変換を求めることができ

$$G(j\omega)=\frac{\lambda\omega_n^2}{\left(j\omega\right)^2+2\zeta\omega_n\left(j\omega\right)+\omega_n^2}=\frac{\lambda\omega_n^2}{\omega_n^2-\omega^2+2j\zeta\omega_n\omega} \tag{7.149}$$

となる．ここで注目すべきことは，先に求めた $A(\omega)$，$\theta(\omega)$ は

$$A(\omega)=\left|G(j\omega)\right|,\quad \theta(\omega)=\angle G(j\omega) \tag{7.150}$$

となっていることである．すなわち，インパルス応答のフーリエ変換が求まると，正弦波入力に対する応答が求められるということである．この性質はこのシステムに限ることなく安定なシステムに対して一般的に成立する．その意味で $G(j\omega)$ は周波数伝達関数(frequency transfer function)と呼ばれている．そして，$A(\omega)$ をゲイン特性(gain characteristics)，$\theta(\omega)$ を位相特性(phase characteristics)と呼ぶ．$A(\omega)$ と $\theta(\omega)$ は共にωの関数なので，ωに関するグラフを描くことができる．横軸にωの対数目盛りをとり，縦軸に $20\log_{10} A(\omega)$[dB]を取ったグラフをゲイン線図(gain diagram)，同じく横軸にωの対数目盛りをとり，縦軸に $\theta(\omega)$[deg]を描いたものを位相線図(phase diagram)という．ゲイン線図と位相線図を合わせてボード線図(Bode diagram)と呼ぶ．なお，図 7.12 に同様のグラフを示したが，両者は座標軸の取り方が異なるだけで同じものである．対数目盛りを取るのはシステム制御工学の分野の慣習である．

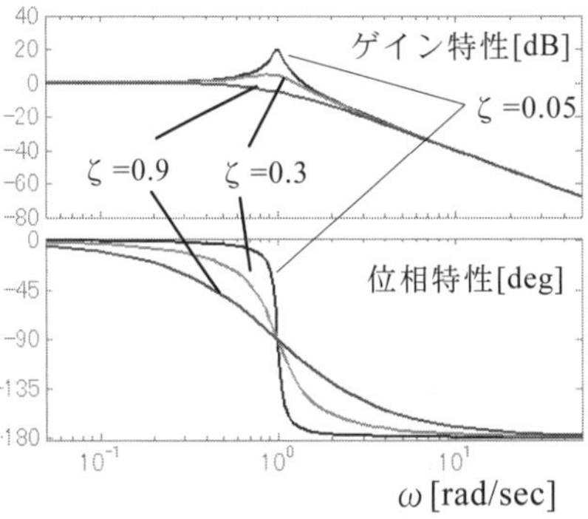

図 7.31 ボード線図

［例 7.13］ 周波数伝達関数を表す式(7.149)において $\lambda=1$，$\omega_n=1$ とし，$\zeta$ を

$$\zeta=0.05,\quad \zeta=0.3,\quad \zeta=0.9$$

とした場合におけるボード線図を図 7.31 に示す．

図 7.31 のボード線図からわかることは，(a)ωが 0.4[rad/sec]程度以下の角周波数の正弦波が加わると，その出力もほぼ同じ大きさの正弦波になる，(b)ω=3[rad/sec]程度以上になるとゲインの値が負になる，すなわち，値として1未満になり，入力された正弦波が小さくなって出力から現れる，ということである．そして，$\zeta$ の値によってゲイン線図のピークの値が大きく変わることにも注意しよう．$\zeta$ の値は，式(7.140)からわかるように，システムの物理パラメータによって定まる．したがって，場合によっては $\zeta$ が非常に小さくなることもある．その場合，ゲイン線図のピークは大変大きくなる．すなわち，小さな入力に対して大きな動きが生じるということになる．このような特性は，入力の節約につながるとみれば利点になるが，構造物の場合，しばしば致命的な問題を引き起こす．

図 7.32 タコマ橋

［例 7.14］ 図 7.32 はアメリカのタコマ橋というつり橋が崩壊している様子である．この崩壊の原因は，この橋に直交する方向にふいていたそよ風である．そのそよ風が橋げたの上下でカルマン渦を構成し，ちょうど橋を正弦波状に揺さぶる力になった．実は，この橋の，風による入力から橋げたのねじれまでの周波数伝達関数が実はちょうど図 7.31 における $\zeta=0.05$ の場合に類似していた．したがって，そよ風の周波数がちょうどゲイン線図がピークになる周波数に一致したために緩やかな風が大変大きな動きを発生させ，最終的には崩壊へと導いたといわれている．このような現象を共振(resonance)という．

## 7・6　まとめ

本章では，運動の変化の度合いを定量的に測るために，まず周期関数を色々な周波数の三角関数で分解する方法からはいった．これはフーリエ級数展開と呼ばれた．そして，その手法を非周期関数にまで拡張しフーリエ変換を導入した．さらにその考えを拡張することによってラプラス変換を定義した．最後に，これらの手法の機械システムの運動解析への適用例を見た．そこでの考察は例えば制御工学では基本となるものである．詳細は参考文献を参照されたい．

参考文献

1）トランスナショナルカレッジオブレックス編：フーリエの冒険，ヒッポファミリークラブ，1988
2）H.P.スウ著，佐藤平八訳：フーリエ解析，森北出版，1979
3）大石進一：フーリエ解析，岩波書店，1989
4）石原忠重他：応用数学，培風館，1986

# Subject Index


A

absolutely integrable 絶対積分可能 228
adjoint matrix 余因子行列 133
algebraic multiplicity 代数的重複度 142
alternating tensor 交代テンソル 113
amplitude spectrum 振幅スペクトル 226

B

basis 基底 122
binominal distribution 2 項分布 38
Bode diagram ボード線図 247
boundary value problem 境界値問題 159
bounded 有界 162

C

characteristic polynomial 特性多項式 142
circulation 循環 101
cofactor 余因子 35
cofactor matrix 余因子行列 35
column vector 列ベクトル 124
combination 組み合わせ 37
complex Fourier coefficient 複素フーリエ係数 226
complex Jordan canonical form 複素ジョルダン標準形 148
complex plane 複素平面 12
component 成分 86,122
composite function 合成関数 16
computer tomography CT 94
conjugate 共役複素数 12
conservative force 保存力 101
constraint 拘束条件 74
continuous probability distribution 連続確率分布 39
continuum mechanics 連続体力学 110
converge 収束する 22
convolution たたみこみ積分 231,239
correlation coefficient 相関係数 40
covariance 共分散 40
cylindrical coordinate 円柱座標系 50

D

definite integral 定積分 60
deformation tensor 変形テンソル 111
Descartes coordinate デカルト座標系 83
determinant 行列式 31,54,126
differential equation 微分方程式 153
discrete probability distribution 離散確率分布 39
diverge 発散する 23
divergence 発散 95
divergence theorem 発散定理 107
double integral 2 重積分 60
dummy index 擬標 112

E

eigenvalue 固有値 56,141
eigenvector 固有ベクトル 141
element, component 成分 24
elementary matrix 基本行列 28
elementary transformation 基本変形 28
equal 等価 124
equilibrium point 平衡点 198
equivalent vector 等ベクトル 82
even permutation 偶置換 32
expected value 期待値 38
explicit function 陽関数 44
exponential distribution 指数分布 39
exponential order 指数位 236

F

field 場 94
first mode 第 1 モード 212
Fleming フレミング 90
Fourier フーリエ 221
Fourier coefficient フーリエ係数 223
Fourier series フーリエ級数 222
frequency response 周波数応答 245
frequency transfer function 周波数伝達関数 247
frequency-shifting property 周波数推移の性質 230
fundamental angular frequency 基本角周波数 222

G

gain characteristics ゲイン特性 247
gain diagram ゲイン線図 247
Gauss' theorem ガウスの定理 107
Gaussian distribution 正規分布 39
generalized eigenvector 一般化固有ベクトル 146
geometric multiplicity 幾何的重複度 143
geometric series 等比数列 24
gradient 勾配 57,94

H

harmonic oscillation 調和振動 172
Heaviside ヘヴィサイド 175,235
Hesse ヘッセ 54
Hessian ヘシアン 54
Hooke's law フックの法則 114
Hookean elastic solid フック弾性体 114

I

identity permutation 恒等置換 32
image 値域 130
implicit function 陰関数 44
implicit function theorem 陰関数定理 76
improper integral 広義積分 22
impulse input インパルス入力 243
impulse response インパルス応答 243
index of exponential order 指数位数 236
infinite sequence 無限数列 22
infinite series 無限級数 23
initial value problem 初期値問題 158
inner product 内積 57,84,118,124
integrable 積分可能 60
integration by parts 部分積分法 19
integration by substitution 置換積分法 20
inverse matrix 逆行列 131
irrational function 無理関数 21
irrotational うずなし 96

J

Jacob ヤコビ行列 64
Jacobian ヤコビアン 64
Jordan canonical form ジョルダン標準形 147

K

Kronecker delta クロネッカーのデルタ 112

L

Laplace ラプラス 235
Laplace equation ラプラス方程式 48
Laplace expansion theorem ラプラスの展開定理 37
Laplacian ラプラシアン 98
length of vector ベクトルの大きさ 82
line integral 線積分 67

linear　線形 ……………………………………… 156
linear combination　1 次結合 ………………………… 121
linear dependent　1 次従属 …………………………… 125
linear mapping　線形写像 ……………………………… 126
linear property　線形性 ………………………………… 230
linear space　線形空間 ………………………………… 117
linear space $R^n$　線形空間 $R^n$ ……………………… 124
linearly dependent　1 次従属 ………………………… 121,125
linearly independent　1 次独立 ……………………… 121,125
logarithmic differentiation　対数微分法 …………… 16
Lorentz　ローレンツ …………………………………… 90

M

Maclaurin's expansion　マクローリン展開 ………… 19
matrix　行列 …………………………………………… 24
mean square value　自乗平均値 ……………………… 39
mean value　平均値 …………………………………… 38
method of Lagrange multiplicrs
ラグランジュの未定乗数法 ……………………… 74
method of least squares　最小 2 乗法 ……………… 41
mode　モード …………………………………………… 187
modeling　モデリング ………………………………… 243
multiple regression analysis　重回帰分析 ………… 42
multivariable function　多変数関数 ………………… 43

N

nabla　ナブラ …………………………………………… 57
natural frequency　固有振動数 ……………………… 209
Newtonian mechanics　ニュートン力学 …………… 110
nonlinear　非線形 ……………………………………… 156
norm　ノルム …………………………………………… 124
normal distribution　正規分布 ……………………… 39
normal vector　法線ベクトル ………………………… 56
(n th) partial sum　第 n 部分和 ……………………… 23
null space　零化空間 ………………………………… 130
number vector　数ベクトル …………………………… 122

O

objective function　目的関数 ………………………… 74
odd permutation　奇置換 ……………………………… 32
one-dimensional heat conduction equation
1 次元熱伝導方程式 ……………………… 47
order　階数 ……………………………………………… 155
orthogonal　直交 ……………………………………… 84,120
orthogonal coordinate　直交座標系 ………………… 83
orthogonal matrix　直交行列 ………………………… 25
orthonormal basis　正規直交基底 …………………… 85,122
orthonormal system　正規直交系 …………………… 122
outer product　外積 …………………………………… 88

P

partial derivative　偏導関数 ………………………… 45
partial differential coefficient　偏微分係数 ……… 45
partial differentiation　偏微分 ……………………… 45
partially differentiable　偏微分可能 ……………… 45
permutation　置換 ……………………………………… 31
phase characteristics　位相特性 …………………… 247
phase diagram　位相線図 ……………………………… 247
phase spectrum　位相スペクトル …………………… 226
point of inflection　停留点 …………………………… 53
Poisson distribution　ポアソン分布 ………………… 39
polar form　複素数の極座標表示 …………………… 12
position vector　位置ベクトル ……………………… 82
principal mode of vibration　主振動形 …………… 212
probability density　確率密度 ……………………… 39
probability density function　確率密度関数 ……… 39
probability distribution　確率分布 ………………… 38
probability function　確率関数 …………………… 38
projection　射影 ……………………………………… 70
pseudoinverse matrix　擬似逆行列 ………………… 134

R

radius of convergence　収束半径 …………………… 237
random variable　確率変数 …………………………… 38
rank　ランク，階数 …………………………………… 130
rational function　有理関数 ………………………… 20
real Jordan canonical form　実ジョルダン標準形 …… 149
real world space　実世界空間 ……………………… 83
regression analysis　回帰分析 ……………………… 40
regression line　回帰直線 …………………………… 41
regression plane　回帰平面 ………………………… 42
repeated integral　逐次積分 ………………………… 61
residual sum of squares　残差平方和 ……………… 41
rotation　回転 ………………………………………… 95,96

S

Sarrus　サラス ………………………………………… 33
scalar field　スカラー場 ……………………………… 94
scalar multiple　スカラー倍 ………………………… 124
scalar potential　スカラーポテンシャル …………… 102
scalar product　スカラー積 ………………………… 84
scalar triple product　スカラー3 重積 …………… 90
scaling property　縮尺の性質 ……………………… 231
scatter diagram　散布図 ……………………………… 40
Schmidt orthogonalization process
シュミットの直交化法 ……………………… 122
Schwartz's inequality　シュワルツの不等式 ……… 85
second mode　第 2 モード …………………………… 212
second order tensor　2 階のテンソル ……………… 112
separation of variables　変数分離 ………………… 164
series　級数 …………………………………………… 23
signature　符号 ………………………………………… 31
similarity transformation　相似変換 ……………… 141
simple　シンプル ……………………………………… 143
singular value　特異値 ……………………………… 150
singular value decomposition　特異値分解 ……… 150
sink　吸い込み ………………………………………… 96
skew-symmetric tensor　反対称テンソル ………… 114
source　わき出し ……………………………………… 96
spherical coordinate　球面座標系 ………………… 65
square matrix　正方行列 ……………………………… 25
standard deviation　標準偏差 ……………………… 38
steepest descent method　最急降下法 …………… 78
Stokes theorem　ストークスの定理 ………………… 108
strain tensor　歪テンソル …………………………… 114
stress tensor　応力テンソル ………………………… 111
sum　和 ………………………………………………… 124
summation convention　総和規約 ………………… 112
sweeping-out method　掃き出し法 ………………… 30
symmetric matrix　対称行列 ………………………… 25
symmetry property　対称性の性質 ………………… 231
symmetry tensor　対称テンソル …………………… 114

T

tangent plane　接平面 ……………………………… 56
Taylor series　テイラー級数 ………………………… 18
tensor　テンソル ……………………………………… 110
time evolution　時間発展 …………………………… 153
time-shifting property　時間推移の性質 ………… 229
total differentiation　全微分 ……………………… 58
totally differentiable　全微分可能 ………………… 59
trajectory　軌道 ……………………………………… 94
transfer function　伝達関数 ………………………… 242
transpose　転置 ……………………………………… 124
transpose of matrix　転置行列 ……………………… 25
transposition　互換 …………………………………… 31

U

unit impulse function　単位インパルス関数 ……… 232
unit matrix　単位行列 ………………………………… 25
unit step function　単位ステップ関数 …………… 232
unit vector　単位ベクトル …………………………… 82

### V

variance　分散 ……38
vector　ベクトル ……45
vector　ベクトル ……81
vector field　ベクトル場 ……94
vector function　ベクトル関数 ……91
vector product　ベクトル積 ……88
vector space　ベクトル空間 ……118
vector triple product　ベクトル 3 重積 ……91

### W

wave equation　波動方程式 ……48

### Z

zero matrix　零行列 ……25
zero vector　零ベクトル ……82,124

# 索　引


## あ

位相スペクトル　phase spectrum ……226
位相線図　phase diagram ……247
位相特性　phase characteristics ……247
１次結合　linear combination ……121
１次元熱伝導方程式
　one-dimensional heat conduction equation …… 47
１次従属　linearly dependent …… 121,125
１次独立　linearly independent …… 121,125
位置ベクトル　position vector …… 82
一般化固有ベクトル　generalized eigenvector ……146
陰関数　implicit function …… 44
陰関数定理　implicit function theorem …… 76
インパルス応答　impulse response ……243
インパルス入力　impulse input ……243
うずなし　irrotational …… 96
円柱座標系　cylindrical coordinate …… 50
応力テンソル　stress tensor …… 111

## か

回帰直線　regression line …… 41
回帰分析　regression analysis …… 40
回帰平面　regression plane …… 42
階数（行列）　rank ……130
階数（微分方程式）　order ……155
外積　outer product …… 88
回転　rotation …… 95,96
ガウスの定理　Gauss' theorem ……107
確率関数　probability function …… 38
確率分布　probability distribution …… 38
確率変数　random variable …… 38
確率密度　probability density …… 39
確率密度関数　probability density function …… 39
幾何的重複度　geometric multiplicity ……143
擬似逆行列　pseudoinverse matrix ……134
期待値　expected value …… 38
奇置換　odd permutation …… 32
基底　basis ……122
軌道　trajectory …… 94
擬標　dummy index ……112
基本角周波数　fundamental angular frequency ……222
基本行列　elementary matrix) …… 28
基本変形　elementary transformation …… 28
逆行列　inverse matrix ……131
級数　series …… 23
球面座標系　spherical coordinate …… 65
境界値問題　boundary value problem ……159
共振　resonance ……247
共分散　covariance …… 40
共役複素数　conjugate …… 12
行列　matrix …… 24
行列式　determinant …… 31,54,126
偶置換　even permutation …… 32
組み合わせ　combination …… 37
クロネッカーのデルタ　Kronecker delta ……112
ゲイン特性　gain characteristics ……247
ゲイン線図　gain diagram ……247
広義積分　improper integral …… 22
合成関数　composite function …… 16
拘束条件　constraint …… 74
交代テンソル　alternating tensor ……113
恒等置換　identity permutation …… 32
勾配　gradient …… 57,94
固有振動数　natural frequency ……209
固有値　eigenvalue …… 56,141
固有ベクトル　eigenvector …… 141

## さ

最急降下法　steepest descent method ……78
最小２乗法　method of least squares ……41
サラス　Sarrus……33
残差平方和　residual sum of squares ……41
CT　computer tomography ……94
時間推移の性質　time-shifting property …… 229
時間発展　time evolution …… 153
自乗平均値　mean square value ……39
指数位　exponential order …… 236
指数位数　index of exponential order …… 236
指数分布　exponential distribution ……39
実ジョルダン標準形　real Jordan canonical form …… 149
実世界空間　real world space ……83
射影　projection ……70
重回帰分析　multiple regression analysis ……42
収束する　converge ……22
収束半径　radius of convergence …… 237
周波数応答　frequency response …… 245
周波数伝達関数　frequency transfer function …… 247
縮尺の性質　scaling property …… 231
主振動形　principal mode of vibration …… 212
周波数推移の性質　frequency-shifting property …… 230
シュミットの直交化法
　Schmidt orthogonalization process …… 122
シュワルツの不等式　Schwartz's inequality ……85
循環　circulation …… 101
初期値問題　initial value problem …… 158
ジョルダン標準形　Jordan canonical form …… 147
振幅スペクトル　amplitude spectrum …… 226
シンプル　simple …… 143
吸い込み　sink ……96
数ベクトル　number vector …… 122
スカラー3 重積　scalar triple product ……90
スカラー積　scalar product ……84
スカラー場　scalar field ……94
スカラー倍　scalar multiple …… 82,124
スカラーポテンシャル　scalar potential …… 102
ストークスの定理　Stokes theorem …… 108
正規直交基底　orthonormal basis …… 122
正規直交系　orthonormal system …… 122
正規直交基底　orthonormal basis ……85
正規分布　normal distribution, Gaussian distribution ……39
成分（行列）　element, component ……24
成分（ベクトル）　component …… 86,122
正方行列　square matrix ……25
積分可能　integrable ……60
絶対積分可能　absolutely integrable …… 228
接平面　tangent plane ……56
零化空間　null space …… 130
零行列　zero matrix ……25
零ベクトル　zero vector …… 82,124
線形　inear …… 156
線形空間　linear space …… 117,124
線形写像　linear mapping …… 126
線形性　linear property …… 230
線積分　line integral ……67
全微分　total differentiation ……58
全微分可能　totally differentiable ……59
相関係数　correlation coefficient ……40
相似変換　similarity transformation …… 141
総和規約　summation convention …… 112

た


第 1 モード　first mode ······ 212
第 n 部分和　(n th) partial sum ······ 23
対称行列　symmetric matrix ······ 25
対称性の性質　symmetry property ······ 231
対称テンソル　symmetry tensor ······ 114
代数的重複度　algebraic multiplicity ······ 142
対数微分法　logarithmic differentiation ······ 16
第 2 モード　second mode ······ 212
たたみこみ積分　convolution ······ 231,239
多変数関数　multivariable function ······ 43
単位インパルス関数　unit impulse function ······ 232
単位ステップ関数　unit step function ······ 232
単位ベクトル　unit vector ······ 82
値域　image ······ 130
置換　permutation ······ 31
置換積分法　integration by substitution ······ 20
逐次積分　repeated integral ······ 61
調和振動　harmonic oscillation ······ 172
直交座標系　orthogonal coordinate ······ 83
直交　orthogonal ······ 84,120
直交行列　orthogonal matrix ······ 25
定積分　definite integral ······ 60
テイラー級数　Taylor series ······ 18
停留点　point of inflection ······ 53
デカルト座標系　Descartes coordinate ······ 83
テンソル　tensor ······ 110
伝達関数　transfer function ······ 242
転置　transpose ······ 124
転置行列　transpose of matrix ······ 25
等価　equal ······ 124
等比数列　geometric series ······ 24
等ベクトル　equivalent vectors ······ 82
特異値　singular value ······ 150
特異値分解　singular value decomposition ······ 150
特性多項式　characteristic polynomial ······ 142


な


内積　inner product ······ 57,84,118,124
ナブラ　nabla ······ 57
2 階のテンソル　second order tensor ······ 112
2 項分布　binominal distribution ······ 38
2 重積分　double integral ······ 60
ニュートン力学　Newtonian mechanics ······ 110
ノルム　norm ······ 124


は


場　field ······ 94
掃き出し法　sweeping-out method ······ 30
発散　divergence ······ 95
発散する　diverge ······ 23
発散定理　divergence theorem ······ 107
波動方程式　wave equation ······ 48
反対称テンソル　skew-symmetric tensor ······ 114
歪テンソル　strain tensor ······ 114
非線形　nonlinear ······ 156
微分方程式　differential equation ······ 153
標準偏差　standard deviation ······ 38
フーリエ　Fourier ······ 221
フーリエ級数　Fourier series ······ 222
フーリエ係数　Fourier coefficient ······ 223
複素ジョルダン標準形
　complex Jordan canonical form ······ 148
複素数の極座標表示　polar form ······ 12
複素フーリエ係数　complex Fourier coefficient ······ 226
複素平面　complex plane ······ 12
符号　signature ······ 31
フック弾性体　Hookean elastic solid ······ 114
フックの法則　Hooke's law ······ 114
部分積分法　integration by parts ······ 19
フレミング　Fleming ······ 90
分散　variance ······ 38
平均値　mean value ······ 38
平衡点　equilibrium point ······ 198
ベクトル　vector ······ 45,81
ベクトル関数　vector function ······ 91
ベクトル空間　vector space ······ 118
ベクトル 3 重積　vector triple product ······ 91
ベクトル積　vector product ······ 88
ベクトルの大きさ　length of vector ······ 82
ベクトル場　vector field ······ 94
ヘシアン　Hessian ······ 54
ヘッセ　Hesse ······ 54
ヘヴィサイド　Heaviside ······ 175,235
変形テンソル　deformation tensor ······ 111
変数分離　separation of variables ······ 164
偏導関数　partial derivative ······ 45
偏微分　partial differentiation ······ 45
偏微分可能　partially differentiable ······ 45
偏微分係数　partial differential coefficient ······ 45
ポアソン分布　Poisson distribution ······ 39
法線ベクトル　normal vector ······ 56
ボード線図　Bode diagram ······ 247
保存力　conservative force ······ 101


ま


マクローリン展開　Maclaurin's expansion ······ 19
無限級数　infinite series ······ 23
無限数列　infinite sequence ······ 22
無理関数　irrational function ······ 21
モード　mode ······ 187
目的関数　objective function ······ 74
モデリング　modeling ······ 243


や


ヤコビアン　Jacobian ······ 64
ヤコビ行列　Jacobi ······ 64
有界　bounded ······ 162
有理関数　rational function ······ 20
余因子　cofactor ······ 35
余因子行列　cofactor matrix, adjoint matrix ······ 35,133
陽関数　explicit function ······ 44


ら


ラグランジュの未定乗数法
　method of Lagrange multipliers ······ 74
ラプラシアン　Laplacian ······ 98
ラプラス　Laplace ······ 235
ラプラスの展開定理　Laplace expansion theorem ······ 37
ラプラス方程式　Laplace equation ······ 48
ランク　rank ······ 130
離散確率分布　discrete probability distribution ······ 39
列ベクトル　column vector ······ 124
連続体力学　continuum mechanics ······ 110
連続確率分布　continuous probability distribution ······ 39
ローレンツ　Lorentz ······ 90


わ


和　sum ······ 124
わき出し　source ······ 96

JSME テキストシリーズ一覧

1　機械工学総論
2-1　機械工学のための数学
2-2　演習　機械工学のための数学
3-1　機械工学のための力学
3-2　演習　機械工学のための力学
4-1　熱力学
4-2　演習　熱力学
5-1　流体力学
5-2　演習　流体力学
6-1　振動学
6-2　演習　振動学
7-1　材料力学
7-2　演習　材料力学
8　機構学
9-1　伝熱工学
9-2　演習　伝熱工学
10　加工学Ⅰ（除去加工）
11　加工学Ⅱ（塑性加工）
12　機械材料学
13-1　制御工学
13-2　演習　制御工学
14　機械要素設計

〔各巻〕A4判

JSME テキストシリーズ
機械工学のための数学

JSME Textbook Series
Mathematics for
Mechanical Engineering

2013年8月1日　初版発行
2023年3月13日　初版第4刷発行
2023年7月18日　第2版第1刷発行

著作兼発行者　一般社団法人　日本機械学会
（代表理事会長　伊藤　宏幸）

印刷者　柳瀬充孝
昭和情報プロセス株式会社
東京都港区三田 5-14-3

発行所　東京都新宿区新小川町4番1号
KDX 飯田橋スクエア2階
郵便振替口座　00130-1-19018番
電話（03）4335-7610　FAX（03）4335-7618　https://www.jsme.or.jp
一般社団法人　日本機械学会

発売所　東京都千代田区神田神保町2-17
神田神保町ビル
電話（03）3512-3256　FAX（03）3512-3270
丸善出版株式会社



ISBN 978-4-88898-344-0　C 3353

本書の内容でお気づきの点は　textseries@jsme.or.jp　へお知らせください。出版後に判明した誤植等は http://shop.jsme.or.jp/html/page5.html　に掲載いたします。

# 日本機械学会について

自動車・航空機などの輸送機械，家電製品などの電気・電子機器，発電設備などに見られる大型機器など，様々な機械が我々の生活を支えており，非常に多くの技術者・研究者が活躍している．日本機械学会は，こうした機械に関わる技術者・研究者のコミュニティであり，研究成果を発表して会員相互の知識を向上する場であると共に，技術の成果を社会に還元するための学術専門家集団を形成している．

右頁に，日本機械学会を構成する21の部門の概要を示す．この部門構成をみると，機械工学・技術がいかに広範な分野を対象としているかがわかる．これらの分野は，いずれも機械工学の基礎科目を基盤としており，多くの場合，本シリーズで学ぶ科目と対応している．

一方，機械技術は日々進化しており，人々の要請に応じて，常に新たな技術が生み出されている．日本機械学会では，こうした機械技術に関する最新の情報を共有するために，毎月「日本機械学会誌」を発行している．また，日本機械学会の各支部には学生会組織があり，そこで企画された講演会や交流会などに積極的に参加することができる．さらに，年次大会や支部・部門ごとの講演会など，企業や大学の最新の研究成果に触れる機会も多くある．

また，日本機械学会では，七夕の中暦にあたる8月7日を「機械の日」，8月1～7日を「機械週間」と定めて，各地で展示会や講演会などの各種事業を企画開催している．歴史に残る機械技術関連の装置や設備を「機械遺産」として認定し，文化的遺産を次世代に伝える活動も行っている（右に機械遺産の一例を示す）．

これから機械工学を学んでいく学生の皆さんには，日本機械学会のメンバーとなって機械工学に関する幅広い知識を身につけ，将来，機械工学・技術に関連した分野で大いに活躍されることを期待する．

JSME

日本機械学会ロゴマーク

(a) 旧金毘羅大芝居（金丸座）の回り舞台と旋回機構
（提供　琴平町教育委員会）

（日本機械学会「機械遺産」第39号）

(b) 豊田式汽力織機
（提供　トヨタテクノミュージアム産業技術記念館）

（日本機械学会「機械遺産」第47号）

機械遺産の例